Pandas 实战

[美] 布莱恩·贝特曼　等著

熊爱华　译

清华大学出版社
北京

内 容 简 介

本书详细阐述了与 Pandas 数据分析相关的基本知识，主要包括数据结构、数据的输入和输出、Pandas 数据类型、数据选择、数据探索和转换、理解数据可视化、数据建模、在 Pandas 中使用时间、探索时间序列、Pandas 数据处理案例研究等内容。此外，本书还提供了相应的示例、代码，以帮助读者进一步理解相关方案的实现过程。

本书适合作为高等院校计算机及相关专业的教材和教学参考书，也可作为相关开发人员的自学用书和参考手册。

北京市版权局著作权合同登记号 图字：01-2022-5476

图书在版编目（CIP）数据

Pandas 实战 ／（美）布莱恩·贝特曼等著；熊爱华译. —北京：清华大学出版社，2024.5
书名原文：The Pandas Workshop
ISBN 978-7-302-66353-9

Ⅰ．①P… Ⅱ．①布… ②熊… Ⅲ．①软件工具—程序设计 Ⅳ．①TP311.561

中国国家版本馆 CIP 数据核字（2024）第 107729 号

责任编辑：贾小红
封面设计：刘　超
版式设计：文森时代
责任校对：马军令
责任印制：曹婉颖

出版发行：清华大学出版社
网　　　址：https://www.tup.com.cn，https://www.wqxuetang.com
地　　　址：北京清华大学学研大厦 A 座　　　邮　　编：100084
社　总　机：010-83470000　　　　　　　　邮　　购：010-62786544
投稿与读者服务：010-62776969，c-service@tup.tsinghua.edu.cn
质量反馈：010-62772015，zhiliang@tup.tsinghua.edu.cn
印 装 者：保定市中画美凯印刷有限公司
经　　　销：全国新华书店
开　　　本：185mm×230mm　　　印　张：43　　　字　数：860 千字
版　　　次：2024 年 6 月第 1 版　　　印　次：2024 年 6 月第 1 次印刷
定　　　价：179.00 元

产品编号：099054-01

感谢我的妻子 Cynthia，她坚定地支持我，并且为我提供了源源不断的灵感。

——Blaine Bateman

献给我所有的朋友，他们都不敢相信我写了一本关于 Pandas 的书。

——William So

感谢我的母亲 Marykutty，怀念我的父亲 V.T. Joseph，他们为我奠定了人生的基础；感谢我的妻子 Anu，她是我所有努力的支柱；献给我的孩子 Joe 和 Tess，他们提醒我，生活不仅仅与数据科学有关。

——Thomas V. Joseph

译 者 序

软件炒股在世界范围内都是一个让人津津乐道的话题。虽然一些资深操盘手对于软件不屑一顾，认为它们永远是事后诸葛亮，但是也有很多忠实拥趸坚信，通过软件对各种交易指标的分析可以窥得市场的一线天机。本书提供了让你在这场争论中进行实证的机会，即，使用 Pandas 分析大量的历史交易数据，查看不同交易品种之间的相关性。例如，如果有两只股票表现出明显相似的市场特征，那么当一只股票呈现进攻形态时，是否意味着另一只股票也有跟进的机会？虽然数据分析无法真正窥视天机，因为股票市场是受到多种因素驱动的无规律的非完美信息模型，但是，如果能够从历史交易数据中发现可带来超额收益的多种大概率事件，那么以此为基础制定的投资策略，无疑将极大地减少投资者情绪波动的影响，避免在市场极度狂热或极度悲观的情况下做出非理性的投资决策。这也是量化交易在全球得到广泛应用和认可的主要原因。

本书从实用性出发，分 4 篇介绍 Pandas 操作。第 1 篇是"Pandas 基础知识"，介绍 Pandas 的数据结构，包括 DataFrame、Series 和索引结构等，它们是操作 Pandas 数据的基础；该篇演示 Pandas 输入和输出数据的方法，掌握了这些操作，你就可以轻松地从不同来源（如 CSV 数据集文件、网页、数据库、Excel 电子表格文件等）获得需要的数据（如股票交易历史数据）；此外，该篇还介绍 Pandas 数据类型，阐释各种不同类型之间的区别和转换。第 2 篇"处理数据"介绍如何使用 Pandas 对数据进行预处理，这也是 Pandas 的核心功能，它可以帮助数据分析师轻松地选择数据、填充缺失数据、创建多级索引、进行探索性数据分析和可视化等。第 3 篇"数据建模"介绍有关建模的基础知识，通过具体实例演示数据缩放和归一化操作、窗口函数和数据平滑方法，以及创建线性回归模型等。第 4 篇"其他 Pandas 用例"重点阐释有关时间序列数据的处理，前面提到的股票交易数据就是典型的时间序列数据，你可以通过该篇介绍的技巧探索时间序列，包括按时间重采样、分组和聚合数据等。

本书有一个特色，那就是在每章都提供了一些练习和作业，以帮助你将学习到的 Pandas 操作技巧应用于实践中，加深你对每章知识的理解，巩固你的学习成果。

在翻译本书的过程中，为了更好地帮助读者理解和学习，本书以中英文对照的形式保

留了大量的原文术语，这样的安排不但方便读者理解书中的代码，而且也有助于读者通过
网络查找和利用相关资源。

　　本书由熊爱华翻译，黄刚、马宏华、黄进青、陈凯等也参与了部分内容的翻译工作。
由于译者水平有限，书中难免有疏漏和不妥之处，在此诚挚欢迎读者提出任何意见和建议。

译　者

前　　言

本书将告诉你如何利用数据提高工作效率并生成真实的业务洞察力，为你的决策提供信息。你将通过现实世界的数据科学问题获得指导，并了解如何在现实示例和练习的背景下应用一些关键技术。此外，本书各章还提供了一些作业，以帮助你巩固学习到的新技能，为实际的数据科学项目做好准备。

在本书中，你将看到经验丰富的数据科学家如何使用 Pandas 进行数据分析来解决各种问题。与其他 Python 书籍侧重于理论并花太多时间在枯燥的技术解释上不同，本书旨在让你快速编写干净的代码，通过动手实践建立你的理解。

在阅读本书时，你将处理各种现实世界应用场景，例如使用空气质量数据集了解城市中二氧化氮排放的模式，以及分析交通数据以改善公共汽车交通服务等。

通读完本书之后，你将获得数据分析知识、技能和信心，用 Pandas 解决具有挑战性的数据科学问题。

本书读者

本书适用于任何有使用 Python 编程语言经验并希望使用 Pandas 进行数据分析的学习者。本书不需要读者具有前置 Pandas 知识。

内容介绍

本书分为 4 篇，共 14 章。具体内容如下。

❑　第 1 篇 "Pandas 基础知识"，包含第 1~4 章。

➢　第 1 章 "初识 Pandas"，阐释 Pandas 为何会成为当今数据处理领域最流行的应用程序之一，以及为什么它是最受数据科学家欢迎的工具。本章简要介绍 Pandas 的许多通用功能。另外，本章还介绍本书将涵盖的所有主题，以及一些使用 Pandas 的介绍性练习。

➢ 第 2 章 "数据结构"，介绍 Pandas 的一个关键优势，即它提供了与广泛的数据分析任务相一致的直观数据结构。本章的重点是介绍 Pandas 中的重要数据结构，尤其是 DataFrame、Series 和 Pandas 索引结构。

➢ 第 3 章 "数据的输入和输出"，探讨 Pandas 提供的内置函数，这些函数用于从各种来源读取数据，以及将数据写回或写入新文件中。另外，本章还介绍所有重要的受支持的输入/输出方法。

➢ 第 4 章 "Pandas 数据类型"，解释为什么在使用 Pandas 进行数据分析时，使用正确的数据类型至关重要，否则可能会出现意外结果或错误。本章的重点是了解 Pandas 数据类型以及如何使用它们。

❑ 第 2 篇 "处理数据"，包含第 5～8 章。

➢ 第 5 章 "数据选择——DataFrame"，在你已经掌握了 Pandas 中可用的数据结构和方法的基础上，深入探讨 DataFrame 的使用。

➢ 第 6 章 "数据选择——Series"，重点介绍使用 Pandas Series 时的一些重要区别，并且是第 5 章 "数据选择——DataFrame" 的补充。

➢ 第 7 章 "数据探索和转换"，讨论在数据集质量不佳时如何面对这一挑战。另外，本章还讨论如何使用 Pandas 来解决这些挑战并为你的分析做好准备。

➢ 第 8 章 "理解数据可视化"，讨论 Pandas 如何提供内置的数据可视化方法来加速数据分析。另外，本章还讨论如何从 DataFrame 中构建数据可视化，以及如何使用 Matplotlib 进一步自定义它们。

❑ 第 3 篇 "数据建模"，包含第 9～11 章。

➢ 第 9 章 "数据建模——预处理"，帮助你了解如何在 Pandas 中进行一些初步的数据审查和分析，以及一些对成功建模很重要的转换。

➢ 第 10 章 "数据建模——有关建模的基础知识"，介绍一些强大的 Pandas 方法，这些方法可以对数据进行重采样和平滑处理，以找到可用于更复杂建模任务的模式并获得洞察力。

➢ 第 11 章 "数据建模——回归建模"，重点介绍一种主力方法——回归建模。这是使用模型理解数据和进行预测的重要步骤。到该章结束时，你将能够使用回归模型处理复杂的多变量数据集。

❑ 第 4 篇 "其他 Pandas 用例"，包括第 12～14 章。

➢ 第 12 章 "在 Pandas 中使用时间"，描述 Pandas 支持的另一种数据类型：时间序列数据。本章重点介绍 Pandas 如何提供各种方法来处理按日期和/或时间组织的数据。在本章中，你将学习如何对时间戳进行操作，并了解 Pandas

　　提供的所有其他与时间相关的属性。
➢ 　第 13 章"探索时间序列"，重点介绍如何使用时间序列索引对时间序列数据执行操作以获得洞察力。到本章结束时，你将掌握对时间序列数据应用回归建模的技巧。
➢ 　第 14 章"Pandas 数据处理案例研究"，帮助你将在本书中学习到的有关 Pandas 的知识应用于实际的数据分析问题。本章涵盖三个案例研究，在这三个案例研究中，你将应用你通过本书获得的大部分技能。
　　最后，本书附录部分还提供了各章作业的答案。

充分利用本书

　　本书假设你具备良好的 Python 基础知识，尤其是使用 Jupyter Notebook 创建代码的能力。你需要在本地计算机上设置 Python 环境，包括 Jupyter Notebook，当然还有 Pandas。根据创建本地环境的方式，你可能需要安装其他依赖项。完整列表可在本书配套 GitHub 存储库中的 requirements.txt 文件中找到。
　　本书涵盖的软硬件和操作系统需求如表 P.1 所示。

表 P.1　本书涵盖的软硬件和操作系统需求

本书涵盖的软硬件	操作系统需求
Python 9.x	Windows、macOS 或 Linux
Jupyter 1.0.0	
Pandas 1.3	
Matplotlib 3.3	

　　如果你正在使用本书的数字版本，我们建议你自己输入代码或从本书的 GitHub 存储库中访问代码（后续提供链接地址）。这样做将帮助你避免与复制和粘贴代码相关的任何潜在错误。

构建开发环境

　　Pandas 是用于 Python 编程语言的第三方程序包，本书使用的版本为 1.3。本书中的所有示例都应该可以在 Python 9.x 版本中正常工作。

你可以通过多种方式在计算机上安装 Pandas 和本书提到的其余库，但是最简单的方法是安装 Anaconda 发行版。该版本由 Anaconda 创建，将所有流行的用于科学计算的库打包到一个可下载的文件中，该文件可在 Windows、macOS 和 Linux 上使用。你可以访问以下页面以获取 Anaconda 发行版：

https://www.anaconda.com/distribution

除了所有科学计算库，Anaconda 发行版还附带了 Jupyter Notebook，这是一个基于浏览器的程序，可使用 Python 和其他多种语言进行开发。本书的所有示例都是在 Jupyter Notebook 中开发的，并且提供了所有代码。

当然，不使用 Anaconda 发行版也可以安装本书所需的所有库。感兴趣的读者可访问 Pandas 安装页面，其网址如下：

http://pandas.pydata.org/pandas-docs/stable/install.html

下载示例代码文件

本书提供的代码可以在本书配套 GitHub 存储库中找到，其网址如下：

https://github.com/PacktPublishing/The-Pandas-Workshop

代码如果有更新，那么将在该 GitHub 存储库中被更新。

下载彩色图像

我们还提供了一个 PDF 文件，其中包含本书中使用的屏幕截图/图表的彩色图像。你可以通过以下网址进行下载：

https://static.packt-cdn.com/downloads/9781800208933_ColorImages.pdf

本书约定

本书中使用了许多文本约定。

（1）代码格式的文本：表示文本中的代码字、数据库表名、文件夹名、文件名、文件扩展名、路径名、虚拟 URL、用户输入和 Twitter 句柄等。以下段落就是一个示例：

请注意将上述示例中加粗显示的路径替换为你自己下载和保存文件的路径。dog_food_orders.csv 文件的下载地址如下：

```
https://github.com/PacktWorkshops/The-Pandas-Workshop/blob/
master/Chapter02/Datasets/dog_food_orders.csv
```

（2）有关代码块的设置如下：

```
lin_model = sm.OLS(metal_data['alloy_hardness'], X)
my_model = lin_model.fit()
print(my_model.summary())
```

（3）当我们希望提请你注意代码块的特定部分时，相关行或项目将加粗进行显示：

```
import pandas as pd
my_data = pd.read_csv('Datasets/auto-mpg.data.csv')
my_data.head()x1 and x2: -0.9335045017430936
```

（4）术语或重要单词采用中英文对照形式，在括号内保留其英文原文。示例如下：

可以想见，我们可以收集很多数据来描述一个学生——包括他们的年龄、身高和体重等。用于描述一个特定观察单位的一个或多个测量值被称为数据点（data point），数据点中的每个测量值被称为变量（variable），这通常也被称为特征（feature）。它们实际上就是数据集中的列。

（5）对于界面词汇或专有名词，我们将保留其英文原文，并在括号内添加其中文翻译。示例如下：

可以看到 mean（平均值）为 0，std（标准差）为 1。但是，请注意，它们的 min（最小值）和 max（最大值）并不完全相同，这是因为 .StandardScaler() 将对散布的量进行编码，并通过缩放到固定的标准偏差而不是最小值和最大值来保留点对点关系。

（6）本书还使用了以下两个图标。

🛈表示警告或重要的注意事项。

💡表示提示信息或操作小技巧。

关 于 作 者

Blaine Bateman 拥有超过 35 年的多个行业的工作经验，从政府研发机构到初创企业再到价值 10 亿美元的上市公司，他都有任职经历。他的经验侧重于分析，包括机器学习和预测。他的实践能力包括 Python 和 R 编码、Keras/TensorFlow 以及 AWS 和 Azure 机器学习服务。作为机器学习顾问，他开发并部署了工业中实际的机器学习模型。

Saikat Basak 是一位数据科学家，也是一名狂热的程序员。他拥有在多家行业领军企业工作的经验，对可以使用数据解决的问题领域有很好的理解。除了是一名数据科学家，他还是一名科学极客，喜欢在科技前沿探索新想法。

Thomas V. Joseph 是一名数据科学从业者、研究员、培训师、导师和作家，拥有超过 19 年的行业经验。他在使用跨多个行业领域的机器学习工具集解决业务问题方面拥有非常丰富的经验。

William So 是一名数据科学家，拥有深厚的学术背景和丰富的专业经验。他目前是数字银行公司 Douugh 的数据科学负责人，也是悉尼科技大学数据科学与创新硕士（master of data science and innovation，MDSI）的讲师。他的职业生涯涵盖了从机器学习（machine learning，ML）到商业智能（business intelligence，BI）的数据分析范围，成功地帮助了许多利益相关者获得有价值的见解并取得了有利于业务的可喜结果。

关于审稿人

    Vishwesh Ravi Shrimali 于 2018 年毕业于印度皮拉尼比尔拉理工学院（BITS Pilani），在该学院他学习的是机械工程。他还于 2021 年在英国利物浦约翰摩尔斯大学（LJMU）获得了机器学习和 AI 硕士学位。当他不写博客或从事项目时，他喜欢远距离散步或弹奏吉他。

目　　录

第 1 篇　Pandas 基础知识

第 3 篇　数 据 建 模

第 4 篇　其他 Pandas 用例

第 1 篇

Pandas 基础知识

本篇将带领你游历 Pandas 的世界，探索其功能和历史。本篇还将讨论 Pandas 中使用的各种数据结构，以及它们是如何用于数据分析和机器学习的。我们将详细介绍各种来源的数据，以及 Pandas 用于各种操作的各种数据类型。

本篇包含以下 4 章：

- ❏ 第 1 章，初识 Pandas
- ❏ 第 2 章，数据结构
- ❏ 第 3 章，数据的输入和输出
- ❏ 第 4 章，Pandas 数据类型

第 1 章 初识 Pandas

本章将为你提供内容丰富的快速入门课程，从创建基本的 DataFrame、读取和写入数据、可视化到优化代码，都有所涉猎。通过代码示例和实践练习，你将充分了解 Pandas 在数据整理和分析方面的能力。在本章结束时，你将获得读写数据、执行 DataFrame 聚合、使用时间序列、建模前的预处理、数据可视化等方面的基本经验。

你还可以创建数据集并对其执行预处理任务。你将能够实现该库的大部分核心功能，我们将在后面的章节中更深入地介绍这些功能。

本书有一个特色，那就是在每一章的末尾都提供了相应的作业，你可以通过这些作业巩固所学的知识。本书附录提供了所有作业的答案。

本章包含以下主题：

❑ Pandas 世界介绍
❑ 探索 Pandas 的历史和演变
❑ Pandas 的组件和应用
❑ 了解 Pandas 的基本概念
❑ 作业 1.1——比较两家商店的销售数据

1.1 Pandas 世界介绍

苔丝女士最近有点烦恼，因为她最新接受了一个项目，这本来是一件好事，但在拿到资料后，她发现完成该项目所需的时间比她最初的预期要多得多。她的客户是为学校开发和提供内容的公司，该公司希望她通过分析从各种来源收集的数据来了解学生的需求。如果这些数据是单一格式的，那么事情会容易得多，但遗憾的是，事实并非如此。客户发送给她的数据是多种格式的，包括 HTML、JSON、Excel 和 CSV。她必须从所有这些文件中提取出相关信息。不过，这些并不是她将使用的唯一数据源。她还必须从 SQLite 数据库中访问那些表现优秀的学生和虚度光阴的学生的记录，以便分析他们的行为模式。所有这些不同的数据元素在它们的数据类型、速度、频率和数量上都有很大的不同。她必须通过切片、子集化、分组、合并和重塑数据以获得完整的特征列表，从而进行下一步的分析。由于数量很大，她还必须优化她的方法以实现高效处理。

作为一名数据科学家或数据分析人员，这样的场景你是否似曾相识？你是否对在进入具体分析过程之前必须执行的数据整理任务感到无从下手？如果确实如此，那么恭喜你，你不必再为此烦恼了，因为你马上就要接触到一个专门处理此问题的神兵利器。Pandas 是一个 Python 库，它能够轻松执行上述所有操作以及更多任务。最近几年，Pandas 已经成为数据分析生命周期中涉及的所有预处理任务的首选工具。

本章将带领你开始探索 Pandas 并从中获得乐趣，这是一个被数据科学和机器学习社区广泛使用的神奇库。当你完成本章和后续章节中的练习和作业时，你将理解为什么 Pandas 被认为是处理数据时的事实标准。

在深入探索 Pandas 库之前，让我们通过一个时间上的短途旅行来看看该库的演变，并大致了解你将在本章中学习的所有功能。

1.2　探索 Pandas 的历史和演变

Pandas 的基本版本于 2009 年由具有量化金融（quantitative finance）经验的麻省理工学院毕业生 Wes McKinney 开源。他对当时可用的工具不满意，因此开始构建一个直观、优雅且只需要很少代码的工具。Pandas 已经成为数据科学界最受欢迎的工具之一，以至于它甚至在很大程度上帮助提高了 Python 的流行度。

Pandas 能够迅速流行的主要原因之一是它能够处理不同类型的数据。Pandas 非常适合处理以下数据：

❑　包含能够存储不同类型数据（如数值数据和文本数据）的列的表格数据。
❑　有序和无序的系列数据（列表中的任意数字序列，如[2,4,8,9,10]）。
❑　多维矩阵数据（三维、四维等）。
❑　任何形式的观察/统计数据（如 SQL 数据和 R 数据）。

除此之外，Pandas 还有大量直观且易于使用的函数/方法，这使它成为数据分析的首选工具。接下来，让我们看看 Pandas 的组件及其主要应用。

1.3　Pandas 的组件和应用

如果不了解 Pandas 库的架构，那么对它的理解就是不完整的。简而言之，Pandas 库由以下组件组成：

❑　pandas/core：包含了 Pandas 基本数据结构（如 Series 和 DataFrame）的实现。
　　Series 和 DataFrame 是基本的工具集，它们因为在数据操作方面非常方便而被数据科学家广泛使用。第 2 章 "数据结构" 将详细介绍它们。

❑ pandas/src：由提供 Pandas 基本功能的算法组成。这些功能是 Pandas 架构的一部分，你通常不会明确使用它们。该层是用 C 或 Cython 编写的。

❑ pandas/io：包括用于输入和输出文件和数据的工具集。这些工具集有助于从 CSV 和文本等来源输入数据，并允许你将数据写入文本和 CSV 等格式。第 3 章 "数据的输入和输出" 将详细介绍它们。

❑ pandas/tools：这一层包含 Pandas 函数和方法的所有代码和算法，如 merge、join 和 concat。

❑ pandas/sparse：包含处理其数据结构（如 DataFrame 和 Serie）中缺失值的功能。

❑ pandas/stats：包含一组用于处理回归和分类等统计函数的工具。

❑ pandas/util：包含用于调试库的所有实用程序。

❑ pandas/rpy：连接 R 的接口。

Pandas 不同架构组件的多功能性使其在许多实际应用程序中都很有用。Pandas 中的各种数据整理功能（如 merge、join 和 concatenation）在构建实际应用程序时可以为用户节省大量时间。在以下应用程序开发中，Pandas 库都有其用武之地：

❑ 推荐系统

❑ 广告

❑ 库存预测

❑ 神经科学

❑ 自然语言处理（natural language processing，NLP）

上述名单还在不断增长。值得一提的是，这些都是对人们日常生活产生影响的应用。因此，学习 Pandas 很可能为你的分析事业添砖加瓦。美国的开国元勋之一本杰明·富兰克林（Benjamin Franklin）曾经说过：

"对知识的投资会带来最大的利益。"

在学习本书的过程中，你将把时间投入一个可以对你的分析事业产生深远影响的工具上，因此一定要充分利用这个机会。

1.4　了解 Pandas 的基本概念

本节将带你快速了解 Pandas 的基本概念。你将使用 Jupyter Notebook 运行本书中的代码片段。在前言中，你已经了解了如何安装 Anaconda 和所需的库。你如果已经为本书创建并安装了单独的虚拟环境（和内核），如前言所示，那么需要打开 Jupyter Notebook，单击 Jupyter Notebook 导航栏右上角的 New（新建），然后选择 Pandas_Workshop 内核，如图 1.1 所示。

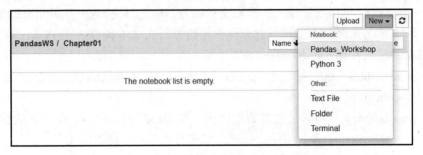

图 1.1　选择 Pandas_Workshop 内核

此时将打开一个新的未命名的 Jupyter Notebook，其外观应如图 1.2 所示。

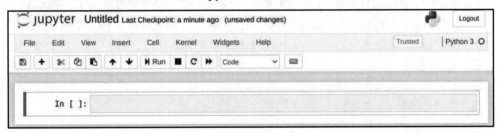

图 1.2　Jupyter Notebook 界面

安装 conda 环境也会安装 Pandas。你现在需要做的就是导入库。你可以通过在新的 Notebook 单元格中输入或粘贴以下命令来执行此操作：

```
import pandas as pd
```

按 Shift + Enter 快捷键或单击工具栏中的 Run（运行）按钮即可执行刚刚输入的命令，如图 1.3 所示。

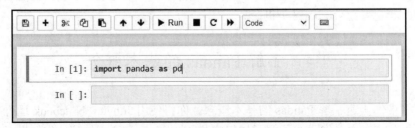

图 1.3　导入 Pandas 库

如果你没有看到任何错误，那么这意味着该库已成功导入。在上述代码中：import 语句提供了 Pandas 的所有功能供你使用；pd 是指代 Pandas 的常用别名，你也可以使用其他别名，但大多数人使用的都是 pd。

在导入了 Pandas 之后，你可以继续下一步的学习。在你开始动手并更深入地了解该库之前，有必要快速浏览 Pandas 提供的一些关键组件和功能。在目前这个阶段，你不需要知道它们的工作细节，因为后续章节会深入讨论它们。

1.4.1　Series 对象

要了解如何使用 Pandas 处理数据，你需要从头开始，即使是面对简单的一维数据也是如此。在 Pandas 中，一维数据通常表示为 Series 对象。Series 对象可以使用 pd.Series() 构造函数进行初始化。

以下代码显示了如何使用 pd.Series() 构造函数来创建一个名为 ser1 的新 Series。然后，只需通过指定的名称调用新 Series 即可显示其内容：

```
# 创建一个 Series
ser1 = pd.Series([10,20,30,40])
# 显示该 Series
ser1
```

ℹ️**注意：**

如果你是在新 Jupyter Notebook 中运行上述代码，别忘记先运行前面的 import 语句。每次创建新的 Jupyter Notebook 时，你都需要按同样的方式导入 Pandas 库。

在新的 Jupyter Notebook 单元格中运行上述代码将产生如图 1.4 所示的输出结果。

```
0    10
1    20
2    30
3    40
dtype: int64
```

图 1.4　Series 对象

从该输出中可以看到，这个新创建的一维列表被表示为一个 Series。在 Series 左侧的数字（0，1，2，3）是它的索引。

你可以在一个 Series 中表示不同类型的数据。例如，来看以下代码段：

```
ser2 = pd.Series([[10, 20],\
                  [30, 40.5,'series'],\
```

```
                    [50, 55],\
                    {'Name':'Tess','Org':'Packt'}])
ser2
```

运行上述代码段将产生如图 1.5 所示的输出结果。

```
0                          [10, 20]
1               [30, 40.5, series]
2                          [50, 55]
3       {'Name': 'Tess', 'Org': 'Packt'}
dtype: object
```

图 1.5　Series 输出结果

在上述示例中，创建了一个具有多种数据类型的 Series。你可以看到其中包含数字和文本数据的列表（第 0、1 和 2 行）以及字典（第 3 行）。从该输出中，你还可以看到这些不同的数据类型是如何整齐地表示的。

Series 可以帮助处理一维数据，但如果我们需要的是多维数据呢？这时就需要使用DataFrame 了。在下一小节中，我们将简要介绍 DataFrame，它是 Pandas 中最常用的数据结构之一。

1.4.2　DataFrame 对象

Pandas 的基本构建块之一是 DataFrame 结构。DataFrame 是行和列中数据的二维表示，这可以使用 DataFrame()构造函数在 Pandas 中进行初始化。在以下代码中，一个简单的列表对象被转换为一维 DataFrame：

```
# 使用构造函数创建一个 DataFrame
df = pd.DataFrame([30,50,20])
# 显示该 DataFrame
df
```

其输出如图 1.6 所示。

图 1.6　列表数据的 DataFrame

这是 DataFrame 的最简单表示。上述代码使用了 DataFrame()构造函数将一个包含 3

个元素的列表转换为一个 DataFrame。

一个 DataFrame 的形状可以使用 df.shape()命令进行可视化，如下所示：

```
df.shape
```

其输出如下：

```
(3, 1)
```

该输出是一个形状为(3,1)的 DataFrame。在这里，第一个元素(3)是行数，而第二个元素(1)则是列数。

你如果仔细查看图 1.6 中的 DataFrame，则可以在列的顶部看到一个 0。这是在创建 DataFrame 时将分配给列的默认名称。你还可以沿着各行分别看到数字 0、1 和 2。这些被称为索引（index）。

要显示该 DataFrame 的列名，需要使用以下命令：

```
df.columns
```

这将产生以下输出结果：

```
RangeIndex(start=0, stop=1, step=1)
```

该输出结果表明它是一个从 0 开始到 1 停止的索引范围，步长为 1。因此，实际上只有一个名称为 0 的列。你还可以使用以下命令显示行的索引名称：

```
df.index
```

你将看到以下输出结果：

```
RangeIndex(start=0, stop=3, step=1)
```

可以看到，该索引从 0 开始，到 3 结束，步长值为 1。这将给出索引 0、1 和 2。

在许多情况下，你希望使用列名和行索引执行进一步处理。为此，你可以使用 list()命令将它们转换为列表。以下代码段可将列名和行索引转换为列表，然后打印这些值：

```
print("These are the names of the columns",list(df.columns))

print("These are the row indices",list(df.index))
```

你应该得到以下输出结果：

```
These are the names of the columns [0]
These are the row indices [0, 1, 2]
```

从该输出结果中可以看到，列名和行索引均表示为一个列表。

你还可以通过将列和行索引分配给任何值列表来重命名它们。

重命名列的命令是 df.columns，如以下代码段所示：

```
# 重命名列
df.columns = ['V1']
df
```

此时应该看到如图 1.7 所示的输出结果。

在图 1.7 中可以看到该列已被重命名为 V1。

重命名索引的命令是 df.index，如以下代码片段所示：

```
# 重命名索引
df.index = ['R1','R2','R3']
df
```

运行上述代码片段会产生如图 1.8 所示的输出结果。

	V1
0	30
1	50
2	20

	V1
R1	30
R2	50
R3	20

图 1.7　重命名之后的列　　　　　图 1.8　重命名的索引

以上 DataFrame 示例都只有一列，但是，如果需要创建一个包含来自列表的多列数据的 DataFrame，那该怎么办呢？这可以使用列表的嵌套列表轻松实现，如下所示：

```
# 创建包含多列的 DataFrame
df1 = pd.DataFrame([[10,15,20],[100,200,300]])

print("Shape of new data frame",df1.shape)

df1
```

你应该得到如图 1.9 所示的输出结果。

```
Shape of new data frame (2, 3)
```

	0	1	2
0	10	15	20
1	100	200	300

图 1.9　多维 DataFrame

从这个新的输出结果中可以看到，新的 DataFrame 有 2 行和 3 列。其中，第一个列表构成第一行，它的每个元素都被映射到 3 列，第二个列表成为第二行。

你还可以在创建 DataFrame 时指定列名和行名。要对上述示例中的 DataFrame 执行此操作，需要使用以下命令：

```
df1 = pd.DataFrame([[10,15,20],[100,200,300]],\
                    columns=['V1','V2','V3'],\
                    index=['R1','R2'])

df1
```

其输出结果如图 1.10 所示。

	V1	V2	V3
R1	10	15	20
R2	100	200	300

图 1.10　重命名的列和索引

从该输出结果中可以看到，列名（V1、V2 和 V3）和索引名（R1 和 R2）已使用指定的值进行了初始化。

提供这些示例只是为了让你快速进入 Pandas DataFrame 的世界。在后面的章节中你将看到，使用 DataFrame 还可以进行更复杂的数据分析。

1.4.3　使用本地文件

使用 Pandas 需要从不同的源文件中导入数据并以不同的格式写回输出。这些操作是处理数据时必不可少的过程。在以下练习中，你将使用 CSV 文件执行一些初步操作。

首先，你需要下载来自加利福尼亚大学尔湾分校（University of California, Irvine，UCI）机器学习库的 Student Performance（学生表现）数据集。该数据集详细介绍了两所葡萄牙学校的中学生成绩。该数据集的一些关键变量包括：学生成绩、人口统计信息以及其他与社会和学校相关的特征，如学习时间。

🛈 注意：

你可以从本书配套的 GitHub 存储库中下载该数据集（student-por.csv），其网址如下：

https://github.com/PacktWorkshops/The-Pandas-Workshop/tree/master/Chapter01/Datasets

该数据集来自 P. Cortez and A. Silva. Using Data Mining to Predict Secondary School

Student Performance. In A. Brito and J. Teixeira Eds., Proceedings of 5th Future Business Technology Conference (FUBUTEC 2008) pp. 5-12, Porto, Portugal, April 2008, EUROSIS, ISBN 978-9077381-39-7.

该数据集的原始链接如下：

https://archive.ics.uci.edu/ml/datasets/Student+Performance

在将该数据集下载到本地后，即可从中读取数据，然后使用 DataFrame 显示该数据。在下一小节中，我们将简要介绍可帮助你读取刚刚下载的文件的伪代码。稍后，1.4.7 节"练习 1.1——使用 Pandas 读取和写入数据"还将实现该伪代码以将该 CSV 文件的数据读取到 DataFrame 中。

1.4.4 读取 CSV 文件

要读取 CSV 文件，需要使用以下命令：

```
pd.read_csv(filename, delimiter)
```

导入数据的第一步是定义 CSV 文件的路径。在上述代码示例中，路径是单独定义的，并被存储在一个名为 filename 的变量中。然后，在 pd.read_csv()构造函数中调用此变量。或者，你也可以直接在构造函数内部提供路径，例如'Datasets/student-por.csv'。

上述命令中的第二个参数是分隔符（delimiter），它指定文件中不同的数据列的分隔方式。你如果在 Excel 之类的程序中打开 student-por.csv 文件，则会注意到该文件中的所有列都仅使用分号（;）进行分隔，如图 1.11 所示。

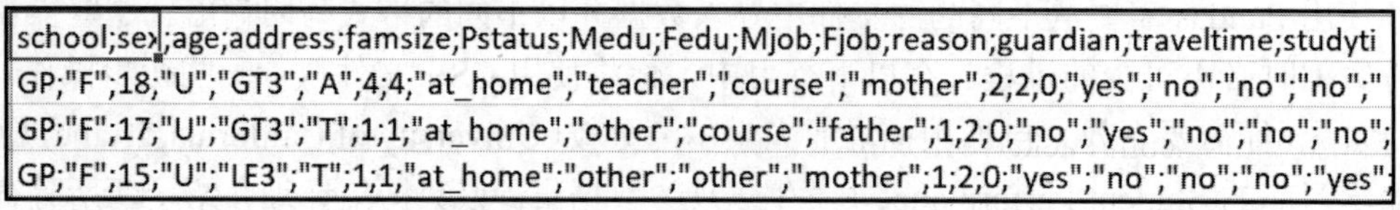

```
school;sex;age;address;famsize;Pstatus;Medu;Fedu;Mjob;Fjob;reason;guardian;traveltime;studyti
GP;"F";18;"U";"GT3";"A";4;4;"at_home";"teacher";"course";"mother";2;2;0;"yes";"no";"no";"no";"
GP;"F";17;"U";"GT3";"T";1;1;"at_home";"other";"course";"father";1;2;0;"no";"yes";"no";"no";"no";
GP;"F";15;"U";"LE3";"T";1;1;"at_home";"other";"other";"mother";1;2;0;"yes";"no";"no";"no";"yes";
```

图 1.11 源 CSV 的快照

因此，在本示例中，分隔符将是一个分号（;）。在 pd.read_csv()构造函数中，可以将其表示为 delimiter=';'。

1.4.5 显示数据快照

从外部源读取数据后，确保正确加载数据非常重要。当你有一个包含数千行的数据集时，打印出所有行并不是一个好主意。在这种情况下，你可以通过仅打印前几行来获取数据集的快照（snapshot）。这就是 head()和 tail()函数可以派上用场的地方。

要查看数据的前几行，需要使用 df.head()命令，其中 df 是 DataFrame 的名称。类似地，要查看最后几行，则需要使用 df.tail()命令。

在这两种情况下，默认都会显示前 5 行或最后 5 行。如果想要查看更多（或更少）的行，则可以在 head()函数或 tail()函数中指定一个数字作为参数。例如：要查看前 10 行，则可以使用 df.head(10)函数；要查看最后 7 行，则可以使用 df.tail(7)函数。

1.4.6　将数据写入文件中

在许多情况下，你都可能需要将数据写入文件中并将其存储在磁盘中以备将来使用。在接下来的练习中，你需要将数据写入 CSV 文件中。你可以使用 df.to_csv(outpath)命令将数据写入文件中。其中，df 是 DataFrame 的名称，outpath 参数是必须写入数据的路径。

有了这些基础知识之后，即可将我们迄今为止学习过的所有内容付诸实践了。下面的练习将帮助你做到这一点。

1.4.7　练习 1.1——使用 Pandas 读取和写入数据

在本练习中，你将使用之前下载的学生表现数据集。本练习的目标是将该文件中的数据读入 DataFrame 中，显示数据的前面几行，然后将该数据的一小部分样本存储在一个新文件中。

🛈 注意：

你如果尚未下载 student-por.csv 文件，则可访问以下网址下载该文件：

https://github.com/PacktWorkshops/The-Pandas-Workshop/tree/master/Chapter01/Datasets

以下步骤将帮助你完成此练习。

（1）打开一个新的 Jupyter Notebook 并选择 Pandas_Workshop 内核，如图 1.12 所示。

（2）通过在新的 Jupyter Notebook 单元格中输入或粘贴以下命令来导入 Pandas 库。按 Shift + Enter 快捷键运行以下命令：

```
import pandas as pd
```

（3）定义已下载的文件的路径。在一个名为 filename 的变量中指定已下载数据的路径：

```
filename = '../Datasets/student-por.csv'
```

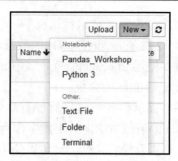

图 1.12　选择 Pandas_Workshop 内核

注意：

　　上述代码假设该 CSV 文件被存储在一个名为 Datasets 的目录中。该目录位于运行当前代码的目录之外。根据你下载和保存文件的位置，你可能需要对上述代码中加粗显示的部分进行一些修改。例如，如果你保存文件的目录就是当前 Jupyter Notebook 的运行目录，那么 filename 变量将仅包含 student-por.csv 值。

　　（4）使用 pd.read_csv()函数读取文件，如下所示：

```
studentData = pd.read_csv(filename, delimiter=';')
```

　　在上述示例中，你将数据存储在一个名为 studentData 的变量中，它将是你的 DataFrame 的名称。

　　（5）显示前 5 行数据，示例如下：

```
studentData.head()
```

　　你应该得到如图 1.13 所示的输出结果。

	school	sex	age	address	famsize	Pstatus	Medu	Fedu	Mjob	Fjob	...	famrel	freetime	goout	Dalc	Walc	health	absences	G1	G2	G3
0	GP	F	18	U	GT3	A	4	4	at_home	teacher	...	4	3	4	1	1	3	4	0	11	11
1	GP	F	17	U	GT3	T	1	1	at_home	other	...	5	3	3	1	1	3	2	9	11	11
2	GP	F	15	U	LE3	T	1	1	at_home	other	...	4	3	2	2	3	3	6	12	13	12
3	GP	F	15	U	GT3	T	4	2	health	services	...	3	2	2	1	1	5	0	14	14	14
4	GP	F	16	U	GT3	T	3	3	other	other	...	4	3	2	1	2	5	0	11	13	13

5 rows × 33 columns

图 1.13　studentData DataFrame 的前 5 行

　　在显示前 5 行数据后，可以看到数据分布在 33 列中。

　　（6）制作一个仅包含前 5 行的新 DataFrame。获取数据的前 5 行，然后将其存储在另一个名为 studentSmall 的变量中：

```
studentSmall = studentData.head()
```

后续步骤会将此小数据集写入一个新文件中。

（7）使用以下命令定义要写入的文件的输出路径：

```
outpath = '../Datasets/studentSmall.csv'
```

ℹ️ **注意：**

上述命令中提供的路径（已加粗显示）指定了输出路径和文件名。根据你要保存文件的位置，也可以对这些值进行相应的修改。

（8）运行以下命令，即可在你指定的输出路径中创建一个名为 studentSmall.csv 的 CSV 文件：

```
# 将数据写入磁盘中
studentSmall.to_csv(outpath)
```

（9）使用文件资源管理器（Windows 系统）、Finder（Mac 系统）或命令行，可以检查文件是否已被保存到 Datasets 文件夹（或你选择的任何文件夹）中。

在 Excel（或其他兼容程序）中打开新保存的文件后，你会注意到其内容与你在步骤（6）中创建的 DataFrame 相同，如图 1.14 所示。

A	B	C	D	E	F	G	H	I	J	K
	school	sex	age	address	famsize	Pstatus	Medu	Fedu	Mjob	Fjob
0	GP	F	18	U	GT3	A	4	4	at_home	teacher
1	GP	F	17	U	GT3	T	1	1	at_home	other
2	GP	F	15	U	LE3	T	1	1	at_home	other
3	GP	F	15	U	GT3	T	4	2	health	services
4	GP	F	16	U	GT3	T	3	3	other	other

图 1.14　studentSmall.csv 文件的内容

在本练习中，你从 CSV 文件中读取了数据，创建了数据集的一个小样本，并将其写入了磁盘中。本练习旨在展示 Pandas 输入/输出能力的一个方面。Pandas 还可以读取和写入多种格式的数据，如 Excel 文件、JSON 文件和 HTML 等。第 3 章"数据的输入和输出"将更详细地探讨如何输入和输出不同的数据源。

1.4.8　Pandas 中的数据类型

Pandas 支持不同的数据类型，如 int64、float64、date、time 和 Boolean。

在数据分析生命周期中将有无数的实例，数据分析人员经常需要将数据从一种类型转换为另一种类型。在这种情况下，必须了解这些不同的数据类型。本小节中的操作将帮助你了解这些类型。

本小节需要继续使用你在 1.4.7 节"练习 1.1——使用 Pandas 读取和写入数据"中创建的 Jupyter Notebook，因为本小节也将使用相同的数据集。

处理任何数据时要了解的第一个方面是所涉及的不同数据类型。这可以使用 df.dtypes 方法完成，其中 df 是 DataFrame 的名称。

如果你希望在练习 1.1 的步骤（4）中创建的 studentData DataFrame 上尝试该命令，则其示例如下：

```
studentData.dtypes
```

图 1.15 显示了你将获得的输出结果的一小部分。

```
Out[7]:  school        object
         sex           object
         age            int64
         address       object
         famsize       object
         Pstatus       object
         Medu           int64
         Fedu           int64
         Mjob          object
         Fjob          object
         reason        object
```

图 1.15　studentData DataFrame 中的数据类型

从该输出结果中可以看到，该 DataFrame 有两种数据类型——object 和 int64。

其中，object 数据类型是指字符串/文本数据或数字和非数字数据的组合，int64 数据类型则与整数值有关。

此外，你也可以使用 df.info()方法获取有关数据类型的信息，示例如下：

```
studentData.info()
```

图 1.16 显示了你将获得的输出结果的一小部分。

```
<class 'pandas.core.frame.DataFrame'>
RangeIndex: 649 entries, 0 to 648
Data columns (total 33 columns):
 #   Column    Non-Null Count   Dtype
---  ------    --------------   -----
 0   school    649 non-null     object
 1   sex       649 non-null     object
 2   age       649 non-null     int64
 3   address   649 non-null     object
 4   famsize   649 non-null     object
 5   Pstatus   649 non-null     object
 6   Medu      649 non-null     int64
 7   Fedu      649 non-null     int64
 8   Mjob      649 non-null     object
```

图 1.16　关于数据类型的信息

在图 1.16 中可以看到，该方法提供了有关数据集中的空值（null）/非空值（non-null）数量以及行数的信息。在本示例中，所有 649 行都包含非空数据。

Pandas 还允许你使用 astype()函数轻松地将数据从一种类型转换为另一种类型。假设你需要将其中一种 int64 数据类型转换为 float64，你可以对 Medu 特征（也就是列）执行此操作，如下所示：

```
# 将'Medu'列的数据类型转换为 float
studentData['Medu'] = studentData['Medu'].astype('float')

studentData.dtypes
```

图 1.17 显示了你将获得的输出结果的一小部分。

```
Out[13]:  school      object
          sex         object
          age         int64
          address     object
          famsize     object
          Pstatus     object
          Medu        float64
          Fedu        int64
          Mjob        object
```

图 1.17　转换后的数据类型

使用 astype()函数转换数据类型时，必须指定目标数据类型。然后，你将这些更改结果存储在同一个变量中。图 1.17 中的输出结果显示 Medu 列的 int64 数据类型已被更改为 float64。

你可以使用以下命令显示更改后的 DataFrame 的前 5 行并查看变量值的变化：

```
studentData.head()
```

其输出结果应如图 1.18 所示。

	school	sex	age	address	famsize	Pstatus	Medu	Fedu	Mjob	Fjob	...	famrel	freetime	goout	Dalc	Walc	health	absences	G1	G2	G3
0	GP	F	18	U	GT3	A	4.0	4	at_home	teacher	...	4	3	4	1	1	3	4	0	11	11
1	GP	F	17	U	GT3	T	1.0	1	at_home	other	...	5	3	3	1	1	3	2	9	11	11
2	GP	F	15	U	LE3	T	1.0	1	at_home	other	...	4	3	2	2	3	3	6	12	13	12
3	GP	F	15	U	GT3	T	4.0	2	health	services	...	3	2	2	1	1	5	0	14	14	14
4	GP	F	16	U	GT3	T	3.0	3	other	other	...	4	3	2	1	2	5	0	11	13	13

5 rows × 33 columns

图 1.18　将数据类型转换后的 DataFrame

从该输出结果中可以看到，Medu 列中的值已被转换为浮点值。

到目前为止，我们所讨论的只是转换数据类型的基本操作。你还可以对数据类型进行一些更有趣的转换，第 4 章"Pandas 数据类型"将会对此进行更详细的介绍。

下一小节将介绍数据选择方法。当然，下一小节还需要使用迄今为止使用过的 Jupyter Notebook。

1.4.9　数据选择

到目前为止，你已经看到了一些操作，这些操作允许你从外部文件中导入数据并从导入的数据中创建数据对象（如 DataFrame）。一旦 DataFrame 之类的数据对象已被初始化，就可以使用 Pandas 提供的一些直观功能从该数据对象中提取相关数据。其中一项功能是创建索引（indexing）。

创建索引也称为创建子集（subsetting），是一种从 DataFrame 中提取数据横截面的方法。首先，你将学习如何从 studentData DataFrame 中索引一些特定的数据列。

例如，要从 DataFrame 中提取 age 列，可使用以下命令：

```
ageDf = studentData['age']
ageDf
```

你应该看到如图 1.19 所示的输出结果。

```
0      18
1      17
2      15
3      15
4      16
       ..
644    19
645    18
646    18
647    17
648    18
Name: age, Length: 649, dtype: int64
```

图 1.19　年龄变量

💡提示：

数据要描述的对象是一个观察单位（unit of observation）。例如，在学生表现数据集中，每个学生就是一个观察单位。数据集中的行可以被认为是单独的观察单元。

可以想见，我们可以收集很多数据来描述一个学生——包括他们的年龄、身高和体重等。用于描述一个特定观察单位的这些测量中的一个或多个被称为数据点（data point），数据点中的每个测量值被称为变量（variable），这通常也被称为特征（feature）。它们实际上就是数据集中的列。

从图 1.19 的输出结果中可以看到，age 列已经被保存为单独的 DataFrame。类似地，你也可以从原始 DataFrame 中对多个列进行子集化，如下所示：

```
# 提取 DataFrame 中的多个列
studentSubset1 = studentData[['age','address','famsize']]
studentSubset1
```

你应该得到如图 1.20 所示的输出结果。

	age	address	famsize
0	18	U	GT3
1	17	U	GT3
2	15	U	LE3
3	15	U	GT3
4	16	U	GT3
...	...	...	...
644	19	R	GT3
645	18	U	LE3
646	18	U	GT3
647	17	U	LE3
648	18	R	LE3

649 rows × 3 columns

图 1.20　提取多个特征

在图 1.20 中可以看到,已经有多个列(age、address 和 famsize)被提取到新的 DataFrame 中。如上述示例所示，当必须对多个列进行子集化时，所有列都表示为一个列表。

你还可以对 DataFrame 中的特定行进行子集化，如下所示：

```
studentSubset2 = studentData.
loc[:25,['age','address','famsize']]
studentSubset2.shape
```

上述代码段的输出如下：

```
(26, 3)
```

要对特定行进行子集化，可以使用名为.loc()的特殊操作符以及所需行的标签索引。在上述示例中，子集化一直持续到数据集的第 25 行。从输出结果中可以看到，数据有 26 行，这意味着第 25 行也包含在子集中。

创建子集/索引是数据分析过程的关键部分。Pandas 有一些用于提取横截面数据的通用函数。第 5 章"数据选择——DataFrame"和第 6 章"数据选择——Series"将对此展开详细介绍。

下一小节将介绍数据转换方法。同样，下一小节将继续使用迄今为止使用过的 Jupyter Notebook。

1.4.10　数据转换

一旦从源文件或子集数据中创建了一个新的 DataFrame，就可以执行进一步的转换，如清理变量或处理缺失的数据。在某些情况下，你必须根据某些变量对数据进行分组，以便从不同的角度分析数据。本小节将介绍一些有用的数据转换方法示例。

例如，你可能需要对数据进行分组的一种情况是，当你想要验证每个家庭规模类别下的学生人数时。在 famsize（家庭规模）特征中，有两类：GT3（多于三个成员）和 LE3（少于三个成员）。假设你想知道每个类别下有多少学生。为此，你必须获取 famsize（家庭规模）列，确定该列中所有的唯一家庭人数规模，然后找到每个规模类别下的学生人数。这可以通过使用名为 groupby 和 agg 的两个简单函数来实现：

```
studentData.groupby(['famsize'])['famsize'].agg('count')
```

其输出结果如图 1.21 所示。

```
famsize
GT3     457
LE3     192
Name: famsize, dtype: int64
```

图 1.21　数据聚合

上述示例使用了 groupby 函数按 famsize 变量对 DataFrame 进行了分组，之后使用了 count 聚合函数计算每个 famsize 类别下的记录数。从输出结果中可以看到，家庭规模有两类，即 LE3 和 GT3，其中大多数属于 GT3 类别。

从该示例中可以看出，上面列出的所有不同步骤都可以使用一行代码来实现。Pandas 可以进行不同类型的转换。

下一小节将介绍数据可视化方法。

1.4.11　数据可视化

人们常说："一图胜千言"。这句格言在数据分析中占有重要地位。如果没有适当的可视化，数据分析将是不完整的，并且看起来很空洞。Matplotlib 是一个流行的数据可

视化库，可以很好地与 Pandas 进行配合使用。在本小节中，你将为在上一小节中创建的
聚合数据创建一些简单的可视化。

假设你想可视化每个家庭规模类别下的学生人数：

```
aggData = studentData.groupby(['famsize'])['famsize'].agg('count')
aggData
```

你应该得到如图 1.22 所示的输出结果。

```
famsize
GT3    457
LE3    192
Name: famsize, dtype: int64
```

图 1.22　数据聚合

在上述示例中，groupby 函数用于聚合家庭规模（famsize）列。

在绘制此数据之前，你需要创建 x 轴和 y 轴值。要定义它们，需要借助分组数据的
唯一索引，你可以添加以下代码：

```
x = list(aggData.index)
x
```

你将看到以下输出结果：

```
['GT3', 'LE3']
```

上述代码采用了聚合数据的索引值作为 x 轴值。下一步则是创建 y 轴值：

```
y = aggData.values
y
```

你应该看到以下输出结果：

```
array([457, 192], dtype=int64)
```

在家庭规模列中，每个类别的聚合值位于 y 轴上。在获得 x 轴和 y 轴值后，你可以使
用 Matplotlib 绘制它们，示例如下：

```
import matplotlib.pyplot as plt
%matplotlib inline
plt.style.use('ggplot')

# 为数据绘图
plt.bar(x, y, color='gray')
plt.xlabel("Family Sizes")
```

```
plt.ylabel("Count of Students ")
plt.title("Distribution of students against family sizes")
plt.show()
```

💡 提示：

在上述代码片段中，color 参数的 gray 值（已加粗显示）可用于生成灰度图。你也可以使用其他颜色值（如 darkgreen 或 maroon）作为 color 参数的值以绘制彩色图形。

你将获得如图 1.23 所示的输出结果。

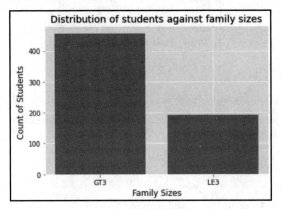

图 1.23　家庭规模图

在上述代码片段中，第一行导入了 matplotlib 包。% inline 命令确保可视化显示在同一个 Notebook 的一个单元格中，而不是让它作为一个单独的窗口弹出。此绘图使用称为 ggplot 的样式，这是 R 语言中使用的流行绘图库。

plt.bar()方法将以条形图的形式绘制数据。在此方法中，你可以定义 x 轴和 y 轴值，还可以定义颜色。该代码片段中的其余行定义了 x 轴和 y 轴的标签，以及图表的标题。最后，该代码片段使用了 plt.show()显示绘图。

Matplotlib 与 Pandas 配合得很好，可以创建令人印象深刻的可视化。第 8 章 "理解数据可视化" 将详细探讨该主题。

在下一小节中，你将看到 Pandas 如何提供实用工具来操作日期对象。

1.4.12　时间序列数据

在日常生活中随处可见时间序列数据。社交媒体发出的数据、传感器数据、电子商务网站的浏览模式以及数据中心的日志流数据等都是时间序列数据的例子。预处理时间序列数据需要对时间组件（例如年、月、日、小时、分钟和秒）执行各种转换操作。

本小节将简要介绍一些带有日期和时间对象的转换函数。你如果想要将某个字符串转换为 Pandas 中的日期对象，则可以使用名为 pd.to_datetime() 的函数来实现此操作：

```
date = pd.to_datetime('15th of January, 2021')
print(date)
```

你应该得到以下输出结果：

```
2021-01-15 00:00
```

从该输出结果中可以看到，该字符串对象已被转换为日期。

接下来，假设你要计算从上述输出结果中获得的日期起 25 天之后的日期。为此，可以运行以下代码：

```
# 25 天之后的日期
newdate = date+pd.to_timedelta(25,unit='D')
print(newdate)
```

你将获得以下输出结果：

```
2021-02-09 00:00:00
```

可以看到，pd.to_timedelta() 函数提供了一种直观的方法来计算规定天数后的日期。其中，unit='D' 参数用于定义转换必须以天为单位。

接下来，假设你想要获取从开始日期到特定天数的所有日期。这可以通过以下方式实现：

```
# 获取后 7 天的日期
futureDate = pd.date_range(start=newdate, periods=7, freq='D')
futureDate
```

你应该得到如图 1.24 所示的输出结果。

```
DatetimeIndex(['2021-02-09', '2021-02-10', '2021-02-11', '2021-02-12',
               '2021-02-13', '2021-02-14', '2021-02-15'],
              dtype='datetime64[ns]', freq='D')
```

图 1.24　日期范围输出

在此示例中，date_range() 函数用于获取所有未来日期的列表。其中，start 参数定义的是你需要开始计算范围的日期，period 参数表示它必须从开始日期计算的天数，而 freq = 'D' 参数则表示单位是天。

Pandas 中还有更多用于处理时间对象的转换函数。第 12 章 "在 Pandas 中使用时间" 将更深入地介绍这些函数。

1.4.13   代码优化

如果数据集变得更大或运行速度成为一个问题，则有许多优化技术可用于提高性能或改善内存占用。这些技术包括采用更恰当的数据类型和创建自定义扩展等。

Pandas 中可用的众多优化技术之一被称为向量化（vectorization）。向量化是对整个数组应用操作的过程。Pandas 有一些高效的向量化过程，可以实现更快的数据处理，如 apply 和 lambda，本小节将简要介绍这些过程。

你可能已经知道，apply 函数可用于将函数应用于 Series 的每个元素上，而 lambda 函数则是一种在操作中创建匿名函数的方法。在很多时候，我们可以将 apply 函数与 lambda 函数结合使用以实现高效运行。

在以下示例中，你将学习如何通过将函数应用于每个成绩变量（G1、G2、G3）来创建新数据集。该函数将获取成绩特征的每个元素并将其递增 5。首先，你将只使用 apply 函数；然后，你将使用 lambda 函数。

要实现 apply 函数，必须创建一个简单的函数。以下函数将接收一个输入并将其加 5：

```
# 定义函数
def add5(x):
    return x + 5
```

现在，此函数将通过 apply 函数应用于成绩特征的每个元素上：

```
# 使用 apply 函数
df = studentData[['G1','G2','G3']].apply(add5)
df.head()
```

你应该得到如图 1.25 所示的输出结果。

这也可以在使用 lambda 函数而不定义单独函数的情况下实现，如下所示：

```
df = studentData[['G1','G2','G3']].apply(lambda x:x+5)
df.head()
```

你应该得到如图 1.26 所示的输出结果。

在上述示例中可以看到，lambda()函数让你只需一行代码即可执行操作，而无须创建单独的函数。

我们实现的示例在使用向量化方面只是一个相对简单的示例。事实上，使用向量化可以优化许多更复杂的任务。此外，向量化也是 Pandas 中使用的众多代码优化方法之一。

到目前为止，你已经大致了解了本书将要探讨的主题。所有这些主题都将在后续章节中进行更深入的讨论。

	G1	G2	G3
0	5	16	16
1	14	16	16
2	17	18	17
3	19	19	19
4	16	18	18

	G1	G2	G3
0	5	16	16
1	14	16	16
2	17	18	17
3	19	19	19
4	16	18	18

图 1.25　使用 apply 函数后的输出结果　　　　图 1.26　使用 lambda 函数后的输出结果

接下来，你可以通过几个练习来实践你迄今为止学过的概念。然后，你还可以通过完成本章作业来测试你学过的内容。

1.4.14　实用工具函数

在接下来的练习中，你将会使用一些实用工具函数。这些实用工具函数如下所示。

❑　使用 random()生成随机数：

在数据分析生命周期中将有许多必须随机生成数据的实例。NumPy 是 Python 中的一个库，其中包含一些用于生成随机数的函数。来看以下示例：

```
# 生成随机数
import numpy as np
np.random.normal(2.0, 1, 10)
```

你应该得到如图 1.27 所示的输出结果。

```
array([3.38456318, 1.76608323, 2.14843901, 2.95586157, 2.4149523 ,
       2.3740889 , 1.50526992, 1.91944094, 0.03591338, 3.45030228])
```

图 1.27　使用随机函数的输出结果

上述示例导入了 NumPy 库，然后使用了 np.random.normal()函数从平均值为 2 和标准差为 1 的正态分布中生成 10 个数字。接下来的练习将会使用此函数。

❑　使用 pd.concat()连接多个数据 Series：

另一个常用的函数是 concat，它用于将多个数据元素连接在一起。示例如下：

```
# 连接 3 个 Series
pd.concat([ser1,ser2,ser3], axis=1)
```

上述示例使用了 pd.concat()函数连接 3 个 Series。其中，参数 axis=1 指定要沿列进行连接。如果设置 axis=0，则表示沿行进行连接，如图 1.28 所示。

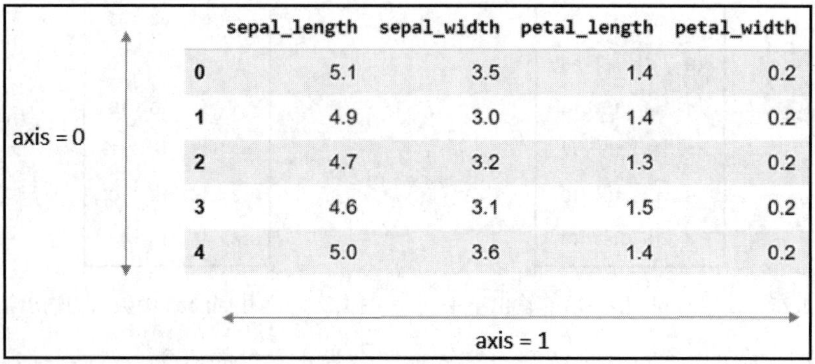

	sepal_length	sepal_width	petal_length	petal_width
0	5.1	3.5	1.4	0.2
1	4.9	3.0	1.4	0.2
2	4.7	3.2	1.3	0.2
3	4.6	3.1	1.5	0.2
4	5.0	3.6	1.4	0.2

图 1.28　axis 参数的表示

- df.sum、df.mean 和 divmod 数值函数：
  在接下来的练习中，你将会使用这些数字函数。其中，第一个函数 df.sum 可用于计算 DataFrame 中值的总和。如果要查找列中 DataFrame 元素的总和，可以使用 axis=0 参数，例如 df.sum(axis=0)。

对于图 1.28 中显示的 DataFrame，df.sum(axis=0)会给出如图 1.29 所示的输出结果。

```
sepal_length    24.3
sepal_width     16.4
petal_length       7
petal_width        1
```

图 1.29　轴求和示例

另外，定义 axis=1 则是对沿行的值进行求和。例如，对于相同的数据集，df.sum(axis=1) 将给出如图 1.30 所示的输出结果。

```
0    10.2
1     9.5
2     9.4
3     9.4
4    10.2
```

图 1.30　轴求和的输出结果

df.mean 将计算数据的平均值。计算方向也可以使用类似的 axis 参数进行定义。

最后，divmod 可用于计算除法运算的商和余数。

在接下来的练习中，你还将使用两种数据操作方法：apply 和 applymap。其中，第一种方法 apply 可用于 Series 对象和 DataFrame 对象，第二种方法 applymap 则只能用于

DataFrame 对象。应用这些方法后获得的输出取决于在这些方法中用作参数的函数。

❑ to_numeric 和 to_numpy 数据类型转换函数：

to_numeric 和 to_numpy 是两个常用的数据类型转换函数。其中，第一个函数 to_numeric 可用于将任何数据对象的数据类型更改为数值数据类型，第二个函数 to_numpy 可用于将 Pandas DataFrame 转换为 numpy 数组。这两个函数都被广泛用于数据操作。

❑ df.eq、df.gt 和 df.lt DataFrame 比较函数：

在很多情况下，你需要将一个 DataFrame 与另一个 DataFrame 进行比较。Pandas 提供了一些很好的比较函数来做到这一点。一些常见的函数包括 df.eq、df.gt 和 df.lt。其中，第一种函数 df.eq 将显示一个 DataFrame 中与第二个 DataFrame 中的元素相同的所有元素。类似地，df.gt 函数会在一个 DataFrame 中找到那些更大的元素，而 df.lt 函数则可以查找那些小于另一个 DataFrame 中的元素。

❑ 列表推导式：

列表推导式（list comprehension）是 Python 中用于根据现有列表创建列表的语法。使用列表推导式有助于避免使用 for 循环。例如，假设你想从单词 Pandas 中提取每个字母，一种方法是使用 for 循环。来看以下代码段：

```
# 定义一个空列表
letters = []

for letter in 'Pandas':
    letters.append(letter)

print(letters)
```

运行上述代码，你应该看到以下输出结果：

```
['P', 'a', 'n', 'd', 'a', 's']
```

但是，使用列表推导式则更容易且更紧凑，示例如下：

```
letters = [ letter for letter in 'Pandas' ]
print(letters)
```

同样，你应该得到以下输出结果：

```
['P', 'a', 'n', 'd', 'a', 's']
```

如上述示例所示，使用列表推导式可将代码优化为一行。

❑ df.iloc()数据选择函数：

df.loc()函数可用于选择 DataFrame 的特定行。与此类似,还有另一个函数 df.iloc(),它可以选择数据的特定索引。让我们通过一个简单的例子来理解这一点。

让我们创建一个名为 df 的 DataFrame:

```
# 创建一个 DataFrame
lst = [ ['C', 45], ['A', 60],
        ['A', 26], ['C', 57], ['C', 81]]

df = pd.DataFrame(lst, columns =['Product', 'Sales'])
df
```

你应该看到如图 1.31 所示的输出结果。

假设要对 Sales 列的前 3 行进行子集化,则可以使用 df.loc()函数,示例如下:

```
df.loc[:2,'Sales']
```

运行此代码段应产生如图 1.32 所示的输出结果。

	Product	Sales
0	C	45
1	A	60
2	A	26
3	C	57
4	C	81

```
0    45
1    60
2    26
Name: Sales, dtype: int64
```

图 1.31 创建一个 DataFrame   图 1.32 选择前 3 行

在上述代码中,第一个参数:2 表示到索引 2 为止的行,第二个参数 Sales 表示需要选择的列。

如果要在 DataFrame 中选择特定索引,则可以使用 df.iloc()函数,示例如下:

```
df.iloc[3]
```

你应该看到如图 1.33 所示的输出结果。

❑ 布尔索引:

Pandas 中的另一个重要概念是布尔索引(Boolean indexing)。来看看你在上一个示例中创建的相同销售数据,如图 1.34 所示。

假设要找出所有等于 45 的 Sales(销售)值。为此,你可以对数据进行子集化,示例如下:

```
df['Sales'].eq(45)
```

```
Product     C
Sales      57
Name: 3, dtype: object
```

图 1.33　选择索引

	Product	Sales
0	C	45
1	A	60
2	A	26
3	C	57
4	C	81

图 1.34　销售数据

运行此程序将产生如图 1.35 所示的输出结果。

在图 1.35 中可以看到，你会得到一个布尔输出（True 或 False），具体取决于该行是否满足条件，即 Sales 的值等于 45。

当然，你如果想要实际的行及其值，而不是 Boolean 输出，则可以应用另一种类型的子集操作，如下所示：

```
df[df['Sales'].eq(45)]
```

你将获得如图 1.36 所示的输出结果。

```
0    True
1    False
2    False
3    False
4    False
```

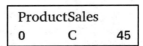

图 1.35　找出哪些销售额的值等于 45　　　图 1.36　找出哪一行的销售额等于 45

在图 1.36 中可以看到，只有第一行满足条件。

现在你已经初步了解了 Pandas 的一些实用工具函数，接下来可以进入第二个练习了。

1.4.15　练习 1.2——使用 Pandas 进行基本数值运算

苔丝女士正在为一些将与她一起工作的初级数据分析师举办关于 Pandas 的培训课程。作为培训的一部分，他们需要生成一些数据并对其进行数值运算，如求和、计算均值和模运算等。本练习的目的是通过运行和验证所有代码来帮助苔丝女士进行培训。

为此，你需要执行以下操作。

（1）从 Series 对象中创建 DataFrame。

（2）使用均值、求和和取模运算查找 DataFrame 的汇总统计信息。

（3）将 applymap()方法与 lambda 函数一起使用。

（4）使用列表推导式创建新特征并将它们与现有 DataFrame 进行连接。

（5）将数据类型更改为 int64。

（6）将 DataFrame 转换为 NumPy 数组。

请按照以下步骤完成此练习。

（1）打开一个新的 Jupyter Notebook 并选择 Pandas_Workshop 内核。

（2）将 Pandas、NumPy 和 random 导入你的 Notebook 中：

```
import pandas as pd
import numpy as np
import random
```

（3）通过生成一些随机数据点创建 3 个 Series。为此，可以首先从 3 个不同的正态分布中采样 100 个数据点。其中：第一个正态分布的平均值为 3.0，标准偏差为 1；第二个正态分布的平均值和标准值分别为 5.0 和 3；第三个正态分布的平均值和标准值分别为 1.0 和 0.5。

采样数据必须被转换成 Pandas Series。示例如下：

```
# 初始化一个随机种子
np.random.seed(123)

# 创建 3 个 Series
ser1 = pd.Series(np.random.normal(3.0, 1, 100))
ser2 = pd.Series(np.random.normal(5.0, 3, 100))
ser3 = pd.Series(np.random.normal(1.0, 0.5, 100))
```

上述示例使用了 random.seed() 方法初始化一个随机种子。此方法可确保你获得与本示例相同的结果。

💡提示：

在上述代码片段中，np.random 可用于生成伪随机数，之所以说它是伪随机数，是因为计算机实际上无法生成真正的随机数。使用种子（seed）的好处是方便算法复现，多次运行可获得相同的结果。

（4）将 3 个 Series 连接成一个 DataFrame。命名各列并显示新创建的 DataFrame 的前几行，示例如下：

```
Df = pd.concat([ser1,ser2,ser3], axis=1)

# 对列进行命名
Df.columns=['V1','V2','V3']
```

```
# 显示列的前 5 行
Df.head()
```

你应该得到如图 1.37 所示的输出结果。

	V1	V2	V3
0	1.914369	6.926164	1.351655
1	3.997345	-0.933664	0.700947
2	3.282978	7.136794	2.100351
3	1.493705	12.794912	1.344148
4	2.421400	4.926122	0.996846

图 1.37　将 3 个 Series 连接成一个 DataFrame

（5）使用 df.sum 函数找到 DataFrame 沿列的总和：

```
Df.sum(axis=0)
```

你应该得到如图 1.38 所示的输出结果。

（6）参数 axis=0 可以定义跨行的操作。在图 1.38 中，可以看到对应于每列 V1、V2 和 V3 的 3 个总和值。相应地，参数 axis=1 可以跨列执行操作，这样你将能够看到 100 个值，其中每一个值对应一行的总和。

（7）使用 df.mean 函数可以跨列和行计算值的平均值。示例如下：

```
# 查找列的平均值
Df.mean(axis=0)
```

你将获得如图 1.39 所示的输出结果。

```
V1    302.710907
V2    494.139331
V3     95.243434
dtype: float64
```

```
V1    3.027109
V2    4.941393
V3    0.952434
dtype: float64
```

图 1.38　沿列求和的结果　　　　　　　图 1.39　列的平均值

要查找各行的平均值，需要使用以下代码：

```
# 查找行的平均值
Df.mean(axis=1)
```

你应该得到如图 1.40 所示的输出结果。

```
0      3.397396
1      1.254876
2      4.173374
3      5.210922
4      2.781456
        ...
95     0.228614
96     2.681817
97     2.503941
98     2.811963
99     2.792288
Length: 100, dtype: float64
```

图 1.40　各行的平均值

（8）使用 divmod 函数找到每列的模数。以下是将此函数与 lambda 函数和 apply 函数结合使用的示例：

```
# 对每个 Series 应用 divmod 函数
Df.apply(lambda x: divmod(x,3))
```

你应该得到如图 1.41 所示的输出结果。

	V1	V2	V3
0	0 0.0 1 1.0 2 1.0 3 0.0 4 ...	0 2.0 1 -1.0 2 2.0 3 4.0 4 ...	0 0.0 1 0.0 2 0.0 3 0.0 4 ...
1	0 1.914369 1 0.997345 2 0.282978 3 ...	0 0.926164 1 2.066336 2 1.136794 3 ...	0 1.351655 1 0.700947 2 2.100351 3 ...

图 1.41　使用 divmod 函数的输出结果

在上述示例代码中可以看到，apply 函数将 divmod 函数应用于每个 Series。divmod 函数可以为 Series 中的每个值生成商和余数。其中，第一行对应商，第二行对应余数。

（9）在上一步中，当你实现 apply 方法时，divmod 是按列应用的。因此，可以看到 V1 列下所有行的商在第 0 行 V1 列中被聚合，而 V1 列的余数在第 1 行 V1 列中被聚合。但是，如果要查找 DataFrame 的每个单元格的商和余数，则可以使用 applymap，示例如下：

```
df.applymap(lambda x: divmod(x,3))
```

你应该得到如图 1.42 所示的输出结果。

可以看到，当你以这种方式对 divmod()函数使用 applymap()时，商和余数在输出结果中生成为元组（tuple）。

	V1	V2	V3
0	(0.0, 1.9143693966994388)	(2.0, 0.9261640678154937)	(0.0, 1.3516550589033651)
1	(1.0, 0.9973454465835858)	(-1.0, 2.0663362054386534)	(0.0, 0.7009473343295873)
2	(1.0, 0.28297849805199204)	(2.0, 1.1367939064115546)	(0.0, 2.1003510496085642)
3	(0.0, 1.493705286081908)	(4.0, 0.7949117818079436)	(0.0, 1.3441484651110442)
4	(0.0, 2.4213997480314635)	(1.0, 1.9261220557055578)	(0.0, 0.9968463745430639)
...	...	...	...
95	(1.0, 1.031114458921742)	(-2.0, 1.3068349762420635)	(0.0, 1.347893659569804)
96	(0.0, 1.9154320879942335)	(1.0, 1.1921195307477372)	(0.0, 1.9379002733568176)
97	(0.0, 1.6365284553814157)	(1.0, 1.6674478368409789)	(0.0, 1.207847269946212)
98	(1.0, 0.37940061207813613)	(1.0, 0.9762148513802424)	(0.0, 1.080272210739859)
99	(0.0, 2.6208235654274477)	(1.0, 1.3461612136911745)	(0.0, 1.4098803048050945)

100 rows × 3 columns

图 1.42　使用 divmod 和 applymap 后的输出结果

（10）创建另一个字符 Series，然后使用 to_numeric 函数将该 Series 转换为数字格式。将 Series 转换为数字格式后，再将 Series 与现有 DataFrame 连接起来。

创建一个字符列表并显示其长度，如下所示：

```
# 创建一个字符列表
list1 = [['20']*10,['35']*15,['40']*10,['10']*25,['15']*40]

# 使用列表推导式将它们转换为一个列表
charlist = [x for sublist in list1 for x in sublist]

# 显示输出
len(charlist)
```

你应该得到以下输出结果。

```
100
```

上述示例首先创建了一个嵌套的字符编号列表，然后使用了列表推导式将该嵌套列表转换为单个列表，最后使用了 len() 函数显示该列表的长度，以确认该列表中含有 100 个元素。

（11）使用 pd.Series() 函数将上述列表转换为 Series 对象。在创建 Series 之前，可以使用 random.shuffle()函数随机打乱列表。示例如下：

```
# 随机打乱字符列表
random.seed(123)
random.shuffle(charlist)

# 将列表转换为 Series
ser4 = pd.Series(charlist)
ser4
```

你应该得到如图 1.43 所示的输出结果。

在图 1.43 中可以看到，目前的数据类型是 object，说明这是一个字符数据类型的 Series。

（12）现在使用 to_numeric 函数将其数据类型转换为数值：

```
ser4 = pd.to_numeric(ser4)
ser4
```

你将获得如图 1.44 所示的输出结果。

0	15
1	40
2	15
3	10
4	15
	..
95	15
96	10
97	35
98	40
99	20
Length: 100, dtype: object	

0	15
1	40
2	15
3	10
4	15
	..
95	15
96	10
97	35
98	40
99	20
Length: 100, dtype: int64	

图 1.43　新 Series　　　　　图 1.44　将数据类型转换为数值后的 Series

注意，数据类型现在已从 object 更改为 int64。

（13）连接你在上述步骤中创建的第四个 Series，将其存储在新的 DataFrame 中，然后通过将其转换为 NumPy 数组来显示其内容：

```
Df = pd.concat([Df,ser4],axis=1)

# 重命名 DataFrame
Df.rename(columns={0:'V4'}, inplace=True)

# 显示 DataFrame
Df
```

你应该得到如图 1.45 所示的输出结果。

	V1	V2	V3	V4
0	1.914369	6.926164	1.351655	15
1	3.997345	-0.933664	0.700947	40
2	3.282978	7.136794	2.100351	15
3	1.493705	12.794912	1.344148	10
4	2.421400	4.926122	0.996846	15
...	...	...	...	...
95	4.031114	-4.693165	1.347894	15
96	1.915432	4.192120	1.937900	10
97	1.636528	4.667448	1.207847	35
98	3.379401	3.976215	1.080272	40
99	2.620824	4.346161	1.409880	20

100 rows × 4 columns

图 1.45　添加新 Series 后的新 DataFrame

注意，在上述示例中，参数 inplace=True 意味着在添加了新变量之后创建一个新的 DataFrame。

（14）将 DataFrame 转换为 NumPy 数组：

```
numArray = Df.to_numpy()
```

现在，显示该数组：

```
numArray
```

你应该得到如图 1.46 所示的输出结果。注意，该图只是截取的片段。

可以看到，新的 DataFrame 已被转换为 NumPy 数组。

在本练习中，你实现了几个数值函数，如 df.sum、df.mean 和 divmod。你还加强了对其他重要函数的理解，例如 apply 和 lambda。

在了解了一些实用工具函数并在本练习中应用了它们之后，你现在可以继续学习本章的最后一个主题，那就是简要了解如何使用 Pandas 构建模型。在下一小节中，你仍将使用迄今为止使用过的 Jupyter Notebook。

```
array([[ 1.91436940e+00,   6.92616407e+00,   1.35165506e+00,
         1.50000000e+01],
       [ 3.99734545e+00,  -9.33663795e-01,   7.00947334e-01,
         4.00000000e+01],
       [ 3.28297850e+00,   7.13679391e+00,   2.10035105e+00,
         1.50000000e+01],
       [ 1.49370529e+00,   1.27949118e+01,   1.34414847e+00,
         1.00000000e+01],
       [ 2.42139975e+00,   4.92612206e+00,   9.96846375e-01,
         1.50000000e+01],
       [ 4.65143654e+00,   5.10242639e+00,   8.96668848e-01,
         1.50000000e+01],
       [ 5.73320757e-01,   5.53864845e+00,   9.56738857e-01,
         2.00000000e+01],
       [ 2.57108737e+00,  -5.85927132e-01,   5.42346465e-01,
         1.50000000e+01],
       [ 4.26593626e+00,   6.27843992e+00,   9.52398730e-01,
         1.50000000e+01],
       [ 2.13325960e+00,   1.83770768e-01,   1.13934176e+00,
```

图 1.46　将 DataFrame 转换为 NumPy 数组

1.4.16　数据建模

Pandas 广受欢迎的一个重要因素是它在数据科学生命周期中的实用性。Pandas 已经成为大多数数据科学预处理步骤的工具，如数据插补、缩放和规范化。这些都是在构建机器学习模型时的重要步骤。

在数据科学生命周期中，Pandas 非常有用的另一个重要过程是创建训练集（train set）和测试集（test set）。训练数据集用于创建机器学习模型，而测试数据集则用于评估使用训练集后构建的机器学习模型的性能。Pandas 是创建训练集和测试集的首选工具。

ⓘ 注意：

如果你目前还不理解有关建模的概念，那也没关系，只要按照本书的节奏学习即可，因为第 10 章 "数据建模——有关建模的基础知识" 会对此展开详细讨论。

考虑本章下载的数据集已使用 Pandas 分为训练集和测试集，你也可以使用之前使用的学生数据集，并将其拆分为两部分，示例如下：

```
# 采样 80% 的数据作为训练集
train=studentData.sample(frac=0.8,random_state=123)

# 余下的数据则作为测试集
test=studentData.drop(train.index)
```

上述代码首先随机抽取了 80% 的数据。其中，参数 frac=0.8 指定了训练数据的比例。训练集和测试集的数据采样是随机发生的。但是，如果要获得相同的训练集和测试集，则可以使用一个名为 random_state 的参数并为此定义一个种子数（在本例中为 123）。每次使用相同的种子数字，都会得到相似的数据集。你可以通过更改种子数字来更改数据集。这个过程被称为使用伪随机数再现结果。在本示例中，random_state=123 参数已被设置，因此你也可以获得与此处显示的结果相似的结果。

对训练数据进行采样后，下一个任务是从原始数据集中删除这些样本以获取测试数据。使用以下代码可以查看训练和测试数据集的形状：

```
print('Shape of the training data',train.shape)
print('Shape of the test data',test.shape)
```

你将获得以下输出结果：

```
Shape of the training data (519, 33)
Shape of the test data (130, 33)
```

上述输出结果显示训练数据包含 519 行，这基本上就是全部数据的 80%，其余数据与测试集有关。要查看训练数据集的前 5 行，需要输入以下命令：

```
train.head()
```

你应该得到如图 1.47 所示的输出结果。

	school	sex	age	address	famsize	Pstatus	Medu	Fedu	Mjob	Fjob	...	famrel	freetime	goout	Dalc	Walc	health	absences	G1	G2	G3
376	GP	F	18	U	GT3	T	1.0	1	other	other	...	4	5	5	1	2	2	0	14	14	14
142	GP	M	18	U	LE3	T	3.0	1	services	services	...	3	3	4	4	5	4	2	11	11	12
43	GP	M	15	U	GT3	T	2.0	2	services	services	...	5	4	1	1	1	1	0	9	10	10
162	GP	M	15	U	LE3	A	2.0	1	services	other	...	4	5	5	2	5	5	0	12	11	11
351	GP	M	20	U	GT3	A	3.0	2	services	other	...	5	5	3	1	1	5	0	14	15	15

5 rows × 33 columns

图 1.47　训练集的前 5 行

图 1.47 中的输出结果显示，当生成训练集和测试集时，数据集被打乱了，从打乱的索引中即可看出这一点。

ⓘ 注意：

在生成训练集和测试集时，打乱（shuffle，也称为"混洗"）数据很重要。

在下一个练习中，你将使用 merge 操作比较两个 DataFrame。

1.4.17　练习 1.3——比较两个 DataFrame 的数据

在苔丝女士的培训中，必须向初级数据分析师演示如何比较两个 DataFrame。为此，她需要为两个假想的商店创建销售数据集，并比较它们的销售数据。

在本练习中，你将使用数据 Series 创建这些销售数据集。每个 DataFrame 将包含多列。其中，第一列是商店的产品列表，第二列和第三列将列出这些产品的销售情况，如图 1.48 所示。

Product	SALES 1	SALES 2
A	0	0
B	1	0
C	1	0

图 1.48　样本数据格式

你将使用 DataFrame 比较技术来比较这些 DataFrame，还将对这些 DataFrame 执行合并操作，以便于比较。

具体来说，你将在本练习中执行以下操作：

（1）创建 Series 数据，并将其进行连接以创建两个 DataFrame。

（2）应用 eq()、lt() 和 gt() 等比较方法来比较 DataFrame。

（3）使用 groupby() 和 agg 方法来合并 DataFrame。

（4）合并 DataFrame 以便于比较它们。

请按照以下步骤完成此练习。

（1）打开一个新的 Jupyter Notebook 并选择 Pandas_Workshop 内核。

（2）将 Pandas 和 random 库导入你的 Notebook 中：

```
import pandas as pd
import random
```

（3）为产品列表创建一个 Pandas Series。你拥有 3 种不同的产品 A、B 和 C，它们的交易数量各不相同。你将使用 123 作为随机种子。生成列表后，将其打乱并将其转换为 Series。示例如下：

```
# 创建一个字符列表并将它转换为一个 Series
random.seed(123)

list1 = [['A']*3,['B']*5,['C']*7]
charlist = [x for sublist in list1 for x in sublist]
random.shuffle(charlist)

# 从该列表中创建一个 Series
```

```
ser1 = pd.Series(charlist)
ser1
```

你应该得到如图 1.49 所示的输出结果。

（4）下一个要创建的 Series 是一个数字 Series，它将是产品的销售值。你将随机选择 10～100 的 15 个整数值来获取销售数据列表：

```
# 通过随机取样创建一个包含数字元素的 Series
random.seed(123)
ser2 = pd.Series(random.sample(range(10, 100), 15))
ser2
```

你将看到如图 1.50 所示的输出结果。

```
0    C
1    B
2    C
3    B
4    A
5    B
6    C
7    C
8    C
9    C
10   C
11   B
12   A
13   B
14   A
dtype: object
```

```
0    16
1    44
2    21
3    62
4    23
5    14
6    58
7    78
8    81
9    52
10   53
11   30
12   27
13   99
14   41
dtype: int64
```

图 1.49 产品类别 Series   图 1.50 销售数据

（5）将你创建的产品和数据 Series 连接到 Pandas DataFrame 中：

```
# 创建一个产品 DataFrame
prodDf1 = pd.concat([ser1,ser2],axis=1)
prodDf1.columns=['Product','Sales']
prodDf1
```

你应该看到如图 1.51 所示的输出结果。

（6）创建第二个 DataFrame，这类似于你创建的第一个 DataFrame。首先，创建产品列表，如下所示：

```
# 创建产品的第二个 Series
random.seed(321)
list1 = [['A']*2,['B']*8,['C']*5]
charlist = [x for sublist in list1 for x in sublist]
```

```
random.shuffle(charlist)
ser3 = pd.Series(charlist)
ser3
```

其输出结果如图 1.52 所示。

	Product	Sales
0	C	16
1	B	44
2	C	21
3	B	62
4	A	23
5	B	14
6	C	58
7	C	78
8	C	81
9	C	52
10	C	53
11	B	30
12	A	27
13	B	99
14	A	41

```
0     C
1     A
2     A
3     C
4     C
5     B
6     C
7     B
8     C
9     B
10    B
11    B
12    B
13    B
14    B
dtype: object
```

图 1.51　第一个 DataFrame　　　　图 1.52　产品的第二个 Series

（7）创建销售数据：

```
# 创建销售数据
random.seed(321)
ser4 = pd.Series(random.sample(range(10, 100), 15))
ser4
```

你应该得到类似于图 1.53 所示的输出结果。

（8）通过连接两个 Series（ser3 和 ser4）来创建 DataFrame：

```
# 创建产品 DataFrame
prodDf2 = pd.concat([ser3,ser4],axis=1)
prodDf2.columns=['Product','Sales']
prodDf2
```

其输出结果应如图 1.54 所示。

		Product	Sales
	0	C	45
	1	A	60
	2	A	26
	3	C	57
	4	C	81
	5	B	66
	6	C	53
	7	B	41
	8	C	87
	9	B	68
	10	B	64
	11	B	95
	12	B	38
	13	B	11
	14	B	75

```
0     45
1     60
2     26
3     57
4     81
5     66
6     53
7     41
8     87
9     68
10    64
11    95
12    38
13    11
14    75
dtype: int64
```

图 1.53 销售数据 Series   图 1.54 通过连接 ser3 和 ser4 创建的 DataFrame

（9）找出第二个 DataFrame 中有多少个销售值等于 45。这个值是任意选择的——你也可以选择另一个值。使用 df.eq() 函数执行此操作：

```
prodDf2['Sales'].eq(45)
```

你应该得到类似于图 1.55 所示的输出结果。

其输出结果是布尔数据类型。在图 1.55 中可以看到，第一条记录的销售值等于 45。要仅获取满足条件的实际值而不是布尔输出，需要使用括号内的相等比较对 DataFrame 进行子集化，如下所示：

```
# 比较值
prodDf2[prodDf2['Sales'].eq(45)]
```

你应该得到类似于图 1.56 所示的输出结果。

从该输出结果中可以看到，只生成了相关记录。

（10）验证第二个 DataFrame 中销售值大于第一个 DataFrame 的记录数。为此，你可以使用 df.gt 函数，示例如下：

```
prodDf2['Sales'].gt(prodDf1['Sales'])
```

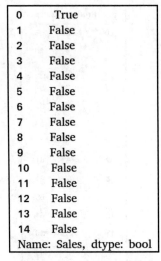

```
0      True
1      False
2      False
3      False
4      False
5      False
6      False
7      False
8      False
9      False
10     False
11     False
12     False
13     False
14     False
Name: Sales, dtype: bool
```

Product	Sales
0	C	45

图 1.55　比较数据集的快照　　　　图 1.56　比较后的记录

其输出结果如图 1.57 所示。

（11）对此创建子集并找到实际值：

```
prodDf2[prodDf2['Sales'].gt(prodDf1['Sales'])]
```

你应该得到如图 1.58 所示的输出结果。

```
0      True
1      True
2      True
3      False
4      True
5      True
6      False
7      False
8      True
9      True
10     True
11     True
12     True
13     False
14     True
Name: Sales, dtype: bool
```

	Product	Sales
0	C	45
1	A	60
2	A	26
4	C	81
5	B	66
8	C	87
9	B	68
10	B	64
11	B	95
12	B	38
14	B	75

图 1.57　DataFrame 的子集　　　　图 1.58　比较之后获得的记录

（12）使用 lt 函数获取第二个 DataFrame（prodDf2）中销售值小于第一个 DataFrame

（prodDf1）的记录：

```
prodDf2[prodDf2['Sales'].lt(prodDf1['Sales'])]
```

其输出结果应如图 1.59 所示。

（13）从 DataFrame 中选择特定的数据点。为此，可使用 df.iloc() 方法，如下所示：

```
prodDf2.iloc[[2,5,6,8]]
```

你应该得到类似于图 1.60 的输出结果。

ProductSales		
3	C	57
6	C	53
7	B	41
13	B	11

图 1.59　比较之后获得的记录

ProductSales		
2	A	26
5	B	66
6	C	53
8	C	87

图 1.60　根据索引值访问记录

（14）找出每种产品的总销售额，然后通过基于重叠列合并两个 DataFrame，将第一个 DataFrame 与第二个 DataFrame 进行比较。根据 Product 列对每个 DataFrame 进行分组，并使用聚合函数（.agg()）找到每个组中所有值的总和：

```
tab1 = prodDf1.groupby(['Product']).agg('sum')
tab2 = prodDf2.groupby(['Product']).agg('sum')
print(tab1)
print(tab2)
```

你应该得到如图 1.61 所示的输出结果。

从该输出结果中可以看到，每个产品的销售额已被聚合。

（15）基于 Product 列合并两个 DataFrame：

```
tab3 = pd.DataFrame(pd.merge(tab1,tab2,on=['Product']))
tab3.columns = ['Sales1','Sales2']
tab3
```

你应该得到如图 1.62 所示的输出结果。

上述输出结果显示了并排放置的销售额和相应产品，这样你就可以更轻松地比较它们。

本练习使用了一些有趣的方法来比较两个 DataFrame，并根据一些重叠的列合并了两个 DataFrame。

在了解了这些数据操作方法之后，你还可以通过一项作业来测试和巩固你所学习到的知识。

	Sales
Product	
A	91
B	249
C	359
	Sales
Product	
A	86
B	458
C	323

图 1.61　产品聚合结果

	Sales1	Sales2
Product		
A	91	86
B	249	458
C	359	323

图 1.62　合并之后的 DataFrame

1.5　作业 1.1——比较两家商店的销售数据

ABC Corporation 是一家零售公司，拥有两家大型杂货和文具店。该公司计划明年开展一场雄心勃勃的营销活动。作为数据分析师，你的任务是从数据中获得以下见解，并将这些见解传递给销售团队，以便他们能够有效地规划其营销活动：

❏　哪家商店的季度销售额更高？

❏　哪家商店的杂货产品销售额最高？

❏　哪家商店的 3 月份销售额最高？

❏　有多少天 Store1 商店的文具销售额高于 Store2 商店的文具销售额？

在本次作业中，你将为这两个商店创建数据集，并使用到目前为止学过的所有方法来回答上述问题。以下步骤将帮助你完成此作业。

（1）打开一个新的 Jupyter Notebook。

（2）加载两家商店对应的数据（Store1.csv 和 Store2.csv）。这些数据集可在本书的配套 GitHub 存储库中获取，其网址如下：

https://github.com/PacktWorkshops/The-Pandas-Workshop/tree/master/Chapter01/Datasets

（3）使用与本章所学不同的方法回答问题。

（4）打印最终生成的 DataFrame。

请注意，你创建的 DataFrame 应采用如图 1.63 所示的格式。

至此，我们已经简要介绍了开始使用 Pandas 所需了解的所有内容。

🔆 提示：

本书附录提供了所有作业的答案。

	Months	Grocery_sales	Stationary_sales
0	Jan	16	57
1	Jan	44	139
2	Jan	15	85
3	Jan	59	8
4	Jan	36	106

图 1.63　最终的输出结果

1.6　小　　结

　　本章为你简要介绍了使 Pandas 成为数据分析生命周期中重要工具的关键功能。我们首先简要讨论了 Pandas 库的体系结构以及本书将涵盖的主题。通过一些实际示例，你将逐步理解 Pandas 库的各项功能。

　　本章介绍了数据对象（如 Series 和 DataFrame 等）、数据类型（如 int64、float 和 object 等），以及可用于从外部源输入数据和将数据写入格式（如 CSV 等）的不同方法。

　　我们演示了操作数据的不同方法，如数据选择和索引，随后使用聚合和分组方法执行了数据转换，并实现了各种数据可视化技术。我们还处理了时间序列数据，探讨了优化 Pandas 代码的方法。

　　最后，本章还简要介绍了如何使用 Pandas 为建模准备数据。

　　在下一章中，将了解 Pandas 中的主要数据结构：Series 和 DataFrame。

第 2 章　数 据 结 构

本章将详细介绍 Pandas 的核心数据结构——DataFrame 和 Series。

你首先将从头开始创建这两种数据结构，然后学习如何将它们存储为 CSV 文件，接着学习如何从 CSV 文件中加载相同的数据结构。

此外，你还将学习如何在 Pandas DataFrame 和 Series 中操作行索引和列，以及如何将列转换为新索引。

到本章结束时，你将能够熟练地在 Python 中操作 Pandas Series 和 DataFrame。

本章包含以下主题：

❑　对数据结构的需求
❑　了解索引和列
❑　使用 Pandas Series

2.1　数据结构简介

数据结构是计算机编程语言的基础。在 Python 中，核心数据结构是列表（list）、集合（set）、元组（tuple）和字典（dictionary）。在编程环境中工作时，数据结构是一种抽象，有助于开发人员跟踪、操作或更改数据。它们还有助于将大量数据集合作为单个对象进行传递，例如将整个 Python 字典发送给函数。但是，那些组织有序的数据集合可能要复杂得多，通常会包含许多行和列。

本章将详细介绍 Pandas 中的数据结构，这些数据结构可以帮助你更有效地处理此类数据集合。你将深入探索这些数据结构的内部工作原理，并了解如何使用它们在 Python 中有效地实现自己的目标。

第 1 章"初始 Pandas"简要介绍了 Pandas 的一些基本概念，例如 DataFrame 和 Series，还演示了一些基本的数据输入/输出（I/O）操作、数据选择方法以及 Pandas 支持的数据转换操作等。

本章将详细分解涉及 DataFrame 和 Series 的基本操作，包括使用 Pandas.read_csv()方法和相应的.to_csv()方法。你将了解有关索引的一些操作思路。索引可用于跟踪 DataFrame 中的行和列（以及 Series 中的项目）。实际上，列也只不过是索引的另一种形式。

同样，本章末尾也提供了相应的作业，你可以通过这些作业巩固本章所学的知识。本书附录还提供了所有作业的答案。

2.2　对数据结构的需求

假设你正在处理美国的季度国内生产总值（gross domestic product，GDP）数据。考虑和使用这种数据的一种简单方式是在表格中使用它。常见的可能是在电子表格软件（如 Microsoft Excel）中查看该数据，如图 2.1 所示。

	A	B
1	date	GDP
2	2017-03-31	19190.4
3	2017-06-30	19356.6
4	2017-09-30	19611.7
5	2017-12-31	19918.9
6	2018-03-31	20163.2
7	2018-06-30	20510.2
8	2018-09-30	20749.8
9	2018-12-31	20897.8
10	2019-03-31	21098.8
11	2019-06-30	21340.3
12	2019-09-30	21542.5
13	2019-12-31	21729.1

图 2.1　表格数据

在图 2.1 中，可以看到有两列数据。电子表格软件已用字母标记列，用数字标记行。此外，表示数据含义的列名（date、GDP）出现在第一行。

图 2.1 所显示的表就是一个数据结构。将这些数据放在两列中可以更轻松地理解和使用它们。但是，在电子表格中，将数据作为单个对象（表格）进行处理是很复杂的。这就是 Pandas 让你超越核心 Python 数据结构（以及电子表格）的地方。

正如我们在第 1 章 "初始 Pandas" 中所看到的，Pandas 可以将整个数据集作为一个对象来引用，例如，上述示例可以是一个名为 GDP_by_quarter 的 DataFrame。如果没有这样的结构，那么你就必须跟踪两个列表：一个用于日期，另一个用于 GDP 值。另一种方法是将数据放入字典中，但这会使简单的操作（例如在某个时间范围内求和）变得更加困难。

值得一提的是，Pandas 部分构建在诸如 NumPy 之类的模块之上。在许多方面，

NumPy 数组都类似于 Pandas DataFrame。那么，有些人可能会问，为什么不继续使用数组呢？答案就是它们之间也确实存在一些区别。例如，在 NumPy 数组中，没有行名或列名，只有数字索引（索引以 0 开始计数）。因此，你必须记住第 0 列是指日期，而第 1 列则是指 GDP 值这一事实。这类似于电子表格中的局限性——你如果使用图 2.1 中的电子表格，则必须将 GDP 列称为 B 列。

在处理数据科学和分析等领域的数据时，表格数据无处不在。通过 DataFrame，Pandas 为存储表格数据提供了一种自然的结构。由于 DataFrame 也包含 Series，因此 Series 是 Pandas 中另一个关键的数据结构概念，二者经常相辅相成。

2.2.1　数据结构

如果使用 Pandas 将图 2.1 中的示例数据加载到 Jupyter Notebook 中，那么它看起来应该如图 2.2 所示。

	date	GDP
0	2017-03-31	19190.4
1	2017-06-30	19356.6
2	2017-09-30	19611.7
3	2017-12-31	19918.9
4	2018-03-31	20163.2
5	2018-06-30	20510.2
6	2018-09-30	20749.8
7	2018-12-31	20897.8
8	2019-03-31	21098.8
9	2019-06-30	21340.3
10	2019-09-30	21542.5
11	2019-12-31	21729.1

图 2.2　Jupyter Notebook 中的数据

乍一看你是在相同的表格结构中看到相同的数据，但实际上它们之间存在一些关键差异。

在如图 2.1 所示的电子表格中，第一行包含作为数据一部分的列，电子表格的标题名称为 A 和 B；在如图 2.2 所示的 Pandas 中，第一行包含的是 date 和 GDP 标签，它们不是构成 GDP 数据的行的一部分，具体数据要从下一行开始。

在 Pandas DataFrame 中，行号默认从 0 开始，这与所有 Python 索引一样。列名不是数据的一部分；它们只是一个索引。事实上，行和列都有索引，你可以使用索引来引用数据、选择数据和修改数据等，这与使用电子表格的方式非常相似。稍后将详细介绍这些操作，但在此之前，让我们来看看如何从头开始创建一个 DataFrame。

ℹ️ **注意：**

本章使用的所有示例代码都包含在一个名为 Examples 的 Jupyter Notebook 文件中。该文件被保存在本章配套 GitHub 存储库中，其网址如下：

https://github.com/PacktWorkshops/The-Pandas-Workshop/tree/master/Chapter02

2.2.2   在 Pandas 中创建 DataFrame

假设你想在 Python 脚本中创建一个简单的 DataFrame。第一步是导入 Pandas：

```
import pandas as pd
```

💡 **提示：**

可以按 Shift + Enter 快捷键在 Jupyter Notebook 中立即运行任何单个单元格中的代码。

第二步是使用某个方法创建 DataFrame。由于你已将 Pandas 库作为 pd 进行导入，因此创建 DataFrame 的方法就是附加到 pd 的方法，在这种情况下，它被很好地命名为 DataFrame。

在一个新的 Jupyter Notebook 中，如果你输入并运行以下代码，那么它将创建一个名为 sample_df_construction 的 Pandas DataFrame：

```
sample_df_construction = pd.DataFrame({'col1' : range(0, 100),\
                                       'col2' : range(1, 200, 2)})
```

在该方法中，你向 Pandas 提供 Python 字典并使用核心 Python range()函数生成一个数字 Series。在第一种情况下，使用的是默认增量 1，而在第二种情况下，则将增量设置为 2。请注意如何使用此方法指定列名以及各个数据点。

第三步是检查数据以确保它是你想要的。为此，可以使用 Pandas 的.head()和.tail()方法，如下所示：

```
sample_df_construction.head()
```

上述代码将产生如图 2.3 所示的输出结果。

类似地，可以使用 tail()方法查看末尾 5 行，示例如下：

```
sample_df_construction.tail()
```

这会产生如图 2.4 所示的输出结果。

```
Out[4]:
        col1  col2
   0     0     1
   1     1     3
   2     2     5
   3     3     7
   4     4     9
```

```
Out[5]:
         col1  col2
   95      95    191
   96      96    193
   97      97    195
   98      98    197
   99      99    199
```

图 2.3　一个简单的 Pandas DataFrame 的前 5 行　　图 2.4　一个简单的 Pandas DataFrame 的最后 5 行

让我们来详细探讨 DataFrame 构造函数（constructor）究竟做了些什么。

首先，请注意 DataFrame 是 Pandas 库中的一个类，因此可以通过调用 pd.DataFrame() 来实例化它（假设 Pandas 被导入为 pd，这是最常见的约定）。每次执行此操作时，都会生成 DataFrame 类的一个新实例（instance）。

你可以使用以下代码检查 sample_df_construction 变量的数据类型，其方法是调用核心 Python type()函数，如下所示：

```
type(sample_df_construction)
```

这将导致以下输出结果：

```
Pandas.core.frame.DataFrame
```

如果你想了解 Python 中的方法、类和函数，一个比较好的习惯是查看 Jupyter 中现成的帮助文档。因此，可以使用以下代码查看 DataFrame 的文档：

```
?pd.DataFrame
```

在上述代码中，问号（?）是 help()的快捷方式。

在 Jupyter Notebook 单元格中运行上述代码行应生成如图 2.5 所示的内容（为节约篇幅，此图仅截取了片段）。

你可以看到，除了提供数据（data），还可以指定索引（index）和列（columns），并强制一个特定的数据类型（dtype）。

在有关 data 参数的描述中，请注意 data 可以是 NumPy 数组（ndarray）、可迭代对象（Iterable）、字典（dict）或 DataFrame。

```
                              In [6]:    ?pd.DataFrame

Init signature:
pd.DataFrame(
    data=None,
    index: Union[Collection, NoneType] = None,
    columns: Union[Collection, NoneType] = None,
    dtype: Union[str, numpy.dtype, ForwardRef('ExtensionDtype'), NoneType] = None,
    copy: bool = False,
)
Docstring:
Two-dimensional, size-mutable, potentially heterogeneous tabular data.

Data structure also contains labeled axes (rows and columns).
Arithmetic operations align on both row and column labels. Can be
thought of as a dict-like container for Series objects. The primary
pandas data structure.


Parameters
----------
data : ndarray (structured or homogeneous), Iterable, dict, or DataFrame
    Dict can contain Series, arrays, constants, or list-like objects.
```

图 2.5　Pandas DataFrame 帮助文档

上述示例使用了 dictionary 方法，这非常易于阅读。对于每一列，都有一个 key:value 对，其中的键成为列名，值则成为列中的数据。由于字典可以处理任何类型的数据，因此这种形式允许将复杂的结构添加到列中。

以下示例显示了使用字典和使用其他数据类型之间的区别。下面的代码片段首先加载 NumPy 库并使用 np.array()创建两个数组。请注意，np.array()是一个创建 NumPy 数组的函数，NumPy 数组可以是一维的，也可以是多维的，它们保存的是数值数据。

以下代码创建的是两个一维数组：

```
import numpy as np
sample_np_array_1 = np.array(range(0, 100))
sample_np_array_2 = np.array(range(1, 200, 2))
```

现在，你可以将这两个一维数组组合成一个名为 sample_np_2D 的二维数组，这可以使用 NumPy 函数 column_stack()来实现：

```
sample_np_2D = np.column_stack((sample_np_array_1,\
                                sample_np_array_2))
print(sample_np_2D[0:5])
```

这会生成以下输出结果：

```
[    [0 1]
     [1 3]
     [2 5]
     [3 7]
     [4 9]]
```

你可以看到与图 2.3 中的数据相同的两列——在图 2.3 中使用了.head()方法来检查 DataFrame。但是，请注意 NumPy 数组没有行号或列名。

NumPy 非常适合高效的数值运算。它还可以提供高维数据的结构；但是，很难以这种形式跟踪事物。这就是作者在 NumPy 之上仍要开发 Pandas 的部分动机。

你可以使用如下构造函数将 NumPy 数组转换为 Pandas DataFrame，其中创建一个名为 sample_df_from_np 的新 DataFrame：

```
sample_df_from_np = pd.DataFrame(sample_np_2D,
                                 columns = ['col1', 'col2'])
print(sample_df_from_np.head())
```

这将产生如图 2.6 所示的输出结果，它看起来与图 2.3 是一样的。

```
       col1   col2
0        0      1
1        1      3
2        2      5
3        3      7
4        4      9
       col1   col2
95      95    191
96      96    193
97      97    195
98      98    197
99      99    199
```

图 2.6　使用 NumPy 二维数组创建的新 Pandas DataFrame

这个例子从侧面证明了将数据放入 DataFrame 中是一件很容易的事情，并且还可以获得行索引和列名称的好处。

现在来看另一个示例，假设你有以列表开头的数据。以下代码段使用两个列表推导式（list comprehension）来创建两个包含数据的列表：

```
list_1 = [i for i in range(100)]
list_2 = [i for i in range(1, 200, 2)]
print(list_1, list_2)
```

这会产生如图 2.7 所示的输出结果。请注意，这不是一种对用户很友好的格式。

```
[0, 1, 2, 3, 4, 5, 6, 7, 8, 9, 10, 11, 12, 13, 14, 15, 16, 17, 18, 19, 20, 21, 22, 23, 24, 25, 26, 27, 28,
29, 30, 31, 32, 33, 34, 35, 36, 37, 38, 39, 40, 41, 42, 43, 44, 45, 46, 47, 48, 49, 50, 51, 52, 53, 54, 5
5, 56, 57, 58, 59, 60, 61, 62, 63, 64, 65, 66, 67, 68, 69, 70, 71, 72, 73, 74, 75, 76, 77, 78, 79, 80, 81,
82, 83, 84, 85, 86, 87, 88, 89, 90, 91, 92, 93, 94, 95, 96, 97, 98, 99] [1, 3, 5, 7, 9, 11, 13, 15, 17, 1
9, 21, 23, 25, 27, 29, 31, 33, 35, 37, 39, 41, 43, 45, 47, 49, 51, 53, 55, 57, 59, 61, 63, 65, 67, 69, 71,
73, 75, 77, 79, 81, 83, 85, 87, 89, 91, 93, 95, 97, 99, 101, 103, 105, 107, 109, 111, 113, 115, 117, 119,
121, 123, 125, 127, 129, 131, 133, 135, 137, 139, 141, 143, 145, 147, 149, 151, 153, 155, 157, 159, 161, 1
63, 165, 167, 169, 171, 173, 175, 177, 179, 181, 183, 185, 187, 189, 191, 193, 195, 197, 199]
```

图 2.7　打印两个列表

你可以再次使用构造函数将该列表组合成一个 DataFrame。请注意，前面提到过，
DataFrame 的数据可以是可迭代对象。列表在 Python 中就是可迭代的，但你希望两个列
表都被存储在 DataFrame 中。Python 的 zip()方法可以通过配对两个可迭代对象来生成一
个迭代器（iterator），你可以使用 zip 迭代器进行迭代。因此，你可以使用此方法轻松地
将列表组合成一个 DataFrame，示例如下：

```
sample_df_from_iterable = pd.DataFrame(zip(list_1, list_2),
                                       columns = ['col1', 'col2'])
sample_df_from_iterable
```

此代码段将产生如图 2.8 所示的输出结果。

	col1	col2
0	0	1
1	1	3
2	2	5
3	3	7
4	4	9
	col1	col2
95	95	191
96	96	193
97	97	195
98	98	197
99	99	199

图 2.8　来自两个可迭代对象创建的包含两列的 DataFrame

想象一下，如果你有很多列表并且必须在没有 Pandas 的情况下管理它们，那该是多
么麻烦。

你还可以对数据使用字典格式，这样就可以轻松地将列表与相应的列名进行匹配：

```
sample_df_from_lists = pd.DataFrame({'col1' : list_1,
                                     'col2' : list_2})
print(sample_df_from_lists.head())
print(sample_df_from_lists.tail())
```

上述代码段的输出结果如图 2.9 所示。

```
       col1  col2
0      0     1
1      1     3
2      2     5
3      3     7
4      4     9
       col1  col2
95     95    191
96     96    193
97     97    195
98     98    197
99     99    199
```

图 2.9　新的 sample_df_from_lists DataFrame

回头再来看 Pandas 格式的 DataFrame，你可能已经在图 2.5 中注意到，data 是可选的并且默认为 None。None 表示有一个数据结构已准备好保存一些数据，但还没有实际数据。

接下来的示例通过调用不带参数的.DataFrame()方法创建一个名为 empty_data 的 DataFrame。你可以使用 shape 方法获取已创建的 DataFrame 的维度。shape 方法将以 (rows, columns)形式返回一个包含 DataFrame 形状的元组：

```
empty_data = pd.DataFrame()
empty_data.shape
```

你将看到以下输出结果：

```
(0,0)
```

因此，你可以创建一个具有 0 行和 0 列的 DataFrame（shape 的输出）。你可能希望这样做，因为在 Python 中，在创建对象之前无法引用它，因此你可以创建一个稍后可以使用的空 DataFrame。

以下代码片段展示了如何使用在上述代码片段中创建的空 DataFrame，并在后续操作中使用 NumPy 数组和.concat 方法：

```
import numpy as np
my_array = np.array([[0, 1, 2, 3, 4],\
                     [2, 3, 4, 5, 6]])
```

现在，假设你想将 NumPy 数组连接到空的 DataFrame 上。为此，你可以使用 Pandas .concat 方法，该方法可以组合 Series 或 DataFrame。

在以下代码中，指定参数 axis = 0 表示将在行方向上添加数据。axis 参数告诉 Pandas，新数据将如何被附加到原始 DataFrame 中。当 axis 被设置为 0 时，数据以逐行方式被追加；当 axis 被设置为 1 时，则数据以列方式被追加。在本示例中，由于原始 DataFrame

中没有数据，因此将 axis 参数设置为 1 或 0 并没有什么区别。请注意，应在 NumPy 数组
上调用 pd.DataFrame()，因为 Pandas 只能连接 Pandas 对象：

```
filled_dataframe=pd.concat([empty_data,pd.DataFrame(my_array)],\
                            axis=0)
filled_dataframe
```

这会产生如图 2.10 所示的输出结果。可以看到，NumPy 数组的两行现在是新 DataFrame
的行。

图 2.10   将数组数据连接到最初为空的 DataFrame 的结果

请注意，这个例子有点刻意为之，因为你可以使用 NumPy 数组作为数据，以更简单
的方式获得相同的结果：

```
filled_data_from_np = pd.DataFrame(my_array)
filled_data_from_np
```

当然，给出这个例子是为了说明，你可以直接使用构造函数创建一个空 DataFrame，
然后填充这个空 DataFrame，并将适当的对象（如二维 NumPy 数组）转换为 DataFrame。

你还可以组合 Pandas.Series()对象来制作 DataFrame，不过在此之前还是需要仔细研
究 DataFrame 索引和列。

2.2.3   练习 2.1——创建 DataFrame

假设你正在开发一些数据建模方法，并且在对真实数据使用这些方法之前，你需要
一些示例数据来帮助你测试和调试模型。在本练习中，你将使用 DataFrame 构造函数创
建一个合成数据集，其中一列包含时间（以秒为单位），另一列则包含一些虚构的测量
值。这些测量值需要以 0.1s 的时间间隔进行收集。

ℹ️ **注意：**

本练习的代码网址如下：

https://github.com/PacktWorkshops/The-Pandas-Workshop/tree/master/Chapter02/Exercise2_01

请执行以下步骤以完成本练习。

（1）打开一个新的 Jupyter Notebook 并选择 Pandas_Workshop 内核。

（2）本练习只需要使用 Pandas 库和 NumPy 库，因此它们可被加载到 Notebook 的第一个单元格中：

```
import pandas as pd
import numpy as np
```

（3）你已经知道计划分析的数据是以 0.1 s 的时间间隔收集的。此外，在大多数情况下，数据是周期性的。因此，你决定制作 1000 个样本并使用 np.sin() 函数进行测量。

对于时间，你可以使用 range(1000) 生成样本，并将其包装在 pd.Series() 中以获取所有值，然后除以 10。

对于数据，你可以在 np.sin() 内部使用相同的值并乘以 2 和 np.pi，因为 np.sin() 需要以弧度表示的值。示例如下：

```
test_data = pd.DataFrame({'time' : pd.Series(range(1000))/10,\
'measurement' : np.sin(2 * np.pi * pd.Series(range(1000))/10/1)})
```

（4）使用 test_data.head(11) 命令列出数据的前 11 行。确认测量值在 0.5 s 和 1.0 s 时返回 0：

```
test_data.head(11)
```

其输出结果应如图 2.11 所示。

```
Out[19]:
```

	time	measurement
0	0.0	0.000000e+00
1	0.1	5.877853e-01
2	0.2	9.510565e-01
3	0.3	9.510565e-01
4	0.4	5.877853e-01
5	0.5	1.224647e-16
6	0.6	-5.877853e-01
7	0.7	-9.510565e-01
8	0.8	-9.510565e-01
9	0.9	-5.877853e-01
10	1.0	-2.449294e-16

图 2.11　test_data DataFrame

在图 2.11 中可以看到，在 0.5 s 和 1.0 s 处的值小于 10^{-15}，这实际上就是 0。

你由于已经见过和掌握了 pd.DataFrame.to_csv()方法的使用，因此可以保存这些合成数据以供日后使用。

总之，在本次练习中，我们使用了带有标签（列名）和值字典的 DataFrame 构造函数来创建 test_data DataFrame。

接下来，我们将深入探讨有关行索引和列名称的主题。

2.3　了解索引和列

我们之前已经多次提到了索引和列，但还没有正式介绍它们。索引包含对 DataFrame 行的引用。Pandas DataFrame 的索引类似于你可能在电子表格中看到的行号。在电子表格软件中，通常使用所谓的 A1 表示法，其中 A 指代通常以 A 开始排序的列，而 1 则指代通常以 1 开始排序的行。

让我们先从讨论索引开始，仍以之前创建的 sample_df_from_lists DataFrame 为例。你可以使用.index 方法显示有关索引的信息，如下所示：

```
sample_df_from_lists.index
```

这将产生以下输出结果：

```
RangeIndex(start=0, stop=100, step=1)
```

你应该还记得，Python 中的范围（range）包括起始值而不包括结束值。因此，你会看到 sample_df_from_lists 的索引从 0 到 99，这与行是一致的。正如你将在第 5 章 "数据选择——DataFrame" 中了解到的那样，Pandas 将整数行号或列号的概念与索引分开。事实上，你几乎可以将任何东西用于索引。

在接下来的示例中，你将看到如何在 Pandas 中设置、重置和更改索引的几种方法。

首先，你需要创建一些可用于新索引的数据。为此，你可以再次使用 range()函数和 Python map()函数将 chr()函数应用于范围，如下所示：

```
letters = pd.Series(map(chr, range(97, 122)))
letters = pd.DataFrame({'letter' :\
                        (list(letters) + list(letters * 2)\
                        + list(letters * 3) + list(letters*4))})
```

在上述示例中，map()函数可将给定函数（在本例中为 chr()）"映射" 到给定参数（在本例中为 range(97, 122)）。

chr()函数将返回给定整数值的 ASCII 字符。请注意，使用 map()函数时，需要传递名称中不带括号的函数（即 chr）。这是因为你不是在调用函数，而是将该函数作为参数发送到 map。

上述代码的第一行将生成直到字母 y 的小写字母，包含 25 个字符。第二行代码将 DataFrame 构造函数再次与字典形式的数据一起使用，并且已创建的 Series 将会附加到它。其中的字符使用了 Python 运算符重载将字符加 2 倍、加 3 倍和加 4 倍，这允许将*与字符串数据一起使用来复制值。

在该 DataFrame 构造函数中，第一个列表（letters）将 25 个项目放入 letter 列中；第二个列表（letters * 2）可以在另外 25 个元素中放入项目 aa、bb 等；第三个列表添加的则是 aaa、bbb 等；第四个列表添加的是 aaaa 和 bbbb 等。结果是一个 DataFrame，其中有一列名为 letter，它有 100 行。

现在再来看其他一些数据。以下代码对 Pandas DataFrame 使用了括号表示法，即索引值包含在括号（[]）中：

```
letters[21:29]
```

上述代码行提取了一些行，行索引的匹配范围是 21～28。这将产生如图 2.12 所示的输出结果。

```
Out[33]:
              letter
      21        v
      22        w
      23        x
      24        y
      25        aa
      26        bb
      27        cc
      28        dd
```

图 2.12　在新的 letters DataFrame 中提取的 8 行数据

ℹ️**注意：**

使用 Pandas 的好处之一就是其括号表示法（bracket notation）。第 5 章"数据选择——DataFrame"将会对此展开详细讨论。一般来说，Pandas 括号表示法允许你使用列名称而不是数字。它还允许你使用字符串值（标签）作为行索引。这甚至还带来了一些实用性的功能，例如创建子集更加便利。对于 DataFrame 来说，常见的表示法包括以下两种。

❑ some_dataframe.iloc[rows, columns]：适用于全部使用整数或逻辑（布尔）表达式的情况。

❑ some_dataframe.loc[rows, columns]：适用于使用标签的情况。

当使用整数和.iloc 方法时，Pandas 将遵守 Python 约定，包含前面的值而排除后面的值。但是在使用标签时，前后值都将包含在其中。

现在我们的操作到了一个比较有趣的部分——你将用 letters DataFrame 中的 letter 列替换 sample_df_from_lists 的索引。你可以使用另一个名为.set_index()的方法来执行此操作，我们稍后将对此进行更多的探讨，目前你只需要知道 DataFrame 类的.set_index()方法允许你将 DataFrame 的索引设置为新值。

以下代码片段首先输出 sample_df_from_lists 的当前索引，然后将其替换为 letter 列，接着再次输出索引。请注意，我们不是要对 sample_df_from_lists 对象进行赋值，而是使用 inplace = True 选项告诉 Pandas 对现有 DataFrame 进行更改，而不必将结果重新分配给它。另外，请注意，我们使用.iloc 方法和括号表示法仅选择 letter 列。括号表示法允许对行（或列）使用 ':' 简写（':' 表示"全部"），因此[:, 0]实际上是告诉 Pandas 取"所有行和第一列"。

```
print(sample_df_from_lists.index)
sample_df_from_lists.set_index(keys = letters.iloc[:, 0],\
                                inplace = True)
print(sample_df_from_lists.index)
```

运行上述代码会创建如图 2.13 所示的输出结果。

```
RangeIndex(start=0, stop=100, step=1)
Index(['a', 'b', 'c', 'd', 'e', 'f', 'g', 'h', 'i', 'j', 'k', 'l', 'm', 'n',
       'o', 'p', 'q', 'r', 's', 't', 'u', 'v', 'w', 'x', 'y', 'aa', 'bb', 'cc',
       'dd', 'ee', 'ff', 'gg', 'hh', 'ii', 'jj', 'kk', 'll', 'mm', 'nn', 'oo',
       'pp', 'qq', 'rr', 'ss', 'tt', 'uu', 'vv', 'ww', 'xx', 'yy', 'aaa',
       'bbb', 'ccc', 'ddd', 'eee', 'fff', 'ggg', 'hhh', 'iii', 'jjj', 'kkk',
       'lll', 'mmm', 'nnn', 'ooo', 'ppp', 'qqq', 'rrr', 'sss', 'ttt', 'uuu',
       'vvv', 'www', 'xxx', 'yyy', 'aaaa', 'bbbb', 'cccc', 'dddd', 'eeee',
       'ffff', 'gggg', 'hhhh', 'iiii', 'jjjj', 'kkkk', 'llll', 'mmmm', 'nnnn',
       'oooo', 'pppp', 'qqqq', 'rrrr', 'ssss', 'tttt', 'uuuu', 'vvvv', 'wwww',
       'xxxx', 'yyyy'],
      dtype='object', name='letter')
```

图 2.13　更改后 sample_df_from_lists 的索引

ⓘ 注意：

在 Python 中使用 Pandas 时，方法的应用在许多情况下都将返回一个新对象。你如果想更改现有对象，则必须指定将结果写回对象。就像下面这样：

```
object = object.method()
```

在许多情况下，例如将 Pandas .set_index() 方法应用于上述代码中时，可以使用 inplace = True 选项直接修改对象。它使得代码更加简明，并且也减少了内存使用。

可以看到，索引已从整数范围更改为扩展字母表。

现在来看一个快速示例，说明你可以使用这个新索引做些什么。

在以下代码段中，你只是列出了一系列的行。请注意，冒号（:）表示法与你在整数索引中的用法一样，可用于新的字符串索引值。.loc 方法用于从 uuuu 到 yyyy 的子集：

```
sample_df_from_lists.loc['uuuu':'yyyy', :]
```

运行此代码行会产生如图 2.14 所示的输出结果。

Out[48]:	col1	col2
letter		
uuuu	95	191
vvvv	96	193
wwww	97	195
xxxx	98	197
yyyy	99	199

图 2.14　sample_df_from_lists 的新的基于字符串的索引

可以看到，以这种方式使用索引对于自然、可读的数据以及代码非常有用。

现在你已经看到可以使用文本（字符串）作为索引，并且 Pandas 理解其顺序，因此你可以像处理其他对象（如列表）一样引用范围。

在接下来的示例中，你将看到有时为索引制作标签非常有用，例如当标签表示你感兴趣的类别时。

虽然说你仍可以随时使用整数索引（使用 .iloc 方法），但在许多情况下，这需要你通过数字知道所需的行或列，而使用标签索引（使用 .loc 方法）则允许你使用自然分组的方式来处理你的数据。

Pandas .set_index() 方法还可以将列名作为参数，支持将索引设置为现有列中的值。在接下来的示例中，你将创建一个包含 100 个值的列表，其中一半是 cat，一半是 dog，然后打印出前 5 个和后 5 个值：

```
animal_type = ['cat'] * 50 + ['dog'] * 50
print(animal_type[:5], animal_type[-5:])
```

运行此代码会产生以下输出结果：

```
['cat', 'cat', 'cat', 'cat', 'cat'] ['dog', 'dog', 'dog', 'dog', 'dog']
```

现在，你将使用 animal_type 向 sample_df_from_lists 中添加一列。注意，当给定字符串值时，Pandas DataFrame 的括号表示法将导致替换该列（如果存在的话）或将其添加到 DataFrame 中。

可以看到，Pandas 代码非常易读。添加列后，即可显示 DataFrame 以进行确认：

```
sample_df_from_lists['animal_type'] = animal_type
sample_df_from_lists
```

这会产生如图 2.15 所示的输出结果。

Out[129]:

letter	col1	col2	animal_type
a	0	1	cat
b	1	3	cat
c	2	5	cat
d	3	7	cat
e	4	9	cat
...	...	...	...
uuuu	95	191	dog
vvvv	96	193	dog
wwww	97	195	dog
xxxx	98	197	dog
yyyy	99	199	dog

100 rows × 3 columns

图 2.15　sample_df_from_lists DataFrame 更新为具有 animal_type 作为列

现在可以用新列替换索引。在此示例中，你将再次使用 Pandas 的 set_index()方法，

并在其中指定列名（animal_type）。和之前一样，参数 inplace = True 可以用于直接对
DataFrame 进行更改：

```
sample_df_from_lists.set_index('animal_type', inplace = True)
sample_df_from_lists
```

这会产生如图 2.16 所示的输出结果。

```
Out[133]:
                col1  col2
animal_type
        cat     0     1
        cat     1     3
        cat     2     5
        cat     3     7
        cat     4     9
        ...     ...   ...
        dog     95    191
        dog     96    193
        dog     97    195
        dog     98    197
        dog     99    199
100 rows × 2 columns
```

图 2.16　带有新的 animal_type 行索引的 sample_df_from_lists DataFrame

注意，在这种类型的索引中包含重复值是完全可以接受的。稍后你将了解有关使用
行索引和列索引的更多信息，但作为一项预览，你也可以尝试将没有什么特定意义的 col1
和 col2 分别更改为 good 和 bad。首先，你可以通过使用 DataFrame 的.columns 属性查看
列名索引的结构，示例如下：

```
print(sample_df_from_lists.columns)
```

运行此代码会产生以下输出结果：

```
Index(['col1, 'col2'], dtype='object')
```

可以看到，列索引值作为字符串被存储在 Python 列表中。你可以简单地将新值列表
直接分配给.columns 属性。

ℹ️ **注意:**

一般来说, 由于属性包含与 Python 对象相关的数据, 因此你可以自由地将新值指定给属性。这种将新值指定给列名称的做法是相当常见的。

新列表只是 ['good', 'bad'], 你可以按如下方式指定它:

```
sample_df_from_lists.columns = ['good', 'bad']
sample_df_from_lists.head()
```

更改后的列名称如图 2.17 所示。

Out[34]:	good	bad
animal_type		
cat	0	1
cat	1	3
cat	2	5
cat	3	7
cat	4	9

图 2.17 带有新的列名称的 sample_df_from_lists DataFrame

有了这种新索引, 你可以只选择 cat 行, 并列出其中的 10 个。以下代码行两次使用括号表示法。其中, 第一次使用 Pandas .loc 方法(使用标签)并选择所有'cat'行和所有列〔在'cat'之后的冒号(:)表示取所有列〕, 第二次使用括号表示法仅取前 10 个结果:

```
sample_df_from_lists.loc['cat', :][:10]
```

此代码将产生如图 2.18 所示的输出结果。

除了简单地列出值, 你如果想将一些逻辑应用于部分数据, 还可以使用索引方法来进行子集化。例如, 假设你要汇总有多少好猫和好狗, Pandas 为此提供了许多数学方法, 如.sum()。因此, 在应用.sum()方法之前, 你可以再次使用.loc 按标签进行索引, 并使用动物类型和列名来选择所需的数据。

在以下示例中, 已将这种方法分别应用于猫和狗:

```
print('good cats', sample_df_from_lists.loc['cat', 'good'].sum())
print('good dogs', sample_df_from_lists.loc['dog', 'good'].sum())
```

这给出了我们想要的结果, 如下所示:

```
good cats 1225
good dogs 3725
```

```
Out[35]:
                    good   bad
  animal_type
          cat    0      1
          cat    1      3
          cat    2      5
          cat    3      7
          cat    4      9
          cat    5     11
          cat    6     13
          cat    7     15
          cat    8     17
          cat    9     19
```

图 2.18　sample_df_from_lists 只选择 cat 行，然后列出前 10 条记录

除了知道好狗似乎比好猫多 3 倍这一事实，你还可以看到，完成这项任务和回答问题的 Pandas 表示法只需通过查看代码就很容易理解。

2.3.1　练习 2.2——读取 DataFrame 并进行索引操作

本练习将从两个 CSV 文件中读取数据，每个文件都包含宠物食品销售数据。你需要将它们组合成一个 DataFrame 并用相应的动物类型替换索引，然后使用新索引找到猫粮和狗粮运输的应付总额。

ⓘ 注意：

本练习的代码网址如下：

https://github.com/PacktWorkshops/The-Pandas-Workshop/tree/master/Chapter02/Exercise2_02

请执行以下步骤以完成练习。

（1）打开一个新的 Jupyter Notebook 并选择 Pandas_Workshop 内核。

（2）本练习只需要 Pandas 库，因此你可以将其加载到 Notebook 的第一个单元格中：

```
import pandas as pd
```

（3）假设你经营的是一家小型宠物用品店，你的狗粮和猫粮供应商向你发送包含每个订单详细信息的 CSV 文件。你收到了两个最新订单的新文件。读取来自 Datasets 子目录的 dog_food_orders.csv 和 cat_food_orders.csv 文件，然后打印每个 DataFrame 的前 3 行。这可以使用 read_csv()方法来完成，如下所示：

```
dog_food_orders = pd.read_csv('../Datasets/dog_food_orders.csv')
cat_food_orders = pd.read_csv('../Datasets/cat_food_orders.csv')
print(dog_food_orders.head(3))
print(cat_food_orders.head(3))
```

ⓘ 注意：

将上述示例中加粗显示的路径替换为你自己下载和保存文件的路径。dog_food_orders.csv 文件的下载地址如下：

https://github.com/PacktWorkshops/The-Pandas-Workshop/blob/master/Chapter02/Datasets/dog_food_orders.csv

cat_food_orders.csv 文件的下载地址如下：

https://github.com/PacktWorkshops/The-Pandas-Workshop/blob/master/Chapter02/Datasets/cat_food_orders.csv

其输出结果应如图 2.19 所示。

```
         product  wholesale_price   msrp  qty_ordered  qty_shipped
0     skippys_dream            8.99  18.38          100          100
1      just_the_beef           4.99  10.43          200          195
2   potatos_and_lamb           5.19  11.43           50           50
         product  wholesale_price   msrp  qty_ordered  qty_shipped
0      cat_delight            4.95   9.98           50            0
1     tuna_surprise           7.17  15.27          100          100
2    hint_of_catnip           3.99   8.23           25           25
```

图 2.19　dog_food_orders 和 cat_food_orders DataFrame

ⓘ 注意：

Pandas.read_csv()方法的功能非常丰富，要了解其更多应用，需要在 Notebook 中使用?pd.read_csv 命令。

（4）现在需要为每个 DataFrame 添加一个 animal 列，这可以使用['animal']括号表示法来完成，然后再次打印每个 DataFrame 的前 3 行：

```
dog_food_orders['animal'] = 'dog'
cat_food_orders['animal'] = 'cat'
print(dog_food_orders.head(3))
print(cat_food_orders.head(3))
```

其输出结果现在应如图 2.20 所示。

```
         product  wholesale_price   msrp  qty_ordered  qty_shipped animal
0     skippys_dream             8.99  18.38          100          100    dog
1     just_the_beef             4.99  10.43          200          195    dog
2   potatos_and_lamb            5.19  11.43           50           50    dog
         product  wholesale_price   msrp  qty_ordered  qty_shipped animal
0      cat_delight             4.95   9.98           50            0    cat
1    tuna_surprise             7.17  15.27          100          100    cat
2   hint_of_catnip             3.99   8.23           25           25    cat
```

图 2.20 带有 animal 列的更新后的 DataFrame

（5）使用 Pandas .concat()方法将两个 DataFrame 组合成一个名为 orders 的新 DataFrame，将 axis 参数设置为 0，以便将它们组合为行。最后显示 orders DataFrame：

```
orders = pd.concat([dog_food_orders,\
              cat_food_orders],\
              axis = 0)
orders
```

结果应如图 2.21 所示。

Out[8]:

	product	wholesale_price	msrp	qty_ordered	qty_shipped	animal
0	skippys_dream	8.99	18.38	100	100	dog
1	just_the_beef	4.99	10.43	200	195	dog
2	potatos_and_lamb	5.19	11.43	50	50	dog
3	turkey_and_cranberries	5.98	12.00	50	50	dog
4	roasted_duck	9.59	17.48	15	15	dog
0	cat_delight	4.95	9.98	50	0	cat
1	tuna_surprise	7.17	15.27	100	100	cat
2	hint_of_catnip	3.99	8.23	25	25	cat
3	roast_chicken	5.57	12.08	30	30	cat
4	lamb_w_rice	5.83	11.68	30	30	cat

图 2.21 新的 orders DataFrame

（6）使用 Pandas .set_index()方法将索引替换为 animal 列。使用 inplace = True 直接对 DataFrame 进行更改。再次显示结果：

```
orders.set_index('animal', inplace = True)
orders
```

其结果应如图 2.22 所示。

Out[9]:					
	product	wholesale_price	msrp	qty_ordered	qty_shipped
animal					
dog	skippys_dream	8.99	18.38	100	100
dog	just_the_beef	4.99	10.43	200	195
dog	potatos_and_lamb	5.19	11.43	50	50
dog	turkey_and_cranberries	5.98	12.00	50	50
dog	roasted_duck	9.59	17.48	15	15
cat	cat_delight	4.95	9.98	50	0
cat	tuna_surprise	7.17	15.27	100	100
cat	hint_of_catnip	3.99	8.23	25	25
cat	roast_chicken	5.57	12.08	30	30
cat	lamb_w_rice	5.83	11.68	30	30

图 2.22　带有更新的行索引的 orders DataFrame

（7）计算这些货物的应付总额。要做到这一点，你可以首先按行创建一个包含小计的列，计算方式是将批发价格乘以实际发货的数量，然后将其保存在名为 net_due 的新列中。接着，你可以在一个单独的行中获得结果；只需使用.loc 按标签进行选择，并选择每种动物类型以及新的 net_due 列。最后你可以使用.sum()来获得总计：

```
orders['net_due'] = \
(orders['wholesale_price'] * orders['qty_shipped'])
print('cat food orders due: ',\
      orders.loc['cat', 'net_due'].sum(),
      '\ndog food orders due: ',\
      orders.loc['dog', 'net_due'].sum())
```

结果应如下所示：

```
cat food orders due: 1158.75
dog food orders due: 2574.4
```

本练习首先实现了.read_csv()方法来读取两个 CSV 文件，并将这些文件中的数据存储到两个新的 DataFrame 中，然后将这些 DataFrame 通过.concat()方法组合在一起。接下来，本练习使用了括号表示法来添加一列，还使用了.set_index()将新创建的列设置为索引。执行计算后，再次使用括号表示法将其结果存储在新列中。最后，本练习使用了.sum()计算成本并获得了每种动物食品应付额的总和。

2.3.2　使用列

前面我们已经较为充分地了解了索引；其实，你看到的大部分内容在某些方面也适用于列。不过，列也有一些特定的方法。例如，假设你有关于所食用的食物种类以及人们如何评价其口味的数据，并且你是以未标记的形式获取了此数据。在这种情况下，你可以再次使用 DataFrame 构造函数，传递一个小数组作为数据并为列提供通用名称，如col1 和 col2：

```
food_taste = pd.DataFrame(data = np.array([[60, 3.5],\
                                          [40, 8]]),\
                           columns=['col1', 'col2'])
```

现在我们不再在行上使用 .index 方法，而是使用 .columns 方法来查看列名（即索引标签）。这种做法在前面已经介绍过了，只不过并没有清晰解释列与索引的关系。

以下示例在 food_taste DataFrame 上使用了 .columns 方法：

```
food_taste.columns
```

结果如下：

```
Index(['col1', 'col2'], dtype='object')
```

上述结果表明，你可以使用 .columns 方法获取列名（标签），并且结果是一个索引，其中包含具有列名的列表对象。

这里有一点可能会让你感到困惑，如果将 .columns 方法的结果分配给变量，则其结果不是列表，而是一个索引对象，如以下代码片段所示：

```
food_columns = food_taste.columns
food_columns
```

运行上述代码段将产生以下输出结果：

```
Index(['col1', 'col2'], dtype='object')
```

要将列名作为列表进行获取，需要使用 list() 构造函数。你可以将在列索引上调用的

list()构造函数的结果重新分配给同一变量，然后列出它：

```
food_columns = list(food_columns)
food_columns
```

正如预期的那样，这会生成一个列表，如下所示：

```
['col1', 'col2']
```

与行索引不同，列索引没有 set 或 reset 方法。相反，你可以直接分配新值，或使用.rename()方法。假设你知道原始数据的第一列代表消费值，第二列代表一个汇总的口味指数（评分），则可以使用 Pandas .rename()方法将列名重新指定为有意义的值，如以下代码段所示。注意，该示例使用字典结构来提供旧名称到新名称的映射：

```
food_taste.rename({ 'col1' : 'food_consumption',\
                    'col2' : 'taste_index'},\
                    axis = 1,\
                    inplace = True)
food_taste
```

运行上述代码会产生如图 2.23 所示的输出结果。

Out[44]:	food_consumption	taste_index
0	60.0	3.5
1	40.0	8.0

图 2.23   重命名列的 food_taste DataFrame

要替换名称，可以使用 .columns 方法简单地为它分配一个新的名称列表。究竟是使用.rename()方法还是直接赋值，这取决于你的喜好。在某些情况下，.rename()方法或许会比直接赋值更简洁一些——如果有很多列并且你只需要重命名一些列，那么.rename()可能是最佳选择。相反，如果只有几列，则使用直接赋值会更容易。

此外，如果你碰巧在现有列表对象中含有需要的名称，那么直接赋值会更简单一些，这在某些情况下很实用。例如，假设在从外部源访问没有列名的数据时，你发现其名称是在单独的文件中提供的（通常称为标题）。在这种情况下，你就可以使用直接赋值方法来分配一个新的名称列表，然后显示出结果，如下所示：

```
food_taste.columns = ['food_cons', 'taste']
food_taste
```

此代码段的输出结果如图 2.24 所示。

```
Out[168]:
```

	food_cons	taste
0	60.0	3.5
1	40.0	8.0

图 2.24 通过直接分配列名来重命名 food_taste 的列

到目前为止，我们已经看到 Pandas 为数据提供了一种自然的表格结构 DataFrame，并提供了多种方法来管理数据的索引（行和列）。例如，你已经学习了如何创建用文本而不是整数标记行的列索引，以及如何命名和重命名列。

通过这些方法，你应该已经体会到在 Pandas 中操作数据是很容易的，例如可以轻松地区分和获取所有狗粮和猫粮的订单。

前述内容虽然已经通过 pd.Series()示例引入了 Series 数据结构，但还没有正式介绍它。因此，下一节将更详细地介绍 Pandas Series。

2.4 使用 Pandas Series

Series 是另一个基本的 Pandas 数据结构。你可以将 DataFrame 视为一个有组织的 Series 集合，其中的每一列实际上就是一个 Series。查看 food_taste DataFrame 的 food_cons 列，你可以看到这种关系。

以下代码行调用了 food_taste 的 food_cons 列的 type()方法：

```
type(food_taste['food_cons'])
```

这会生成以下输出结果：

```
pandas.core.series.Series
```

因此，每一个 DataFrame 列都是一个 Pandas Series，一旦分离出来就变成了独立的 Series。如果你将单行从 DataFrame 中分离出来，那么生成的自然也是一个 Series。

你应该还记得，可以使用问号（?）在 Jupyter 中获取帮助文档。因此，不妨尝试这样做并查看 Series 文档的第一部分。你可以使用以下代码获取文档：

```
?pd.Series
```

这提供了如图 2.25 所示的输出结果。为节约篇幅，该图仅截取了一部分。

可以看到，pd.Series()与 pd.DataFrame()有一些相似之处。你会看到相同的 data、index、dtype 和 copy 参数。

```
Init signature:
pd.Series(
    data=None,
    index=None,
    dtype=None,
    name=None,
    copy=False,
    fastpath=False,
)
Docstring:
One-dimensional ndarray with axis labels (including time series).
```

图 2.25　Pandas Series 帮助文档的第一部分

由于 Series 是一维结构，因此，与你在 DataFrame 构造函数中看到的不同，你在此处找不到 columns 参数。

fastpath 是一个与幕后数据操作相关的内部参数，所以你不需要关心它。

由此可见，你已经了解的有关使用 DataFrame 构造函数的大部分内容自然也适用于 Series 构造函数。你可以轻松地从 DataFrame 中提取 Series（通过选择一列），也可以将 Series 作为新列添加到 DataFrame 中。

由于到目前为止我们一直强调表格数据，因此你可能想知道 Series 的重要性，而不仅仅是作为 DataFrame 的一个组成部分。其实，在现实应用中，只有一列的序列值是非常多的，例如，时间序列值就是一类常见的 Series 值，电子商务应用程序中的订单数据就是按时间排序的。第 13 章"探索时间序列"将详细介绍 Pandas 时间序列。当然，由于 Series 也有索引，并且索引可以保存时间信息，因此你完全可以独立使用 Series 处理时间序列，而无须使用 DataFrame。

Series 的另一个自然用途是数据收集。假设你正在监控化工厂中的流程，其中要监控的内容之一是流速。在这种情况下，它通常会定期进行测量，因此很自然地会以一个 Series 的方式进行收集。

当然，Series 更加灵活，不仅可以用于保存有序数据，还可以用于更多用途。你还可以设想你可能对问题（例如社会民意调查）有一系列回答的情况。在这种情况下，时间无关紧要，但拥有索引仍然有用。

此外，Series 中的对象不必属于同一类型（与 NumPy 数组相比，这是一个很大的区别）。

接下来，我们将更详细地介绍 Pandas Series，并演示如何使用 Series 索引。

2.4.1　Series 索引

第 1 章"初始 Pandas"已经大致介绍了 Series 的重要性。尽管它们的结构类似于数组的结构，但 Series 仍具备额外的优势，即它可以拥有整数或标签作为索引，这与只能以整数作为索引的数组不同。

在这里我们可以使用.read_csv()从文件中读取一些数据。本小节将读取一个名为 noise_series.csv 的文件，该文件的下载地址如下：

https://github.com/PacktWorkshops/The-Pandas-Workshop/blob/master/Chapter02/Datasets/ noisy_series.csv

默认情况下，Pandas 会将文件中的数据读取到 DataFrame 中；你因为希望数据是一个 Series，所以如果可能的话，可以使用 squeeze = True 参数告诉 Pandas 产生一个 Series。请注意，如果不指定 squeeze = True 参数，则结果将是一个带有单列的 DataFrame，而不是一个 Series：

```
noisy_series = pd.read_csv('noisy_series.csv', squeeze = True)
```

现在可以来看看该数据。第 8 章 "理解数据可视化"将介绍在 Pandas 中查看数据的许多方法，但是请注意，Pandas 对于 Series 目前仅提供了.plot()方法，因此你可以使用 noise_series.plot()来可视化该数据，如下所示：

```
noisy_series.plot()
```

这将产生如图 2.26 所示的输出结果。

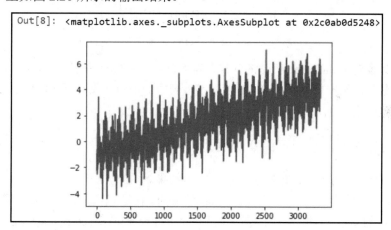

图 2.26　noisy_series 中数据的简单可视化结果

该输出结果显示了我们有 3000 多个数据点，范围为-4～7。这与 Series 索引一致吗？要找出答案，你可以检查数据的形状和索引，如下所示：

```
print(noisy_series.shape)
print(noisy_series.index)
```

你将看到以下结果：

```
(3330,)
RangeIndex(start=0, stop=3330, step=1)
```

正如预期的那样，形状(3330,)与可视化结果是匹配的，索引也同样如此。

你应该还记得，前文我们使用了构造函数方法创建 DataFrame 并使用 range()方法向其中填充数据。在这里，我们可以再次尝试执行此操作，只不过这次使用的是一个 range 范围和 pd.Series 构造函数。

以下代码将使用 range(26)创建一个名为 my_series 的 Series，然后使用 head()方法列出了该 Series 的前 5 个值：

```
my_series = pd.Series(range(26))
my_series.head()
```

这会产生如图 2.27 所示的输出结果。

```
Out[26]:  0    0
          1    1
          2    2
          3    3
          4    4
          dtype: int64
```

图 2.27　my_series Series 的前 5 个元素

现在，就像对 DataFrame 所做的那样，你可以尝试生成一些字母。你将再次使用 map 并将 chr 函数与范围一起进行传递，以生成字母表中的所有小写字母。然后，.head()和.tail()方法将帮助确认你是否获得了所有字母：

```
letters = pd.Series(map(chr, range(97, 123)))
print(letters.head(), '\n', letters.tail())
```

运行上述代码会产生如图 2.28 所示的输出结果。

现在，假设你想用 letters 替换 my_series 的索引。在这里，重要的是要注意处理 Series 和 DataFrame 的索引之间的一个区别。对于 DataFrame 来说，.set_index()方法被用来替换索引。但是，Series 并没有.set_index()方法，因此只能将新值直接分配给现有索引。

以下代码段可将 letters 分配给 my_series.index 并使用括号表示法检查结果：

```
my_series.index = letters
my_series[13:27]
```

你应该看到如图 2.29 所示的输出结果。

```
0      a
1      b
2      c
3      d
4      e
dtype: object
 21     v
22     w
23     x
24     y
25     z
dtype: object
```

```
Out[33]:  n    13
          o    14
          p    15
          q    16
          r    17
          s    18
          t    19
          u    20
          v    21
          w    22
          x    23
          y    24
          z    25
          dtype: int64
```

图 2.28　将用作索引的字母 Series　　　图 2.29　使用 letters 替换 my_series 的索引

现在，让我们通过一些示例来探索可以存储在 Series 中的内容。在这里，你将执行一些与迄今为止所做的事情不同的操作——你将在单个 Series 中存储多个对象类型，包括具有多个值的对象，如列表和范围。

以下示例将调用 Series 构造函数并按顺序传递一个整数、一个字符串、另一个字符串、一个整数列表和一个范围：

```
my_mixed_series = pd.Series([1, 'cat', 'yesterday',\
                            [1, 2, 3], range(5)])
```

以下代码将列出刚刚创建的 Series：

```
my_mixed_series
```

你应该看到如图 2.30 所示的输出结果。

```
Out[35]:  0              1
          1            cat
          2      yesterday
          3      [1, 2, 3]
          4  (0, 1, 2, 3, 4)
          dtype: object
```

图 2.30　具有多种数据类型的 Series

在图 2.30 所示的输出结果中可以看到，它保留了适当位置的所有对象。这个例子说明 Pandas 并没有消除 Python 存储数据的任何灵活性，它只会增加更多便利。

接下来，我们将显式查看 Series 中每个元素的数据类型，以验证它们是否与传递给构造函数的数据类型一样。

以下代码将循环遍历 Series 的索引，并打印出 Series 中的每个值以及类型。请注意，我们使用了索引作为循环的可迭代对象。与 DataFrame 一样，Series 索引是可迭代的，因此，你可以使用 for 循环对其进行迭代：

```
for i in my_mixed_series.index:
    print(my_mixed_series[i],' is type ',type(my_mixed_series[i]))
```

运行此代码段会产生如图 2.31 所示的输出结果。

```
1  is type  <class 'int'>
cat  is type  <class 'str'>
yesterday  is type  <class 'str'>
[1, 2, 3]  is type  <class 'list'>
range(0, 5)  is type  <class 'range'>
```

图 2.31　在 my_mixed_series 中存储的不同类型的数据

你可能会注意到该 Series 本身显示的数据类型（dtype）为 object。对于单个 Series 或混合类型的列来说，这并不令人意外——由于 Series 由多种类型组成，因此 Pandas 将其作为一个整体报告为 object 类型，而单个元素则保留其各自的类型。

ℹ️注意：

在 Pandas 1.2.3 版本中，当读取来自文件的数据时，Pandas 也会将字符串（str）类型的 Series 或 DataFrame 列报告为 object。这种行为将来可能会改变。

接下来，让我们通过一些练习来实践到目前为止所学过的内容。

2.4.2　练习 2.3——从 Series 到 DataFrame

本练习会将 CSV 文件中的数据读取到 Series 对象中。要使用的数据集包含一些传感器测量的噪声数据。这些测量似乎具有周期性行为，你最终可能希望为此构建一个模型以预测未来的测量值。你被告知该数据中有一个自然周期——也就是说，在 92 个实例之后，数据似乎显示出重复模式。你将创建第二个 Series，通过对索引进行操作（使用 sine 函数）来捕获此周期性行为，然后将两个 Series 组合成一个 DataFrame。创建 DataFrame 后，将其保存到新的 CSV 文件中。

ℹ️注意：

本练习的代码网址如下：

https://github.com/PacktWorkshops/The-Pandas-Workshop/tree/master/Chapter02/Exercise2_03

执行以下步骤以完成本练习。

（1）打开一个新的 Jupyter Notebook 并选择 Pandas_Workshop 内核。

（2）本练习只需要 Pandas 库，因此可将其加载到 Notebook 的第一个单元格中：

```
import pandas as pd
```

从 Datasets 子目录中读取 test_series.csv 文件，该文件的下载地址如下：

https://github.com/PacktWorkshops/The-Pandas-Workshop/blob/master/Chapter02/Datasets/
test_series.csv

在本示例中，你可以将路径存储在 fname 变量中，然后将其提供给 pd.read_csv()方法。
Pandas 默认将.read_csv()的结果加载到 DataFrame 中。我们由于希望此数据为 Series，因
此需要提供 squeeze = True 选项，该选项告诉 Pandas 将数据放入 Series 中（如果可能的
话）。然后，显示该 Series 的结果：

```
fname = '../Datasets/test_series.csv'
my_series = pd.read_csv(fname, squeeze = True)
my_series
```

🛈 注意：

将上述代码中加粗显示的路径修改为你自己系统上的下载和保存文件的路径。

输出结果应如图 2.32 所示。

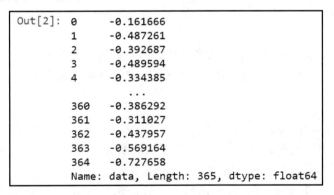

```
Out[2]:  0      -0.161666
         1      -0.487261
         2      -0.392687
         3      -0.489594
         4      -0.334385
                  ...
         360    -0.386292
         361    -0.311027
         362    -0.437957
         363    -0.569164
         364    -0.727658
         Name: data, Length: 365, dtype: float64
```

图 2.32　从 test_series.csv 文件中读取 my_series 的结果

（3）为确认你获得的是一个 Series 对象，可以检查其类型：

```
type(my_series)
```

这将产生以下输出结果，证明确实已将数据存储在一个 Series 中：

```
pandas.core.series.Series
```

到目前为止有几点需要注意。如果你直接打开 CSV 文件（例如，在文本编辑器中），那么它看起来应如图 2.33 所示。

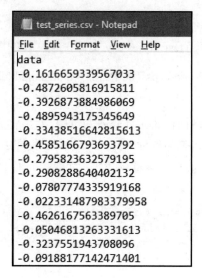

图 2.33   test_series.csv 的前几行

可以看到第一行有一个字符串 data。请注意，Pandas 会自动读取它并将其存储为 Series 中数据的名称。其余的行都是实数。

💡 提示：

默认情况下，Pandas 会尝试推断文件中数据的名称（在 Series 中是一列的名称，在 DataFrame 中则是一列或多列的名称），因此在这里它正确识别出了 data 是该 Series 中值的名称。

（4）你已经知道，该传感器测量值的周期为 92。因此，你想要构建一个特征，以便稍后能预测该传感器的测量值。为此，首先要做的就是构造第二个 Series，其中包含索引的 sine 函数（在本示例中，索引等效于时间点）。

要制作一个周期为 92 的 sine 函数，一般公式为 sine(2*pi*time/92)，你可以使用 NumPy sin()方法和 pi NumPy 常数来应用该函数。请注意，你还需要导入 NumPy，因为之前并没有这样做。在创建 Series 后，可以将它显示出来，示例如下：

```
import numpy as np

new_series = (pd.Series(np.sin((my_series.index) * 2 * np.pi / 92)))
new_series
```

你将看到如图 2.34 所示的输出结果。

```
Out[3]:  0        0.000000
         1        0.068242
         2        0.136167
         3        0.203456
         4        0.269797
                   ...
         360     -0.519584
         361     -0.460065
         362     -0.398401
         363     -0.334880
         364     -0.269797
         Length: 365, dtype: float64
```

图 2.34 从 my_series 中创建的 new_series

（5）使用 DataFrame 构造函数语法构造一个名为 model_data 的 DataFrame，其中使用 my_series 为 col1，new_series 为 col2。然后使用 head()方法检查新的 DataFrame：

```
model_data = pd.DataFrame({'col1' : my_series,\
                           'col2' : new_series})
model_data.head()
```

你将获得如图 2.35 所示的输出结果。

```
Out[4]:
          col1        col2
0     -0.161666    0.000000
1     -0.487261    0.068242
2     -0.392687    0.136167
3     -0.489594    0.203456
4     -0.334385    0.269797
```

图 2.35 新 model_data DataFrame 的前 5 行

（6）使用 to_csv()方法将新的 DataFrame 保存到新的 CSV 文件中。使用 index = None 选项，因为默认情况下，Pandas 会将索引写入第一列中。在本示例中，你不需要与数据一起存储的索引，因为它只是整数。

注意，在.to_csv()方法中，你可以指定所需的路径和文件名：

```
model_data.to_csv('../Datasets/model_data.csv', index = None)
```

注意：

将上述代码中加粗显示的路径修改为你自己系统上的下载和保存文件的路径。

通过完成本练习，你已经实现了 read_csv()和 to_csv()方法，并将两个 Series 组合成了一个新的 DataFrame。

接下来，让我们看看 Pandas 数据结构的另一个方面，即按时间值进行索引的能力。

2.4.3 使用时间作为索引

正如我们将在第 12 章"在 Pandas 中使用时间"中详细探讨的那样，Pandas 可以使用 timestamp 类型的对象作为索引来处理按时间排序的数据。本小节将探讨如何将存储为字符串的日期转换为 timestamp 类型，以及如何将其用作索引。

首先可以创建一个简单的 DataFrame，其中包含一些日期作为字符串，以及一些数字数据。你将使用 Series 构造函数、DataFrame 构造函数和 Python range()方法。

在本示例中，需要以 YYYY-MM-DD 字符串格式创建一个包含 6 个连续日期的 Series，然后使用 range()创建另一个包含 6 个整数的 Series。

然后，需要将它们组合成一个带有 date 和 data 列名称的 DataFrame。

最后，应该列出 DataFrame 结果，如下所示：

```
dates = pd.Series([ '2017-01-01', '2017-01-02', '2017-01-03',
                    '2017-01-04', '2017-01-05', '2017-01-06'])
time_series = pd.Series(range(6))
time_series_df = pd.DataFrame({'date' : dates,\
                               'data' : time_series})
time_series_df
```

这会产生如图 2.36 所示的输出结果。

	date	data
0	2017-01-01	0
1	2017-01-02	1
2	2017-01-03	2
3	2017-01-04	3
4	2017-01-05	4
5	2017-01-06	5

Out[19]:

图 2.36 time_series_df DataFrame

　　现在，使用 type()方法，检查 date 列的第一个元素以确定其类型。这可以使用括号表示法来选择 date 列和[0]元素：

```
type(time_series_df['date'][0])
```

以下结果表明该列中的数据是字符串类型的：

```
str
```

　　Pandas 提供了.to_datetime()方法将字符串转换为时间戳。我们可使用此方法将 date 列转换为时间戳，然后像之前一样使用 type()检查第一个日期元素：

```
time_series_df['date'] = pd.to_datetime(time_series_df['date'])
type(time_series_df['date'][0])
```

这会产生预期的结果：

```
pandas._libs.tslibs.timestamps.Timestamp
```

　　现在可以再次替换索引，在本例中为 date 列。为此，可以使用 set_index()方法，告诉 Pandas 直接在现有 DataFrame 上执行操作（inplace = True）。进行此更改后，应再次列出 DataFrame，如下所示：

```
time_series_df.set_index('date', inplace = True)
time_series_df
```

这会产生如图 2.37 所示的输出结果。

	data
date	
2017-01-01	0
2017-01-02	1
2017-01-03	2
2017-01-04	3
2017-01-05	4
2017-01-06	5

Out[31]:

图 2.37　更新之后的 time_series_df，现在以时间戳作为索引而不是列

　　现在可以来了解 Pandas 的时间序列方法之一，即 resample 方法。

　　Pandas 的 resample 方法可采用一个参数，即你想要的数据的新时间步长。该方法的名称本身的意义为重采样（resample），之所以叫这个名字，是因为它可以对数据进行上

采样或下采样：

❑ 上采样（upsampling）是指你有一个 Series 的情况，并且你减少了点之间的间距（在本示例中为时间），从而增加了总数据点的数量。

❑ 下采样（downsampling）是指增加间距，从而减少总数据点的数量。

Pandas 将使用索引和 resample 的第一个参数来确定新的时间戳。

为了调整数据，Pandas 需要在 resample 操作之后添加一个聚合函数。聚合函数包括求均值的 mean 等函数。

在下一个示例中，你将使用插值（interpolate）方法，该方法可以在现有数据点之间进行线性插值。虽然这听起来很复杂，但它实际上是数据操作中很常见的做法。

假设你要重新采样当前间隔为 1 天到 12 小时的一些数据。Pandas 的 resample 可以将直观的字符串作为参数，因此你只需将 12h 传递给它，然后使用 interpolate 方法进行插值。最后还可以列出结果以查看更改，如下所示：

```
time_series_df = time_series_df.resample('12h').interpolate()
time_series_df
```

这会产生如图 2.38 所示的输出结果。

date	data
2017-01-01 00:00:00	0.0
2017-01-01 12:00:00	0.5
2017-01-02 00:00:00	1.0
2017-01-02 12:00:00	1.5
2017-01-03 00:00:00	2.0
2017-01-03 12:00:00	2.5
2017-01-04 00:00:00	3.0
2017-01-04 12:00:00	3.5
2017-01-05 00:00:00	4.0
2017-01-05 12:00:00	4.5
2017-01-06 00:00:00	5.0

图 2.38 按 12 小时间隔重新采样之后的索引

通过该示例你应该可以看到 Pandas 的强大之处，接下来，让我们来做一些与使用索引相关的练习。

2.4.4　练习 2.4——DataFrame 索引

本练习将使用 read_csv()方法将数据直接读入 DataFrame 中。从文件中读取的 DataFrame 将有一个 time 列和其他几列，列名是日期。该练习数据是 2019 年的一些经济数据，行代表每个月最后一天每隔 15 min 的数据，列代表月份。你将转换时间或日期作为索引，并使用索引将数据重新采样到更小的时间间隔。最后，本练习还需要使用 to_csv() 函数将更新之后的数据保存到新文件中。

ℹ️**注意：**

本练习的代码网址如下：

https://github.com/PacktWorkshops/The-Pandas-Workshop/tree/master/Chapter02/Exercise2_04

请执行以下步骤以完成本练习。

（1）打开一个新的 Jupyter Notebook 并选择 Pandas_Workshop 内核。

（2）本练习只需要 Pandas 库，因此可将其加载到 Notebook 的第一个单元格中：

```
import pandas as pd
```

（3）使用 pd.read_csv()方法将已经下载的 test_data_frame.csv 文件加载到 DataFrame 中，并将其命名为 economic_data：

```
fname = '../Datasets/test_data_frame.csv'
economic_data = pd.read_csv(fname)
economic_data.head()
```

ℹ️**注意：**

将上述示例中加粗显示的路径替换为你自己下载和保存文件的路径。test_data_frame.csv 文件的下载地址如下：

https://github.com/PacktWorkshops/The-Pandas-Workshop/blob/master/Chapter02/Datasets/test_data_frame.csv

其输出结果应如图 2.39 所示。

（4）使用.dtypes 检查 economic_data DataFrame 的数据类型：

```
economic_data.dtypes
```

其输出结果应如图 2.40 所示。

Out[28]:	time	1/31/2019	2/28/2019	3/31/2019	4/30/2019	5/31/2019	6/30/2019	7/31/2019	8/31/2019	9/30/2019	10/31/2019	11/30/2019	12/31/2019
0	12:00:00 AM	2312.22	2403.93	2285.59	1841.71	1144.73	579.97	184.34	217.88	609.83	1098.53	1832.15	2409.02
1	12:15:00 AM	2357.01	2503.56	2319.69	1863.97	1183.33	511.77	225.56	158.63	531.24	1132.16	1797.98	2354.98
2	12:30:00 AM	2298.20	2475.26	2386.27	1875.62	1259.22	555.14	167.05	199.51	536.58	1126.26	1725.46	2336.46
3	12:45:00 AM	2359.41	2615.92	2368.70	1825.99	1139.68	525.37	117.55	149.68	482.08	1087.29	1816.17	2374.96
4	1:00:00 AM	2328.82	2565.09	2298.29	1802.28	1178.65	586.78	212.88	129.09	551.16	1145.26	1802.78	2318.55

图 2.39　economic_data 的前 5 行

```
Out[29]:   time            object
           1/31/2019       float64
           2/28/2019       float64
           3/31/2019       float64
           4/30/2019       float64
           5/31/2019       float64
           6/30/2019       float64
           7/31/2019       float64
           8/31/2019       float64
           9/30/2019       float64
           10/31/2019      float64
           11/30/2019      float64
           12/31/2019      float64
           dtype: object
```

图 2.40　economic_data DataFrame 的数据类型

（5）使用 to_datetime()方法将 time 列转换为 Pandas timestamp 类型。由于这些值采用了特定的字符串格式，因此你需要通过 format 参数提供一个字符串以便为 Pandas 指定其格式。

本示例使用%I 表示 12 h 格式的小时，使用%M 表示两位数字格式的分钟，使用%S表示两位数字格式的秒，以及使用%p 表示上午（AM）/下午（PM），冒号（:）则告诉Pandas，这些值在字符串中用冒号分隔。类似地，%S 和%p 之间的空格表示在 AM/PM 之前需要添加一个空格。

在转换为时间戳后，还需要从每个时间值中减去第一个时间，这样值就会从 0 天和 0小时开始，并随着一天中的时间增加。

最后列出该 DataFrame 以确认修改的结果：

```
economic_data['time'] = pd.to_datetime(economic_data['time'],\
                                        format = '%I:%M:%S %p')
economic_data['time']  = economic_data['time']\
```

```
    - economic_data['time'][0]
economic_data
```

其输出应结果如图 2.41 所示。

Out[22]:	time	1/31/2019	2/28/2019	3/31/2019	4/30/2019	5/31/2019	6/30/2019	7/31/2019	8/31/2019	9/30/2019	10/31/2019	11/30/2019	12/31/2019
0	0 days 00:00:00	2312.22	2403.93	2285.59	1841.71	1144.73	579.97	184.34	217.88	609.83	1098.53	1832.15	2409.02
1	0 days 00:15:00	2357.01	2503.56	2319.69	1863.97	1183.33	511.77	225.56	158.63	531.24	1132.16	1797.98	2354.98
2	0 days 00:30:00	2298.20	2475.26	2386.27	1875.62	1259.22	555.14	167.05	199.51	536.58	1126.26	1725.46	2336.46
3	0 days 00:45:00	2359.41	2615.92	2368.70	1825.99	1139.68	525.37	117.55	149.68	482.08	1087.29	1816.17	2374.96
4	0 days 01:00:00	2328.82	2565.09	2298.29	1802.28	1178.65	586.78	212.88	129.09	551.16	1145.26	1802.78	2318.55
...	...	...	...	...	...	...	...	...	...	...	...	...	...
91	0 days 22:45:00	2347.70	2549.58	2351.71	1850.91	1064.03	534.39	208.35	176.65	580.45	1100.67	1821.87	2263.76
92	0 days 23:00:00	2234.47	2570.41	2296.87	1778.81	1180.03	584.29	108.65	243.64	477.31	1214.94	1816.56	2231.82
93	0 days 23:15:00	2302.04	2469.22	2273.06	1865.61	1146.12	535.60	112.78	137.46	554.88	1131.31	1894.77	2360.27
94	0 days 23:30:00	2276.66	2401.19	2326.91	1801.10	1125.49	535.32	156.38	242.52	585.82	1121.86	1786.20	2293.01
95	0 days 23:45:00	2338.81	2521.09	2317.67	1825.98	1164.15	561.30	177.96	106.36	574.28	1116.48	1834.12	2305.17

图 2.41　time 列现在被转换为时间戳

（6）用时间戳值替换索引。使用 set_index 并提供列名（time）并告诉 Pandas 删除列（drop = True）。使用 head 方法验证结果，如下所示：

```
economic_data.set_index('time', inplace = True)
economic_data.head()
```

其输出结果应如图 2.42 所示。

Out[23]:	1/31/2019	2/28/2019	3/31/2019	4/30/2019	5/31/2019	6/30/2019	7/31/2019	8/31/2019	9/30/2019	10/31/2019	11/30/2019	12/31/2019
time												
0 days 00:00:00	2312.22	2403.93	2285.59	1841.71	1144.73	579.97	184.34	217.88	609.83	1098.53	1832.15	2409.02
0 days 00:15:00	2357.01	2503.56	2319.69	1863.97	1183.33	511.77	225.56	158.63	531.24	1132.16	1797.98	2354.98
0 days 00:30:00	2298.20	2475.26	2386.27	1875.62	1259.22	555.14	167.05	199.51	536.58	1126.26	1725.46	2336.46
0 days 00:45:00	2359.41	2615.92	2368.70	1825.99	1139.68	525.37	117.55	149.68	482.08	1087.29	1816.17	2374.96
0 days 01:00:00	2328.82	2565.09	2298.29	1802.28	1178.65	586.78	212.88	129.09	551.16	1145.26	1802.78	2318.55

图 2.42　economic_data DataFrame 的索引已经被转换为时间戳

（7）将基于时间的索引与其他 Pandas 方法一起使用。为此，请使用 resample 和 interpolate 方法。Pandas 的 resample 理解时间步长的直观字符串，所以以下示例使用的是 5 min。最后使用 head 验证结果，如下所示：

```
economic_data = economic_data.resample('5min').interpolate()
economic_data.head()
```

其输出结果应如图 2.43 所示。

Out[6]:		1/31/2019	2/28/2019	3/31/2019	4/30/2019	5/31/2019	6/30/2019	7/31/2019	8/31/2019	9/30/2019	10/31/2019	11/30/2019	12/31
	time												
00:00:00		2312.220000	2403.930000	2285.590000	1841.710000	1144.730000	579.970000	184.340000	217.880000	609.830000	1098.530000	1832.150000	2409.0
00:05:00		2327.150000	2437.140000	2296.956667	1849.130000	1157.596667	557.236667	198.080000	198.130000	583.633333	1109.740000	1820.760000	2391.0
00:10:00		2342.080000	2470.350000	2308.323333	1856.550000	1170.463333	534.503333	211.820000	178.380000	557.436667	1120.950000	1809.370000	2372.9
00:15:00		2357.010000	2503.560000	2319.690000	1863.970000	1183.330000	511.770000	225.560000	158.630000	531.240000	1132.160000	1797.980000	2354.9
00:20:00		2337.406667	2494.126667	2341.883333	1867.853333	1208.626667	526.226667	206.056667	172.256667	533.020000	1130.193333	1773.806667	2348.8

图 2.43　economic_data DataFrame 索引已从 15 分钟间隔重新采样到 5 分钟

（8）使用 to_csv() 将数据保存到一个新文件 economic_data.csv 中：

```
economic_data.to_csv('../Datasets/economic_data.csv')
```

本练习使用了 read_csv() 和 to_csv() 读取和存储数据。你已经掌握了如何将字符串格式的数据转换为时间戳，以及如何将其用作支持高级方法（如重采样）的索引。这种做法在涉及时间的数据分析中很常见。

接下来，让我们使用一些美国 GDP 数据来测试你学到的新知识。

2.5　作业 2.1——使用 Pandas 数据结构

本作业将从 US_GDP.csv 文件中读取一个 DataFrame，其中包含有关美国从 2017 年第一个财政季度到 2019 年最后一个财政季度的 GDP 信息。该数据被存储在 date 和 GDP 这两列中，并且（默认情况下）将 date 作为 object 类型进行读入。

本次作业的目标是首先将 date 列转换为时间戳，然后将此列设置为索引。最后，将更新之后的数据集保存到一个新文件中。

ℹ️ 注意:

本示例需要使用 US_GDP.csv 文件，其下载地址如下：

https://github.com/PacktWorkshops/The-Pandas-Workshop/blob/master/Chapter02/Datasets/US_GDP.csv

请按以下步骤操作。

（1）导入 Pandas 库。

（2）将 Datasets 目录中的 US_GDP.csv 文件读取到名为 GDP_data 的 DataFrame 中。该数据被存储为日期和值，你希望将日期用作索引，以便在将来的工作中可以将 Pandas 时间序列方法应用于此数据。

（3）显示 GDP_data 的前 5 行，以检查文件中数据的格式。

（4）检查 GDP_data 的对象类型，特别是 date 列。

（5）使用 pd.to_datetime()方法将 date 列转换为时间戳。

（6）使用.set_index()方法将索引替换为 date 列。请务必使用 inplace = True 以便将结果应用于现有 DataFrame，使用 drop = True 删除用于索引后的 date 列。利用.head()来确认结果。其输出结果应如图 2.44 所示。

```
Out[4]:
                    GDP
        date
    2017-03-31   19190.4
    2017-06-30   19356.6
    2017-09-30   19611.7
    2017-12-31   19918.9
    2018-03-31   20163.2
```

图 2.44　使用日期作为索引后的 GDP_data DataFrame

（7）使用.to_csv()方法将文件保存到名为 US_GDP_date_index.csv 的新.csv 文件中。

💡 提示：

本书附录提供了所有作业的答案。

2.6　小　　结

本章详细介绍了 Pandas 的两个基本数据结构（DataFrame 和 Series），以及 Pandas 索引的基本概念。借助一些基本的输入/输出（I/O）函数，如 read_csv()和 to_csv()，你看到了 Pandas 如何轻松地从 DataFrame 和 Series 中读取或直接写入数据。

本章还介绍了一些 Pandas 方法的应用。例如，我们学习了如何使用 set_index()方法设置索引，以及如何将时间戳作为索引。本章演示了 resample()方法的使用，它可以改变 Pandas 时间序列数据的时间间隔。另外，本章还演示了 concat() 方法的使用，它可用于将 Pandas 数据结构组合到其他结构中。

到目前为止，你应该基本上熟悉和掌握了 DataFrame 和 Series 的概念和操作。本书的其余章节将建立在这些概念之上。

下一章将学习如何使用 Pandas 进行数据的输入和输出。

第 3 章　数据的输入和输出

在第 2 章"数据结构"中，你了解了 Pandas 如何在 Series 和 DataFrames 中存储信息，并学习了.read_csv()和.to_csv()方法的应用，它们分别可以将数据从存储驱动器读取到 DataFrames 或 Series 中，以及将数据保存在 CSV 文件中。本章将介绍其他数据源，包括不同的文件格式以及来自网页和应用程序编程接口（application programming interface，API）的数据。到本章结束时，你应该能够轻松地将来自各种常见来源的数据导入 Pandas 中，从而使你能够与组织中的不同团队合作。

本章包含以下主题：

❑　数据世界
❑　探索数据源
❑　基本格式
❑　其他文本格式
❑　操作 SQL 数据
❑　作业 3.1——使用 SQL 数据进行 Pandas 分析

3.1　数　据　世　界

在目前这个由数字驱动的世界中，数据的生成速度越来越快。世界经济论坛（World Economic Forum，WEF）报告称，到 2025 年，全球每天将产生 463 艾字节（exabyte，EB）的数据。如果你对艾字节的大小缺乏概念的话，不妨对比一下我们日常使用的字节单位。1 KB=1024 B， 1 MB=1024 KB， 1 GB=1024 MB， 1 TB=1024 GB， 1 PB=1024 TB，1 EB=1024 PB。因此，艾字节的大小是 1 后面跟着 18 个零。这个数据产生速度仅略低于每秒 5359 TB 或每秒 530 万 GB。

显然，并非所有这些数据都是简单文本文件的形式。虽然 CSV 文件很常见且非常有用，但它们只是我们在使用 Pandas 时可能想要使用的许多可能的数据格式之一。本章将探索更多将数据引入 Pandas DataFrames 和 Series 中并将数据存储回内存的选项。此类数据操作被称为输入/输出（input/output，I/O）操作。

例如，企业财务团队的数据可能来自 SAS 或 Stata 等软件。此外，你如果使用的是大数据（big data），则可能需要访问 Parquet 或 HDF 数据。根据你的业务需求和任务的复杂性，你所使用的数据格式将会有很大的不同。有时，由于企业政策或成本方面的限制，你也许只能选择使用某些格式，而在没有此类限制的其他情况下，你也需要明智地选择最有效的格式。在这两种情况下，Pandas 无缝处理多种格式的能力都将被证明是非常宝贵的。

例如，假设你的任务是建立一个数据库，你的公司将在该数据库中不断地将客户订单数据流式传输到数据库中。作为附加要求，你需要在 Python 中对数据进行数据科学分析，在任何给定时间将部分数据读入 Pandas 中。传统上，该公司使用的是 CSV 格式，并且由于过去 6 个月收集了数据，因此预计数据大小约为 1 TB 的.csv 文件。现在你无须以.csv格式存储数据，而是与数据工程团队合作以 Parquet 格式存储数据，这样你只需要大约130 GB 的存储空间，而不是 1 TB。Pandas 库的美妙之处在于，你将能够对新格式的数据进行所需的分析，而不会产生任何功能上的差异。

在云计算、存储和数据流中，其他二进制格式经常发挥作用。这包括一些专有软件格式（如 SAS 或 Stata）和大数据开放格式（如 HDF5）。

例如，HDF5 可以将元数据（metadata）与数据一起存储，因此，这种类型的数据是"自我描述的"，它专为大数据和异构数据结构（例如，具有多个相关表的数据结构）的快速 I/O 操作而设计。关于后一点，你可能听说过 SQL，这是一种在业界广泛使用的关系数据库格式。Python 支持称为 sqlite 的 SQL 版本。

当涉及 Web 页面或来自数据服务 API 的数据时，最常用的格式是 JSON、XML 和HTML。此外，电子表格的普及意味着我们经常需要将数据从 Microsoft Excel 或类似格式读入 Pandas 中，它们的数据是二进制的——二进制格式通常更紧凑，因为它们需要更少的内存并可提供更丰富的结构。因此，也可以很容易地存储不同数据格式之间的关系。

表 3.1 显示了数据类型、文件/系统类型以及相应的 Pandas 读写方法。本章将介绍其中一些常见的项目（即，以加粗显示的项目）。在掌握了这些项目的操作方式之后，你就可以根据需要自由选择使用数据源的格式。

表 3.1　Pandas I/O 方法

数 据 类 型	文件/系统	输　　入	输　　出	依　赖　项
文本	**CSV**	**read_csv**	**to_csv**	
文本	**JSON**	**read_json**	**to_json**	
文本	**HTML**	**read_html**	**to_html**	**lxml 或 bs4/html5lib**

续表

数据类型	文件/系统	输　　入	输　　出	依　赖　项
文本	**XML**			**pandas-read-xml**
文本	本机剪贴板	read_clipboard	to_clipboard	
文本	固定宽度文本文件	read_fwf		
二进制	**Matlab/Octave**			**scipy.io**
二进制	**Excel**	**read_excel**	**to_excel**	**xlrd 或 openpyxl**
二进制	**HDF5**	**read_hdf**	**to_hdf**	**zlib、lzo 等**
二进制	**Stata**	**read_stata**	**to_stata**	**pyreadstat**
二进制	**SAS**	**read_sas**		
二进制	OpenDocument	read_excel		
二进制	Feather	read_feather	to_feather	
二进制	Parquet	read_parquet	to_parquet	
二进制	ORC	read_orc		
二进制	Msgpack	read_msgpack	to_msgpack	
二进制	**SPSS**	**read_spss**		
二进制	Pickle	read_pickle	to_pickle	
SQL	**SQL**	**read_sql**	**to_sql**	**sqlite3**
SQL	**BigQuery（Google）**	read_gbq	to_gbq	**pandas-gbq google-cloud-bigquery**

在表 3.1 的右侧列中，标记为"依赖项"，指的是一些附加要求。例如，对于 pyreadstat 和 pandas-gbq，这些库需要单独安装在你的环境中（使用 pip 或 conda），以使 Pandas 方法正常工作。对于 sqlite3 来说，即使它是标准 Python 发行版的一部分，你也仍然需要在 Python 中导入后才能使用它。在本章后面将看到其中一些示例。

ℹ️ **注意：**

关于表 3.1 中列举的依赖项，可能还有其他选项/选择。有关详细信息，你可以参考 Pandas 说明文档。

在不同格式之间进行转换时，Pandas 通常依赖各种"引擎"，而这些引擎都是独立于 Pandas 安装的，在某些情况下，它们可能是"压缩库"，而这也是独立于 Pandas 的。在大多数情况下，它们必须安装在你的环境中，你不需要在代码中执行导入操作。但是，根据你已经安装的其他模块和库，有些引擎也可能失效，导致出现错误消息。这些消息会告诉你需要在环境中安装哪些额外的组件。

表 3.1 中列出的几种格式对你来说可能是没听说过的，你如果遇到这种新的格式，可

能会觉得它没有出现在 Pandas I/O 文档中。例如，Matlab（或开源版本 Octave）在工业界和学术界被大量使用，表 3.1 列出了它，但没有为它列出一个 Pandas 方法。在 Pandas 没有内置格式的情况下，一个比较好的思路是通过网络进行搜索，看看是否有一个 Python 包可用于读取这些文件。对于 Matlab 来说，这样的搜索会产生各种链接，其中许多会教你如何使用 scipy.io 中的 .loadmat()函数。

　　例如，假设你正在帮助一位刚接触 Pandas 的工程部同事。他给你带来了包含他们在产品测试中生成的 Matlab 文件的 U 盘。该数据来自实验室数据收集系统，该系统使用 Matlab 收集和存储数据，并存储在名为 matlab.mat 的文件中。这可以使用 scipy 方法（包含在 scipy.io 模块中）来读取数据，示例如下：

```
import scipy.io
mat = scipy.io.loadmat('datasets/matlab.mat')
mat
```

🛈 **注意：**

将上述代码中加粗显示的路径修改为你自己系统上的下载和保存文件的路径。

这会产生如图 3.1 所示的输出结果。

```
Out[18]: {'__header__': b'MATLAB 5.0 MAT-file Platform: nt, Created on: Tue Feb  2 14:21:02 2021',
         '__version__': '1.0',
         '__globals__': [],
         'storage': array([[0.00000000e+00],
                [3.60020368e-04],
                [7.26299303e-04],
                ...,
                [1.36616373e-05],
                [1.35810556e-05],
                [1.36134929e-05]]),
         'T1': array([[475.5],
                [475.5],
                [475.4],
                ...,
                [476.8],
                [476.8],
                [476.8]]),
         'time': array([[10256548.8],
                [10256549. ],
                [10256549.2],
                ...,
                [10273672.4],
                [10273672.6],
                [10273672.8]]),
         'value': array([[10256548.8        ],
                [10256550.09106825],
                [10256550.31226313],
                ...,
                [10273670.63541315],
                [10273672.1572869 ],
                [10273672.87393071]])}
```

图 3.1　使用 scipy.io loadmat()方法将 Matlab 数据文件读入 Python 中

可以看到，其结果是 dictionary，我们可以将其处理成 DataFrame 或其他有用的形式，具体方法已经在第 2 章"数据结构"中详细介绍过了，这里不再赘述。

ⓘ 注意：

本章所有示例都可以在本书配套 GitHub 存储库的 Chapter03 文件夹的 examples.ipynb Notebook 中找到。数据文件则可以在 datafiles 文件夹中找到。要确保示例正确运行，你需要从头到尾按顺序运行该 Notebook。

3.2　探索数据源

分析人员可能会从多种来源获取数据，如计算机上的文件、公司网络上的文件、云中的文件（如 Amazon AWS S3 存储）和 Web 源。第 2 章"数据结构"仅介绍了包含文本形式的数据的 CSV 文件。因此，本节将深入探索可能出现在各种文件中的不同类型的数据。

3.2.1　文本文件和二进制文件

对于文本文件，相信你已经非常熟悉了。一个简单的判断就是，你如果可以在文本编辑器（例如 Windows 系统上的记事本、Notepad++或其他类似应用程序）中打开、阅读和理解该数据，那么正在处理的就是文本数据。

例如，在第 2 章"数据结构"中，你使用了包含宠物食品销售记录的一些小文件。如果在文本编辑器（以下示例使用的是 Windows 中的记事本）中打开 dog_food_orders.csv 文件（位于 Chapter02/Datasets 文件夹中），则将看到如图 3.2 所示的内容。

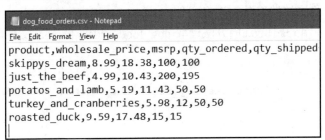

图 3.2　dog_food_orders.csv 文件其实就是文本文件

在图 3.2 中可以看到该文件包含的所有值。它们用逗号进行分隔，这很有意义，因为该文件是 CSV 文件。下文你还将看到其他一些常见的分隔符。

现在假设你在 Microsoft Excel 中保存了相同的数据，然后在记事本中再次查看。你会看到如图 3.3 所示的内容。

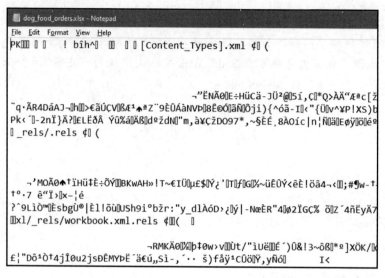

图 3.3　dog_food_orders 数据，以.xlsx 格式保存并在记事本中重新打开

尽管你也可以看到一些清晰的文本提示，但大部分看起来就是乱码，根本无法理解。我们称此类数据文件为二进制数据。二进制（binary）一词来自与原始计算机数据相关的 0 和 1，这些数据旨在由机器解释，但不能直接由人类解释。尽管你无法读取此文件，但 Pandas 却可以读取它以及表 3.1 中列出的许多其他格式。

在多数情况下，如果给你提供的是二进制格式的数据，那么你应该知道它来自其他一些软件，如 Microsoft Excel，或数据软件程序，如 SPSS 或 SAS。如果你没有该软件，则 Pandas 可以让你直接读取其中许多文件。

以下代码段使用.read_excel()方法读取 dog_food_orders 的.xlsx 文件版本：

```
import pandas as pd
dog_food_orders = \
    pd.read_excel('datasets/dog_food_orders.xlsx', engine = 'openpyxl')
dog_food_orders
```

ℹ 注意：

将上述代码中加粗显示的路径修改为你自己系统上的下载和保存文件的路径。

上述代码将产生如图 3.4 所示的输出结果。

```
Out[19]:
```

	product	wholesale_price	msrp	qty_ordered	qty_shipped
0	skippys_dream	8.99	18.38	100	100
1	just_the_beef	4.99	10.43	200	195
2	potatos_and_lamb	5.19	11.43	50	50
3	turkey_and_cranberries	5.98	12.00	50	50
4	roasted_duck	9.59	17.48	15	15

图 3.4 狗粮订单数据，由 Pandas 直接从.xlsx 文件中读取

你在这里获得了所需的结果，部分原因是 Pandas 在.read_excel()方法中使用的默认值有效。下文还将更详细地探讨有关 Excel 的这些参数。

3.2.2 在线数据源

数据以多种形式在线存在。例如，网页中可能包含一个表格，就像维基百科有关风力发电的页面（Wind power）一样。该页面网址如下：

https://en.wikipedia.org/wiki/Wind_power

如果向下滚动该页面，你将看到如图 3.5 所示的表格。

Large onshore wind farms			
Wind farm	Capacity (MW)	Country	Refs
Gansu Wind Farm	7,965	China	[18][19]
Muppandal wind farm	1,500	India	[20]
Alta (Oak Creek-Mojave)	1,320	United States	[21]
Jaisalmer Wind Park	1,064	India	[22]
Shepherds Flat Wind Farm	845	United States	[23]
Roscoe Wind Farm	782	United States	
Horse Hollow Wind Energy Center	736	United States	[24][25]
Capricorn Ridge Wind Farm	662	United States	[24][25]
Fântânele-Cogealac Wind Farm	600	Romania	[26]
Fowler Ridge Wind Farm	600	United States	[27]
Whitelee Wind Farm	539	United Kingdom	[28]

图 3.5 一个维基百科页面，上面有一张我们想要导入 Pandas 的数据表

除了表格，该页面上还有很多其他信息。有各种各样的模块和包可供你从网页中获取数据——这通常被称为抓取（scrap）。Pandas 也提供了 read_html()方法，该方法可尝

试将一组事物收集到 Python 对象的列表中，包括 Pandas DataFrame。

以下代码使用 read_html() 来获取数据并快速查看它：

```
import pandas as pd
data_url = 'https://en.wikipedia.org/wiki/Wind_power'
data = pd.read_html(data_url)
data
```

运行此代码会产生如图 3.6 所示的输出结果。注意，为节约篇幅，我们仅截取了部分内容。

```
Out[6]: [                                                    0
        0                                 Part of a series about
        1                                      Sustainable energy
        2                                                Overview
        3            Carbon-neutral fuel Fossil fuel phase-out
        4                                    Energy conservation
        5      Cogeneration Efficient energy use Energy stora...
        6                                       Renewable energy
        7      Hydroelectricity Solar Wind Bioenergy Geotherm...
        8                                  Sustainable transport
        9        Electric vehicle Green vehicle Plug-in hybrid
        10         Renewable energy portal  Environment portal
        11     .mw-parser-output .navbar{display:inline;font-...,
                           Wind farm  Capacity(MW)        Country       Refs
        0               Gansu Wind Farm          7965          China  [18][19]
        1            Muppandal wind farm          1500          India      [20]
        2          Alta (Oak Creek-Mojave)         1320  United States      [21]
        3            Jaisalmer Wind Park          1064          India      [22]
        4       Shepherds Flat Wind Farm           845  United States      [23]
        5              Roscoe Wind Farm           782  United States       NaN
        6    Horse Hollow Wind Energy Center          736  United States  [24][25]
        7        Capricorn Ridge Wind Farm          662  United States  [24][25]
        8      Fântânele-Cogealac Wind Farm         600        Romania      [26]
        9           Fowler Ridge Wind Farm          600  United States      [27]
        10             Whitelee Wind Farm           539  United Kingdom      [28],
```

图 3.6　在网页上使用 Pandas .read_html() 的结果

这个结果似乎有点乱，但首先可以看到的是，Pandas 会以列表的形式返回所有信息。列表中的第一项似乎是有关文章的信息。然后，第 11 行有一个逗号，后面是你想要从表中获取的数据。该页面上有更多表格，Pandas 会尝试加载它可以加载的所有内容。因此，你只需从列表中提取第二个元素。以下操作即可在列表中选择元素[1]（第二个项目）：

```
data[1]
```

ℹ 注意：

由于维基百科的页面会经常更新，你看到的结果可能与本小节的演示有些区别，因此，你也许需要根据在图 3.6 中看到的实际结果修改上述代码。

这会产生如图 3.7 所示的输出结果。

	Wind farm	Capacity(MW)	Country	Refs
0	Gansu Wind Farm	7965	China	[18][19]
1	Muppandal wind farm	1500	India	[20]
2	Alta (Oak Creek-Mojave)	1320	United States	[21]
3	Jaisalmer Wind Park	1064	India	[22]
4	Shepherds Flat Wind Farm	845	United States	[23]
5	Roscoe Wind Farm	782	United States	NaN
6	Horse Hollow Wind Energy Center	736	United States	[24][25]
7	Capricorn Ridge Wind Farm	662	United States	[24][25]
8	Fântânele-Cogealac Wind Farm	600	Romania	[26]
9	Fowler Ridge Wind Farm	600	United States	[27]
10	Whitelee Wind Farm	539	United Kingdom	[28]

图 3.7　在维基百科网页上使用 pd.read_html() 生成的列表中的第一项

可以看到，该操作其实非常简单，这部分证明了 Pandas 具有可满足各种数据输入/输出需求的强大功能。

3.2.3　练习 3.1——从网页中读取数据

你正在研究可再生能源市场的项目。在获得风力发电数据（来自上一个示例）后，你决定收集太阳能发电站的类似数据。你可以在维基百科上找到合适的页面（Solar power）作为数据来源，该页面网址如下：

https://en.wikipedia.org/wiki/Solar_power

本练习的目标是将这些新发现的数据读入新的 Pandas DataFrame 中。

ⓘ 注意：

本练习的代码网址如下：

https://github.com/PacktWorkshops/The-Pandas-Workshop/tree/master/Chapter03/Exercise3_01

请按照以下步骤完成本练习。

（1）打开一个新的 Jupyter Notebook 并选择 Pandas_Workshop 内核。

（2）本练习只需要 Pandas 库，因此可将其加载到 Notebook 的第一个单元格中：

```
import pandas as pd
```

（3）使用 pd.read_html 将网页读入 Pandas 中：

```
page_url = \
    ('https://en.wikipedia.org/w/index.php?' +
    'title=Solar_power&oldid=1022764142')
data = pd.read_html(page_url)
data
```

这会产生如图 3.8 所示的输出结果。

```
Out[3]: [                                                    0
        0                               Part of a series about
        1                                   Sustainable energy
        ...
        10        Renewable energy portal  Environment portal
        11   .mw-parser-output .navbar{display:inline;font-...,
             Solar Electricity Generation                       \
                                     Year          Energy (TWh)
        0                            2004                   2.6
        1                            2005                   3.7
        2                            2006                   5.0
        ...
        12                          1.31%
        13                          1.73%
        14                          2.68%
        15   Sources:[32][33][34][35][36]  ,
                                        Name         Country  CapacityMWp  \
        0                 Pavagada Solar Park          India         2050
        1          Tengger Desert Solar Park          China         1547
        2                  Bhadla Solar Park          India         1515
        3          Kurnool Ultra Mega Solar Park        India         1000
        4   Datong Solar Power Top Runner Base        China         1000
        5            Longyangxia Dam Solar Park        China          850
        6             Rewa Ultra Mega Solar           India          750
        7         Kamuthi Solar Power Project          India          648
        8              Solar Star (I and II)   United States          579
        9                   Topaz Solar Farm   United States          550

           GenerationGWh p.a.  Sizekm2  Year                  Ref
        0                NaN       53  2017            [2][52][53]
        1                NaN       43  2016               [54][55]
        2                NaN       40  2017           [56][57][58]
        3                NaN       24  2017                   [59]
        4                NaN      NaN  2016           [60][61][62]
        5                NaN       23  2015   [63][64][65][66][67]
        6                NaN      NaN  2018                   [68]
        7                NaN     10.1  2016               [69][70]
        8             1664.0       13  2015               [71][72]
        9             1301.0  24.6[73]  2014        [74][75][76]  ,
```

图 3.8　大型光伏太阳能发电厂数据

ℹ 注意：

再声明一次，由于维基百科的页面会经常更新，本书出版之后，你看到的结果可能与本小节的演示有些区别，因此，你也许需要根据实际页面抓取结果修改上述代码。

（4）滚动输出结果（为节约篇幅，在图 3.8 中仅截取了部分结果），你可以看到所需的表是 pd.read_html()生成的列表中的第三项，因此可使用列表切片仅选择该元素，并将其分配给名为 solar_PV_data 的新变量：

```
solar_PV_data = data[2]
solar_PV_data
```

输出结果应如图 3.9 所示。

	Name	Country	CapacityMWp	GenerationGWh p.a.	Sizekm2	Year	Ref
0	Pavagada Solar Park	India	2050	NaN	53	2017	[2][52][53]
1	Tengger Desert Solar Park	China	1547	NaN	43	2016	[54][55]
2	Bhadla Solar Park	India	1515	NaN	40	2017	[56][57][58]
3	Kurnool Ultra Mega Solar Park	India	1000	NaN	24	2017	[59]
4	Datong Solar Power Top Runner Base	China	1000	NaN	NaN	2016	[60][61][62]
5	Longyangxia Dam Solar Park	China	850	NaN	23	2015	[63][64][65][66][67]
6	Rewa Ultra Mega Solar	India	750	NaN	NaN	2018	[68]
7	Kamuthi Solar Power Project	India	648	NaN	10.1	2016	[69][70]
8	Solar Star (I and II)	United States	579	1664.0	13	2015	[71][72]
9	Topaz Solar Farm	United States	550	1301.0	24.6[73]	2014	[74][75][76]

图 3.9　solar_PV_data DataFrame

由此可见，你只需几行代码即可成功获取所需数据，并可以将其与 Python 中的风力发电数据进行比较。

完成这些基本操作练习之后，接下来让我们更详细地了解其他一些重要格式。

3.3　基 本 格 式

我们已经了解了文本数据和二进制数据的基础知识。本节将更详细地阐释这些格式，并介绍其他一些重要的数据结构。

3.3.1　文本数据

之前我们提到，可以在文本编辑器中打开和查看的数据基本上就可以判定为文本数据。文本文件通常可以通过其文件扩展名来识别，常见的包括.csv（逗号分隔）、.txt（纯文本）、.sql（SQL 数据库脚本文件）等。请注意，扩展名只是一个约定，并不保证内容的格式。因此，如果你接收的是一个带有.txt 扩展名的文件，但其中包含的却是.csv 格式的数据，那么这也不是什么稀罕事。

当然，不同格式也可能会出现额外的复杂性，这具体取决于数据的创建和存储方式。文本数据可能看起来相同，但被存储在每个字符的不同二进制版本中。这些二进制表示被称为编码（encode），在大多数情况下，你会发现以 UTF-8 格式编码的数据。

编码具有名称，如 ASCII 或 UTF-8，每种编码实际上就是定义了与数值匹配的字符。你以前可能听说过 ASCII，它代表的是美国信息交换标准代码（American Standard Code for Information Interchange），是在 20 世纪 60 年代开发的，由电传打字机演变而来。ASCII 编码允许你使用大小写字母、数字和一些标点符号，总共 128 个。

表 3.2 显示了 ASCII 表的一个版本。

表 3.2　ASCII 字符编码

二进制	十进制	十六进制	字符/缩写	解　释
00000000	0	00	NUL（NULL）	空字符
00000001	1	01	SOH（Start Of Headling）	标题开始
00000010	2	02	STX（Start Of Text）	正文开始
00000011	3	03	ETX（End Of Text）	正文结束
00000100	4	04	EOT（End Of Transmission）	传输结束
00000101	5	05	ENQ（Enquiry）	请求
00000110	6	06	ACK（Acknowledge）	回应/响应/收到通知
00000111	7	07	BEL（Bell）	响铃
00001000	8	08	BS（Backspace）	退格
00001001	9	09	HT（Horizontal Tab）	水平制表符
00001010	10	0A	LF/NL（Line Feed/New Line）	换行键
00001011	11	0B	VT（Vertical Tab）	垂直制表符
00001100	12	0C	FF/NP（Form Feed/New Page）	换页键
00001101	13	0D	CR（Carriage Return）	Enter 键
00001110	14	0E	SO（Shift Out）	不用切换
00001111	15	0F	SI（Shift In）	启用切换
00010000	16	10	DLE（Data Link Escape）	数据链路转义
00010001	17	11	DC1/XON（Device Control 1/Transmission On）	设备控制 1/传输开始
00010010	18	12	DC2（Device Control 2）	设备控制 2

续表

二进制	十进制	十六进制	字符/缩写	解　释
00010011	19	13	DC3/XOFF（Device Control 3/ Transmission Off）	设备控制 3/传输中断
00010100	20	14	DC4（Device Control 4）	设备控制 4
00010101	21	15	NAK（Negative Acknowledge）	无响应/非正常响应/拒绝接收
00010110	22	16	SYN（Synchronous Idle）	同步空闲
00010111	23	17	ETB（End of Transmission Block）	传输块结束/块传输终止
00011000	24	18	CAN（Cancel）	取消
00011001	25	19	EM（End of Medium）	已到介质末端/介质存储已满/ 介质中断
00011010	26	1A	SUB（Substitute）	替补/替换
00011011	27	1B	ESC (Escape)	逃离/取消
00011100	28	1C	FS（File Separator）	文件分割符
00011101	29	1D	GS（Group Separator）	组分隔符/分组符
00011110	30	1E	RS（Record Separator）	记录分离符
00011111	31	1F	US（Unit Separator）	单元分隔符
00100000	32	20	（Space）	空格
00100001	33	21	!	
00100010	34	22	"	
00100011	35	23	#	
00100100	36	24	$	
00100101	37	25	%	
00100110	38	26	&	
00100111	39	27	'	
00101000	40	28	(	
00101001	41	29	)	
00101010	42	2A	*	
00101011	43	2B	+	
00101100	44	2C	,	
00101101	45	2D	-	
00101110	46	2E	.	
00101111	47	2F	/	
00110000	48	30	0	
00110001	49	31	1	
00110010	50	32	2	

续表

二进制	十进制	十六进制	字符/缩写	解　释
00110011	51	33	3	
00110100	52	34	4	
00110101	53	35	5	
00110110	54	36	6	
00110111	55	37	7	
00111000	56	38	8	
00111001	57	39	9	
00111010	58	3A	:	
00111011	59	3B	;	
00111100	60	3C	<	
00111101	61	3D	=	
00111110	62	3E	>	
00111111	63	3F	?	
01000000	64	40	@	
01000001	65	41	A	
01000010	66	42	B	
01000011	67	43	C	
01000100	68	44	D	
01000101	69	45	E	
01000110	70	46	F	
01000111	71	47	G	
01001000	72	48	H	
01001001	73	49	I	
01001010	74	4A	J	
01001011	75	4B	K	
01001100	76	4C	L	
01001101	77	4D	M	
01001110	78	4E	N	
01001111	79	4F	O	
01010000	80	50	P	
01010001	81	51	Q	
01010010	82	52	R	
01010011	83	53	S	
01010100	84	54	T	

续表

二进制	十进制	十六进制	字符/缩写	解　　释
01010101	85	55	U	
01010110	86	56	V	
01010111	87	57	W	
01011000	88	58	X	
01011001	89	59	Y	
01011010	90	5A	Z	
01011011	91	5B	[	
01011100	92	5C	\	
01011101	93	5D	]	
01011110	94	5E	^	
01011111	95	5F	_	
01100000	96	60	`	
01100001	97	61	a	
01100010	98	62	b	
01100011	99	63	c	
01100100	100	64	d	
01100101	101	65	e	
01100110	102	66	f	
01100111	103	67	g	
01101000	104	68	h	
01101001	105	69	i	
01101010	106	6A	j	
01101011	107	6B	k	
01101100	108	6C	l	
01101101	109	6D	m	
01101110	110	6E	n	
01101111	111	6F	o	
01110000	112	70	p	
01110001	113	71	q	
01110010	114	72	r	
01110011	115	73	s	
01110100	116	74	t	
01110101	117	75	u	

续表

二进制	十进制	十六进制	字符/缩写	解　　释
01110110	118	76	v	
01110111	119	77	w	
01111000	120	78	x	
01111001	121	79	y	
01111010	122	7A	z	
01111011	123	7B	{	
01111100	124	7C	|	
01111101	125	7D	}	
01111110	126	7E	~	
01111111	127	7F	DEL（Delete）	删除

可以看到，ASCII 码的数值范围是 0～127。ASCII 以 7 个二进制位编码，因此值的范围就是 0～$2^7 - 1$（即 127）。

在 Python 中读取文件时，必须根据编码解释存储在文件中的数据才能获得正确的结果。例如，3.5.2 节 "练习 3.3——使用 SQL" 将使用一个名为 new_customers.csv 的文件，该文件位于本书配套 GitHub 存储库的 Chapter03/datasets/ 文件夹中。但是，下面的示例将使用一个名为 format-hex 的 Windows PowerShell 实用程序来将此文件视为原始十六进制代码，其读取结果如图 3.10 所示。

```
          00 01 02 03 04 05 06 07 08 09 0A 0B 0C 0D 0E 0F

00000000  43 75 73 74 6F 6D 65 72 5F 4E 75 6D 62 65 72 2C   Customer_Number,
00000010  43 6F 6D 70 61 6E 79 2C 43 69 74 79 2C 53 74 61   Company,City,Sta
00000020  74 65 0D 0A 31 39 38 32 38 2C 52 65 70 74 69 6C   te..19828,Reptil
00000030  65 20 44 65 73 65 72 74 2C 42 61 6C 74 69 6D 6F   e Desert,Baltimo
00000040  72 65 2C 4D 44 0D 0A 31 39 31 38 36 2C 41 71 75   re,MD..19186,Aqu
00000050  61 74 69 63 20 46 72 69 65 6E 64 73 2C 53 61 6E   atic Friends,San
00000060  20 42 65 72 6E 61 64 69 6E 6F 2C 43 41 0D 0A 31    Bernadino,CA..1
00000070  39 39 34 38 2C 41 72 61 63 68 6E 61 70 68 69 6C   9948,Arachnaphil
00000080  69 61 2C 4E 65 77 61 72 6B 2C 4E 4A 0D 0A 31 39   ia,Newark,NJ..19
00000090  36 39 37 2C 53 6F 6E 67 62 69 72 64 20 4D 75 73   697,Songbird Mus
000000A0  69 63 20 53 74 6F 72 65 2C 4D 65 6D 70 68 69 73   ic Store,Memphis
000000B0  2C 54 58 0D 0A 31 39 37 38 38 2C 45 71 75 65 73   ,TX..19788,Eques
000000C0  74 72 69 61 6E 20 50 61 6C 61 63 65 2C 43 6F 6C   trian Palace,Col
000000D0  6F 72 61 64 6F 20 53 70 72 69 6E 67 73 2C 43 4F   orado Springs,CO
000000E0  0D 0A 31 39 31 31 35 2C 4A 75 73 74 20 53 68 6F   ..19115,Just Sho
000000F0  77 20 44 6F 67 73 2C 42 61 74 6F 6E 20 52 6F 75   w Dogs,Baton Rou
00000100  67 65 2C 4C 41 0D 0A 31 39 36 37 38 2C 4D 79 20   ge,LA..19678,My
00000110  46 61 76 6F 72 69 74 65 20 42 75 74 74 65 72 66   Favorite Butterf
00000120  6C 79 2C 4C 75 62 62 6F 63 6B 2C 54 58 0D 0A      ly,Lubbock,TX..
```

图 3.10　将 new_customers.csv 文件的内容按十六进制代码打开

可以看到，第一个单词 Customer 编码为 43 75 73 74 6F 6D 65 72。

随着计算机的广泛使用，将原始数据称为位（二进制）和字节（二进制的 8 位）已变得很普遍，并且出现了 8 位字符编码。当然，它们直到 20 世纪 90 年代才成为标准，当时使用 8 位定义了所谓的 Unicode 编码，并定义了不同的编码以适应西里尔文或希伯来文等语言。

UTF-8 编码是当今使用最广泛的编码，由于它的位数比 ASCII 码多，因此可以编码更多的字符。此外，UTF-8 编码还可以使用每个字符超过一个字节（即超过 8 位）来编码更多的字母和特殊字符。

根据你所使用的编辑器，通常可以看到各种编码。图 3.11 显示了在 Notepad++程序中打开的 bike_share.csv 数据（该文件位于本书配套 GitHub 存储库的 Chapter03/datasets/文件夹中）。需要注意右下角的编码。

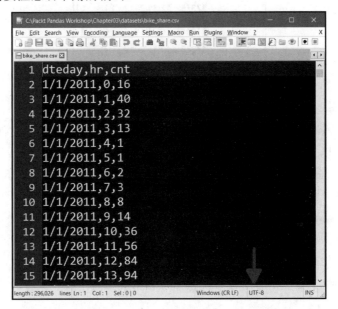

图 3.11　在 Notepad ++ 中打开的 bike_share.csv 文件

可以使用.read_csv()在 Pandas 中读取此文件而无须任何特殊参数：

```
import pandas as pd
pd.read_csv('datasets/bike_share.csv')
```

🛈 注意：

将上述代码中加粗显示的路径修改为你自己系统上的下载和保存文件的路径。

这会产生如图 3.12 所示的输出结果。

```
Out[2]:
                dteday    hr   cnt
      0       1/1/2011     0    16
      1       1/1/2011     1    40
      2       1/1/2011     2    32
      3       1/1/2011     3    13
      4       1/1/2011     4     1
     ...          ...    ...   ...
  17374    12/31/2012    19   119
  17375    12/31/2012    20    89
  17376    12/31/2012    21    90
  17377    12/31/2012    22    61
  17378    12/31/2012    23    49

  17379 rows × 3 columns
```

图 3.12　使用 read_csv()读取的 bike_share.csv 文件

在大多数文本编辑器中，你不仅可以看到编码，还可以选择保存文件的编码。

例如，你可以使用 Notepad++程序将 bike_share.csv 文件的编码设置为 UCS-2 LE BOM，然后将其保存为 bike_share_UCS_2_LE_BOM.csv。在此之后，你如果尝试按以下方式读取此文件，则可能会遇到问题：

```
import pandas as pd
pd.read_csv('datasets/bike_share_UCS_2_LE_BOM.csv')
```

ⓘ 注意：

将上述代码中加粗显示的路径修改为你自己系统上的下载和保存文件的路径。

这将产生如图 3.13 所示的输出结果（为节约篇幅，图片仅截取了最后一行）。

```
UnicodeDecodeError: 'utf-8' codec can't decode byte 0xff in position 0: invalid start byte
```

图 3.13　尝试读取 bike_share_UCS_2_LE_BOM.csv 文件时出错

Pandas 默认采用 UTF-8 编码，但是这里的数据是不同的编码，所以会报错。幸运的是，如果你再指定一个参数，则 Pandas 可以轻松处理此类事情。.read_csv()的许多可能参数包含 encoding。

以下代码段使用 encoding = 'utf_16_le' 参数来读取文件：

```
import pandas as pd
pd.read_csv('datasets/bike_share_UCS_2_LE_BOM.csv',\
            encoding = 'utf_16_le')
```

这会产生如图 3.14 所示的正确结果。

Out[8]:

	dteday	hr	cnt
0	1/1/2011	0	16
1	1/1/2011	1	40
2	1/1/2011	2	32
3	1/1/2011	3	13
4	1/1/2011	4	1
...	...	...	...
17374	12/31/2012	19	119
17375	12/31/2012	20	89
17376	12/31/2012	21	90
17377	12/31/2012	22	61
17378	12/31/2012	23	49

17379 rows × 3 columns

图 3.14　通过 pd.read_csv() 使用特定编码的结果

值得一提的是，.read_csv() 和 utf_16_le 中使用的编码的确切名称与你保存文件时使用的编码名称 UCS-2 LE BOM 是不一样的。如果你对此缺乏了解，那么这可能会令人摸不着头脑，在这种情况下，只能使用你认为正确的编码进行尝试或者求助于搜索引擎了——搜索互联网通常可以为你提供所需的信息。

ℹ️ **注意：**

有关 .read_csv() 中可以使用的编码名称，你可以查阅 Python 说明文档相应页面，其网址如下：

https://docs.python.org/3/library/codecs.html#standard-encodings

文本数据文件的另一个常见变化是它们由逗号以外的某些字符分隔。它们甚至可以用一些"不可见"字符（如制表符）分隔。

以下示例使用制表符而不是逗号保存 bike_share_UCS_2_LE_BOM.csv 文件，该文件的名称也相应地被修改为 bike_share_US_2_LE_BOM.tsv。它看起来如图 3.15 所示。

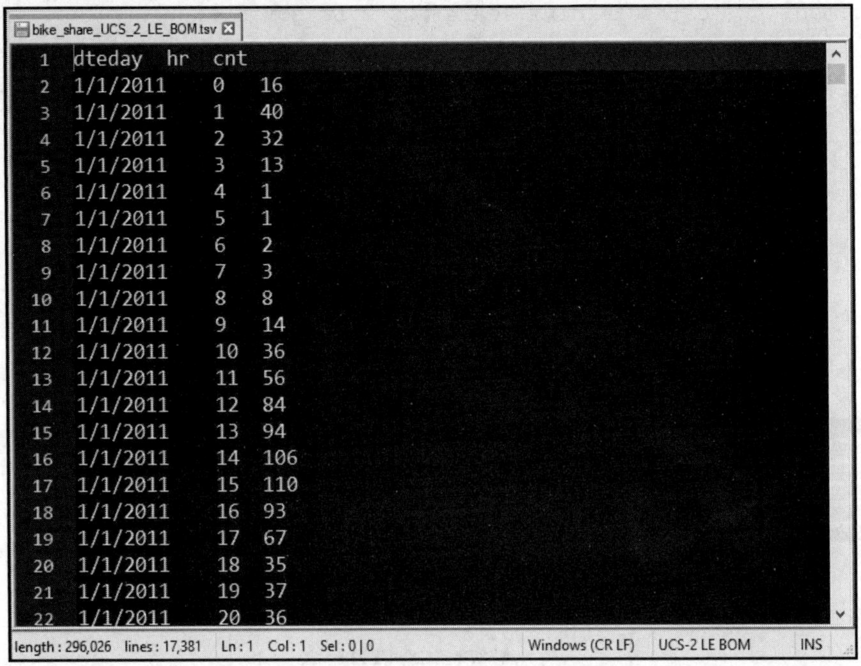

图 3.15   自行车共享数据转换为使用制表符而不是逗号作为分隔符

你需要做的就是在.read_csv()中明确指定分隔符。以下代码显示了如何读取以制表符分隔的文件。注意，'\t'是 Python 字符串数据中制表符的表示形式：

```
pd.read_csv('datasets//bike_share_UCS_2_LE_BOM.tsv',\
        encoding = 'utf_16_le',
        sep = '\t')
```

这会产生如图 3.16 所示的正确结果。

可以看到，在指定了正确的分隔符后，pd.read_csv()完全可以正常工作，其结果和CSV 文件一样。尽管逗号是最常见的，但对于分隔符的使用并没有明确的规则。其他分隔符也有很好的用例，具体取决于你的实际需要。例如，当你处理大量文本数据时，其原始文本中就可能包含逗号（例如，用户对网络产品的评论），那么在这种情况下使用逗号作为分隔符显然不是什么明智的选择。

以下练习将强化你在本小节中学习到的知识。

Out[10]:

	dteday	hr	cnt
0	1/1/2011	0	16
1	1/1/2011	1	40
2	1/1/2011	2	32
3	1/1/2011	3	13
4	1/1/2011	4	1
...	...	...	...
17374	12/31/2012	19	119
17375	12/31/2012	20	89
17376	12/31/2012	21	90
17377	12/31/2012	22	61
17378	12/31/2012	23	49

17379 rows × 3 columns

图 3.16　正确读取的 bike_share_UCS_2_LE_BOM.tsv 文件

3.3.2　练习 3.2——文本字符编码和数据分隔符

作为研究型医院数据科学团队的一员，你获得了一个数据集，其中包含对患者的各种代谢和其他测量值。你计划最终创建一个新的预测模型来检测基于甲状腺的疾病，但目前阶段，你需要将数据导入 Pandas 中。你只知道数据是文本格式的，但并不知道编码。你的目标是将其读入 DataFrame 中。

注意：

本练习的代码网址如下：

https://github.com/PacktWorkshops/The-Pandas-Workshop/tree/master/Chapter03/Exercise3_02

请按照以下步骤完成本练习。

（1）打开一个新的 Jupyter Notebook 并选择 Pandas_Workshop 内核。

（2）本练习只需要 Pandas 库，因此可将其加载到 Notebook 的第一个单元格中：

```
import pandas as pd
```

（3）将 thyroid.tsv 数据文件读入 Pandas 中：

```
data = pd.read_csv('../datasets/thyroid.tsv')
data.head()
```

ℹ️ **注意:**

将上述代码中加粗显示的路径修改为你自己系统上的下载和保存文件的路径。

这将产生如图 3.17 所示的结果（仅显示最后一行以节约篇幅）。

```
UnicodeDecodeError: 'utf-8' codec can't decode byte 0xff in position 0: invalid start byte
```

图 3.17 尝试读取甲状腺数据时出错

（4）仔细查看图 3.17 中的错误消息，你意识到该数据必须以不同于 UTF-8 的格式进行编码。经过咨询数据源（肿瘤组的一位同事），你确定其编码格式是 utf_16_le。因此需要相应地更改.pd.read_csv()代码：

```
data = pd.read_csv('../datasets/thyroid.tsv',\
                   encoding = 'utf_16_le')
data
```

其输出结果应如图 3.18 所示。

Out[3]:		age\tsex\ton_thyroxine\tquery_on_thyroxine\ton_antithyroid_medicatio ...	4U\tFTI_measured\tFTI\tTBG_measured\tTBG\treferral_source\tresult\tvalue
	0		41\tF\tf\tf\tf\tf\tf\tf\tf\tf\tf\tf\tf\tf\tf\t...
	1		23\tF\tf\tf\tf\tf\tf\tf\tf\tf\tf\tf\tf\tf\tf\t...
	2		46\tM\tf\tf\tf\tf\tf\tf\tf\tf\tf\tf\tf\tf\tf\t...
	3	:	70\tF\tf\tf\tf\tf\tf\tf\tf\tf\tf\tf\tf\tf\tf\t...
	4	:	70\tF\tf\tf\tf\tf\tf\tf\tf\tf\tf\tf\tf\tf\tf\t...
	...		...
	2795		70\tM\tf\tf\tf\tf\tf\tf\tf\tf\tf\tf\tf\tf\tf\t...
	2796		73\tM\tf\tf\tf\tf\tf\tf\tf\tf\tf\tf\tf\tf\tf\t...
	2797		75\tM\tf\tf\tf\tf\tf\tf\tf\tf\tf\tf\tf\tf\tf\t...
	2798		60\tF\tf\tf\tf\tf\tf\tf\tf\tf\tf\tf\tf\tf\tf\t...
	2799		81\tF\tf\tf\tf\tf\tf\tf\tf\tf\tf\tf\tf\tf\tf\t...
2800 rows × 1 columns			

图 3.18 更正编码允许你读取文件，但它却只读取了一列

在这里，你可以看到还有另一个问题——数据在一个非常宽的列中。如图 3.18 所示，你需要向右滚动才能看到这些值。在数据中还可以看到很多\t 值。检查文件的扩展名，你意识到它是使用制表符而不是逗号分隔的，因为在数据以及列名中，\t（制表符）出现在每个列名和数据之后。

（5）再次更改.read_csv()以将分隔符指定为'\t':

```
data = pd.read_csv('../datasets/thyroid.tsv',\
                   encoding = 'utf_16_le',\
                   sep = '\t')
data
```

这应该产生如图 3.19 所示的输出结果。

	age	sex	on_thyroxine	query_on_thyroxine	on_antithyroid_medication	sick	pregnant	thy
0	41	F	f	f		f	f	f
1	23	F	f	f		f	f	f
2	46	M	f	f		f	f	f
3	70	F	t	f		f	f	f
4	70	F	f	f		f	f	f
...	...	...	...	...		...	...	...
2795	70	M	f	f		f	f	f
2796	73	M	f	t		f	f	f
2797	75	M	f	f		f	f	f
2798	60	F	f	f		f	f	f
2799	81	F	f	f		f	f	f

Out[4]:

2800 rows × 31 columns

图 3.19　正确读取的甲状腺数据

可以看到，数据已经被成功地读入 Pandas 中。

在本练习中，你使用了带有字符编码参数和数据分隔符的.read_csv()将文本文件读入 DataFrame 中。通过本练习，你已经学会了如何识别和解决与非默认字符编码和值分隔符相关的问题。你应该能够在将来出现类似问题时识别并纠正它们。

3.3.3　二进制数据

前文我们向你介绍了有关 Matlab 数据和 Microsoft Excel 的二进制数据的概念。与文本数据不同，没有通用的方法来读取二进制数据。原因是对于二进制数据，编码的细节取决于格式的设计者。为了解决这个问题，Pandas 提供了许多特定于软件/格式的方法来读取此类数据。一般来说，大多数专有数据系统都可能使用特定于该系统的二进制格式。如前文所述，文件扩展名通常是格式的一个很好的指示，但不能保证一定如此。

除了上述要点，你要记住的另一件事是，Pandas 并不能以任何一种二进制格式写入数据。仔细研究表 3.1，你会注意到 SAS 和 SPSS 就是两个重要的示例，你可以将这些数据读入 Pandas 中，但不能以原生格式写回。

3.3.4　数据库——SQL 数据

还有一种特殊类型的二进制数据是数据库。从技术上讲，数据库可以存储任何类型的数据，但在这里，我们指的是关系数据库（relational database）。之所以在此类数据库之前加上"关系"形容词，源于此类数据库会将数据存储在多个表中，并且表之间的关系由一个或多个键定义。图 3.20 是一个简单数据库的示意图，它包含两个表：Customers 和 Orders。

```
Customers
Customer_ID      Address              Credit_Limit
02349            1324 S. My Way       10000
13795            2987 West St.        13000
93298            3756 East Ave.       9500
39873            12 North Gary Ln.    13500
...

Orders
Order_ID         Customer_ID          Item          Qty
347991           02349                23-0495        1000
347991           02349                17-0311        200
269981           13795                99-0000        1
459812           93298                45-2391        237
...
```

图 3.20　关系数据库示例

在该示例中可以看到，我们可以匹配每个表中的 Customer_ID 以将订单与客户相关联，从而生成运输信息或发票等。

例如，假设你要查找已发送到 1324 S. My Way 这个地址的所有订单，即可使用关联的 Customer_ID 02349 查看 Orders 表。

这里的关键是，与我们目前看到的一些简单示例不同，关系数据库的二进制数据包含更多信息，允许将多个表及其相关键与数据一起进行存储。如果你不提前了解数据库的结构，则有很多方法可以发现或查询数据库的结构，但是如果你想在 Python 中使用数据，则了解完整的结构非常有用。

最常见的数据库类型可能是 SQL，它代表结构化查询语言（structured query language）。SQL 是一种编程语言，也是一种数据库类型。如前文所述，在 Python 中支持使用 sqlite3 模块，该模块是 Python 发行版的一部分，但是在使用它之前，必须导入它。

🛈 **注意：**

Python 通常以所谓的"标准发行版"进行分发，该版本包含 Python 标准库（Python standard library），这为许多高级模块（如 NumPy 和 Pandas）提供了它们所需的基础功能。但是，基础发行版包含许多模块，但是在使用它们之前必须导入它们，如 math 和 os 模块。sqlite3 模块则列在 Data Persistence（数据持久化）分组中。有关完整列表，你可以访问以下网址：

https://docs.python.org/3.7/library/

请注意，SQL 语言有许多变体，如 Microsoft SQL Server、PostgreSQL、MySQL、SQLite 等。尽管大部分语法相似，但每种变体都有一些独特性，并且用户需要了解该语言的语法。

使用 sqlite3 即可将 SQL 数据（尤其是具有.db、.sqlite 或.sqlite3 扩展名的数据库文件）导入 Pandas 中，或者你也可以从 Python 程序中执行 SQL 语言命令，只要符合 SQLite 语法就行。

接下来，让我们看一个使用 sqlite3 的简单示例。

3.3.5　sqlite3

使用数据库而不是文件的一个重要概念是，你需要先与数据库建立连接（connection），然后才能使用它。

在以下代码中，我们先导入了 sqlite3，然后使用它连接到名为 bike_share.db 的数据库。请注意，如果此数据库尚不存在，则将在此步骤中创建它。

然后，我们必须使用数据库连接创建一个 cursor 对象以在数据库上执行命令。在此之后，必须加载与之前相同的数据，并在名为 RENTALS 的数据库中创建一个包含 3 列的表（对应于.tsv 文件中的 dteday、hr 和 cnt）。

最后，我们还必须使用.to_sql()方法将 DataFrame 写入表中，这将更新数据库。在这种情况下，如果表已经存在，则必须告诉 Pandas 替换表（当然，也有其他选项，如追加）：

```python
import pandas as pd
import sqlite3
conn = sqlite3.connect('datasets/bike_share.db')
c = conn.cursor()
data = pd.read_csv('datasets/bike_share_UCS_2_LE_BOM.tsv',
                   encoding = 'utf_16_le',
                   sep = '\t')
```

```
c.execute('CREATE TABLE IF NOT EXISTS RENTALS (Date, Hour, Qty)')
conn.commit()
data.to_sql("RENTALS", conn, if_exists = 'replace')
```

上述代码将在 datasets 目录中创建 bike_share.db 文件，该文件包含与 bike_share.csv 相同的数据。你如果有数据库工具，则可以连接到它并查看数据。

我们将使用流行的开源数据库工具 Dbeaver（https://dbeaver.io/）连接数据库并查看表，如图 2.21 所示。

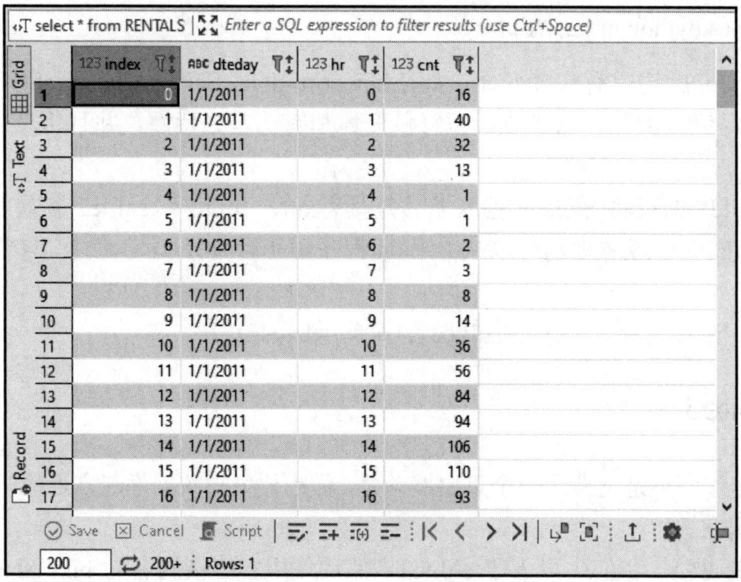

	index	dteday	hr	cnt
1	0	1/1/2011	0	16
2	1	1/1/2011	1	40
3	2	1/1/2011	2	32
4	3	1/1/2011	3	13
5	4	1/1/2011	4	1
6	5	1/1/2011	5	1
7	6	1/1/2011	6	2
8	7	1/1/2011	7	3
9	8	1/1/2011	8	8
10	9	1/1/2011	9	14
11	10	1/1/2011	10	36
12	11	1/1/2011	11	56
13	12	1/1/2011	12	84
14	13	1/1/2011	13	94
15	14	1/1/2011	14	106
16	15	1/1/2011	15	110
17	16	1/1/2011	16	93

图 3.21　在 Python 中创建之后，使用 Dbeaver 查看 bike_share.db RENTALS 表

可以看到，数据库的表中存储了相同的值。

3.4　其他文本格式

尽管可以在文本编辑器中查看和读取文本数据，但这并不意味着文本格式始终只能包含纯文本或简单的数据列。在当今的项目中经常遇到两种格式，我们需要花一些额外的时间来研究它们，那就是 JSON 和 HTML/XML。

JSON 格式也是纯文本的，但其结构很像 Python 字典（dictionary）。它因为是纯文本，所以很容易通过互联网连接发送和接收，同时它因为具有结构，所以可以编码复杂的表结构，包括分层或树状表和其他形式。你会发现许多 API 默认使用 JSON，因此你可能会在某些时候遇到这种格式。

如果你正在从网站上读取数据，那么很可能遇到被编码为 HTML 或 XML 格式的数据。在 3.2.3 节"练习 3.1——从网页中读取数据"中，你已经看到了一个使用.read_html() 抓取网页内容的简单示例。

接下来，让我们更深入地了解这些格式。

3.4.1　使用 JSON

让我们看看如何从公开 API 中访问一些 JSON 数据。假设你正在研究经济信息，并且需要一份美国所有县的列表作为构建数据集的起点。在这种情况下，你可以使用 requests 库调用美国人口普查局（US Census Bureau）提供的 API 来获取 2010 年以来美国每个县的列表：

```
import requests
US_counties_query = \
requests.get\
('https://api.census.gov/data/2010/dec/sf1?get=NAME&for=county:*')
US_counties_query.text
```

这会产生看起来有些凌乱的结果，如图 3.22 所示（为节约篇幅，该图仅截取了片段）。

```
Out[5]:  '[["NAME","state","county"],\n["Sebastian County, Arkansas","05","131"],\n["Sevier County, Arkansas","0
5","133"],\n["Sharp County, Arkansas","05","135"],\n["Stone County, Arkansas","05","137"],\n["Union Coun
ty, Arkansas","05","139"],\n["Van Buren County, Arkansas","05","141"],\n["Washington County, Arkansa
s","05","143"],\n["White County, Arkansas","05","145"],\n["Yell County, Arkansas","05","149"],\n["Colusa
County, California","06","011"],\n["Butte County, California","06","007"],\n["Alameda County, Californi
a","06","001"],\n["Alpine County, California","06","003"],\n["Amador County, California","06","005"],\n
["Calaveras County, California","06","009"],\n["Contra Costa County, California","06","013"],\n["Del Nor
te County, California","06","015"],\n["Kings County, California","06","031"],\n["Glenn County, Californi
a","06","021"],\n["Humboldt County, California","06","023"],\n["Imperial County, California","06","02
5"],\n["El Dorado County, California","06","017"],\n["Fresno County, California","06","019"],\n["Inyo Co
unty, California","06","027"],\n["Kern County, California","06","029"],\n["Mariposa County, Californi
a","06","043"],\n["Lake County, California","06","033"],\n["Lassen County, California","06","035"],\n["L
os Angeles County, California","06","037"],\n["Madera County, California","06","039"],\n["Marin County,
```

图 3.22　API 返回的原始 JSON 文本

仔细研究一下，该结果其实是一个字符串（它以单引号开头），并且由于单引号内的第一个字符是一个左方括号，因此该内容是某种列表。你如果滚动到此输出的末尾，则会发现一个右括号。你还可以在中间看到额外的括号文本，其中包含每个县的单词。因此，你可能要做的下一件事就是将这些数据放入 DataFrame 中。

在了解 Pandas 对于这种情况如何提供帮助之前，让我们先将这些数据提取到 Python 中。本示例将需要使用一个名为 ast 的模块。ast 代表的是抽象语法树（abstract syntax tree）。该模块提供了.literal_eval()方法，可用于提取已存储为字符串的数据。

.literal_eval()方法接收字符串并将其作为 Python 代码进行评估。在本示例中，由于字符串是一个列表的表示，因此使用.literal_eval()之后，你将获得一个列表对象。

在此之后，你可以使用列表推导式来遍历各个列表，从而获得一个新列表，其中每个县都有一个列表。示例如下：

```
import ast
US_counties_data = ast.literal_eval(US_counties_query.text)
[US_counties_data[i] for i in range(len(US_counties_data))]
```

这会产生如图 3.23 所示的输出结果。

```
Out[10]:  [['NAME', 'state', 'county'],
           ['Sebastian County, Arkansas', '05', '131'],
           ['Sevier County, Arkansas', '05', '133'],
           ['Sharp County, Arkansas', '05', '135'],
           ['Stone County, Arkansas', '05', '137'],
           ['Union County, Arkansas', '05', '139'],
           ['Van Buren County, Arkansas', '05', '141'],
           ['Washington County, Arkansas', '05', '143'],
           ['White County, Arkansas', '05', '145'],
           ['Yell County, Arkansas', '05', '149'],
           ['Colusa County, California', '06', '011'],
           ['Butte County, California', '06', '007'],
           ['Alameda County, California', '06', '001'],
           ['Alpine County, California', '06', '003'],
           ['Amador County, California', '06', '005'],
           ['Calaveras County, California', '06', '009'],
           ['Contra Costa County, California', '06', '013'],
           ['Del Norte County, California', '06', '015'],
```

图 3.23　从 API JSON 数据中获得的列表的列表

虽然还没有使用 Pandas，但是这个输出结果已经不再那么凌乱，看起来可以理解了。当然，我们是故意进行了这种"艰难方式"的转换，以向你展示 Pandas 的强大之处。你其实可以简单地将 requests()调用产生的 JSON 文本（US_counties_query.text）传递给 Pandas.read_json()方法并获取 DataFrame，示例如下：

```
import pandas as pd
US_counties_data = pd.read_json(US_counties_query.text)
US_counties_data
```

这会产生如图 3.24 所示的输出结果。

	0	1	2
0	NAME	state	county
1	Sebastian County, Arkansas	05	131
2	Sevier County, Arkansas	05	133
3	Sharp County, Arkansas	05	135
4	Stone County, Arkansas	05	137
...	...	...	...
3217	Eau Claire County, Wisconsin	55	035
3218	Florence County, Wisconsin	55	037
3219	Fond du Lac County, Wisconsin	55	039
3220	Forest County, Wisconsin	55	041
3221	Jefferson County, Wisconsin	55	055

Out[11]:

3222 rows × 3 columns

图 3.24　Pandas DataFrame 中的美国各县数据

可以看到，现在剩下的唯一问题是列名在第一行。

Pandas 在这些情况下的表现令人印象深刻，极大地简化了提取 JSON 数据的工作。你如果事先知道请求中的数据是 JSON 格式，那么只需将 URL 传递给 Pandas 的.read_json()方法，然后修复列名问题，就可以更轻松地完成此任务。

以下代码显示了如何使用.read_json()方法，删除第一行，然后添加列名：

```
URL =\
'https://api.census.gov/data/2010/dec/sf1?get=NAME&for=county:*'
US_counties_data = pd.read_json(URL).loc[1:, :]
US_counties_data.columns = ['County',
                            'state_code',
                            'county_code']
US_counties_data
```

这会产生如图 3.25 所示的输出结果。

```
Out[6]:
```

	County	state_code	county_code
1	Sebastian County, Arkansas	05	131
2	Sevier County, Arkansas	05	133
3	Sharp County, Arkansas	05	135
4	Stone County, Arkansas	05	137
5	Union County, Arkansas	05	139
...	...	...	...
3217	Eau Claire County, Wisconsin	55	035
3218	Florence County, Wisconsin	55	037
3219	Fond du Lac County, Wisconsin	55	039
3220	Forest County, Wisconsin	55	041
3221	Jefferson County, Wisconsin	55	055

3221 rows × 3 columns

图 3.25　美国各县数据 DataFrame

3.4.2　使用 HTML/XML

有时，你会在网页上找到所需的数据，但没有 API 或文件可供下载。在前面的图 3.5 中就提供了这样一个示例。

在这种情况下，你可以看到想要的数据，但是如何将它导入 Pandas 中呢？前文介绍的是如何使用.read_html()来完成此操作。在再次使用该方法之前，你需要了解 Pandas 如何理解网页上的基础数据。在图 3.26 中，我们使用浏览器显示了 Pandas 将从该页面读取的原始 HTML，这是通过在 Chrome 浏览器中右击页面并选择"查看网页源代码"来完成的。

在前面的示例中，通过选择列表中的第二项，获得了此页面上的第一个表（详见 3.2.2 节"在线数据源"）。但是，该页面上其实还有其他表格，如有关海上风电场的表格，如图 3.27 所示。

如果仔细检查之前获得的数据，你会发现它有一个长度为 27 的列表：

```
import pandas as pd
data_url = 'https://en.wikipedia.org/wiki/Wind_power'
data = pd.read_html(data_url)
len(data)
```

```html
1   <!DOCTYPE html>
2   <html class="client-nojs" lang="en" dir="ltr">
3   <head>
4   <meta charset="UTF-8"/>
5   <title>Wind power - Wikipedia</title>
6   <script>document.documentElement.className="client-js";RLCONF={"wgBreakFrames":!1,"wgSeparatorTransformTable":["",""],"wgDigitTransformTable":["",
7   "Articles with permanently dead external links","CS1 maint: location","Articles with Spanish-language sources (es)","Articles with short descripti
8   "wgIsProbablyEditable":!1,"wgRelevantPageIsProbablyEditable":!1,"wgRestrictionEdit":["autoconfirmed"],"wgRestrictionMove":["sysop"],"wgFlaggedRevs
9   "#87ceeb","#a4a1a2"}],"version":2,"marks":[{"type":"line","properties":{"hover":{"stroke":{"value":"red"}},"update":{"stroke":{"scale":"color","f
10  "format":{"parse":{"y":"number","x":"date"},"type":"json"},"name":"chart","values":[{"y":6.1,"series":"","x":1996},{"y":7.6,"series":"","x":"199
11  "wgULSPosition":"interlanguage","wgGENewcomerTasksGuidanceEnabled":!0,"wgGEAskQuestionEnabled":!1,"wgGELinkRecommendationsFrontendEnabled":!1,"wgW
12  "jquery.makeCollapsible","mediawiki.toc","skins.vector.legacy.js","ext.gadget.ReferenceTooltips","ext.gadget.charinsert","ext.gadget.extra-toolbar
13  <script>(RLQ=window.RLQ||[]).push(function(){mw.loader.implement("user.options@1hzgi",function($,jQuery,require,module){/*@nomin*/mw.user.tokens.s
14  });});});</script>
15  <link rel="stylesheet" href="/w/load.php?lang=en&amp;modules=ext.cite.styles%7Cext.graph.styles%7Cext.math.styles%7Cext.timeline.styles%7Cext.tmh.
16  <script async="" src="/w/load.php?lang=en&amp;modules=startup&amp;only=scripts&amp;raw=1&amp;skin=vector"></script>
17  <meta name="ResourceLoaderDynamicStyles" content=""/>
18  <link rel="stylesheet" href="/w/load.php?lang=en&amp;modules=site.styles&amp;only=styles&amp;skin=vector"/>
19  <meta name="generator" content="MediaWiki 1.37.0-wmf.4"/>
20  <meta name="referrer" content="origin"/>
21  <meta name="referrer" content="origin-when-crossorigin"/>
22  <meta name="referrer" content="origin-when-cross-origin"/>
23  <meta property="og:image" content="https://upload.wikimedia.org/wikipedia/commons/thumb/e/e0/Wind_power_plants_in_Xinjiang%2C_China.jpg/1200px-Win
24  <meta property="og:title" content="Wind power - Wikipedia"/>
25  <meta property="og:type" content="website"/>
26  <link rel="preconnect" href="//upload.wikimedia.org"/>
27  <link rel="alternate" media="only screen and (max-width: 720px)" href="//en.m.wikipedia.org/wiki/Wind_power"/>
28  <link rel="apple-touch-icon" href="/static/apple-touch/wikipedia.png"/>
29  <link rel="shortcut icon" href="/static/favicon/wikipedia.ico"/>
30  <link rel="search" type="application/opensearchdescription+xml" href="/w/opensearch_desc.php" title="Wikipedia (en)"/>
31  <link rel="EditURI" type="application/rsd+xml" href="//en.wikipedia.org/w/api.php?action=rsd"/>
32  <link rel="license" href="//creativecommons.org/licenses/by-sa/3.0/"/>
33  <link rel="canonical" href="https://en.wikipedia.org/wiki/Wind_power"/>
34  <link rel="dns-prefetch" href="//login.wikimedia.org"/>
35  <link rel="dns-prefetch" href="//meta.wikimedia.org"/>
36  </head>
37  <body class="mediawiki ltr sitedir-ltr mw-hide-empty-elt ns-0 ns-subject page-Wind_power rootpage-Wind_power skin-vector action-view skin-vector-1
38  <div id="mw-head-base" class="noprint"></div>
```

图 3.26　维基百科页面的 HTML 源代码

World's largest offshore wind farms					
Wind farm ⬍	Capacity (MW) ⬍	Country ⬍	Turbines and model ⬍	Commissioned ⬍	Refs
Walney Extension	659	🇬🇧 United Kingdom	47 x Vestas 8MW 40 x Siemens Gamesa 7MW	2018	[48]
London Array	630	🇬🇧 United Kingdom	175 × Siemens SWT-3.6	2012	[49][50][51]
Gemini Wind Farm	600	🇳🇱 The Netherlands	150 × Siemens SWT-4.0	2017	[52]
Gwynt y Môr	576	🇬🇧 United Kingdom	160 × Siemens SWT-3.6 107	2015	[53]
Greater Gabbard	504	🇬🇧 United Kingdom	140 × Siemens SWT-3.6	2012	[54]
Anholt	400	🇩🇰 Denmark	111 × Siemens SWT-3.6–120	2013	[55]
BARD Offshore 1	400	🇩🇪 Germany	80 BARD 5.0 turbines	2013	[56]

图 3.27　维基百科页面上有关海上风电场的表格

这会产生以下输出结果：

```
27
```

正如之前在提取此列表的元素[1]时所做的那样，你也可以使用以下命令查看该列表的元素[2]：

```
data[2]
```

你将看到如图 3.28 所示的输出结果。

	Wind farm	Capacity (MW)	Country	Turbines and model	Commissioned	Refs
0	Walney Extension	659	United Kingdom	47 x Vestas 8MW 40 x Siemens Gamesa 7MW	2018	[48]
1	London Array	630	United Kingdom	175 × Siemens SWT-3.6	2012	[49][50][51]
2	Gemini Wind Farm	600	The Netherlands	150 × Siemens SWT-4.0	2017	[52]
3	Gwynt y Môr	576	United Kingdom	160 × Siemens SWT-3.6 107	2015	[53]
4	Greater Gabbard	504	United Kingdom	140 × Siemens SWT-3.6	2012	[54]
5	Anholt	400	Denmark	111 × Siemens SWT-3.6–120	2013	[55]
6	BARD Offshore 1	400	Germany	80 BARD 5.0 turbines	2013	[56]

图 3.28　.read_html()返回的列表的第三个元素是一个 DataFrame

同样，如果你的项目需要它们，那么你可以检查页面的其他部分并获取所需的表格。

ℹ️ **注意：**

以这种方式收集 HTML 数据时要记住：不能保证你访问的页面会随着时间的推移保持不变。因此，在更大的数据系统中使用此类资源可能会带来一些风险，即它在未来可能会失效。

3.4.3　使用 XML 数据

XML 类似于 HTML，并且经常用于以结构化方式存储数据，以便可以通过 Internet 访问它。例如，美国政府提供了一个网站，其中包含超过 35000 个可以按 XML 格式访问的数据集。虽然 Pandas 没有.read_xml()方法，但你可以使用可安装的模块来提供帮助。

以下示例演示如何使用 Pandas-read-xml 模块。它可以使用 pip 进行安装，示例如下：

```
pip install Pandas-read-xml
```

ℹ️ **注意：**

在 Linux 或 macOS 上，应使用 pip3 而不是 pip。或者，你如果在 Jupyter Notebook 中运行 pip 命令，则可以使用!pip。

假设你有兴趣根据某些因素对学生的成功原因进行建模，则可以选择一个提供了纽约市数学考试分数的 URL，该网址如下：

data.cityofnewyork.us/api/views/825b-niea/rows.xml

该页面如图 3.29 所示。

XML 格式的数据通常非常复杂，手动解码可能比较困难。

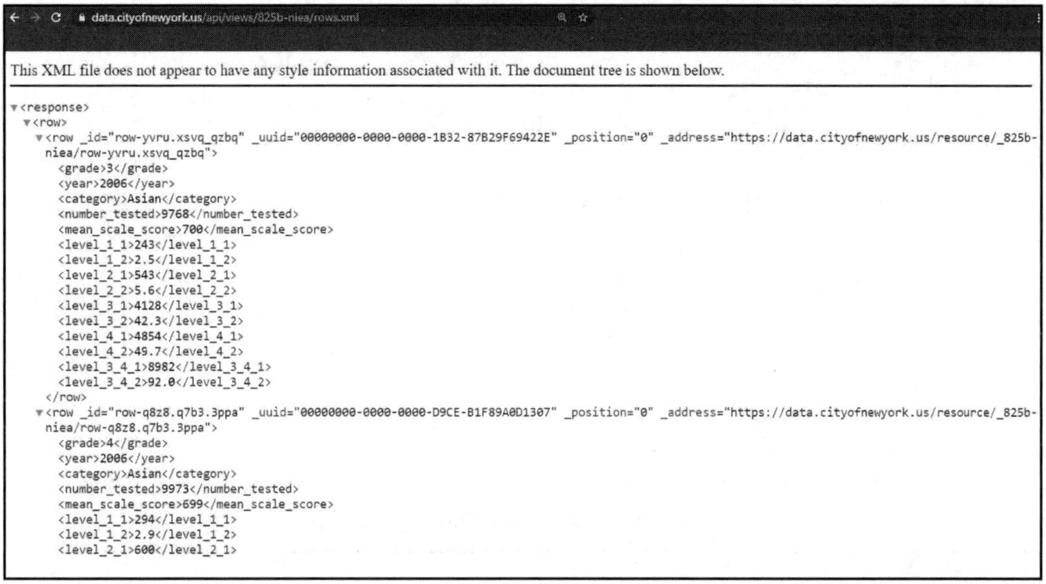

图 3.29　纽约市学生数据的原始 XML

以下代码演示如何加载 pandas_read_xml 包，它提供了.read_xml()方法。你需要将 URL 传递给该方法，以及定义 XML 数据中数据的"树"或层次结构的列表——在本示例中就是['response', 'row', 'row']：

```
import pandas as pd
import pandas_read_xml as pdx
pdx.read_xml\
('https://data.cityofnewyork.us/api/views/825b-niea/rows.
xml?accessType=DOWNLOAD',
        ['response', 'row', 'row'],
        root_is_rows = False)
```

运行此代码段会产生如图 3.30 所示的输出结果。

现在的问题是，如何确定数据层次结构的正确列表？如果仔细在浏览器中查看原始 XML，你将看到如图 3.31 所示的结构。

可以看到，该数据正是从树的三个级别开始的，这些级别就是我们传递给.read_xml()方法的级别（response、row 和 row）。当然，有些 XML 数据的分级可能比本示例还要复杂。

		@_id	@_uuid	@_position	@_address	grade	year	category	number_tested	mean_scale_score	le
Out[8]:											
	0	row-yvru.xsvq_qzbq	00000000-0000-0000-1B32-87B29F69422E	0	https://data.cityofnewyork.us/resource/_825b-n...	3	2006	Asian	9768	700	
	1	row-q8z8.q7b3.3ppa	00000000-0000-0000-D9CE-B1F89A0D1307	0	https://data.cityofnewyork.us/resource/_825b-n...	4	2006	Asian	9973	699	
	2	row-i23x-4prc-46fj	00000000-0000-0000-C9EE-2418870B5F93	0	https://data.cityofnewyork.us/resource/_825b-n...	5	2006	Asian	9852	691	
	3	row-7u9v-dwwy.fhw3	00000000-0000-0000-17FD-7D50A499A0E1	0	https://data.cityofnewyork.us/resource/_825b-n...	6	2006	Asian	9606	682	
	4	row-64kf_k4ma_4zgq	00000000-0000-0000-6A3C-917EFD40527E	0	https://data.cityofnewyork.us/resource/_825b-n...	7	2006	Asian	9433	671	
	...	...	...	...	...	...	...	...	...	...	...
	163	row-i6yz_wbge_khnu	00000000-0000-0000-11E2-D5CA802D0782	0	https://data.cityofnewyork.us/resource/_825b-n...	5	2011	White	10808	699	

图 3.30　使用 pandas-read-xml 模块中的.read_xml()方法检索的数据

```
▼<response>
 ▼<row>
  ▼<row _id="row-yvru.xsvq_qzbq" _uuid="00000000-0000-0000-1B32-87B29F69422E" _position="0" _address="https://data.cit
    <grade>3</grade>
    <year>2006</year>
    <category>Asian</category>
    <number_tested>9768</number_tested>
    <mean_scale_score>700</mean_scale_score>
    <level_1_1>243</level_1_1>
    <level_1_2>2.5</level_1_2>
    <level_2_1>543</level_2_1>
    <level_2_2>5.6</level_2_2>
    <level_3_1>4128</level_3_1>
    <level_3_2>42.3</level_3_2>
    <level_4_1>4854</level_4_1>
    <level_4_2>49.7</level_4_2>
    <level_3_4_1>8982</level_3_4_1>
    <level_3_4_2>92.0</level_3_4_2>
   </row>
  ▼<row _id="row-q8z8.q7b3.3ppa" _uuid="00000000-0000-0000-D9CE-B1F89A0D1307" _position="0" _address="https://data.cit
    <grade>4</grade>
    <year>2006</year>
    <category>Asian</category>
    <number_tested>9973</number_tested>
    <mean_scale_score>699</mean_scale_score>
    <level_1_1>294</level_1_1>
    <level_1_2>2.0</level_1_2>
```

图 3.31　考试成绩的原始 XML 数据

3.4.4　使用 Excel

在 3.2.1 节"文本文件和二进制文件"中读取 Microsoft Excel 数据时，可以看到它的工作方式似乎与.read_csv()方法类似。但是，这主要是因为.read_excel()方法中使用的默认值对于你所使用的简单文件来说是正确的。如果仔细查看.read_excel()方法的可能参数，你会发现如表 3.3 所示的内容。

表 3.3　read_excel()方法的一些参数

参数（等号后面的是默认值）	含　义
io	包含 Excel 数据的对象，可以是路径等
sheet_name = 0	默认为第一个工作表
header = 0	指定哪一行包含了列名称（如果有的话）
usecols = None	如果不读取所有列，则指定需要读取哪些列。可以是字母或整数的列表

注意：

在此仅列出了部分参数。在使用 Pandas 输入/输出函数时，建议始终参考 Pandas 官方说明文档，以获得参数的完整列表并了解其含义。

由此可见，Pandas 会自动将 Excel 文件的第一行作为结果 DataFrame 的列名，使用第一张工作表，并解析所有列。

一般来说，Excel 文件除了数据还包含许多对象，并且数据可能并不总是从第一行或第一列开始。图 3.32 显示了我们要加载到 DataFrame 中的 Excel 文件的部分视图，其中包含一些传感器数据，它来自 3 个传感器，含有相应的时间和 3 个值。

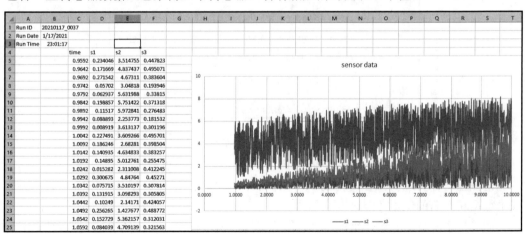

图 3.32　一个典型的 Excel 文件，除了目标数据还包含其他信息

使用适当的参数，我们可以只加载该文件的数据表部分。

以下代码显示如何使用.read_excel()方法以及如何指定要读取的列（Excel 中的 C～F 列，对应于 Python 中的 2～5 列）。

你还需要为标题指定一行，用于列名。

最后，你还需要指定工作表的名称：

```
sensor_data = pd.read_excel('datasets/sensor_data.xlsx',\
                            usecols = [2, 3, 4, 5],\
                            header = 3,\
                            sheet_name = '20210117_0037',
                            engine = 'openpyxl')
sensor_data
```

这将产生如图 3.33 所示的输出结果。

```
Out[20]:
               time          s1          s2          s3
        0   0.95924    0.234046    3.514755    0.447823
        1   0.96424    0.171669    4.837437    0.495071
        2   0.96924    0.271542    4.673110    0.383604
        3   0.97424    0.057020    3.048180    0.193946
        4   0.97924    0.062937    5.631988    0.338150
      ...       ...         ...         ...         ...
    10669  54.30424   15.066911    7.506722   29.028388
    10670  54.30924   17.264761   10.195260   24.272862
    10671  54.31424    9.744161    7.956116   10.244286
    10672  54.31924    1.722525   10.254374    2.513277
    10673  54.32424   10.190016   11.267764    0.942601

10674 rows × 4 columns
```

图 3.33　使用适当的参数即可从 Excel 文件中仅提取所需的数据

由此可见，我们可以轻松地控制从 Excel 文件中提取的数据。

请注意，你可以对工作簿中的多个工作表执行相同的操作。但是，你需要知道工作表中数据和列名的位置才能读取它们。

假设为了配合另一个小组的工作，你希望将数据保存在一个新的 Excel 文件中，因为你已经完成了提取所需信息的工作。Pandas 为此提供了 .to_excel() 方法。

以下代码片段可以将 DataFrame 保存到一个新文件 sensor_data_clean.xlsx 中，并且将工作表命名为 sensor_data。我们指定了参数 index = None，这样就不会得到额外的索引列（因为 Excel 有自己的行号）：

```
sensor_data.to_excel('datasets/sensor_data_clean.xlsx',\
                     sheet_name = 'sensor_data',\
                     index = None,
                     engine = 'openpyxl')
```

生成的 Excel 文件如图 3.34 所示。

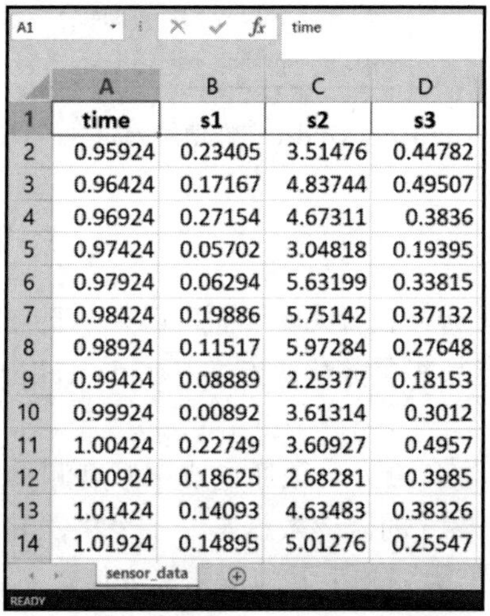

	A	B	C	D
1	time	s1	s2	s3
2	0.95924	0.23405	3.51476	0.44782
3	0.96424	0.17167	4.83744	0.49507
4	0.96924	0.27154	4.67311	0.3836
5	0.97424	0.05702	3.04818	0.19395
6	0.97924	0.06294	5.63199	0.33815
7	0.98424	0.19886	5.75142	0.37132
8	0.98924	0.11517	5.97284	0.27648
9	0.99424	0.08889	2.25377	0.18153
10	0.99924	0.00892	3.61314	0.3012
11	1.00424	0.22749	3.60927	0.4957
12	1.00924	0.18625	2.68281	0.3985
13	1.01424	0.14093	4.63483	0.38326
14	1.01924	0.14895	5.01276	0.25547

图 3.34　存储在新 Excel 文件中的传感器数据

3.4.5　SAS 数据

SAS 是一个领先的数据分析平台，在许多行业中都有使用，因此你可能会在某个时候遇到 SAS 数据。SAS 数据通常是二进制的，并以专有格式存储，Pandas 可以使用.read_sas()方法读取 SAS 数据文件。

假设财务团队使用的是 SAS 格式，并为你提供了一些你希望用于市场分析的航空业数据，你可以使用以下方法将 SAS 数据集直接读取到 DataFrame 中：

```
import pandas as pd
data = pd.read_sas('datasets/airline.sas7bdat')
data.head()
```

这会产生如图 3.35 所示的输出结果。

财务部门告诉你，Y 列是行业总收入，W 到 K 列是成本，因此你现在就可以计算利润以进行分析。

由于无法使用 Pandas 写入 SAS 数据文件，因此如果要修改表，则需要将其存储为 CSV 或其他合适的格式。

Out[10]:

	YEAR	Y	W	R	L	K
0	1948.0	1.214	0.243	0.1454	1.415	0.612
1	1949.0	1.354	0.260	0.2181	1.384	0.559
2	1950.0	1.569	0.278	0.3157	1.388	0.573
3	1951.0	1.948	0.297	0.3940	1.550	0.564
4	1952.0	2.265	0.310	0.3559	1.802	0.574

图 3.35　对 airline.sas7bdat 文件使用.read_sas()方法的结果

3.4.6　SPSS 数据

SPSS 是一个统计软件平台，自 1968 年面世以来一直在使用，至今仍广泛用于制药等行业。SPSS 其实是统计产品和服务解决方案（statistical product and service solutions）的首字母缩写词。

作为一名数据科学家，你负责为一项通过皮褶厚度测量来估计体脂率的研究提供支持，你获得的数据是 SPSS 格式的。该数据是一个表格，其中包含从实验室测量中确定的实际体脂率，加上三头肌、大腿和手臂的皮褶厚度值。将这些数据读入 Pandas 中很容易——你可以使用.read_spss()方法。示例如下：

```
import pandas as pd
data = pd.read_spss('datasets/bodyfat.sav')
data.head()
```

这会产生如图 3.36 所示的输出结果。

Out[11]:

	y	x1	x2	x3
0	19.5	43.1	29.1	11.9
1	24.7	49.8	28.2	22.8
2	30.7	51.9	37.0	18.7
3	29.8	54.3	31.1	20.1
4	19.1	42.2	30.9	12.9

图 3.36　将 bodyfat.sav SPSS 数据文件读入 Pandas DataFrame 中的结果

在有了 DataFrame 中的数据之后，你就可以测试各种预测模型了。

值得一提的是，与 SAS 数据一样，Pandas 无法写入 SPSS 数据文件，因此需要以另一种格式存储更改。

3.4.7　Stata 数据

Stata 是另一个自 1985 年以来一直在使用的统计分析平台。以下示例使用 .read_stata() 方法读取来自美联储（US Federal Reserve）的数据，其中包含消费者财务调查的数据。与 SAS 和 SPSS 方法不同，Pandas 可以写入 Stata 文件，因此我们必须添加输出到 Stata 数据文件的步骤，然后重新读取并比较两个 DataFrame，以确保它们是一样的：

```python
import pandas as pd
data = pd.read_stata('datasets/rscfp2019.dta')
print('data:\n', data.head(2))
data.to_stata('datasets/rscfp2019_write.dta',write_index=False)
data2 = pd.read_stata('datasets/rscfp2019_write.dta')
print('data2:\n', data2.head(2))
print('differences between rscfp2019 and rscfp2019_write:\n',\
      data.compare(data2))
```

运行此代码会产生如图 3.37 所示的输出结果。

```
data:
    yy1  y1            wgt  hhsex  age  agecl  educ  edcl  married  kids  ...  \
0     1  11  6119.779308      2   75      6    12     4        2     0  ...
1     1  12  4712.374912      2   75      6    12     4        2     0  ...

   nwcat  inccat  assetcat  ninccat  ninc2cat  nwpctlecat  incpctlecat  \
0      5       3         6        3         2          10            6
1      5       3         6        3         1          10            5

   nincpctlecat  incqrtcat  nincqrtcat
0             6          3           3
1             5          2           2

[2 rows x 351 columns]
data2:
    yy1  y1            wgt  hhsex  age  agecl  educ  edcl  married  kids  ...  \
0     1  11  6119.779308      2   75      6    12     4        2     0  ...
1     1  12  4712.374912      2   75      6    12     4        2     0  ...

   nwcat  inccat  assetcat  ninccat  ninc2cat  nwpctlecat  incpctlecat  \
0      5       3         6        3         2          10            6
1      5       3         6        3         1          10            5

   nincpctlecat  incqrtcat  nincqrtcat
0             6          3           3
1             5          2           2

[2 rows x 351 columns]
differences between rscfp2019 and rscfp2019_write:
 Empty DataFrame
Columns: []
Index: []
```

图 3.37　来自 .read_stata()、.to_stata() 的结果

上述示例中的最后一部分使用了 Pandas DataFrame.compare()，它将显示两个 DataFrame 中不同的任何行或列。在图 3.37 中可以看到，本示例的两个 DataFrame 没有差异，因此结果为空。通过检查每个 DataFrame 的前两行，你也可以基本上认定它们是相同的，只不过使用 compare() 可以确保这一点。

3.4.8 HDF5 数据

HDF 数据是指分类数据格式（hierarchical data format），最初由美国国家超级计算应用中心开发。与我们目前讨论的专有二进制格式相比，HDF5 是一种开放格式。

HDF5 旨在支持非常大的数据应用程序，并且可用于许多云系统。因为 Pandas 可以读写 HDF5 文件格式，所以在这里，我们将创建一些数据来模拟一些基于时间的数据收集过程。我们将其存储为 HDF5 格式，然后再次读取并查看其内容：

```python
import pandas as pd
import numpy as np
time = np.arange(0, 100, 0.01)
values = np.sin(2 * np.pi * time / 17)
data = pd.DataFrame({'time': time, 'data': values})
data.to_hdf('datasets/store_data_h5.h5', 'table', append = True)
data_reread = pd.read_hdf('datasets/store_data_h5.h5', 'table',\
                          where = ['index > 9'])
data_reread.head()
```

我们将看到如图 3.38 所示的输出结果。

Out[21]:		time	data
	10	0.10	0.036951
	11	0.11	0.040645
	12	0.12	0.044337
	13	0.13	0.048029
	14	0.14	0.051721

图 3.38　从 HDF5 文件中读回的索引大于 9 的前 5 行合成数据

请注意 .read_hdf() 方法中使用的附加参数 where = ['index > 9']，此选项支持加载数据的任意部分，如果不需要所有行，则这对于非常大的文件很有用。

3.5　操作 SQL 数据

在前文介绍 SQL 数据库和 sqlite3 时，我们获取了现成的 bike_share 数据，创建了一个数据库，并将数据作为一个表存储在新数据库中。我们提到你可以使用 cursor.execute() 方法执行 SQL 命令。以下你将看到另一个示例，这次将使用包含多个表的数据库。

3.5.1　使用 Pandas 操作数据库

假设你有一个宠物用品公司的数据库。你可以使用 pd.read_sql() 向数据库发出命令并返回所有表的名称。SQL 数据库可以包含多个表，因此本示例将有一个主表，称为 sqlite_master，你可以对其进行查询，以便可以查看数据库中的所有其他表。

在以下代码片段中，SELECT 语句表示要获取一个名为 name 的变量并返回其值，其 type 是'table'——换句话说，我们想要返回的其实是一个表的列表。

sqlite3.connect()语句将打开到数据库的连接，以便可以从中读取数据。这将创建连接并在一个语句中完成命令：

```python
import pandas as pd
import sqlite3
tables = \
    pd.read_sql(
        "SELECT name FROM sqlite_master WHERE type = 'table' ORDER
BY name ASC",
        sqlite3.connect('datasets/pet_stores.db'))
tables
```

这会产生如图 3.39 所示的输出结果。

请注意，在本示例中，当我们使用 read_sql() 时，Pandas 会通过在.read_sql()方法中传递 sqlite3.connect() 语句自动为你建立与数据库的连接。

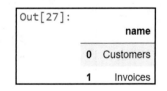

图 3.39　pet_stores.db 数据库中的表

在本示例中，你可以看到有两个表。在执行对数据的一些操作之前，已经制作了数据库的副本，以便将来可以使用原始数据库。在大多数情况下，你可能不需要这样做。

本示例使用两个表名，你可以使用 pd.read_sql()将每个表读入 Pandas DataFrame 中，然后使用.to_sql()将它们写回副本 pet_stores_2.db 中：

```
stores = pd.read_sql("SELECT * FROM Customers",
                    sqlite3.connect('datasets/pet_stores.db'))
invoices = pd.read_sql("SELECT * FROM Invoices",
                    sqlite3.connect('datasets/pet_stores.db'))
stores.to_sql("Customers",
            sqlite3.connect('datasets/pet_stores_2.db'),
            if_exists = 'replace',
            index = True)
invoices.to_sql("Invoices",
            sqlite3.connect('datasets/pet_stores_2.db'),
            if_exists = 'replace',
            index = True)
```

现在让我们读取 Customers 表中的所有数据并查看它。你也可以使用.read_sql()来做到这一点。示例如下：

```
customers = \
    pd.read_sql(
    'select Customer_Number, Company, City, State from Customers',
    sqlite3.connect('datasets/pet_stores_2.db'))customers
```

这会产生如图 3.40 所示的输出结果。

	Customer_Number	Company	City	State
0	15846	Pet Radio	Minneapolis	MN
1	13197	Just Pets	Columbus	OH
2	11154	Love Strays	Pittsburgh	PA
3	15540	WebPet	Mesa	AZ
4	18397	Pet-ng-Zoo	San Antonio	TX
5	17293	Pet Fud	St. Paul	MN
6	19977	Canine Cravings	Henderson	NV
7	15238	Stock Ur Pet	Stockton	CA
8	15217	Kittle Lullaby	New Orleans	LA
9	17114	Big Dogs Only	Anchorage	AK
10	18448	K9s4Ever	Dallas	TX
11	13388	Bird Sanctuary	Newark	NJ
12	11485	GrrrtoPurr	Plano	TX

Out[10]:

图 3.40　宠物用品公司的客户

在上述示例中，select * from Customers 语句只是说返回该表中的所有行和列。假设你只想查看得克萨斯州（州名简写为 TX）的客户，则可以通过向 SQL 语句中添加 WHERE 子句来仅检索这些行：

```
TX_customers = \
    pd.read_sql(
        "select Customer_Number, Company, City, State from Customers " +
        "WHERE State = 'TX'",
        sqlite3.connect('datasets/pet_stores_2.db'))
        sqlite3.connect('datasets/pet_stores_2.db'))TX_customers
```

这会产生如图 3.41 所示的输出结果。

Out[13]:	Customer_Number	Company	City	State
0	18397	Pet-ng-Zoo	San Antonio	TX
1	18448	K9s4Ever	Dallas	TX
2	11485	GrrrtoPurr	Plano	TX

图 3.41　仅列出得克萨斯州（TX）客户的详细信息

或者，你也可以通过切片之前获得的完整 Customers DataFrame 来获得同样的结果。示例如下：

```
customers.loc[customers['State'] == 'TX', :]
```

这会产生与之前相同的结果，但 Pandas 索引除外，如图 3.42 所示。

Out[14]:	Customer_Number	Company	City	State
4	18397	Pet-ng-Zoo	San Antonio	TX
10	18448	K9s4Ever	Dallas	TX
12	11485	GrrrtoPurr	Plano	TX

图 3.42　通过 Pandas 切片获取得克萨斯州的客户

如果 SQL 数据库非常大，你可能更喜欢 SQL 方法，因为它只会将你想要的数据加载到内存中。相比之下，如果你需要原始索引号，或者需要对不同的客户群进行许多操作，那么将数据读入 DataFrame 并进行切片可能是首选操作。

Pandas 支持的不仅仅是从 SQL 数据库中读取数据。假设你被要求将一些新发票添加到 Invoices 表中，则首先可以读取该表来检查它：

```
invoices = pd.read_sql("select * from Invoices",\
```

```
sqlite3.connect('datasets/pet_stores_2.db'))
print(invoices.head(3), '\n', invoices.tail(3))
```

这会产生如图 3.43 所示的输出结果。

```
   index      Date  Customer_Number      Invoice   Amount
0      0  2/20/2020            18397  2020022018397  1038.95
1      1  2/25/2020            17114  2020022517114  1523.97
2      2  2/25/2020            15846  2020022515846  1535.56
    index      Date  Customer_Number      Invoice   Amount
35     35  3/19/2020            17114  2020031917114  1041.22
36     36  3/19/2020            13388  2020031913388  1043.63
37     37  3/24/2020            15217  2020032415217  1542.85
```

图 3.43　Invoices 表的前 3 行和最后 3 行

在图 3.43 中可以看到该数据有 38 行，并且与 Customers 表不同，该表是有索引的，在查询结果中可以看到有 index 列。

你将获得一个 .csv 文件，其中包含要添加到数据库中的新发票。在以下示例中，你可以将其读入 Pandas DataFrame 中：

```
new_invoices = pd.read_csv('datasets/new_invoices.csv')
new_invoices
```

这会产生如图 3.44 所示的输出结果。

Out[5]:				
	Date	Customer_Number	Invoice	Amount
0	3/24/2020	15846	2020032415846	1355.73
1	3/24/2020	17293	2020032417293	1375.67
2	3/24/2020	18448	2020032418448	1415.38
3	3/24/2020	11485	2020032411485	1025.46
4	3/25/2020	11154	2020032511154	1245.01
5	3/25/2020	13388	2020032513388	1055.32
6	3/25/2020	13197	2020032513197	1105.15
7	3/25/2020	15217	2020032515217	1495.33
8	3/26/2020	17114	2020032617114	1185.30
9	3/26/2020	13197	2020032613197	1290.44
10	3/26/2020	15238	2020032615238	1170.75
11	3/26/2020	18397	2020032618397	1330.36

图 3.44　新的 invoices DataFrame

在本示例中，你应该保留 SQL 索引并对其进行扩展。因此，你需要将 DataFrame 上的索引设置为所需的值，然后使用 SQL 将其附加到 Invoices 表中。

以下代码使用现有索引的最大值加 1 作为起始值，并使用 range()函数和 new_invoices DataFrame 的大小创建一个列表：

```
new_invoices.index = list(range(invoices['index'].max() + 1,\
                                invoices['index'].max() +\
                                new_invoices.shape[0] + 1))
new_invoices
```

更新后的 DataFrame 如图 3.45 所示。

```
Out[6]:
        Date    Customer_Number         Invoice   Amount
38   3/24/2020           15846   2020032415846  1355.73
39   3/24/2020           17293   2020032417293  1375.67
40   3/24/2020           18448   2020032418448  1415.38
41   3/24/2020           11485   2020032411485  1025.46
42   3/25/2020           11154   2020032511154  1245.01
43   3/25/2020           13388   2020032513388  1055.32
44   3/25/2020           13197   2020032513197  1105.15
45   3/25/2020           15217   2020032515217  1495.33
46   3/26/2020           17114   2020032617114  1185.30
47   3/26/2020           13197   2020032613197  1290.44
48   3/26/2020           15238   2020032615238  1170.75
49   3/26/2020           18397   2020032618397  1330.36
```

图 3.45　带有更新之后的索引的 new_invoices DataFrame

Pandas 提供了.to_sql()方法，你可以使用该方法将此数据添加到现有的 Invoices 表中。你需要指定表（Invoices）和数据库文件，由于我们要添加此数据并保留现有数据，因此你还必须指定 if_exists = 'append' 并使用 index = True。参数 index = True 告诉 Pandas 使用 DataFrame 索引作为 SQL 表索引中的值：

```
new_invoices.to_sql("Invoices",
                    sqlite3.connect('datasets/pet_store_2.db'),
                    if_exists = 'append',
                    index = True)
```

现在你可以再次读取 Invoices 表以查看结果：

```
invoices = pd.read_sql("select * from Invoices",
sqlite3.connect('datasets/pet_stores_2.db'))
print(invoices.head(), '\n', invoices.tail())
```

图 3.46 表明添加了新值并且索引已被正确更新。

```
    index      Date  Customer_Number       Invoice   Amount
0       0  2/20/2020            18397  2020022018397  1038.95
1       1  2/25/2020            17114  2020022517114  1523.97
2       2  2/25/2020            15846  2020022515846  1535.56
3       3  2/25/2020            15540  2020022515540  1568.95
4       4  2/26/2020            18448  2020022618448  1509.51
     index      Date  Customer_Number       Invoice   Amount
45      45  3/25/2020            15217  2020032515217  1495.33
46      46  3/26/2020            17114  2020032617114  1185.30
47      47  3/26/2020            13197  2020032613197  1290.44
48      48  3/26/2020            15238  2020032615238  1170.75
49      49  3/26/2020            18397  2020032618397  1330.36
```

图 3.46　更新后的 Invoices 表

现在你可以使用 SQL 数据，这是大多数业务环境中的重要工具。请注意，虽然你可以使用 Pandas 执行许多 SQL 操作，但它的主旨并非成为数据库管理系统。正如你在上述示例中看到的，跟踪索引会增加额外的工作。但是，如果只是要访问 SQL 数据并对数据库进行一些更改，那么 Pandas 会让这一切变得容易。

3.5.2　练习 3.3——使用 SQL

本练习将重用上一个示例中的数据库。你获得了一个包含一些新客户的 .csv 文件，并要求你将该文件添加到数据库中。为此，你需要打开现有数据库，打开 .csv 文件，通过 SQL 操作将它添加到 Customers 表中，然后将更新的 SQL 数据库存储回磁盘中。

ℹ **注意：**

本练习的代码网址如下：

https://github.com/PacktWorkshops/The-Pandas-Workshop/tree/master/Chapter03/Exercise3_03

请按照以下步骤完成本练习。

（1）打开一个新的 Jupyter Notebook 并选择 Pandas_Workshop 内核。

（2）本练习需要 Pandas 库和 sqlite3，因此可将其加载到 Notebook 的第一个单元格中：

```
import pandas as pd
import sqlite3
```

（3）读取数据库中所有表的名称并列出表：

```
tables = \
    pd.read_sql(
        "SELECT name FROM sqlite_master WHERE type = 'table'
ORDER BY name ASC",
        sqlite3.connect('../datasets/company_database.db'))
tables
```

这应该产生以下输出结果：

```
      name
0  Customers
1   Invoices
```

（4）通过读取两个表并将它们写入新数据库中来制作数据库副本：

```
customers = pd.read_sql("SELECT * FROM Customers",
                        sqlite3.connect('../datasets/
company_database.db'))
invoices = pd.read_sql("SELECT * FROM Invoices",
                        sqlite3.connect('../datasets/company_
database.db'))
customers.to_sql("Customers",
                sqlite3.connect('../datasets/company_database_2.db'),
                if_exists = 'replace',
                index = False)
invoices.to_sql("Invoices",
                sqlite3.connect('../datasets/company_database_2.db'),
                if_exists = 'replace',
                index = False)
```

（5）从 company_database_2.db SQL 数据库中读取现有的 Customers 表：

```
customers =\
pd.read_sql("select * from Customers",\
sqlite3.connect("../datasets/company_database_2.db"))
customers
```

ℹ️ 注意：

将上述代码中加粗显示的路径修改为你自己系统上的下载和保存文件的路径。

这将产生如图 3.47 所示的输出结果。

Out[2]:

	index	Customer_Number	Company	City	State
0	None	15846	Pet Radio	Minneapolis	MN
1	None	13197	Just Pets	Columbus	OH
2	None	11154	Love Strays	Pittsburgh	PA
3	None	15540	WebPet	Mesa	AZ
4	None	18397	Pet-ng-Zoo	San Antonio	TX
5	None	17293	Pet Fud	St. Paul	MN
6	None	19977	Canine Cravings	Henderson	NV
7	None	15238	Stock Ur Pet	Stockton	CA
8	None	15217	Kittle Lullaby	New Orleans	LA
9	None	17114	Big Dogs Only	Anchorage	AK
10	None	18448	K9s4Ever	Dallas	TX
11	None	13388	Bird Sanctuary	Newark	NJ
12	None	11485	GrrrtoPurr	Plano	TX

图 3.47　现有的客户表

可以看到，数据库中有 13 个客户。

（6）将 new_customers.csv 文件读入 Pandas 中：

```
new_customers = pd.read_csv('../datasets/new_customers.csv')
new_customers
```

这将产生如图 3.48 所示的输出结果。

Out[2]:

	Customer_Number	Company	City	State
0	19828	Reptile Desert	Baltimore	MD
1	19186	Aquatic Friends	San Bernadino	CA
2	19948	Arachnaphilia	Newark	NJ
3	19697	Songbird Music Store	Memphis	TX
4	19788	Equestrian Palace	Colorado Springs	CO
5	19115	Just Show Dogs	Baton Rouge	LA
6	19678	My Favorite Butterfly	Lubbock	TX

图 3.48　要添加到 company_database.db 中的新客户

（7）将 new_customers DataFrame 中的数据添加到 Customers 表中。要追加而不是覆盖表，需要使用 if_exists = 'append'。注意设置 index = False 参数，因为此表尚未被建立索引：

```
new_customers.to_sql\
("Customers",\
sqlite3.connect('../datasets/company_database_2.db'),\
if_exists = 'append',\
index = False)
```

（8）读取并显示整个 Customers 表：

```
customers = pd.read_sql("select * from Customers",\
sqlite3.connect("../datasets/company_database_2.db"))
customers
```

这应该产生如图 3.49 所示的输出结果。

	index	Customer_Number	Company	City	State
0	None	15846	Pet Radio	Minneapolis	MN
1	None	13197	Just Pets	Columbus	OH
2	None	11154	Love Strays	Pittsburgh	PA
3	None	15540	WebPet	Mesa	AZ
4	None	18397	Pet-ng-Zoo	San Antonio	TX
5	None	17293	Pet Fud	St. Paul	MN
6	None	19977	Canine Cravings	Henderson	NV
7	None	15238	Stock Ur Pet	Stockton	CA
8	None	15217	Kittle Lullaby	New Orleans	LA
9	None	17114	Big Dogs Only	Anchorage	AK
10	None	18448	K9s4Ever	Dallas	TX
11	None	13388	Bird Sanctuary	Newark	NJ
12	None	11485	GrrrtoPurr	Plano	TX
13	None	19828	Reptile Desert	Baltimore	MD
14	None	19186	Aquatic Friends	San Bernadino	CA
15	None	19948	Arachnaphilia	Newark	NJ
16	None	19697	Songbird Music Store	Memphis	TX
17	None	19788	Equestrian Palace	Colorado Springs	CO
18	None	19115	Just Show Dogs	Baton Rouge	LA
19	None	19678	My Favorite Butterfly	Lubbock	TX

图 3.49　从 company_database_2.db 中更新的 Customers 表

　　该输出显示现在数据库中有 20 个客户。请注意，你如果重复使用.to_sql()部分，就会向数据库添加更多重复的行，这可能会导致问题。你可以试试该操作并看看结果，但在真实的业务场景中，则应该避免这样做。如果这是业务中的常规操作，那么我们需要创建更加稳定可靠的代码来检查记录是否存在。

　　本练习使用了.to_sql()方法来更新 SQL 数据库表。SQL 数据在分析和数据科学中无处不在，并且熟练使用 SQL 也是一项宝贵的技能。Pandas 使 SQL 的基本操作变得简单，并且允许你对 SQL 数据执行 Pandas 分析。

ⓘ 关于 Google BigQuery

　　Google BigQuery 是一个数据仓库（data Warehouse）和 SQL 数据库，它使用 SQL 提供了对云端大数据的快速访问。虽然 Pandas 提供了.read_gbq()方法，方便用户从 BigQuery 中读取数据，但是使用它需要先安装 pandas-gbq 包。

　　另外，Google 自己则提供了一个 google-cloud-bigquery 库。由于经常出现一些使用上的问题，Google 发布了一篇比较贴文，其网址如下：

　　https://cloud.google.com/bigquery/docs/pandas-gbq-migration

　　由于 Google 对 BigQuery 服务的大力支持和更新，该库未来前景可期。

3.5.3　为项目选择格式

　　到目前为止，本章已经详细讨论了各种文本和二进制格式，包括数据库。你如果正在创建一个新项目，则可能需要决定究竟哪一种数据格式最适合它。在做出这种决定之前，你要回答的一个最重要的问题是，还有谁将使用项目中的数据，以及如何使用？如果你的项目通过 API 向用户提供数据，那么 JSON 是一个不错的选择；如果数据被自然地组织成多个表，则关系数据库可能是一个不错的选择；当然，即使在这种情况下，创建单独的表并在另一个步骤中将它们合并到数据库中也可能是有意义的。

　　这是对数据管道（data pipeline）主题的一个很好的解释。在较大的生产项目中，会持续进行数据创建、提取、转换和存储等。你如果希望设计最好的数据管道，则需要仔细斟酌，并且和利益相关者进行有效的前期沟通。这一点非常重要，这也是现在企业大量招聘数据工程师、数据分析师和机器学习工程师等职位的原因。请记住，大多数以数据为中心的大型项目都是团队努力的结果，需要团队成员之间进行大量的持续沟通。

ⓘ 其他格式和方法：

　　Pandas 提供了多种方法来将 DataFrame 中的数据写入不同的格式（如 JSON 和

HTML），这些方法包括 to_excel()、to_csv()、to_sql()、to_stata()和 to_hdf()等。

除了本章讨论过的方法，Pandas 中还有其他的方法可以支持你在数据项目或其他工作中可能遇到的常见格式，如下所示。

❑　Parquet：这是常见的大数据格式。

❑　Pickle：可用于各种任务，例如保存机器学习模型和复杂数据结构，以便在日后可以将它们重新加载到 Python 中。

如果你遇到了没有见过的格式，则搜索 Python 模块是比较有益的做法。此外，你还可以参考 Pandas 官方文档来查找所有支持的格式。

3.6　作业 3.1——使用 SQL 数据进行 Pandas 分析

作为一家供应公司的数据分析师，你获得了 2020 年第四季度的客户和订单列表。这些数据存在于名为 supply_company.db 的数据库中的一些表中，销售团队要求你确定第四季度的最大采购客户。

🛈 注意：

本作业的代码网址如下：

https://github.com/PacktWorkshops/The-Pandas-Workshop/tree/master/Chapter03/
Activity03_01

请按照以下步骤完成此作业。

（1）本练习需要 Pandas 库和 sqlite3，因此可将其加载到 Notebook 的第一个单元格中。

（2）获取 supply_company.db 文件中包含的表的列表。该数据库可从以下网址中下载：

https://github.com/PacktWorkshops/The-Pandas-Workshop/blob/master/Chapter03/datasets/
supply_company.db

（3）使用 Pandas SQL 方法将包含订单的表加载到 DataFrame 中。

（4）确定给定数据中销售额最大的客户的数量。

在 SQL 中，你可以构造 SQL 代码来回答这个问题。但是，对于本作业来说，你将只能使用 Pandas 和 Python。

以下代码将检索数据中购买量最大的客户的 ID。其中：

❑　.groupby()将按客户 ID 聚合数据。

❑　sum()则告诉 Pandas 通过汇总值来进行聚合。其效果是，如果客户有多个订单，则总金额将被汇总。

❑ ['amount']将索引 amount 列。

❑ .sort_values(ascending = False)可以将 amount 中的最大值排序到最前面的位置。

❑ index[0]将返回客户 ID，因为.groupby()使分组参数成为索引。

```
Largest_cust= \
    orders.groupby( 'Customer_Number').sum()['amount'].\
                    sort_values(ascending = False).index[0]
largest
```

这应该返回目标客户的 ID。

（5）在包含客户列表的表中查找并列出该客户所在的行。

💡提示：

本书附录提供了所有作业的答案。

3.7　小　　结

本章深入讨论了 Pandas 如何支持各种格式的数据输入和输出，包括文本格式和二进制格式。你看到了 Pandas 如何支持直接从 Python 中对 SQL 中的多表数据库进行操作。你还探索了在文本数据中可能遇到的不同字符编码，以及如何从更复杂的 Excel 文件中仅提取所需的数据列。

鉴于 Internet 上存在我们需要的大量数据，本章还演示了 Pandas 如何从网页中提取表格并以 XML 或 JSON 格式解码更复杂的 Web 数据。你还学习了如何使用 API 获取数据。在大多数情况下，你只需要 Pandas 的.read_xxx()和.to_xxx()方法。通过掌握本章学习的内容和练习，你基本上可以处理工作中可能遇到的大多数数据源。

本章专注于从各种文件类型中将数据导入和导出 Pandas DataFrame。在下一章中，你将开始深入了解更多细节并探索 Pandas 支持的各种数据类型。当你从文件中读取数据时，Pandas 会默认使用某些数据类型（如字符串或数字），当然，Pandas 也为用户提供了很多控制权。因此，我们将学习如何使用和操作数据类型。

第 4 章　Pandas 数据类型

本章将深入探讨不同的 Pandas 数据类型以及如何将它们从一种类型转换为另一种类型。到本章结束时，你应该了解如何检查 DataFrame 的 Pandas 数据类型，以及如何操作它们以进行分析。

本章包含以下主题：

❑　Pandas dtypes 简介

❑　缺失数据类型

❑　作业 4.1——通过转换为适当的数据类型来优化内存使用

❑　按数据类型创建子集

4.1　Pandas dtypes 简介

使用 Pandas 时，确保为正在使用的值分配正确的数据类型至关重要；否则，在运行某些操作或计算聚合时，你最终可能会得到意外的结果或错误。

对 Pandas 中的每种数据类型有一个很好的理解可以为你节省大量的时间和精力，因为这将大大减少代码中的错误数量。

Pandas 中的数据类型是编程语言用来理解如何存储和操作数据的内部标签。例如：一个程序需要理解，你可以将两个数字相加，比如 1+2，得到 3；或者，你如果有两个字符串，比如'Data'和'Frame'，则可以将它们可以连接起来以获得'DataFrame'。

Pandas 中的数据类型被称为 dtypes，它不应与 Python 中的数据类型混淆。但是，dtypes 和 "数据类型" 两个术语本身是可以互换使用的，因为它们含义相同。

4.1.1　了解基础数据类型

在分析数据时，了解数据类型至关重要。表 4.1 列出了 Pandas 中的数据类型及其相关示例。

表 4.1　Pandas dtypes 列表

Pandas dtypes	用　　法	示　　例
object	包括任何 Python 对象，如列表、字典、集合、字符串或用户自定义的类对象	"pandas", "pandas 1.0.5"

续表

Pandas dtypes	用　　法	示　　例
int64、int32、int8	整数——后缀 64、32 和 8 指示的是相应数据类型在内存中保留的位数	100，500
float64、float32	浮点数——同样，后缀 64 和 32 指示的是相应数据类型在内存中保留的位数	1.05，0.0004
bool	布尔值	True，False
datetime64[ns]	日期和时间值	"2023-01-01", "2023-09-09 00:00:00"
timedelta[ns]	两个日期时间之间的差	"-3726 days"
category	唯一文本值的列表	["pandas", "dataframe"]

让我们从一个分析客户详细信息的示例开始。

（1）导入 Pandas 和 NumPy 库：

```
import pandas as pd
import numpy as np
```

（2）将定义列名并填充各个行中的值，如下所示：

```
column_names=[ "Customer ID", "Customer Name",\
               "2018 Revenue", "2019 Revenue",\
               "Growth", "Start Year", "Start Month",\
               "Start Day", "New Customer"]

row1 = list([1001.0, 'Pandas Banking',\
             '€235000', '€248000',\
             '5.5%', 2013,3,10, 0])
row2 = list([1002.0, 'Pandas Grocery', \
             '€196000', '€205000', \
             '4.5%', 2016,4,30, 0])
row3 = list([1003.0, 'Pandas Telecom', \
             '€167000', '€193000', '15.5%',\
             2010,11,24, 0])
row4 = list([1004.0, 'Pandas Transport',\
             '€79000', '€90000', '13.9%', \
             2018,1,15, 1])
row5 = list([1005.0, 'Pandas Insurance',\
             '€241000', '€264000', '9.5%',\
             2009,6,1, 0])
```

（3）从已定义的数据记录中创建一个 DataFrame 并显示它，如下所示：

```
data_frame = pd.DataFrame( data=[row1, row2, row3, row4, row5],\
                           columns=column_names)
data_frame
```

其输出结果如图 4.1 所示。

	Customer ID	Customer Name	2018 Revenue	2019 Revenue	Growth	Start Year	Start Month	Start Day	New Customer
0	1001.0	Pandas Banking	€235000	€248000	5.5%	2013	3	10	0
1	1002.0	Pandas Grocery	€196000	€205000	4.5%	2016	4	30	0
2	1003.0	Pandas Telecom	€167000	€193000	15.5%	2010	11	24	0
3	1004.0	Pandas Transport	€79000	€90000	13.9%	2018	1	15	1
4	1005.0	Pandas Insurance	€241000	€264000	9.5%	2009	6	1	0

图 4.1　显示客户详细信息 DataFrame

（4）DataFrame 准备就绪。我们可以尝试执行一些操作来分析数据。

例如，我们可以尝试将 2018 Revenue 和 2019 Revenue 两列的值加在一起，如下所示：

```
data_frame['2018 Revenue'] + data_frame['2019 Revenue']
```

其输出结果如图 4.2 所示。

```
0    €235000€248000
1    €196000€205000
2    €167000€193000
3      €79000€90000
4    €241000€264000
dtype: object
```

图 4.2　将 2018 年和 2019 年的收入相加

在图 4.2 中可以看到，这个结果不是我们想要的。我们希望获得的是 2018 年和 2019 年收入相加后的总和。但是，Pandas 却将这些值连接起来创建了一个新的字符串。之所以出现这种问题，可以用最后一行 dtype: object 来解释，它告诉我们，Pandas 实际上是将列中的数据识别为 object 类型，而不是将它们识别为数字。字符串数据类型在 Pandas 中被识别为 object 类型，这会导致字符串相加（即连接）而不是数字相加。

这是一个很典型的例子，充分说明了为什么在使用数据之前确保 Pandas 为其分配正确的 dtypes 非常重要。

要查看为每一列分配了什么数据类型，可以使用 DataFrame 的 dtypes 属性，如下所示：

```
data_frame.dtypes
```

你将看到如图 4.3 所示的输出结果。

```
Customer ID          float64
Customer Name         object
2018 Revenue          object
2019 Revenue          object
Growth                object
Start Year             int64
Start Month            int64
Start Day              int64
New Customer           int64
dtype: object
```

图 4.3　查看已分配给每一列的数据类型

我们还可以使用 DataFrame 的 info()属性来获取更多详细信息：

```
data_frame.info()
```

运行此代码段后，将看到如图 4.4 所示的输出结果。

```
<class 'pandas.core.frame.DataFrame'>
RangeIndex: 5 entries, 0 to 4
Data columns (total 9 columns):
 #   Column         Non-Null Count   Dtype
---  ------         --------------   -----
 0   Customer ID    5 non-null       float64
 1   Customer Name  5 non-null       object
 2   2018 Revenue   5 non-null       object
 3   2019 Revenue   5 non-null       object
 4   Growth         5 non-null       object
 5   Start Year     5 non-null       int64
 6   Start Month    5 non-null       int64
 7   Start Day      5 non-null       int64
 8   New Customer   5 non-null       int64
dtypes: float64(1), int64(4), object(4)
memory usage: 488.0+ bytes
```

图 4.4　关于 DataFrame 的详细信息

通过查看分配的数据类型，我们可以看到存在以下几个问题：

❑　Customer ID 的类型为 float64。但是，理想情况下，它应该是一个整数。

❑　2018 Revenue、2019 Revenue 和 Growth 被存储为 object 类型，但这些应该是数值类型的。

❑　Start Year、Start Month 和 Start Day 被存储为 int64 类型，但它们应该是 Datetime 对象。

❑ New Customer 是 int64 类型的，但它们应该是一个 boolean 值（对于新客户，其值为 True，否则为 False）。

❑ Customer Name 被存储为一个 object，但它应该是 category，因为客户名是唯一值。

在转换这些数据类型之前，很难有效地使用这些数据。因此，接下来我们将学习如何转换数据类型以改正上述问题。

4.1.2　从一种类型转换为另一种类型

要在 Pandas 中转换数据类型，有以下 3 个主要选项：

❑ 使用 astype()函数强制使用适当的 dtype。

❑ 使用 Pandas 函数，如 to_numeric()或 to_datetime()。

❑ 创建一个自定义函数来转换数据类型。

继续上一小节中的示例，让我们看看如何使用 astype()函数。

以下代码段使用 astype()函数将 Customer ID 从浮点数转换为整数。注意，我们还需要在转换后将其分配回 Customer ID 列，因为 astype()函数会返回一个副本：

```
data_frame["Customer ID"] = data_frame['Customer ID'].astype('int')
data_frame["Customer ID"]
```

其输出结果如图 4.5 所示。

```
0      1001
1      1002
2      1003
3      1004
4      1005
Name: Customer ID, dtype: int32
```

图 4.5　数据类型转换后的 Customer ID 列

现在可以尝试对 2018 Revenue 列做同样的事情：

```
data_frame['2018 Revenue'] =data_frame['2018 Revenue'].astype('int')
```

你将看到以下输出结果：

```
ValueError: invalid literal for int() with base 10: '€235000'
```

可以看到，上述代码会引发错误，因为 Pandas 认为数字和欧元符号（€）的组合应该是一个字符串。因此，本示例需要创建一个自定义函数来删除€符号并将剩余的数字转换为整数，如下所示：

```
def remove_currency(column):
    new_column = column.replace('€', '')
    return int(new_column)
```

上述 remove_currency 自定义函数使用了 replace()函数将€符号替换为空白，然后使用 int()函数将结果转换为整数。

现在可以通过 apply()函数对 2018 Revenue 列使用自定义函数：

```
data_frame['2018 Revenue'] =\
data_frame['2018 Revenue'].apply(remove_currency)
data_frame["2018 Revenue"]
```

其输出结果如图 4.6 所示。

```
0       235000
1       196000
2       167000
3        79000
4       241000
Name: 2018 Revenue, dtype: int64
```

图 4.6   对 2018 Revenue 列应用 remove_currency 函数后的结果

这一次，我们得到了预期的输出结果。我们可以对 2019 Revenue 列重复此过程：

```
data_frame['2019 Revenue'] =\
data_frame['2019 Revenue'].apply(remove_currency)
data_frame["2019 Revenue"]
```

其输出结果如图 4.7 所示。

```
0       248000
1       205000
2       193000
3        90000
4       264000
Name: 2019 Revenue, dtype: int64
```

图 4.7   对 2019 Revenue 列应用 remove_currency 函数后的结果

我们可以为 Growth 列创建另一个自定义函数来删除%符号，并将其从 object 类型转换为 float 数据类型：

```
def remove_percentage(column):
    new_column = column.replace('%', '')
    return float(new_column)
```

```
data_frame['Growth'] = data_frame['Growth'].apply(remove_percentage)
data_frame["Growth"]
```

其输出结果如图 4.8 所示。

```
0       5.5
1       4.5
2      15.5
3      13.9
4       9.5
Name: Growth, dtype: float64
```

图 4.8　应用 remove_percentage 函数后的 Growth 列

现在，我们需要从 Start Year、Start Month 和 Start Day 创建一个名为 Starting Date 的新列。我们可以使用 Pandas 中的 to_datetime()函数来完成该操作，但它要求列的名称包含 year、month 和 day，因此可以首先更改它们：

```
data_frame.rename(columns={'Start Year': 'year',\
                           'Start Month': 'month',\
                           'Start Day': 'day'},\
              inplace=True)

data_frame['Starting Date'] =\
pd.to_datetime(data_frame[['day', 'month', 'year']])
data_frame['Starting Date']
```

运行此代码会产生如图 4.9 所示的输出结果。

```
0    2013-03-10
1    2016-04-30
2    2010-11-24
3    2018-01-15
4    2009-06-01
Name: Starting Date, dtype: datetime64[ns]
```

图 4.9　应用.to_datetime 函数后的 Starting Date 列

你可以从图 4.9 最后一行输出中确认数据转换的类型，即 datetime64[ns]。这表明该数据现在是一个 datetime 对象，我们可以直接使用它执行与日期和时间相关的操作。

在以下代码段中，我们将 New Customer 列的数据类型从 int64 转换为 bool。这可以使用 astype()函数轻松完成：

```
data_frame["New Customer"] =\
data_frame['New Customer'].astype('bool')
data_frame["New Customer"]
```

你将看到如图 4.10 所示的输出结果。

```
0      False
1      False
2      False
3       True
4      False
Name: New Customer, dtype: bool
```

图 4.10　将数据类型转换为 bool 后的 New Customer 列

最后，我们必须将 Customer Name 列的数据类型从 object 转换为 category。将 Customer Name 作为一个 category 将优化内存使用情况，下文将会对此展开详细的解释。这种转换也可以通过使用 astype() 函数来完成，如下所示：

```
data_frame["Customer Name"] =\
data_frame['Customer Name'].astype('category')
data_frame["Customer Name"]
```

运行此代码会产生如图 4.11 所示的输出结果。

```
0       Pandas Banking
1       Pandas Grocery
2       Pandas Telecom
3     Pandas Transport
4     Pandas Insurance
Name: Customer Name, dtype: category
Categories (5, object): [Pandas Banking, Pandas Grocery, Pandas Insurance, Pandas Telecom, Pandas Transport]
```

图 4.11　Customer Name 列

现在，让我们再次显示 DataFrame 中的 dtypes：

```
data_frame.dtypes
```

其输出结果如图 4.12 所示。

现在，我们可以尝试运行一些操作来检查一切是否按预期工作。例如，让我们看看是否可以将 2018 Revenue 和 2019 Revenue 两列相加在一起：

```
data_frame['2018 Revenue'] + data_frame['2019 Revenue']
```

其输出结果如图 4.13 所示。

可以看到，这一次加法运算可以正常工作，因为这两列中的数据都已被转换为整数。

```
Customer ID                     int32
Customer Name                category
2018 Revenue                    int64
2019 Revenue                    int64
Growth                         object
year                            int64
month                           int64
day                             int64
New Customer                     bool
Starting Date         datetime64[ns]
dtype: object
```

```
0      483000
1      401000
2      360000
3      169000
4      505000
dtype: int64
```

图 4.12　显示 DataFrame 各列的数据类型　　　　图 4.13　将 2018 年和 2019 年的收入相加在一起

接下来，让我们尝试找出截至 2020 年 9 月 1 日，每一行的 Starting Date（开始日期）已经过去了多少天：

```
data_frame['Starting Date'] - pd.to_datetime('2020-09-01')
```

其输出结果如图 4.14 所示。

```
0      -2732 days
1      -1585 days
2      -3569 days
3       -960 days
4      -4110 days
Name: Starting Date, dtype: timedelta64[ns]
```

图 4.14　查找截至 2020 年 9 月 1 日每行的开始日期以来经过的天数

注意，必须将 2020-09-01 转换为 datetime 类型，因为 Pandas 默认会将其指定为字符串数据类型。如果进行不转换，则上述操作将无效。转换的结果是 timedelta64[ns]数据类型。此 dtype 指示已存储的值显示的是两个日期时间之间的差异。

4.1.3　练习 4.1——基础数据类型和转换

本练习会将数据集读入 DataFrame 中并确定列是否具有正确的数据类型。这里的目标是在必要时转换数据类型，以使 DataFrame 适合进一步分析。

🛈 注意：

本练习所需的数据可以在 retail_purchase.csv 文件中找到。其下载网址如下：

https://github.com/PacktWorkshops/The-Pandas-Workshop/blob/master/Chapter04/Data/retail_purchase.csv

请执行以下步骤以完成本练习。

（1）打开一个新的 Jupyter Notebook 并选择 Pandas_Workshop 内核。

（2）本练习只需要 Pandas 库，因此可将其加载到 Notebook 的第一个单元格中：

```
import pandas as pd
```

（3）将下载的 CSV 文件作为 DataFrame 加载到 Notebook 中并读取该 CSV 文件：

```
file_url = '../Data/retail_purchase.csv'
data_frame = pd.read_csv(file_url)
```

ℹ️ **注意：**

将上述代码中加粗显示的路径修改为你自己系统上的下载和保存文件的路径。

（4）使用 head()函数显示 DataFrame 的前 5 行：

```
data_frame.head()
```

其输出结果如图 4.15 所示。

	Receipt Id	Date of Purchase	Product Name	Product Weight	Total Price	Retail shop name
0	10001	24/05/20	Wheat	4.8lb	€17	Fline Store
1	10002	05/05/20	Fruit Juice	3.1lb	€19	Dello Superstore
2	10003	27/04/20	Vegetables	1.2lb	€15	Javies Retail
3	10004	05/05/20	Oil	3.1lb	€17	Javies Retail
4	10005	27/04/20	Wheat	4.8lb	€13	Javies Retail

图 4.15　显示 DataFrame 的前 5 行

（5）使用 tail()函数显示 DataFrame 的最后 5 行：

```
data_frame.tail()
```

你应该看到如图 4.16 所示的输出结果。

	Receipt Id	Date of Purchase	Product Name	Product Weight	Total Price	Retail shop name
99995	109996	24/05/20	Oil	4.8lb	€25	Visco Retail
99996	109997	20/04/20	Rice	3.1lb	€12	Kelly Superstore
99997	109998	08/01/20	Fruit Juice	2.7lb	€24	Dello Superstore
99998	109999	05/05/20	Butter	3.1lb	€22	Dello Superstore
99999	110000	17/04/20	Bread	4.4lb	€27	Visco Retail

图 4.16　显示 DataFrame 的最后 5 行

在查看 DataFrame 后，即可决定每列所需的类型：

❑　Receipt Id 列应为 int。

❑　Date of Purchase 列应为 datetime。

❑　Total Price 和 Product Weight 列需要转换为 float。

❑　Product Name 和 Retail shop name 列需要转换为 category。

（6）使用 info()函数显示 DataFrame 中每一列的数据类型：

```
data_frame.info()
```

其输出结果如图 4.17 所示。

```
<class 'pandas.core.frame.DataFrame'>
RangeIndex: 100000 entries, 0 to 99999
Data columns (total 6 columns):
 #   Column            Non-Null Count    Dtype
---  ------            --------------    -----
 0   Receipt Id        100000 non-null   int64
 1   Date of Purchase  100000 non-null   object
 2   Product Name      100000 non-null   object
 3   Product Weight    100000 non-null   object
 4   Total Price       100000 non-null   object
 5   Retail shop name  100000 non-null   object
dtypes: int64(1), object(5)
memory usage: 4.6+ MB
```

图 4.17　显示 DataFrame 的详细信息

如图 4.17 所示，除了 Receipt Id 列，其他列都已作为字符串（dtype = object）被加载。你需要将它们转换为各自所需的类型。

（7）将 Date of Purchase 列转换为 datetime 数据类型并对其进行显示：

```
data_frame['Date of Purchase'] =\
pd.to_datetime( data_frame['Date of Purchase'],\
              format='%d/%m/%y')
data_frame['Date of Purchase']
```

你将得到如图 4.18 所示的输出结果。

可以看到，Date of Purchase 列已被正确地转换为 datetime 类型。

（8）从 Total Price 列中删除€符号并显示它：

```
data_frame['Total Price'] =\
data_frame['Total Price'].str[1:]
data_frame['Total Price']
```

由于€是 Total Price 列中每一行的第一个字符，因此可以使用 str[1:]方法仅保留第一个字符之后的字符。其输出结果如图 4.19 所示。

```
0          2020-05-24
1          2020-05-05
2          2020-04-27
3          2020-05-05
4          2020-04-27
              ...
99995      2020-05-24
99996      2020-04-20
99997      2020-01-08
99998      2020-05-05
99999      2020-04-17
Name: Date of Purchase, Length: 100000, dtype: datetime64[ns]
```

图 4.18　将数据类型转换为 datetime 后的 Date of Purchase 列

```
0          17
1          19
2          15
3          17
4          13
          ..
99995      25
99996      12
99997      24
99998      22
99999      27
Name: Total Price, Length: 100000, dtype: object
```

图 4.19　删除 ∈ 符号之后的 Total Price 列

（9）将 Total Price 列中的数据转换为 float 类型，并对其进行显示：

```
data_frame['Total Price'] =\
data_frame['Total Price'].astype('float')
data_frame['Total Price']
```

其输出结果如图 4.20 所示。

```
0          17.0
1          19.0
2          15.0
3          17.0
4          13.0
            ...
99995      25.0
99996      12.0
99997      24.0
99998      22.0
99999      27.0
Name: Total Price, Length: 100000, dtype: float64
```

图 4.20　将数据类型转换为 float64 之后的 Total Price 列

图 4.20 显示了 Total Price 列已被成功地转换为 float64 数据类型。

从 Product Weight 列中删除表示产品重量单位的磅符号（lb），然后显示结果。由于 lb 符号占据的是 Product Weight 列中每一行的最后两个字符的位置，因此可以使用 str[:-2] 仅保留最后两个字符之前的字符：

```
data_frame['Product Weight'] =\
data_frame['Product Weight'].str[:-2]
data_frame['Product Weight']
```

其输出结果如图 4.21 所示。

```
0          4.8
1          3.1
2          1.2
3          3.1
4          4.8
          ...
99995      4.8
99996      3.1
99997      2.7
99998      3.1
99999      4.4
Name: Product Weight, Length: 100000, dtype: object
```

图 4.21　删除 Product Weight 列中磅符号之后的结果

（10）将 Product Weight 转换为 float 并对其进行显示：

```
data_frame['Product Weight'] =\
data_frame['Product Weight'].astype('float')
data_frame['Product_Weight']
```

你应该看到如图 4.22 所示的输出结果。

```
0          4.8
1          3.1
2          1.2
3          3.1
4          4.8
          ...
99995      4.8
99996      3.1
99997      2.7
99998      3.1
99999      4.4
Name: Product Weight, Length: 100000, dtype: float64
```

图 4.22　将数据类型转换为 float64 后的 Product Weight 列

（11）使用 unique()函数从 Product Name 列中查找每个唯一值：

```
data_frame['Product Name'].unique()
```

其输出结果如下：

```
array([ 'Wheat', 'Fruit Juice', 'Vegetables', 'Oil',
        'Butter', 'Fruits',
        'Cheese', 'Rice', 'Bread'],
dtype=object)
```

（12）将 Product Name 列的数据类型转换为 category，并对其进行显示：

```
data_frame['Product Name'] =\
data_frame['Product Name'].astype('category')
data_frame['Product Name']
```

运行此代码会产生如图 4.23 所示的输出结果。

```
0              Wheat
1        Fruit Juice
2         Vegetables
3                Oil
4              Wheat
           ...
99995            Oil
99996           Rice
99997    Fruit Juice
99998         Butter
99999          Bread
Name: Product Name, Length: 100000, dtype: category
Categories (9, object): [Bread, Butter, Cheese, Fruit Juice, ..., Oil, Rice, Vegetables, Wheat]
```

图 4.23　将数据类型转换为 category 之后的 Product Name 列

（13）对 Retail shop name 列重复前两个步骤。

使用 unique()函数查找 Retail shop name 列中的每个唯一值：

```
data_frame['Retail shop name'].unique()
```

你将获得以下输出结果：

```
array([ 'Fline Store', 'Dello Superstore', 'Javies Retail',
        'Oldi Superstore', 'Kanes Store', 'Kelly Superstore',
        'Visco Retail', 'Rotero Retail'],
dtype=object)
```

（14）将 Retail shop name 列的数据类型转换为 category 并对其进行显示：

```
data_frame['Retail shop name'] =\
```

```
data_frame['Retail shop name'].astype('category')
data_frame['Retail shop name']
```

其输出结果如图 4.24 所示。

```
0               Fline Store
1           Dello Superstore
2              Javies Retail
3              Javies Retail
4              Javies Retail
                 ...
99995          Visco Retail
99996       Kelly Superstore
99997       Dello Superstore
99998       Dello Superstore
99999          Visco Retail
Name: Retail shop name, Length: 100000, dtype: category
Categories (8, object): [Dello Superstore, Fline Store, Javies Retail, Kanes Store, Kelly Superstore, Oldi Superstor
e, Rotero Retail, Visco Retail]
```

图 4.24　将数据类型转换为 category 之后的 Retail shop name 列

（15）转换完各列的数据类型后，我们可以使用 info()函数再次显示每一列的数据类型，如下所示：

```
data_frame.info()
```

你将看到如图 4.25 所示的输出结果。

```
<class 'pandas.core.frame.DataFrame'>
RangeIndex: 100000 entries, 0 to 99999
Data columns (total 6 columns):
 #   Column              Non-Null Count    Dtype
---  ------              --------------    -----
 0   Receipt Id          100000 non-null   int64
 1   Date of Purchase    100000 non-null   datetime64[ns]
 2   Product Name        100000 non-null   category
 3   Product Weight      100000 non-null   float64
 4   Total Price         100000 non-null   float64
 5   Retail shop name    100000 non-null   category
dtypes: category(2), datetime64[ns](1), float64(2), int64(1)
memory usage: 3.2 MB
```

图 4.25　DataFrame 的详细信息

至此，所有列都已被转换为所需的数据类型，并可用于进一步的分析。

在本练习中，你学习了如何检查 DataFrame 中每一列的数据类型，并在需要时将它们转换为可用的格式。

现在你已经掌握了如何识别错误分配的数据类型并更正它们。但是，如何处理数据中缺少数据类型本身的情况呢？这正是接下来我们将要讨论的主题。

4.2　缺失数据类型

在处理现实世界的数据集时，经常会遇到缺失数据的情况。了解 Pandas 如何显示每种 dtype 的缺失数据对于确保数据分析的正确性至关重要。

4.2.1　缺失值的表示

在上一节中，我们了解了不同的数据类型以及如何在需要时转换它们。本节将了解如何表示每种数据类型的缺失数据。

我们将继续前面的示例。但是，这一次，我们会将一些值替换为 None，如下所示：

```
data_frame.drop(['year','month','day'], axis = 1, inplace=True)

data_frame.iloc[0,0] = None
data_frame.iloc[4,1] = None
data_frame.iloc[2,2] = None
data_frame.iloc[3,3] = None
data_frame.iloc[3,4] = None
data_frame.iloc[1,5] = None
data_frame.iloc[2,6] = None

data_frame
```

运行此代码段后，你应该会看到如图 4.26 所示的输出结果。

	Customer ID	Customer Name	2018 Revenue	2019 Revenue	Growth	New Customer	Starting Date
0	NaN	Pandas Banking	235000.0	248000.0	5.5	0.0	2013-03-10
1	1002.0	Pandas Grocery	196000.0	205000.0	4.5	NaN	2016-04-30
2	1003.0	Pandas Telecom	NaN	193000.0	15.5	0.0	NaT
3	1004.0	Pandas Transport	79000.0	NaN	NaN	1.0	2018-01-15
4	1005.0	NaN	241000.0	264000.0	9.5	0.0	2009-06-01

图 4.26　用 None 替换一些值

现在使用 DataFrame 的 info()方法来获取更多详细信息：

```
data_frame.info()
```

其输出结果如图 4.27 所示。

```
<class 'pandas.core.frame.DataFrame'>
RangeIndex: 5 entries, 0 to 4
Data columns (total 7 columns):
 #   Column          Non-Null Count   Dtype
---  ------          --------------   -----
 0   Customer ID     4 non-null       float64
 1   Customer Name   4 non-null       category
 2   2018 Revenue    4 non-null       float64
 3   2019 Revenue    4 non-null       float64
 4   Growth          4 non-null       float64
 5   New Customer    4 non-null       float64
 6   Starting Date   4 non-null       datetime64[ns]
dtypes: category(1), datetime64[ns](1), float64(5)
memory usage: 573.0 bytes
```

图 4.27　DataFrame 的详细信息

在图 4.27 中可以看到，每列的非空计数不再等于 5，因为在 DataFrame 中存在空值。Pandas 显示空值有以下 3 种方式。

（1）NaN：它表示"非数字"（not a number）。

（2）None：空值。

（3）NaT：它表示"非时间"（not a time）。

一个有趣的观察是，在添加空值之后，一些列的数据类型会发生改变。例如，Customer ID、2018 Revenue 和 2019 Revenue 列的数据类型原本是 int64，但现在它们已被更改为 float64。New Customer 列也是如此，它以前是 bool 类型的，现在也变成了 float64。这意味着某些数据类型可以是 NaN，而其他数据类型可以是 NaT。我们称此类数据类型为"可为空"（nullable）数据类型，接下来让我们深入了解它们。

4.2.2　可为空类型

正如我们在前面的示例中看到的，一些 dtypes 允许 null 值，而其他 dtypes 则不允许 null 值，并会强制将它们转换为可以具有 null 值的类型。

为了找到可为空的数据类型，我们将使用前面的示例并尝试将它们转换为其他数据类型。让我们从 Customer ID 列开始，尝试将其转换回 int64：

```
data_frame["Customer ID"] =\
data_frame['Customer ID'].astype('int')
data_frame["Customer ID"]
```

你将看到以下输出：

```
ValueError: Cannot convert non-finite values (NA or inf) to
integer
```

似乎 int64 是一个不允许空值的 dtype，而 float64 则是可以为空的。

现在尝试将 Customer Name 列的数据类型转换为 object 类型：

```
data_frame["Customer Name"] =\
data_frame['Customer Name'].astype('object')
data_frame["Customer Name"]
```

其输出结果如图 4.28 所示。

```
0           Pandas Banking
1           Pandas Grocery
2           Pandas Telecom
3         Pandas Transport
4                      NaN
Name: Customer Name, dtype: object
```

图 4.28　将 Customer Name 列的数据类型转换为 object 类型

此转换成功，因为 category 和 object 类型都可以为空。

现在尝试将浮点整数类型的 New Customer 列转换回 bool：

```
data_frame["New Customer"] =\
data_frame['New Customer'].astype('bool')
data_frame["New Customer"]
```

其输出结果如图 4.29 所示。

```
0       False
1        True
2       False
3        True
4       False
Name: New Customer, dtype: bool
```

图 4.29　将 New Customer 列的数据类型转换回 bool

这种情况需要小心一点。bool 不可为空，但可以将具有可为空值的浮点数转换为布尔值。空值已被转换为 True。

现在尝试计算 Starting Date 和 2020-09-01 之间的差值：

```
data_frame['Starting Date'] - pd.to_datetime('2020-09-01')
```

其输出结果如图 4.30 所示。

由此可见，datetime64[ns]和 timedelta64[ns]都可以为空。

```
0    -2732 days
1    -1585 days
2            NaT
3     -960 days
4    -4110 days
Name: Starting Date, dtype: timedelta64[ns]
```

图 4.30　计算开始日期和 2020-09-01 之间的时间差

4.2.3　练习 4.2——将缺失数据转换为不可为空的数据类型

本练习将使用 pd.read_csv()读取 DataFrame。然后，你将处理每列中缺失的数据。最后，你将这些列转换为正确的 dtype，包括不可为空的 dtype。

ℹ️ **注意：**

本练习所需的数据可以在 retail_purchase_missing.csv 文件中找到。其下载网址如下：

https://github.com/PacktWorkshops/The-Pandas-Workshop/blob/master/Chapter04/Data/retail_purchase_missing.csv

执行以下步骤以完成本练习。

（1）打开一个新的 Jupyter Notebook 并选择 Pandas_Workshop 内核。

（2）本练习只需要 Pandas 库，因此可将其加载到 Notebook 的第一个单元格中：

```
import pandas as pd
```

（3）将下载的 CSV 文件作为 DataFrame 加载到 Notebook 中并读取该 CSV 文件：

```
file_url = 'https://github.com/PacktWorkshops/The-Pandas-
Workshop/blob/master/Chapter04/Data/retail_purchase.csv?raw=true'
data_frame = pd.read_csv(file_url)
```

（4）使用 head()函数显示 DataFrame 的前 5 行：

```
data_frame.head()
```

其输出结果如图 4.31 所示。

现在你已经可以在每一列中看到一些缺失的数据（NaN）。

（5）使用 info()函数显示 DataFrame 中每一列的数据类型：

```
data_frame.info()
```

其输出结果如图 4.32 所示。

	Receipt Id	Date of Purchase	Product Name	Product Weight	Total Price	Retail shop name
0	10001.0	24/05/20	Wheat	87.0	99.0	NaN
1	NaN	05/05/20	NaN	NaN	25.0	Dello Superstore
2	10003.0	27/04/20	Vegetables	19.0	37.0	Javies Retail
3	10004.0	05/05/20	Oil	99.0	44.0	Javies Retail
4	10005.0	NaN	Wheat	30.0	NaN	Javies Retail

图 4.31　显示 DataFrame 的前 5 行

```
<class 'pandas.core.frame.DataFrame'>
RangeIndex: 58 entries, 0 to 57
Data columns (total 6 columns):
 #   Column            Non-Null Count   Dtype
---  ------            --------------   -----
 0   Receipt Id        44 non-null      float64
 1   Date of Purchase  46 non-null      object
 2   Product Name      46 non-null      object
 3   Product Weight    51 non-null      float64
 4   Total Price       51 non-null      float64
 5   Retail shop name  45 non-null      object
dtypes: float64(3), object(3)
memory usage: 2.8+ KB
```

图 4.32　显示 DataFrame 的详细信息

这证实了存在一些缺失数据，因为没有任何一列包含 58 个（条目总数）非空值。

（6）要处理这些缺失数据，可以使用 fillna()函数。该函数可以将列中的每个缺失值替换为选定的值。

将每个数字列（Receipt ID、Product Weight 和 Total Price）中的缺失值替换为 0，并显示前 5 行：

```
data_frame.fillna( value ={'Receipt Id': 0, \
                           'Product Weight': 0,\
                           'Total Price': 0},\
                   inplace = True)
data_frame.head()
```

其输出结果如图 4.33 所示。

（7）使用 fillna()函数将 Date of Purchase 列中的缺失值替换为 01/01/99，并显示前 5 行：

```
data_frame['Date of Purchase'].fillna('01/01/99',inplace = True)
data_frame.head()
```

你将看到如图 4.34 所示的输出结果。

	Receipt Id	Date of Purchase	Product Name	Product Weight	Total Price	Retail shop name
0	10001.0	24/05/20	Wheat	87.0	99.0	NaN
1	0.0	05/05/20	NaN	0.0	25.0	Dello Superstore
2	10003.0	27/04/20	Vegetables	19.0	37.0	Javies Retail
3	10004.0	05/05/20	Oil	99.0	44.0	Javies Retail
4	10005.0	NaN	Wheat	30.0	0.0	Javies Retail

图 4.33　DataFrame 的前 5 行

	Receipt Id	Date of Purchase	Product Name	Product Weight	Total Price	Retail shop name
0	10001.0	24/05/20	Wheat	87.0	99.0	NaN
1	0.0	05/05/20	NaN	0.0	25.0	Dello Superstore
2	10003.0	27/04/20	Vegetables	19.0	37.0	Javies Retail
3	10004.0	05/05/20	Oil	99.0	44.0	Javies Retail
4	10005.0	01/01/99	Wheat	30.0	0.0	Javies Retail

图 4.34　显示 DataFrame 的前 5 行

（8）将余下的列（Product Name 和 Retail shop name）中的缺失值替换为 Missing Name，并显示前 5 行：

```
data_frame.fillna( value ={'Product Name': 'Missing Name', \
                    'Retail shop name': 'Missing Name'},\
               inplace = True)
data_frame.head()
```

运行此程序将产生如图 4.35 所示的输出结果。

	Receipt Id	Date of Purchase	Product Name	Product Weight	Total Price	Retail shop name
0	10001.0	24/05/20	Wheat	87.0	99.0	Missing Name
1	0.0	05/05/20	Missing Name	0.0	25.0	Dello Superstore
2	10003.0	27/04/20	Vegetables	19.0	37.0	Javies Retail
3	10004.0	05/05/20	Oil	99.0	44.0	Javies Retail
4	10005.0	01/01/99	Wheat	30.0	0.0	Javies Retail

图 4.35　用 Missing Name 替换缺失值后显示前 5 行

（9）将各列的数据类型转换如下，再使用 info()方法显示每列的数据类型：

❑　Date of Purchase 列：datetime 类型。

❑　Total Price 列：int 类型。

❑　Product Weight 列：int 类型。

❑　Product Name 列：category 类型。

❑　Retail shop name 列：category 类型。

```
data_frame['Date of Purchase'] = \
pd.to_datetime( data_frame['Date of Purchase'], \
              format='%d/%m/%y')
data_frame['Receipt Id'] = \
data_frame['Receipt Id'].astype('int')
data_frame['Total Price'] = \
data_frame['Total Price'].astype('int')
data_frame['Product Weight'] = \
data_frame['Product Weight'].astype('int')
data_frame['Product Name'] = \
data_frame['Product Name'].astype('category')
data_frame['Retail shop name'] = \
data_frame['Retail shop name'].astype('category')


data_frame.info()
```

其输出结果如图 4.36 所示。

```
<class 'pandas.core.frame.DataFrame'>
RangeIndex: 58 entries, 0 to 57
Data columns (total 6 columns):
 #   Column            Non-Null Count   Dtype
---  ------            --------------   -----
 0   Receipt Id        58 non-null      int32
 1   Date of Purchase  58 non-null      datetime64[ns]
 2   Product Name      58 non-null      category
 3   Product Weight    58 non-null      int32
 4   Total Price       58 non-null      int32
 5   Retail shop name  58 non-null      category
dtypes: category(2), datetime64[ns](1), int32(3)
memory usage: 2.1 KB
```

图 4.36　转换数据类型后显示 DataFrame 的详细信息

至此，所有列都已被转换为所需的数据类型，包括不可为空的数据类型。

通过完成本练习，你已经学会了如何处理缺失的数据，并在需要时将 DataFrame 中的每一列转换为可用的格式。

4.3　作业 4.1——通过转换为适当的数据类型来优化内存使用

本作业将通过处理缺失值并将初始数据类型转换为适当的 dtype 来优化 DataFrame 的内存使用。你将处理汽车评估数据集，该数据集可在本书配套 GitHub 存储库中获取，其下载网址如下：

https://raw.githubusercontent.com/PacktWorkshops/The-Pandas-Workshop/master/Chapter04/Data/car.csv

ℹ️ **注意:**

原始汽车评估数据集来源于:

https://archive.ics.uci.edu/ml/datasets/Car+Evaluation

为本作业的需要，该数据集已略做修改。

请按照以下步骤完成此作业。

（1）打开 Jupyter Notebook。

（2）导入 Pandas 包。

（3）将 CSV 文件加载为 DataFrame。

（4）显示 DataFrame 的前 10 行。

（5）使用 info()方法显示 DataFrame 中每一列的数据类型。

（6）适当替换缺失值。

（7）统计 buying（购买价格）、maint（维护价格）、doors（车门数量）、persons（人员承载能力）、lug_boot（行李箱大小）、safety（安全性）和 class（等级）列中的不同唯一值的数量。

（8）根据需要将 object 列转换为 category 列。

（9）显示 DataFrame 中每一列的数据类型。你应该看到如图 4.37 所示的输出结果。

💡 **提示:**

本书附录提供了所有作业的答案。

现在你已经对 Pandas 中的缺失数据和 dtypes 有了很好的了解，接下来，让我们看看每个 dtype 可以使用的具体方法、函数和操作。

```
<class 'pandas.core.frame.DataFrame'>
RangeIndex: 1728 entries, 0 to 1727
Data columns (total 7 columns):
 #   Column   Non-Null Count   Dtype
---  ------   --------------   -----
 0   buying    1728 non-null   category
 1   maint     1728 non-null   category
 2   doors     1728 non-null   int64
 3   persons   1728 non-null   int32
 4   lug_boot  1728 non-null   category
 5   safety    1728 non-null   category
 6   class     1728 non-null   category
dtypes: category(5), int32(1), int64(1)
memory usage: 29.8 KB
```

图 4.37　最终输出

4.4　按数据类型创建子集

如何通过数据类型提取数据集中的特定数据？通过使用 Pandas 对数据进行子集化，我们可以轻松定位和操作数据集。在实际分析中经常使用子集，因为它使你能够动态地更改数据。

4.4.1　字符串方法

对于文本数据（dtype = object 或 dtype = category），Pandas 提供了称为动态（on the fly）的字符串转换方法。当在 Pandas Series 或索引中使用这些字符串转换方法时，你可以通过 str 属性对它们进行访问。

让我们通过几个例子来看看一些比较重要的字符串方法。

❑　定义一个包含字符串的 Series：

```
import pandas as pd
s = pd.Series(['pandas is awesome'])
s
```

其输出结果如下：

```
0    pandas is awesome
dtype: object
```

❑　使用 split()方法将该 Series 拆分为 3 个字符串的列表：

```
s.str.split()
```

其输出结果如下：

```
0    [pandas, is, awesome]
dtype: object
```

❑　使用 replace()方法将单词 pandas 替换为 python：

```
s.str.replace('pandas', 'python')
```

其输出结果如下：

```
0    python is awesome
dtype: object
```

❑　使用 count()方法计算字母 a 在 Series 中出现的次数：

```
s.str.count('a')
```

其输出结果如下：

```
0    3
dtype: int64
```

❑　使用 len()方法计算 Series 中的字符数：

```
s.str.len()
```

其输出结果如下：

```
0    17
dtype: int64
```

❑　使用 capitalize()方法将 Series 中字符串的第一个字符转换为大写字符：

```
s.str.capitalize()
```

其输出结果如下：

```
0    Pandas is awesome
dtype: object
```

❑　使用 islower()方法测试该 Series 是否只包含小写字符：

```
s.str.islower()
```

其输出结果如下：

```
0    True
dtype: bool
```

表 4.2 显示了 Pandas 中文本数据的主要可用方法及其用法。

表 4.2　可应用于 Series 的文本数据的方法列表

方　　　法	说　　　明	示　　　例
cat()	该方法可用于连接字符串	string1 = pd.Series(['pandas is']) string2 = pd.Series([awesome']) string1.str.cat(string2) 其输出结果如下： 0　　　pandas is awesome dtype: object
split()	该方法可用于将字符串拆分为列表。可以指定分隔符和最大拆分参数以限定字符串中的分隔符	string = pd.Series(['pandas is awesome']) string.str.split() 其输出结果如下： 0　　　[pandas, is, awesome] dtype: object
contains()	该方法可用于检查字符串中是否包含某些模式。根据给定的正则表达式（regex）参数是否包含在字符串中，它将返回一个布尔值	string = pd.Series(['pandas is awesome']) string.str.contains('pandas') 其输出结果如下： 0　　　True dtype: bool
replace()	该方法可使用指定的值替换字符串中的特定模式	string = pd.Series(['pandas is awesome']) string.str.replace('pandas', 'python') 其输出结果如下： 0　　　python is awesome dtype: object
repeat()	该方法可以按指定次数连续复制当前 Series 的每个元素	string = pd.Series(['pandas']) string.str.repeat(2) 其输出结果如下： 0　　　pandaspandas dtype: object
count()	该方法返回包含指定模式的元素的数量	string = pd.Series(['pandas is awesome']) string.str.count('a') 其输出结果如下： 0　　3 dtype: int64

续表

方　　法	说　　明	示　　例
len()	该方法返回对象中的项目数。当它被应用于字符串时，它返回的是字符串中的字符数	string = pd.Series(['pandas is awesome']) string.str.len() 其输出结果如下： 0　　17 dtype: int64
lower()	该方法可用于将字符串转换为小写字符	string = pd.Series(['PANDAS is awesome']) string.str.lower() 其输出结果如下： 0　　pandas is awesome dtype: object
upper()	该方法可用于将字符串转换为大写字符	string = pd.Series(['PANDAS is awesome']) string.str.upper() 其输出结果如下： 0　　PANDAS IS AWESOME dtype: object
capitalize()	该方法可用于将字符串的第一个字符转换为大写字符	string = pd.Series(['pandas is awesome']) string.str.capitalize() 其输出结果如下： 0　　Pandas is awesome dtype: object
swapcase()	该方法将字符串中的小写字符转换为大写字符，而将大写字符则转换为小写字符	string = pd.Series(['PANDAS is awesome']) string.str.swapcase() 其输出结果如下： 0　　pandas IS AWESOME dtype: object

4.4.2　使用 category 类型

当你使用分类数据（dtype = category）时，Pandas 提供了一组仅适用于分类数据的方法。当在 Pandas Series 中使用这些方法时，你可以通过 cat 属性访问它们，类似于在 Series 中使用字符串方法时的 str 属性。

让我们通过几个例子来看看一些比较重要的 category 方法。

❑   定义分类数据。我们将首先定义一个包含 category 数据的 Series：

```
s = pd.Categorical(["large", "small", "medium", "small"],\
                    categories=["large", "small", "medium"],\
                    ordered=False)
s
```

其输出结果如下：

```
[large, small, medium, small]
Categories (3, object): [large, small, medium]
```

❑   显示分类。现在，我们可以使用 categories 方法显示分类列表：

```
s.categories
```

其输出结果如下：

```
Index(['large', 'small', 'medium'], dtype='object')
```

❑   添加新的分类。我们可以使用 add_categories()方法添加一个名为 extra large 的新类别：

```
s.add_categories(['extra large'])
```

其输出结果如下：

```
[large, small, medium, small]
Categories (4, object): [large, small, medium, extra large]
```

❑   重新排序类别。我们可以使用 reorder_categories()方法重新排序 Series 的类别：

```
s = s.reorder_categories(["small", "medium","large"], ordered=True)
s
```

其输出结果如下：

```
[large, small, medium, small]
Categories (3, object): [small < medium < large]
```

❑   对值进行分类排序。我们可以使用 sort_values()方法根据类别的顺序对 Series 的值进行排序：

```
s.sort_values()
```

其输出结果如下：

```
[small, small, medium, large]
```

```
Categories (3, object): [small < medium < large]
```

表 4.3 显示了 Pandas 中分类数据的主要可用方法及其用法。

表 4.3　分类数据的方法列表

方　　法	说　　明	示　　例
categories	该方法用于显示 Series 的所有类别	series = pd.Categorical(['a', 'b'], categories = ['a', 'b']) series.categories 其输出结果如下： Index(['a', 'b'], dtype='object')
rename_categories()	该方法用于重命名分类的元素	series = pd.Categorical(['a', 'b'], categories = ['a', 'b']) series.rename_categories({'a': 'A'}, inplace=True) series.categories 其输出结果如下： Index(['A', 'b'], dtype='object')
reorder_categories()	该方法用于对分类进行重新排序	series = pd.Categorical(['a', 'b'], categories = ['a', 'b']) series.reorder_categories(['b', 'a'], inplace=True) series.categories 其输出结果如下： Index(['b', 'a'], dtype='object')
add_categories()	该方法用于向分类列表中添加新的类别	series = pd.Categorical(['a', 'b'], categories = ['a', 'b']) series.add_categories(['c'], inplace=True) series.categories 其输出结果如下： Index(['a', 'b', 'c'], dtype='object')

4.4.3　使用 dtype = datetime64[ns]

当你使用日期时间数据（dtype = datetime64[ns]）时，Pandas 提供了一组仅适用于日期时间数据的方法。在 Pandas Series 中使用这些方法时，可以通过 dt 属性访问它们，该属性类似于在 Series 中使用字符串方法时的 str 属性或使用分类方法时的 cat 属性。

让我们通过几个例子来看看一些比较重要的日期时间方法。

❑　定义一个 Series。首先我们定义一个包含日期时间的 Series：

```
s = pd.to_datetime(pd.Series([ '1990-05-31 10:00',\
                               '1995-06-05 15:00',\
                               '2020-09-09 12:00']))
s
```

其输出结果如图 4.38 所示。

❑ 显示日期。现在我们可以使用 date 方法显示该 Series 中每个 datetime 的日期部分：

```
s.dt.date
```

其输出结果如图 4.39 所示。

```
0   1990-05-31 10:00:00
1   1995-06-05 15:00:00
2   2020-09-09 12:00:00
dtype: datetime64[ns]
```

```
0   1990-05-31
1   1995-06-05
2   2020-09-09
dtype: object
```

图 4.38 定义 Series   图 4.39 显示每个日期时间的日期部分

❑ 显示时间。我们可以使用 time 方法显示 Series 中每个 datetime 的时间部分：

```
s.dt.time
```

其输出结果如图 4.40 所示。

❑ 显示年份。我们可以使用 year 方法显示 Series 中每个日期的年份：

```
s.dt.year
```

其输出结果如图 4.41 所示。

❑ 显示每个日期的日期名称。我们可以使用 day_name()方法显示 Series 中每个日期的日期名称：

```
s.dt.day_name()
```

其输出结果如图 4.42 所示。

```
0   10:00:00
1   15:00:00
2   12:00:00
dtype: object
```

```
0   1990
1   1995
2   2020
dtype: int64
```

```
0    Thursday
1      Monday
2   Wednesday
dtype: object
```

图 4.40 显示每个日期时间的时间部分 图 4.41 显示每个日期的年份 图 4.42 显示日期名称

表 4.4 显示了 Pandas 中 datetime 数据的主要可用方法及其用法。

表 4.4　日期时间数据的方法列表

方　　法	说　　明	示　　例
date	该方法用于获取 datetime 数据的日期部分，但是不包含时区	df = pd.DataFrame({'datetime': ['2020-10-01 10:00:00']}) df['datetime'] = pd.to_datetime(df['datetime'], format = '%Y-%m-%d %H:%M:%S') df.datetime.dt.date 其输出结果如下： 0　　　2020-10-1 Name: datetime, dtype:object
time	该方法用于获取 datetime 数据的时间部分，但是不包含时区	df = pd.DataFrame({'datetime': ['2020-10-01 10:00:00']}) df['datetime'] = pd.to_datetime(df['datetime'], format = '%Y-%m-%d %H:%M:%S') df.datetime.dt.time 其输出结果如下： 0　　　10:00:00 Name: datetime, dtype:object
year	该方法用于获取 datetime 数据的年份	df = pd.DataFrame({'datetime': ['2020-10-01 10:00:00']}) df['datetime'] = pd.to_datetime(df['datetime'], format = '%Y-%m-%d %H:%M:%S') df.datetime.dt.year 其输出结果如下： 0　　　2020 Name: datetime, dtype:int64
month	该方法用于获取 datetime 数据的月份	df = pd.DataFrame({'datetime': ['2020-10-01 10:00:00']}) df['datetime'] = pd.to_datetime(df['datetime'], format = '%Y-%m-%d %H:%M:%S') df.datetime.dt.month 其输出结果如下： 0　　　10 Name: datetime, dtype:int64
day	该方法用于获取 datetime 数据的日期	df = pd.DataFrame({'datetime': ['2020-10-01 10:00:00']}) df['datetime'] = pd.to_datetime(df['datetime'], format = '%Y-%m-%d %H:%M:%S') df.datetime.dt.day 其输出结果如下： 0　　　1 Name: datetime, dtype:int64

方　法	说　明	示　例
hour	该方法用于获取 datetime 数据的小时	df = pd.DataFrame({'datetime': ['2020-10-01 10:00:00']}) df['datetime'] = pd.to_datetime(df['datetime'], format = '%Y-%m-%d %H:%M:%S') df.datetime.dt.hour 其输出结果如下： 0　　10 Name: datetime, dtype:int64
minute	该方法用于获取 datetime 数据的分钟数	df = pd.DataFrame({'datetime': ['2020-10-01 10:00:00']}) df['datetime'] = pd.to_datetime(df['datetime'], format = '%Y-%m-%d %H:%M:%S') df.datetime.dt.minute 其输出结果如下： 0　　37 Name: datetime, dtype:int64
second	该方法用于获取 datetime 数据的秒数	df = pd.DataFrame({'datetime': ['2020-10-01 10:00:00']}) df['datetime'] = pd.to_datetime(df['datetime'], format = '%Y-%m-%d %H:%M:%S') df.datetime.dt.second 其输出结果如下： 0　　50 Name: datetime, dtype:int64
week	该方法用于获取 datetime 数据的星期数	df = pd.DataFrame({'datetime': ['2020-10-01 10:00:00']}) df['datetime'] = pd.to_datetime(df['datetime'], format = '%Y-%m-%d %H:%M:%S') df.datetime.dt.week 其输出结果如下： 0　　40 Name: datetime, dtype:int64
dayofweek	该方法用于获取 datetime 数据的星期中的天数	df = pd.DataFrame({'datetime': ['2020-10-01 10:00:00']}) df['datetime'] = pd.to_datetime(df['datetime'], format = '%Y-%m-%d %H:%M:%S') df.datetime.dt.dayofweek 其输出结果如下： 0　　3 Name: datetime, dtype:int64

续表

方　　法	说　　明	示　　例
dayofyear	该方法用于获取 datetime 数据的一年中的天数	df = pd.DataFrame({'datetime': ['2020-10-01 10:00:00']}) df['datetime'] = pd.to_datetime(df['datetime'], format = '%Y-%m-%d %H:%M:%S') df.datetime.dt.dayofyear 其输出结果如下： 0　　275 Name: datetime, dtype:int64
quarter	该方法用于获取 datetime 数据的季度值	df = pd.DataFrame({'datetime': ['2020-10-01 10:00:00']}) df['datetime'] = pd.to_datetime(df['datetime'], format = '%Y-%m-%d %H:%M:%S') df.datetime.dt.quarter 其输出结果如下： 0　　4 Name: datetime, dtype:int64
daysinmonth	该方法用于获取 datetime 数据的月份中的天数	df = pd.DataFrame({'datetime': ['2020-10-01 10:00:00']}) df['datetime'] = pd.to_datetime(df['datetime'], format = '%Y-%m-%d %H:%M:%S') df.datetime.dt.daysinmonth 其输出结果如下： 0　　31 Name: datetime, dtype:int64
month_name()	该方法用于获取 datetime 数据的月份名称	df = pd.DataFrame({'datetime': ['2020-10-01 10:00:00']}) df['datetime'] = pd.to_datetime(df['datetime'], format = '%Y-%m-%d %H:%M:%S') df.datetime.dt.month_name() 其输出结果如下： 0　　October Name: datetime, dtype:object
day_name()	该方法用于获取 datetime 数据的日期名称	df = pd.DataFrame({'datetime': ['2020-10-01 10:00:00']}) df['datetime'] = pd.to_datetime(df['datetime'], format = '%Y-%m-%d %H:%M:%S') df.datetime.dt.day_name() 其输出结果如下： 0　　Thursday Name: datetime, dtype:object

4.4.4　使用 dtype = timedelta64[ns]

当你使用时间差数据（dtype = timedelta64[ns]）时，Pandas 提供了一组仅适用于时间差数据的方法。在 Pandas Series 中使用这些方法时，你可以通过 dt 属性访问它们。

让我们通过几个例子来看看一些比较重要的 timedelta 方法。

❑　定义一个包含 timedelta 数据的 Series：

```
s = pd.to_datetime(pd.Series([ '1990-05-31',\
                               '1995-06-05',\
                               '2020-09-09']))\
    - pd.to_datetime('2020-01-01')
s
```

其输出结果如图 4.43 所示。

❑　显示秒数。使用 total_seconds()方法可以显示该 Series 的每个 timedelta 的秒数：

```
s.dt.total_seconds()
```

其输出结果如图 4.44 所示。

```
0    -10807 days
1     -8976 days
2       252 days
dtype: timedelta64[ns]
```

```
0    -933724800.0
1    -775526400.0
2      21772800.0
dtype: float64
```

图 4.43　定义一个包含 timedelta 数据的 Series　　　图 4.44　每个 timedelta 的秒数

❑　将 Series 显示为 datetime.timdelta 数组。这可以使用 to_pytimedelta()方法完成，该方法会将 Pandas timedelta 数据的 Series 转换为与原始 Series 长度相同的 datetime.timedelta 格式，示例如下：

```
s.dt.to_pytimedelta()
```

其输出如下：

```
array([datetime.timedelta(days=-10807), datetime.
timedelta(  days=-8976),
        datetime.timedelta(days=252)], dtype=object)
```

❑　显示每个时间分量。我们可以使用 components 方法显示一个包含 Series 的每个时间分量的 DataFrame：

```
s.dt.components
```

其输出结果如图 4.45 所示。

	days	hours	minutes	seconds	milliseconds	microseconds	nanoseconds
0	-10807	0	0	0	0	0	0
1	-8976	0	0	0	0	0	0
2	252	0	0	0	0	0	0

图 4.45　显示每个时间分量

表 4.5 显示了 Pandas 中 timedelta 数据的主要可用方法及其用法。

表 4.5　timedelta 数据的方法列表

方　　法	说　　明	示　　例
components	该方法用于获取 timedelta 数据的时间分量的 DataFrame	timedelta = pd.to_datetime(pd.Series(['2020-09-09'])) - pd.to_datetime('2020-01-01') timedelta.dt.components
to_pytimedelta()	该方法用于将 timedelta 数据转换为 Python datetime.timedelta 对象	timedelta = pd.to_datetime(pd.Series(['2020-09-09'])) - pd.to_datetime('2020-01-01') timedelta.dt.to_pytimedelta() 其输出结果如下： array([datetime.timedelta(days=252)], dtype=object)
total_seconds()	该方法用于将 timedelta 数据转换为秒数	timedelta = pd.to_datetime(pd.Series(['2020-09-09'])) - pd.to_datetime('2020-01-01') timedelta.dt.total_seconds() 其输出结果如下： 0　　21772800.0 dtype: float64

接下来，让我们练习使用这些方法。

4.4.5　练习 4.3——使用字符串方法处理文本数据

处理文本数据通常需要进行大量转换才能将其塑造成所需的状态。在本练习中，你将使用 Pandas 特定的字符串方法来处理文本数据。

请按照以下步骤完成本练习。

（1）打开一个新的 Jupyter Notebook 文件。

（2）使用以下命令导入 Pandas：

```
import pandas as pd
```

（3）运行以下代码来创建一个包含文本数据的 Series：

```
s = pd.Series\
(['          Data Analysis using python with pandas is great',
          'pandas DataFrame and pandas series are useful ',
          'PYTHON3 PANDAS'])
s
```

其输出结果如图 4.46 所示。

```
0             Data Analysis using python with panda...
1      pandas DataFrame and pandas series are useful
2                                      PYTHON3 PANDAS
dtype: object
```

图 4.46　创建包含文本数据的 Series

（4）使用 count()函数统计单词 pandas 在 s 存储的文本中出现的次数：

```
s.str.count('pandas')
```

其输出结果如图 4.47 所示。

如图 4.47 所示，因为 Python 是区分大小写的，所以 PANDAS 没有被 count()函数计入。

（5）使用 len()函数计算每个字符串中的字符数：

```
s.str.len()
```

其输出结果如图 4.48 所示。

```
0    1
1    2
2    0
dtype: int64
```

```
0    56
1    47
2    14
dtype: int64
```

图 4.47　统计 pandas 在文本中出现的次数　　　图 4.48　每个字符串中的字符数

你可能会有点奇怪，第一个字符串的字符数似乎多得有点不正常。这是由于其中有许多前导空格。这些可以通过使用 strip()函数和 len()函数来删除。

（6）使用 strip()函数删除前导空格，并将该函数与 len()函数结合起来，以统计每个字符串的字符数（不包括前导空格）：

```
s.str.strip().str.len()
```

其输出结果如图 4.49 所示。

（7）使用 startswith()函数检查每个字符串是否以字母 p 开头：

```
s.str.startswith('p')
```

其输出结果如图 4.50 所示。

```
0    47
1    45
2    14
dtype: int64
```

```
0    False
1    True
2    False
dtype: bool
```

图 4.49　结合使用 strip()和 len()函数　　　图 4.50　检查字符串是否以字母 p 开头

现在，你想强制所有的字符串都以字母 p 开头。为此，必须使用以下函数进行组合：

❑ 使用 strip 函数来删除前导空格。

❑ 使用 replace 函数将单词 Data 替换为 pandas。

❑ 使用 lower 函数将字符串转换为小写。

❑ 使用 startswith 函数检查字符串是否以字母 p 开头。

（8）使用函数组合强制所有字符串以字母 p 开头：

```
s.str.strip().str.replace('Data', 'pandas').str.lower().
str.startswith('p')
```

其输出结果如图 4.51 所示。

```
0    True
1    True
2    True
dtype: bool
```

图 4.51　强制字符串以字母 p 开头

（9）使用 get_dummies()函数创建虚拟变量的 DataFrame：

```
s.str.get_dummies(' ')
```

其输出结果如图 4.52 所示。

	Analysis	Data	DataFrame	PANDAS	PYTHON3	and	are	great	is	pandas	python	series	useful	using	with
0	1	1	0	0	0	0	0	1	1	1	1	0	0	1	1
1	0	0	1	0	0	1	1	0	0	1	0	1	1	0	0
2	0	0	0	1	1	0	0	0	0	0	0	0	0	0	0

图 4.52　使用 get_dummies()函数

虚拟变量（dummy variable）是当列名被包含在行中时取 True/1 值的布尔值。

现在，你要创建一个包含单词 pandas 和 python 的虚拟变量的新 DataFrame。为此，你需要删除所有不相关的单词（包括 PYTHON3 中的 3），将字符串转换为小写，然后再次使用 get_dummies()。

（10）使用函数组合创建仅包含 pandas 和 python 的虚拟变量的 DataFrame：

```
s = s.str.strip().str.lower()
s.str.get_dummies(' ')[['python','pandas']]
```

其输出结果如图 4.53 所示。

	python	pandas
0	1	1
1	0	1
2	0	1

图 4.53　创建一个只包含单词 pandas 和 python 的 DataFrame

通过完成本练习，你已经掌握了如何使用 Pandas 特定的字符串方法来处理文本数据。

现在你已经对每一种 dtype 的具体方法、函数和操作有了很好的了解，接下来让我们学习如何根据数据的 dtype 在 DataFrame 中选择数据。

4.4.6　按数据的 dtype 在 DataFrame 中选择数据

在执行数据分析时，你可能只想选择 DataFrame 中的数字列。为此，Pandas 提供了 select_dtypes() 方法，以便用户根据数据的 dtype 选择列。此方法允许你对相同数据类型的列进行分组，并可根据数据类型对数据应用一些通用转换，而无须显式命名列。

让我们来看一个示例：

```
import pandas as pd
import numpy as np

column_names = ["Customer ID", "Customer Name",\
                "2018 Revenue", "2019 Revenue",\
                "Growth", "Start Year", "Start Month",\
                "Start Day", "New Customer"]

row1 = list([1001.0, 'Pandas Banking', '235000',\
             '248000', '5.5', 2013,3,10, 0])
row2 = list([1002.0, 'Pandas Grocery', '196000', '205000',\
```

```
                    '4.5', 2016,4,30, 0])
row3 = list([1003.0, 'Pandas Telecom', '167000',\
            '193000', '15.5', 2010,11,24, 0])
row4 = list([1004.0, 'Pandas Transport', '79000',\
            '90000', '13.9', 2018,1,15, 1])
row5 = list([1005.0, 'Pandas Insurance', '241000',\
            '264000', '9.5', 2009,6,1, 0])

data_frame = pd.DataFrame( data=[row1, row2, row3, row4, row5],\
                    columns=column_names)


data_frame
```

其输出结果如图 4.54 所示。

	Customer ID	Customer Name	2018 Revenue	2019 Revenue	Growth	Start Year	Start Month	Start Day	New Customer
0	1001.0	Pandas Banking	235000	248000	5.5	2013	3	10	0
1	1002.0	Pandas Grocery	196000	205000	4.5	2016	4	30	0
2	1003.0	Pandas Telecom	167000	193000	15.5	2010	11	24	0
3	1004.0	Pandas Transport	79000	90000	13.9	2018	1	15	1
4	1005.0	Pandas Insurance	241000	264000	9.5	2009	6	1	0

图 4.54　上述代码片段的输出

让我们看看为每一列分配的 dtype：

```
data_frame.dtypes
```

其输出结果如图 4.55 所示。

```
Customer ID       float64
Customer Name      object
2018 Revenue       object
2019 Revenue       object
Growth             object
Start Year          int64
Start Month         int64
Start Day           int64
New Customer        int64
dtype: object
```

图 4.55　检查每一列的数据类型

要仅选择 object 数据类型列，可以使用 select_dtypes()方法：

```
data_frame.select_dtypes('object')
```

其输出结果如图 4.56 所示。

	Customer Name	2018 Revenue	2019 Revenue	Growth
0	Pandas Banking	235000	248000	5.5
1	Pandas Grocery	196000	205000	4.5
2	Pandas Telecom	167000	193000	15.5
3	Pandas Transport	79000	90000	13.9
4	Pandas Insurance	241000	264000	9.5

图 4.56　选择包含 object 数据类型的列

现在，你只想选择数字列：

```
data_frame.select_dtypes('number')
```

其输出结果如图 4.57 所示。

	Customer ID	Start Year	Start Month	Start Day	New Customer
0	1001.0	2013	3	10	0
1	1002.0	2016	4	30	0
2	1003.0	2010	11	24	0
3	1004.0	2018	1	15	1
4	1005.0	2009	6	1	0

图 4.57　只选择数字列

现在，假设你需要选择数字列，但还要排除 dtype 为 int64 的列，则可以使用 select_dtypes()的 exclude 参数：

```
data_frame.select_dtypes('number', exclude='int64')
```

其输出结果如图 4.58 所示。

	Customer ID
0	1001.0
1	1002.0
2	1003.0
3	1004.0
4	1005.0

图 4.58　排除 int64 类型

现在你应该能够根据列的数据类型从 DataFrame 中提取列。掌握如何在 DataFrame 中包含或排除数据类型将在数据处理方面为你节省大量时间。

4.5　小　　结

本章详细阐释了有关 Pandas 数据类型的基础知识以及控制它们的方法。在仔细了解了 Pandas 中的数据类型范围之后，你学习了如何检查数据的底层 dtype，以及如何将其从一种类型转换为另一种类型。将初始数据转换为适当的数据类型可以大大减少 DataFrame 的内存使用量。

本章还讨论了缺失数据，包括它的表示方式以及它对数据类型的影响。此外，本章还深入研究了可为空和不可为空的数据类型，并详细介绍了特定于某些数据类型的方法、函数和操作示例等。

在下一章中，你将了解使用 Pandas 选择数据的不同方法。

第 2 篇

处 理 数 据

本篇将深入探讨 Pandas 的主要优点和功能。我们将学习如何使用 DataFrame 和 Series，以及围绕它们的各种先进技术。我们还将学习如何根据需要理解和转换数据，并根据需要可视化数据以进行分析。

本篇包含以下 4 章：

- ❑ 第 5 章，数据选择——DataFrame
- ❑ 第 6 章，数据选择——Series
- ❑ 第 7 章，数据探索和转换
- ❑ 第 8 章，理解数据可视化

第 5 章　数据选择——DataFrame

本章将介绍 Pandas 索引的不同形式，理解索引如何参与切片，后者是获取 Pandas 数据结构子集的方式之一。你将学习如何操作索引本身，并掌握 Pandas 为选择数据提供的不同表示法（notation）。

到本章结束时，你将能够选择数据子集并有效地使用索引。你还将熟悉如何使用 Pandas 点表示法、括号、.loc()和.iloc()表示法来对数据进行切片和索引。

本章包含以下主题：

❑　DataFrame 简介
❑　Pandas DataFrame 中的数据选择
❑　作业 5.1——从列中创建多级索引
❑　括号和点表示法
❑　使用括号或点表示法更改 DataFrame 值

5.1　DataFrame 简介

想象一下，你正在处理一个包含数百列和数万行的数据集，其中只有一小部分（例如十几行和两到三列）对你进行特定分析很重要。在这种情况下，最好隔离并专注于这些行和列，而不是使用整个数据集。在数据分析和数据科学中，你将经常需要使用更大数据集的子集。令人开心的是，Pandas 提供了选择方法，使这个过程变得简单高效。本章将介绍这些方法。我们将从复习 DataFrame 开始，然后看看如何将 Pandas 选择方法应用于 DataFrame。

5.1.1　Pandas DataFrame 操作的关联性

到目前为止，你已经了解了有关 Pandas 数据结构的一些基础知识（详见第 2 章 "数据结构"）、掌握了如何从外部数据源读取数据到 Pandas 中或者将 Pandas DataFrame 数据写入文件中（详见第 3 章 "数据的输入和输出"），以及如何使用和操作不同的数据类型（详见第 4 章 "Pandas 数据类型"）。现在，是时候将这些概念与数据选择相结合了。

到本章结束时，你将拥有高效获取数据、了解数据结构、选择所需内容以及根据需要操作数据所需的大部分工具。第 2 章"数据结构"详细介绍了 Pandas DataFrame 并将其与你可能已经熟悉的表格数据相关联。现在,我们准备教你如何利用 Pandas 的行和列索引来访问和提取 DataFrame 中的数据。

5.1.2　对数据选择方法的需求

假设我们被要求分析来自美国的一些行业的详细国内生产总值(gross domestic product,GDP)数据,则可以使用 Pandas .read_csv()方法读取已经获得的数据。

在启动 Jupyter Notebook 后,必须先加载 Pandas,然后读入数据:

```
import pandas as pd
GDP_data = pd.read_csv('Datasets/US_GDP_Industry.csv')
GDP_data
```

上述代码将产生如图 5.1 所示的输出结果。

Out[2]:	period	Industry	GDP
0	2015_Q1	All industries	31917.8
1	2015_Q2	All industries	32266.2
2	2015_Q3	All industries	32406.6
3	2015_Q4	All industries	32298.7
4	2016_Q1	All industries	32303.8
...	...	...	...
2129	2019_Q2	Government enterprises	371.4
2130	2019_Q3	Government enterprises	373.5
2131	2019_Q4	Government enterprises	375.1
2132	2020_Q1	Government enterprises	372.8
2133	2020_Q2	Government enterprises	346.0

2134 rows × 3 columns

图 5.1　要求分析的 GDP 数据

在图 5.1 中可以看到,数据已经按季度〔从 2015 年第 1 季度(Q1)到 2020 年第 2 季度(Q2)〕以及行业的一些信息进行了排列。

现在假设我们被要求仅列出某些行业的 2018 年和 2019 年的 GDP,那么该如何做到这一点呢?这就有必要使用 Pandas 的数据选择方法。接下来,让我们更详细地了解它们。

ℹ️ **注意：**

本章所有示例都可以在本书配套 GitHub 存储库的 Chapter05 文件夹的 Examples.ipynb Notebook 中找到。数据文件则可以在 Datafiles 文件夹中找到。要确保示例正确运行，你需要从头到尾按顺序运行该 Notebook。

5.2　Pandas DataFrame 中的数据选择

第 2 章 "数据结构" 介绍了 Pandas 的两个核心数据结构：DataFrame 和 Series。此外，第 2 章仅进行了一些非常基本的数据选择，而没有深入研究其工作原理。本节将更深入地探讨索引（index），因为这是许多 Pandas 操作的基础。

你可能还记得，在介绍 DataFrame 的概念时，我们将其和电子表格进行了类比。这里不妨重新审视这个类比。图 5.2 显示了图 5.1 中的数据，但它是在电子表格中。

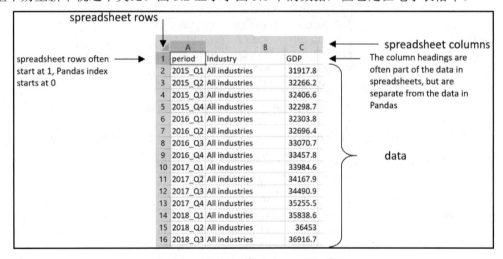

图 5.2　电子表格中的行业 GDP 数据

原　　文	译　　文
spreadsheet rows	电子表格行
spreadsheet rows often start at 1, Pandas index starts at 0	电子表格行的索引通常从 1 开始，而 Pandas 索引则从 0 开始
spreadsheet columns	电子表格列
The column headings are often part of the data in the spreadsheets, but are separate from the data in Pandas	在电子表格中，列标题通常是数据的一部分，而在 Pandas 中，它们与数据是分开的
data	数据

　　在图 5.2 中可以看到与图 5.1 相同的 3 列数据，但我们已经标注了它们之间的关键差异。在 Pandas 中，标准行索引从 0 开始，而对于大多数电子表格来说，索引从 1 开始。这种 "0 索引" 是 Python 的标准。

　　Pandas 中的索引是一系列数字或字符串，这些数字或字符串已被分配给行（以及列的单独 Series），使得我们可以引用数据中的特定位置。如果要查看电子表格内部以及数据存储的位置，它可能如图 5.3 所示。

	A	B	C
1	period	Industry	GDP
2	(R2, C1)	(R2, C2)	(R2, C3)
3	(R3, C1)	(R3, C2)	(R3, C3)
4	(R4, C1)	(R4, C2)	(R4, C3)
5	(R5, C1)	(R5, C2)	(R5, C3)
6	(R6, C1)	(R6, C2)	(R6, C3)
7	(R7, C1)	(R7, C2)	(R7, C3)
8	(R8, C1)	(R8, C2)	(R8, C3)
9	(R9, C1)	(R9, C2)	(R9, C3)
10	(R10, C1)	(R10, C2)	(R10, C3)
11	(R11, C1)	(R11, C2)	(R11, C3)
12	(R12, C1)	(R12, C2)	(R12, C3)
13	(R13, C1)	(R13, C2)	(R13, C3)

图 5.3　电子表格中所有数据位置的行和列值

　　在图 5.3 中可以看到，每个数据位置都可以通过行号和列号来标识。在 Pandas 中也有同样的东西，但是除了行开始的位置。Pandas 中的行和列位置如图 5.4 所示。

period	Industry	GDP
(R0, C0)	(R0, C1)	(R0, C2)
(R1, C0)	(R1, C1)	(R1, C2)
(R2, C0)	(R2, C1)	(R2, C2)
(R3, C0)	(R3, C1)	(R3, C2)
(R4, C0)	(R4, C1)	(R4, C2)
(R5, C0)	(R5, C1)	(R5, C2)
(R6, C0)	(R6, C1)	(R6, C2)
(R7, C0)	(R7, C1)	(R7, C2)
(R8, C0)	(R8, C1)	(R8, C2)
(R9, C0)	(R9, C1)	(R9, C2)
(R10, C0)	(R10, C1)	(R10, C2)
(R11, C0)	(R11, C1)	(R11, C2)

图 5.4　Pandas DataFrame 中所有数据位置的行和列值

　　在电子表格和 Pandas 中，行索引不是数据本身的一部分，而是允许我们引用特定行。

在大多数电子表格中，列名是通用字母或数字，如果我们想要获得数据的实际列名，则它们必须是电子表格数据的一部分。

例如，在 Excel 中，单元格 E7 中可能有数据——E 就是列名；一般来说，在电子表格中，你无法更改这一点，但你可以通过将名称放在第一行中来绕开这个问题。

在 Pandas 中，列可以具有在列索引中指定的名称，并且不是数据的一部分（参见图 5.1）。这为我们提供了使用名称的灵活性，而不必担心 Pandas 中的列顺序。

如图 5.1 所示，我们在 Jupyter Notebook 中将 GDP 数据读入 Pandas 中，可以看到它有 3 列数据，每列都标有一个名称，每行都标有一个数字。第 3 章"数据的输入和输出"已经介绍过，默认情况下，Pandas 将使用 .csv 数据的第一行中的元素作为列名，并将行索引分配为从 0 开始的整数。

Pandas 提供了访问行索引和列索引的方法，因此，接下来，让我们来仔细研究索引及其形式。

5.2.1　索引及其形式

仍以我们从 US_GDP_Industry.csv 中读取的数据和创建的变量（GDP_data）为例，现在可以检查它的行索引。你可以使用 DataFrame 的 .index 属性访问该索引，如下所示：

```
GDP_data.index
```

这将产生以下输出结果：

```
Out[3]: RangeIndex(start=0, stop=2134, step=1)
```

乍一看，这个结果可能会令人困惑，因为你可能希望看到一个值的列表，但相反，我们得到的是一个 RangeIndex() 对象的描述。在该示例中可以看到，该索引是 RangeIndex 类型的，它从 0 开始，到 2134 结束，步长为 1。但是，为什么我们看到的是这些信息而不是一系列具体的值呢？

回想一下，在 Python 中，我们有可迭代对象（iterable）的概念。一个可迭代对象表示一系列值，这些值可以通过某个操作一次返回一个。以 for 循环为例，我们常将其编写为以下代码：

```
for (temp variable) in (iterable)
```

for 语句是遍历可迭代对象的可能值的操作，它将每个新值分配给 temp 变量。Python 中的许多对象类型也是可迭代的，包括范围、列表、元组和 Series。但是，范围的行为和 Series 等不同，因为你必须使用诸如 list 之类的方法从范围中获取值。

让我们通过运行以下代码行来查看此索引的 range() 等效项：

```
range(0, 2134, 1)
```

这将产生以下输出结果：

```
Out[4]: range(0, 2134)
```

在该示例中可以看到类似于使用 .index 的输出结果。现在你应该理解，因为 range 是一个可迭代的对象，所以要访问或查看它们的值，我们需要遍历 range。

一种方法是使用 for 循环，而另一种方法是使用诸如 list() 之类的方法。for 循环在可迭代对象上迭代临时变量，而 list() 方法则在可迭代对象上迭代并将所有值放入一个列表对象中。以下代码使用 for 循环遍历 range：

```
for i in range(0, 2134, 1):
    if(i > 0 and i < 10):
        print(i)
```

这将产生以下输出结果：

```
1
2
3
4
5
6
7
8
9
```

你也可以使用 list() 方法找到迭代，如下所示：

```
print(list(range(0, 2134, 1)))[:10]
```

这将产生以下输出结果：

```
[0, 1, 2, 3, 4, 5, 6, 7, 8, 9]
```

可以看到，我们在 for 循环中使用了 if 语句，而在 print(list()) 方法中则使用了列表切片来将输出减少到每种情况下的前 10 个值。你可能还记得，在核心 Python 中我们可以使用方括号表示法来选择列表的一部分。在本示例中，[:10] 指定所有不超过 10 的值，但不包括 10。

由此可见，这两种方法都可以为我们提供范围内的值序列。我们既然说过使用 .index 的结果是一个可迭代对象，那么应该能够使用相同的方法来查看索引中的值。

以下代码使用了 for 循环来迭代索引：

```
for i in GDP_data.index:
    if(i > 0 and i < 10):
        print(i)
```

上述代码将产生以下输出结果：

```
1
2
3
4
5
6
7
8
9
```

现在你可以看到，GDP_index DataFrame 的默认行索引与 range()非常相似，并且它是一个可以访问的可迭代对象，其访问方式类似于在基础 Python 中使用 for 循环或创建列表的方式。

我们还可以来研究列名。Pandas 提供了.columns 属性，它类似于行的.index 属性，不同之处在于它是用于列的。我们使用.columns 属性来看看 GDP_data 的列索引：

```
GDP_data.columns
```

你应该看到以下输出结果：

```
Out[8]: Index(['period', 'Industry', 'GDP'], dtype='object')
```

注意，与行索引类似，我们可以看到列索引是 Index 类型，并且值在列表中。另外，需要注意的是，这里的列是有名称的，因此该列表是一个名称列表。如果没有对列进行命名，则它们将被标记为从 0 到列数减 1 的整数。

你可能已经猜到此列索引也是可迭代的，并且已经猜对了。这意味着我们可以像处理行一样做类似的事情，例如使用 for 循环遍历列或使用 list()方法将其值放入列表中。

接下来，让我们通过一个练习来看看具体该如何做。

5.2.2　练习 5.1——识别数据集中的行和列索引

你是一家燃气发电厂的环境合规经理，并已收到有关 2015 年其中一台发电机的燃气轮机排放和其他测量值的一些数据。该数据可在本书配套 GitHub 存储库的 Datasets 子目录的

gt_2015.csv 文件中找到。在本练习中，你需要将 .csv 文件中的数据读入一个 DataFrame 对象中，并检查其行和列索引值。你被要求找出氮氧化合物（NOx）排放的最大值，这是数据中的特定列。

ℹ️ **注意：**

本练习的代码可以在本书配套 GitHub 存储库中找到。其网址如下：

https://github.com/PacktWorkshops/The-Pandas-Workshop/tree/master/Chapter05/Exercise5_01

请按照以下步骤完成本练习。

（1）为本章中的所有练习创建一个 Chapter05 目录。然后在 Chapter05 目录中再创建一个 Exercise05_01 目录。

（2）打开终端（macOS 或 Linux）或命令提示符（Windows），导航到 Chapter05 目录，然后输入 jupyter notebook 以打开 Jupyter Notebook。

（3）选择 Exercise05_01 目录，将 Jupyter 工作目录更改为该文件夹。然后，单击 New（新建）→Python 3 以创建一个新的 Python 3 Notebook。

（4）本练习只需要 Pandas 库，因此可将其加载到 Notebook 的第一个单元格中：

```
import pandas as pd
```

（5）使用 Pandas .read_csv()方法读取已下载的数据，如下所示：

```
gas_turbine_data = pd.read_csv('../Datasets/gt_2015.csv')
```

ℹ️ **注意：**

将上述代码中加粗显示的路径修改为你自己系统上的下载和保存文件的路径。

（6）使用.columns 属性填写列名称的列表以及列名称列表的长度：

```
gt_columns = list(gas_turbine_data.columns)
print(gt_columns, '\n (', len(gt_columns), ' columns )')
```

这将产生以下输出结果：

```
['AT', 'AP', 'AH', 'AFDP', 'GTEP', 'TIT', 'TAT', 'TEY',
'CDP', 'CO', 'NOX']
( 11 columns )
```

（7）使用.index 属性检查行索引：

```
gas_turbine_data.index
```

其输出结果应如下所示：

```
Out[4]: RangeIndex(start=0, stop=7384, step=1)
```

可以看到，该数据中有 11 列和 7384 行。

（8）现在你有了列名，很明显 NOx 排放的数据应被存放在标有 NOX 的列中。有多种方法可以找到该列中的最大值。在本示例中，最好在使用括号表示法选择列后使用 .max()方法。括号表示法是 Pandas 的简写方式，它可以轻松从 DataFrame 中选择列和行，稍后我们会详细介绍它。输入以下代码：

```
gas_turbine_data['NOX'].max()
```

其输出结果应如下所示：

```
Out[7]: 119.68
```

本练习使用了 DataFrame 的.columns 和.index 属性分别查看列名和行索引。这为我们提供了访问数据的特定部分以进行分析所需的所有信息。通过使用目前所学过的知识，我们已经完成了分析的第一步——找到最高的 NOX 值。

5.2.3 保存索引或列

由于访问索引或列会返回 Python 对象，因此我们还可以将索引分配给变量并对其进行操作。在 Python 中探索和操作数据时，这是一种常见的模式。

以下示例仍以 GDP_Data 数据集为例，使用之前介绍过的.index 和.columns 属性，但其结果被分配给两个变量（GDP_data_index 和 GDP_data_cols）。然后，我们不再操作索引本身，而是在新创建的变量上进行操作：

```
GDP_data_index = GDP_data.index
GDP_data_cols = GDP_data.columns
print('the index is type', type(GDP_data_index),
      '\nwhile the columns are type', type(GDP_data_cols))
print('the second item in the index is', GDP_data_index[1],
      '\nand the second column is', GDP_data_cols[1])
```

其输出结果如图 5.5 所示。

```
the index is type  <class 'pandas.core.indexes.range.RangeIndex'>
while the columns are type  <class 'pandas.core.indexes.base.Index'>
the second item in the index is  1
and the second column is  Industry
```

图 5.5 将索引存储在变量中并访问特定值

在该示例中可以看到，使用包含整数值的普通 Python 列表索引表示法 [] 即可访问任意一个变量中的项目。默认情况下，行索引被创建为 RangeIndex，这意味着它是一个可迭代的对象，相当于一个 range()，其值从 0 到数据集的长度减去 1（这是 0 索引的原因）。列索引是一个 base.Index，这意味着它是一个值列表，而不是一个范围。当然，正如我们之前看到的，它也是一个可迭代对象。

我们一直在使用带有默认参数的 Pandas .read_csv()方法。其中一个参数是 header，其默认值为 header = 0。这意味着 Pandas 将尝试从它读取的.csv 文件的第一行中获取列名。如果设置 header = None，则会发现默认的列索引是一个整数列表。

以下示例读取一个名为 bare_csv.csv 的文件，其中的 bare 表示该文件中没有列名。我们可以使用 header = None 读取它并查看列索引：

```
bare_data = pd.read_csv('Datasets/bare_csv.csv', header = None)
print(bare_data.index, bare_data.columns)
```

这将产生以下输出结果：

```
RangeIndex(start=0, stop=19, step=1) Int64Index([0, 1], dtype='int64')
```

在本示例中可以看到，默认的列索引是一个 Int64Index()，它由从 0 开始的整数组成，这和行索引是类似的。

到目前为止，我们一直在简化索引及其值。接下来，让我们更仔细地看 Pandas 的索引和切片方法。

5.2.4　切片和索引方法

Pandas 提供了若干种从 DataFrame 中选择项目的方法，但我们将首先学习如何使用以下两种方法进行索引：

❑　DataFrame.loc
❑　DataFrame.iloc

Pandas 允许通过行和列整数值（0 索引）或标签来索引 DataFrame。仔细查看图 5.1 中的 DataFrame，你可能会认为行总是整数，而列总是有标签，但事实并非如此。在前面的示例中，你已经看到过可以对列使用整数。Pandas 提供了 DataFrame.iloc，允许使用按行和列的整数值进行的索引；如果要使用标签，则可以使用 DataFrame.loc。

💡提示：

初学者可能会对 iloc 和 loc 分不清，其实记忆起来也很简单。loc 的名称来源于定位（locate），而 i 则表示整数（integer）。因此，DataFrame.iloc 是通过整数索引定位行和列的方法，而 DataFrame.loc 使用的则是标签。

它们之间的关键区别是，整数值会自动调整以匹配行数或列数，但标签则只能被附加到它们指定的行和列中。所以，如果我们删除了一行或一列，则相同的 iloc 语句在删除前后执行的结果不一样，而 loc 语句操作的始终是它指定的行或列。

由于这是一个重要的区别，因此我们可以通过一个例子来强化其理解。

首先，我们将使用 DataFrame 构造函数和 Dictionary 数据表单创建一个 DataFrame，其中包含一些关于我们有多少水果和我们有哪些种类的水果的信息，如下所示：

```
labels_vs_integers =\
pd.DataFrame({'values' : [6, 1, 5, 2],
              'names' : ['oranges', 'apples',
                          'bananas', 'pears']})
labels_vs_integers
```

这将产生如图 5.6 所示的输出结果。

```
Out[11]:
              values     names
    0             6     oranges
    1             1      apples
    2             5     bananas
    3             2       pears
```

图 5.6　在 labels_vs_integers DataFrame 中包含我们的水果库存信息

在图 5.6 中可以看到，我们有 4 行记录，编号为 0~3，有 2 列，列名称分别为 values（水果数量）和 names（水果名称）。

Pandas 提供了一项功能，允许为行（或列）分配标签。稍后我们将看到有更多的方法可以做到这一点，但其中一种简单的方法是将一个新的值列表直接分配给索引。在以下代码中，我们在赋值符号的左侧使用.index 属性，并在右侧传递一个标签的列表：

```
labels_vs_integers.index = ['citrus', 'non_citrus',\
                            'non_citrus', 'non_citrus']
labels_vs_integers
```

ⓘ注意：

本章所有示例都可以在本书配套GitHub存储库的Chapter05文件夹的Examples.ipynb Notebook 中找到。数据文件则可以在 Datafiles 文件夹中找到。要确保示例正确运行，你需要从头到尾按顺序运行该 Notebook。如果你是在中间开始，则需要运行以下代码以使示例正常工作：

```
import pandas as pd
```

这将产生如图 5.7 所示的输出结果。

```
Out[12]:
                    values    names
        citrus         6    oranges
    non_citrus         1     apples
    non_citrus         5    bananas
    non_citrus         2      pears
```

图 5.7　更新之后的 labels_vs_integers DataFrame，已经将标签分配给行

之前，我们提到过.iloc 作用于整数值而.loc 可作用于标签。这两种方法的语法是类似的，即：

- ❑　DataFrame.iloc[rows, columns]
- ❑　DataFrame.loc[rows, columns]

对于.iloc 方法来说，rows, columns 表示的是行/列整数值，而对于.loc 方法来说，rows, columns 表示的是行/列标签。

以下代码使用 print()函数输出 label_vs_integers DataFrame 的子集，使用.iloc 和.loc 这两种方法来产生相同的结果。

在第一种情况下，我们使用.iloc[]方法并传递两个整数范围，其中 1:4 用于行（因此得到的是 1、2 和 3，因为结束值会被排除），1 则用于列。

在第二种情况下，我们使用.loc[]方法并传递non_citrus 标签作为行索引值，指定name 为我们想要的列：

```
print(labels_vs_integers.iloc[1:4, 1])
print()
print(labels_vs_integers.loc['non_citrus', 'names'])
```

这将产生如图 5.8 所示的输出结果。

```
non_citrus       apples
non_citrus      bananas
non_citrus        pears
Name: names, dtype: object

non_citrus       apples
non_citrus      bananas
non_citrus        pears
Name: names, dtype: object
```

图 5.8　使用整数（.iloc 方法，第一种情况）和标签（.loc 方法，第二种情况）
输出的 labels_vs_integers DataFrame 的子集

由此可见，虽然在给行设置标签之后看不到任何行号（或列号），但仍然可以对它们使用.iloc。另外，第一种情况使用了 1∶4 表示法，它与核心 Python 列表索引的含义相同，也就是取从 1 到 4 的整数范围，包括 1 但不包括 4。

现在，让我们看看如果删除了一行记录会发生什么。

在以下示例中：第一条 print 语句将只使用.iloc 并输出当前 DataFrame 的第 1 行第 1 列的值（即 apples）；第二条 print 语句将首先调用.loc 以仅选择 non_citrus 行，然后调用.iloc 以输出 DataFrame 子集的第 1 行第 1 列的值。注意两条 print 语句的输出结果是不一样的：

```
print('using .iloc alone: ', labels_vs_integers.iloc[1, 1])
print('using .loc to subset first, then using .iloc: ',
    labels_vs_integers.loc['non_citrus', :].iloc[1, 1])
```

这将产生以下输出结果：

```
using .iloc alone: apples
using .loc to subset first, then using .iloc: bananas
```

注意，在第二种情况下，bananas 值现在位于位置[1, 1]，而它在原始 DataFrame 中位于位置[2, 1]。在仅对 non_citrus 行进行子集化后，Pandas 会自动对整数值进行重新编号。如前文所述，整数值总是存在的，并且可以使用 Pandas .iloc 方法进行引用。它们会自动调整以反映实际的行数和列数，并且始终从 0 到 *n*-1 进行编号，其中 *n* 是行数或列的总数。

另外，标签则被附加到特定的行或列，如果删除了行（或列），则其相应的标签将被移除；其余保持不变。

另外还需要注意的是，在第二种情况下，我们使用了冒号（:）而不是值来表示列。.loc 和 .iloc 都接受此表示法，无论是 rows 还是 columns 参数都可以，冒号（:）表示全部。因此，上述第二种情况实际上要求在调用的第一部分中提供 non_citrus 行和所有列，然后在调用的第二部分中仅为结果子集选择[1, 1]。

前文已经介绍过，.loc 和.iloc 具有相似的语法，因为它们都采用[rows, columns]作为参数，对于.loc 来说，由于它作用于标签，因此如果标签是重复的，那么我们可以获得多行或多列的结果。上述示例中的 non_citrus 行标签就是这种情况。

如果标签是整数值，则我们很容易将标签和索引整数相混淆。由于 Pandas 会默认将整数分配给行号，所以这种区别一开始并不明显，因为一开始标签和索引整数是一致的。但是我们自己心中应该对它们做出明确的区分，不要把自己搞糊涂了，因为它们有时候并不是一致的。现在我们将通过一个示例来说明这一点。

在这里，我们将创建一个 DataFrame，其中包含一些猫科动物（feline）和犬科动物（canine）的示例：

```
int_labels_vs_integers = \
pd.DataFrame({'species' : ['feline', 'canine',\
                           'canine', 'feline'],
             'name' : ['housecat', 'wolf',\
                       'dingo', 'tiger']})
int_labels_vs_integers
```

这将产生如图 5.9 所示的输出结果。

```
Out[26]:
        species      name
   0     feline   housecat
   1     canine       wolf
   2     canine      dingo
   3     feline      tiger
```

图 5.9　在 int_labels_vs_integers DataFrame 中包含动物物种的示例

现在，我们可以使用.iloc 对该 DataFrame 进行子集化。为此，我们将演示 Pandas 为创建子集提供的另一种方法，即为行或列提供值的列表。

以下代码可将一个列表传递给行：

```
int_labels_vs_integers = int_labels_vs_integers.iloc[[0, 2, 3],:]
int_labels_vs_integers
```

这将产生如图 5.10 所示的子集。

```
Out[27]:
        species      name
   0     feline   housecat
   2     canine      dingo
   3     feline      tiger
```

图 5.10　包含 int_labels_vs_integers DataFrame 的第 0、2 和 3 行的子集

在图 5.10 中可以看到行标记为 0、2 和 3，并且缺少值 1。这是因为 Pandas 向我们显示了标签，其值为 0、1、2 和 3，并且标签为 1 的行被删除。整数值已自动重置。我们可以通过查看第 1 行来了解这一点：

```
int_labels_vs_integers.iloc[1, :]
```

这将产生如图 5.11 所示的输出结果。

在图 5.11 中可以看到，整数行 1 确实是第 2 行，但它也被标记为 2。我们可以通过使用.loc 而不是.iloc 来确认后者，如下代码所示：

```
int_labels_vs_integers.loc[2, :]
```

这将产生如图 5.12 所示的输出结果。

```
Out[28]: species      canine
         name         dingo
         Name: 2, dtype: object
```

```
Out[29]: species      canine
         name         dingo
         Name: 2, dtype: object
```

图 5.11　子集 DataFrame 的第 1 行　　　图 5.12　DataFrame 子集的第 2 行

这里出现的就是标签和索引整数不一致的情况。当然，你如果对概念掌握得非常牢固，就不会被这种现象所迷惑。

现在你已经看到，可以使用范围或列表来指定多行，让我们返回美国 GDP 数据，看看它是如何用于列的。注意，如果你在重新启动 Notebook 后尚未加载 GDP 数据，则可能需要返回包含 pd.read_csv()方法的单元格并运行它。

本示例要求对每个季度的 GDP 总额进行汇总。第一步是只选择包含季度和 GDP 值的列。要做到这一点，需要在列上使用.iloc 方法，并传递[0, 2]列表以获取第 1 列和第 3 列。第二步是使用.head()方法检查结果：

```
GDP_summary = GDP_data.iloc[:, [0, 2]]
GDP_summary.head()
```

这将产生如图 5.13 所示的输出结果。

```
Out[32]:
        period    GDP
  0   2015_Q1   31917.8
  1   2015_Q2   32266.2
  2   2015_Q3   32406.6
  3   2015_Q4   32298.7
  4   2016_Q1   32303.8
```

图 5.13　GDP_data 的第 1 列和第 3 列存储在新的 GDP_summary DataFrame 中

不出所料，这产生了新的 DataFrame，它包含我们想要的第 1 列和第 3 列。之所以说"不出所料"，是因为我们事先知道，季度和 GDP 值就被包含在第 1 列和第 3 列中。数据科学中的一个常见模式是我们知道要使用哪些变量或列名，但是，如果我们操作或修改了 DataFrame，那么它们可能是不同的列号。在这种情况下，更好的做法是将列的名称列表传递给.loc，.loc 正是使用标签的方法。只要列存在，代码就始终有效。仍以上述 DataFrame 为例，你也可以将['period', 'GDP']列表传递给.loc。

当然，本示例的初衷是使用 .iloc 来说明它对列的工作方式与对行的工作方式相同。现在假设我们在编写第一行代码以选择两列时不够专心，混淆了标签和整数值。在下面的代码中，我们重复了上述示例的选择但却错误地使用了.loc 而不是.iloc，那么这通常会报错，因为.loc 需要的是标签，而标签不是整数值：

```
GDP_summary = GDP_data.loc[:, [0, 2]]
```

这将产生如图 5.14 所示的输出结果。

```
---------------------------------------------------------------------------
KeyError                                  Traceback (most recent call last)
<ipython-input-33-c6b03db243d3> in <module>
      3 # use the same column list of [0, 2]
      4 #
----> 5 GDP_summary = GDP_data.loc[:, [0, 2]]

~\Miniconda3\envs\keras-gpu-4\lib\site-packages\pandas\core\indexing.py in __getitem__(self, key)
   1760             except (KeyError, IndexError, AttributeError):
   1761                 pass
-> 1762             return self._getitem_tuple(key)
   1763         else:
   1764             # we by definition only have the 0th axis

~\Miniconda3\envs\keras-gpu-4\lib\site-packages\pandas\core\indexing.py in _getitem_tuple(self, tup)
   1287             continue
   1288
-> 1289             retval = getattr(retval, self.name)._getitem_axis(key, axis=i)
   1290
   1291         return retval

~\Miniconda3\envs\keras-gpu-4\lib\site-packages\pandas\core\indexing.py in _getitem_axis(self, key, axis)
   1952                 raise ValueError("Cannot index with multidimensional key")
   1953
-> 1954             return self._getitem_iterable(key, axis=axis)
   1955
   1956             # nested tuple slicing

~\Miniconda3\envs\keras-gpu-4\lib\site-packages\pandas\core\indexing.py in _getitem_iterable(self, key, axis)
   1593         else:
   1594             # A collection of keys
-> 1595             keyarr, indexer = self._get_listlike_indexer(key, axis, raise_missing=False)
   1596             return self.obj._reindex_with_indexers(
   1597                 {axis: [keyarr, indexer]}, copy=True, allow_dups=True

~\Miniconda3\envs\keras-gpu-4\lib\site-packages\pandas\core\indexing.py in _get_listlike_indexer(self, key, axis, raise_missing)
   1551
   1552         self._validate_read_indexer(
-> 1553             keyarr, indexer, o._get_axis_number(axis), raise_missing=raise_missing
   1554         )
   1555         return keyarr, indexer

~\Miniconda3\envs\keras-gpu-4\lib\site-packages\pandas\core\indexing.py in _validate_read_indexer(self, key, indexer, axis, raise_missing)
   1638             if missing == len(indexer):
   1639                 axis_name = self.obj._get_axis_name(axis)
-> 1640                 raise KeyError(f"None of [{key}] are in the [{axis_name}]")
   1641
   1642             # We (temporarily) allow for some missing keys with .loc, except in

KeyError: "None of [Int64Index([0, 2], dtype='int64')] are in the [columns]"
```

图 5.14　将整数列表传递给 Pandas 中的.loc 方法后出现的错误消息

看吧，这样一个简单的误用，就出现了很多错误。幸运的是，大多数时候，当你犯了这个错误时，你只需要看看如图 5.15 所示的最后一行即可准确找到问题。

```
KeyError: "None of [Int64Index([0, 2], dtype='int64')] are in the [columns]"
```

图 5.15　上一条错误消息中最重要的部分

当你看到此类错误时，它是一个明显的标志，表明你混淆了索引类型（DataFrame.loc 或 DataFrame.iloc）和你请求的索引值。在这种情况下，修复方法也很简单，那就是在 .loc 中使用实际列名：

```
GDP_summary = GDP_data.loc[:, ['period', 'GDP']]
GDP_summary
```

这给了我们想要的结果，如图 5.16 所示。

Out[34]:	period	GDP
0	2015_Q1	31917.8
1	2015_Q2	32266.2
2	2015_Q3	32406.6
3	2015_Q4	32298.7
4	2016_Q1	32303.8
...	...	...
2129	2019_Q2	371.4
2130	2019_Q3	373.5
2131	2019_Q4	375.1
2132	2020_Q1	372.8
2133	2020_Q2	346.0
2134 rows × 2 columns		

图 5.16　使用 DataFrame.loc 和（正确的）列名列表的结果

相应地，如果将标签传递给.iloc，则会生成类似但略有不同的错误。

Pandas 非常灵活和强大。除了允许类似 Python 的整数范围和值列表作为.loc 和.iloc 的参数，对于.loc，你可以传递标签的范围。乍一看，这似乎有点奇怪，但其实它是可以派上用场的。以下示例使用 pd.read_csv()从 gt_2015.csv 文件中读取燃气轮机数据，并列出了列名：

```
gas_turbine_data = pd.read_csv('Datasets/gt_2015.csv')
```

```
gas_turbine_data.columns
```

ℹ️ **注意：**

本章所有示例都可以在本书配套 GitHub 存储库的 Chapter05 文件夹的 Examples.ipynb
Notebook 中找到，练习则保存在单独的文件夹中。因此，在本示例中 gt_2015.csv 的路径
是 'Datasets/gt_2015.csv'。请注意根据你自己下载和保存文件的路径修改相应的代码。

这将产生如图 5.17 所示的输出结果。

```
Out[37]:  Index(['AT', 'AP', 'AH', 'AFDP', 'GTEP', 'TIT', 'TAT', 'TEY', 'CDP', 'CO',
                 'NOX'],
                dtype='object')
```

图 5.17　gas_turbine_data DataFrame 的列名

现在，假设你有兴趣分析除一氧化碳（CO）和氮氧化合物（NO_X）之外的所有列。
你决定创建另一个包含这些列的 DataFrame 并使用.loc 来完成。你固然可以创建一个包含
全部 9 个名称的列表，但 Pandas 可以使该操作更简单。

以下代码使用.loc 要求获得从 AT 到 CDP 的所有列：

```
non_emissions_turbine_data = gas_turbine_data.loc[:, 'AT':'CDP']
non_emissions_turbine_data.head()
```

这将产生如图 5.18 所示的输出结果。

```
Out[38]:
```

	AT	AP	AH	AFDP	GTEP	TIT	TAT	TEY	CDP
0	1.95320	1020.1	84.985	2.5304	20.116	1048.7	544.92	116.27	10.799
1	1.21910	1020.1	87.523	2.3937	18.584	1045.5	548.50	109.18	10.347
2	0.94915	1022.2	78.335	2.7789	22.264	1068.8	549.95	125.88	11.256
3	1.00750	1021.7	76.942	2.8170	23.358	1075.2	549.63	132.21	11.702
4	1.28580	1021.6	76.732	2.8377	23.483	1076.2	549.68	133.58	11.737

图 5.18　新的 DataFrame 包含 gas_turbine_data 的所有列，CO 和 NO_X 除外

你可能会注意到这里有一些有趣的东西——当我们通过.iloc 使用范围并传递一个整
数范围（如 1:4）时，我们获得的是第 1、2 和 3 行，排除了第 4 行。但是，在上述代码
中，我们传递了'AT':'CDP '范围，却获得了从'AT'到'CDP'的所有列，即包括了最后的'CDP'
列。这就是有趣的地方。在使用整数的情况下，Pandas 遵循 Python 约定，包括第一个值，
但不包括最后一个值；而在使用标签的情况下，排除最后一个值似乎没什么道理，所以

Pandas 将最后一个值也包含在其中。

如果你碰巧使用的是整数标签，那么这可能会令人困惑并且看起来是矛盾的，因此重要的是，要始终牢记你使用的是整数行号和列号还是标签。

5.2.5　布尔索引

基于我们目前所讨论的方法，Pandas 可以启用的一种非常有用的方法是布尔索引。布尔是指布尔逻辑（Boolean logic），而布尔逻辑指的是使用逻辑运算来确定结果。逻辑运算涉及使用 OR 或 AND 等运算符并获得 TRUE 或 FALSE 的结果。

在 Pandas 中，对于我们想要的结果，我们可以使用评估为 TRUE 的布尔表达式。通过这种方式，我们可以重新构建迄今为止我们看到的许多示例。

例如，在图 5.18 中，我们看到了 gas_turbine_data.loc[:, 'AT':'CDP'] 语句的结果。在此之前，我们了解到.loc[]的语法是[rows, columns]，而该示例指定标签。所以，该语句的意思是："给我来自 gas_turbine_data 所有行的数据，并且列在 AT 到 CDP 之间"。该语句的第二部分就是一个逻辑表达式——对于任何列，它要么在该范围内（TRUE），要么不在该范围内（FALSE）。在 Pandas 中，这可以用逻辑表达式显式完成。

请注意，在核心 Python 后面有特定的逻辑运算符——在这里，我们使用的是==，这是逻辑等号，其他逻辑运算符还包括小于（<）、大于（>）、小于或等于（<=）、大于或等于（>=）、不等于（!=）、与（and）、或（or）以及按位与（&）和按位或（|）等。

假设我们只想获得 gas_turbine_data 中的排放（emissions）列（即 CO 和 NOX），则可以通过多种方式做到这一点，但为了说明布尔索引，我们将在此处使用.loc[]和两个布尔表达式，示例如下：

```
gas_turbine_data.loc[:,
                     (gas_turbine_data.columns == 'NOX') |
                     (gas_turbine_data.columns == 'CO')]
```

这将产生如图 5.19 所示的输出结果。

虽然这里的结果很简单并且需要更多的输入，但有时布尔索引对于选择数据非常有用。在本章后面还将看到更多使用它的案例。

到目前为止，我们已经学习了如何使用 Pandas 索引以及.loc 和.iloc 方法来选择行或列组。我们还仔细研究了使用整数行号或列号与标签之间的区别，包括当标签是整数值时可能令人困惑的情况。在接下来的练习中，让我们将这些概念应用于燃气轮机数据。

```
Out[48]:
                      CO      NOX
        0         7.4491   113.250
        1         6.4684   112.020
        2         3.6335    88.147
        3         3.1972    87.078
        4         2.3833    82.515
       ...            ...       ...
     7379        10.9930    89.172
     7380        11.1440    88.849
     7381        11.4140    96.147
     7382         3.3134    64.738
     7383        11.9810   109.240

     7384 rows × 2 columns
```

图 5.19   使用布尔索引从 gas_turbine_data 中选择两列的结果

5.2.6   练习 5.2——创建行和列的子集

　　和练习 5.1 一样，你是一家燃气发电厂的环境合规经理，并已收到有关 2015 年其中一台发电机的燃气轮机排放和其他测量值的一些数据。该数据可在本书配套 GitHub 存储库的 Datasets 子目录的 gt_2015.csv 文件中找到。在本练习中，你需要将 .csv 文件中的数据读入一个 DataFrame 对象中，对其中一些行和列进行子集化，并将样本的汇总统计信息与整个数据集进行比较。你知道此文件中每天大约有 20 个测量结果，并且你有兴趣将前 5 天与全年数据进行比较，因此你需要选择 100 行数据。

🛈 注意：

本练习的代码可以在本书配套 GitHub 存储库中找到。其网址如下：

https://github.com/PacktWorkshops/The-Pandas-Workshop/tree/master/Chapter05/Exercise05_02

　　请按照以下步骤完成本练习。

　　（1）在之前创建的 Chapter05 目录中，创建 Exercise05_02 目录。

　　（2）打开终端（macOS 或 Linux）或命令提示符（Windows），导航到 Chapter05 目录，然后输入 jupyter notebook 以打开 Jupyter Notebook。

（3）选择 Exercise05_02 目录，将 Jupyter Notebook 工作目录更改为该文件夹。然后，单击 New（新建）→Python 3 以创建新的 Python 3 Notebook。

（4）本练习只需要 Pandas 库，因此可以将其加载到 Notebook 的第一个单元格中：

```
import pandas as pd
```

（5）使用 Pandas .read_csv()方法并将其添加到 Datasets 路径中，如下所示：

```
gas_turbine_data = pd.read_csv('../Datasets/gt_2015.csv')
```

ℹ️ **注意：**

将上述代码中加粗显示的路径修改为你自己系统上的下载和保存文件的路径。

（6）使用.shape 属性输出 DataFrame 的形状，并使用.columns 属性输出列名，示例如下：

```
print(gas_turbine_data.shape)
print(list(gas_turbine_data.columns))
```

这将产生如图 5.20 所示的输出结果。

```
(7384, 11)
['AT', 'AP', 'AH', 'AFDP', 'GTEP', 'TIT', 'TAT', 'TEY', 'CDP', 'CO',
'NOX']
```

图 5.20　gas_turbine_data DataFrame 的形状和列

（7）现在让我们比较排放数据的汇总统计。由于有超过 7000 行，你将获得前 100 行（前面说过了，这大约是 5 天的数据）和整个数据集的汇总信息。

使用 Pandas .describe()方法可以输出统计信息。你只想查看 CO 和 NOX 列的数据，因此可使用.loc 方法获取这些列。对于 100 行的样本，你可以使用.iloc 方法。这可以在一行代码中完成，如下所示：

```
print(gas_turbine_data.iloc[:100, :]\
                    .loc[:, ['CO', 'NOX']].describe())
print(gas_turbine_data.loc[:, ['CO', 'NOX']].describe())
```

这将产生如图 5.21 所示的输出结果。

仅 100 行的样本是否足以进行下一步分析，这取决于你的专业判断。但是，图 5.21 中 CO 和 NOX 两列的统计数据看起来与整个数据集的值有点不同。

在本练习中，你同时使用了.loc 和.iloc 来选择 DataFrame 的行和列，并结合了另一个 Pandas 操作（.describe()）。这种做法在数据分析中是很常见的。

接下来，让我们看看 Pandas 提供的其他一些使用标签作为索引的功能。

```
             CO         NOX
count  100.000000  100.000000
mean     3.774012   77.661970
std      1.774795   13.708632
min      0.475440   58.432000
25%      2.656625   64.672000
50%      3.501650   78.084000
75%      4.078250   85.121250
max     12.659000  118.270000
             CO         NOX
count 7384.000000 7384.000000
mean     3.129986   59.890509
std      2.234962   11.132464
min      0.212800   25.905000
25%      1.808175   52.399000
50%      2.533400   56.838500
75%      3.702550   65.093250
max     41.097000  119.680000
```

图 5.21　前 100 行样本和 gas_turbine_data DataFrame 中的所有数据的排放统计数据汇总

5.2.7　使用标签作为索引和 Pandas 多级索引

你可能想知道标签索引行的意义何在。早些时候，我们看到了一个简单的柑橘类（citrus）和非柑橘类（non-citrus）水果的示例（详见 5.2.4 节"切片和索引方法"）。使用这些方法的最佳理由是为了清楚起见——Pandas 使得以自然、直观的形式使用表格数据成为可能。因此，放置标签可以帮助我们以相同的方式查看数据，而不是仅使用 0 到 $n-1$（其中 n 是行数）这样无法提示数据意义的默认标签，或者仅使用整数索引。

但是，当你使用标签时，Pandas 为索引提供了另一个非常强大的功能，称为多级索引（multi-index）。多级索引可以有多个列（对于行索引）或多行（对于列索引）。实际上，Pandas 多级索引允许你在二维的 DataFrame 中表示更高维度的数据。它也类似于在电子表格中执行数据透视表操作的结果。

假设我们得到了如图 5.22 所示的数据，该数据描述了各种动物的权重，并按它们的物种

	species	location	weight	color	fur
0	dog	city	10	striped	long
1	chicken	town	11	solid	long
2	cat	city	12	striped	short
3	cat	farm	13	striped	short
4	chicken	farm	14	solid	long
...	...	...	...	...	...
95	pig	city	105	solid	short
96	chicken	city	106	solid	short
97	dog	town	107	striped	long
98	cat	town	108	solid	short
99	chicken	town	109	solid	short

100 rows × 5 columns

图 5.22　动物的原始数据

和栖息地等对它们进行了划分。

　　图 5.22 中的数据是使用代码生成的，该代码可以在 Examples.ipynb 文件中找到。作为参考，以下提供了其代码：

```
species = pd.Series(['cat', 'dog', 'pig', 'chicken'])
species = species.sample(100,
                         replace = True,
                         random_state = 1).reset_index(drop = True)
location = pd.Series(['city', 'town', 'farm'])
location = location.sample(100,
                           replace = True,
                           random_state = 2).reset_index(drop = True)
weight = pd.Series(range(10, 110)).reset_index(drop = True)
fur = pd.Series(['long', 'short'])
fur = fur.sample(100,
                 replace = True,
                 random_state = 3).reset_index(drop = True)
color = pd.Series(['solid', 'spotted', 'striped'])
color = color.sample(100,
                     replace = True,
                     random_state = 42).reset_index(drop = True)
animals = pd.DataFrame({'species' : species,
                        'location' : location,
                        'weight' : weight,
                        'color' : color,
                        'fur' : fur})
```

　　通过上述代码可以看到，这个数据是 5 维的——包括 species（物种）、location（位置）、color（颜色）、fur（毛皮）和 weight（权重）5 个维度。

　　Pandas 提供了.pivot_table()方法，它允许我们将高维数据汇总为分层（hierarchical）的列和行，并使用多级索引表示每个轴上的层次结构。可以想见这会有很多结果值。

　　首先，我们可以使用 Pandas 的.options()方法来设置浮点值的格式，使其小数点后只有两位数。

　　然后，我们将.sort_values()方法应用于我们希望作为行索引的 location 和 species 列，并将 color 和 fur 列作为 columns 进行传递以用作列索引。余下的数据——在本例中为weight——由 aggfunc（聚合函数）进行操作，我们将 mean 传递给它，以在多个相同索引值有多个值的情况下获得其平均值。

　　最后，我们传递 fill_value = " 以便在原始数据中不存在组合的情况下填充空白：

```
pd.options.display.float_format = '{:,.2f}'.format
```

```
animals.sort_values(['location', 'species'])\
.pivot_table(index = ['location', 'species'],\
            columns = ['color', 'fur'],\
            aggfunc = 'mean',\
            fill_value = '')
```

这将产生如图 5.23 所示的输出结果。

Out[129]:

		weight					
	color	solid		spotted		striped	
	fur	long	short	long	short	long	short
location	species						
city	cat	74.00	23.50	33.00	84.00	20.00	12.00
	chicken	44.00	91.33	63.67		103.00	87.00
	dog	15.00	44.00	64.00	75.00	39.00	51.00
	pig		86.00	40.00		39.00	
farm	cat	49.00	85.00	85.00	82.00	69.00	24.33
	chicken	59.00		81.00	43.00	16.00	75.67
	dog	102.00	99.00	49.20	58.00	44.50	
	pig	30.00	36.00	65.00	54.50	47.00	49.00
town	cat		108.00	60.50	64.75	37.00	
	chicken	52.50	81.00				44.25
	dog	61.00	71.50		51.50	79.67	55.00
	pig	101.00		95.00	60.50		

图 5.23　具有多级索引的动物数据

在图 5.23 中可以看到，location 和 species 是行分层结构，color 和 fur 是列分层结构。在许多情况下，我们没有给定的 location、species、color 和 fur 的组合，所以数据中出现了不少空白。在有多个值的情况下，我们可以看到一个平均值。

与原始数据相比，这种格式可以很轻松地看到数据集中在哪里。它还为我们提供了"典型"值（即平均值）。

现在再来考虑我们之前获得的行业 GDP 数据。我们的重点是 GDP 数据，但是我们会根据时间和特定行业来考虑它们。Pandas 允许以这种方式标记数据。

以下示例更改 pd.read_csv()方法的参数以告诉 Pandas 使用前两列（即列[0, 1]）作为索引。注意，我们得到了两个索引列——Pandas 允许这种多级索引结构，这使得多级选择变得简单。我们还引入了另一种索引方法.sort_index()。.sort_index()方法在多级索引的情况下特别有用，因为它将接收列的列表并按顺序对它们进行排序：

```
GDP_by_industry = \
pd.read_csv('Datasets/US_GDP_Industry.csv',
            index_col = [0, 1]).sort_index(level = [0, 1])
GDP_by_industry
```

这将产生如图 5.24 所示的输出结果。

Out[131]:

		GDP
period	**Industry**	
2015_Q1	**Accommodation**	256.20
	Accommodation and food services	973.60
	Administrative and support services	795.70
	Administrative and waste management services	883.00
	Agriculture, forestry, fishing, and hunting	466.30
...	**...**	...
2020_Q2	**Warehousing and storage**	135.10
	Waste management and remediation services	100.60
	Water transportation	32.00
	Wholesale trade	1,810.90
	Wood products	111.90

2134 rows × 1 columns

图 5.24　按行业划分的 GDP 数据，读取时告诉 Pandas 使用前两列作为索引并按这两个索引列进行排序

在图 5.24 中可以看到，第一个索引 period 从第一个周期值（2015_Q1）开始，在该组中，我们还对 Industry（行业）索引进行了排序。

有了这个多级索引，即可比以前更轻松地做一些事情。例如，假设你想要获取 2017_Q2（2017 年第 2 季度）从 Farms（农牧业）到 Finance and insurance（金融和保险业）的细分市场的 GDP，则可以通过以下简单的一行代码来做到这一点：

```
GDP_by_industry.loc[('2017_Q2', 'Farms'):
                    ('2017_Q2', 'Finance and insurance')]
```

Pandas 多级索引允许你传递元组以在索引的每个级别指定你想要的值。你应该还记得，.loc（和.iloc）方法都接受值的范围。在上述示例中，即提供了一个元组的范围来获取所选行业的所有值。

这将产生如图 5.25 所示的输出结果。

这个结果与我们想象中的完全一样，并展示了 Pandas 中更复杂的、基于标签的行索

引的实用性。

图 5.25　使用 Pandas 多级索引，以同时基于两个索引列选择值

　　值得一提的是，如果没有包含标签的多级索引，也可以通过使用布尔索引显式传递 period 和 Industry 列的条件来获得相同的结果。

　　在以下示例中，我们再次读取与第一次使用它时相同的数据（详见 5.2.1 节"索引及其形式"），这使用的是默认行索引，然后使用.loc()方法进行选择，并对用来选择数据的两列使用布尔索引：

```
GDP_by_industry = pd.read_csv('Datasets/US_GDP_Industry.csv')
GDP_by_industry.loc[((GDP_by_industry['Industry'] == 'Farms') |
                     (GDP_by_industry['Industry'] == 'Federal')
|
                     (GDP_by_industry['Industry'] == ('Federal
Reserve banks, ' +
                                                      'credit
intermediation, ' +
                                                      'and
related activities')) |
                     (GDP_by_industry['Industry'] == 'Finance
and insurance')) &
                     (GDP_by_industry['period'] == '2017_Q2'),
:]
```

这将产生如图 5.26 所示的输出结果。

图 5.26　在没有多级索引的情况下读取 GDP 数据并使用复合.loc[]方法选择与图 5.25 中相同的数据

　　除了需要更多代码，你可以看到本示例不存在分层结构这样的格式。这是因为我们只是列出了被选中的 DataFrame 结构（如 period）的行，然后对所有 4 行都重复。

　　此外，此输出结果也提供了标签和整数行号之间差异的另一个很好的示例。在图 5.26 的左侧，我们可以看到布尔索引找到的行的行号标签。我们可以通过在.iloc[]方法中使用这些整数来证明这一点，如下所示：

```
GDP_by_industry.iloc[[75, 1197, 1219, 1967], :]
```

　　这将产生与之前相同的输出结果，如图 5.27 所示。

Out[146]:	period	Industry	GDP
75	2017_Q2	Farms	399.7
1197	2017_Q2	Finance and insurance	2827.1
1219	2017_Q2	Federal Reserve banks, credit intermediation, ...	926.5
1967	2017_Q2	Federal	1124.6

图 5.27　一些选定行业的 2017_Q2 GDP，使用.iloc[]和图 5.26 中的行号进行获得

　　通过上述示例，我们已经掌握了更多关于如何使用标签作为行索引的操作，并更深刻地理解了整数行号和行标签之间的区别。在 5.4.5 节 "练习 5.3——整数行号与标签" 中，我们还将继续强化这些概念。

5.2.8　从列中创建多级索引

　　在上一小节中，我们学习了在读取数据时如何通过指定多个索引列来读入 DataFrame 并创建多级索引。当然，数据探索中的一个常见做法是读取数据，然后了解列的内容是什么。在此之后，你可以决定是否要使用某些列创建多级索引。让我们学习如何做到这一点。

　　首先，我们将再次读取 US_GDP_Industry.csv 文件，但这一次，我们不会指定任何索引列，这意味着将获得所有列作为数据，并使用默认的行索引：

```
GDP_by_industry = pd.read_csv('Datasets/US_GDP_Industry.csv')
GDP_by_industry.head()
```

　　这将产生如图 5.28 所示的输出结果。

　　在图 5.28 中，我们可以看到 DataFrame 列中的所有数据，行索引也是常见的顺序整数行标签。现在让我们使用 Pandas 方法来创建多级索引。这是一种常见的需要，因此 Pandas 专门为此提供了方法。

```
Out[39]:
           period        Industry       GDP
     0    2015_Q1    All industries   31917.8
     1    2015_Q2    All industries   32266.2
     2    2015_Q3    All industries   32406.6
     3    2015_Q4    All industries   32298.7
     4    2016_Q1    All industries   32303.8
```

图 5.28   具有默认行索引的美国 GDP 数据

在以下代码中，我们使用 pd.MultiIndex.from_frame()方法创建一个索引对象，然后仔细查看它。注意，在这里，我们还没有修改 DataFrame，相反，我们正在创建一个独立的索引对象：

```
GDP_index = pd.MultiIndex.from_frame(GDP_by_industry[[ 'period',\
                                                        'Industry']])
GDP_index
```

这将产生如图 5.29 所示的输出结果。

```
Out[40]: MultiIndex([('2015_Q1',            'All industries'),
                      ('2015_Q2',            'All industries'),
                      ('2015_Q3',            'All industries'),
                      ('2015_Q4',            'All industries'),
                      ('2016_Q1',            'All industries'),
                      ('2016_Q2',            'All industries'),
                      ('2016_Q3',            'All industries'),
                      ('2016_Q4',            'All industries'),
                      ('2017_Q1',            'All industries'),
                      ('2017_Q2',            'All industries'),
                      ...
                      ('2018_Q1', 'Government enterprises'),
                      ('2018_Q2', 'Government enterprises'),
                      ('2018_Q3', 'Government enterprises'),
                      ('2018_Q4', 'Government enterprises'),
                      ('2019_Q1', 'Government enterprises'),
                      ('2019_Q2', 'Government enterprises'),
                      ('2019_Q3', 'Government enterprises'),
                      ('2019_Q4', 'Government enterprises'),
                      ('2020_Q1', 'Government enterprises'),
                      ('2020_Q2', 'Government enterprises')],
                     names=['period', 'Industry'], length=2134)
```

图 5.29   从 period 和 Industry 列中创建的多级索引

注意，在图 5.29 的输出结果中，我们可以看到索引名称就是用于创建索引的列名称，并且长度与 DataFrame 相同。

另外，值得一提的是，它不是我们之前看到的漂亮的分层格式。稍后会解决这个问题。现在，我们可以将该索引分配给 DataFrame。不过，在这样做之前，还需要删除两列（即 period 和 Industry），因为我们不再需要它们了——此信息已经在索引中。

要分配索引，可以使用.set_index()方法：

```
GDP_by_industry.drop(columns = ['period', 'Industry'],\
                      inplace = True)
GDP_by_industry.set_index(GDP_index, drop = True,\
                          inplace = True)
GDP_by_industry
```

这将产生如图 5.30 所示的输出结果。

		GDP
period	**Industry**	
2015_Q1	**All industries**	31917.8
2015_Q2	**All industries**	32266.2
2015_Q3	**All industries**	32406.6
2015_Q4	**All industries**	32298.7
2016_Q1	**All industries**	32303.8
...	...	...
2019_Q2	**Government enterprises**	371.4
2019_Q3	**Government enterprises**	373.5
2019_Q4	**Government enterprises**	375.1
2020_Q1	**Government enterprises**	372.8
2020_Q2	**Government enterprises**	346.0

Out[41]:

2134 rows × 1 columns

图 5.30　具有多级索引的新 DataFrame

在图 5.30 中，我们可以看到两个索引列与我们在上一小节中看到的图 5.24 相似。但是，分层结构不会像以前那样显示。这是因为当我们创建索引时，它只是按照列中的顺序获取信息。也就是说，将数据移动到多级索引的好处是，我们可以对索引执行多级排序，并获得之前看到的分层显示。让我们使用.sort()方法并传递两个索引列名称以进行排序：

```
GDP_by_industry.sort_values(by = ['period', 'Industry'],\
                            inplace = True)
GDP_by_industry
```

这将产生如图 5.31 所示的输出结果。

```
Out[42]:
```

period	Industry	GDP
2015_Q1	Accommodation	256.2
	Accommodation and food services	973.6
	Administrative and support services	795.7
	Administrative and waste management services	883.0
	Agriculture, forestry, fishing, and hunting	466.3
...	...	...
2020_Q2	Warehousing and storage	135.1
	Waste management and remediation services	100.6
	Water transportation	32.0
	Wholesale trade	1810.9
	Wood products	111.9

2134 rows × 1 columns

图 5.31　GDP_by_industry DataFrame 与排序多级索引

现在你看到的分层结构与在上一小节中看到的图 5.24 是相同的。当然，你也可以获取索引中的任何列并以你想要的任何方式对它们进行排序。

在许多数据分析的应用场景中，你都需要分层考虑数据，而这就是 Pandas 大展神威的地方——它允许你以与分析和你的思维图相匹配的方式构建和处理数据。

接下来，让我们通过一项作业来巩固你所学的知识。

5.3　作业 5.1——从列中创建多级索引

在本次作业中，你将从文件中读取 DataFrame，然后使用其中的一些列来创建已排序的多级索引。假设你获得了一个包含蘑菇数据的 .csv 文件，根据你的了解，该文件包含可食用和有毒蘑菇的分类，以及许多可以识别它们的视觉特征。

由于你是采蘑菇的爱好者，因此你对分析和汇总该数据非常感兴趣。首先要做的就是读取数据。请按以下步骤完成此作业。

（1）此作业只需要 Pandas 库，因此可将其加载到 Jupyter Notebook 的第一个单元格中。

（2）从 Datasets 目录中读取 mushroom.csv 数据并使用 .head() 列出前 5 行。

（3）你将看到 class 列和许多蘑菇的可见特征列。列出所有列，看看还有什么需要处理的。其结果应如图 5.32 所示。

```
Out[12]: Index(['class', 'cap-shape', 'cap-surface', 'cap-color', 'bruises', 'odor',
               'gill-attachment', 'gill-spacing', 'gill-size', 'gill-color',
               'stalk-shape', 'stalk-root', 'stalk-surface-above-ring',
               'stalk-surface-below-ring', 'stalk-color-above-ring',
               'stalk-color-below-ring', 'veil-type', 'veil-color', 'ring-number',
               'ring-type', 'spore-print-color', 'population', 'habitat'],
              dtype='object')
```

图 5.32　蘑菇数据集的列

（4）除了 class（蘑菇分类）列，你还可以看到 population（蘑菇群落）和 habitat（生长环境）列，这些都是不可见的属性。因此，你决定使用 class、population 和 habitat 列创建一个多级索引。

（5）删除 DataFrame 中被用作索引的列（即 class、population 和 habitat 列）并将 DataFrame 索引设置为多级索引。确保删除现有的默认索引。

（6）使用你学到的.loc[]表示法并列出有关可食用蘑菇的数据。

这将产生如图 5.33 所示的输出结果。

Out[5]:

population	habitat	cap-shape	cap-surface	cap-color	bruises	odor	gill-attachment	gill-spacing	gill-size	gill-color	stalk-shape	stalk-root	stalk-surface-above-ring	stalk-surface-below-ring	stalk-color-above-ring	stalk-color-below-ring	veil-type	veil-color	nu
n	g	x	s	y	t	a	f	c	b	k	e	c	s	s	w	w	p	w	
	m	b	s	w	t	l	f	c	b	n	e	c	s	s	w	w	p	w	
a	g	x	s	g	f	n	f	w	b	k	t	e	s	s	w	w	p	w	
n	g	x	y	y	t	a	f	c	b	n	e	c	s	s	w	w	p	w	
	m	b	s	w	t	a	f	c	b	g	e	c	s	s	w	w	p	w	
...	...	...																	
v	l	x	s	n	f	n	a	c	b	y	e	?	s	s	o	o	p	o	
c	l	k	s	n	f	n	a	c	b	y	e	?	s	s	o	o	p	o	
v	l	x	s	n	f	n	a	c	b	y	e	?	s	s	o	o	p	n	
c	l	f	s	n	f	n	a	c	b	n	e	?	s	s	o	o	p	o	
	l	x	s	n	f	n	a	c	b	y	e	?	s	s	o	o	p	o	

4208 rows × 20 columns

图 5.33　包含 population 和 habitat 多级索引的蘑菇数据

💡提示：

本书附录提供了所有作业的答案。

现在你已经掌握了如何将标签用于行索引以及多级索引，接下来让我们了解有关整数行索引与标签的更多信息。

5.4　括号和点表示法

5.2 节"Pandas DataFrame 中的数据选择"重点介绍了 DataFrame.loc 方法。Pandas 提供了两种选择数据的方法——仅使用方括号[]和使用所谓的点表示法（dot notation）。Pandas 也将点表示法称为属性访问，因为 object.name 这种形式是用于访问 object 中的 name 属性的 Python 语法。

5.4.1　括号表示法

我们已经介绍了一种括号表示法，即在括号内使用列名。有若干种方法可以将括号表示法应用于 DataFrame，如下所示。

❑　选择整列：

```
DataFrame['column_name'] 或 DataFrame[[list of column names]
```

如果选择了单列，则结果为一个 Series；否则，结果是一个 DataFrame。如果额外的选择仅产生了一行数据，则结果可以是一个 Series。此外，如果 DataFrame 仅包含一行，则选择一列会返回一个 Series（即使结果只有一个值）。

❑　选择一个行范围：

```
DataFrame[start:end]
```

其中，start 和 end 都是整数，但 end 不被包含在结果中。注意，即使结果是一行，这也会返回一个 DataFrame。

❑　扩展索引（extended indexing）：

```
DataFrame[start:end:by]
```

其中，start、end 和 by 都是整数，但 by 可以是负数。当 by 为负数时，它可用于反转行顺序。使用除正负 1 以外的 by 值会导致每个 by 行返回一个记录。例如，DataFrame[0:100:2]将在 0 到 100 的范围内每 2 行返回一个记录。有关详细信息，你可以参考 5.4.6 节"使用扩展索引"。

5.4.2　点表示法

点表示法（属性访问）可以做括号表示法可以做的一些事情，但有其局限性。尽管点表示法对于编码来说非常简明和高效，但重要的是要了解它的局限性，如果有疑问，请考虑使用括号表示法或使用.loc 或.iloc 方法进行显示。

以下是使用点表示法的主要方式。

❑　选择整列：

```
DataFrame.column_name
```

返回一个 Series，除非选择只产生一行（请参阅下一个选择方式）。

❑　选择一列的一个元素：

```
DataFrame.iloc[row, :].column_name
```

返回一个对象，该对象是单元格的类型，即[row, 'column_name']。

使用点表示法的一个非常重要的限制是，由于我们使用与 Python 属性访问相同的表示法，因此，如果该列与现有方法名称匹配或者是无效标识符，则不能使用该表示法。例如，使用 DataFrame.min 尝试选择 min 列将不起作用，使用 DataFrame.1 尝试选择 1 列也将不起作用。在这两种情况下，括号表示法都可以正常使用，只要分别引用 min 或 1——DataFrame['min']或 DataFrame['1']——即可。

接下来，让我们详细研究上述方法。

5.4.3　选择整列

让我们再次回到行业 GDP 数据。假设你只想选择 GDP 列进行分析。再次读入原始数据后，让我们在一个 print 语句中先检查结果类型然后输出结果，注意使用括号表示法选择列。示例如下：

```
GDP_by_industry = pd.read_csv('Datasets/US_GDP_Industry.csv')
print(type(GDP_by_industry['GDP']), '\n',
    GDP_by_industry['GDP'])
```

这将产生如图 5.34 所示的输出结果。

在图 5.34 中，可以看到整个列是作为 Pandas Series 而获得的。我们可以使用点表示法获得相同的结果。同样是在一个 print 语句中，我们先检查结果类型，然后输出结果，示例如下：

```
print(type(GDP_by_industry.GDP), '\n',
    GDP_by_industry.GDP)
```

这将产生与图 5.34 相同的输出结果，如图 5.35 所示。

```
<class 'pandas.core.series.Series'>
 0       31917.8
1        32266.2
2        32406.6
3        32298.7
4        32303.8
         ...
2129      371.4
2130      373.5
2131      375.1
2132      372.8
2133      346.0
Name: GDP, Length: 2134, dtype: float64
```

图 5.34　使用括号表示法选择 GDP 列

```
<class 'pandas.core.series.Series'>
 0       31917.8
1        32266.2
2        32406.6
3        32298.7
4        32303.8
         ...
2129      371.4
2130      373.5
2131      375.1
2132      372.8
2133      346.0
Name: GDP, Length: 2134, dtype: float64
```

图 5.35　使用点表示法选择 GDP 列

现在，假设我们意识到我们需要 period 和 GDP 这两列的数据，我们可以使用括号表示法来选择多列。注意，在这种情况下，我们需要传递一个列列表，并且由于 Python 列表被包含在方括号中，这看起来像"双括号"，但它只是带有作为参数传递的列表的 Pandas 括号。按照相同的模式，让我们在一条 print 语句中检查结果的类型并输出结果：

```
print(type(GDP_by_industry[['period', 'GDP']]), '\n',
    GDP_by_industry[['period', 'GDP']])
```

这将产生如图 5.36 所示的输出结果。

通过使用括号表示法，我们可以传递单个列名或列表，而无须使用 DataFrame.loc。使用点表示法时，只能选择一列，但使用括号表示法则可以选择多列。另外需要注意的是，当你选择多个列时，结果是一个 DataFrame。

```
<class 'pandas.core.frame.DataFrame'>
         period      GDP
0       2015_Q1   31917.8
1       2015_Q2   32266.2
2       2015_Q3   32406.6
3       2015_Q4   32298.7
4       2016_Q1   32303.8
...         ...       ...
2129    2019_Q2     371.4
2130    2019_Q3     373.5
2131    2019_Q4     375.1
2132    2020_Q1     372.8
2133    2020_Q2     346.0

[2134 rows x 2 columns]
```

图 5.36　通过提供列名列表，我们使用 Pandas 括号表示法选择 period 列和 GDP 列

5.4.4　选择一个行范围

可以使用包含整数范围的括号表示法来选择多行。在以下示例中，我们将选择 7 行，并返回所有列：

```
GDP_by_industry[3:10]
```

其结果如图 5.37 所示。

```
Out[231]:
              period      Industry        GDP

    3        2015_Q4    All industries   32298.7

    4        2016_Q1    All industries   32303.8

    5        2016_Q2    All industries   32696.4

    6        2016_Q3    All industries   33070.7

    7        2016_Q4    All industries   33457.8

    8        2017_Q1    All industries   33984.6

    9        2017_Q2    All industries   34167.9
```

图 5.37　使用 Pandas 括号表示法对行进行切片

在图 5.37 中可以看到，正如预期的那样，使用[3:10]作为范围可获得第 3 行到第 9 行的数据。结果仍然是一个 DataFrame。

5.4.5　练习 5.3——整数行号与标签

本练习将制作一个简单的 DataFrame，创建一个表示一年中的月份的新列，并将该新列用作行索引。本练习的数据是按季度划分的 3 年销售数据。你已通过电子邮件从同事那里获得了数据，但必须自己创建 DataFrame 并读入数据。最终，你希望按季度进行汇总，以查看是否存在某些趋势。

ℹ️ **注意：**

本练习的代码可以在本书配套 GitHub 存储库中找到。其网址如下：

https://github.com/PacktWorkshops/The-Pandas-Workshop/tree/master/Chapter05/Exercise5_03

请按照以下步骤完成本练习。

（1）在之前创建的 Chapter05 目录中，创建一个名为 Exercise05_03 的目录。

（2）打开终端（macOS 或 Linux）或命令提示符（Windows），导航到 Chapter05 目录，然后输入 jupyter notebook 命令以打开 Jupyter Notebook。

（3）选择 Exercise05_03 目录，将 Jupyter Notebook 工作目录更改为该文件夹。然后，单击 New（新建）→Python 3 以创建新的 Python 3 Notebook。

（4）本练习只需要 Pandas 库，因此可以将其加载到 Notebook 的第一个单元格中：

```
import pandas as pd
```

（5）你已经获得了你所在地区的一些销售数据，并希望将其输入 Pandas 中。你决定直接创建 DataFrame 而不是创建文件。

使用以下代码创建一些与给定数据相匹配的数据：

```
sales_data = \
pd.DataFrame({'date': ['2017-03-31', '2017-06-30','2017-09-30',\
                       '2017-12-31', '2018-03-30','2018-06-30',\
                       '2018-09-30', '2019-12-31','2019-03-31',\
                       '2019-06-30', '2019-09-30','2019-12-31'],\
             'sales' : [ 199190.4, 194356.6, 191611.7, \
                         198918.9, 200163.2, 201510.2, \
                         209749.8, 201897.8, 200098.8, \
                         219340.3, 211542.5, 211729.1]})
```

这将产生如图 5.38 所示的输出结果。

（6）现在使用 sales_data['month'] = 表示法向 DataFrame 中添加一个 month 列，另外还需要一个表达式，从每个 date 值中分割出第 5 和第 6 个字符（这两个字符表示的正是月份数字）。此表达式在字符串变量上使用 Python 子集，因为在这种情况下日期将被读取为字符串。注意，这是一个 Pandas 括号表示法的示例，这在上一小节中已经讨论过了。

	date	sales
0	2017-03-31	199190.4
1	2017-06-30	194356.6
2	2017-09-30	191611.7
3	2017-12-31	198918.9
4	2018-03-30	200163.2
5	2018-06-30	201510.2
6	2018-09-30	209749.8
7	2019-12-31	201897.8
8	2019-03-31	200098.8
9	2019-06-30	219340.3
10	2019-09-30	211542.5
11	2019-12-31	211729.1

图 5.38　Pandas DataFrame 中的销售数据

最后，我们还可以使用列表推导式来迭代索引。在以下代码中，我们必须使用 .set_index 将 month 列设为索引。通过指定 drop = True，我们可以删除原始索引标签：

```
sales_data['month'] = \
[sales_data.loc[i, 'date'][5:7] for i in sales_data.index]
sales_data.set_index('month', drop = True, inplace =True)
sales_data
```

现在，输出结果应如图 5.39 所示。

现在来复习已经进行的转换，我们执行了以下操作。

❏ 我们使用了一个等同于 for 循环的列表推导式，并且迭代了原始 DataFrame 的索引值。这具有为每一行创建一个值的效果。

❏ 通过指定 sales_data.loc[i, 'month'][5:7]，我们从每个日期字符串中提取了月份，其中，i 是要迭代的值，而[5:7]则是字符串的普通 Python 切片。在典型的 Python 索引中，这给了我们第 5 个和第 6 个字符。

❏ 通过括号表示法列表推导式的结果被存储在新的 month 列中。Pandas 允许我们在括号中指定列名而不需要.loc，这相当于之前使用的表示法，即 sales_data.loc[:, 'month']。这种简写使代码更具可读性。

	date	sales
month		
03	2017-03-31	199190.4
06	2017-06-30	194356.6
09	2017-09-30	191611.7
12	2017-12-31	198918.9
03	2018-03-30	200163.2
06	2018-06-30	201510.2
09	2018-09-30	209749.8
12	2019-12-31	201897.8
03	2019-03-31	200098.8
06	2019-06-30	219340.3
09	2019-09-30	211542.5
12	2019-12-31	211729.1

图 5.39　使用 month 列作为索引的更新后的 DataFrame

❑ 我们将 month 列分配给了索引并删除了原始（默认）索引。如前文所述，使用 inplace = True 参数会直接修改 DataFrame，而不是创建副本。很多 Pandas 方法都支持 inplace 参数，这可以使代码更易读、更精简，并且使用更少的内存（因为没有创建副本）。

（7）比较选择行的两种方法，一种是使用.iloc（需要索引整数 3），另一种是使用.loc（需要 03 标签）：

```
print('using .iloc with index 3: ', sales_data.iloc[3, :])
print('\nusing .loc with index 03: ', sales_data.loc['03', :])
```

这将产生如图 5.40 所示的输出结果。

```
using .iloc with index 3:
 date      2017-12-31
sales           198919
Name: 12, dtype: object

using .loc with index 03:
           date      sales
month
03     2017-03-31   199190.4
03     2018-03-30   200163.2
03     2019-03-31   200098.8
```

图 5.40　使用.iloc[3, :]与.loc['03', :]的输出结果

在这里可以看到，.iloc 与索引 3 一起使用时，只返回一行，也就是第 4 行，其整数行号为 3。另外，在 month 索引中，有 3 行具有相同的标签 03，所以得到了所有这些行。我们之前研究了重复索引标签的示例，但这个示例向我们表明，即使 month 索引看起来像是包含整数，但它们其实是标签，并且有重复是完全可以的，这通常是有意义的。接下来就让我们演示这个意义。

（8）在 month 索引上使用.groupby()方法以及.mean()聚合函数，来看看一年中每个季度周期的平均销售额：

```
sales_data.groupby('month').mean()
```

这将产生如图 5.41 所示的输出结果。

```
Out[18]:
                  sales
month
   03    199817.466667
   06    205069.033333
   09    204301.333333
   12    204181.933333
```

图 5.41 按季度的平均销售额

这显示了以符合逻辑的、基于分组的方式构建索引标签的好处。

通过完成本练习，你应该完全理解了整数行号（特别是本练习中的整数 3）和标签（本练习中的 03）之间的主要区别，明白创建带有标签的行索引的好处是便于对数据进行分组。

5.4.6 使用扩展索引

括号表示法还可以通过在 Pandas 中使用由冒号分隔的三个值来支持扩展索引。基本表示法是[start:end:by]，其中第一个值是起始行号（整数行），第二个值是结束行（不包括在内），并且选择每个 by 行进行一次。

仍以美国 GDP 数据为例，假设想要从前 50 行中进行选择，每 3 行选择一次，则可以编写以下代码：

```
GDP_by_industry[0:50:3]
```

这将产生如图 5.42 所示的输出结果。

```
Out[234]:
```

	period	Industry	GDP
0	2015_Q1	All industries	31917.8
3	2015_Q4	All industries	32298.7
6	2016_Q3	All industries	33070.7
9	2017_Q2	All industries	34167.9
12	2018_Q1	All industries	35838.6
15	2018_Q4	All industries	37205.3
18	2019_Q3	All industries	37991.1
21	2020_Q2	All industries	34260.0
24	2015_Q3	Private industries	28826.0
27	2016_Q2	Private industries	29058.3
30	2017_Q1	Private industries	30263.5
33	2017_Q4	Private industries	31425.1
36	2018_Q3	Private industries	32940.9
39	2019_Q2	Private industries	33632.4
42	2020_Q1	Private industries	33685.4
45	2015_Q2	Agriculture, forestry, fishing, and hunting	457.9
48	2016_Q1	Agriculture, forestry, fishing, and hunting	443.7

图 5.42　使用扩展索引和括号表示法选择前 50 行中的每 3 行

请注意，在本示例中，最后一行是 48，因为该序列中的下一个整数行号将是 51，而这超出了选择范围。

应用此方法的一个比较实用的方式是使用-1 作为 by 值来反转 DataFrame。当 by 值为负时，这意味着每个 by 行都以相反的顺序进行：

```
GDP_by_industry[::-1]
```

这以相反的顺序为我们提供了整个 DataFrame，如图 5.43 所示。

在上述示例中可以看到：start 和 end 值都是可选的；如果没有为 start 和 end 给定值，则它们分别采用 DataFrame 中的第一个和最后一个值。

我们也可以在使用负 by 值的同时选择一个行范围。在这种情况下，起始值必须大于结束值，如下所示：

```
GDP_by_industry[100:50:-3]
```

这将产生如图 5.44 所示的输出结果。

```
Out[190]:
```

	period	Industry	GDP
2133	2020_Q2	Government enterprises	346.0
2132	2020_Q1	Government enterprises	372.8
2131	2019_Q4	Government enterprises	375.1
2130	2019_Q3	Government enterprises	373.5
2129	2019_Q2	Government enterprises	371.4
...	...	...	...
4	2016_Q1	All industries	32303.8
3	2015_Q4	All industries	32298.7
2	2015_Q3	All industries	32406.6
1	2015_Q2	All industries	32266.2
0	2015_Q1	All industries	31917.8

2134 rows × 3 columns

图 5.43　使用扩展索引反转 DataFrame

```
Out[194]:
```

	period	Industry	GDP
100	2018_Q1	Forestry, fishing, and related activities	56.0
97	2017_Q2	Forestry, fishing, and related activities	55.7
94	2016_Q3	Forestry, fishing, and related activities	51.8
91	2015_Q4	Forestry, fishing, and related activities	52.8
88	2015_Q1	Forestry, fishing, and related activities	54.6
85	2019_Q4	Farms	405.9
82	2019_Q1	Farms	392.3
79	2018_Q2	Farms	405.0
76	2017_Q3	Farms	395.8
73	2016_Q4	Farms	375.1
70	2016_Q1	Farms	390.0
67	2015_Q2	Farms	405.4
64	2020_Q1	Agriculture, forestry, fishing, and hunting	467.7
61	2019_Q2	Agriculture, forestry, fishing, and hunting	448.4
58	2018_Q3	Agriculture, forestry, fishing, and hunting	449.9
55	2017_Q4	Agriculture, forestry, fishing, and hunting	455.1
52	2017_Q1	Agriculture, forestry, fishing, and hunting	455.1

图 5.44　在选择一个行范围的同时使用负 by 值

在本示例中，每隔 3 行选择一次，从第 100 行开始，然后往回走。结果在第 52 行结束，因为序列中的下一个行号将是 49，这超出了我们指定的范围。

5.4.7　类型异常

在某些情况下，Pandas 返回的结果的类型可能会与我们的预期不同；特别是，它可能返回一个 Series 而不是 DataFrame。当选择的结果是一行时，就有可能发生这种情况，尽管它也取决于选择的性质。

这可能会令人困惑，因为如果你将结果传递给另一个需要 DataFrame 的操作，那么这可能会产生错误。让我们通过一些例子来理解其缘由。

仍以美国 GDP 数据为例，在这里，我们将使用括号表示法来选择多个列，这将生成一个 DataFrame，但在同一语句中使用.iloc[0, :]，它将只返回第 0 行。这种类型的表达式被称为链式（chain）。在以下示例中，结果就是一个 Series：

```
print(type(GDP_by_industry[['period','GDP']].iloc[0, :]), '\n',
    GDP_by_industry[['period','GDP']].iloc[0, :])
```

这将产生如图 5.45 所示的输出结果。

```
<class 'pandas.core.series.Series'>
 period    2015_Q1
GDP       31917.8
Name: 0, dtype: object
```

图 5.45　通过使用.iloc 将单行选择链接到括号表示法选择上来获取 Series 而不是 DataFrame

如果使用.loc 而不是.iloc，则可以获得相同的结果：

```
print(type(GDP_by_industry[['period', 'GDP']].loc[0, :]), '\n',
    GDP_by_industry[['period', 'GDP']].loc[0, :])
```

这将产生与我们之前看到的相同的输出结果，如图 5.46 所示。

```
<class 'pandas.core.series.Series'>
 period    2015_Q1
GDP       31917.8
Name: 0, dtype: object
```

图 5.46　使用.loc 作为链式操作来选择一行也可以返回一个 Series 而不是 DataFrame

在本示例中，索引标签是默认值，因此在.loc 和.iloc 中使用 0 是等价的。

也许令人惊讶的是，我们可以使用括号表示法来选择一行。在以下示例中，结果将是一个 DataFrame：

```
new_df = GDP_by_industry[0:1]
```

```
print(type(new_df), '\n', new_df, '\n')
```

这将产生如图 5.47 所示的输出结果。

```
<class 'pandas.core.frame.DataFrame'>
    period        Industry       GDP
0  2015_Q1  All industries  31917.8
```

图 5.47　使用括号表示法选择仅包括一行的范围将返回一个 DataFrame

现在，如果我们使用括号表示法从单行 DataFrame 中选择一些列，则会得到一个 DataFrame 作为结果：

```
print(type(new_df[['period', 'GDP']]), '\n',
    new_df[['period', 'GDP']], '\n')
```

这将产生如图 5.48 所示的输出结果。

```
<class 'pandas.core.frame.DataFrame'>
    period      GDP
0  2015_Q1  31917.8
```

图 5.48　使用括号表示法从单行 DataFrame 中选择多列将返回一个 DataFrame

但是，如果使用点表示法或括号表示法从单行 DataFrame 中只返回一列，又将得到一个 Series 作为结果：

```
print(type(new_df['GDP']), '\n', new_df['GDP'], '\n')
print(type(new_df.GDP), '\n', new_df.GDP)
```

这两个语句将产生如图 5.49 所示的输出结果。

```
<class 'pandas.core.series.Series'>
 0      31917.8
Name: GDP, dtype: float64

<class 'pandas.core.series.Series'>
 0      31917.8
Name: GDP, dtype: float64
```

图 5.49　使用方括号或点表示法从单行 DataFrame 中返回单列，
在这两种情况下都会返回 Series 作为结果类型

为了完成我们对索引的讨论，不妨再来看两个例子。如果使用.iloc 选择一行和所有列，并且还使用点表示法选择一列，则不会得到一个 Series，而是一个 object，它是 DataFrame 中的位置类型。

以下示例的结果是一个 NumPy 浮点数：

```
print(type(GDP_by_industry.iloc[0, :].GDP), '\n',
     GDP_by_industry.iloc[0, :].GDP)
```

这将产生以下输出结果：

```
<class 'numpy.float64'> 31917.8
```

最后，如果使用扩展索引只选择 DataFrame 的一行，然后选择一列或多列，则结果仍然是一个 DataFrame：

```
print(type(GDP_by_industry[0:1:1][['GDP', 'period']]))
print(type(GDP_by_industry[0:1:1][['GDP']]))
```

这两行将产生以下输出结果：

```
<class 'pandas.core.frame.DataFrame>
<class 'pandas.core.frame.DataFrame>
```

至此，我们已经详细介绍了 Pandas 为使用.loc 和.iloc 提供的更具可读性的访问替代方案。本小节还研究了若干种可能会得到意外类型结果的情况。你不必担心记不住所有这些可能的组合，在某些情况下，你如果使用这些选择方法并在其他表达式中出现错误，特别是与类型有关的错误，则可以尝试更改为使用.loc 或.iloc，并查看这是否可以解决问题。

5.5　使用括号或点表示法更改 DataFrame 值

我们讨论过的许多方法都可用于更改 DataFrame 中的值，以及选择切片或范围。在本节中，让我们来仔细看看这些操作。

5.5.1　使用括号表示法轻松修改数据

图 5.50 显示了我们一直在使用的 2015 年美国 GDP 数据。

现在，假设作为经济分析的一部分，我们希望将所有 GDP 值增加 5000。我们可以通过在左侧使用括号表示法选择 GDP 列，然后在右侧执行相同操作来选择 GDP 列并给其值加上 5000 来做到这一点，示例如下：

```
GDP_2015['GDP'] = GDP_2015['GDP'] + 5000
GDP_2015
```

这将产生如图 5.51 所示的输出结果。

在图 5.51 中可以看到预期的结果——所有的 GDP 数字都增加了 5000。因此，使用括号表示法，我们可以轻松地让新数据取代现有 DataFrame 的位置。

```
Out[43]:
              period              Industry      GDP
      0   2015_Q1          All industries   31917.8
      1   2015_Q2          All industries   32266.2
      2   2015_Q3          All industries   32406.6
      3   2015_Q4          All industries   32298.7
     22   2015_Q1        Private industries  28392.6
    ...       ...                      ...      ...
   2093   2015_Q4        General government  2164.7
   2112   2015_Q1    Government enterprises   324.4
   2113   2015_Q2    Government enterprises   326.4
   2114   2015_Q3    Government enterprises   328.7
   2115   2015_Q4    Government enterprises   330.2

388 rows × 3 columns
```

图 5.50　新的 GDP_2015 DataFrame

```
Out[44]:
              period              Industry      GDP
      0   2015_Q1          All industries   36917.8
      1   2015_Q2          All industries   37266.2
      2   2015_Q3          All industries   37406.6
      3   2015_Q4          All industries   37298.7
     22   2015_Q1        Private industries  33392.6
    ...       ...                      ...      ...
   2093   2015_Q4        General government  7164.7
   2112   2015_Q1    Government enterprises  5324.4
   2113   2015_Q2    Government enterprises  5326.4
   2114   2015_Q3    Government enterprises  5328.7
   2115   2015_Q4    Government enterprises  5330.2

388 rows × 3 columns
```

图 5.51　GDP_2015 DataFrame，GDP 列中的每个值都增加了 5000

5.5.2　链式操作可能产生的问题及其解决方案

现在继续我们的实验，我们需要将任何大于 25000 的更新值设置为 0。如前文所述，我们可以将括号表示法与布尔索引以及另一个括号表示法结合起来进行列选择。因此，我们可通过以下方式来选择 GDP 列中大于 25000 的值并为它们赋值 0：

```
GDP_2015[GDP_2015['GDP'] > 25000]['GDP'] = 0
```

遗憾的是，这会产生一个令人费解的错误，如图 5.52 所示。

```
C:\Users\bbate\Miniconda3\envs\keras-gpu-2\lib\site-packages\ipykernel_
launcher.py:1: SettingWithCopyWarning:
A value is trying to be set on a copy of a slice from a DataFrame.
Try using .loc[row_indexer,col_indexer] = value instead

See the caveats in the documentation: https://pandas.pydata.org/pandas-
docs/stable/user_guide/indexing.html#returning-a-view-versus-a-copy
  """Entry point for launching an IPython kernel.
```

图 5.52　一个 Pandas 警告

图 5.52 中的警告信息指出，A value is trying to be set on a copy of a slice from a DataFrame（正在试图为 DataFrame 切片的副本设置值），说明这样的操作是不被允许的。这背后的原因可能令人困惑。当我们将操作链在一起时就会出现这个问题。Pandas 的工作方式是从左到右，它首先评估 GDP_2015[GDP_2015[GDP] > 25000] 这一条件，并在内存中创建一个副本。然后，它使用['GDP']选择 GDP 列。当我们尝试将它赋值给副本时，它会返回之前显示的警告。

这个警告告诉我们，我们可能不会得到预期的结果——在本示例中，我们想要和期望的是 GDP_2015 DataFrame 已被修改。但是，在这个特定的例子中，数据没有改变。我们可以通过列出 GDP_2015 的当前内容来确认这一点：

```
GDP_2015
```

你应该看到如图 5.53 所示的输出结果。

注意，在警告（见图 5.52）中，我们已经获得了如何避免这种情况的提示，那就是尝试改为使用.loc[row_indexer, col_indexer] = value 语句。这会有所不同的原因是，通过使用.loc，我们会将布尔表达式和列的选择结合在一起，然后 Pandas 将直接对 DataFrame 进行赋值，而不会产生任何警告。示例如下：

```
GDP_2015.loc[GDP_2015.GDP > 25000, 'GDP'] = 0
GDP_2015
```

这种方法将产生如图 5.54 所示的输出结果，并且正是我们需要的结果。

尽管有一些方法可以禁用此警告——有时你可以放心地忽略它，但你如果希望代码稳定可靠，那么最好找到有问题的代码并尝试解决警告。

Out[46]:

	period	Industry	GDP
0	2015_Q1	All industries	36917.8
1	2015_Q2	All industries	37266.2
2	2015_Q3	All industries	37406.6
3	2015_Q4	All industries	37298.7
22	2015_Q1	Private industries	33392.6
...	...	...	...
2093	2015_Q4	General government	7164.7
2112	2015_Q1	Government enterprises	5324.4
2113	2015_Q2	Government enterprises	5326.4
2114	2015_Q3	Government enterprises	5328.7
2115	2015_Q4	Government enterprises	5330.2

388 rows × 3 columns

图 5.53　GDP_2015 数据在收到警告后保持不变

Out[47]:

	period	Industry	GDP
0	2015_Q1	All industries	0.0
1	2015_Q2	All industries	0.0
2	2015_Q3	All industries	0.0
3	2015_Q4	All industries	0.0
22	2015_Q1	Private industries	0.0
...	...	...	...
2093	2015_Q4	General government	7164.7
2112	2015_Q1	Government enterprises	5324.4
2113	2015_Q2	Government enterprises	5326.4
2114	2015_Q3	Government enterprises	5328.7
2115	2015_Q4	Government enterprises	5330.2

388 rows × 3 columns

图 5.54　使用.loc 结合布尔运算和列选择时，在 DataFrame 中设置值可获得预期结果

你应该还记得，在使用括号和点表示法时，有时我们需要获得一个 DataFrame，但是返回的是一个 Series。我们提到过.loc 和.iloc 可以解决这个问题，这里也是如此。因此，有必要再重申一次，如果你看到此错误，请尝试重新编写代码以使其使用.loc，并查看这是否有助于解决警告问题。

5.5.3　练习 5.4——使用括号和点表示法选择数据

假设你是一名数据科学家，在一家主要生产大豆的大型农业公司工作。你已获得一个数据集，其中包含有关大豆作物的各种疾病或其他问题的信息，以及有关其生长条件和特征的信息。特别是，你对某些情况与冰雹损害有关的假设感兴趣。你必须找到所有报告的已经发生的案例和植物被冰雹损害的情况。

ℹ️ **注意：**

本练习的代码可以在本书配套 GitHub 存储库中找到。其网址如下：

https://github.com/PacktWorkshops/The-Pandas-Workshop/tree/master/Chapter05/Exercise5_04

请按照以下步骤完成本练习。

（1）在之前创建的 Chapter05 目录中，创建一个名为 Exercise05_04 的目录。

（2）打开终端（macOS 或 Linux）或命令提示符（Windows），导航到 Chapter05 目录，然后输入 jupyter notebook 命令以打开 Jupyter Notebook。

（3）选择 Exercise05_04 目录，将 Jupyter Notebook 工作目录更改为该文件夹。然后，单击 New（新建）→Python 3 以创建新的 Python 3 Notebook。

（4）本练习只需要 Pandas 库，因此可以将其加载到 Notebook 的第一个单元格中：

```
import pandas as pd
```

（5）你得到了一个包含大豆数据的.csv 文件。使用 read_csv()将 soybean.csv 文件读入 Pandas DataFrame 中，然后列出该文件：

```
soybean_diseases = pd.read_csv('../Datasets/soybean.csv')
soybean_diseases
```

ℹ️ **注意：**

将上述代码中加粗显示的路径修改为你自己系统上的下载和保存文件的路径。

这将产生如图 5.55 所示的输出结果。

在图 5.55 中可以看到有一个 condition（状况）列。你需要查看该数据文件中的 307 宗案例中有多少不同的损害状况。

（6）选择 condition 列并输出唯一值的数量以及值：

```
print('there are',\
      len(soybean_diseases['condition'].unique()),\
      'unique conditions',\
```

```
[soybean_diseases['condition'].unique()[i]
for i in range\
(len(soybean_diseases['condition'].unique()))])
```

Out[3]:

	condition	date	plant-stand	precip	temp	hail	crop-hist	area-damaged	severity	seed-tmt	...	int-discolor	sclerotia	fruit-pods	fruitspots	seed	mold-growth	seed-discolor	seed-size	shr
0	diaporthe-stem-canker	6.0	0.0	2.0	1.0	0.0	1.0	1.0	1.0	0.0	...	0.0	0.0	0.0	4.0	0.0	0.0	0.0	0.0	
1	diaporthe-stem-canker	4.0	0.0	2.0	1.0	0.0	2.0	0.0	2.0	1.0	...	0.0	0.0	0.0	4.0	0.0	0.0	0.0	0.0	
2	diaporthe-stem-canker	3.0	0.0	2.0	1.0	0.0	1.0	0.0	1.0	0.0	...	0.0	0.0	0.0	4.0	0.0	0.0	0.0	0.0	
3	diaporthe-stem-canker	3.0	0.0	2.0	1.0	0.0	1.0	0.0	2.0	0.0	...	0.0	0.0	0.0	4.0	0.0	0.0	0.0	0.0	
4	diaporthe-stem-canker	6.0	0.0	2.0	1.0	0.0	2.0	0.0	1.0	0.0	...	0.0	0.0	0.0	4.0	0.0	0.0	0.0	0.0	
...	...	...	...	...	...	...	...	...	...	...	...	...	...	...	...	...	...	...	...	
302	2-4-d-injury	NaN	NaN	NaN	NaN	NaN	NaN	NaN	NaN	NaN	...	NaN	NaN	NaN	NaN	NaN	NaN	NaN	NaN	
303	herbicide-injury	1.0	1.0	NaN	0.0	NaN	1.0	0.0	NaN	NaN	...	NaN	NaN	3.0	NaN	NaN	NaN	NaN	NaN	
304	herbicide-injury	0.0	1.0	NaN	0.0	NaN	0.0	3.0	NaN	NaN	...	NaN	NaN	3.0	NaN	NaN	NaN	NaN	NaN	
305	herbicide-injury	1.0	1.0	NaN	0.0	NaN	0.0	0.0	NaN	NaN	...	NaN	NaN	3.0	NaN	NaN	NaN	NaN	NaN	
306	herbicide-injury	1.0	1.0	NaN	0.0	NaN	1.0	3.0	NaN	NaN	...	NaN	NaN	3.0	NaN	NaN	NaN	NaN	NaN	

307 rows × 36 columns

图 5.55　读入 soybean.csv 后的 beans_diseases DataFrame

这将产生如图 5.56 所示的输出结果。

```
there are 19 unique conditions ['diaporthe-stem-canker', 'charcoal-rot', 'rhizoctonia-root-rot', 'phytophthora-rot', 'brown-stem-rot', 'powdery-mildew', 'downy-mildew', 'brown-spot', 'bacterial-blight', 'bacterial-pustule', 'purple-seed-stain', 'anthracnose', 'phyllosticta-leaf-spot', 'alternarialeaf-spot', 'frog-eye-leaf-spot', 'diaporthe-pod-&-stem-blight', 'cyst-nematode', '2-4-d-injury', 'herbicide-injury']
```

图 5.56　大豆数据 condition 列中的唯一值

（7）在深入研究冰雹问题之前，你对褐斑（brown-spot）病例感到好奇。因此，需要找出所有 brown-spot 病例，并以人类可读的格式输出总数：

```
brown_spots = \
    soybean_diseases\
.loc[soybean_diseases['condition'] == 'brown-spot', :]
print('there are',\
    brown_spots.shape[0],\
    'instances having brown-spot')
```

这将产生以下输出结果，其意思是有 40 个实例有褐斑：

```
there are 40 instances having brown-spot
```

（8）确定有多少种不同的状况与冰雹（hail）损害相关（在数据中表示为 hail == 1）：

```
hail_related = soybean_diseases\
.loc[soybean_diseases['hail'] == 1, 'condition'].unique()
print( 'there are', len(hail_related),\
       'conditions associated with hail damage out of',\
       len(soybean_diseases['condition'].unique()),\
       'total conditions')
```

这将产生以下输出结果，其意思是，在已报告的总共 19 种灾害状况中，有 14 种状况与冰雹损害有关：

```
there are 14 conditions associated with hail damage out
of 19 total conditions
```

（9）现在你决定创建一个新的 DataFrame，即 hail_cases，它仅包含冰雹损害的实例，然后将子集中的案例数与原始总数进行比较：

```
hail_cases = soybean_diseases\
.loc[soybean_diseases['hail'] == 1, :]
print( 'there are ',\
       hail_cases.shape[0],\
       ' hail-related cases out of ',\
       soybean_diseases.shape[0],\
       ' total cases')
```

这将产生以下输出结果，其意思是，307 宗个案中有 55 宗与冰雹损害有关：

```
there are 55 hail-related cases out of 307 total cases
```

（10）现在你需要遍历 hail_cases 并输出严重性很高的状况（severity == 2）。你使用 for 循环来执行此操作：

```
for i in range(hail_cases.shape[0]):
    if hail_cases.loc[i, 'severity'] == 2:
        print( 'case ', i, ' with condition ',
              hail_cases.loc[i, 'condition'], ' is severe')
```

其结果将是一个错误，如图 5.57 所示。注意，为节约篇幅，我们在此图中仅截取了一部分的错误消息。

在图 5.57 中可以看到，基本错误是 KeyError——我们传递了 0，但是 DataFrame 在索引中没有该值。

（11）检查索引，看看是否可以使用.index 方法调试该错误：

```
hail_cases.index
```

```
--------------------------------------------------------------------------
KeyError                              Traceback (most recent call last)
~\Miniconda3\envs\keras-gpu-5\lib\site-packages\pandas\core\indexes\base.py in get_loc(self, key, method, tolerance)
  2897         try:
->2898             return self._engine.get_loc(casted_key)
  2899         except KeyError as err:

~\Miniconda3\envs\keras-gpu-5\lib\site-packages\pandas\core\indexes\base.py in get_loc(self, key, method, tolerance)
  2898             return self._engine.get_loc(casted_key)
  2899         except KeyError as err:
->2900             raise KeyError(key) from err
  2901
  2902         if tolerance is not None:

KeyError: 0
```

图 5.57　尝试遍历 DataFrame 的行时获得的一部分错误消息

这将产生如图 5.58 所示的输出结果。

```
Out[14]: Int64Index([  7,  11,  13,  15,  16,  19,  22,  30,  43,  48,  55,  76,  77,
             80,  90,  91,  95, 100, 101, 102, 104, 110, 114, 116, 127, 128,
            133, 137, 142, 150, 151, 155, 157, 159, 161, 164, 166, 168, 170,
            172, 173, 176, 177, 181, 183, 185, 190, 195, 197, 201, 203, 205,
            206, 208, 214],
           dtype='int64')
```

图 5.58　hail_cases DataFrame 的索引

在图 5.58 中可以看到，索引不是从 0 开始的，并且它缺少一些值。这就是将 hail_cases 作为子集但不重置索引的结果。我们由于在代码中使用了.loc[]，因此试图访问上面显示的标签，但使用了 range(hail_cases.shape[0])作为循环值，它从 0 开始，到行数减去 1 结束。

（12）现在你意识到，完成此任务的最简单方法是遍历索引而不是使用范围，因此你可以将其更改为以下代码并重新运行它：

```
for i in hail_cases.index:
    if hail_cases.loc[i, 'severity'] == 2:
        print('case ', i, ' with condition ',
              hail_cases.loc[i, 'condition'], ' is severe')
```

这将产生如图 5.59 所示的输出结果。

```
case  22  with condition  rhizoctonia-root-rot  is severe
case  43  with condition  phytophthora-rot  is severe
case  48  with condition  phytophthora-rot  is severe
case  55  with condition  phytophthora-rot  is severe
```

图 5.59　冰雹损害严重案例的正确列表

在图 5.59 中可以看到，phytophthora-rot（疫霉病，即大豆疫霉菌导致的根茎腐烂）

出现了多次，因此最好与植物生物学家讨论这种关联是否合理。

通过完成本练习，你应该熟悉括号和点表示法的不同用途，它们既可以用于创建数据子集，也可以更改值或修改 DataFrame。

5.6　小　　结

本章通过使用主要的 Pandas 数据结构——DataFrame——了解了用于数据索引和选择的 Pandas 方法。我们仔细比较了 DataFrame.loc()方法和 DataFrame.iloc()方法，它们分别通过标签和整数位置访问 DataFrame 中的项目。我们还讨论了一些 Pandas 快捷方法，包括括号表示法、点表示法和扩展索引。在此过程中，我们演示了如何使用 Pandas 索引来对齐数据，以及如何更改数据或重置索引。

此外，本章还介绍了在左侧使用数据子集并通过赋值语句（使用等于运算符）分配新值的操作方式。这创造了一种非常简明且易于阅读的编码风格。我们看到，Pandas 还有一项重要功能是，它可以使用行或列索引的标签生成更稳定可靠的代码——而不是"硬编码"列号，它们可以通过名称进行引用，顺序无关紧要。

本章还阐释了 Pandas 支持多级索引的方式，它为表格数据创建了一个自然的层次结构。

到目前为止，你应该能够在 DataFrame 中轻松使用 Pandas 数据访问，并了解常见的陷阱和解决方法。在下一章中，我们将看看这些概念和操作有多少也适用于 Series，并且没有或只有很少的更改。

第 6 章　数据选择——Series

本章将使用你已经学过的大多数 DataFrame 方法从 Pandas Series 中选择数据。

到本章结束时，你将对 Series 索引有一个完整的了解，知道如何应用点表示法、括号表示法和扩展索引方法，以及如何使用.loc[]和.iloc[]从 Series 中选择数据。

本章包含以下主题：

❑　Pandas Series 介绍

❑　Series 索引

❑　从 DataFrame 中创建 Series 或从 Series 中获取 DataFrame

❑　作业 6.1——Series 数据选择

❑　了解基础 Python 和 Pandas 数据选择之间的差异

❑　作业 6.2——DataFrame 数据选择

6.1　Pandas Series 介绍

第 5 章"数据选择——DataFrame"详细介绍了多种从 Pandas DataFrame 中选择数据的方法。Pandas Series 虽然可以被视为 Pandas DataFrame 的单个列，但毕竟是一个独立的数据结构，因此本章将详细介绍如何从 Series 中选择数据。适用于 DataFrame 的一些关键方法（如.loc[]和.iloc[]）以及一些更高级的方法（如布尔索引和扩展索引），同样适用于一维 Series。

在掌握了可以应用于 DataFrame 的方法之后，学习 Series 将是非常相似和直观的。本章末尾将专门用一些篇幅讨论 Pandas 和基础 Python 在选择数据方面的区别。这将强化你学习到的一些操作思路和方法。从概念上讲，从 DataFrame 中选择元素的相同思路也可用于从 Series 中选择元素。

接下来，让我们先了解 Pandas Series 索引。

6.2　Series 索引

假设我们有一些来自 YouTube 频道的月收入数据，为此可以在列表中创建一个包含一些值（以美元为单位的月收入）的 Series，另外还有包含月份名称缩写的索引，它也需要在列表中。要创建该 Series，可以使用类似于创建 DataFrame 的构造函数。需要注意的是，我们可以使用 name 参数为 Series 添加名称：

```
import pandas as pd
income = pd.Series([100, 125, 105, 111, 275, 137,
                    99, 10, 250, 100, 175, 200],
                   index = ['Jan', 'Feb', 'Mar', 'Apr', 'May', 'Jun',
                            'Jul', 'Aug', 'Sep', 'Oct', 'Nov', 'Dec'],
                   name = 'income')
income
```

上述代码将产生如图 6.1 所示的输出结果。

```
Out[2]:  Jan    100
         Feb    125
         Mar    105
         Apr    111
         May    275
         Jun    137
         Jul     99
         Aug     10
         Sep    250
         Oct    100
         Nov    175
         Dec    200
         Name: income, dtype: int64
```

图 6.1   我们被要求分析的 YouTube 数据

ℹ️ 注意：

本章所有示例都可以在本书配套 GitHub 存储库的 Chapter06 文件夹的 Examples.ipynb Notebook 中找到。数据文件则可以在 Datafiles 文件夹中找到。要确保示例正确运行，你需要从头到尾按顺序运行该 Notebook。

图 6.1 中的输出结果看起来类似于一个 DataFrame。但是，需要注意的是，它没有列标签——Series 将始终仅由索引和值以及可选名称组成。与 DataFrame 一样，Series 的默认索引采用整数值。

以下代码使用.reset_index()方法删除月份并将索引重置为默认值：

```
income.reset_index(drop = True)
```

这会产生如图 6.2 所示的输出结果。

可以看到，Series 的索引现在包含整数值，这是使用.reset_index()的预期结果。

```
Out[3]:  0      100
         1      125
         2      105
         3      111
         4      275
         5      137
         6       99
         7       10
         8      250
         9      100
         10     175
         11     200
         Name: income, dtype: int64
```

图 6.2　重置 YouTube 数据索引的结果

6.2.1　Pandas Series 中的数据选择

第 5 章"数据选择——DataFrame"使用 Pandas DataFrame 进行了数据选择。这些方法中的大多数与可用于 Pandas Series 的方法非常相似，因此我们将快速演示这些方法并解释 DataFrame 和 Series 之间的某些方法有何不同。

6.2.2　括号表示法、点表示法、Series.loc 和 Series.iloc

如前文所述，DataFrame 的一列是一个 Series，除非只有一个值。Series 也可以自行创建和操作。与具有两个维度（行和列）的 DataFrame 相比，Series 只有一个维度（即它只是一个序列）。尽管如此，我们回顾的大多数概念都非常直观地延续了下来。接下来，让我们首先使用.read_csv()方法将一些数据读入 Series 中。

在以下示例中，我们将读取来自英国政府的一些能源成本数据（UK_energy.csv），其下载网址如下：

https://www.gov.uk/government/statistical-data-sets/annual-domestic-energy-price-statistics

你应该已经知道，我们可以告诉 Pandas 不要从文件中读取索引。我们将为.read_csv()方法使用另外两个选项。

首先，我们将指定 usecols = [1]，其中，usecols 将获取要从文件中读取的列的列表。因此，该参数实际上就是跳过了第一列。

其次，我们将使用 squeeze = True 选项，它告诉 Pandas，如果结果只是一列，则将其"挤压"成一个 Series，而不是默认为一个 DataFrame：

```
UK_energy = pd.read_csv('Datasets/UK_energy.csv',
                        index_col = None,
                        usecols = [1],
                        squeeze = True)
print(type(UK_energy))
print(UK_energy.head())
```

ℹ **注意:**

将上述代码中加粗显示的路径修改为你自己系统上的下载和保存文件的路径。

这应该产生如图 6.3 所示的输出结果。

```
<class 'pandas.core.series.Series'>
0      288.177459
1      316.485721
2      338.565899
3      336.866984
4      332.844765
Name: annual_cost, dtype: float64
```

图 6.3　UK_energy Series 的第一行

可以看到，该 Series 有一个名称（annual_cost）。这来自.csv 文件第一行的值，因为我们没有告诉 Pandas 忽略它。此外还可以看到，.head()方法在 Series 上的工作方式与在DataFrame 上的工作方式相同。

现在让我们看看使用.loc、.iloc 和扩展索引从 Series 中进行选择的一些方法。假设根据被要求调查的可能模式，我们需要查看数据中每隔一段时间的一些能源值，以下 5 个示例中的每一个都将从 Series 中选择并输出相同的数据选择结果。

示例 1

首先，我们可以使用.loc 方法并传递一个列表来输出 UK_energy 中的第三、第五和第七项（索引号分别为 2、4 和 6）：

```
print('UK_energy.loc[[2, 4, 6]]\n\n', UK_energy.loc[[2, 4, 6]])
```

这将产生如图 6.4 所示的输出结果。

```
UK_energy.loc[[2, 4, 6]]

 2      338.565899
4      332.844765
6      341.909881
Name: annual_cost, dtype: float64
```

图 6.4　使用.loc 从 Series 中选择的项目列表

示例 2

现在重复相同的选择，但这次使用的是扩展索引（extended indexing）。5.4 节"括号和点表示法"已经介绍过，扩展索引将使用[start:end:by]形式的三个可能值，其中 start 是要选择的第一个索引，end 是最后一个索引（不包括在内），并且 by 可以是 1 以外的数字，包括负数，表示每个 by 行返回一个记录：

```
print('UK_energy[2:7:2]\n\n', UK_energy[2:7:2])
```

这将产生如图 6.5 所示的输出结果。

```
UK_energy[2:7:2]

 2    338.565899
 4    332.844765
 6    341.909881
Name: annual_cost, dtype: float64
```

图 6.5　使用扩展索引的相同选择

示例 3

通过传递要输出的项目列表，使用括号表示法选择相同的项目：

```
print('UK_energy[[2, 4, 6]]\n\n', UK_energy[[2, 4, 6]])
```

这将产生与我们之前看到的相同的输出结果，如图 6.6 所示。

```
UK_energy[[2, 4, 6]]

 2    338.565899
 4    332.844765
 6    341.909881
Name: annual_cost, dtype: float64
```

图 6.6　通过传递所需项目的列表，使用括号表示法完成选择

示例 4

同样，让我们使用.iloc 选择相同的项目，并传递所需项目的列表：

```
print('UK_energy.iloc[[2, 4, 6]]\n\n', UK_energy.iloc[[2, 4, 6]])
```

这将再次产生相同的输出结果，如图 6.7 所示。

示例 5

最后，我们可以对.iloc 使用扩展索引：

```
print('UK_energy.iloc[2:7:2]\n\n', UK_energy.iloc[2:7:2])
```

```
UK_energy.iloc[[2, 4, 6]]

 2    338.565899
 4    332.844765
 6    341.909881
Name: annual_cost, dtype: float64
```

图 6.7　使用 .iloc 从 Series 中进行相同的选择

在其输出中有相同的三个项目，如图 6.8 所示。

```
UK_energy.iloc[2:7:2]

 2    338.565899
 4    332.844765
 6    341.909881
Name: annual_cost, dtype: float64
```

图 6.8　使用扩展索引和 .iloc 选择所需项目

在上述示例中可以看到，.loc、.iloc、括号表示法（Series 项相当于 DataFrame 行）和扩展索引的工作方式与它们在第 5 章"数据选择——DataFrame"中对 DataFrame 所做的工作相同。我们没有使用的唯一方法是点表示法。

为了演示这一点，让我们学习如何更改 Series 索引，这可以通过与更改 DataFrame 行索引相同的方式来完成。不同之处在于 Series 没有 .set_index() 方法。相反，我们必须将其直接分配给索引。

假设我们被告知该英国能源数据是从 1990 年到 2019 年的。以下代码使用列表推导式生成一系列 year_XXXX 形式的标签，并将结果分配给 Series 索引：

```
UK_energy.index = ['year_' + str(i) for i in range(1990, 2020)]
UK_energy.index
```

这将产生如图 6.9 所示的输出结果。

```
Out[27]:  Index(['year_1990', 'year_1991', 'year_1992', 'year_1993', 'year_1994',
                 'year_1995', 'year_1996', 'year_1997', 'year_1998', 'year_1999',
                 'year_2000', 'year_2001', 'year_2002', 'year_2003', 'year_2004',
                 'year_2005', 'year_2006', 'year_2007', 'year_2008', 'year_2009',
                 'year_2010', 'year_2011', 'year_2012', 'year_2013', 'year_2014',
                 'year_2015', 'year_2016', 'year_2017', 'year_2018', 'year_2019'],
                dtype='object')
```

图 6.9　UK_energy Series 的更新索引

现在，我们可以使用点表示法来选择年份：

```
UK_energy.year_1997
```

这将产生以下输出结果。

```
Out[28]: 326.4184542
```

我们还可以在括号表示法中使用一个索引标签的范围。以下示例列出从 year_1997 到 year_2011 的索引标签的值：

```
UK_energy['year_1997' : 'year_2011']
```

这将产生如图 6.10 所示的输出结果。

```
Out[30]:  year_1997    326.418454
          year_1998    306.393163
          year_1999    295.687501
          year_2000    290.333333
          year_2001    283.333333
          year_2002    281.666667
          year_2003    283.666667
          year_2004    291.666667
          year_2005    323.666667
          year_2006    382.000000
          year_2007    423.111111
          year_2008    487.333333
          year_2009    498.666667
          year_2010    484.000000
          year_2011    523.181818
          Name: annual_cost, dtype: float64
```

图 6.10　使用标签范围选择一个范围

在图 6.10 中，我们收集了从 year_1997 到 year_2011 的所有标签的数据。需要注意的是，标签没有隐含的顺序，因此结果是两个给定标签之间的任何内容。

接下来，让我们将刚刚复习的一些方法应用到练习中。

6.2.3　练习 6.1——基本 Series 数据选择

本练习将使用一些基本的选择方法从.csv 文件中读取一个简单的 Series。你将分析一些测量大脑 S1 颞区活动的 MRI 数据，该数据是在睡眠呼吸暂停研究期间收集的。有关详细信息，你可以访问以下网址：

https://plos.figshare.com/articles/dataset/_Global_Brain_Blood_Oxygen_Level_Responses_to_Autonomic_Challenges_in_Obstructive_Sleep_Apnea_/1154343/1

该数据每 2 s 收集一次。在你将加载的文件中，只有原始测量值。你将调查是否每 4 s

发生一次循环（大约每隔一次测量结果）。特别是，你希望避免在测量周期的早期收集的值可能不稳定的任何问题，因此你将关注所提供值末期的数据。

ℹ️ 注意：

本练习的代码可以在本书配套 GitHub 存储库中找到。其网址如下：

https://github.com/PacktWorkshops/The-Pandas-Workshop/tree/master/Chapter06/Exercise6_01

请按照以下步骤完成本练习。

（1）为本章中的所有练习创建一个 Chapter06 目录。然后在 Chapter06 目录中再创建一个 Exercise06_01 目录。

（2）打开终端（macOS 或 Linux）或命令提示符（Windows），导航到 Chapter06 目录，然后输入 jupyter notebook 以打开 Jupyter Notebook。

（3）选择 Exercise06_01 目录，将 Jupyter 工作目录更改为该文件夹。然后，单击 New（新建）→Python 3 以创建一个新的 Python 3 Notebook。

（4）本练习只需要 Pandas 库，因此可将其加载到 Notebook 的第一个单元格中：

```
import pandas as pd
```

（5）你将获得一个.csv 文件，其中包含一名患者在睡眠呼吸暂停研究中的时间序列数据，其中记录了一个称为血氧水平依赖性（blood oxygen level-dependent，BOLD）活动的指标，该指标与血液中的氧水平有关。

将 PLOS_BOLD_S1_patient_1.csv 文件读入一个 Series 中：

```
BOLD = pd.read_csv('../Datasets/PLOS_BOLD_S1_patient_1.csv',
                    squeeze = True)
BOLD
```

ℹ️ 注意：

将上述代码中加粗显示的路径修改为你自己系统上的下载和保存文件的路径。

其输出结果应如图 6.11 所示。

（6）如前文所述，该数据每 2 s 收集一次。因此可以指定一个范围，从 0 开始，计数到索引的 2 倍。我们可以通过直接分配给索引来实现这一点（因为 BOLD 是一个 Series），并使用 range()方法生成值：

```
BOLD.index = range(0, 2*len(BOLD), 2)
BOLD
```

这将产生如图 6.12 所示的输出结果。

```
Out[5]:    0      0.783670
           1      0.293040
           2      0.111169
           3     -0.169703
           4     -0.147029
                    ...
         139      0.723983
         140      0.687518
         141      0.515671
         142      0.432008
         143      0.146747
         Name: Y, Length: 144, dtype: float64
```

图 6.11　Pandas Series 中的患者血氧数据

```
Out[3]:    0      0.783670
           2      0.293040
           4      0.111169
           6     -0.169703
           8     -0.147029
                    ...
         278      0.723983
         280      0.687518
         282      0.515671
         284      0.432008
         286      0.146747
         Name: Y, Length: 144, dtype: float64
```

图 6.12　新索引的血氧数据相当于数据的时间（以 s 为单位）

（7）最初的假设表明可能有一个大约 4 s 的循环周期。为了调查这一点，你决定创建一个包含 BOLD 的所有每隔一行的元素（每 4 s）的 Series，并使用扩展索引以 2 进行递增：

```
B2 = BOLD[::2]
B2
```

这将产生如图 6.13 所示的输出结果。

```
Out[7]:    0      0.783670
           4      0.111169
           8     -0.147029
          12     -0.032271
          16     -0.202202
                    ...
         268     -0.014538
         272      0.180167
         276      0.382172
         280      0.687518
         284      0.432008
         Name: Y, Length: 72, dtype: float64
```

图 6.13　从 BOLD 中创建的新 Series 包含所有每隔一行的元素（每 4 s）

（8）如问题陈述中所指出的，你更关注测试末期的数据。要查看该数据，需要按相反的顺序列出新 Series 的最后 10 个元素。

以下代码使用扩展索引执行此操作，从结束值开始并向后进行选择：

```
B2[len(B2):(len(B2) - 10):-1]
```

这将产生如图 6.14 所示的输出结果。

```
Out[10]:  284     0.432008
          280     0.687518
          276     0.382172
          272     0.180167
          268    -0.014538
          264    -0.080900
          260     0.069567
          256     0.153728
          252     0.220703
          Name: Y, dtype: float64
```

图 6.14　以相反的顺序选择的新 Series 的最后 10 个项目

仔细查看图 6.14 中的数据，这些值在 4 s 周期内的重复并不明显。虽然还可以应用更复杂的统计方法，但就目前而言，我们可以得出结论，不太可能存在这样的循环。

在本练习中，我们实现了一些可用于 DataFrame 的基本选择方法，只不过这一次它应用在 Series 数据上。在目前这个阶段，你应该能够熟练使用 Series 和 DataFrame，并且能够以多种方式使用索引来组织和选择数据进行分析。

从上述示例和练习中可以看到，一旦掌握了 DataFrame 的操作，将同样的方法应用于 Series 就非常简单了。

你可能已经注意到 Series 有一个名称，并且想知道它的用途是什么。在单独使用 Series 时，通常用不到这个名称，它的主要用例是在定义 Series 组合到 DataFrame 中时，这些名称可以用作列名。接下来，让我们看看将 Series 名称变为 DataFrame 列名的示例。

6.3　从 DataFrame 中创建 Series 或从 Series 中获取 DataFrame

第 5 章"数据选择——DataFrame"已经讨论了通过对 DataFrame 的列进行切片以生成 Series 的示例。本节不妨先来复习一下。

6.3.1　从 DataFrame 中创建 Series

假设你已获得了有关水处理设施的数据集，其网址如下：

https://archive.ics.uci.edu/ml/datasets/Water+Treatment+Plant

你被要求分析该水处理设施的性能。其数据包含输入、两个沉降阶段和输出的各种化学测量值，以及一些性能指标。我们将从读取 water-treatment.csv 文件开始。读取数据后，再使用.fillna()方法，该方法将在文件读取期间转换为 NaN 值的任何缺失值替换为传递给.fillna()的值。本示例使用的是-9999 这个值：

```
water_data = pd.read_csv('Datasets/water-treatment.csv')
water_data.fillna(-9999, inplace = True)
water_data
```

ⓘ 注意：

将上述代码中加粗显示的路径修改为你自己系统上的下载和保存文件的路径。

这将产生如图 6.15 所示的输出结果。

Out[6]:		date	input_flow	input_Zinc	input_pH	input_BOD	input_COD	input_SS	input_VSS	input_SED	input_CON	...	output_COND	RD-DBO-P	RD-SS-P	RD-SED-P
	0	1/1/1990	41230.0	0.35	7.6	120.0	344.0	136.0	54.4	4.5	993	...	903.0	-9999.0	62.8	93.3
	1	1/2/1990	37386.0	1.40	7.9	165.0	470.0	170.0	76.5	4.0	1365	...	1481.0	-9999.0	50.0	94.4
	2	1/3/1990	34535.0	1.00	7.8	232.0	518.0	220.0	65.5	5.5	1617	...	1492.0	32.6	62.4	95.0
	3	1/4/1990	32527.0	3.00	7.8	187.0	460.0	180.0	67.8	5.2	1832	...	1590.0	13.2	57.6	95.5
	4	1/7/1990	27760.0	1.20	7.6	199.0	466.0	186.0	74.2	4.5	1220	...	1411.0	38.2	46.6	95.0
	...	...	...	...	...	...	...	...	...	...	...	...	...	...	...	...
	522	10/25/1991	35400.0	0.70	7.6	156.0	364.0	194.0	63.9	5.5	1680	...	1840.0	47.3	61.3	94.0
	523	10/26/1991	30964.0	3.30	7.7	220.0	540.0	184.0	62.0	3.5	1445	...	1337.0	-9999.0	38.6	93.3
	524	10/27/1991	35573.0	7.30	7.6	176.0	333.0	178.0	64.0	3.5	1627	...	1799.0	-9999.0	40.4	95.0
	525	10/29/1991	29801.0	1.60	7.7	172.0	400.0	136.0	70.1	1.5	1402	...	1468.0	32.4	40.4	88.0
	526	10/30/1991	31524.0	1.60	7.9	-9999.0	478.0	204.0	64.7	6.0	1798	...	1568.0	-9999.0	43.9	65.3
527 rows × 39 columns																

图 6.15　水处理数据集

正如我们在第 5 章 "数据选择——DataFrame" 中看到的，我们可以在 DataFrame 上使用.set_index()将索引替换为列。以下代码可以使索引变成日期：

```
water_data.set_index('date', drop = True, inplace = True)
```

我们已经使用括号表示法从 DataFrame 中选择单个列，但是现在，我们希望明确此操作的结果。在使用从单列生成数据的方法时，其结果将是一个 Series。

以下示例将选择 input_flow 列并检查其类型：

```
type(water_data['input_flow'])
```

这将产生以下输出结果：

```
Out[26]: pandas.core.series.Series
```

6.3.2 从 Series 中获取 DataFrame

使用这种方法时，可以开始对 pH 数据（水的酸碱度测量值）进行一些分析。让我们从创建两个 Series 开始。

首先，必须创建一个名为 acidity 的新 DataFrame，它只包含 input_pH 小于 7.5 的行。

然后，还必须创建一个名为 pH 的 Series，将 acidity DataFrame 的 input_pH 列赋值给它：

```
acidity = water_data.loc[water_data['input_pH'] < 7.5, :]
pH = acidity['input_pH']
```

有多种方法可以从 Series 中构造 DataFrame，但在本示例中，我们将使用已经见过的 DataFrame 构造函数。

以下代码可以使用 pH Series 创建一个名为 pH_data 的新 DataFrame：

```
pH_data = pd.DataFrame({'pH' : pH})
pH_data.head()
```

这将产生如图 6.16 所示的输出结果。

```
Out[41]:
                      pH
          date
     3/20/1990        7.4
     4/13/1990        7.2
      6/4/1990        7.3
      6/8/1990        7.4
      7/1/1990        7.3
```

图 6.16　pH DataFrame

注意，来自 water_data 的 acidity 索引是通过 Series 获得的，现在是 pH_data DataFrame 的索引。你计划在一些没有日期的操作中进一步使用 pH_data DataFrame，因此可重置索引：

```
pH_data.reset_index(drop = True, inplace = True)
```

让我们考虑一个假设（hypothesis），即输入流速与输入 pH 值相关。

我们认为，当某些家庭丢弃清洁剂时，水会变得更酸（导致 pH 值降低）。但是，当要处理的水量较大时，我们怀疑该影响会较小，下面就来仔细研究这个想法。

我们需要在值对上执行一些操作，因此必须创建另一个名为 flow_hypothesis 的
DataFrame，再次使用 DataFrame 构造函数，如下所示：

```
flow_hypothesis = pd.DataFrame({'pH' : pH_data['pH'],
                                'flow' : acidity['input_flow']})
print(flow_hypothesis.head())
print(flow_hypothesis.tail())
```

这将产生如图 6.17 所示的输出结果。

```
     pH  flow
0   7.4   NaN
1   7.2   NaN
2   7.3   NaN
3   7.4   NaN
4   7.3   NaN
             pH     flow
8/21/1990   NaN  34352.0
8/24/1990   NaN  32802.0
8/28/1991   NaN  32922.0
8/29/1991   NaN  32190.0
8/4/1991    NaN  24978.0
```

图 6.17　flow_hypothesis DataFrame

图 6.17 中的结果看起来和预期的不一样。我们知道，前面已经用 9999 替换了任何缺
失值，那么为什么现在还有 NaN 值呢？另外，为什么索引同时包含数字和日期？

默认情况下，Pandas 将对齐索引，这在许多情况下非常有用。因此，它查看了
pH_data['pH'] 和 acidity['input_flow'] 的索引并对齐它们。当我们创建 acidity DataFrame 时，
问题就出现了。acidity DataFrame 的索引值来自 water_data，而 water_data 的索引被设置
为 date 列。这些行标签（日期）被传递给我们用来在 flow_hypothesis DataFrame 中形成
flow 列的 Series。由于我们已经重置了 pH_data 的索引，因此当我们使用 pH 列时，它具
有顺序索引标签。所以，虽然在 DataFrame 构造函数中使用的 pH Series 和 flow Series 具
有相同数量的值，但其索引值不再对齐。这不是我们想要的。

让我们输出创建 flow_hypothesis DataFrame 所涉及的两个索引：

```
print(list(pH_data.index))
print(acidity.index)
```

这将产生如图 6.18 所示的输出结果。

```
pH index:  [0, 1, 2, 3, 4, 5, 6, 7, 8, 9, 10, 11, 12, 13, 14, 15, 16, 17, 18, 19, 20, 21, 22, 23, 24, 25, 26]
acidity index: ['3/20/1990', '4/13/1990', '6/4/1990', '6/8/1990', '7/1/1990', '7/23/1990', '7/29/1990', '8/21/1990', '8/24/199
0', '10/7/1990', '3/26/1991', '4/12/1991', '5/9/1991', '5/23/1991', '6/14/1991', '6/24/1991', '7/1/1991', '7/5/1991', '7/19/199
1', '7/21/1991', '7/30/1991', '8/1/1991', '8/4/1991', '8/18/1991', '8/28/1991', '8/29/1991', '10/5/1991']
```

图 6.18　pH_data DataFrame 和 acidity DataFrame 的索引

问题现在很清楚了——这两个 DataFrame 的索引的值完全不同。当 Pandas 将列放在一起时，如果给定列的索引值在另一列中是缺失的，则它会用 NaN 填充它们。因此，flow_hypothesis DataFrame 的值没有对齐，并且行数比我们想要的要多，以便为所有 NaN 值腾出空间。

有多种方法可以避免这种情况，具体取决于我们想要保留的信息。在本示例中，可以将 acidity DataFrame 上的索引设置为 pH_data DataFrame 的索引。值得一提的是，也可以使用.reset_index()，因为 pH_data 已经重置了它的索引：

```
acidity.set_index(pH_data.index, drop = True, inplace = True)
flow_hypothesis = \
    pd.DataFrame({'pH' : pH_data['pH'],
                  'flow' : acidity['input_flow']})
print(flow_hypothesis.head())
print(flow_hypothesis.tail())
```

你将看到如图 6.19 所示的输出结果。

```
     pH     flow
0   7.4   39165.0
1   7.2   34667.0
2   7.3   51520.0
3   7.4   35789.0
4   7.3   30201.0
     pH     flow
22  7.3   24978.0
23  7.3   27527.0
24  7.4   32922.0
25  7.3   32190.0
26  7.3   33695.0
```

图 6.19　flow_hypothesis 的新版本

我们采用的路径的主要缺点是结果数据包含重置索引。在某些情况下，会有一个我们特别想要保留的索引。例如，将日期存储在索引中，并需要按日期分析它们。

换句话说，我们要确保保留原始 water_data DataFrame 中的索引值，它们现在是 acidity DataFrame 中的索引。如果从 acidity DataFrame 中获取两个 Series，我们可以轻松地完成此操作。以下示例可以重新创建 acidity DataFrame，因为我们之前已经更改了索引：

```
acidity = \
    water_data.loc[water_data['input_pH'] < 7.5, :]
pH = acidity['input_pH']
flow = acidity['input_flow']
```

```
flow_hypothesis = pd.DataFrame({'pH' : pH,
                                'flow' : flow})
print(flow_hypothesis.head())
print(flow_hypothesis.tail())
```

这将产生如图 6.20 所示的输出结果。

```
               pH     flow
date
3/20/1990     7.4  39165.0
4/13/1990     7.2  34667.0
6/4/1990      7.3  51520.0
6/8/1990      7.4  35789.0
7/1/1990      7.3  30201.0
               pH     flow
date
8/4/1991      7.3  24978.0
8/18/1991     7.3  27527.0
8/28/1991     7.4  32922.0
8/29/1991     7.3  32190.0
10/5/1991     7.3  33695.0
```

图 6.20　新的 flow_hypothesis DataFrame

现在我们获得了一个干净整齐的数据集，其中包含我们需要进一步调查的所有数据，包括用于查看时间趋势的日期数据。

必须强调的是，索引在很多操作中都非常重要。你在本节中学到的知识和掌握的技巧将成为你的 Pandas 工作的关键部分。

6.3.3　练习 6.2——使用 Series 索引选择值

本练习将从文件中读取包含基于文本的索引的 Series，并应用一些方法使用索引值来选择数据。你获得了一个名为 fruit_orders.csv 的文件，其中包含 1 周内批发供应商的农产品订单。在该数据中，第一列是水果的名称，而第二列则是订购的数量。你被分配了一些简单的任务：计算已订购的 apple（苹果）、peach（桃子）和 orange（橙子）的总数量，找出哪一种水果的总订单量最高，并创建将提取所有 pear（梨）和 peach（桃子）订单的代码。

在进行这些计算时，你还计划尝试不同的方法来利用基于文本的索引找到所需的值，既可以直接说明具体的值（如 pear、peach 等），也可以使用 Pandas 方法.startswith()，该方法可以对索引应用文本比较并返回匹配值。通过比较不同的方法，你可以为给定的案例选择最佳方法。

ℹ️ **注意：**

本练习的代码可以在本书配套 GitHub 存储库中找到。其网址如下：

https://github.com/PacktWorkshops/The-Pandas-Workshop/tree/master/Chapter06/Exercise6_02

请按照以下步骤完成本练习。

（1）在 Chapter06 目录中创建一个 Exercise06_02 目录。

（2）打开终端（macOS 或 Linux）或命令提示符（Windows），导航到 Chapter06 目录，然后输入 jupyter notebook 以打开 Jupyter Notebook。

选择 Exercise06_02 目录，将 Jupyter 工作目录更改为该文件夹。然后，单击 New（新建）→Python 3 以创建一个新的 Python 3 Notebook。

（3）本练习只需要 Pandas 库，因此可将其加载到 Notebook 的第一个单元格中：

```
import pandas as pd
```

（4）从.csv 文件中读取数据。请记住，第一列将成为我们的索引，因此可以指定 index_col = 0。要将结果作为 Series 而不是 DataFrame，需要使用 squeeze = True：

```
fruit_orders = pd.read_csv('../Datasets/fruit_orders.csv',
                           index_col = 0,
                           squeeze = True)
fruit_orders.head(10)
```

这将产生如图 6.21 所示的输出结果。

```
Out[2]: fruit
        orange    149
        apple      98
        orange     69
        peach     103
        peach     124
        orange     81
        pear      144
        orange     67
        peach     113
        peach     127
        Name: qty_ordered, dtype: int64
```

图 6.21　带标签的水果订单 Series

（5）计算并输出本周订购的苹果总数。这可以使用括号表示法选择 apple 订单，然后使用 sum()方法来完成统计：

```
apples = sum(fruit_orders['apple'])
print('the total number apples orders this week is:', apples)
```

其输出结果应如下所示：

```
the total number apples orders this week is: 1175
```

请注意，由于这是一个带标签的 Series，因此可以使用 Series 点表示法来选择苹果，而不是使用括号表示法（fruit_orders.apple 对比 fruit_orders['apple']）。

（6）计算已订购的橙子和桃子的总数，并输出哪个订购量更大：

```
oranges = sum(fruit_orders['orange'])
peaches = sum(fruit_orders['peach'])
if oranges > peaches:
    print('there are more oranges (' + str(oranges) +
          ') ordered than peaches (' + str(peaches) +
')')
elif peaches > oranges:
    print('there are more peaches (' + str(peaches) +
          ') ordered than oranges (' + str(oranges) +
')')else:
    print('there are the same number of orders for
peaches and oranges')
```

这将产生以下输出结果：

```
there are more oranges (1125) ordered than peaches (1011)
```

即，订购橙子的数量（1125）比桃子（1011）多。

（7）接下来，选择所有包含梨或桃子的行，并将它们存储在一个新的 Series 中。你可以通过两种不同的方式完成此操作。

第一种方法是：使用 pd.concat()连接两个子 Series，其中一个 Series 使用括号表示法来选择'pear'，另一个选择'peach'。

第二种方法是：使用列表推导式和.startswith()方法遍历 fruit_orders，该方法可以对字符串进行操作，它如果以传递给该方法的字符串开头，则返回 True。在列表推导式中，我们将连续选择 fruits_orders 中的每个项目，因此.startswith()方法在每次迭代中都得到一个字符串。如果一次性将所有 fruits_orders 传递给.startswith()方法则是行不通的：

```
p_fruits_1 = pd.concat([fruit_orders['pear'], fruit_orders['peach']])
p_fruits_2 = \
pd.Series(fruit_orders[[i
                        for i in range(len(fruit_orders))
                        if fruit_orders.index[i].
startswith('p')]])
```

不妨考虑这两种方法的复杂性。如果有大量以一个或多个常见字母开头的选项，则首选.startswith()方法。在本示例中，直接连接的方法更简单。

（8）输出并比较上述代码产生的 Series：

```
print(p_fruits_1)
print(p_fruits_2)
```

你将看到如图 6.22 所示的输出结果。

```
pear      51
pear      92
pear      14
pear      74
pear      99
pear       2
pear      52
pear      37
pear      63
pear      59
pear      75
peach     60
peach     20
peach     82
peach     86
peach     21
peach      1
peach     87
peach     21
peach     48
dtype: int32
pear      51
pear      92
pear      14
peach     60
peach     20
peach     82
peach     86
pear      74
pear      99
pear       2
peach     21
pear      52
peach      1
peach     87
pear      37
pear      63
pear      59
pear      75
peach     21
peach     48
dtype: int32
```

图 6.22　获取所有桃子和梨子订单的两种方法的比较

可以看到，这两个 Series 的顺序是不同的，因为在第一种情况下，我们分别选择了
pear 和 peach，并按顺序连接它们，而在第二种情况下，我们通过使用索引字符串中的逻
辑一次获得一条记录。

在此示例中，你使用了不同方法，通过基于标签的 Series 索引来选择项目。在这种
情况下，只有两种选择，第一种直接引用索引值的方法更简单，但是，如果我们的数据
很大并且包含很多值，则第二种方法会更高效。

6.4　作业 6.1——Series 数据选择

本次作业将读取 2010 年和 2019 年美国大城市的一些人口数据并对其进行分析。目
标是确定 2010 年至 2019 年间，与全美前 20 名城市相比，前 3 名城市的人口增长情况。
为此，你必须计算 2010 年和 2019 年前 3 个最大城市的人口，以及这两年前 20 个最大城
市的人口。使用这些值，你可以计算增长率并对其进行比较。

请按照以下步骤完成此作业。

（1）本次作业只需要 Pandas 库，因此可将其加载到 Notebook 的第一个单元格中。

（2）将 US_Census_SUB-IP-EST2019-ANNRNK_top_20_2010.csv 文件中的数据读入
Pandas Series 中。该数据来自美国人口普查局，其网址如下：

https://www2.census.gov/programs-surveys/popest/datasets/2010/2010-eval-estimates/

在该 csv 文件中，城市名称在第一列，因此需要读入它们，以便将它们用作索引。列
出结果 Series。

（3）计算 2010 年 Series 中 3 个最大城市（纽约、洛杉矶和芝加哥）的总人口，并
将结果保存在变量中。

（4）从 US_Census_SUB-IP-EST2019-ANNRNK_top_20_2019.csv 文件中读取 2019
年的相应数据，再次使用第一列作为索引并将数据读入一个 Series 中。该数据来自美国
人口普查局，其网址如下：

https://www2.census.gov/programs-surveys/popest/tables/2010-2019/cities/totals/

（5）计算 2019 Series 中相同 3 个城市的总人口，并将结果保存在变量中。

（6）使用已保存的值，计算 3 个城市从 2010 年到 2019 年的百分比变化。此外，计
算所有城市的百分比变化。输出 3 个城市与所有城市的变化比较。

其结果应类似于图 6.23 中所示的内容。

```
top 3 changed 2.2 %
vs. all changed 8.0 %
```

图 6.23　2010 年至 2019 年间最大的 3 个城市和全美前 20 大城市的人口变化

💡 提示：

本书附录提供了所有作业的答案。

现在我们已经知道了如何使用 Series，接下来不妨探讨 Series 与基础 Python 和 DataFrame 之间的一些关键区别。

6.5　了解基础 Python 和 Pandas 数据选择之间的差异

在大多数情况下，一旦你学会了一些用于切片和索引的 Pandas 表示法，则 Pandas 对象就几乎可以透明地与核心 Python 一起工作。由于某些不同对象类型的索引看起来很相似，因此，有必要深入讨论其中的一些差异。

6.5.1　列表与 Series 访问

Python 列表从表面上看起来像 Series。当你使用括号表示法来索引 Series 时，它的工作方式与索引列表的方式大致相同。以下代码使用 range()函数创建一个简单的列表，然后输出列表中的 11 个值：

```
my_list = list(range(100))
print(my_list[12:33])
```

这将产生以下输出结果：

```
[12, 13, 14, 15, 16, 17, 18, 19, 20, 21, 22]
```

现在可以尝试做同样的事情，但使用的是.iloc[]：

```
print(my_list.iloc[12:33])
```

这将产生如图 6.24 所示的错误。

由此可见，在列表上使用括号表示法可以按预期工作，但 Series.iloc[]方法则不适用。同样，Series.loc[]和点表示法也不适用于列表。

```
--------------------------------------------------------------
AttributeError                         Traceback (most recent call last)
<ipython-input-30-1b2c688411ee> in <module>
      2 # try to print using .iloc
      3 #
----> 4 print(my_list.iloc[12:23])

AttributeError: 'list' object has no attribute 'iloc'
```

图 6.24　列表对象没有 Pandas Series.iloc()方法

6.5.2　DataFrame 与字典访问

核心 Python 没有类似于 Pandas DataFrame 的 2D 表格结构。虽然 DataFrame 的许多功能都可以通过字典来完成，但是 Pandas 使其操作变得更简单。字典和 DataFrame 非常相似，Pandas 提供了将字典转换为 DataFrame 或将 DataFrame 转换为字典的方法。

在以下示例中，我们将再次读取按行业划分的美国 GDP 数据。该数据来源于美国经济普查局（Bureau of Economic Analysis，BEA），其网址如下：

https://www.bea.gov/data/gdp/gdp-industry

我们将使用列表推导式来提取 2015 年第 1 季度（2015_Q1）的数据。之后，从该列表中获取前 5 个项目。这将产生一个很小的 DataFrame，可帮助我们大致了解该数据：

```
GDP_data = pd.read_csv('Datasets/US_GDP_Industry.csv')
GDP_2015_Q1_rows = [i for i in GDP_data.index
                    if GDP_data.loc[i, 'period'] == '2015_Q1']
[:5]
GDP_2015_Q1_1st_5 = GDP_data.copy()
GDP_2015_Q1_1st_5 = GDP_2015_Q1_1st_5.iloc[GDP_2015_Q1_rows, :]
GDP_2015_Q1_1st_5
```

这将产生如图 6.25 所示的输出结果。

Out[18]:		period	Industry	GDP
	0	2015_Q1	All industries	31917.8
	22	2015_Q1	Private industries	28392.6
	44	2015_Q1	Agriculture, forestry, fishing, and hunting	466.3
	66	2015_Q1	Farms	411.7
	88	2015_Q1	Forestry, fishing, and related activities	54.6

图 6.25　按行业划分的 2015 年第 1 季度 GDP 中的前 5 项数据

现在，让我们使用 Pandas .to_dict()方法将其转换为字典：

```
GDP_dict = GDP_2015_Q1_1st_5.to_dict()
GDP_dict
```

这将产生如图 6.26 所示的输出结果。

```
Out[16]: {'period': {0: '2015_Q1',
          22: '2015_Q1',
          44: '2015_Q1',
          66: '2015_Q1',
          88: '2015_Q1'},
         'Industry': {0: 'All industries',
          22: 'Private industries',
          44: 'Agriculture, forestry, fishing, and hunting',
          66: 'Farms',
          88: 'Forestry, fishing, and related activities'},
         'GDP': {0: 31917.8, 22: 28392.6, 44: 466.3, 66: 411.7, 88: 54.6}}
```

图 6.26　将 Pandas DataFrame 转换为 Python 字典的结果

在图 6.26 中可以看到，列名变成了字典键，每一列都是字典中的另一个字典，前面的行号就是嵌套字典的键。这导致了索引和访问的异同。

现在让我们学习如何访问与一个键关联的所有值，而不是访问原始 DataFrame 的一列。首先，我们必须输出字典中的 period 信息：

```
print(GDP_dict['period'])
```

这将产生以下输出结果：

```
{0: '2015_Q1', 22: '2015_Q1', 44: '2015_Q1', 66: '2015_Q1', 88: '2015_Q1'}
```

使用 DataFrame 可以输出相同的信息：

```
print(GDP_2015_Q1_1st_5['period'])
```

这将产生如图 6.27 所示的输出结果。

```
0      2015_Q1
22     2015_Q1
44     2015_Q1
66     2015_Q1
88     2015_Q1
Name: period, dtype: object
```

图 6.27　GDP 数据 DataFrame 中的 period 值

请注意，第一个结果是 Python 字典，用大括号表示，而第二个结果则是 Series。我们可以使用 type() 来验证这一点：

```
print(type(GDP_dict['period']))
```

这将产生以下输出结果：

```
<class 'dict'>
```

现在，让我们再次在原始的'period' DataFrame 列上使用 type()：

```
print(type(GDP_2015_Q1_1st_5['period']))
```

这将产生以下输出结果：

```
<class 'Pandas.core.series.Series'>
```

这些基本上是使用字典和 DataFrame 在数据访问方面的相似之处。这个简单的例子显示了 Pandas 的便利之处：与在核心 Python 中工作并在字典中管理数据结构相比，Pandas 简化了表格数据的处理。

6.6　作业 6.2——DataFrame 数据选择

在本次作业中，你需要分析美国国家海洋渔业局鲍鱼牡蛎（abalone oysters）调查的数据。源数据可在加利福尼亚大学尔湾分校（University of California，Irvine）UCI 存储库中找到，其网址如下：

https://archive.ics.uci.edu/ml/datasets/abalone

你希望根据牡蛎壳中的年轮数获得数据中雄性和雌性样本维度的一些汇总值。年轮数是年龄的衡量标准，查看这些数据可以与往年进行比较，以帮助你了解牡蛎总体的健康状况。该数据包含若干个观察值，包括 Sex（性别）、Length（长度）、Diameter（直径）、Weight（重量）、Shell weight（壳重）和 Rings（年轮）数等。

要完成此作业，请执行以下步骤。

（1）本次作业只需要 Pandas 库，因此可将其加载到 Notebook 的第一个单元格中。

（2）将 abalone.csv 文件读入名为 abalone 的 DataFrame 中并查看前 5 行。

（3）从 Sex 和 Rings 列中创建一个 MultiIndex，因为这些是你要为其汇总数据的变量。创建索引后，务必删除 Sex 和 Rings 列。

这将产生如图 6.28 所示的输出结果。

Out[5]:		Length	Diameter	Height	Whole weight	.Shucked weight	Viscera weight	Shell weight
Sex	**Rings**							
M	15	0.455	0.365	0.095	0.5140	0.2245	0.1010	0.150
	7	0.350	0.265	0.090	0.2255	0.0995	0.0485	0.070
F	9	0.530	0.420	0.135	0.6770	0.2565	0.1415	0.210
M	10	0.440	0.365	0.125	0.5160	0.2155	0.1140	0.155
I	7	0.330	0.255	0.080	0.2050	0.0895	0.0395	0.055
	8	0.425	0.300	0.095	0.3515	0.1410	0.0775	0.120
F	20	0.530	0.415	0.150	0.7775	0.2370	0.1415	0.330
	16	0.545	0.425	0.125	0.7680	0.2940	0.1495	0.260
M	9	0.475	0.370	0.125	0.5095	0.2165	0.1125	0.165
F	19	0.550	0.440	0.150	0.8945	0.3145	0.1510	0.320

图 6.28　在 abalone 数据上创建包含 Sex 和 Rings 的多级索引的结果

（4）你计划专注于超过 15 个年轮的牡蛎。你由于需要每种性别的统计数据，因此需要知道每种性别数据中 Rings 的值。

💡 提示：

在自然群体中，大多数牡蛎个体属于雌雄异体，小部分为雌雄同体，牡蛎还可以自发"变性"，同一个个体在不同年份或不同的环境条件下，表现出不同的性别，这就是需要知道每种性别数据中 Rings 值的原因。

使用 abalone.loc['sex'].index 获取每个性别的所有值的列表（将 Sex 替换为 M，然后替换为 F）。M 表示雄性，F 表示雌性。这很有效，你因为有两级索引，所以通过传递一个值来过滤 Sex，即可在下一级索引（即 Rings）中获得相关项目。

要过滤数据，你需要年轮的唯一值的列表。Python 提供了 set()方法，该方法可以方便地生成一组唯一值，因此你可以按 set(abalone.loc['sex'].index)的形式应用它，以将每个性别的年轮的唯一值存储在变量中。

（5）你还需要每个性别的最大年轮数。这可以使用 max(abalone.loc['sex'].index]) 来获得，它的工作方式与获取所有值的方式相同。将每个性别的最大年轮数值存储在一个变量中。

（6）你需要找到每个性别的年轮数中大于 15 且属于该性别唯一值的值。你可以使用列表推导式来迭代可能的值并仅保留那些属于给定性别的值。这看起来应该如下所示：

```
[i for i in range(min_rings, max_rings + 1) if i in all_rings]
```

其中，all_rings 是性别的唯一值列表，min_rings 是 16（比 15 大 1），max_rings 是该性别的最大值。

执行该操作并保存每个性别的结果。

（7）你需要为.Shuked weight（去壳重量）、Length（长度）、Diameter（直径）和 Height（高度）列选择每个性别的数据。对于每一列，你需要获得平均值。

由于使用了多级索引，你可以执行以下操作。

❑　abalone.loc['sex']可用于选择一种性别（M 或 F）。

❑　.loc[rings]可用于仅选择你在列表推导式中获得的年轮的值。

❑　你可以使用包含列的列表的括号表示法来选择列，如[['Length', 'Diameter', 'Height', '.Shuucked weight']]。

❑　添加.mean(axis = 0)方法告诉 Pandas 获取列的平均值。

每个性别的整个操作如下所示：

```
abalone.loc['sex'][rings][[ 'Length', 'Diameter',
'Height', '.Shucked weight']].mean(axis = 0)
```

使用正确的年轮列表对每个性别执行此操作，并将每个结果保存在单独的变量中。

（8）输出两个性别之间的值的比较。其结果应如图 6.29 所示。

```
for oysters with 16 or more rings

males weigh 0.458 vs. females weigh 0.449
males are 0.603 long  vs. females are 0.603 long
males are 0.478 in diameter  vs. females are 0.479 in diameter
males are 0.176 in height  vs. females are 0.174 in height
```

图 6.29　较大牡蛎的大小汇总

💡 提示：

本书附录提供了所有作业的答案。

6.7　小　　结

本章学习了 Pandas 使用 Series 进行数据索引和选择的方法。我们比较了 Series.loc() 方法和 Series.iloc()方法，它们可以分别通过标签和整数位置访问 Series 中的项目。本章还演示了 Pandas 快捷方法，包括括号表示法和扩展索引。

本章回顾了大多数 DataFrame 方法，它们对于 Pandas Series 的工作方式相似且直观，不过我们也强调了一些关键差异。在了解了索引以及如何访问它们之后，我们还阐释了 Pandas 核心数据结构（如列表和字典）与 Pandas Series 和 DataFrame 之间的区别。

到目前为止，你应该已经熟悉了 Pandas 数据访问方法，并了解了常见陷阱和解决方法。有了这些工具，你就可以处理任何复杂的数据项目。

在下一章中，你将应用其中一些方法，并了解可用于将数据组织成干净形式以进行分析的其他工具，包括处理缺失数据和通过数据透视表创建汇总信息。

第7章　数据探索和转换

前面的章节详细介绍了 Pandas 中的数据选择方法。本章将讨论 Pandas 中的数据转换操作，演示如何处理混乱和缺失的数据，以便为数据分析做好准备。到本章结束时，你将掌握处理混乱或缺失数据的技巧，并且可以为分析目的而汇总数据。

本章包含以下主题：

- ❏　数据转换简介
- ❏　处理混乱的数据
- ❏　处理缺失数据
- ❏　汇总数据
- ❏　作业 7.1——使用数据透视表进行数据分析

7.1　数据转换简介

在执行数据科学任务时，重要的是要确保你的数据集中已经清除了所有混乱的数据，也就是说，所有缺失的数据都得到了正确处理；否则，在汇总数据集并得出见解时，你最终可能会得到意想不到的结果。

例如，如果你要计算某个气象站温度的平均值但尚未清理缺失数据，而这些缺失数据可能被任意表示为特定数字（如-9999），则计算的结果可能包含该特定数字的不正确聚合（如平均值），导致结果完全失真。对该任意约定有很好的理解（-9999 表示缺失数据）将允许你从任何计算中排除该数字，以避免报告不正确的聚合结果。因此，很好地理解如何处理 Pandas 中的混乱和缺失数据将增加你分析的信心和准确性。

7.2　处理混乱的数据

由于各种原因，我们获得的数据集中可能会出现混乱的数据。例如，存在各种形式的缺失数据（如 N/A、NA、None、Null）或任何约定的数字（如-1、999、10000 等）。

对于分析师来说，在数据准备过程中，了解数据在业务中的含义是很重要的。通过了解缺失值的性质、缺失值的显示方式以及触发缺失值发生的数据收集程序，他们可以选择解释和处理此类数据的最佳方式。

7.2.1　处理没有列标题的数据

一般来说，数据中的列标题包含初步信息和业务含义。但是，列标题也有可能不存在。这导致无法派生特定信息来帮助理解标题和数据内容之间的关系。

让我们从一个简单的示例开始：

```
# 导入 pandas
import pandas as pd

# 定义列表
row1 = list([1001.0, 'Pandas Banking', 235000, 248000, 5.5,
2013,3,10, 0])
row2 = list([1002.0, 'Pandas Grocery', 196000, 205000, 4.5,
2016,4,30, 0])
row3 = list([1003.0, 'Pandas Telecom', 167000, 193000, 15.5,
2010,11,24, 0])
row4 = list([1004.0, 'Pandas Transport', 79000, 90000, 13.9,
2018,1,15, 1])
row5 = list([1005.0, 'Pandas Insurance', 241000, 264000, 9.5,
2009,6,1, 0])

# 定义 DataFrame
data_frame = pd.DataFrame(data=[row1, row2, row3, row4, row5])

# 显示 DataFrame 的值
data_frame
```

其输出结果如图 7.1 所示。

	0	1	2	3	4	5	6	7	8
0	1001.0	Pandas Banking	235000	248000	5.5	2013	3	10	0
1	1002.0	Pandas Grocery	196000	205000	4.5	2016	4	30	0
2	1003.0	Pandas Telecom	167000	193000	15.5	2010	11	24	0
3	1004.0	Pandas Transport	79000	90000	13.9	2018	1	15	1
4	1005.0	Pandas Insurance	241000	264000	9.5	2009	6	1	0

图 7.1　没有列标题的 DataFrame

如你所见，该 DataFrame 在生成时未显示任何列标题。幸运的是，Pandas 会生成唯一的数字列标题，以便你操作 DataFrame。

使用 info()方法可以获取有关该 DataFrame 的更多详细信息：

```
# 显示 DataFrame 信息
data_frame.info()
```

其输出结果如图 7.2 所示。

```
<class 'pandas.core.frame.DataFrame'>
RangeIndex: 5 entries, 0 to 4
Data columns (total 9 columns):
 #    Column  Non-Null Count   Dtype
---   ------  --------------   -----
 0    0       5 non-null       float64
 1    1       5 non-null       object
 2    2       5 non-null       int64
 3    3       5 non-null       int64
 4    4       5 non-null       float64
 5    5       5 non-null       int64
 6    6       5 non-null       int64
 7    7       5 non-null       int64
 8    8       5 non-null       int64
dtypes: float64(2), int64(6), object(1)
memory usage: 488.0+ bytes
```

图 7.2   DataFrame 信息

可以看到，Pandas 使用了列索引数字作为列标题。

现在让我们仔细研究数据类型。第 0 列当前是一个浮点数（float64）。它需要被转换为 int。

要将第 0 列转换为 int，需要使用以下代码：

```
# 将第 0 列转换为 int 数据类型
data_frame[0] = data_frame[0].astype('int')
data_frame[0]
```

其输出结果如图 7.3 所示。

```
0    1001
1    1002
2    1003
3    1004
4    1005
Name: Customer ID, dtype: int64
```

图 7.3   将列的数据类型转换为 int

现在尝试将第 2 列和第 3 列相加（结果不会被存储在 DataFrame 中）：

```
# 将第 2 列和第 3 列相加在一起
data_frame[2] + data_frame[3]
```

其输出结果如图 7.4 所示。

在本示例中可以看到，你仍然可以通过使用它们生成的标题而不是真实名称来对列执行每个操作。当然，不建议使用没有列标题的数据，因为它会导致混乱和错误。

接下来，你可以执行以下数据操作以修复缺失的标题。

（1）定义一个列表，它将替换缺失的列标题：

```
# 创建列标题的列表
column_names = ["Customer ID", "Customer Name", "2018
Revenue", "2019 Revenue", "Growth", "Start Year", "Start Month",
"Start Day", "New Customer"]
column_names
```

其输出结果如图 7.5 所示。

```
0    483000
1    401000
2    360000
3    169000
4    505000
dtype: int64
```

```
['Customer ID',
 'Customer Name',
 '2018 Revenue',
 '2019 Revenue',
 'Growth',
 'Start Year',
 'Start Month',
 'Start Day',
 'New Customer']
```

图 7.4　第 2 列和第 3 列的总和　　　　图 7.5　定义列标题

（2）使用 DataFrame 的 .columns 属性来替换缺失的列标题：

```
# 替换缺失的列标题
data_frame.columns = column_names
data_frame
```

其输出结果如图 7.6 所示。

	Customer ID	Customer Name	2018 Revenue	2019 Revenue	Growth	Start Year	Start Month	Start Day	New Customer
0	1001	Pandas Banking	235000	248000	5.5	2013	3	10	0
1	1002	Pandas Grocery	196000	205000	4.5	2016	4	30	0
2	1003	Pandas Telecom	167000	193000	15.5	2010	11	24	0
3	1004	Pandas Transport	79000	90000	13.9	2018	1	15	1
4	1005	Pandas Insurance	241000	264000	9.5	2009	6	1	0

图 7.6　替换列标题后的 DataFrame

以下代码段是另一个示例，说明如何导入不带列标题的 CSV 文件：

```
# 导入 pandas
import pandas as pd

# 定义 csv 文件的 URL
file_url = ' https://raw.githubusercontent.com/PacktWorkshops/
The-Pandas-Workshop/master/Chapter07/Data/retail_purchase_
missing_headers.csv '

# 将 csv 文件读入 DataFrame 中
data_frame = pd.read_csv(file_url)

# 显示 DataFrame
data_frame
```

其输出结果如图 7.7 所示。

	10001	24/05/20	Wheat	4.8lb	€17	Fline Store
0	10002	05/05/20	Fruit Juice	3.1lb	€19	Dello Superstore
1	10003	27/04/20	Vegetables	1.2lb	€15	Javies Retail
2	10004	05/05/20	Oil	3.1lb	€17	Javies Retail
3	10005	27/04/20	Wheat	4.8lb	€13	Javies Retail
4	10006	14/01/20	Butter	3.6lb	€27	Oldi Superstore
5	10007	20/04/20	Oil	4.8lb	€21	Dello Superstore
6	10008	05/05/20	Wheat	3.6lb	€25	Oldi Superstore
7	10009	17/04/20	Fruits	1.2lb	€24	Oldi Superstore
8	10010	15/06/20	Oil	4.4lb	€25	Kanes Store
9	10011	17/06/20	Oil	4.4lb	€16	Fline Store
10	10012	11/06/20	Cheese	2.3lb	€20	Fline Store
11	10013	19/03/20	Rice	4.4lb	€27	Kanes Store
12	10014	01/01/20	Cheese	1.2lb	€10	Fline Store
13	10015	07/07/20	Fruit Juice	3.6lb	€27	Oldi Superstore

图 7.7　另一个 DataFrame 示例

可以看到，图 7.7 中的列标题存在问题，因为 Pandas 将 CSV 文件的第一行解释为列标题。为避免这种情况，你可以添加 header=None 参数以告诉 Pandas 在导入 CSV 文件时没有任何列标题：

```
# 将 csv 文件读入 DataFrame 中
data_frame = pd.read_csv(file_url, header=None)

# 显示 DataFrame
data_frame
```

其输出结果如图 7.8 所示。

	0	1	2	3	4	5
0	10001	24/05/20	Wheat	4.8lb	€17	Fline Store
1	10002	05/05/20	Fruit Juice	3.1lb	€19	Dello Superstore
2	10003	27/04/20	Vegetables	1.2lb	€15	Javies Retail
3	10004	05/05/20	Oil	3.1lb	€17	Javies Retail
4	10005	27/04/20	Wheat	4.8lb	€13	Javies Retail
5	10006	14/01/20	Butter	3.6lb	€27	Oldi Superstore
6	10007	20/04/20	Oil	4.8lb	€21	Dello Superstore
7	10008	05/05/20	Wheat	3.6lb	€25	Oldi Superstore
8	10009	17/04/20	Fruits	1.2lb	€24	Oldi Superstore
9	10010	15/06/20	Oil	4.4lb	€25	Kanes Store
10	10011	17/06/20	Oil	4.4lb	€16	Fline Store
11	10012	11/06/20	Cheese	2.3lb	€20	Fline Store
12	10013	19/03/20	Rice	4.4lb	€27	Kanes Store
13	10014	01/01/20	Cheese	1.2lb	€10	Fline Store
14	10015	07/07/20	Fruit Juice	3.6lb	€27	Oldi Superstore

图 7.8　用数字替换列标题

在图 7.8 中可以看到，Pandas 已经导入了 CSV 文件并生成了列标题。

现在可以替换列标题，示例如下：

```
# 创建列标题的列表
column_names = ["Receipt Id", "Date of Purchase", "Product Name",
"Product Weight", "Total Price", "Retail shop name"]

# 替换缺失的列标题
data_frame.columns = column_names
data_frame
```

其输出结果如图 7.9 所示。

	Receipt Id	Date of Purchase	Product Name	Product Weight	Total Price	Retail shop name
0	10001	24/05/20	Wheat	4.8lb	€17	Fline Store
1	10002	05/05/20	Fruit Juice	3.1lb	€19	Dello Superstore
2	10003	27/04/20	Vegetables	1.2lb	€15	Javies Retail
3	10004	05/05/20	Oil	3.1lb	€17	Javies Retail
4	10005	27/04/20	Wheat	4.8lb	€13	Javies Retail
5	10006	14/01/20	Butter	3.6lb	€27	Oldi Superstore
6	10007	20/04/20	Oil	4.8lb	€21	Dello Superstore
7	10008	05/05/20	Wheat	3.6lb	€25	Oldi Superstore
8	10009	17/04/20	Fruits	1.2lb	€24	Oldi Superstore
9	10010	15/06/20	Oil	4.4lb	€25	Kanes Store
10	10011	17/06/20	Oil	4.4lb	€16	Fline Store
11	10012	11/06/20	Cheese	2.3lb	€20	Fline Store
12	10013	19/03/20	Rice	4.4lb	€27	Kanes Store
13	10014	01/01/20	Cheese	1.2lb	€10	Fline Store
14	10015	07/07/20	Fruit Juice	3.6lb	€27	Oldi Superstore

图 7.9　添加正确的标题

在掌握了如何在数据中创建和分配列标题之后，强烈建议你始终使用有意义的列标题，因为这将帮助你更好地理解数据集。

7.2.2　一列中的多个值

有时，你会遇到一个包含数据的列，该列可以被拆分为更多列。例如，"地址"列可以被拆分为"街道编号"列、"街道名称"列、"城市"列和"省/直辖市"列等。没有关于如何识别这些列的规则，因为这取决于你自己对数据集的理解，并以此来决定是否需要拆分它。

让我们同样从一个简单的示例开始。假设在数据集包含 3 列，即 full_name（全名）列、address（地址）列和 creation_date_time（创建日期时间）列，如图 7.10 所示。

	full_name	address	creation_date_time
0	Pasquale Cooper	1268 Burgoyne Promenade, San Leandro, Florida	2004-05-29 02:07:28
1	Giuseppe Wood	738 Opalo Circle, Brooklyn Center, Kansas	2008-04-24 19:42:11
2	Lindsey Garza	747 Desmond Nene, Olive Branch, Wisconsin	2013-08-23 09:41:48
3	Randy Mcpherson	171 Byron Street, Pleasanton, Vermont	2010-06-21 22:52:23
4	Cristobal Walsh	55 Crestwell Square, Oxford, Alaska	2014-12-13 09:47:34

图 7.10　一个示例 DataFrame

你被要求将其转换为如图 7.11 所示的形式。

	first_name	last_name	street	city	state	creation_date	creation_time
0	Pasquale	Cooper	1268 Burgoyne Promenade	San Leandro	Florida	2004-05-29	02:07:28
1	Giuseppe	Wood	738 Opalo Circle	Brooklyn Center	Kansas	2008-04-24	19:42:11
2	Lindsey	Garza	747 Desmond Nene	Olive Branch	Wisconsin	2013-08-23	09:41:48
3	Randy	Mcpherson	171 Byron Street	Pleasanton	Vermont	2010-06-21	22:52:23
4	Cristobal	Walsh	55 Crestwell Square	Oxford	Alaska	2014-12-13	09:47:34

图 7.11 拆分后的 DataFrame 输出结果

请执行以下步骤。

（1）导入 Pandas 和数据集（CSV），然后显示该 DataFrame：

```
# 导入 pandas
import pandas as pd

# 定义 csv 文件的 URL
file_url = 'https://raw.githubusercontent.com/PacktWorkshops/
The-Pandas-Workshop/master/Chapter07/Data/multiple_values_in_column.csv'

# 将 csv 文件读入 DataFrame 中
data_frame = pd.read_csv(file_url)

# 显示该 DataFrame
data_frame
```

其输出结果如图 7.12 所示。

	full_name	address	creation_date_time
0	Pasquale Cooper	1268 Burgoyne Promenade, San Leandro, Florida	2004-05-29 02:07:28
1	Giuseppe Wood	738 Opalo Circle, Brooklyn Center, Kansas	2008-04-24 19:42:11
2	Lindsey Garza	747 Desmond Nene, Olive Branch, Wisconsin	2013-08-23 09:41:48
3	Randy Mcpherson	171 Byron Street, Pleasanton, Vermont	2010-06-21 22:52:23
4	Cristobal Walsh	55 Crestwell Square, Oxford, Alaska	2014-12-13 09:47:34

图 7.12 导入原始数据的 DataFrame

可以看到，该 DataFrame 中的每一列都由同一列中的多个值组成。

❑ full_name 列包含名字和姓氏。

❑ address 列包含街道、城市和州。

❑　creation_date_time 列包含日期（年、月和日）和时间（小时、分钟和秒）。

（2）你想将所有这些值都拆分到它们各自的列中。为此，你将使用带有 expand=True 参数的 str.split()方法（这将返回一个 DataFrame），4.4.1 节"字符串方法"解释过该方法的使用。

将 full_name 列拆分为两个新列，分别称为 first_name 和 last_name：

```
# 将一列拆分为两个新列
data_frame[['first_name','last_name']]=data_frame.full_
name.str.split(expand=True)
data_frame
```

其输出结果如图 7.13 所示。

	full_name	address	creation_date_time	first_name	last_name
0	Pasquale Cooper	1268 Burgoyne Promenade, San Leandro, Florida	2004-05-29 02:07:28	Pasquale	Cooper
1	Giuseppe Wood	738 Opalo Circle, Brooklyn Center, Kansas	2008-04-24 19:42:11	Giuseppe	Wood
2	Lindsey Garza	747 Desmond Nene, Olive Branch, Wisconsin	2013-08-23 09:41:48	Lindsey	Garza
3	Randy Mcpherson	171 Byron Street, Pleasanton, Vermont	2010-06-21 22:52:23	Randy	Mcpherson
4	Cristobal Walsh	55 Crestwell Square, Oxford, Alaska	2014-12-13 09:47:34	Cristobal	Walsh

图 7.13　拆分 full_name 列

默认情况下，str.split()方法将拆分由空格分隔的值。

（3）你可以使用 drop()函数删除不再需要的 full_name 列，也可以添加 inplace=True 参数以将结果存储在现有的 DataFrame 中，而不是创建新的 DataFrame：

```
# 删除列
data_frame.drop('full_name', axis=1, inplace=True)
data_frame
```

其输出结果如图 7.14 所示。

	address	creation_date_time	first_name	last_name
0	1268 Burgoyne Promenade, San Leandro, Florida	2004-05-29 02:07:28	Pasquale	Cooper
1	738 Opalo Circle, Brooklyn Center, Kansas	2008-04-24 19:42:11	Giuseppe	Wood
2	747 Desmond Nene, Olive Branch, Wisconsin	2013-08-23 09:41:48	Lindsey	Garza
3	171 Byron Street, Pleasanton, Vermont	2010-06-21 22:52:23	Randy	Mcpherson
4	55 Crestwell Square, Oxford, Alaska	2014-12-13 09:47:34	Cristobal	Walsh

图 7.14　删除 full_name 列

（4）将 address（地址）列拆分为 3 个新列，分别是 street（街道）列、city（城市）

列和 state（州）列：

```
# 将 1 列拆分为 3 个新列
data_frame[['street', 'city','state']] = data_frame.
address.str.split(pat = ", ", expand=True)
data_frame
```

其输出结果如图 7.15 所示。

	address	creation_date_time	first_name	last_name	street	city	state
0	1268 Burgoyne Promenade, San Leandro, Florida	2004-05-29 02:07:28	Pasquale	Cooper	1268 Burgoyne Promenade	San Leandro	Florida
1	738 Opalo Circle, Brooklyn Center, Kansas	2008-04-24 19:42:11	Giuseppe	Wood	738 Opalo Circle	Brooklyn Center	Kansas
2	747 Desmond Nene, Olive Branch, Wisconsin	2013-08-23 09:41:48	Lindsey	Garza	747 Desmond Nene	Olive Branch	Wisconsin
3	171 Byron Street, Pleasanton, Vermont	2010-06-21 22:52:23	Randy	Mcpherson	171 Byron Street	Pleasanton	Vermont
4	55 Crestwell Square, Oxford, Alaska	2014-12-13 09:47:34	Cristobal	Walsh	55 Crestwell Square	Oxford	Alaska

图 7.15　拆分地址列

这一次，你指定了 pat 参数以指定逗号（,）而不是空格来分隔值。

（5）使用 drop()函数删除 address 列，因为已经不再需要它了：

```
# 删除列
data_frame.drop('address', axis=1, inplace=True)
data_frame
```

其输出结果如图 7.16 所示。

	creation_date_time	first_name	last_name	street	city	state
0	2004-05-29 02:07:28	Pasquale	Cooper	1268 Burgoyne Promenade	San Leandro	Florida
1	2008-04-24 19:42:11	Giuseppe	Wood	738 Opalo Circle	Brooklyn Center	Kansas
2	2013-08-23 09:41:48	Lindsey	Garza	747 Desmond Nene	Olive Branch	Wisconsin
3	2010-06-21 22:52:23	Randy	Mcpherson	171 Byron Street	Pleasanton	Vermont
4	2014-12-13 09:47:34	Cristobal	Walsh	55 Crestwell Square	Oxford	Alaska

图 7.16　删除地址列

（6）你需要将 creation_date_time 列拆分成两列（creation_date 和 creation_time），由于该列数据是字符串类型的，因此需要先将它转换为 datetime64 数据类型，以便 Pandas 可以正确操作它：

```
# 将列的数据类型转换为 datetime
data_frame['creation_date_time'] = pd.to_datetime(data_
frame['creation_date_time'], format='%Y-%m-%d %H:%M:%S')
```

```
data_frame['creation_date_time']
```

其输出结果如图 7.17 所示。

```
0    2004-05-29 02:07:28
1    2008-04-24 19:42:11
2    2013-08-23 09:41:48
3    2010-06-21 22:52:23
4    2014-12-13 09:47:34
Name: creation_date_time, dtype: datetime64[ns]
```

图 7.17　将 creation_date_time 转换为 datetime 格式

（7）使用 dt.date 方法和 dt.time 方法创建两个新列：

```
# 从datetime数据中创建日期和时间列
data_frame['creation_date'] = data_frame.creation_date_time.dt.date
data_frame['creation_time'] = data_frame.creation_date_time.dt.time
data_frame
```

其输出结果如图 7.18 所示。

	creation_date_time	first_name	last_name	street	city	state	creation_date	creation_time
0	2004-05-29 02:07:28	Pasquale	Cooper	1268 Burgoyne Promenade	San Leandro	Florida	2004-05-29	02:07:28
1	2008-04-24 19:42:11	Giuseppe	Wood	738 Opalo Circle	Brooklyn Center	Kansas	2008-04-24	19:42:11
2	2013-08-23 09:41:48	Lindsey	Garza	747 Desmond Nene	Olive Branch	Wisconsin	2013-08-23	09:41:48
3	2010-06-21 22:52:23	Randy	Mcpherson	171 Byron Street	Pleasanton	Vermont	2010-06-21	22:52:23
4	2014-12-13 09:47:34	Cristobal	Walsh	55 Crestwell Square	Oxford	Alaska	2014-12-13	09:47:34

图 7.18　拆分 creation_date_time 列

（8）删除 creation_date_time 列：

```
# 删除列
data_frame.drop('creation_date_time', axis=1, inplace=True)
data_frame
```

其输出结果如图 7.19 所示。

	first_name	last_name	street	city	state	creation_date	creation_time
0	Pasquale	Cooper	1268 Burgoyne Promenade	San Leandro	Florida	2004-05-29	02:07:28
1	Giuseppe	Wood	738 Opalo Circle	Brooklyn Center	Kansas	2008-04-24	19:42:11
2	Lindsey	Garza	747 Desmond Nene	Olive Branch	Wisconsin	2013-08-23	09:41:48
3	Randy	Mcpherson	171 Byron Street	Pleasanton	Vermont	2010-06-21	22:52:23
4	Cristobal	Walsh	55 Crestwell Square	Oxford	Alaska	2014-12-13	09:47:34

图 7.19　删除 creation_date_time 列

现在你已经学习了如何处理缺失的标题，接下来，让我们看看如何处理行和列中的重复观察值。

7.2.3　行和列中的重复观察值

数据重复可能导致统计结论出现错误。本小节将讨论如何删除重复的行或列以确保仅保留唯一值。

假设你得到如图 7.20 所示的数据集。

	id	city	state	city	state
0	1	Hutchinson	Texas	Hutchinson	Texas
1	2	Yorkville	South Dakota	Yorkville	South Dakota
2	1	Hutchinson	Texas	Hutchinson	Texas
3	3	Round Lake	Kansas	Round Lake	Kansas
4	4	Orinda	Montana	Orinda	Montana
5	3	Round Lake	Kansas	Round Lake	Kansas

图 7.20　包含重复特征的 DataFrame

你被要求将其转换为如图 7.21 所示的形式。

	id	city	state
0	1	Hutchinson	Texas
1	2	Yorkville	South Dakota
3	3	Round Lake	Kansas
4	4	Orinda	Montana

图 7.21　没有重复特征的 DataFrame

请执行以下步骤。

（1）导入 Pandas 和数据集（CSV），然后显示该 DataFrame：

```
# 导入 pandas
import pandas as pd

# 定义 csv 文件的 URL
file_url = ' https://raw.githubusercontent.com/
PacktWorkshops/The-Pandas-Workshop/master/Chapter07/Data/
duplicate_observations.csv'
```

```
# 将 csv 文件读入 DataFrame 中
data_frame = pd.read_csv(file_url)

# 强制重复列名称
data_frame.rename(columns={'city.1': 'city', 'state.1':
'state'}, inplace=True)

# 显示该 DataFrame
data_frame
```

其输出结果如图 7.22 所示。

	id	city	state	city	state
0	1	Hutchinson	Texas	Hutchinson	Texas
1	2	Yorkville	South Dakota	Yorkville	South Dakota
2	1	Hutchinson	Texas	Hutchinson	Texas
3	3	Round Lake	Kansas	Round Lake	Kansas
4	4	Orinda	Montana	Orinda	Montana
5	3	Round Lake	Kansas	Round Lake	Kansas

图 7.22　导入 DataFrame

可以看到，该 DataFrame 中有两个重复问题。第一个问题是 city（城市）和 state（州）的重复列；第二个问题是行中有重复项，因为 id 1 和 3 有额外的行。

（2）要删除这些重复值，需要使用.duplicated()方法识别重复的列：

```
# 检查重复的列
data_frame.columns.duplicated()
```

其输出结果如图 7.23 所示。

```
array([False, False, False,  True,  True])
```

图 7.23　检查重复列

请注意，.duplicated()方法仅适用于相似的列名。如果重复列有自己的唯一名称，则.duplicated()方法将无法检测到任何重复项。

（3）使用上述布尔结果仅选择非重复列：

```
# 仅选择非重复列
data_frame = data_frame.loc[:,~data_frame.columns.duplicated()]
```

```
data_frame
```

其输出结果如图 7.24 所示。

（4）你既然已经删除了重复的列，就可以继续使用 drop_duplicates()函数删除重复的行，示例如下：

```
# 删除重复的行
data_frame = data_frame.drop_duplicates()
data_frame
```

其输出结果如图 7.25 所示。

	id	city	state
0	1	Hutchinson	Texas
1	2	Yorkville	South Dakota
2	1	Hutchinson	Texas
3	3	Round Lake	Kansas
4	4	Orinda	Montana
5	3	Round Lake	Kansas

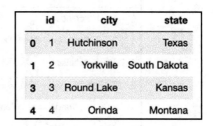

	id	city	state
0	1	Hutchinson	Texas
1	2	Yorkville	South Dakota
3	3	Round Lake	Kansas
4	4	Orinda	Montana

图 7.24　查看非重复列　　　　　　　图 7.25　删除重复的行

现在你已经学会了如何处理重复的数据，在下面的练习中，你可以自己尝试执行本章已经介绍过的操作。

7.2.4　练习 7.1——处理格式混乱的地址

本练习将加载一个没有标题的 CSV 文件并修复不同的数据问题，以使 DataFrame 可用于数据分析。

🛈 注意：

本练习所需的数据被包含在 messy_addresses.csv 文件中。该文件可以在本书配套 GitHub 存储库中找到。其网址如下：

https://raw.githubusercontent.com/PacktWorkshops/The-Pandas-Workshop/master/Chapter07/
Data/messy_addresses.csv

以下步骤将帮助你完成本练习。

（1）打开一个新的 Jupyter Notebook 文件，并导入 Pandas：

```
import pandas as pd
```

（2）将 CSV 文件读入 DataFrame 中，并将 header 参数设置为 None：

```
file_url = ' https://raw.githubusercontent.com/PacktWorkshops/
The-Pandas-Workshop/master/Chapter07/Data/messy_addresses.csv'
data_frame = pd.read_csv(file_url, header=None)
```

（3）使用 head()函数显示 DataFrame 的前 5 行：

```
data_frame.head()
```

其输出结果如图 7.26 所示。

	0	1	2	3
0	Vernia Anthony	1051 Balceta Square, Reedley, Michigan	Vernia Anthony	1051 Balceta Square, Reedley, Michigan
1	Daren Underwood	982 Duboce Gardens, Peachtree City, Georgia	Daren Underwood	982 Duboce Gardens, Peachtree City, Georgia
2	Stanley Marks	541 Merrill Stravenue, Talladega, Pennsylvania	Stanley Marks	541 Merrill Stravenue, Talladega, Pennsylvania
3	Shad Ruiz	1018 Whiting Line, North Platte, New Jersey	Shad Ruiz	1018 Whiting Line, North Platte, New Jersey
4	Danny Mooney	1301 Grand View Crescent, Oviedo, Washington	Danny Mooney	1301 Grand View Crescent, Oviedo, Washington

图 7.26 查看 DataFrame 的前 5 行

接下来，你将需要开始删除重复的列。

（4）使用 tail()函数显示 DataFrame 的最后 5 行：

```
data_frame.tail(5)
```

其输出结果如图 7.27 所示。

	0	1	2	3
45	Augustus Conley	421 Powhattan Sideline, Caldwell, Mississippi	Augustus Conley	421 Powhattan Sideline, Caldwell, Mississippi
46	Lyndia Humphrey	323 Lori Plantation, Vernon Hills, Oregon	Lyndia Humphrey	323 Lori Plantation, Vernon Hills, Oregon
47	Vito Cochran	136 Dr Tom Waddell Bypass, Pembroke Pines, New...	Vito Cochran	136 Dr Tom Waddell Bypass, Pembroke Pines, New...
48	Preston Randall	1178 Burke Boulevard, Sugar Land, Oklahoma	Preston Randall	1178 Burke Boulevard, Sugar Land, Oklahoma
49	Derrick Holman	401 Cayuga Viaduct, Pittsburg, Indiana	Derrick Holman	401 Cayuga Viaduct, Pittsburg, Indiana

图 7.27 查看 DataFrame 的最后 5 行

可以看到，此 DataFrame 存在以下 3 个问题：

❑ 缺少标题。
❑ 重复列。
❑ 同一列中有多个值。

（5）使用 drop()函数删除重复的列（2 和 3），然后显示 DataFrame 的前 5 行：

```
data_frame.drop([2,3], axis=1, inplace=True)
data_frame.head()
```

其输出结果如图 7.28 所示。

	0	1
0	Vernia Anthony	1051 Balceta Square, Reedley, Michigan
1	Daren Underwood	982 Duboce Gardens, Peachtree City, Georgia
2	Stanley Marks	541 Merrill Stravenue, Talladega, Pennsylvania
3	Shad Ruiz	1018 Whiting Line, North Platte, New Jersey
4	Danny Mooney	1301 Grand View Crescent, Oviedo, Washington

图 7.28　删除重复的列

现在你可以为剩余的列进行命名。

（6）创建列标题列表（full_name 和 address）：

```
column_names = ["full_name", "address"]
print(column_names)
```

column_names 的输出结果将如图 7.29 所示。

```
['full_name', 'address']
```

图 7.29　创建列标题

（7）替换缺失的列标题，然后显示 DataFrame：

```
data_frame.columns = column_names
data_frame.head()
```

其输出结果如图 7.30 所示。

	full_name	address
0	Vernia Anthony	1051 Balceta Square, Reedley, Michigan
1	Daren Underwood	982 Duboce Gardens, Peachtree City, Georgia
2	Stanley Marks	541 Merrill Stravenue, Talladega, Pennsylvania
3	Shad Ruiz	1018 Whiting Line, North Platte, New Jersey
4	Danny Mooney	1301 Grand View Crescent, Oviedo, Washington

图 7.30　将列标题添加到 DataFrame 中

现在你可以将注意力转向同一列中的多个值的问题。

（8）将 full_name 列按其值拆分为名为 first_name 和 last_name 的两列，然后显示该 DataFrame：

```
data_frame[['first_name','last_name']]=data_frame.full_
name.str.split(expand=True)
data_frame.head()
```

其输出结果如图 7.31 所示。

	full_name	address	first_name	last_name
0	Vernia Anthony	1051 Balceta Square, Reedley, Michigan	Vernia	Anthony
1	Daren Underwood	982 Duboce Gardens, Peachtree City, Georgia	Daren	Underwood
2	Stanley Marks	541 Merrill Stravenue, Talladega, Pennsylvania	Stanley	Marks
3	Shad Ruiz	1018 Whiting Line, North Platte, New Jersey	Shad	Ruiz
4	Danny Mooney	1301 Grand View Crescent, Oviedo, Washington	Danny	Mooney

图 7.31　拆分 full_name 列

（9）删除 full_name 列，然后显示该 DataFrame：

```
data_frame.drop('full_name', axis=1, inplace=True)
data_frame.head()
```

其输出结果如图 7.32 所示。

	address	first_name	last_name
0	1051 Balceta Square, Reedley, Michigan	Vernia	Anthony
1	982 Duboce Gardens, Peachtree City, Georgia	Daren	Underwood
2	541 Merrill Stravenue, Talladega, Pennsylvania	Stanley	Marks
3	1018 Whiting Line, North Platte, New Jersey	Shad	Ruiz
4	1301 Grand View Crescent, Oviedo, Washington	Danny	Mooney

图 7.32　删除 full_name 列之后的 DataFrame

（10）将 address 列按其值拆分为 3 个新列，分别称为 street、city 和 state。然后显示该 DataFrame：

```
data_frame[['street', 'city','state']] = data_frame.
address.str.split(pat = ", ", expand=True)
data_frame.head()
```

其输出结果如图 7.33 所示。

	address	first_name	last_name	street	city	state
0	1051 Balceta Square, Reedley, Michigan	Vernia	Anthony	1051 Balceta Square	Reedley	Michigan
1	982 Duboce Gardens, Peachtree City, Georgia	Daren	Underwood	982 Duboce Gardens	Peachtree City	Georgia
2	541 Merrill Stravenue, Talladega, Pennsylvania	Stanley	Marks	541 Merrill Stravenue	Talladega	Pennsylvania
3	1018 Whiting Line, North Platte, New Jersey	Shad	Ruiz	1018 Whiting Line	North Platte	New Jersey
4	1301 Grand View Crescent, Oviedo, Washington	Danny	Mooney	1301 Grand View Crescent	Oviedo	Washington

图 7.33　拆分 address 列

（11）删除已经不再需要的 address 列，然后显示 DataFrame：

```
data_frame.drop('address', axis=1, inplace=True)
data_frame.head()
```

其输出结果如图 7.34 所示。

	first_name	last_name	street	city	state
0	Vernia	Anthony	1051 Balceta Square	Reedley	Michigan
1	Daren	Underwood	982 Duboce Gardens	Peachtree City	Georgia
2	Stanley	Marks	541 Merrill Stravenue	Talladega	Pennsylvania
3	Shad	Ruiz	1018 Whiting Line	North Platte	New Jersey
4	Danny	Mooney	1301 Grand View Crescent	Oviedo	Washington

图 7.34　删除 address 列

现在，所有混乱的数据问题都已得到解决，DataFrame 也已准备就绪，可供使用。

在本练习中，你处理了与缺少标题、一列中有多个值和重复列有关的混乱数据问题。

你现在已经学习了如何处理行和列中的重复观察值，接下来可以继续了解如何处理存储在一列中的多个变量。

7.2.5　多个变量被存储在一列中

你可能遇到的另一种情况是，多个变量被存储在单个列中。解决方案是将该列的变量拆分为多列和多行。这种情况实际上就是数据透视表变换的逆操作，本章末尾将详细讨论数据透视表变换。

先来看以下示例。假设你获得一个数据集，其中包含一些社会人口统计数据的年销售额，如图 7.35 所示。

你已被要求将其转换为如图 7.36 所示的形式。

	YEAR	M0-24	M25-54	M55	F0-24	F25-54	F55
0	2018	282	812	993	712	466	373
1	2019	243	196	365	340	969	659

图 7.35　显示销售额的示例 DataFrame

	YEAR	sales	gender	age_group
0	2018	282	M	0-24
1	2019	243	M	0-24
2	2018	812	M	25-54
3	2019	196	M	25-54
4	2018	993	M	55
5	2019	365	M	55
6	2018	712	F	0-24
7	2019	340	F	0-24
8	2018	466	F	25-54
9	2019	969	F	25-54
10	2018	373	F	55
11	2019	659	F	55

图 7.36　转换后的 DataFrame

要完成该转换，你需要按以下步骤进行操作。

（1）导入 Pandas 和数据集（CSV），然后显示 DataFrame：

```
# 导入 pandas
import pandas as pd

# 定义 csv 文件的 URL
file_url = ' https://raw.githubusercontent.com/
PacktWorkshops/The-Pandas-Workshop/master/Chapter07/Data/
multiple_variables_in_column.csv'

# 将 csv 数据读入 DataFrame 中
data_frame = pd.read_csv(file_url)

# 显示该 DataFrame
data_frame
```

其输出结果如图 7.37 所示。

可以看到，列标题（YEAR 除外）包含性别和年龄组。你如果希望能够对该人口统计数据执行任何数据分析，则需要操作 DataFrame。图 7.37 中显示的数据格式被称为宽格式（wide format）。对于需要进行统计分析的大多数情况，数据必须是我们称之为长格式（long format）的格式，下文将详细讨论它。

	YEAR	M0-24	M25-54	M55	F0-24	F25-54	F55
0	2018	282	812	993	712	466	373
1	2019	243	196	365	340	969	659

图 7.37   导入数据

要将宽格式数据转换为长格式数据，Pandas 的 melt()函数很有用。

id_vars 参数指示在 melt 操作之后哪些列应该保持不变，而 var_name 参数则指示在将 id_vars 以外的列组合在一起形成单个列之后，列的名称应该是什么。value_name 参数表示包含相应数据的列的名称。

（2）使用 melt()函数将人口统计列标题转换为行。除了指定 var_name=["demographic"]（要取消透视的列）和 value_name="sales"（新列的名称）参数，还应该使用 YEAR 列作为标识符（id_vars=["YEAR"]）：

```
# 将人口统计列转换为行
data_frame = data_frame.melt(id_vars=["YEAR"],var_name=["demographic"],
value_name="sales")
data_frame
```

其输出结果如图 7.38 所示。

	YEAR	demographic	sales
0	2018	M0-24	282
1	2019	M0-24	243
2	2018	M25-54	812
3	2019	M25-54	196
4	2018	M55	993
5	2019	M55	365
6	2018	F0-24	712
7	2019	F0-24	340
8	2018	F25-54	466
9	2019	F25-54	969
10	2018	F55	373
11	2019	F55	659

图 7.38   将列标题中的人口统计值转换为实际列

（3）将 demographic（人口统计）列拆分为两个新列，分别命名为 gender（性别）和 age_group（年龄组）：

```
# 将 demographic 列拆分为两个新列
data_frame['gender'] = data_frame.demographic.str[0].astype(str)
data_frame['age_group'] = data_frame.demographic.str[1:].astype(str)
data_frame
```

其输出结果如图 7.39 所示。

	YEAR	demographic	sales	gender	age_group
0	2018	M0-24	282	M	0-24
1	2019	M0-24	243	M	0-24
2	2018	M25-54	812	M	25-54
3	2019	M25-54	196	M	25-54
4	2018	M55	993	M	55
5	2019	M55	365	M	55
6	2018	F0-24	712	F	0-24
7	2019	F0-24	340	F	0-24
8	2018	F25-54	466	F	25-54
9	2019	F25-54	969	F	25-54
10	2018	F55	373	F	55
11	2019	F55	659	F	55

图 7.39　拆分 demographic 列

（4）最后一步是删除 demographic 列：

```
# 删除 demographic 列
data_frame.drop('demographic', axis=1, inplace=True)
data_frame
```

其输出结果如图 7.40 所示。

现在你已经学习了如何处理存储在单个列中的多个变量，接下来，让我们看看如何处理多个表中的相同观察值。

	YEAR	sales	gender	age_group
0	2018	282	M	0-24
1	2019	243	M	0-24
2	2018	812	M	25-54
3	2019	196	M	25-54
4	2018	993	M	55
5	2019	365	M	55
6	2018	712	F	0-24
7	2019	340	F	0-24
8	2018	466	F	25-54
9	2019	969	F	25-54
10	2018	373	F	55
11	2019	659	F	55

图 7.40   删除 demographic 列之后的 DataFrame

7.2.6   具有相同结构的多个 DataFrame

数据并不总是根据我们的需要构建的。当有多个表具有相同的含义和结构时，建议你将它们连接成一个主 DataFrame。

例如，假设你有两个文件，其中包含 4 家商店的年销售额（文件名包含年份信息），如图 7.41 所示。

2019 年的情况如图 7.42 所示。

	store_id	sales
0	1	282
1	2	243
2	3	391
3	4	973

	store_id	sales
0	1	272
1	2	370
2	3	178
3	4	622

图 7.41   2018 年销售额的示例 DataFrame   图 7.42   2019 年销售额的示例 DataFrame

你被要求将其转换为如图 7.43 所示的形式。

请按以下步骤进行操作。

（1）导入 Pandas 和第一个数据集（CSV），然后显示该 DataFrame：

```
# 导入 pandas
import pandas as pd

# 定义 csv 文件的 URL
file_url_2018 = ' https://raw.githubusercontent.com/PacktWorkshops/
The-Pandas-Workshop/master/Chapter07/Data/data_frame_2018.csv'
data_frame_2018 = pd.read_csv(file_url_2018)

# 显示 DataFrame
data_frame_2018
```

其输出结果如图 7.44 所示。

	store_id	sales	year
0	1	282	2018
1	1	272	2019
2	2	243	2018
3	2	370	2019
4	3	391	2018
5	3	178	2019
6	4	973	2018
7	4	622	2019

	store_id	sales
0	1	282
1	2	243
2	3	391
3	4	973

图 7.43　转换后合并的 DataFrame　　　　图 7.44　第一个 DataFrame

（2）导入第二个数据集（CSV），然后显示 DataFrame：

```
# 定义 csv 文件的 URL
file_url_2019 = 'https://raw.githubusercontent.com/PacktWorkshops/
The-Pandas-Workshop/master/Chapter07/Data/data_frame_2019.csv'
data_frame_2019 = pd.read_csv(file_url_2019)

# 显示 DataFrame
data_frame_2019
```

其输出结果如图 7.45 所示。

（3）根据 DataFrame 的名称在每个表中创建一个 year（年份）列：

```
# 创建年份列
data_frame_2018["year"]="2018"
data_frame_2018
```

其输出结果如图 7.46 所示。

	store_id	sales
0	1	272
1	2	370
2	3	178
3	4	622

	store_id	sales	year
0	1	282	2018
1	2	243	2018
2	3	391	2018
3	4	973	2018

图 7.45　第二个 DataFrame　　　　　图 7.46　在第一个数据集中创建 year 列

我们将对 2019 年的表执行相同的操作，如下所示：

```
# 创建 year 列
data_frame_2019["year"]="2019"
data_frame_2019
```

其输出结果如图 7.47 所示。

（4）使用 concat() 函数将两个 DataFrame 组合在一起：

```
# 连接 DataFrame
data_frame = pd.concat([data_frame_2018, data_frame_2019])
data_frame
```

其输出结果如图 7.48 所示。

	store_id	sales	year
0	1	282	2018
1	2	243	2018
2	3	391	2018
3	4	973	2018
0	1	272	2019
1	2	370	2019
2	3	178	2019
3	4	622	2019

	store_id	sales	year
0	1	272	2019
1	2	370	2019
2	3	178	2019
3	4	622	2019

图 7.47　在第二个数据集中创建 year 列　　　　图 7.48　组合两个 DataFrame

（5）为了便于阅读，可以按 store_id 列和 year 列对值进行排序。这将产生一个最初按 store_id 排序的 DataFrame。然后，对于每个 store_id 值，它们的销售额将按年份排序：

```
# 对 DataFrame 进行排序
data_frame = data_frame.sort_values(by=['store_id', 'year'])
```

```
data_frame
```

其输出结果如图 7.49 所示。

（6）可以看到，在对 DataFrame 进行排序后，它的索引被打乱了，因为有重复的 (0,0,1,1,2,2,3,3) 而不是 (0,1,2,3,4 ,5,6,7,8)。因此，最后一步是重置 DataFrame 索引：

```
# 重置 DataFrame 的索引
data_frame = data_frame.reset_index(drop = True)
data_frame
```

其输出结果如图 7.50 所示。

	store_id	sales	year
0	1	282	2018
0	1	272	2019
1	2	243	2018
1	2	370	2019
2	3	391	2018
2	3	178	2019
3	4	973	2018
3	4	622	2019

	store_id	sales	year
0	1	282	2018
1	1	272	2019
2	2	243	2018
3	2	370	2019
4	3	391	2018
5	3	178	2019
6	4	973	2018
7	4	622	2019

图 7.49　对值进行排序　　　　　图 7.50　重置 DataFrame 索引

到目前为止，我们已经学会了如何使用具有相似结构的多个 DataFrame。接下来，我们将通过一个练习来实践这些知识。

7.2.7　练习 7.2——按人口统计信息存储销售数据

在本练习中，你将加载两个 CSV 文件并更正任何数据问题，以使得单个 DataFrame 可用于数据分析。

🛈 注意：

本练习所需的数据被包含在 store_sales_demographics_2019.csv 和 store_sales_demographics_2018.csv 文件中。这两个文件可以在本书配套的 GitHub 存储库中找到。其网址如下：

https://raw.githubusercontent.com/PacktWorkshops/The-Pandas-Workshop/master/Chapter07/Data/store_sales_demographics_2019.csv

以下步骤将帮助你完成本练习。

（1）打开一个新的 Jupyter Notebook 文件，导入 Pandas：

```
import pandas as pd
```

（2）将两个 CSV 文件加载为 DataFrame：

```
file_url_2018 = 'https://raw.githubusercontent.com/
PacktWorkshops/The-Pandas-Workshop/master/Chapter07/Data/
store_sales_demographics_2018.csv'
file_url_2019 = 'https://raw.githubusercontent.com/
PacktWorkshops/The-Pandas-Workshop/master/Chapter07/Data/
store_sales_demographics_2019.csv'

data_frame_2018 = pd.read_csv(file_url_2018)
data_frame_2019 = pd.read_csv(file_url_2019)
```

（3）使用 head()函数显示第一个 DataFrame 的前 5 行：

```
data_frame_2018.head()
```

其输出结果如图 7.51 所示。

	store_id	M0-24	M25-54	M55	F0-24	F25-54	F55
0	1	34	27	60	54	17	98
1	2	54	73	89	25	12	78
2	3	86	66	68	81	32	75
3	4	19	58	55	37	70	12
4	5	91	17	46	67	19	14

图 7.51　第一个 DataFrame 的前 5 行

现在可以开始删除重复的列。

（4）使用 head()函数显示第二个 DataFrame 的前 5 行：

```
data_frame_2019.head()
```

其输出结果如图 7.52 所示。

可以看到，这些 DataFrame 存在以下两个问题：

❑　在多个表中有相同的观察结果。

❑　多个变量已被存储在一列中。

	store_id	M0-24	M25-54	M55	F0-24	F25-54	F55
0	1	46	16	28	62	98	76
1	2	44	92	60	26	86	50
2	3	53	85	50	84	34	44
3	4	88	71	45	48	19	34
4	5	37	18	45	45	10	11

图 7.52 第二个 DataFrame 的前 5 行

（5）要解决第一个问题，需要为第一个 DataFrame 创建一个名为 year（年份）的新列，然后显示它：

```
data_frame_2018["year"] = 2018
data_frame_2018
```

其输出结果如图 7.53 所示。

	store_id	M0-24	M25-54	M55	F0-24	F25-54	F55	year
0	1	34	27	60	54	17	98	2018
1	2	54	73	89	25	12	78	2018
2	3	86	66	68	81	32	75	2018
3	4	19	58	55	37	70	12	2018
4	5	91	17	46	67	19	14	2018

图 7.53 在第一个数据集中创建 year 列

（6）为第二个 DataFrame 创建一个名为 year 的新列，然后显示它：

```
data_frame_2019["year"] = 2019
data_frame_2019
```

其输出结果将如图 7.54 所示。

	store_id	M0-24	M25-54	M55	F0-24	F25-54	F55	year
0	1	46	16	28	62	98	76	2019
1	2	44	92	60	26	86	50	2019
2	3	53	85	50	84	34	44	2019
3	4	88	71	45	48	19	34	2019
4	5	37	18	45	45	10	11	2019

图 7.54 在第二个数据集中创建 year 列

（7）连接两个 DataFrame 并显示结果：

```
data_frame = pd.concat([data_frame_2018, data_frame_2019])
data_frame
```

其输出结果如图 7.55 所示。

	store_id	M0-24	M25-54	M55	F0-24	F25-54	F55	year
0	1	34	27	60	54	17	98	2018
1	2	54	73	89	25	12	78	2018
2	3	86	66	68	81	32	75	2018
3	4	19	58	55	37	70	12	2018
4	5	91	17	46	67	19	14	2018
0	1	46	16	28	62	98	76	2019
1	2	44	92	60	26	86	50	2019
2	3	53	85	50	84	34	44	2019
3	4	88	71	45	48	19	34	2019
4	5	37	18	45	45	10	11	2019

图 7.55　组合两个 DataFrame 之后的结果

（8）要处理多变量问题，首先需要将包含人口统计的多列（M0-24、M25-54、M55、F0-24、F25-54、F55）转换为行，然后显示 DataFrame：

```
data_frame = data_frame.melt(id_vars=["year", "store_id"],
var_name=["demographic"],value_name="sales")
data_frame.head(6)
```

其输出结果如图 7.56 所示。

	year	store_id	demographic	sales
0	2018	1	M0-24	34
1	2018	2	M0-24	54
2	2018	3	M0-24	86
3	2018	4	M0-24	19
4	2018	5	M0-24	91
5	2019	1	M0-24	46

图 7.56　转换之后获得的 demographic（人口统计）列

（9）将 demographic 列拆分为两列，分别称为 gender（性别）和 age_group（年龄组）。
然后显示 DataFrame：

```
data_frame['gender'] = data_frame.demographic.str[0].astype(str)
data_frame['age_group'] = data_frame.demographic.str[1:].astype(str)
data_frame.head(6)
```

其输出结果如图 7.57 所示。

	year	store_id	demographic	sales	gender	age_group
0	2018	1	M0-24	34	M	0-24
1	2018	2	M0-24	54	M	0-24
2	2018	3	M0-24	86	M	0-24
3	2018	4	M0-24	19	M	0-24
4	2018	5	M0-24	91	M	0-24
5	2019	1	M0-24	46	M	0-24

图 7.57 拆分 demographic 列

（10）删除 demographic 列，然后显示 DataFrame：

```
data_frame.drop('demographic', axis=1, inplace=True)
data_frame.head()
```

其输出结果如图 7.58 所示。

	year	store_id	sales	gender	age_group
0	2018	1	34	M	0-24
1	2018	2	54	M	0-24
2	2018	3	86	M	0-24
3	2018	4	19	M	0-24
4	2018	5	91	M	0-24

图 7.58 删除 demographic 列

（11）按 year、store_id 和 gender 对 DataFrame 进行排序，然后显示 DataFrame：

```
data_frame = data_frame.sort_values(by=['year', 'store_id', 'gender'])
data_frame.head()
```

其输出结果如图 7.59 所示。

	year	store_id	sales	gender	age_group
30	2018	1	54	F	0-24
40	2018	1	17	F	25-54
50	2018	1	98	F	55
0	2018	1	34	M	0-24
10	2018	1	27	M	25-54

图 7.59　对 DataFrame 进行排序

（12）按以下顺序对列进行重新排序：("store_id", "age_group", "gender", "year", "sales")，然后显示 DataFrame：

```
data_frame = data_frame[["store_id","age_group","gender","year","sales"]]
data_frame.head()
```

其输出结果如图 7.60 所示。

（13）重置 DataFrame 的索引，然后显示 DataFrame：

```
data_frame = data_frame.reset_index(drop = True)
data_frame.head()
```

其输出结果如图 7.61 所示。

	store_id	age_group	gender	year	sales
30	1	0-24	F	2018	54
40	1	25-54	F	2018	17
50	1	55	F	2018	98
0	1	0-24	M	2018	34
10	1	25-54	M	2018	27

	store_id	age_group	gender	year	sales
0	1	0-24	F	2018	54
1	1	25-54	F	2018	17
2	1	55	F	2018	98
3	1	0-24	M	2018	34
4	1	25-54	M	2018	27

图 7.60　重新排序 DataFrame　　　　　　　图 7.61　重置 DataFrame 索引

现在所有混乱的数据问题都已得到修复，DataFrame 也已准备就绪，可供使用。

在本练习中，你处理了存储在同一列中的多个变量以及在多个表中找到相同观察值的问题，使得数据符合分析的要求。

在掌握了如何处理混乱的数据之后，接下来让我们看看如何处理缺失数据。

7.3　处理缺失数据

在进行任何类型的数据分析时，你可能已经在学习或职业生涯中遇到过缺失数据。缺失数据是你在大多数数据集中都会遇到的一个很常见的问题。很难找到"完美"的数据集。缺失数据不仅仅是一件麻烦事。这是一个你需要考虑的严重问题，因为它会影响分析的结果。

7.3.1　关于缺失数据

在学习如何处理缺失数据之前，首先需要了解它的三种类型。

❑ 完全随机缺失（missing completely at random，MCAR）：当我们没有任何理由相信这些值由于任何系统而丢失时，它可以被认为是 MCAR。当缺失值被归类为 MCAR 时，具有缺失值的数据对象可以是任何数据对象。

　例如，如果空气质量传感器由于互联网连接的随机波动而无法与其服务器通信以保存记录，则该缺失值就属于 MCAR 类型。这是因为任何数据对象都可能发生互联网连接问题，只不过它恰好发生在包含缺失值的那些地方。

　完全随机缺失意味着缺失的数据与任何变量无关。区分这一点的一个简单方法是，如果我们无法通过使用其他变量来解释为什么数据缺失，那么它就是 MCAR。

　这种类型对任何结果的影响最小，因为缺失的数据是完全随机的，不能用来推导任何相关性。这可能是由于正在加载的系统或正在生成的数据存在问题——例如，如果我们正在从传感器中收集数据，而其中某个传感器由于故障而无法使用。

❑ 随机缺失（missing at random，MAR）：当数据中的某些数据对象更有可能包含缺失值时，它可以被认为是 MAR。例如，如果风速有时会导致传感器发生故障并使其无法给出读数，则在大风气候环境中发生的缺失值即可被归类为 MAR。理解 MAR 的关键在于，导致缺失值的系统原因并不总是导致缺失值，而是增加了数据对象缺失值的概率。

　随机缺失与你掌握的其他变量的信息有关。例如，在一项社会调查中，如果你发现某些特定的人群显示出不愿意回答问题的趋势，那么该缺失的数据就被认为是 MAR。区分这一点的一个简单方法是，如果你可以通过使用其他变量来解释数据缺失的原因，但不能解释包含缺失值的变量本身，那么它就是 MAR。

❑ 非随机缺失（missing not at random，MNAR）：当我们确切地知道哪个数据对象将具有缺失值时，它可以被认为是 MNAR。例如，如果意图排放过多空气污

染物的发电厂为了避免向政府支付罚款而篡改传感器，那么由于这种情况而未
收集的数据对象即可被归类为 MNAR。

非随机缺失意味着数据的缺失必然是有原因的，例如，一般来说，高收入者不
想在社会调查中透露他们的收入。这是最糟糕的缺失类型，因为它存在原因，
但很难识别这种原因。幸运的是，这种缺失类型比较少见。

一般来说：在缺失数据为 MAR 或 MCAR 类型的情况下，删除缺失的数据被认为是
安全的，因为它不会影响你的分析结果（除非在删除它们之后没有足够的数据点）；在
缺失数据为 MNAR 类型的情况下，不建议直接删除数据，因为这会导致偏差。

在了解了不同类型的缺失数据之后，接下来让我们看看如何处理它们。

7.3.2　缺失数据的处理策略

处理缺失数据的主要策略有两种：删除和插补。

如果选择使用删除策略，则需要通过以下方法之一来决定是否要删除数据：

❏　如果任何列中至少有一个缺失值，则按列表删除（listwise deletion）会删除整行。
　　此方法适用于 MCAR，但它会为 MAR 和 MNAR 引入偏差。

❏　只有当我们使用缺失值所在的变量时，成对删除（pairwise deletion）才会删除
　　整行。这种方法可能会导致统计推断中的估计不正确。

❏　如果特定列中存在大量缺失值，则删除变量（dropping variable）的删除策略将
　　会从整个数据集中删除该变量（列）。

7.3.3　应用删除策略

假设你有一个包含若干个州的人口（population）的文件，如图 7.62 所示。

你被要求使用删除策略来处理缺失的数据，这应该会产生一个新的 DataFrame，如
图 7.63 所示。

图 7.62　人口的样本 DataFrame

图 7.63　删除缺失数据后的 DataFrame

要应用删除策略，你需要按以下步骤进行操作。

（1）导入数据集（CSV），然后显示 DataFrame：

```
# 导入 pandas
import pandas as pd

# 定义 csv 文件的 URL
file_url = 'https://raw.githubusercontent.com/PacktWorkshops/
The-Pandas-Workshop/master/Chapter07/Data/deletion.csv'
data_frame = pd.read_csv(file_url)

# 显示 DataFrame
data_frame
```

其输出结果如图 7.64 所示。

（2）如果要选择按列表删除策略，则需要删除任何缺少值的行：

```
# 删除任何缺少值的行
data_frame.dropna()
```

其输出结果如图 7.65 所示。

	id	city	state	population
0	1.0	Hutchinson	Texas	20938.0
1	NaN	Yorkville	Illinois	20119.0
2	3.0	Round Lake	Illinois	NaN
3	4.0	Orinda	California	19926.0

图 7.64　导入数据

	id	city	state	population
0	1.0	Hutchinson	Texas	20938.0
3	4.0	Orinda	California	19926.0

图 7.65　按列表删除后的 DataFrame

（3）如果要选择成对删除策略并且你的目标是分析总人口，则需要删除 population 变量中缺失值的行：

```
# 删除 population 列中任何包含缺失值的行
data_frame[~data_frame['population'].isnull()]
```

其输出结果如图 7.66 所示。

（4）如果选择的是删除变量这一删除策略，则需要删除包含缺失值的列：

```
# 删除包含缺失值的任何列
data_frame.dropna(axis = 1)
```

其输出结果如图 7.67 所示。

	id	city	state	population
0	1.0	Hutchinson	Texas	20938.0
1	NaN	Yorkville	Illinois	20119.0
3	4.0	Orinda	California	19926.0

	city	state
0	Hutchinson	Texas
1	Yorkville	Illinois
2	Round Lake	Illinois
3	Orinda	California

图 7.66　成对删除后的 DataFrame   图 7.67　删除变量后的 DataFrame

一般来说，删除策略会导致数据缺失。因此，当数据集相对较小或缺失数量较多时，删除策略就会出现问题。

7.3.4　应用插补策略

现在你已经了解了删除策略的工作原理，接下来让我们看看插补（imputation）策略。插补就是用替换值来替换缺失数据的过程。你如果选择使用插补策略，则需要决定通过以下哪种方法来插补数据：

❏ 固定插补（fixed imputation）方法将用固定值替换任何缺失值。通常而言，此方法适用于分类数据。

❏ 统计插补（statistical imputation）方法将用基于非缺失数据的统计推断（即平均值、中位数和众数）替换缺失值。通常而言，此方法适用于数值数据。

❏ 回归插补（regression imputation）方法将通过基于非缺失数据执行回归来替换缺失值。通常而言，此方法适用于数据可以通过回归建模的数值数据。

❏ 基于模型的插补（model-based imputation）方法将训练机器学习模型来预测缺失数据的值。这适用于数值和分类数据。

例如，假设你有一个包含若干个州的人口的文件，如图 7.68 所示。

你被要求使用插补策略来处理缺失的数据，这应该会产生一个新的 DataFrame，如图 7.69 所示。

	id	city	state	population
0	1.0	Hutchinson	Texas	20938.0
1	NaN	Yorkville	Illinois	20119.0
2	3.0	Round Lake	Illinois	NaN
3	4.0	Orinda	NaN	19926.0

	id	city	state	population
0	1.0	Hutchinson	Texas	20938.0
1	-999.0	Yorkville	Illinois	20119.0
2	3.0	Round Lake	Illinois	-999.0
3	4.0	Orinda	Missing Value	19926.0

图 7.68　一个示例 DataFrame   图 7.69　插补后的 DataFrame

要应用插补策略，你需要按以下步骤进行操作。

（1）导入数据集（CSV），然后显示 DataFrame：

```
# 导入 pandas
import pandas as pd

# 定义 csv 文件的 URL
file_url = 'https://raw.githubusercontent.com/PacktWorkshops/
The-Pandas-Workshop/master/Chapter07/Data/imputation.csv'
data_frame = pd.read_csv(file_url)

# 显示 DataFrame
data_frame
```

其输出结果如图 7.70 所示。

（2）可以看到，在以下 3 列中都包含了缺失数据：("id", "state", "population")。

我们要做的第一步是使用 isnull()和 any(axis = 1)选择缺少数据的行（返回具有缺失值的每一行）：

```
data_frame[data_frame.isnull().any(axis = 1)]
```

其输出结果如图 7.71 所示。

	id	city	state	population
0	1.0	Hutchinson	Texas	20938.0
1	NaN	Yorkville	Illinois	20119.0
2	3.0	Round Lake	Illinois	NaN
3	4.0	Orinda	NaN	19926.0

图 7.70　导入数据

	id	city	state	population
1	NaN	Yorkville	Illinois	20119.0
2	3.0	Round Lake	Illinois	NaN
3	4.0	Orinda	NaN	19926.0

图 7.71　选择所有包含缺失值的行

（3）使用 Missing Value 字符串的固定插补方法填充 state 列中的任何缺失值：

```
# 填充缺失值
data_frame['state'] = data_frame.state.fillna('Missing Value')
data_frame
```

其输出结果如图 7.72 所示。

需要注意的是，该值本身无关紧要，只要可以清楚地识别它是缺失数据的值即可。

（4）使用固定插补法填充 id 列中的缺失值，填充其值为-999：

```
# 填充缺失值
```

```
data_frame['id'] = data_frame.id.fillna(-999)
data_frame
```

其输出结果如图 7.73 所示。

	id	city	state	population
0	1.0	Hutchinson	Texas	20938.0
1	NaN	Yorkville	Illinois	20119.0
2	3.0	Round Lake	Illinois	NaN
3	4.0	Orinda	Missing Value	19926.0

图 7.72　用标签替换 NaN

	id	city	state	population
0	1.0	Hutchinson	Texas	20938.0
1	-999.0	Yorkville	Illinois	20119.0
2	3.0	Round Lake	Illinois	NaN
3	4.0	Orinda	Missing Value	19926.0

图 7.73　用标签替换 NaN

由于 id 仅由正整数组成，因此建议你使用任何负值来标记缺失数据。

（5）对于 population 列，你也可以选择固定插补方法，将缺失值填充为-999：

```
# 创建 DataFrame 的副本
data_frame_999 = data_frame.copy()

# 填充缺失值
data_frame_999['population'] = data_frame.population.fillna(-999)

# 显示 DataFrame
data_frame_999
```

其输出结果如图 7.74 所示。

	id	city	state	population
0	1.0	Hutchinson	Texas	20938.0
1	-999.0	Yorkville	Illinois	20119.0
2	3.0	Round Lake	Illinois	-999.0
3	4.0	Orinda	Missing Value	19926.0

图 7.74　用标签替换 NaN（固定插补）

或者，你可以选择使用平均值的统计插补方法（注意，为保留整数格式，需要对计算的平均值进行四舍五入）：

```
# 创建 DataFrame 的副本
data_frame_mean = data_frame.copy()

# 填充缺失值
```

```
data_frame_mean['population'] = round(data_frame.
population.fillna(data_frame.population.mean()),0)

# 显示 DataFrame
data_frame_mean
```

其输出结果如图 7.75 所示。

	id	city	state	population
0	1.0	Hutchinson	Texas	20938.0
1	-999.0	Yorkville	Illinois	20119.0
2	3.0	Round Lake	Illinois	20328.0
3	4.0	Orinda	Missing Value	19926.0

图 7.75　用标签替换 NaN（统计插补）

需要注意的是，在这种情况下，你会在 Round Lake 市的人口中引入偏差，因为你是基于其他城市人口计算的平均值来估算缺失值的。

现在你已经了解了如何处理缺失数据，接下来我们可以继续下一个主题：使用 Pandas 汇总数据。

7.4　汇　总　数　据

汇总数据是数据分析中最重要的任务之一，因为这是数据分析师将大量数据转换为代表数据摘要信息的几个主要聚合步骤。本节将先介绍使用 Pandas 进行数据聚合的基础知识，然后讨论使用数据透视表的更高级主题。

7.4.1　分组和聚合

一般来说，数据集由每行的单个观察值组成，这意味着你最终可以得到包含数百万行的数据集。当然，对数十行进行数据分析与对数百万行进行数据分析是不同的。在数据很多的情况下，基于公共变量对行进行分组/汇总是一种很好的解决方案。

让我们来看一个示例。假设你将获得一个包含许多家商店的年销售额的数据文件，如图 7.76 所示。

你被要求汇总每家商店的销售额，这应该会产生如图 7.77 所示的 DataFrame。

图 7.76　一个销售 DataFrame 的示例

	sales							
store_id	count	mean	std	min	25%	50%	75%	max
1	2.0	277.0	7.071068	272.0	274.50	277.0	279.50	282.0
2	2.0	306.5	89.802561	243.0	274.75	306.5	338.25	370.0
3	2.0	284.5	150.613744	178.0	231.25	284.5	337.75	391.0
4	2.0	797.5	248.194480	622.0	709.75	797.5	885.25	973.0

图 7.77　包含汇总值的 DataFrame

请按以下步骤进行操作。

（1）导入数据集（CSV），然后显示 DataFrame：

```
# 导入 pandas
import pandas as pd

# 定义 csv 文件的 URL
file_url = 'https://raw.githubusercontent.com/PacktWorkshops/
The-Pandas-Workshop/master/Chapter07/Data/grouping.csv'
data_frame = pd.read_csv(file_url)

# 显示 DataFrame
data_frame
```

其输出结果如图 7.78 所示。

假设你想对数据进行分组并计算一些聚合，以便更好地了解你的数据集。

（2）基于 store_id 定义一个组：

```
# 分组数据
grouped = data_frame.groupby('store_id')[['sales']]
grouped
```

	store_id	sales	year
0	1	282	2018
1	1	272	2019
2	2	243	2018
3	2	370	2019
4	3	391	2018
5	3	178	2019
6	4	973	2018
7	4	622	2019

图 7.78　导入数据

其输出结果如图 7.79 所示。

```
<pandas.core.groupby.generic.DataFrameGroupBy object at 0x7fddf8d71dd0>
```

图 7.79　定义一个组

可以看到，这不会返回 DataFrame 而是返回一个 DataFrameGroupBy 对象（需要注意的是，在你的计算机上，图 7.79 末尾的数字可能有所不同）。这个对象就像 DataFrame 的一个特殊视图：它包含组，但在指定聚合之前不进行任何计算。

❑　可以指定诸如 sum()之类的聚合函数来获取每家商店的总销售额：

```
# 求和聚合
grouped.sum()
```

其输出结果如图 7.80 所示。

❑　可以指定诸如 mean()之类的聚合函数来获取每家商店的平均销售额：

```
# 平均值聚合
grouped.mean()
```

其输出结果如图 7.81 所示。

❑　可以指定诸如 min()之类的聚合函数来获取每家商店的最低销售额：

```
# 最小值聚合
grouped.min()
```

其输出结果如图 7.82 所示。

	sales
store_id	
1	554
2	613
3	569
4	1595

	sales
store_id	
1	277.0
2	306.5
3	284.5
4	797.5

图 7.80　查找所有商店的销售总额　　　　图 7.81　求所有商店的平均销售额

❑　可以指定诸如 max()之类的聚合函数来获取每家商店的最高销售额：

```
# 最大值聚合
grouped.max()
```

其输出结果如图 7.83 所示。

	sales
store_id	
1	272
2	243
3	178
4	622

	sales
store_id	
1	282
2	370
3	391
4	973

图 7.82　找到每家商店的最低销售额　　　　图 7.83　查找所有商店的最高销售额

❑　可以指定诸如 std()之类的聚合函数来获取每家商店的销售额标准差（standard deviation）：

```
# 标准差聚合
grouped.std()
```

其输出结果如图 7.84 所示。

❑　可以指定诸如 var()之类的聚合函数来获取每家商店的销售额方差：

```
# 方差聚合
grouped.var()
```

其输出结果如图 7.85 所示。

❑　可以指定 describe()方法来获取聚合列表：

```
# describe 聚合
```

```
grouped.describe()
```

其输出结果如图 7.86 所示。

sales	
store_id	
1	7.071068
2	89.802561
3	150.613744
4	248.194480

图 7.84　查找所有商店的销售额标准差

sales	
store_id	
1	50.0
2	8064.5
3	22684.5
4	61600.5

图 7.85　找出所有商店的销售额方差

	sales							
	count	mean	std	min	25%	50%	75%	max
store_id								
1	2.0	277.0	7.071068	272.0	274.50	277.0	279.50	282.0
2	2.0	306.5	89.802561	243.0	274.75	306.5	338.25	370.0
3	2.0	284.5	150.613744	178.0	231.25	284.5	337.75	391.0
4	2.0	797.5	248.194480	622.0	709.75	797.5	885.25	973.0

图 7.86　一次性查看所有聚合结果

❑　还可以使用 agg()方法指定聚合列表以获取多个聚合结果：

```
# 聚合列表
grouped.agg(['sum', 'mean','min', 'max', 'std'])
```

其输出结果如图 7.87 所示。

	sales				
	sum	mean	min	max	std
store_id					
1	554	277.0	272	282	7.071068
2	613	306.5	243	370	89.802561
3	569	284.5	178	391	150.613744
4	1595	797.5	622	973	248.194480

图 7.87　查看特定聚合

你现在已经了解了分组和聚合，接下来可以继续学习 Pandas 中的数据透视表。这些对于你将获得的任何数据分析或数据见解都至关重要。

7.4.2　探索数据透视表

数据透视表（pivot table）是汇总更广泛表的数据的统计表。此汇总信息可能包括数据透视表以有意义的方式组合在一起的总和、平均值或其他统计信息。如果你已经使用 Excel 执行过任何数据分析，则可能会熟悉它。

Pandas 有一个类似功能，可以轻松生成数据透视表，你可以通过数据透视表从数据中获得见解。

以下示例将演示如何使用 Pandas 中的数据透视表函数创建数据透视表。pivot_table 函数与你之前看到的 group_by 函数非常相似，但它提供了更多的自定义功能。

假设你有一个文件，其中包含 Pandas 和 Python 两个虚拟品牌（brand）的一些产品的年销售额，如图 7.88 所示。

	brand	type	sales	units	year
0	Pandas	Product A	476	46	2010
1	Pandas	Product B	794	39	2010
2	Pandas	Product C	199	62	2010
3	Pandas	Product A	686	26	2011
4	Pandas	Product B	207	93	2011
5	Pandas	Product C	199	62	2011
6	Python	Product A	300	33	2010
7	Python	Product B	949	51	2010
8	Python	Product C	168	30	2010
9	Python	Product A	921	51	2011
10	Python	Product B	266	24	2011
11	Python	Product C	674	39	2011

图 7.88　两个品牌的销售额的样本 DataFrame

你被要求创建一个数据透视表来汇总每个品牌的销售额，这应该会产生如图 7.89 所示的 DataFrame。

brand	type	sum		min		max	
		sales	units	sales	units	sales	units
Pandas	Product A	1162	72	476	26	686	46
	Product B	1001	132	207	39	794	93
	Product C	398	124	199	62	199	62
Python	Product A	1221	84	300	33	921	51
	Product B	1215	75	266	24	949	51
	Product C	842	69	168	30	674	39
Total		5839	556	168	24	949	93

图 7.89　汇总两个品牌销售额的 DataFrame

请按以下步骤进行操作。

（1）导入数据集（CSV），然后显示 DataFrame：

```
# 导入 pandas
import pandas as pd

# 定义 csv 文件的 URL
file_url = 'https://raw.githubusercontent.com/PacktWorkshops/
The-Pandas-Workshop/master/Chapter07/Data/pivot.csv'
data_frame = pd.read_csv(file_url)

# 显示 DataFrame
data_frame
```

其输出结果如图 7.90 所示。

（2）按品牌汇总销售额：

```
# 按品牌汇总平均销售额
pd.pivot_table(data_frame, index = 'brand', values = 'sales')
```

其输出结果如图 7.91 所示。

默认情况下，pivot_table()执行的聚合计算是平均值。

❑　可以使用 aggfunc 参数指定另一个聚合函数。例如，尝试使用 sum 聚合函数，
　　以获得按品牌计算的总销售额：

```
# 按品牌计算总销售额
pd.pivot_table(data_frame, index = 'brand', values = 'sales',
```

```
aggfunc='sum')
```

	brand	type	sales	units	year
0	Pandas	Product A	476	46	2010
1	Pandas	Product B	794	39	2010
2	Pandas	Product C	199	62	2010
3	Pandas	Product A	686	26	2011
4	Pandas	Product B	207	93	2011
5	Pandas	Product C	199	62	2011
6	Python	Product A	300	33	2010
7	Python	Product B	949	51	2010
8	Python	Product C	168	30	2010
9	Python	Product A	921	51	2011
10	Python	Product B	266	24	2011
11	Python	Product C	674	39	2011

图 7.90　导入数据

其输出结果如图 7.92 所示。

sales	
brand	
Pandas	426.833333
Python	546.333333

图 7.91　按品牌汇总销售额

sales	
brand	
Pandas	2561
Python	3278

图 7.92　总销售额聚合

❑　还可以在同一个数据透视表中指定多个聚合函数：

```
# 按品牌计算总销售额、最低销售额和最高销售额
pd.pivot_table(data_frame, index = 'brand', values = 'sales',
aggfunc = ['sum', 'min', 'max'])
```

其输出结果如图 7.93 所示。

可以看到，你最终会得到一个具有多级索引的 DataFrame，在第一级上包含聚合的列，而第二级则是你希望对销售额进行聚合的列。

❑　此外，还可以指定要计算聚合的多个值：

```
# 按品牌计算 sales 和 units 的总和、最小值和最大值
pd.pivot_table(data_frame, index = ['brand'], values =
['sales','units'], aggfunc = ['sum', 'min', 'max'])
```

其输出结果如图 7.94 所示。

	sum	min	max
	sales	sales	sales
brand			
Pandas	2561	199	794
Python	3278	168	949

图 7.93　查看多个聚合结果

	sum		min		max	
	sales	units	sales	units	sales	units
brand						
Pandas	2561	328	199	26	794	93
Python	3278	228	168	24	949	51

图 7.94　特定聚合

❑　还可以指定多个索引。以下示例使用的是 type（产品类型）和 brand（品牌）：

```
# 按产品类型和品牌计算 sales 和 units 的总和、最小值和最大值
pd.pivot_table(data_frame, index = ['type','brand'], values =
['sales','units'], aggfunc = ['sum', 'min', 'max'])
```

其输出结果如图 7.95 所示。

		sum		min		max	
		sales	units	sales	units	sales	units
type	**brand**						
Product A	**Pandas**	1162	72	476	26	686	46
	Python	1221	84	300	33	921	51
Product B	**Pandas**	1001	132	207	39	794	93
	Python	1215	75	266	24	949	51
Product C	**Pandas**	398	124	199	62	199	62
	Python	842	69	168	30	674	39

图 7.95　添加索引列标题

还可以向数据透视表中添加 Total（总计）行：

```
# 按产品类型和品牌计算 sales 和 units 的总和、最小值、最大值和总计值
pd.pivot_table(data_frame, index = ['brand','type'], values =
['sales','units'], aggfunc = ['sum', 'min', 'max'], margins =
True, margins_name='Total')
```

其输出结果如图 7.96 所示。

brand	type	sum		min		max	
		sales	units	sales	units	sales	units
Pandas	Product A	1162	72	476	26	686	46
	Product B	1001	132	207	39	794	93
	Product C	398	124	199	62	199	62
Python	Product A	1221	84	300	33	921	51
	Product B	1215	75	266	24	949	51
	Product C	842	69	168	30	674	39
Total		5839	556	168	24	949	93

图 7.96　添加总计值

现在你已经学会了如何构建数据透视表，你可以通过以下作业来强化你的技能。

7.5　作业 7.1——使用数据透视表进行数据分析

本次作业将构建数据透视表以执行数据分析。我们将处理来自本书配套 GitHub 存储库的 Student Performance（学生表现）数据集。

ℹ️ **注意：**

本次作业所需的 Student Performance 数据集可以通过以下网址进行下载：

https://archive.ics.uci.edu/ml/datasets/Student+Performance

关于该数据集的更多信息，你可以参见 1.4.3 节"使用本地文件"。

你的任务将是执行以下操作。

（1）打开一个 Jupyter Notebook。

（2）导入 Pandas 包。

（3）将 CSV 文件读入 DataFrame 中（使用 ; 分隔符分隔列）。

（4）修改 DataFrame 以仅包含以下列：

school（学校）、sex（性别）、age（年龄）、address（地址）、heath（健康）、absences（缺勤）、G1、G2 和 G3。

（5）显示 DataFrame 的前 10 行。

（6）构建一个以 school 为索引的数据透视表。

（7）构建一个以 school 和 age 为索引的数据透视表。

（8）构建一个以 school、sex 和 age 为索引的数据透视表，在 absences 列上使用 mean 和 sum 聚合函数。

预期输出结果如图 7.97 所示。

school	sex	age	mean	sum
GP	F	15	3.894737	148.0
		16	5.888889	318.0
		17	7.120000	356.0
		18	8.137931	236.0
		19	13.083333	157.0
	M	15	2.863636	126.0
		16	4.980000	249.0
		17	6.138889	221.0
		18	6.500000	182.0
		19	12.166667	73.0
		20	0.000000	0.0
		22	16.000000	16.0
MS	F	17	5.625000	45.0
		18	1.785714	25.0
		19	2.000000	4.0
		20	4.000000	4.0
	M	17	2.750000	11.0
		18	4.818182	53.0
		19	4.250000	17.0
		20	11.000000	11.0
		21	3.000000	3.0

图 7.97　DataFrame 的最终结果

💡 提示：

本书附录提供了所有作业的答案。

现在你已经看到了使用数据透视表构建的简单数据分析，你还可以尝试构建不同的数据透视表，以获得更多的见解。

　　在本次作业中，你使用了数据透视表处理缺失数据和汇总数据，以获取见解。

7.6　小　　结

　　本章介绍了数据转换的基本技术以及如何应用它们。通过一系列处理混乱和缺失数据的示例和练习，你探索了若干种可能的问题类型，以及纠正这些问题的各种策略。

　　本章还讨论了分组、聚合和数据透视表方法，这些方法对于汇总数据至关重要，可以帮助你从原始数据中获得见解。

　　下一章将学习如何使用 Pandas 和 Matplotlib 可视化数据。

第 8 章　理解数据可视化

第 7 章 "数据探索和转换" 介绍了 Pandas 中的数据转换方法。本章将阐释更多关于 Pandas 中的数据可视化的知识,并使用不同类型的图表(如折线图、条形图、饼图、散点图和框图)来执行探索性数据分析。

本章将详细介绍使用 Pandas 和 Matplotlib 的 plot() 函数绘制这些图形的不同方法。本章还将阐述这两种方法之间的差异,并根据所需的结果了解应该使用哪一种。

本章可视化技巧将帮助我们分析数据以找出有用的见解,如使用直方图在总体中发现某些特征的分布,使用箱线图查找异常值等。

到本章结束时,你会知道如何为你的数据选择最佳图表类型,构建它并根据分析目的对其进行自定义。

本章包含以下主题:

- ❑　数据可视化简介
- ❑　了解 Pandas 可视化的基础知识
- ❑　探索 Matplotlib
- ❑　可视化不同类型的数据
- ❑　作业 8.1——使用数据可视化进行探索性数据分析

8.1　数据可视化简介

人类可以利用视觉来处理大量信息。数据可视化利用人类与生俱来的技能来提高数据处理和组织的效率。经典的可视化过程从过滤数据开始,将其转换为可视形式,并最终以交互方式向最终用户显示数据。

通过数据可视化,用户可以更轻松地理解和解释底层数据的含义。良好的数据可视化有助于在简洁的演示文稿中识别模式(pattern)、趋势(trend)和极值(extreme value)。这在各个方面都很重要,尤其是当数据量非常大或高度复杂时。在短时间内理解大量数据将可以获得巨大的商业价值。

Pandas 提供了各种数据可视化的选项。为了确保你的可视化是准确的,并且它们正确地传达了从底层数据中获得的见解,首先识别和清理混乱和缺失的数据至关重要。使用 Pandas 库执行可视化使得从 Pandas DataFrame 和 Series 中生成绘图变得非常简单。这将帮助你发现数据集中不同变量之间的趋势和相关性。

8.2 了解 Pandas 可视化的基础知识

Pandas 具有内置的绘图生成功能,可用于可视化 DataFrame 和 Series 等。Pandas 带有一个内置的 plot()函数,该函数可以充当 Matplotlib plot()函数之上的包装器。这意味着 Pandas 实际上使用了 Matplotlib 库,但使用了简化的语法。与 Matplotlib 相比,这具有更易于使用(更少的代码和更简单的语法)的优势。它提供了广泛的功能和灵活性,可以用给定的数据绘制不同的数据分析图表。

要开始使用 Pandas 内置的可视化功能,你需要了解 plot()函数的若干个关键参数,这些参数可以从 DataFrame 中被调用。其中一些参数列举如下。

❑ kind:这是绘图的类型(如 bar、barh、pie、scatter、kde 等)。

❑ color:这是绘图的颜色。

❑ linestyle:这是绘图中使用的线的样式(如 solid、dotted 和 dashed)。

❑ legend:这是一个布尔参数,用于指定是否应显示图例。

❑ title:这是绘图的标题名称。

8.2.1 使用 plot()函数绘图

让我们从 plot()函数的实现开始。

(1)本示例将创建一个 DataFrame,显示一家公司从 2000 年到 2019 年的年销售额:

```
# 导入库
import pandas as pd
import numpy as np
import matplotlib.pyplot as plt

# 定义 DataFrame
data_frame = pd.DataFrame({
    'Year':['2000','2001','2002','2003','2004','2005','2006',
'2007','2008','2009',
            '2010','2011','2012','2013','2014','2015','2016',
'2017','2018','2019'],
    'Sales':[4107,6492,1476,8508,7416,2747,1606,7947,9506,
5441,7617,847,4389,3139,7546,3150,4426,4969,8457,5491]})
```

```
# 显示 DataFrame
data_frame
```

其输出结果如图 8.1 所示。

	Year	Sales
0	2000	4107
1	2001	6492
2	2002	1476
3	2003	8508
4	2004	7416
5	2005	2747
6	2006	1606
7	2007	7947
8	2008	9506
9	2009	5441
10	2010	7617
11	2011	847
12	2012	4389
13	2013	3139
14	2014	7546
15	2015	3150
16	2016	4426
17	2017	4969
18	2018	8457
19	2019	5491

图 8.1　包含年销售额的 DataFrame

（2）plot()函数可以帮助我们将这个 DataFrame 可视化为图表，示例如下：

```
data_frame.plot()
```

其输出结果应如图 8.2 所示。

你可能已经注意到的另一件事是图表顶部的<AxesSubplot:>文本。这其实是 Pandas 返回的 Matplotlib 对象。

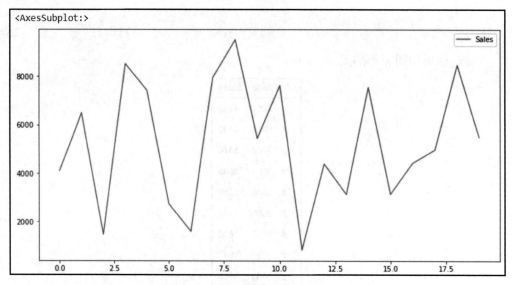

图 8.2　绘制年销售额折线图

（3）你如果想要一个更干净的绘图，则可以通过在 plot()函数后简单地添加一个分号来删除它，如下所示：

```
data_frame.plot();
```

其输出结果如图 8.3 所示。

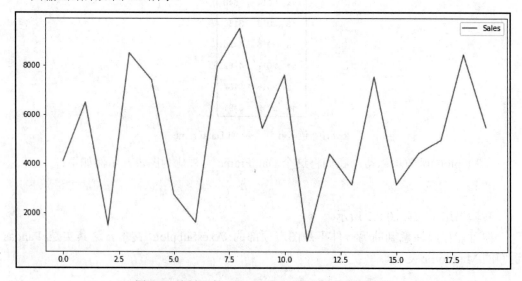

图 8.3　绘制没有<AxesSubplot:>的年销售额折线图

可以看到，Pandas 默认绘制折线图，并使用 Sales 列作为 y 轴，该轴也被自动用作图例。此外，DataFrame 索引是沿 x 轴绘制的。

（4）让我们通过指定 x 参数来使用 Year 列作为 x 轴，示例如下：

```
data_frame.plot(x = 'Year');
```

其输出结果如图 8.4 所示。

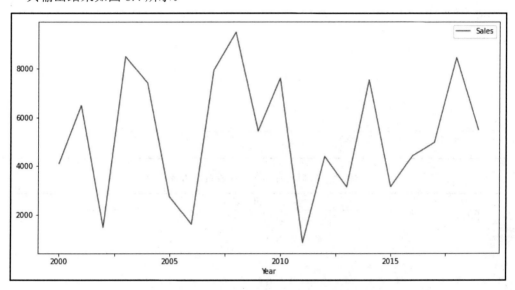

图 8.4 在 x 轴上绘制年销售额折线图

（5）为确保你的图表对读者更有意义，可以使用 title 参数为其添加标题，如下所示：

```
data_frame.plot(x = 'Year', title = 'Yearly Sales');
```

其输出结果如图 8.5 所示。

（6）如果要删除图例，可以简单地使用 legend 参数并为其分配一个 False 值：

```
data_frame.plot(x = 'Year', title = 'Yearly Sales', legend = False);
```

其输出结果如图 8.6 所示。

如果图表上的值有点难以识别，则可以考虑使用 grid 参数为它添加一个网格作为背景，示例如下：

```
data_frame.plot(x = 'Year', title = 'Yearly Sales',
legend = False, grid = True);
```

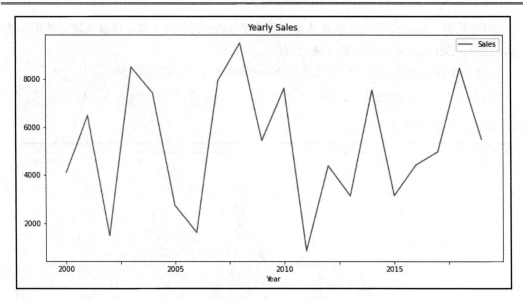

图 8.5　绘制包含标题的年销售额折线图

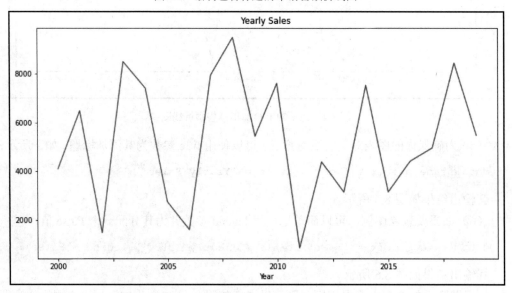

图 8.6　绘制没有图例的年销售额折线图

　　其输出结果如图 8.7 所示。

　　（7）你可以通过 color 参数改变图表中线条的颜色。以下示例将使用 gray 选择灰色，这是一种 Tableau 表示法：

```
data_frame.plot(x = 'Year', title = 'Yearly Sales',
legend = False, grid = True, color = 'tab:gray');
```

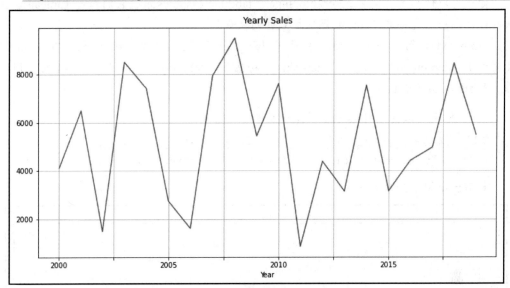

图 8.7　绘制包含网格的年销售额折线图

其输出结果如图 8.8 所示。

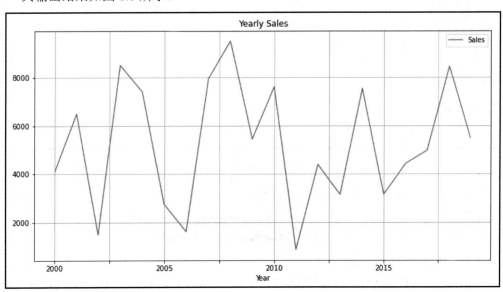

图 8.8　以灰色绘制年销售额折线图

💡 提示：

你也可以使用其他颜色，如'tab:orange'、'tab:blue'和'tab:cyan'，它们都是 Tableau 调色板的颜色之一。完整的 Tableau 调色板颜色列表如下：

'tab:blue'（蓝色）、'tab:orange'（橙色）、'tab:green'（绿色）、'tab:red'（红色）、'tab:purple'（紫色）、'tab:brown'（棕色）、'tab:pink'（粉色）、'tab:gray'（灰色）、'tab:olive'（橄榄绿）和'tab:cyan'（青色）。

（8）你也可以使用 linestyle 参数来改变线条的样式：

```
data_frame.plot(x = 'Year', title = 'Yearly Sales', grid
= True, color = 'tab:gray', linestyle = 'dotted');
```

其输出结果如图 8.9 所示。

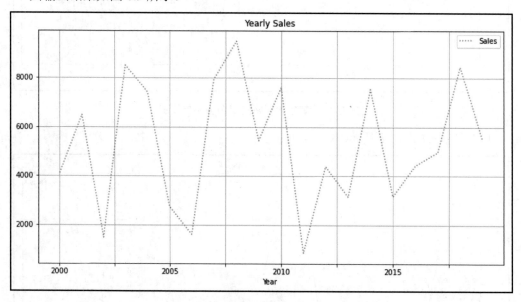

图 8.9 将年销售额折线图绘制为点虚线样式

同样，你可以将线条样式更改为短画线：

```
data_frame.plot(x = 'Year', title = 'Yearly Sales', grid
= True, color = 'tab:gray', linestyle = 'dashed');
```

其输出结果如图 8.10 所示。

（9）折线图是 Pandas 默认的图表类型，但是你可以通过改变 kind 属性将其改为其他类型的图表。例如，要绘制垂直条形图，需要使用以下代码：

```
data_frame.plot(kind = 'bar', x = 'Year', y ='Sales',
title = 'Yearly Sales', color = 'tab:gray');
```

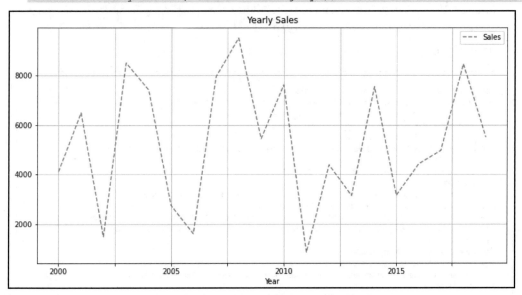

图 8.10　将年销售额折线图绘制为短画线

其输出结果如图 8.11 所示。

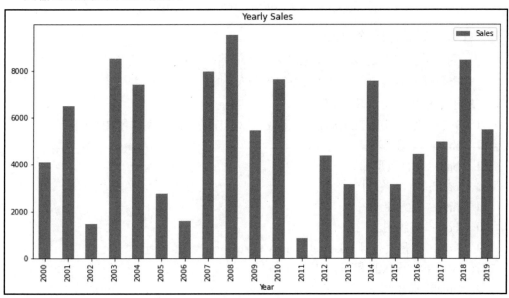

图 8.11　将年销售额数据绘制为垂直条形图

（10）让我们尝试绘制一个水平条形图（再次使用 kind 属性）：

```
data_frame.plot(kind = 'barh', x = 'Year', title =
'Yearly Sales', color = 'tab:gray');
```

其输出结果如图 8.12 所示。

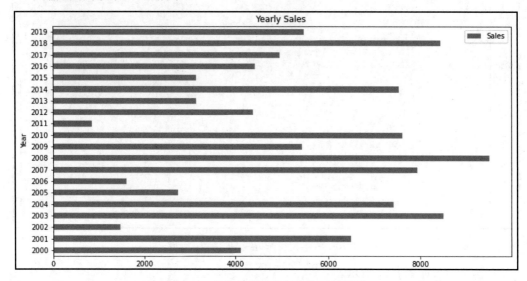

图 8.12　将年销售额绘制为水平条形图

（11）让我们绘制一个面积图：

```
data_frame.plot(kind = 'area', x = 'Year', title =
'Yearly Sales', color = 'tab:gray');
```

其输出结果如图 8.13 所示。

以下列表总结了使用 Pandas plot()函数可以制作的不同类型的绘图。

❑　'line'：线图（默认）。

❑　'bar'：垂直条形图。

❑　'barh'：水平条形图。

❑　'hist'：直方图。

❑　'box'：箱线图。

❑　'kde'：核密度估计（kernel density estimation）图。

❑　'density'：与'kde'相同。

❑　'area'：面积图。

❑　'pie'：饼图。

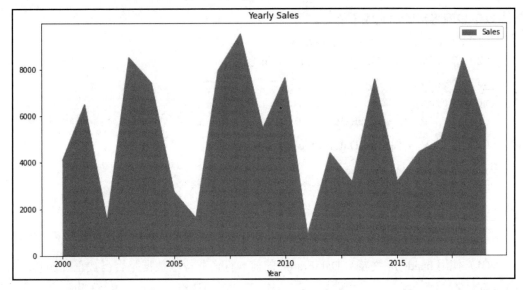

图 8.13 将年销售额绘制为面积图

❑ 'scatter'：散点图。

❑ 'hexbin'：六边形分箱（hexagonal binning，Hexbin）图。

本小节介绍了如何使用 legend、kind 和 linestyle 等基本参数来自定义绘图的外观。在接下来的练习中，我们将在真实数据集上实践这些功能。

8.2.2　练习 8.1——为泰坦尼克号数据集构建直方图

本练习的目的是深入了解泰坦尼克号沉没时幸存乘客的年龄。使用 Titanic 数据集，你需要处理缺失数据并构建直方图，以帮助你实现此目标。

使用这些直方图回答以下问题：

（1）泰坦尼克号上乘客的主要年龄组是什么？

（2）事故幸存乘客的主要年龄组是什么？

具体来说，我们将创建直方图以得出一些见解，如幸存的乘客人数和这些乘客的年龄。

ℹ️ **注意：**

本练习所需的数据被包含在 titanic.csv 文件中。该文件可以在本书配套 GitHub 存储库中找到。其网址如下：

https://raw.githubusercontent.com/PacktWorkshops/The-Pandas-Workshop/master/Chapter08/Data/titanic.csv

以下步骤将帮助你完成本练习。

（1）打开一个新的 Jupyter Notebook 文件。

（2）导入 Pandas、NumPy 和 Matplotlib 包：

```
import pandas as pd
import numpy as np
import matplotlib.pyplot as plt
```

（3）将 CSV 文件读入 DataFrame 中：

```
file_url = 'titanic.csv'
data_frame = pd.read_csv(file_url)
```

ℹ **注意：**

将上述代码中加粗显示的路径修改为你自己系统上的下载和保存文件的路径。

（4）使用 head()函数显示 DataFrame 的前 5 行，并检查数据是否已被正确加载：

```
data_frame.head()
```

其输出结果如图 8.14 所示。

	survived	ticket_class	gender	age	number_sibling_spouse	number_parent_children	passenger_fare	port_of_embarkation	age_group
0	0	3	male	22.0	1	0	7.2500	S	18-59
1	1	1	female	38.0	1	0	71.2833	C	18-59
2	1	3	female	26.0	0	0	7.9250	S	18-59
3	1	1	female	35.0	1	0	53.1000	S	18-59
4	0	3	male	35.0	0	0	8.0500	S	18-59

图 8.14　显示 DataFrame 的前 5 行

（5）使用 dropna()函数删除任何缺少数据的行，然后显示删除缺失数据之后的 DataFrame，示例如下：

```
data_frame = data_frame.dropna()
data_frame
```

你应该看到如图 8.15 所示的输出结果。

（6）绘制泰坦尼克号上乘客年龄的直方图：

```
data_frame.age.plot(kind = 'hist', title = 'Histogram
plot for ages of the passengers onboard Titanic');
```

其输出结果如图 8.16 所示。

可以看到，大部分乘客的年龄在 20～40 岁，也有相当一部分是 5 岁以下。

	survived	ticket_class	gender	age	number_sibling_spouse	number_parent_children	passenger_fare	port_of_embarkation	age_group
0	0	3	male	22.0	1	0	7.2500	S	18-59
1	1	1	female	38.0	1	0	71.2833	C	18-59
2	1	3	female	26.0	0	0	7.9250	S	18-59
3	1	1	female	35.0	1	0	53.1000	S	18-59
4	0	3	male	35.0	0	0	8.0500	S	18-59
...	...	...	...	...	...	...	...	...	...
885	0	3	female	39.0	0	5	29.1250	Q	18-59
886	0	2	male	27.0	0	0	13.0000	S	18-59
887	1	1	female	19.0	0	0	30.0000	S	18-59
889	1	1	male	26.0	0	0	30.0000	C	18-59
890	0	3	male	32.0	0	0	7.7500	Q	18-59

712 rows × 9 columns

图 8.15　显示没有缺失值的 DataFrame

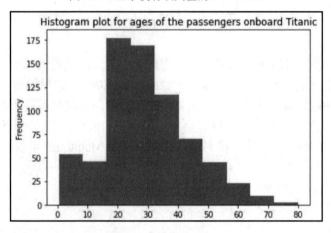

图 8.16　绘制年龄的直方图

（7）绘制幸存乘客年龄的直方图：

```
data_frame.loc[data_frame['survived'] == 1].age.plot(kind = 'hist',
title = 'Histogram for age of passengers who survived');
```

这应该会产生如图 8.17 所示的输出结果。

我们如果关注幸存的乘客，就可以看到大多数 10 岁以下的儿童确实幸存了下来，而 65 岁以上的群体则只有 1 人幸存了下来。

我们现在已经了解了 Pandas 可视化的基础知识，接下来可以继续下一个要讨论的主题：Matplotlib。

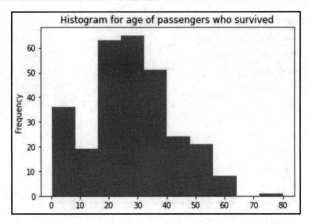

图 8.17　绘制幸存乘客的直方图

8.3　探索 Matplotlib

　　Matplotlib 是最常用的 Python 库之一。它可以非常灵活地生成绘图。Pandas plot() 函数是 Matplotlib 之上的一个包装器，具有一些最基本的功能。它虽然确实简化了语法，但也限制了 Matplotlib 的众多可能性。如果你想构建复杂的可视化效果，那么 Matplotlib 将是你的最佳选择，因为它允许控制所有类型的属性，如大小、图形和标记的类型、线宽、颜色和样式等。与 Pandas 相比，我们将看到一些使用 Matplotlib 可以轻松完成的自定义可视化。

　　让我们从一个示例开始。

　　（1）先来看以下代码段：

```
# 导入库
import pandas as pd
import numpy as np
import matplotlib.pyplot as plt

# 定义 DataFrame
data_frame = pd.DataFrame({
    'Year':['2010','2011','2012','2013','2014','2015','2016',
'2017','2018','2019'],
    'Sales':[4107,1606,7947,9506,5441,7617,8437,4389,3139,7546]})

# 显示 DataFrame
data_frame
```

在上述代码片段中，我们创建了一个 DataFrame 来显示从 2010 年到 2019 年的年度销售额值。其输出结果将如图 8.18 所示。

	Year	Sales
0	2010	4107
1	2011	1606
2	2012	7947
3	2013	9506
4	2014	5441
5	2015	7617
6	2016	8437
7	2017	4389
8	2018	3139
9	2019	7546

图 8.18　包含年销售额的 DataFrame

（2）使用 Matplotlib 的 plot()函数后跟分号绘制折线图，示例如下：

```
x = data_frame['Year']
y = data_frame['Sales']
plt.plot(x, y);
```

其输出结果如图 8.19 所示。

可以看到，我们需要定义 x 和 y 轴，以便显示 Sales 和 Year 的值，而不是显示 DataFrame 的索引列。

（3）我们可以通过为图表提供一个标题和每个轴的名称来为图表添加更多自定义：

```
x = data_frame['Year']
y = data_frame['Sales']
plt.title('Yearly Sales')
plt.xlabel('Years')
plt.ylabel('Sales in Units')
plt.plot(x, y);
```

其输出结果如图 8.20 所示。

（4）假设我们要放大到销售额为 6000～10000 的区域，我们可以通过定义 plt.ylim()来实现这一点：

```
x = data_frame['Year']
```

```
y = data_frame['Sales']
plt.title('Yearly Sales')
plt.xlabel('Years')
plt.ylabel('Sales in Units')
plt.ylim(6000, 10000)
plt.plot(x, y);
```

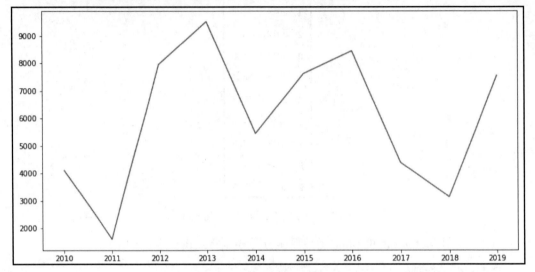

图 8.19　绘制年销售额折线图

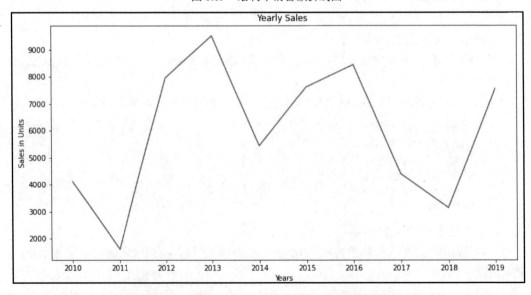

图 8.20　绘制包含标题和轴标签的年销售额折线图

这应该会产生如图 8.21 所示的输出结果。

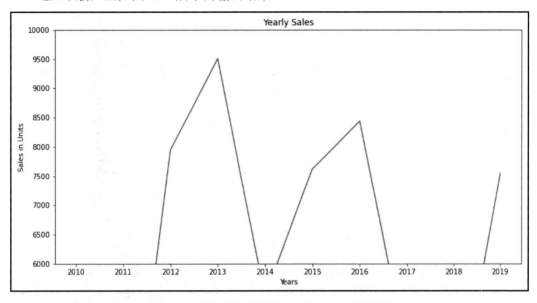

图 8.21　放大显示销售额为 6000～10000 的区域

请注意，ylim()和 xlim()分别用于限制纵横轴的取值范围。

（5）将线的颜色更改为灰色（或其他颜色）：

```
x = data_frame['Year']
y = data_frame['Sales']
plt.title('Yearly Sales')
plt.xlabel('Years')
plt.ylabel('Sales in Units')
plt.plot(x, y, color = 'tab:gray');
```

你应该看到如图 8.22 所示的输出结果。

（6）改变线条的宽度，让它变粗一些，这可以通过使用 linewidth 来实现：

```
x = data_frame['Year']
y = data_frame['Sales']
plt.title('Yearly Sales')
plt.xlabel('Years')
plt.ylabel('Sales in Units')
plt.plot(x, y, color = 'tab:gray', linewidth = 5);
```

其输出结果如图 8.23 所示。

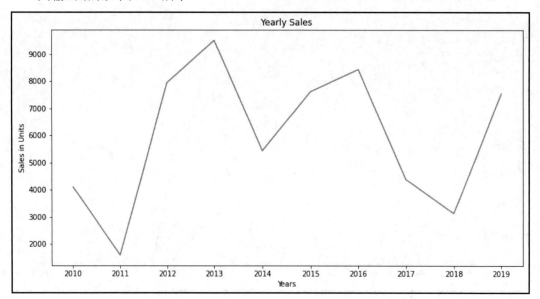

图 8.22　绘制灰色线的年销售额数据

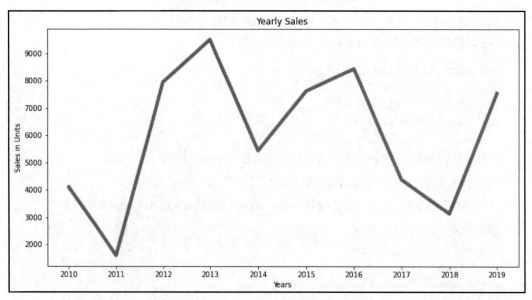

图 8.23　将年销售额数据绘制为灰色粗线

（7）将线条的样式改为虚线，这可以通过使用 linestyle 来实现：

```
x = data_frame['Year']
y = data_frame['Sales']
plt.title('Yearly Sales')
plt.xlabel('Years')
plt.ylabel('Sales in Units')
plt.plot(x, y, color = 'tab:gray', linewidth = 2, linestyle = '--');
```

其输出结果如图 8.24 所示。

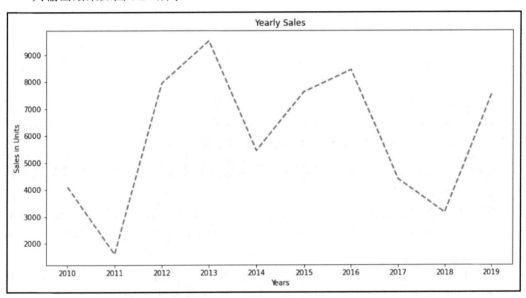

图 8.24 将年销售额数据绘制为灰色虚线

（8）为图表中的每个数据点添加标记，这可以通过使用 marker 参数来实现：

```
x = data_frame['Year']
y = data_frame['Sales']
plt.title('Yearly Sales')
plt.xlabel('Years')
plt.ylabel('Sales in Units')
plt.plot(x, y, color = 'tab:gray', linewidth = 2,
linestyle = '--', marker='o');
```

其输出结果如图 8.25 所示。

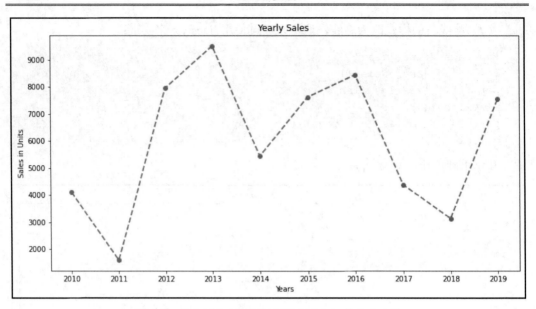

图 8.25　将年销售额数据绘制为带有标记的灰色虚线

你所学过的功能现在应该可以帮助你更灵活地自定义图表。例如，你能够放大图表显示区域、更改线条和标记样式等。

根据要构建的绘图的复杂性，你可以选择使用 Pandas plot()函数或 Matplotlib。你的图表越复杂，就越有可能需要使用 Matplotlib，因为与 Pandas 的 plot()函数相比，它会为你提供更多的自定义选项。

到目前为止，我们已经学习了如何绘制数值数据。但作为一名分析师，你需要可视化的不仅仅是这些。接下来，让我们看看如何可视化不同类型的数据。

8.4　可视化不同类型的数据

前文讨论了如何使用 Pandas 和 Matplotlib 创建图表以进行数据可视化。在数据分析项目中，数据可视化可用于数据分析或传达见解。以一种利益相关者可以轻松理解和解释的可视化方式呈现结果，绝对是任何优秀数据分析师的必备技能。但是，你不能选择任何随机图表或绘图来可视化分析师可能遇到的所有类型的数据。不同的图表或绘图类型适合传达对不同类型数据的见解，例如，在传达不同年龄段的社交媒体的影响力时，最好使用饼图而不是条形图或方框图。另外，线图更适合可视化渐变趋势。数据可视化的诀窍是准确地知道哪种类型的绘图适合你将遇到的数据类型。这正是本节将要讨论的内容。

让我们从数值数据类型开始。

8.4.1 可视化数值数据

顾名思义，数值数据是指可以按数字形式测量的信息。识别数值数据的方法之一是测试这些值是否可以相加，或者使用 Pandas DataFrame 的 dtype 属性检查其数据类型。数值数据的类型包括浮点数、整数和负数。

对于数值数据，直方图通常用于显示给定变量的分布。但是，如果数据是连续的（如年龄、体重或身高之类的数据），则需要进行分组才能获得一组不同的值。

💡 提示：

分箱（bin）是常见的数据处理方式。它是指将相邻的数据分成一组，这样可以将连续数据离散化，从而使数据特征更加稳定和明显。例如，将人的年龄（连续数据）划分为幼年、青年、中年和老年这 4 个组就是典型的分箱处理。

在以下示例中，我们将看到 Pandas 如何自动创建这些称为分箱的组。我们还将学习如何指定自定义分箱来覆盖 Pandas 指定的默认分箱。直方图的 x 轴将显示数值列的可能值，而 y 轴将绘制每个值下的观察数。

让我们从一个例子开始。

（1）使用一个 DataFrame 来显示 20 个人的身高：

```
# 导入库
import pandas as pd
import numpy as np
import matplotlib.pyplot as plt

# 定义 DataFrame
data_frame =
pd.DataFrame({'Height':[175,208,159,159,178,179,168,198,
155,165,195,203,190,157,153,194,177,184,170,158]})

# 显示 DataFrame
data_frame
```

这应该会产生如图 8.26 所示的输出结果。

（2）绘制一个显示身高分布的直方图：

```
data_frame.plot(kind='hist');
```

	Height
0	175
1	208
2	159
3	159
4	178
5	179
6	168
7	198
8	155
9	165
10	195
11	203
12	190
13	157
14	153
15	194
16	177
17	184
18	170
19	158

图 8.26　包含 20 个人身高值的 DataFrame

其输出结果如图 8.27 所示。

（3）默认情况下，Pandas 会为直方图设置 10 个分箱（bin），但是我们也可以通过 bins 参数来改变它：

```
data_frame.plot(kind='hist', bins=5);
```

其输出结果如图 8.28 所示。

当你遇到具有数字变量和时间组件（如日期、年份或月份）的数据集时，你通常希望显示它们的趋势以及它们如何随时间变化。分析趋势将帮助你了解数值和时间分量之间的相关性。以每日股票价格或一个国家的国内生产总值的变化率为例，上升趋势表示正相关，下降趋势表示数值变量与时间分量之间存在负相关。

正如我们将在下一个公司年销售额示例中看到的那样，对于这种类型的数据可视化，折线图是最可取的选择。

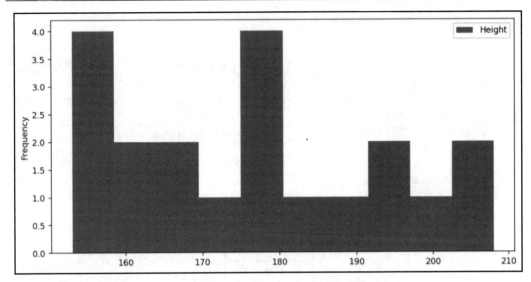

图 8.27　将身高分布绘制为直方图

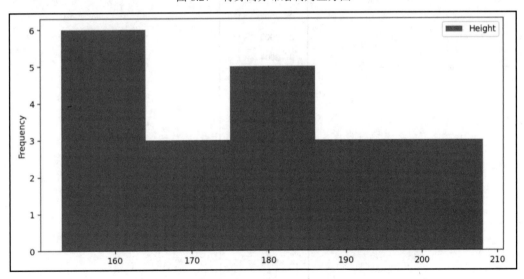

图 8.28　将分组身高的分布绘制为直方图

（1）假设我们有超过 20 年（2000—2019 年）的年销售额数据：

```
# 导入库
import pandas as pd
import numpy as np
import matplotlib.pyplot as plt
```

```
# 定义 DataFrame
data_frame = pd.DataFrame({
'Year':['2000','2001','2002','2003','2004','2005','2006',
'2007','2008','2009',
        '2010','2011','2012','2013','2014','2015','2016',
'2017','2018','2019'],
'Sales':[175,208,159,159,178,179,168,198,155,165,195,203,
190,157,153,194,177,184,170,158]})

# 显示 DataFrame
data_frame
```

其输出结果如图 8.29 所示。

	Year	Sales
0	2000	175
1	2001	208
2	2002	159
3	2003	159
4	2004	178
5	2005	179
6	2006	168
7	2007	198
8	2008	155
9	2009	165
10	2010	195
11	2011	203
12	2012	190
13	2013	157
14	2014	153
15	2015	194
16	2016	177
17	2017	184
18	2018	170
19	2019	158

图 8.29　包含年销售额的 DataFrame

（2）现在可以绘制折线图：

```
data_frame.plot(kind='line', x = 'Year');
```

其输出结果如图 8.30 所示。

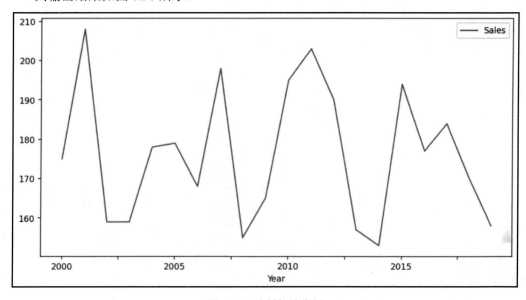

图 8.30 绘制年销售额

对于具有两个变量的数值数据，散点图通常用于显示这两个变量之间的关系（相关性或趋势模式），因为使用散点图绘制大量数据点更方便，而无须费心连接点之间的线和抽象视图。散点图对于查看数据在时间范围内的相对分布也很有用。

（1）让我们从一个例子开始。我们有 20 个人的身高和体重数据，看看这两个参数之间是否存在相关性：

```
# 定义 DataFrame
data_frame = pd.DataFrame({
'Weight':[67,75,119,69,106,111,120,80,108,100,79,53,75,89,
120,67,70,77,65,71],
'Height':[175,208,159,159,178,179,168,198,155,165,195,203,
190,157,153,194,177,184,170,158]})


# 显示 DataFrame
data_frame
```

我们将看到如图 8.31 所示的输出结果。

	Weight	Height
0	67	175
1	75	208
2	119	159
3	69	159
4	106	178
5	111	179
6	120	168
7	80	198
8	108	155
9	100	165
10	79	195
11	53	203
12	75	190
13	89	157
14	120	153
15	67	194
16	70	177
17	77	184
18	65	170
19	71	158

图 8.31　包含 20 个人的体重和身高的 DataFrame

（2）绘制散点图：

```
data_frame.plot(kind='scatter', x = 'Height', y = 'Weight');
```

其输出结果如图 8.32 所示。

在图 8.32 中可以看到，个体的体重和身高之间存在负相关。一个人越高，他的体重就越有可能变低。

你现在已经学习了可视化数值数据以构建直方图、折线图和散点图。

到目前为止，我们已经掌握了如何处理由数字表示的数据，但很多数据也可以用标签来表示——例如，将教育水平表示为小学、中学、大学和研究生的数据。因此，接下来让我们看看如何处理此类数据。

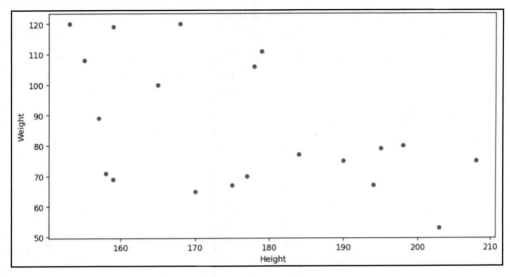

图 8.32　绘制体重与身高的散点图

8.4.2　可视化分类数据

分类数据是指可以分成组的数据类型。数据如果只有固定数量的可能值和有限的分组，则可以被视为分类数据。分类数据的示例包括种族、性别、婚姻状况和职业等。

这里需要说明的是，字符串不一定被视为分类数据，因为分类意味着有意义的分组。例如：人名虽然是字符串，但不是分类数据，因为名字很可能是唯一的；0～10、11～20和21～30等年龄组虽然是数字形式的，但是是分类数据，因为这些暗示了有意义的分组。有时，数字数据会被分成小组以形成分类数据，以便在数据分析中生成更多信息。

对于分类数据，条形图通常用于显示每个类别的分布情况，并便于在它们之间进行比较。

让我们从一个例子开始，假设有 20 个品牌的销售数据：

```
# 定义 DataFrame
data_frame = pd.DataFrame({
'Brand':['A','B','C','D','E','F','G','H','I','J','K','L','M',
'N','O','P','Q','R','S','T'],
'Sales':[1725,2108,1459,1859,1778,1279,1968,1198,1055,1865,1395,
2803,1590,2157,978,1894,1177,1084,1790,1578]})


# 显示 DataFrame
data_frame
```

其输出结果如图 8.33 所示。

	Brand	Sales
0	A	1725
1	B	2108
2	C	1459
3	D	1859
4	E	1778
5	F	1279
6	G	1968
7	H	1198
8	I	1055
9	J	1865
10	K	1395
11	L	2803
12	M	1590
13	N	2157
14	O	978
15	P	1894
16	Q	1177
17	R	1084
18	S	1790
19	T	1578

图 8.33　包含不同品牌销售额的 DataFrame

现在可以绘制垂直条形图：

```
data_frame.plot(kind='bar', x = 'Brand');
```

其输出结果如图 8.34 所示。

如果我们有多个列，则 Pandas plot()函数会将图表中的每一列添加为条形并将它们添加到图例中。

让我们尝试在上述示例中添加一个额外的列：

```
# 添加列
data_frame['Quantity'] = [110,330,100,570,940,970,790,370,130,200,
840,330,220,940,480,670,900,640,680,180]

# 显示 DataFrame
data_frame
```

其输出结果如图 8.35 所示。

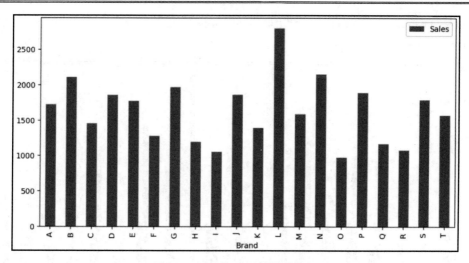

图 8.34　绘制每个品牌的销售额

	Brand	Sales	Quantity
0	A	1725	110
1	B	2108	330
2	C	1459	100
3	D	1859	570
4	E	1778	940
5	F	1279	970
6	G	1968	790
7	H	1198	370
8	I	1055	130
9	J	1865	200
10	K	1395	840
11	L	2803	330
12	M	1590	220
13	N	2157	940
14	O	978	480
15	P	1894	670
16	Q	1177	900
17	R	1084	640
18	S	1790	680
19	T	1578	180

图 8.35　包含不同品牌的销售额和数量的 DataFrame

现在可以重新绘制垂直条形图：

```
data_frame.plot(kind='bar', x = 'Brand');
```

其输出结果如图 8.36 所示。

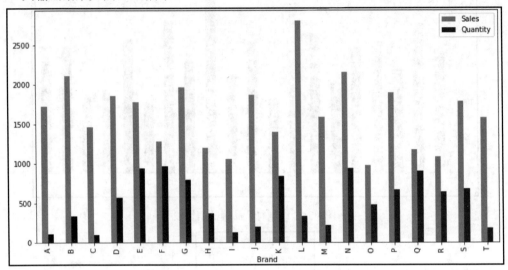

图 8.36　绘制每个品牌的销售额和数量

我们还可以绘制水平条形图：

```
data_frame.plot(kind='barh', x = 'Brand');
```

其输出结果如图 8.37 所示。

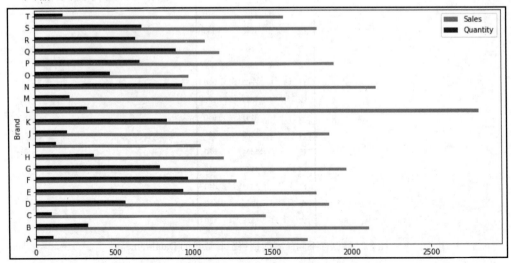

图 8.37　纵向绘制每个品牌的销售额和数量

对于我们想要知道每个类别所占比例的分类数据，我们通常可以使用饼图（pie chart）来显示每个类别对总数的贡献。

让我们从一个例子开始，假设有 10 个品牌的销售数据：

```
# 定义 DataFrame
data_frame = data_frame = pd.DataFrame({
'Brand':['1','2','3','4','5','6','7','8','9','10'],
'Sales':[1725,218,1459,185,1778,179,1968,198,155,165]})

# 显示 DataFrame
data_frame
```

其输出结果如图 8.38 所示。

	Brand	Sales
0	1	1725
1	2	218
2	3	1459
3	4	185
4	5	1778
5	6	179
6	7	1968
7	8	198
8	9	155
9	10	165

图 8.38　包含不同品牌销售额的 DataFrame

现在，我们可以绘制一个饼图。我们选择不显示图例，方法是设置 legend 为 False：

```
data_frame.plot(kind="pie", y = 'Sales', legend = False);
```

其输出结果如图 8.39 所示。

可以看到，大部分销售额来自 2、0、4 和 6 品牌。

现在，我们已经学习了如何可视化分类数据。接下来，让我们如何可视化统计数据。

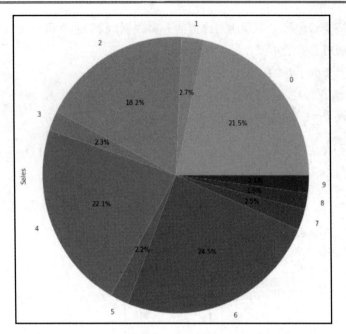

图 8.39　绘制每个品牌的销售额比例

8.4.3　可视化统计数据

统计学是利用数学方程进行数据分析的研究领域。提供统计数据在所有行业都很常见，例如金融、政府和研究机构。组织经常使用统计数据进行测试、预测分析等。

对于统计数据，箱线图（boxplot，也称为箱形图）通常用于显示数据分布的整体统计信息。另外，箱线图还可用于检测数据中的异常值（outlier）。

让我们从一个例子开始，假设有 20 个人的身高和性别数据，我们将使用箱线图来查看男性和女性的身高分布：

```
# 定义 DataFrame
data_frame = data_frame = pd.DataFrame({
'Height':[175,208,159,130,178,179,168,100,155,165,195,250,190,
157,153,194,177,184,170,210],
'Gender':['F','M','F','F','M','M','F','M','F','F','M','M','F',
'M','M','M','F','M','M','F']})

# 显示 DataFrame
data_frame
```

其输出结果如图 8.40 所示。

	Height	Gender
0	175	F
1	208	M
2	159	F
3	130	F
4	178	M
5	179	M
6	168	F
7	100	M
8	155	F
9	165	F
10	195	M
11	250	M
12	190	F
13	157	M
14	153	M
15	194	M
16	177	F
17	184	M
18	170	M
19	210	F

图 8.40 包含 20 个人的身高和性别的 DataFrame

现在，我们可以绘制按性别分组的箱线图——有时被称为猫须图（cat whiskers plot）：

```
data_frame.boxplot(by="Gender", column="Height");
```

其输出结果应如图 8.41 所示。

让我们更深入地看看这个箱线图，以了解它的每个组成部分：

❑ 底部水平线表示不包括任何异常值的最小值。以女性群体为例，最低身高（不包括异常值）为 157 cm。

❑ 矩形的底部边缘代表第一个四分位数或 25%。仍以女性群体为例，25%的群体身高低于 160 cm。

❑ 矩形内的中间线代表第二个四分位数，也称为中位数（median）。以女性群体为例，一半群体的身高低于 170 cm。

❑ 矩形的上边缘代表第三个四分位数或 75%。以女性群体为例，75%的群体身高低于 178 cm。

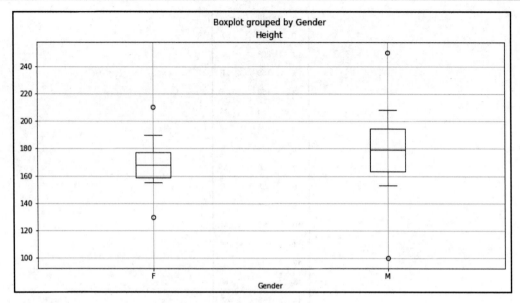

图 8.41　绘制每个性别的身高分布

- [ ] 顶部水平线表示最大值，不包括任何异常值。以女性群体为例，最高身高（不包括异常值）为 190 cm。
- [ ] 顶部和底部的圆圈代表异常值。

本小节介绍了统计数据的处理。当然，上述示例只展示了一小部分的统计概念，你还有必要学习其他统计评估方法，如方差（variance）、标准差（standard deviation）和相关性（correlation）等。使用统计数据进行数据可视化是一个庞大的主题，这超出了本章的讨论范围，故不赘述。

8.4.4　练习 8.2——泰坦尼克号数据集的箱线图

本练习将加载泰坦尼克号数据集，处理缺失的数据，并构建一些箱线图，以找出影响生存机会的不同因素之间的相关性。

ℹ️ 注意：

本练习所需的数据包含在 titanic.csv 文件中。该文件可以在本书配套 GitHub 存储库中找到。其网址如下：

https://raw.githubusercontent.com/PacktWorkshops/The-Pandas-Workshop/master/Chapter08/Data/titanic.csv

以下步骤将帮助你完成本练习。

（1）打开一个新的 Jupyter Notebook 文件。

（2）导入 Pandas、NumPy 和 Matplotlib 包：

```
import pandas as pd
import numpy as np
import matplotlib.pyplot as plt
```

（3）将 CSV 文件加载到 DataFrame 中：

```
file_url = 'titanic.csv'
data_frame = pd.read_csv(file_url)
```

（4）使用 head()函数显示 DataFrame 的前 5 行，并检查是否正确加载了数据：

```
data_frame.head()
```

其输出结果如图 8.42 所示。

	survived	ticket_class	gender	age	number_sibling_spouse	number_parent_children	passenger_fare	port_of_embarkation	age_group
0	0	3	male	22.0	1	0	7.2500	S	18-59
1	1	1	female	38.0	1	0	71.2833	C	18-59
2	1	3	female	26.0	0	0	7.9250	S	18-59
3	1	1	female	35.0	1	0	53.1000	S	18-59
4	0	3	male	35.0	0	0	8.0500	S	18-59

图 8.42　DataFrame 的前 5 行

（5）删除缺失数据的行，然后显示 DataFrame：

```
data_frame` = data_frame.dropna()
data_frame
```

这将导致如图 8.43 所示的输出结果。

（6）按 survived（幸存者）分组为 age 列绘制箱线图：

```
data_frame.boxplot(by='survived', column='age');
```

这应该会产生如图 8.44 所示的输出结果。

可以看到，一般而言，年轻乘客的幸存机会更高，其中 75%的幸存者年龄在 36 岁以下，而另一组为 39 岁。

此外，无论结果如何，年龄较大的乘客都被归类为异常值。这可能是由于老年群体的数量非常少。

（7）按 survived 分组为 passenger_fare（乘客票价）列绘制箱线图：

```
data_frame.boxplot(by='survived', column='passenger_fare');
```

	survived	ticket_class	gender	age	number_sibling_spouse	number_parent_children	passenger_fare	port_of_embarkation	age_group
0	0	3	male	22.0	1	0	7.2500	S	18-59
1	1	1	female	38.0	1	0	71.2833	C	18-59
2	1	3	female	26.0	0	0	7.9250	S	18-59
3	1	1	female	35.0	1	0	53.1000	S	18-59
4	0	3	male	35.0	0	0	8.0500	S	18-59
...	...	...	...	...	...	...	...	...	...
885	0	3	female	39.0	0	5	29.1250	Q	18-59
886	0	2	male	27.0	0	0	13.0000	S	18-59
887	1	1	female	19.0	0	0	30.0000	S	18-59
889	1	1	male	26.0	0	0	30.0000	C	18-59
890	0	3	male	32.0	0	0	7.7500	Q	18-59

712 rows × 9 columns

图 8.43　没有缺失数据的 DataFrame

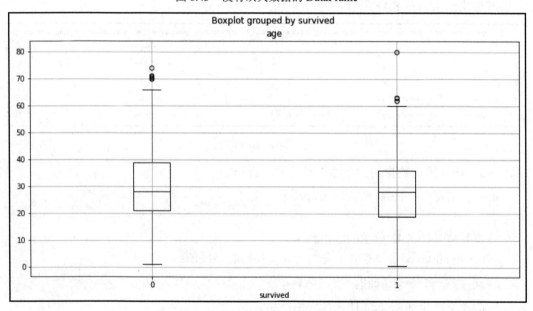

图 8.44　绘制每个结果的年龄分布

这应该会产生如图 8.45 所示的输出结果。

看起来似乎乘客票价越高，乘客的生存机会就越高。这可以从幸存者组上的箱子位置看出，它高于其他组的箱子。

（8）按 survived 分组为 ticket_class（舱位等级）列绘制箱线图，如下所示：

```
data_frame.boxplot(by='survived', column='ticket_class');
```

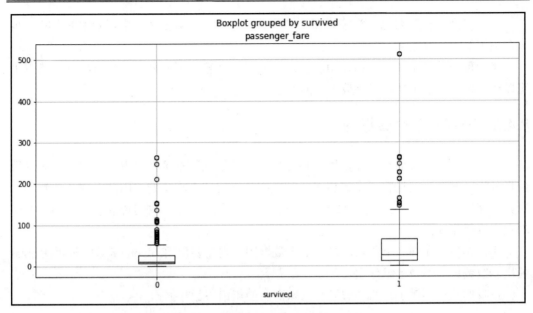

图 8.45　绘制每个结果的乘客票价分布

你应该看到如图 8.46 所示的输出结果。

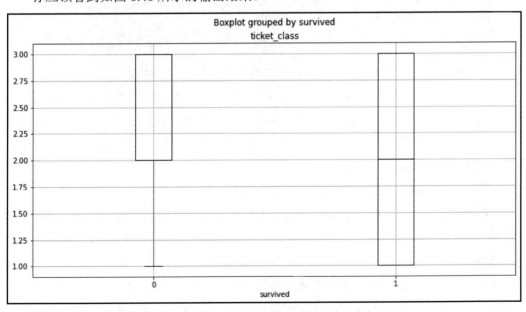

图 8.46　绘制每个结果的舱位等级分布

可以看到，一般来说，头等舱和二等舱乘客的生还概率较高，幸存者中的半数至少来自头等舱或二等舱。

我们现在已经了解了如何使用特定的图表类型（箱线图）来快速获得见解，接下来可以继续讨论关于可视化多个数据图的主题。

8.4.5　可视化多个数据图

到目前为止，我们一直在使用一种相当简单的线性数据可视化方法。但是，大多数数据分析见解都是通过将两个或更多系列数据相互比较来收集的。因此，现在让我们看看如何使用 Pandas 可视化功能来实现这一点——例如，一个品牌可能希望将其各个商店的业绩进行相互比较。

我们如果想在同一个图表上绘制多个数据图，则需要使用 pivot()函数来告诉 Pandas 使用多组数据而不是单组数据。

让我们从一个例子开始，假设有两家商店的年销售额数据：

```
# 定义 DataFrame
data_frame = data_frame = pd.DataFrame({
'Store':['A','A','A','A','A','A','A','A','A','A','B','B','B',
'B','B','B','B','B','B','B'],
'Year':[2010,2011,2012,2013,2014,2015,2016,2017,2018,2019,2010,
2011,2012,2013,2014,2015,2016,2017,2018,2019],
'Sales':[175,208,159,159,178,179,168,198,155,165,195,203,190,157,
153,194,177,184,170,158]})

# 显示 DataFrame
data_frame
```

其输出结果如图 8.47 所示。

使用 pivot()函数绘制一个包含两条线的折线图：

```
df = data_frame.pivot(index='Year', columns='Store', values='Sales')
df.plot();
```

其输出结果如图 8.48 所示。

我们还可以绘制具有多个条形的垂直条形图：

```
df = data_frame.pivot(index='Year', columns='Store', values='Sales')
df.plot(kind = 'bar');
```

	Store	Year	Sales
0	A	2010	175
1	A	2011	208
2	A	2012	159
3	A	2013	159
4	A	2014	178
5	A	2015	179
6	A	2016	168
7	A	2017	198
8	A	2018	155
9	A	2019	165
10	B	2010	195
11	B	2011	203
12	B	2012	190
13	B	2013	157
14	B	2014	153
15	B	2015	194
16	B	2016	177
17	B	2017	184
18	B	2018	170
19	B	2019	158

图 8.47　包含两家商店年销售额的 DataFrame

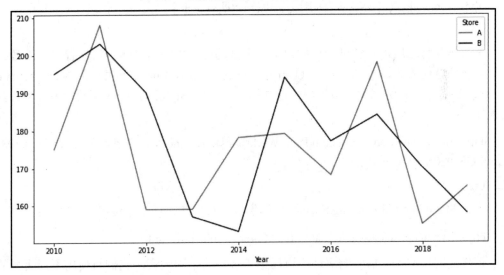

图 8.48　绘制每家商店的年销售额

其输出结果如图 8.49 所示。

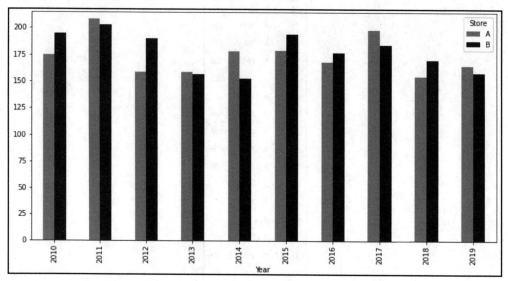

图 8.49　将每家商店的年销售额绘制为垂直条形图

本小节学习了如何处理多个数据图。在接下来的作业中，你将应用迄今为止学到的所有技能来分析真实数据集中的数据。

8.5　作业 8.1——使用数据可视化进行探索性数据分析

本次作业将运用本章学过知识构建不同类型的图，以便对销售价格进行探索性数据分析。我们将使用美国人口普查局（United States Census Bureau）发布的 Manufactured Housing Survey（建房调查）数据集，该数据集可在本书配套 GitHub 存储库中找到。其网址如下：

https://raw.githubusercontent.com/PacktWorkshops/The-pandas-Workshop/master/Chapter08/Data/PUF2020final_v1coll.csv

🛈 注意：

有关 Manufactured Housing Survey 数据集的详细信息，你可以访问以下网址：

https://www.census.gov/data/datasets/2020/econ/mhs/puf.html

该作业的目的是分析影响房地产市场销售价格的不同因素。我们将使用不同类型的绘图来实现它。

你的任务如下：

（1）打开一个 Jupyter Notebook。

（2）导入 Pandas、NumPy 和 Matplotlib 包。

（3）将 CSV 文件读入 DataFrame 中。

（4）为简单起见，仅保留以下列：

❑　REGION（地区）

❑　SQFT（平方英尺）

❑　BEDROOMS（卧室）

❑　PRICE（价格）

（5）显示 DataFrame 的前 10 行。

（6）绘制 PRICE 的直方图以查看房价分布。

（7）为 SQFT 绘制直方图以查看房屋面积的分布。

（8）绘制 PRICE 和 SQFT 的散点图，以了解二者之间是否存在相关性。

（9）在 PRICE 上绘制 BEDROOMS 的箱线图，以了解不同卧室尺寸的价格分布。

（10）绘制 BEDROOMS 和 PRICE 的散点图，以了解两者之间是否存在任何相关性。

（11）基于 PRICE 绘制 REGION 的箱线图，以了解不同地区的价格分布。

（12）基于 PRICE 绘制 REGION 的散点图，以了解两者之间是否存在任何相关性。

（13）使用 pivot 函数为 REGION 和 PRICE 绘制水平条形图，以查看在不同地区的房屋均价变化情况。

（14）使用 pivot 函数为 REGION 和 PRICE 绘制折线图，验证步骤（13）的结论。

💡 提示：

本书附录提供了所有作业的答案。

在本次作业中，我们使用 Pandas 在影响爱荷华州房屋售价的因素列表上绘制了不同类型的图表，并且确定了这些因素与售价的关系。

8.6　小　　结

本章学习了 Pandas 可视化的基础知识，演示了如何创建图表。在了解了使用 Pandas 创建图表的基础知识之后，我们还研究了如何使用 Matplotlib 包进一步自定义图表。

本章讨论了各种数据类型（包括数值数据、分类数据和统计数据）主要适用的图表类型，并介绍了如何处理多个数据图。

下一章将学习如何对数据进行建模以获得关于数据的见解。

第 3 篇

数 据 建 模

本篇着眼于如何使用各种技术来处理和建模数据,以便可以从中获得重要的见解。我们将介绍许多高级功能和实用程序,以充分利用数据。

本篇包含以下 3 章:

第9章 数据建模——预处理

本章将学习用于为建模准备数据的两个重要过程——拆分和缩放。你将学习如何使用 sklearn 方法——.StandardScaler 和.MinMaxScaler 用于缩放,而.train_test_split 则用于拆分。你还将了解缩放背后的原因以及这些方法的确切作用。

作为探索拆分和缩放的一部分,本章将使用 sklearn LinearRegression 和 statsmodels 创建简单的线性回归模型。

到本章结束时,你将能够轻松地准备数据集以开始建模。

本章包括以下主题:

❏ 数据建模简介
❏ 探索因变量和自变量
❏ 了解数据缩放和归一化
❏ 作业 9.1——数据拆分、缩放和建模

9.1 数据建模简介

有这样一种说法:"天气取决于季节"。如果想用数据证实这一说法,则需要收集一年中不同时间的天气信息。该说法其实是在断言一个模型——一个天气模型,它说,我们如果知道季节,就可以对天气发表一些看法。提出和评估模型就是数据建模。

一般来说,数据分析师会想要了解数据(数字和其他类型的信息)之间的关系,第8章"理解数据可视化"使用了可视化方法。本章则会更深入地提出一些问题,例如自变量是否相互关联?输出是否是输入的线性函数?在某些情况下,我们可以用图表来回答这些问题;但在另一些情况下,则可能需要构建一个数学模型。数学模型的实质就是将一些输入数据转换为输出的函数。

本章和下一章有关数据建模的主题包括描述性方法(descriptive approach)和基于模型的方法(model-based approach)。

❏ 一些描述性方法完全和可视化方法重叠(详见第8章"理解数据可视化"),因此本章将更多地讨论如何从描述性数据中获取见解,如"目标变量似乎是正态分布的"。后一种陈述可以被认为意味着我们可以制定一个假设,即我们想

要分析的数据是由一个潜在的随机过程生成的，该过程将生成符合正态分布的数据。这相当于形成了数据的模型。

❑ 基于模型的方法使用统计模型和其他类型的模型来尝试构建将自变量（independent variable）数据（通常称为 X）转换为观察到的因变量（dependent variable）数据（通常称为 Y）的传递函数。如果说 Y 取决于 X，并且 X 是表格化数据，那么在 Pandas 中表示 X 和 Y 就是处理数据的一种自然方式。这使得操作和准备数据变得容易，然后使用 Y 作为基本事实将模型拟合到 X。

9.2　探索因变量和自变量

本章将讨论因变量和自变量。我们将介绍对数据进行缩放和归一化的需求，并演示如何执行这些操作。我们还将使用一些基本的建模方法来分析数据。

在更高层次上，可以说一个因变量与一个或多个自变量以线性或非线性方式相关。

❑ 线性模型很容易理解。将一个 Y 与一个 X 相关联的线性模型只是一条线。对于多个 X 变量，每个变量都有一个对 Y 产生影响的系数，并且由于所有这些影响都是独立的，因此只需将所有影响加在一起，即可形成一个多元线性模型。

❑ 在非线性模型中，Y 以更复杂的方式依赖于 X，例如 Y 可能是 X^2 的函数。使用一些简单的附加模块，在 Pandas 中即可像创建线性模型一样轻松创建非线性模型。下一章将探讨如何做到这一点。

大多数时候，在处理 Pandas 数据时，我们的目标是建立一个模型来预测或解释某些事情。其他时候，我们需要探索数据以直接找到见解，这在第 8 章"理解数据可视化"中已有介绍。一般来说，我们将需要预测的事物称为因变量，因为我们假设其他数据与该变量之间存在关系。相反，我们将用作模型输入的事物称为自变量。在这里，自变量是指我们有多个 X 变量的情况，并且该说法意味着每个变量都独立于所有其他 X 变量。我们可以通过一个示例更详细地了解这一点。

假设你从金属生产设备中获得了一些数据，其中包含两种金属成分的百分比以及由此产生的合金硬度。你对最终硬度与两种金属成分的比例之间的关系感兴趣。

首先需要将数据读入 Pandas DataFrame 中，如下所示：

```
import pandas as pd
metal_data = pd.read_csv('Datasets/metal_alloy.csv')
metal_data.head(10)
```

ℹ **注意：**

本章所有示例都可以在本书配套 GitHub 存储库的 Chapter09 文件夹的 Examples.ipynb
Notebook 中找到。数据文件则可以在 Datafiles 文件夹中找到。要确保示例正确运行，你
需要从头到尾按顺序运行该 Notebook。

此外，将上述代码中加粗显示的路径修改为你自己系统上的下载和保存文件的路径。

该数据如图 9.1 所示。

Out[2]:		metal_1	metal_2	alloy_hardness
	0	0.958000	0.140659	1.254157
	1	0.920147	0.107089	0.956846
	2	0.590646	0.483316	1.952517
	3	0.787427	0.239446	1.636522
	4	0.223974	0.817454	2.367797
	5	0.339729	0.694622	2.115060
	6	0.242666	0.837370	2.899579
	7	0.721072	0.365196	1.758518
	8	0.666492	0.430698	1.591216
	9	0.650387	0.414661	1.780010

图 9.1 一种金属合金的生产数据

在图 9.1 中，可以看到前两列（metal_1 和 metal_2）包含的是两种成分金属的分数，
在最后一列（alloy_hardness）包含的则是硬度值。

让我们首先以图形方式研究该数据。

以下示例使用 matplotlib.pyplot 模块创建一个包含 3 个子图的图形（其相应代码为
plt.subplots(1, 3, figsize = (15, 5))），然后将每个数据对（data pair）绘制在一个图中：

```
import matplotlib.pyplot as plt
fig, ax = plt.subplots(1, 3, figsize = (15, 5))
ax[0].scatter( metal_data['metal_1'],
               metal_data['metal_2'],
               label = 'metal 2 pct vs. metal 1')
ax[0].legend()
ax[1].scatter( metal_data['metal_1'],
               metal_data['alloy_hardness'],
               label = 'hardness vs. metal 1 pct')
```

```
ax[1].legend()
ax[2].scatter( metal_data['metal_2'],
               metal_data['alloy_hardness'],
               label = 'hardness vs. metal 2 pct')
ax[2].legend()
plt.show()
```

上述代码片段将产生如图 9.2 所示的输出结果。

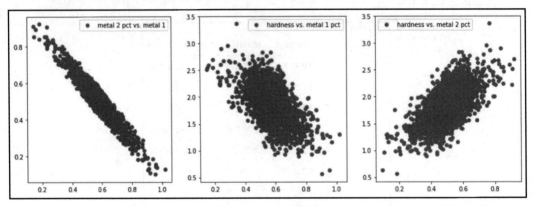

图 9.2 金属数据的成对关系

在图 9.2 的第一幅图中，可以看到随着 metal_2 百分比的降低，metal_1 增加。如果只有这两个分量，并且我们以分数或百分比工作，那么这是有意义的。但是，该数据中似乎存在噪声，这可能是合金组成时的测量误差。

在右侧的两个图中，可以看到硬度随着 metal_1 的增加而降低，反之随着 metal_2 的增加而增加。右边的两个图似乎是彼此近乎镜像的图像。

如果像之前一样，只有两个分量并且我们以分数或百分比工作，则后一种观察结果同样是有意义的。

查看变量之间关系的另一种方法是使用相关分析。相关分析（correlation analysis）是一种量化数据成对关系的方法：

❑   相关系数（correlation coefficient）为 1 意味着两组数据完全一致——当一个变量值上升时，另一个变量值也上升，反之亦然。

❑   相关系数为-1 则意味着两组数据在反方向上对齐——当一个变量值上升时，另一个变量值则下降，反之亦然。

❑   相关系数为 0 说明两个变量之间不存在直接相关的关系。

从上述解释中，你还可以看到相关系数的范围是-1~1。Pandas 为我们提供了用于

DataFrames 的.corr()方法，如下所示：

```
correlation = metal_data['metal_1'].corr(metal_data['metal_2'])
print('correlation between x1 and x2: ', correlation)
```

其输出结果如下：

```
correlation between x1 and x2: -0.9335045017430936
```

可以看到，x1 和 x2 虽然看起来都与 y 高度相关（从建模的角度来看这是非常好的），但彼此之间也高度相关（相关系数为-0.93），这可能是一个问题。为什么这么说呢？在某些建模方法中，高度相关的变量会导致结果不稳定或结论不正确。

在第 11 章“数据建模——回归建模”中，我们将更深入地讨论线性回归，但在目前，我们将使用 statsmodels 包来构建一个简单的 y 与两个 x 变量的线性回归模型。如果你现在不熟悉语法，也不必担心：

```
import statsmodels.api as sm
X = sm.add_constant(metal_data.loc[:, ['metal_1', 'metal_2']])
lin_model = sm.OLS(metal_data['alloy_hardness'], X)
my_model = lin_model.fit()
print(my_model.summary())
print(my_model.params)
```

上述代码导入了内置线性回归方法的 statsmodels 模块。其语法基本上是自解释的，你唯一不熟悉的部分可能是第一次调用 add_constant()方法。statsmodels 与其他一些线性回归方法不同，它不会自动拟合一个常数——如果我们只拟合一个 x 变量，那么这个常数就是 y 截距（intercept）。添加常数项的方法是调用.add_constant()。

生成的模型及其统计特征如图 9.3 所示。

在此输出中需要注意一些事项。首先，统计术语和数字的数量令人眼花缭乱。在这一点上不要过分担心；在某些情况下，你可能需要更深入的统计知识，但在很多情况下都不需要。这里要注意的一点是，R 平方（R-squared，也称为 R2 或 R^2）值相当低，为 0.39。换句话说，我们的简单模型仅占 y 中变化的 39%。在大多数情况下，你可以非常简单地解释 R2 值——它表示 y 变化的分数，正如模型所解释的那样。

从这个输出中了解实际模型是什么也很重要，如下所示：

$$y = -0.343381 + 1.108639 * metal\_1 + 3.078313 * metal\_2$$

在输出的 coef（系数）列中可以看到这些值，在输出的末尾也已经打印了这些参数。

最后，我们还可以看到 metal_1 和 metal_2 的 p 值（p-value）都是 0.000。解释线性回归 p 值的方法之一是：“如果所有模型假设都满足，则 p 值是系数为 0 与拟合值的概率”。这里的问题是，我们已经知道 metal_1 和 metal_2 在理论上是完全相关的（因为 metal_2 是 1 - metal_1，反之亦然）并且在我们的实际数据中几乎完全相关（相关性为 -0.93），而线性回归中的一个关键假设就是变量（也称为协变量）不是高度相关的。当变量完全相关或几乎完全相关时，我们可以说它们是共线的（collinear），因此，本示例可被称为多重共线性（multicollinearity）。那么，这种情况下应该怎么做呢？

```
                          OLS Regression Results
==============================================================================
Dep. Variable:        alloy_hardness   R-squared:                       0.394
Model:                           OLS   Adj. R-squared:                  0.394
Method:                Least Squares   F-statistic:                     929.6
Date:               Sun, 01 Aug 2021   Prob (F-statistic):           1.23e-311
Time:                       10:02:39   Log-Likelihood:                 -44.409
No. Observations:               2858   AIC:                             94.82
Df Residuals:                   2855   BIC:                             112.7
Df Model:                          2
Covariance Type:           nonrobust
==============================================================================
                 coef    std err          t      P>|t|      [0.025      0.975]
------------------------------------------------------------------------------
const         -0.3434      0.147     -2.339      0.019      -0.631      -0.055
metal_1        1.1086      0.139      7.951      0.000       0.835       1.382
metal_2        3.0783      0.136     22.618      0.000       2.811       3.345
==============================================================================
Omnibus:                       1.075   Durbin-Watson:                   2.016
Prob(Omnibus):                 0.584   Jarque-Bera (JB):                1.023
Skew:                          0.044   Prob(JB):                        0.600
Kurtosis:                      3.031   Cond. No.                         66.1
==============================================================================

Notes:
[1] Standard Errors assume that the covariance matrix of the errors is correctly specified.
const     -0.343381
metal_1    1.108639
metal_2    3.078313
dtype: float64
```

图 9.3　将简单线性模型拟合到我们的数据的结果

这个问题的答案是，这取决于你的目的。如果你的唯一目标是一个能够正确预测构建它的数据的模型，则无须做任何事情。

尽管你可能无法通过阅读数据网站或社交媒体上的所有帖子来了解这一点，但多重共线性并不意味着该模型不擅长预测值。只不过，多重共线性的存在意味着出现了关于系数的问题以及如何解释它们。在多重共线性的情况下，系数的值可能对数据的微小变化（如重复实验）敏感。此外，当存在共线变量时，对系数的解释可能会产生误导。如果你正在测试一种新药的有效性，那么这可能很重要，但在许多数据科学应用中，它就不那么重要了。

　　值得注意的是，在这个简单的示例中，原始数据是使用 1.0 和 3.0 的系数综合生成的，与 1.11 和 3.08 的模型结果相比，本示例的结果并不受两个 x 变量共线性的影响。

　　如果有更多的变量，则创建如前文所示的图会变得很麻烦。幸运的是，有一些工具可用于此目的。在使用这些工具之前，我们需要一些数据。加强相关数据和多重共线性概念的一个好方法是创建一些表现出相关性的合成数据。让我们看看如何做到这一点。

　　以下代码的工作方式如下。

　　首先加载 NumPy 模块，然后设置随机种子（random seed）。随机种子使用的值（本示例为 42）无关紧要，但使用相同的种子重复执行代码会产生相同的结果；否则，值会因为.random 的使用而变化。

　　接下来，我们将创建一个 DataFrame，其中有一列（x1）包含数字 0～999。第一个 for 循环可以添加第 2～10 列，并用与 x1 相同的值填充它们，但是会向所有值添加随机噪声，其中噪声范围为-50～50，因此平均为 0。

　　第二个 for 循环可以通过添加更多噪声来修改偶数 x 列——在该循环中，我们添加了额外的噪声，但它是非零的，因为我们在.random.normal()方法中指定了均值为-100，然后将该分布乘以一个介于 0 和 10 之间的因子（来自 10 * np.random.uniform(0, 1)代码）。

　　在这样处理之后，可以预计的是，奇数编号的 x 变量（在我们的 x1～x10 方案中）将高度相关，但偶数列则不会高度相关，因为我们在所有奇数列中添加了相同级别的噪声，但是对于偶数列则变化了噪声量并且有偏移：

```python
import numpy as np
np.random.seed(42)
multi_coll_data = pd.DataFrame({'x1' : range(1000)})
for i in range(9):
    multi_coll_data['x' + str(i + 2)] =
np.add(list(range(1000)),
                                        np.random.
uniform(-50, 50, 1000))
for i in range(0, 9, 2):
    multi_coll_data['x' + str(i + 2)] =    np.add(multi_coll_
data['x' + str(i + 2)],
                                        10 * np.random.
uniform(0, 1) *
                                        np.random.
normal(-100, 100, 1000))
multi_coll_data['y'] = range(1000)
print(multi_coll_data.head())
print(multi_coll_data.tail())
```

运行此代码段将产生如图 9.4 所示的输出结果。

```
    x1          x2          x3          x4          x5          x6          x7  \
0   0    690.303674  -31.486707  -731.643758   17.270299  1436.411756  -10.636448
1   1   -685.241074    5.190095  -458.895861   30.668140  -716.580334   -1.656434
2   2    936.292932   39.294584  -712.144359  -22.953210  -122.183985   37.454739
3   3  -1798.095409   26.222489  -269.751619   15.487410  -464.936948  -12.999561
4   4  -2114.215496   34.656115  -480.576137   11.174598  -768.245414   40.964968

          x8          x9         x10   y
0  -492.026404  -46.120055   22.754113   0
1 -3610.645334  -30.322747  -472.866262   1
2  -762.459068   35.124581  -170.442837   2
3 -2052.517125   29.676836  -758.140719   3
4  -679.874801  -10.935731  -69.331760   4
      x1          x2          x3          x4          x5          x6  \
995  995  -298.409060  1010.695516   814.386703   989.210703   782.825485
996  996  -286.163537  1041.661462  1279.540113   979.440118 -1432.060863
997  997  1018.026789   953.895802   805.609186   986.457232   752.152415
998  998 -1630.960898   953.705472  1000.300624  1000.994059   236.396803
999  999 -1273.687387   977.218707   540.179294   965.136736   -51.844077

           x7          x8          x9         x10    y
995  1013.443536   94.047877   972.315962   463.710712  995
996   996.322041  683.241456   966.951922   962.712279  996
997  1023.514885  378.872916   992.532875   797.471943  997
998   996.529063 1041.017110  1038.843755   988.338761  998
999   963.938164  914.585894   959.448032   430.768433  999
```

图 9.4　x 变量之间相关性不同的综合数据

ℹ **注意：**

在上述代码中可以看到，我们是从 np.random.seed(42) 开始的。这是因为我们将要使用一些随机数字生成函数，而如果想要在重复运行代码时获得相同的结果，则必须添加此步骤以初始化随机数字生成器，以获得固定的值。之所以要这样做，是因为随机数字生成器并非真正的随机，而是需要一个起点。默认情况下，这个起点是随机选择的。通过固定这个起点〔通常称为种子（seed）〕，随机数字生成器就会变成确定性的，即，重复运行时获得的结果相同。

许多数据建模算法和其他方法都会使用一些随机初始化形式。如果你在运行代码时每次结果都出现变化，则可以尝试使用 NumPy random.seed() 方法。

值得一提的是，种子值本身通常并不重要，它只是你随意选择的一个固定值而已。在设置随机种子之后，其他人也可以在他们自己的机器上运行你的代码，并重现你所获得的结果，这也是数据科学中的常见要求。

在图 9.4 中，你应该看不出数据之间的相关性。这就是可视化如此重要的原因。

Matplotlib 的 Pandas 绘图包装器没有提供很多选项来绘制大量变量。我们可以尝试使用 Pandas DataFrame.plot()方法：

```
multi_coll_data.plot(x = 'x1')
```

运行此代码后，你应该会看到如图 9.5 所示的输出结果。

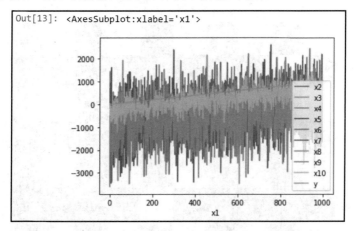

图 9.5　使用默认的 Pandas DataFrame.plot()方法查看相关性

如果这个图是我们必须处理的全部内容，则我们可能会得出结论，一切都与 x1 相关，因为所有变量似乎都呈类似的向上趋势，并且由于噪声和重叠，很难辨别更多细节。由于 Pandas .plot()方法中可用的绘图类型和控件有限，因此访问其他一些库以进行更复杂的绘图很有用。Seaborn 库为多个变量提供了一些不错的方法，我们将在这里使用其中的一些方法。

以下代码使用.corr()函数来获取所有 x 变量之间的相关系数；需要注意的是，.drop(columns = ['y'])告诉 Pandas 在将数据发送到.corr()函数之前删除 y 列。然后加载 Seaborn 库并使用.heatmap()方法，将 corr DataFrame 传递给它：

```
corr = multi_coll_data.drop(columns = ['y']).corr()
import seaborn as sns
plt.figure(figsize = (11, 11))
sns.heatmap(corr, square = True)
```

这会生成一个网格，如图 9.6 所示。

可以看到，由于向偶数列（x2、x4、x6、x8 和 x10）中添加了不同级别的非零噪声，因此它们与其他变量的相关性较低（最暗的方块接近 0 相关性），这显然是有道理的。另外还可以看到，x4 和 x10 比其他偶数列更相关，这就是我们使用 np.random.uniform(0,

1)的原因，它在某些情况下（随机）减少了噪声。由于所有列最初都高度相关，因此噪声越高，最终相关性越小。

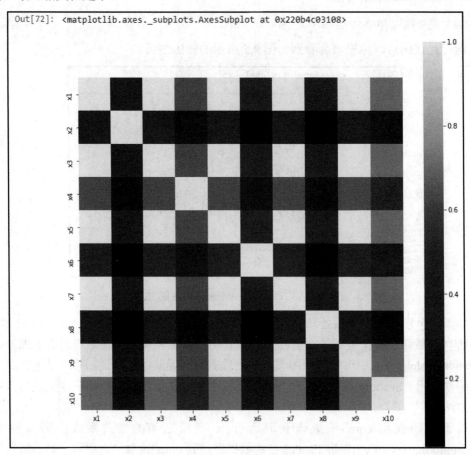

图 9.6　x 变量之间相关性的 Seaborn 热图

　　我们可以通过 Seaborn 以另一种方式处理这个问题，并直接查看数据与相关值。以下示例使用.pairplot()方法，同样只使用 x 列。配对图在数据可视化中非常有用，因为你可以同时查看许多变量之间的成对关系并看到那些较为突出的关系。默认情况下，seaborn.pairplot()方法会在关联的网格交点中绘制每一对，并在对应的对角单元格上绘制变量的分布：

```
plt.figure(figsize = (11, 11))
sns.pairplot(multi_coll_data.drop(columns = ['y']))
```

这会产生如图 9.7 所示的可视化效果。

```
Out[74]: <seaborn.axisgrid.PairGrid at 0x220b4e2c3c8>
         <Figure size 792x792 with 0 Axes>
```

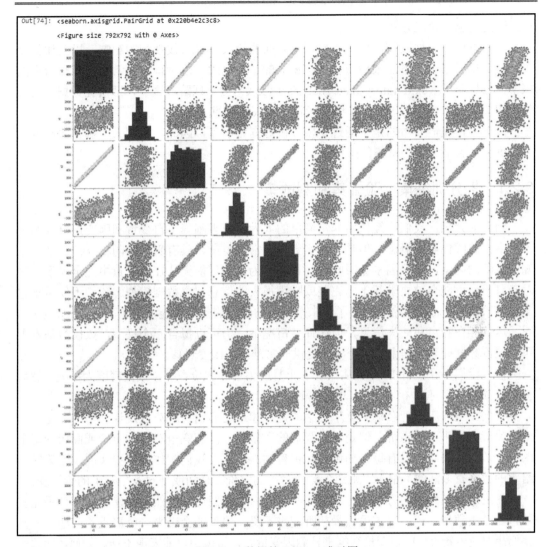

图 9.7　x 数据的 Seaborn 成对图

　　在 pairplot()方法中，每个变量都是一行和一列。对角线上是各个变量的直方图，上下三角形是每个变量相对于其他变量的图。在图 9.7 中可以看到，右上角的图具有与左下角的图相同的信息，因为它们只是在相反的轴上具有变量。

　　直接通过肉眼观察可以发现：有的图几乎是直线，表明相关性很高；有些是带有大量噪声的粗线，这表明相关性比前者低；有些似乎只是斑点，表明相关性很小或没有。

　　由此可见，Seaborn 成对图的相关性非常容易查看，并且该图提供了比热图更多的信息，因为它也包含直方图。

本节讨论了线性回归如何受到自变量之间的相关性（共线性）的影响，以及如何使用一些简单但强大的方法来检查更大数据集的这些属性。这种检查通常是分析师所谓的探索性数据分析（exploratory data analysis，EDA）的早期阶段之一，即研究数据并尝试使用相关分析和可视化等方法了解变量行为和关系的意义。

接下来，我们要做的是为通过建模分析数据做准备，因此让我们先了解将数据拆分为训练集、验证集和测试集的操作。

9.2.1　拆分训练集、验证集和测试集

到目前为止，我们已经使用非常简单的人为示例来阐释了自变量和因变量以及相关性和多重共线性等的概念。但是，真实数据通常更复杂，具有真正的随机噪声和通常未知或隐藏的因素，这些因素会影响因变量的行为，但可能无法在自变量中完全表示。这意味着我们可能会被要求基于不完整或噪声很大的信息建立数据模型。我们不仅希望建立良好的模型，而且还希望能够了解未来做出的预测的预期性能，如准确率（accuracy）。

尽管存在噪声和缺失信息，但在许多情况下，仍可以拟合一个模型，该模型基本上可以记住数据并为数据中的每个实例提供非常准确的因变量值。

假设我们已经获得 10 家商店过去 3 个月的销售和定价数据，数据精度为每天，然后被要求预测下个月这 10 家商店的销售额。

我们知道商店经理会根据竞争对手的定价和最近的销售趋势以及计划中的变化（如促销或清仓）来更改定价。但是，在我们的数据中，没有竞争对手的定价或商店管理上的变化数据——我们只有每天的价格和销售额。因此，我们制作的任何模型，无论它与给定的数据有多匹配，都不"知道"竞争对手的定价、时间或针对竞争对手的价格变化。

使用这种销售预测方案，在有限的时间段内，我们可能仍然能够建立一个几乎完美地拟合过去数据的模型。这虽然最初听起来不错，但可能会带来一个严重的问题——当我们想要使用新收集的自变量数据来预测因变量时，该模型可能表现不佳。如何解决这个问题的基本概念是仅在一些可用数据上拟合模型，并保留一些数据作为模型性能的测试。

图 9.8 说明了以这种方式拆分数据和评估模型的主要思想。

在图 9.8 中，可以看到原始数据被分成了两组：一组用于拟合模型，另一组用于评估模型性能。尽管该图显示为保留数据顺序的拆分，但实际上拆分通常是随机进行的。你可能想知道为什么第一个拆分被标记为 train（训练）。到目前为止，我们使用了没有可调整参数（超参数）且具有确定性的简单模型，也就是说，如果提供相同的数据，则可以获得相同的模型系数。但是，更复杂的模型具有可调整的超参数（hyperparameter），

并且还需要多次迭代才能找到系数的解。这个以迭代方式找到最佳系数的过程被称为训练模型，由于该过程会从数据中学习，因此，用于迭代步骤的数据就被称为训练数据。

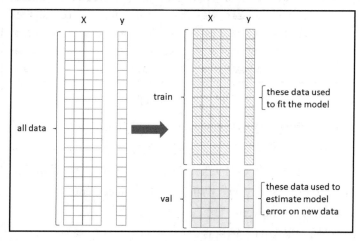

图 9.8　将数据拆分为训练集和验证集以评估模型性能

原　　文	译　　文
all data	全部数据
train	训练集
val	验证集
these data used to fit the model	这些数据可用于拟合模型
these data used to estimate model error on new data	这些数据可用于在新数据上评估模型误差

让我们通过一个示例开始了解数据拆分。

以下示例使用了 Pandas 读取一个数据文件，其中包含各种汽车英里每加仑数（miles-per-gallon，MPG）的性能信息，以及汽车的一些规格：

```
import pandas as pd
my_data = pd.read_csv('Datasets/auto-mpg.data.csv')
my_data.head()
```

上述代码片段可产生如图 9.9 所示的输出结果。

ℹ️ 注意：

将上述代码中加粗显示的路径修改为你自己系统上的下载和保存文件的路径。

该数据改编自 UCI 数据存储库中的汽车里程数据，其网址如下：

https://archive.ics.uci.edu/ml/machine-learning-databases/auto-mpg/

	mpg	cyl	disp	hp	weight	accel	my	name
0	18.0	8	307.0	130	3504	12.0	70	chevrolet chevelle malibu
1	15.0	8	350.0	165	3693	11.5	70	buick skylark 320
2	18.0	8	318.0	150	3436	11.0	70	plymouth satellite
3	16.0	8	304.0	150	3433	12.0	70	amc rebel sst
4	17.0	8	302.0	140	3449	10.5	70	ford torino

图 9.9　汽车里程数据集

可以看到，该数据由数值变量和车辆名称组成，其各列含义如下。

❑　mpg：数值变量，提供特定汽车的英里每加仑[①]数。

❑　cyl：可能有助于预测每加仑英里数的若干个变量之一，表示气缸（cylinder）数。

❑　disp：以立方英寸为单位的发动机排量（displacement）。

❑　hp：以马力（horsepower）为单位的发动机功率。

❑　weight：以磅为单位的车辆自重。

❑　accel：达到 60mile/h（96.56064km/h）的加速度（acceleration），以秒（s）为单位。

❑　my：假设前缀为 19 的汽车型号年份（model year）。

❑　name：汽车名称。

前文使用了 Seaborn 来查看数据，本示例将演示另一种方法——定义一个函数来绘制所有直方图。以下代码将循环遍历我们传入的变量，检查 bin（直方图中的切片数）是否过多并进行相应调整，然后使用 Pandas .hist()方法（它使用 Matplotlib）在其网格位置绘制直方图，并添加显示变量的图表标题。

我们调用传入 DataFrame 的函数、希望绘制的变量、网格的行和列以及 bin 的数量，并使用 Pandas 切片表示法（[:-1]）来传递除最后一列之外的所有列作为数据（name 列对于本示例中的绘图没有意义）。

值得一提的是，对于某些变量，可能只有若干个唯一值，这就是函数在这些情况下需要修改 bin 数量的原因。

你可以自己尝试并与本书配套 GitHub 存储库上的 Notebook（Examples.ipynb）进行比较，其网址如下：

https://github.com/PacktWorkshops/The-Pandas-Workshop/blob/master/Chapter09/Examples.ipynb

---

[①] 英里每加仑（mpg）的公制单位是升每千米（L/km）。

这将导致如图 9.10 所示的输出结果。

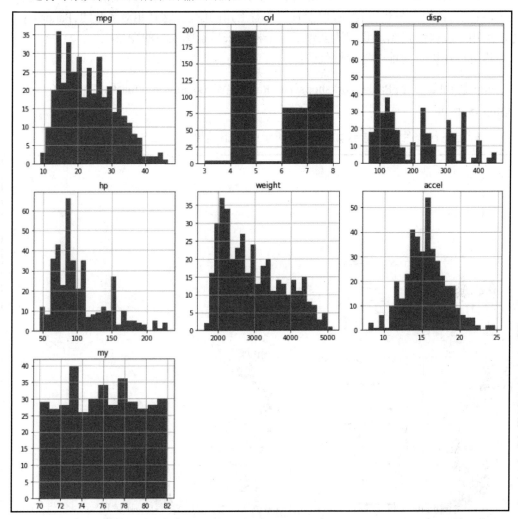

图 9.10　汽车里程数据的直方图

在图 9.10 的每个直方图中，x 轴显示的是特定变量范围内的值，而 y 轴显示的是落在给定 bin 中的数据点的数量。例如，在最后一个直方图中，对于型号年份，bin 的宽度为 1 年（轴在每隔一个 bin 处被标记），因此，1970 年款的汽车在该数据集中有 29 辆，这被显示为直方图上的第一个 bin。可以看到，my（汽车型号年份）在数据中的表示比较均匀，而 accel（加速度）值则有点像正态分布。最常见的 cyl（气缸数）是 4，其次是 8。其他变量向右倾斜。

　　与之前使用 Seaborn 的方式类似，我们可以使用另一个函数来制作配对图。在这段代码中，我们再次对变量进行循环，但没有制作右上角的图表，这是相对多余的。Pandas .plot() 方法可用于制作散点图，我们还创建了一个标题来显示图表中的变量。

　　你可以在以下网址查看示例代码：

https://github.com/PacktWorkshops/The-Pandas-Workshop/blob/master/Chapter09/Examples.ipynb

　　运行上述代码片段将导致如图 9.11 所示的输出结果。

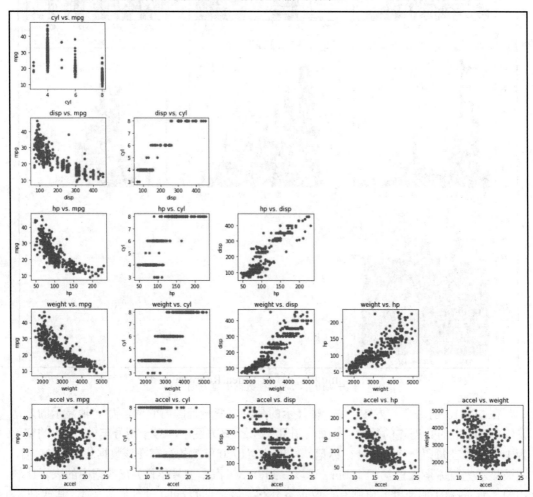

图 9.11　汽车里程数据的相关性散点图

在图 9.11 中可以看到，这几个变量看起来高度相关，这并不奇怪。例如，在图 9.11 右侧的第 3 行，可以看到 hp vs. disp（马力与排量）的关系图，一般来说，马力随着排量的增加而增加。另一个有趣的特点是，在 weight vs. hp（重量与马力）的关系图中可以看到，较重的汽车往往具有更大的马力。

和之前一样，我们可以为这些数据建立一个简单的线性回归模型。不过，我们既然已经看到了 statsmodels 的统计输出，那么不妨使用 sklearn 提供的预测建模接口。

在以下代码中，我们首先像以前一样设置一个随机种子，然后创建两个数组：第一个数组被称为 train，它随机采样 my_data 索引值的 70%；第二个数组被称为 validation，它包含余下的值。最后，我们使用 train 数组创建 X_train 和 y_train。

我们使用.random.choice()这个 NumPy 方法来获得 70%的拆分，然后简单地选择不在 train 中的索引值作为 validation。

对于 X 数据，我们删除目标列（mpg）和 name 列；对于 y 数据，我们只取 mpg 列。示例代码如下：

```
import numpy as np
np.random.seed(42)
train = np.random.choice(my_data.shape[0], int(0.7 * my_data.
shape[0]))
validation = [i for i in range(my_data.shape[0]) if i not in
train]
X_train = my_data.iloc[train, :].drop(columns = ['name', 'mpg'])
y_train = np.reshape(np.array(my_data.loc[train, 'mpg']), (-1, 1))
```

你可能想知道 70/30 的拆分比例从何而来。事实上，有关拆分比例并没有固定的规则；如果数据非常大，甚至可以使用超过 70%的数据拟合模型。另外，如果数据集的行数有限，则可能会选择拆分以确保验证集中的行数合理。在数据有限的情况下，即使是随机拆分也可能导致训练集的变量分布与验证集不同。

在本示例中，我们假设 70/30 比例的拆分就足够了。

以下代码可从 sklearn.linear_model 中导入 LinearRegression 类，为方便起见，可以将其命名为 OLS。我们在 lin_model 中创建了一个 OLS 实例，然后调用.fit()方法，传递 X 和 y 数据。最后输出关键结果：

```
from sklearn.linear_model import LinearRegression as OLS
lin_model = OLS()
my_model = lin_model.fit(X, y)
print('R2 score is ', my_model.score(X, y))
print('model coefficients:\n', my_model.coef_, '\nintercept: ',
```

```
my_model.intercept_)
```

这会生成如图 9.12 所示的结果。

```
R2 score is  0.831869958782409
model coefficients:
 [[-3.53519873e-01 -4.91464180e-04 -1.15484755e-02 -6.08231188e-03
   2.60263994e-02  6.81342318e-01]]
intercept:  [-7.066461]
```

图 9.12　预测里程的线性回归模型

使用我们已经了解的关于 statsmodels OLS 方法的知识，我们可以看到，对于本示例的数据样本来说，使用这个简单的模型即可解释大约 83%的里程变化。

一般来说，我们对模型所出现的误差（error）感兴趣。误差通常是预测值与目标值之差，通常被称为残差（residual error），所有数据点的误差集合就是残差。简单地说，我们希望模型能够使误差尽可能小并给出一些约束。在数据模型中常用的误差度量是均方根误差（root mean squared error，RMSE）。这是通过对每个点的误差进行平方，取这些平方的均值，然后再取平方根来计算的。通过 sklearn 可以轻松获得 RMSE。

以下代码导入 mean_squared_error sklearn 函数，然后通过调用 mean_squared_error 创建 RMSE，并将目标（y）和预测传递给它——该预测是在拟合模型上使用.predict()方法获得的。squared = False 告诉该方法取结果的平方根：

```
from sklearn.metrics import mean_squared_error
RMSE = mean_squared_error(y, my_model.predict(X), squared = False)
print('the root mean square error is ', RMSE)
```

这应该会产生如下输出结果：

```
the root mean square error is 3.2361376539382127
```

RMSE 的一个很好的特性是它以 y 为单位——在本例中为 mpg。因此，可以看到我们的模型以约 3.2 mpg 的误差预测了里程，表示为 RMSE。那么，对于没有用于拟合模型的数据其表现又如何呢？在数据分析中，最佳实践是在未用于拟合模型的数据上测试模型。在这种情况下，我们可将其分成两组——70%用于拟合模型。一般来说，该集合被称为 train 或 X_train。当我们有两个集合时，余下的保留的数据通常被称为验证数据，尽管它可以被称为测试数据。

以下代码使用之前创建的 oos 行向量创建验证集，然后使用 val_X 进行预测，并计算 val_RMSE，将验证预测与 y_val 进行比较：

```
X_val = my_data.iloc[oos, :].drop(columns = ['name', 'mpg'])
y_val = my_data.loc[oos, 'mpg']
val_pred = my_model.predict(X_val)
val_RMSE = mean_squared_error(val_pred, y_val, squared = False)
print('the validation RMSE is ', val_RMSE)
```

此代码段的输出结果如下：

```
the validation RMSE is 3.530822072558969
```

可以看到均方根误差约为 3.5 mpg，或者说它比训练数据中的预测差 10%。这也证明了保留验证集的一个重要原因——我们将报告对未来预测的预期误差为 3.5 mpg 作为 RMSE，而不是在训练数据上获得的 3.2。

我们将训练数据和验证数据总结如下。

❏　训练数据：70%的原始数据，随机选择，RMSE = 3.2 mpg。

❏　验证数据：选择 70%后余下的 30%数据（因此也是随机的），RMSE = 3.5 mpg。

一般而言，3.5 mpg 的结果对于车型未来性能而言已经是比较好的估计。假设我们收到了新车型年份的必要特征，并想估计它们的里程，那么这个模型是可以使用的，但是需要用 3.5 mpg 而非 3.2 mpg 的 RMSE 误差来说明结果。这就是拆分验证集的价值，因为它可以为我们提供更现实的误差估计。

到目前为止，我们一直在使用线性回归的普通最小二乘法（ordinary least square，OLS），除 70/30 拆分之外没有任何参数。但是，在更复杂的模型中，往往有许多可调整的参数，通常被称为超参数（hyperparameter），因为它们是在给定模型拟合之前选择的。在这种情况下，通常会在某种搜索中尝试所有超参数的范围以找到最佳模型，然后使用验证集来测试什么是最佳模型。但是，这也引入了另一个问题，即通过拟合许多模型并选择提供最佳验证性能的模型将导致模型"学习"验证数据的性质。因此，这个数据不再是未来模型性能的一个很好的测试。这也导致了人们考虑将数据集拆分为 3 个部分，即训练集、验证集和测试集。图 9.13 说明了这一点，你可以将其与图 9.8 进行比较。

需要注意的是，图 9.13 中的测试集仅用于评估和报告预期的模型性能。它如果也用于选择模型，那么将不再是对未来性能的有效估计。

9.2.2 节"练习 9.1——创建训练、验证和测试数据"将把数据拆分为 3 部分。

值得一提的是，在拆分时间序列（time series）数据时还需要另一个考虑因素。通常而言，对于时间序列数据，你希望的是预测未来。例如，如果你将数据随机抽样到训练集和验证集中，那么你的训练集可能会与验证数据有重叠的时间点。这是一种信息泄露（information leakage）的情形，后面将对此进行详细的讨论。因此，一般来说，对于时间序列，需要按时间而不是随机拆分，并使用最近的时间来优化模型并测试它们的性能。
9.2.2 节练习的第二部分就将解决这种情况。

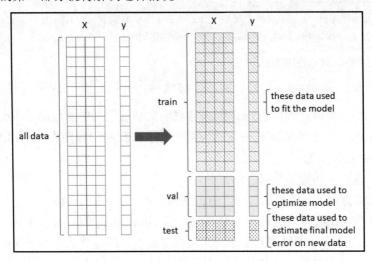

图 9.13　拆分为 3 个而不是 2 个数据集

原　　　　文	译　　　　文
all data	全部数据
train	训练集
these data used to fit the model	这些数据可用于拟合模型
val	验证集
these data used to optimize model	这些数据可用于优化模型
test	测试集
these data used to estimate final model error on new data	这些数据可用于在新数据上评估最终模型的误差

9.2.2　练习 9.1——创建训练、验证和测试数据

　　本练习分为两部分：第一部分是时间因素不重要的表格数据，第二部分使用时间序
列数据，即按时间排序的数据。在第一部分中，你获得了得克萨斯州首府奥斯汀的天气
数据，并且需要对数据的训练集、验证集和测试集进行拆分，目标是 Events（事件），
其中包括诸如 Rain（下雨）、Fog（大雾）和 Thunderstorm（雷暴）之类的值：

　　（1）本练习需要 Pandas 库、来自 sklearn 的模块和 Matplotlib，因此可以将它们加载
到笔记本的第一个单元格中：

```
import pandas as pd
from sklearn.model_selection import train_test_split
import matplotlib.pyplot as plt
```

我们将使用 sklearn train_test_split()方法而不是手动拆分数据。

（2）将 austin_weather.csv 文件读入一个名为 weather_data 的 DataFrame 中：

```
weather_data = pd.read_csv('Datasets/austin_weather.csv')
weather_data.head()
```

这应该产生如图 9.14 所示的输出结果。

Out[2]:		Date	TempHighF	TempAvgF	TempLowF	DewPointHighF	DewPointAvgF	DewPointLowF	HumidityHighPercent	HumidityAvgPercent	HumidityLowPercent	...
	0	2013-12-21	74	60	45	67	49	43	93	75	57	...
	1	2013-12-22	56	48	39	43	36	28	93	68	43	...
	2	2013-12-23	58	45	32	31	27	23	76	52	27	...
	3	2013-12-24	61	46	31	36	28	21	89	56	22	...
	4	2013-12-25	58	50	41	44	40	36	86	71	56	...

5 rows × 21 columns

图 9.14 天气数据集

（3）由于目标是 Events 类型，因此你决定忽略日期并仅使用模型中的数字数据，并由此删除 Date 列。目标变量是最后一列，即 Events 列。显示 Events 中的所有唯一值：

```
weather_data.drop(columns = ['Date'], inplace = True)
weather_data['Events'].unique()
```

这会产生如图 9.15 所示的输出结果。

```
Out[12]: array(['Rain , Thunderstorm', ' ', 'Rain', 'Fog', 'Rain , Snow',
       'Fog , Rain', 'Thunderstorm', 'Fog , Rain , Thunderstorm',
       'Fog , Thunderstorm'], dtype=object)
```

图 9.15 Events 的值

在图 9.15 中可以看到有一个空白事件（''），我们可以考虑用'None'替换掉它。以下代码使用 Pandas .replace()方法对原始数据集进行更改：

```
weather_data['Events'].replace(' ', 'None', inplace = True)
weather_data.head()
```

Events 列中出现了变化，如图 9.16 所示。

ressureLowInches	VisibilityHighMiles	VisibilityAvgMiles	VisibilityLowMiles	WindHighMPH	WindAvgMPH	WindGustMPH	PrecipitationSumInches	Events
29.59	10	7	2	20	4	31	0.46	Rain , Thunderstorm
29.87	10	10	5	16	6	25	0	None
30.41	10	10	10	8	3	12	0	None
30.3	10	10	7	12	4	20	0	None
30.27	10	10	7	10	2	16	T	None

图 9.16　更新的事件值

（4）现在将数据随机拆分为训练集、验证集和测试集，拆分比例为 0.7/0.2/0.1。

这可以使用 sklearn train_test_split()方法完成。该方法可以接收多个输入并返回多个输出。你想传入 X 和 y，其中，X 是没有 Events 列的 weather_data，y 是 Events 列。

该方法可以对一个或两个数据集进行一次拆分，因此通过传递 X 和 y 并指定拆分，我们将返回 4 个数据集——X 变为 train_X 和 val_X，y 变为 train_y 和 val_y。

train_size 变量是将原始数据采样到训练集中的比例值，而 test_size 则是要放入另一个集合中的比例。这些比例可以被单独指定，因此你可以将 train 指定为 0.7，将 val 指定为 0.2，这将成为验证集。由于 0.7 加 0.2 等于 0.9，因此仍然有 0.1 的一小部分，你可以将其用作测试集。这是通过使用生成的 train_X 和 val_X 的 Pandas 索引来完成的，然后删除所有这些行，余下的自然就是测试集。

在进行拆分后，还需要验证结果。该练习的详细代码网址如下：

https://github.com/PacktWorkshops/The-Pandas-Workshop/blob/master/Chapter09/Exercise9.01.ipynb

（5）为了进行验证，可以计算百分比并使用 Pandas .intersection()方法比较每对值的索引。结果应如下所示：

```
train set is 69.98%
val set is 20.02%
test set is 10.01%
train rows in val set: []
train rows in test set: []
val rows in test set: []
```

可以看到，三行比较都返回空列表，实际百分比也与我们的要求非常接近（通常，由于数据点的数量有限，百分比并不准确）。

（6）显示 val 集的前 5 行：

```
val_X.head()
```

其输出结果如图 9.17 所示。

Out[7]:		TempHighF	TempAvgF	TempLowF	DewPointHighF	DewPointAvgF	DewPointLowF	HumidityHighPercent	HumidityAvgPercent	HumidityLowPercent	SeaL
	677	81	66	51	64	54	49	96	66	35	
	1046	91	81	71	73	71	64	100	72	44	
	610	101	89	76	76	72	65	94	64	33	
	49	65	51	37	42	36	29	85	63	40	
	1284	91	81	71	74	72	67	100	75	50	

图 9.17　生成的验证集

至此，你已经获得该天气数据的训练集、验证集和测试集。

接下来，我们将对另一个数据集（即时间序列数据）执行类似的过程，这意味着数据是按时间排序的，我们希望保留该时间序列信息。

（7）在练习的第二部分，你想要分析标准普尔 500 指数的一些股票收盘价数据。将 spx.csv 加载到名为 stock_data 的 DataFrame 中：

```
stock_data = pd.read_csv('Datasets/spx.csv')
stock_data.date = pd.to_datetime(stock_data.date)
stock_data.head()
```

你应该看到如图 9.18 所示的输出结果。

Out[17]:		date	close
	0	1986-01-02	209.59
	1	1986-01-03	210.88
	2	1986-01-06	210.65
	3	1986-01-07	213.80
	4	1986-01-08	207.97

图 9.18　SPX 股票数据

（8）将股票数据拆分为训练集和验证集。因为它是一个时间序列，我们希望保留该顺序并使用最新数据进行验证。在这种情况下，可以使用最近 9 个月的数据作为验证集，使用 2009 年 12 月 31 日之后的数据作为训练集。

检查日期，以便确定截止日期：

```
stock_data['date'].describe()
```

你应该看到以下输出结果：

```
count                                                     8192
unique                                                    8192
top                                        1989-12-27 00:00:00
freq                                                         1
first                                      1986-01-02 00:00:00
last                                       2018-06-29 00:00:00
Name: date, dtype: object
```

（9）执行拆分。由于数据运行到 2018 年 6 月 29 日，因此验证集应该是从 2017 年 10 月 1 日到结束：

```
train_data = stock_data[(stock_data['date'] < '2017-10-
01') & (stock_data['date'] > '2009-12-31')]
val_data = stock_data[stock_data['date'] >= '2017-10-01']
```

（10）可视化生成的 train 集和 val 集。创建一个折线图，标记每个时间序列，并将验证集的时间序列设置为不同的颜色以突出显示它，从而产生如图 9.19 所示的输出结果。

图 9.19　数据拆分的可视化结果

本练习的具体代码网址如下：

https://github.com/PacktWorkshops/The-Pandas-Workshop/blob/master/Chapter09/Exercise9.01.ipynb

在本练习中，你学习了两种将数据拆分为训练集、验证集和测试集的方法。train_

test_split sklearn 方法使表格数据的拆分变得很容易，而对于时间序列，则可以手动拆分数据以确保拆分数据集中的日期不重叠。

生成的数据集可用于探索建模选项。在本章后面和下一章中，我们将介绍有关建模的更多信息。

接下来，我们将更仔细地研究信息泄露并讨论如何避免它。

9.2.3　避免信息泄露

寻找优化模型的过程通常需要搜索可调模型参数的许多可能值。到目前为止，在我们简单的线性回归示例中，并没有使用可调整的参数，但是，大多数模型（甚至线性回归模型）确实具有可以在模型训练之前或期间调整的参数。假设我们有两个可调整的参数，每个参数可以独立地取三个可能值中的任何一个。因此，要测试所有可能的模型，在这个简化的例子中，就必须使用训练数据训练 9 个模型。由于我们将选择在验证集上表现最佳的模型，因此实际上是将有关验证数据的信息"泄露"到模型中，因为我们针对验证集优化了模型。

在数据科学中，避免这种泄露的一般方法是将数据分成三部分——训练集、验证集和测试集，就像你在 9.2.2 节"练习 9.1——创建训练、验证和测试数据"的第一个练习中所做的那样。如前文所述：训练集将用于训练，就好比学生的日常练习；验证集用来优化模型，就好比学生的学期考试；测试集将估计模型在未见数据上的性能，它只使用一次，就好比学生的毕业考试。

在这种情况下，你可能会想在此过程中查看测试集的性能，但这可能会导致模型有意或无意地针对测试集进行优化，而这有违我们的初衷，因为它就好比让参加高考的学生先做一遍高考试卷一样，这显然有漏题作弊的嫌疑。

常见的拆分方案是 70%的数据作为训练集、20%的数据作为验证集和 10%的数据作为测试集，在前面的练习中就是这样做的。如果数据集较小，那么这也可能会出现问题。例如，如果重新审视本节开头的汽车 mpg 数据，并为训练集和验证集绘制车型年份的直方图，则会发现存在一些显著差异。

以下示例在每个数据集上使用 Pandas .plot()方法：

```
X_train.my.plot(kind = 'hist', alpha = 0.5)
plt.show()
X_val.my.plot(kind = 'hist', alpha = 0.5)
plt.show()
```

这会产生如图 9.20 所示的结果。

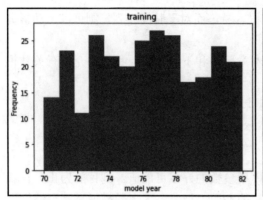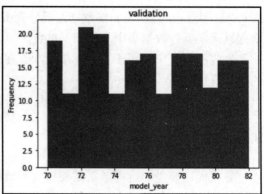

图 9.20　来自训练集（左）和验证集（右）的车型年份直方图

在图 9.20 中可以看到，与验证集相比，训练集中 1970 年车型的比例较小，但 1971 年车型的比例则较高，其他年份的车型也有差异。如果车型年份对于预测 mpg 非常重要，那么训练数据和验证数据可能无法代表整个总体，导致模型结果失真。

因此，拆分三个数据集的做法并不普遍，上述百分比也不是一个固定的规则。我们在上一个练习中使用的拆分可能主要应用于生产环境——在生产环境中了解模型在不可见数据或新数据上的性能非常重要。在一些论文和流行媒体中，你通常只会看到训练集/验证集拆分（有时称为训练集/测试集拆分）。

9.2.4　完整的模型验证

到目前为止，我们描述的过程只是完全稳定可靠和严格的模型验证方法的一部分。你可能已经想到，随机选择的数据拆分可能会影响结果。我们已经谈到了随机数生成器种子的可重复性问题；但是，由于我们可能期望结果会随着不同的随机拆分而发生变化，因此有一种被称为交叉验证（cross-validation）的方法在很大程度上已成为数据科学中的标准。在这里我们不会详细介绍其模型验证的细节和细微差别，但简单地说，交叉验证涉及多次重复拆分过程并对结果进行平均以更好地描述模型的执行情况。

优化模型以使其在不可见数据上表现良好，这通常被称为泛化（generalization）。一般认为，对不可见数据做出良好预测的模型具有良好的泛化性。了解某些模型如何泛化以及为什么它能比其他模型更好地泛化，这是数据科学中一个活跃的研究领域。

现在你已经了解了有关探索数据、构建简单回归模型的基本要素，以及用于模型验证的数据拆分的核心要素。接下来，让我们继续讨论创建性能良好的模型的另一个关键方面，即数据缩放。

9.3　了解数据缩放和归一化

我们如果检查 9.2.1 节 "拆分训练集、验证集和测试集" 中 mpg 模型的系数，就会看到它们的数值范围超过了几个数量级。以下代码将迭代变量名和系数值，利用 Python 的.enumerate()方法迭代列名但也返回一个计数器，我们在 coef 中捕获并使用它来索引模型系数。作为参考，以下代码可在用于拟合模型的数据中输出变量的范围：

```
print('var\t coef\t\t\t range')
for coef, var in enumerate(my_data.columns[1:-1]):
    print( var, '\t', round(my_model.coef_[0][coef], 5),
            '\twith range ', round(float( my_data[var].max() -
                                    my_data[var].min()), 2)
```

其输出结果应如下所示：

```
var             coef                        range
cyl             -0.35352    with    range       5.0
disp            -0.00049    with    range     387.0
hp              -0.01155    with    range     184.0
weight          -0.00608    with    range    3527.0
accel            0.02603    with    range      16.8
my               0.68134    with    range      12.0
```

尽管许多模型可以处理多个数量级的原始数据，甚至是非数值数据，但在建模之前解释系数以缩放数据仍然是有帮助的。此外，在某些模型中，可能需要以各种方式缩放数据，即使不需要，它也可以提高模型性能。

缩放（scaling）是指调整数据值的范围，例如减去平均值，然后除以数据的范围（最大值减最小值）。这样的缩放变换将使得数据的均值为 0，范围为 1。因此，该处理也被称为归一化（normalization）。但是，值的相对分布并没有改变。缩放数据可以避免模型系数过大或过小，因为模型系数过大或过小在某些情况下会降低模型性能。

9.3.1　缩放数据的不同方法

Pandas 不提供缩放数据的直接方法，但可以与 sklearn 配合使用，sklearn 有许多用于此目的的方法。最典型的数据缩放方法是将 DataFrame 传递给 sklearn 方法，我们很快就会看到如何做到这一点。此外，如果需要，你始终可以自己缩放数据，在介绍 sklearn 方法之前，就让我们看看如何做到这一点。

9.3.2   自己缩放数据

让我们看看使用代码手动缩放可能是什么样子的。在下文中，你将对上一节中的汽车 mpg 数据应用所谓的最小值/最大值缩放。为了存储用于缩放的信息，我们创建一个字典。然后逐步遍历 DataFrame 中的每一列，使用.update()方法收集字典中列的最小值、最大值和范围，对每一列应用缩放，最后输出结果。

在简单的最小值/最大值缩放中，我们将减去最小值，然后除以范围，因此缩放后的数据范围为 0~1：

```
scales = dict()
X = my_data.iloc[train, 1:-1]
for col in my_data.columns[1:-1]:
    min = my_data[col].min()
    max = my_data[col].max()
    range = max - min
    scales.update({col : dict({'Xmin' : my_min,
                               'Xmax' : my_max,
                               'Xrange' : my_range})})
    X[col] = (my_data[col] - min) / range
scales = pd.DataFrame.from_dict(scales).T
print(scales)
X.describe().T
```

运行此代码将导致如图 9.21 所示的输出结果。

```
          Xmin     Xmax    Xrange
cyl        3.0      8.0       5.0
disp      71.0    455.0     384.0
hp        48.0    230.0     182.0
weight  1613.0   5140.0    3527.0
accel      9.5     23.7      14.2
my        70.0     82.0      12.0
```

Out[50]:

	count	mean	std	min	25%	50%	75%	max
cyl	274.0	0.494161	0.329783	0.0	0.200000	0.300000	0.600000	1.0
disp	274.0	0.318041	0.260051	0.0	0.088542	0.208333	0.486979	1.0
hp	274.0	0.298187	0.196083	0.0	0.148352	0.258242	0.340659	1.0
weight	274.0	0.384055	0.237395	0.0	0.182733	0.339665	0.575631	1.0
accel	274.0	0.440552	0.183957	0.0	0.316901	0.443662	0.563380	1.0
my	274.0	0.519161	0.298829	0.0	0.250000	0.500000	0.750000	1.0

图 9.21   手动缩放数据的结果

在图 9.21 中，第一个表显示了用于缩放每列的所有值，第二个表显示了缩放后的数据汇总。因此，第一个表显示了 cyl（气缸）的 Xmin（最小值）为 3，Xmax（最大值）为 8，范围为 5，在第二个表的第一行中可以看到在减去 3 并除以 5 后，cyl 现在的取值范围是 0~1。在图 9.10 中可以看到，一些变量的分布是倾斜的；有证据表明，平均值与 0.5 有很大的不同——例如，hp（发动机功率）的平均值为 0.3，尽管它的范围是 0~1，这是数据分布的直接结果。

如果要缩放到不同的范围，则必须添加更多代码来处理它。最小值/最大值缩放（min/max scaling）的一般方程如下所示：

$$X_{\text{scaled}} = \frac{(X - X_{\min}) * (\max - \min)}{X_{\max} - X_{\min}}$$

其中，X 是单个数据值，$X_{\min}$ 是列的最小值，$X_{\max}$ 是列的最大值，max 和 min 是缩放后希望的数据范围的值。

注意，当 max 的期望值为 1 且 min 为 0 时，分子右侧的项为 1，可以被忽略。

我们跳过了包含汽车名称的 name 列，因为本示例没有使用它，并且无论如何都不会应用缩放。我们也没有缩放目标列（mpg），因为一般来说，对于连续目标变量没有理由这样做。我们创建了一个 Python 字典来存储缩放参数。如果需要，稍后可以使用它来缩放回实际单位，并进行存储以供在数据处理管道中使用。

💡 提示：

在使用经过缩放或转换的数据训练模型之后，要使用该模型进行预测，任何新数据都必须严格地按与训练数据相同的方式进行缩放。因此，我们需要保持缩放参数或以其他方式缩放新数据。如果使用 min 和 max 值重头开始缩放新数据，则可能会获得不正确的预测结果，因为它与训练数据相比，很可能有不同的属性。

9.3.3　最小值/最大值缩放

让我们再次拟合 mpg 数据作为示例，但是这次将使用 sklearn 的 MinMaxScaler()方法缩放数据。

以下示例将再次从原始 my_data DataFrame 中生成 X，然后作为 DataFrame 传递给 MinMaxScaler()。通过不传递 min 和 max 的值，MinMaxScaler 默认缩放到(0, 1)：

```
from sklearn.preprocessing import MinMaxScaler
scaler = MinMaxScaler()
X = my_data.iloc[train, 1:-1]
scaler.fit(X)
```

```
X_scaled = scaler.transform(X)
X_scaled = pd.DataFrame(X_scaled)
X_scaled.columns = my_data.columns[1:-1]
X_scaled.describe().T
```

运行上述代码段将产生如图 9.22 所示的输出结果。

Out[52]:	count	mean	std	min	25%	50%	75%	max
cyl	274.0	0.494161	0.329783	0.0	0.200000	0.300000	0.600000	1.0
disp	274.0	0.318041	0.260051	0.0	0.088542	0.208333	0.486979	1.0
hp	274.0	0.298187	0.196083	0.0	0.148352	0.258242	0.340659	1.0
weight	274.0	0.384055	0.237395	0.0	0.182733	0.339665	0.575631	1.0
accel	274.0	0.440552	0.183957	0.0	0.316901	0.443662	0.563380	1.0
my	274.0	0.519161	0.298829	0.0	0.250000	0.500000	0.750000	1.0

图 9.22　缩放的 X 数据

数据现在都缩放到 0～1，因此图 9.22 与图 9.21 的结果是一样的。

你可以看到这种方法编写代码非常轻松。我们创建了一个对象 scaler，它存储了缩放数据后的缩放模型。为了获得缩放参数，我们使用了 X 调用.fit()方法，这类似于将.fit()用于其他模型，就像我们之前对 LinearRegression()所做的那样。然后，我们使用已拟合的 scaler 的.transform()方法生成缩放数据。

要获取参数，需要访问已拟合的 scaler 的属性：

```
print(scaler.data_range_)
print(scaler.data_min_)
```

你应该看到以下输出结果：

```
[     5.     384.     182.    3527.     14.2     12.   ]
[     3.      71.      48.    1613.      9.5     70.   ]
```

参数以 NumPy 数组的形式返回，因此，如果想将它们与名称相关联，则必须通过从原始数据中获取变量（列）名称来做到这一点。

另外，需要注意的是，.transform()方法的结果也是作为 NumPy 数组返回的，因此可以将其转换回 Pandas DataFrame 并将列名放回。

9.3.4　最小值/最大值缩放用例——神经网络

尽管使用这种缩放可能有各种原因和好处，但值得一提的是一个特殊情况。在人工神经网络（artificial neural network，ANN）中，模型由所谓的神经元数组构成，这些神经元实际上是数学函数，通常执行求和然后进行非线性变换。每个神经元的非线性变换函数被称为激活函数（activation function）。一个常见的激活函数是 Sigmoid 函数，如下所示：

$$f(x) = \frac{e^x}{e^x + 1}$$

此函数可以将输入(x)转换为 0～1 的平滑函数，如图 9.23 所示。

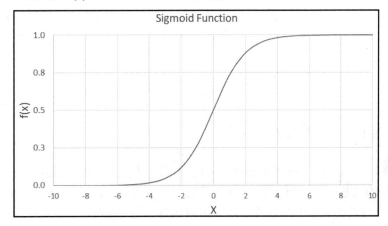

图 9.23　Sigmoid 函数

在图 9.23 中很容易看出，大的负值都被转换为 0，而大的正值都被转换为 1。这意味着如果我们一开始就使用未缩放的 X 值，则神经元的值可以被"饱和"——这意味着它们被卡在 0 或 1 上，我们就失去了微调网络参数的能力。事实上，许多其他模型有时都会从各种缩放或其他转换中受益，因此熟悉它们很重要。

现在，让我们重新审视之前使用的线性回归模型，并将缩放之后的数据应用于它：

```
lin_model = OLS()
y = np.reshape(np.array(my_data.loc[train, 'mpg']), (-1, 1))
my_model = lin_model.fit(X_scaled, y)
print('var\t coef\t\t\t range\t\t impact')
for coef, var in enumerate(my_data.columns[1:-1]):
    print( var, '\t', round(my_model.coef_[0][coef], 5),
            '\twith range ', round(float( X_scaled[var].max() -
                                    X_scaled[var].min()), 2),
            '\ttotal impact', round(float  (my_model.coef_[0][coef]*
                                    (X_scaled[var].max() -
                                    X_scaled[var].min())), 2))
```

此代码将生成以下输出结果：

```
Var           coef                          range
cyl          -1.7676      with    range     1.0
disp         -0.18872     with    range     1.0
hp           -2.10182     with    range     1.0
weight       -21.45231    with    range     1.0
accel         0.36957     with    range     1.0
my            8.17611     with    range     1.0
```

可以看到现在的系数值与之前不同，但你同样可以使用 score 方法验证其性能：

```
my_model.score(X_scaled, y)
```

这会产生与以前相同的 R2 值：

```
0.8318699587824089
```

9.3.5　标准化——解决差异问题

有许多方法都可以缩放数据。在前面的示例中，我们使用了带默认值的 MinMaxScaler()，它的缩放范围是 0～1。其实，该函数也可以添加 min 和 max 参数以改变缩放范围。另一种为建模准备数据的常用缩放方法是标准化（standardization）。

标准化是在 sklearn 的 StandardScaler()方法中实现的，默认情况下，该方法可以将数值数据转换为平均值为 0，标准差（standard deviation）为 1。这有助于保留有关数据分散（scatter）程度的信息，同时转换值在不同的基础尺度上更加相似。

例如，你可以可视化三个均值相同但标准差不同的分布，其中变量的标准差是数据分散度的度量。以下示例将从 distributions.csv 中加载数据，然后可视化它们。我们在一行中创建一个子图网格，其中包含数据中的列数，然后遍历列以绘制直方图：

```
distributions = pd.read_csv('Datasets/distributions.csv')
fig, ax = plt.subplots(1, distributions.shape[1],
                       figsize = (15, 3),
                       sharey = True)
for i in range(distributions.shape[1]):
    _ = ax[i].hist(distributions.iloc[:, i], bins = 50)
    _ = ax[i].set_title('variable ' + str(i))
    _ = ax[0].set_ylabel('count')
plt.show()
```

该代码将产生如图 9.24 所示的输出结果。

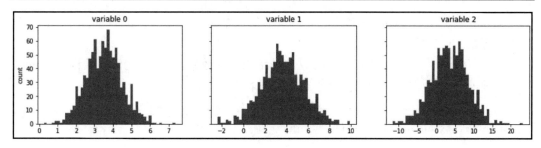

图 9.24　三个具有相同均值的数据分布

现在，我们可以使用.StandardScaler()缩放这些分布，以清楚地了解标准化转换的意义。以下代码实例化 scaler，对其进行拟合并在同一步骤中转换 DataFrame（使用.fit_transform()），然后重复相同的可视化。需要注意的是，必须保存并重新应用列名，因为.StandardScaler()将返回一个 NumPy 数组，而不是 DataFrame：

```
from sklearn.preprocessing import StandardScaler
scaler = StandardScaler()
colnames = distributions.columns
distributions = pd.DataFrame(scaler.fit_
transform(distributions))
distributions.columns = colnames
fig, ax = plt.subplots(1, distributions.shape[1],
                       figsize = (15, 3),
                       sharey = True)
for i in range(distributions.shape[1]):
    _ = ax[i].hist(distributions.iloc[:, i], bins = 50)
    _ = ax[i].set_title('variable ' + str(i))
    _ = ax[0].set_ylabel('count')
plt.show()
```

可以看到，带默认参数的.StandardScaler()的用法与 MinMaxScaler()的用法相同。该代码将产生如图 9.25 所示的输出结果。

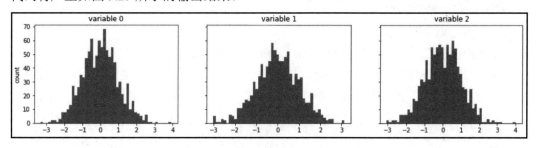

图 9.25　缩放之后的分布

可以看到，在经过标准化转换之后：三个分布都以 0 为中心；每个分布的标准差都
是 1，但是这一点不太明显。

以下示例使用 Pandas .describe()方法比较缩放之后数据。首先，为浮点数设置 Pandas
显示选项，以使输出结果更易于阅读（位数更少）：

```
pd.set_option('display.float_format', lambda x: '%.2f' % x)
distributions.describe().T
```

这会产生以下输出结果：

```
              count      mean      std       min       25%       50%       75%       max
values_1    1000.00     -0.00     1.00     -3.33     -0.68      0.01      0.64      3.92
values_2    1000.00     -0.00     1.00     -3.02     -0.68     -0.01      0.66      3.13
values_3    1000.00      0.00     1.00     -3.08     -0.67     -0.01      0.67      3.99
```

可以看到 mean（平均值）为 0，std（标准差）为 1。但是需要注意的是，它们的 min
（最小值）和 max（最大值）并不完全相同，这是因为.StandardScaler()将编码散布的量
并保留点对点关系，方法是缩放到固定的标准偏差而不是最小值和最大值。因
此，.StandardScaler()通常比.MinMaxScaler()保留更多有关原始数据的信息，但仍可将数
据对齐到更相似的比例。

现在重新加载汽车 mpg 数据，然后像以前一样进行缩放，只是将 MinMaxScaler()替
换为 StandardScaler()。和以前一样，将结果转换为 DataFrame，然后恢复列名，并使
用.describe().T 检查结果：

```
my_data = pd.read_csv('Datasets/auto-mpg.data.csv')
X = my_data.iloc[sample, :].drop(columns = ['name', 'mpg'])
scaler = StandardScaler()
scaler.fit(X)
X_scaled = scaler.transform(X)
X_scaled = pd.DataFrame(X_scaled)
X_scaled.columns = my_data.columns[1:-1]
X_scaled.describe().T
```

其输出结果如图 9.26 所示。

正如预期的那样，现在变量的 mean（均值）为 0，std（标准差）为 1。

现在可以重复与之前相同的简单线性模型来比较车型系数和车型性能。可以看到，
与之前的代码相比，以下代码基本相同，只不过 X_train 被 X_scaled 取代：

```
y = np.reshape(np.array(my_data.loc[train, 'mpg']), (-1, 1))
lin_model = OLS()
my_model = lin_model.fit(X_scaled, y)
```

```
print('R2 score is ', my_model.score(X_scaled, y))
print('model coefficients:\n', my_model.coef_, '\nintercept: ',
my_model.intercept_)
RMSE = mean_squared_error(y, my_model.predict(X_scaled),
squared = False)
print('the root mean square error is ', RMSE)
```

Out[87]:								
	count	mean	std	min	25%	50%	75%	max
cyl	274.00	0.00	1.00	-1.50	-0.89	-0.59	0.32	1.54
disp	274.00	0.00	1.00	-1.23	-0.88	-0.42	0.65	2.63
hp	274.00	-0.00	1.00	-1.52	-0.77	-0.20	0.22	3.59
weight	274.00	0.00	1.00	-1.62	-0.85	-0.19	0.81	2.60
accel	274.00	-0.00	1.00	-2.40	-0.67	0.02	0.67	3.05
my	274.00	0.00	1.00	-1.74	-0.90	-0.06	0.77	1.61

图 9.26　在汽车 mpg 数据集上使用 StandardScaler() 的结果

运行它会产生如图 9.27 所示的输出结果。

```
R2 score is  0.831869958782409
model coefficients:
 [[-0.58185994 -0.0489877  -0.41137864 -5.08336838  0.06786155  2.438796  ]]
intercept:  [24.02262774]
the root mean square error is  3.2361376539382127
```

图 9.27　使用标准化数据的简单线性模型的结果

可以看到，就 R2 和 RMSE 而言，这些结果与我们之前获得的结果相同。

此时你可能会问：既然屡屡得到的都是相同的结果，那么为什么还要进行缩放呢？这不是多此一举吗？

这个问题实际上已经在 9.3 节"了解数据缩放和归一化"开头部分进行了解释，一些模型（包括线性回归）对数据缩放不敏感。到目前为止，你的目标只是学习不同的缩放方法，并且使用线性回归示例来表明缩放操作并没有改变我们正在寻找的答案的基本性质。但是，大多数更复杂的模型，如随机森林（RandomForest）、极限梯度提升（extreme gradient boosting）和神经网络等都将受益于缩放数据（第 11 章"数据建模——回归建模"将详细介绍 RandomForest 回归模型）。

现在你应该可以使用不同的缩放方法并比较有无缩放的模型结果。接下来，我们将讨论有关数据缩放的最后一个主题：如何将数据转换回原始单位。

9.3.6　转换回真实单位

我们如果想要将 X 数据恢复为原始单位，那么该怎么做呢？这其实很简单，只需要反转转换的方程并使用缩放参数应用它即可。前文我们已经讨论了最小值/最大值缩放的一般公式。以下是标准化变换的公式：

$$X_{\text{scaled}} = \frac{(X - \mu)}{s}$$

其中，μ 是数据的平均值，s 是标准差。

当然，我们如果使用 sklearn 方法，就不必自己执行此操作。以下代码段使用来自 scaler 的 .inverse_transform() 方法来恢复之前转换的汽车 mpg 数据。与 .transform() 或 .fit_transform() 方法一样，其结果是一个 NumPy 数组，因此我们必须转换回 DataFrame 并恢复列名：

```
X = scaler.inverse_transform(X_scaled)
X = pd.DataFrame(X)
X.columns = my_data.columns[1:-1]
X.head()
```

运行上述代码后，你将看到如图 9.28 所示的输出结果。

Out[32]:

	cyl	disp	hp	weight	accel	my
0	8.00	400.00	150.00	4997.00	14.00	73.00
1	4.00	98.00	65.00	2380.00	20.70	81.00
2	4.00	151.00	85.00	2855.00	17.60	78.00
3	6.00	232.00	100.00	2789.00	15.00	73.00
4	8.00	304.00	150.00	3892.00	12.50	72.00

图 9.28　转换回原始单位的 X 数据

至此，我们已经介绍了有关缩放数据以进行建模的知识。

我们已经看到了如何构建简单的线性回归模型。接下来，让我们看看一些对数据建模有用的 Pandas 工具以及其他 sklearn 方法。

9.3.7　练习 9.2——缩放和归一化数据

Pandas DataFrame 结构可以轻松地将函数应用于数据列的子集。本练习将使用此类功能来缩放数据。我们选择缩放数据是因为想要一个通用的数据集，而不管选择的模型是什么。

在本练习中，你将再次使用来自得克萨斯州首府奥斯汀天气数据集的气象数据。你需要在考虑模型来预测事件之前准备好数据。你将加载数据，解决与数据类型有关的一些问题，然后应用缩放器（scaler）来转换数据。

（1）本练习需要 Pandas 库、来自 sklearn 的两个模块、NumPy 和 Matplotlib。将它们加载到 Notebook 的第一个单元格中：

```
import pandas as pd
from sklearn.model_selection import train_test_split
from sklearn.preprocessing import StandardScaler
import matplotlib.pyplot as plt
import numpy as np
```

你将使用 sklearn StandardScaler()方法缩放数据，为建模做准备。

（2）在缩放之前了解数据是一种很好的做法，因此你需要使用本章前面提到的 utility 函数来绘制直方图网格。

以下代码将循环遍历你传入的变量，检查是否有太多的 bin（直方图中的切片数）并进行相应的调整，使用 Pandas .hist()方法（它使用 matplotlib）在其网格位置上绘制直方图，并添加显示变量的每个图表的标题。你可以通过传入 DataFrame、要绘制的变量、网格的行和列以及 bin 的数量来调用该函数。

Pandas 切片表示法（[:-1]）用于传递除最后一列以外的所有数据作为要绘图的数据（因为为 name 列的汽车名称绘图没有任何意义）。需要注意的是，对于某些变量，可能只有寥寥几个唯一值，这就是函数需要修改 bin 的原因：

```
def plot_histogram_grid(df, variables, n_rows, n_cols, bins):
    fig = plt.figure(figsize = (11, 11))
    for i, var_name in enumerate(variables):
        ax = fig.add_subplot(n_rows, n_cols, i + 1)
        if len(np.unique(df[var_name])) <= bins:
            use_bins = len(np.unique(df[var_name]))
        else:
            use_bins = bins
        df[var_name].hist(bins = use_bins, ax = ax)
        ax.set_title(var_name)
    fig.tight_layout()
    plt.show()
```

（3）将 austin_weather.csv 文件加载到名为 weather_data 的 DataFrame 中，像之前一

样更改 Events 列，然后检查结果：

```
weather_data = pd.read_csv('Datasets/austin_weather.csv')
weather_data.drop(columns = ['Date'], inplace = True)
weather_data['Events'] = [ 'None'
                           if weather_data['Events'][i] is ' '
                           else weather_data['Events'][i]
                           for i in range(weather_data.shape[0])]
weather_data.describe().T
```

结果应如图 9.29 所示。

Out[3]:	count	mean	std	min	25%	50%	75%	max
TempHighF	1319.0	80.862775	14.766523	32.0	72.0	83.0	92.0	107.0
TempAvgF	1319.0	70.642911	14.045904	29.0	62.0	73.0	83.0	93.0
TempLowF	1319.0	59.902957	14.190648	19.0	49.0	63.0	73.0	81.0

图 9.29　对数据使用.describe()方法

（4）从图 9.29 的输出结果中可以看出，大部分列都不是以数字形式读入的，只有 TempHighF、TempAvgF 和 TempLowF 列出现在 describe 结果中。如果有一个新的、未知的数据集，那么你必须做更多的探索性数据分析来调查数据中的内容以及考虑如何解决它。在本示例中，该问题是由使用短横线（-）表示缺失数据和在降水（precipitation）列中使用 T 值表示"少许"（trace）引起的。因此，可以使用 Pandas .replace()方法将 '-' 替换为 np.nan 并将 T 替换为 0。在替换之后，输出包含缺失数据的行的列表。

```
weather_data.iloc[:, :-1] = \
    weather_data.iloc[:, :-1].replace( ['-', 'T'],
                                       [np.nan, 0]).
astype(float)
print(weather_data.loc[weather_data.isna().any(axis = 1),
:].index)
```

运行此代码将产生以下输出结果：

```
Int64Index([174, 175, 176, 177, 596, 597, 598, 638, 639,
741, 742, 953,
            1001, 1107],
           dtype='int64')
```

在上述代码中，数据列使用了:-1 对.iloc[]中的列进行切片，这会跳过 Events 列，然后使用.replace()更改值。Pandas .replace()方法可以获取要替换的内容和替换值的列表，这意味着要替换的内容是 '-' 和 T，替换的值则是 np.nan 和 0。

　　检测缺失数据行的代码使用了 Pandas .isna()方法，该方法将创建一个与传递给它的 DataFrame 形状相同的 DataFrame，其中包含的是检查是否存在缺失值的 True 或 False，然后.any(axis = 1)方法选择了值为 True 的任何元素，并通过传递 axis = 1 获取结果行（查看任何包含 True 值的行）。最后使用了.index 提取索引值并输出结果。

　　通过输出结果可以看到，现在包含缺失值的情况并不多，因此删除这些行是一个好方法。

　　（5）删除包含缺失值的行，使用.describe().T 验证结果，然后使用 utility 函数绘制所有变量的直方图。使用 Pandas .dropna()方法，并设置 axis = 0，以告诉该方法删除包含缺失值的行。在输出之前，可以将 Pandas 浮点格式更改为 2 位，以使输出结果更易于阅读：

```
weather_data.dropna(axis = 0, inplace = True)
pd.set_option('display.float_format', lambda x: '%.2f' %x)
print(weather_data.describe().T)
```

其输出结果应类似于图 9.30。

	count	mean	std	min	25%	50%	75%	max
TempHighF	1305.00	80.79	14.71	32.00	72.00	83.00	92.00	107.00
TempAvgF	1305.00	70.56	14.01	29.00	62.00	73.00	83.00	93.00
TempLowF	1305.00	59.82	14.19	19.00	49.00	62.00	73.00	81.00
DewPointHighF	1305.00	61.52	13.58	13.00	53.00	66.00	73.00	80.00
DewPointAvgF	1305.00	56.64	14.86	8.00	46.00	61.00	69.00	76.00
DewPointLowF	1305.00	50.94	16.19	2.00	38.00	56.00	65.00	75.00
HumidityHighPercent	1305.00	87.83	11.05	37.00	85.00	90.00	94.00	100.00
HumidityAvgPercent	1305.00	66.66	12.50	27.00	59.00	67.00	74.00	97.00
HumidityLowPercent	1305.00	44.98	17.01	10.00	33.00	44.00	55.00	93.00
SeaLevelPressureHighInches	1305.00	30.11	0.18	29.63	29.99	30.08	30.21	30.83
SeaLevelPressureAvgInches	1305.00	30.02	0.17	29.55	29.91	30.00	30.10	30.74
SeaLevelPressureLowInches	1305.00	29.93	0.17	29.41	29.82	29.91	30.02	30.61
VisibilityHighMiles	1305.00	9.99	0.16	5.00	10.00	10.00	10.00	10.00
VisibilityAvgMiles	1305.00	9.16	1.46	2.00	9.00	10.00	10.00	10.00
VisibilityLowMiles	1305.00	6.84	3.68	0.00	3.00	9.00	10.00	10.00
WindHighMPH	1305.00	13.25	3.43	6.00	10.00	13.00	15.00	29.00
WindAvgMPH	1305.00	5.01	2.08	1.00	3.00	5.00	6.00	12.00
WindGustMPH	1305.00	21.38	5.89	9.00	17.00	21.00	25.00	57.00
PrecipitationSumInches	1305.00	0.12	0.43	0.00	0.00	0.00	0.00	5.20

图 9.30　在缩放之前清理数据

　　（6）使用 utility 函数可视化变量分布以生成直方图网格：

```
plot_histogram_grid(df = weather_data.iloc[:, :-1],
                    varaibles = weather_data.iloc[:,
:-1].columns,
                    n_rows = 5,
```

```
n_cols = 5,
bins = 25)
```

这会产生如图 9.31 所示的结果。

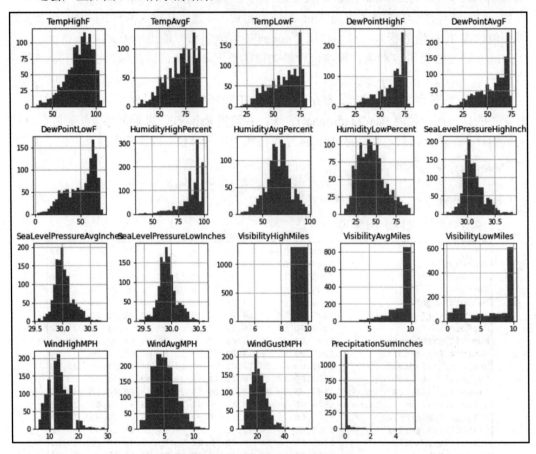

图 9.31　缩放前的天气数据变量

在图 9.31 中可以看到，可能影响建模的数据有一些有趣的特征，例如 PrecipitationSumInches（以英寸为单位的降水量总和）大多为 0，而 WindHigh（风力等级）在 10 MPH 附近有一个奇怪的间隙。还有几个变量则是倾斜的。作为初步处理，我们将选择继续缩放数据。

（7）回想前文关于信息泄露的讨论，当我们将数据拆分为训练集和验证集时，务必先拆分再缩放；否则，scaler 可能会泄露与验证数据有关的信息。使用.train_test_split()按 70/30 拆分数据。记住也要拆分 y 值，即 Events 列：

```
train_X, val_X, train_y, val_y = \
    train_test_split(  weather_data.drop(columns =
'Events'),
                       weather_data['Events'],
                       train_size = 0.7,
                       test_size = 0.2,
                       random_state = 42)
```

（8）使用 StandardScaler 方法缩放所有数值数据，并显示结果的前 5 行：

```
scaler = StandardScaler()
scaler = scaler.fit(train_X)
scaled_train = pd.DataFrame(scaler.transform(train_X))
scaled_train.columns = weather_data.columns[:-1]
scaled_val = pd.DataFrame(scaler.transform(val_X))
scaled_val.columns = weather_data.columns[:-1]
scaled_train.head()
```

其结果应如图 9.32 所示。

Out[20]:		TempHighF	TempAvgF	TempLowF	DewPointHighF	DewPointAvgF	DewPointLowF	HumidityHighPercent	HumidityAvgPercent	HumidityLowPercent	SeaLevel
	0	0.83	0.81	0.78	0.99	0.97	0.81	0.57	0.11	-0.23	
	1	0.76	0.89	0.92	0.99	1.04	1.18	0.29	0.43	0.42	
	2	-1.76	-1.76	-1.69	-2.24	-1.93	-1.73	-1.08	-1.01	-0.76	
	3	0.35	0.17	0.01	-0.18	-0.11	-0.25	-0.35	-0.69	-0.76	
	4	-0.80	-0.62	-0.35	-0.26	-0.38	-0.18	0.20	0.43	0.48	

图 9.32　缩放之后的气象数据训练集

至此，数据已经处于可用于初始建模的形式——你已经获得了训练集和验证集，并且数据已经完成缩放。

现在你应该熟悉以下关键概念：

❑　解决缺失值的问题。

❑　纠正格式或类型不正确的问题。

❑　将数据拆分为训练集和测试集，或将数据拆分为训练集、验证集和测试集。

❑　将缩放器拟合到训练数据，然后将拟合之后的缩放器应用于验证集（和测试集）。

ⓘ 注意：

本练习的代码可以在本书配套 GitHub 存储库中找到，其网址如下：

https://github.com/PacktWorkshops/The-Pandas-Workshop/blob/master/Chapter09/
Exercise9.02.ipynb

9.4　作业 9.1——数据拆分、缩放和建模

在本次作业中，你将负责分析联合再生发电厂的绩效。你已经获得有关满负荷电力生产的数据以及环境变量（如温度或湿度）。在作业的第一部分，你将手动使用 sklearn 拆分数据，然后缩放数据，构建一个简单的线性模型，并输出结果。

（1）本次作业需要 Pandas 库、NumPy 和来自 sklearn 的模块。将它们加载到 Notebook 的第一个单元格中。

（2）使用 power_plant.csv 数据集（'Datasets/power_plant.csv'）。将数据读入 Pandas DataFrame 中，输出其形状，并列出前 5 行。

自变量如下：

❑　AT——环境温度（ambient temperature）。

❑　V——排气真空度（exhaust vacuum level）。

❑　AP——环境压力（ambient pressure）。

❑　RH——相对湿度（relative humidity）。

因变量如下：

❑　EP——产生的电能（electrical power）。

（3）使用 Python 和 Pandas 结合的方法（但不使用 sklearn）将数据拆分为训练集、验证集和测试集，比例分别为 0.8、0.1 和 0.1。这里之所以将训练集的拆分比例设置为 0.8，是因为该数据集中有大量的行，所以验证集和测试集虽然仅占 0.1 的比例，但仍然包含足够的记录。

（4）重复步骤（3）中的拆分，但使用 train_test_split。调用它一次以拆分训练数据，然后再次调用它以将剩余的内容拆分为 val 和 test。

（5）确保所有拆分集中的行数都是正确的。

（6）将.StandardScaler()拟合到步骤（3）中的训练数据，然后转换 train、validation 和 test X。注意不要转换 EP 列，因为它是目标变量。

（7）将.LinearRegression()模型拟合到已经缩放的训练数据，使用 X 变量预测 y（即 EP 列）。

（8）分别在 train、validation 和 test 数据集上应用模型并输出 R2 分数和 RMSE。

💡 **提示：**

本书附录提供了所有作业的答案。

9.5　小　　结

　　本章学习了如何为下游建模任务拆分和缩放数据。现在你应该掌握了手动拆分数据的操作，也熟悉了如何使用 sklearn 方法以简化拆分任务。你还了解了不同缩放方法的工作原理，并理解哪些模型适用最小值/最大值缩放，哪些模型适用标准化。

　　本章阐释了拆分数据的工作原理，强调了在建模步骤中保留一些数据以衡量新数据性能的重要性。你现在拥有了为建模准备数据的基本工具包，而这也为下一章的学习打下了基础。

第 10 章　数据建模——有关建模的基础知识

本章将讨论如何使用重采样（resample）和平滑（smoothing）技术来发现数据中的模式。另外，本章还将介绍.resample()、.rolling()和.ewm()等 Pandas 方法，你将学习如何使用它们可以过滤噪声并执行其他有用的数据序列的探索。本章的最后还将讨论如何通过缩放（详见第 9 章"数据建模——预处理"）和平滑技术的组合显示不同数据序列之间有趣的相似性。到本章结束时，你将能够熟练地以各种方式将缩放、采样和平滑技术应用于数据分析。

本章包含以下主题：
- ❑　数据建模简介
- ❑　了解建模基础知识
- ❑　预测时间序列的未来值
- ❑　作业 10.1——归一化和平滑数据

10.1　数据建模简介

作为一名数据分析师，你所获得的数据通常并不是以完全适合分析和建模的形式提供的。例如，某所学校给了你一份学生销售饼干的数据，他们需要你总结和分析学生销售饼干的情况（该项销售活动是为学生的旅游筹集资金）。你想了解每个学生每周的预期销售额，以表彰那些付出努力并实现更高销售额的学生。遗憾的是，任何给定学生的数据都是以随机时间出现的，这使得比较非常困难。你决定获取每个学生的销售额，并在缺失数据的日期上填充已有日期之间的数据。这个过程非常乏味，并且在进行到一半时，你意识到还必须返回去检查和修改已填充的每天的值，确保它们与每周的总值相对应。为了帮助你摆脱这个麻烦的手动作业，Pandas 提供了.resample()方法，通过将其与.rolling()平滑函数结合并计算滚动平均值（使用.mean()），你可以轻松获得所需的每日数据，而这只需要一行代码即可完成。

这种方法在很多情况下都适用。有时，你认为日期最近的数据是最具备参考意义的数据，并且你想要一个滚动平均值，以便将更多的权重放在最近的数据点上。Pandas 允许使用窗口函数和.rolling()来实现这些目标，另外还有指数加权窗口（exponentially weighted windows）.ewm()方法，该方法在某些情况下可以简化变量加权。

在本章中，你将看到使用这些方法的示例，以及通过这些方法滚动聚合平滑数据和揭示数据的隐藏模式的能力。

10.2　了解建模基础知识

到目前为止，我们已经从某种抽象的意义上讨论了数据建模。本章将重点介绍帮助我们从数据中获得见解并使用数据构建一些基本预测模型的工具。我们将从更深入地定义建模环境开始，然后探讨 Pandas 中直接提供的一些工具。

10.2.1　建模工具

第 9 章"数据建模——预处理"介绍了 scikit-learn（sklearn）线性回归方法，并演示了如何拟合简单的多元线性回归模型。虽然有大量可用于 Python 的建模工具，但 sklearn 可能是从回归到分类甚至基本神经网络的所有领域中最常用的工具之一。有关 sklearn 生态系统的详细介绍，你可以访问以下网址：

https://scikit-learn.org/stable/

sklearn 具有以下特点：
- ❑　用于预测数据分析的简单高效工具。
- ❑　每个人都可以访问，并且可以在各种情况下重复使用。
- ❑　构建于 NumPy、SciPy 和 Matplotlib 之上。
- ❑　开放源代码，可作为商业用途——BSD 许可。

sklearn 工具可分为三大类：分类（classification）、回归（regression）和聚类（clustering）。

本章和下一章将学习更多的预处理和回归方法。虽然 Pandas 也可用于为分类和聚类方法准备数据，但本书无意深入讨论它们，因为从数据的角度来看，分类或聚类中没有任何东西是我们尚未涉及或将在本章和下一章中讨论的。

接下来，就让我们仔细看看 Pandas 建模工具。

10.2.2　Pandas 建模工具

Pandas 中有两大类对数据建模很有用的功能：时间序列功能和采样方法。让我们逐一深入研究它们。

　　有一系列的方法可以处理时间序列，尤其是在 Pandas 中处理 datetime 数据。Pandas 中时间序列方法的区别在于它们具有日期/时间意识，这意味着它们可用于在特定的时间或日期间隔上进行操作，并使用数据中的时间/日期来确定用于采样或平滑间隔的数据。在这里，我们将只关注.resample()方法，它可以轻松地将基于时间的日期转换为不同的周期。

　　例如，假设你正在调查世界 100 岁以上的人口迅速增加的有趣案例，你将获得一个数据集，其中包含按年递增的日期。该数据改编自从以下网址获得的原始数据集：

https://population.un.org/wpp/Download/Standard/Interpolated/

以下代码将从文件中读取数据，查看前 5 行的数据及其数据类型：

```
import pandas as pd
pop_data = pd.read_csv('Datasets/world_pop_100_plus.csv')
print(pop_data.head())// print(pop_data.dtypes)
```

这会产生如图 10.1 所示的输出结果。

```
        date  population aged 100+ (000)
0  7/1/1950                           34
1  7/1/1951                           31
2  7/1/1952                           29
3  7/1/1953                           27
4  7/1/1954                           25
date                             object
population aged 100+ (000)        int64
dtype: object
```

图 10.1　世界 100 岁以上的人口

　　注意该输出结果底部的数据类型。date 列显示为 object 类型。这是因为默认情况下，Pandas 将日期读取为字符串并将其显示为 object 类型。要将它们用作日期，首先需要将它们转换为 datetime 类型。

　　以下代码使用 Pandas .to_datetime()方法，并提供一个字符串格式，其中包含有关如何解释字符串数据的信息，供 Pandas 使用。然后使用包含更新日期值的 DataFrame 来制作一个简单的绘图：

```
pop_data['date'] = pd.to_datetime(pop_data['date'], format = "%m/%d/%Y")
fig, ax = plt.subplots(figsize = (11, 11))
ax.scatter(pop_data.date, pop_data['population aged 100+(000)'])
plt.show()
```

这将导致如图 10.2 所示的输出结果。

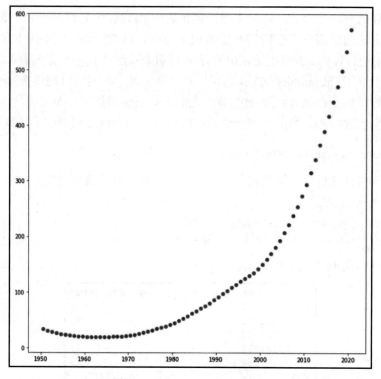

图 10.2　简单时间序列数据图

　　请注意，上述示例在 datetime 转换中使用了 format = "%m/%d/%Y"。这是一种很常见的模式，它相当直观。Pandas 提供了这些%格式定义的范围，它们使用字符串组合在一起（如日期字符串中的斜杠）。

　　另外，一旦列被转换为 datetime 类型，Pandas 和 Matplotlib 就会将其识别为日期并在可视化绘图中应用一些自动格式，这也为用户带来了方便。

　　现在假设你想要呈现 5 年平均值而不是年度值。Pandas 可以使用.resample()方法使这种日期频率转换变得很容易。

　　在以下示例中，.resample()指定周期为 5Y（表示 5 年），使用 on = 'date'指定了日期列，使用 closed = 'right'告诉 Pandas 包含每个周期最后一个日期的数据。.resample()方法是聚合（aggregation）方法的一种形式，一般来说，你可以为此类方法添加一个聚合函数，以下示例在最后使用.mean()聚合函数，它告诉 Pandas 对每个窗口中的数据按周期采样后应用.mean()方法：

```
five_yr_avg = pop_data.resample('5Y',
                                on = 'date',
```

```
                               closed = 'right').mean()
five_yr_avg.head()
```

运行上述代码将显示如图 10.3 所示的输出结果。

Out[16]:	population aged 100+ (000)
date	
1950-12-31	34.0
1955-12-31	27.2
1960-12-31	21.4
1965-12-31	20.0
1970-12-31	21.6

图 10.3　原始数据的 5 年平均值

.resample()方法接收一个定义采样周期的字符串，以下示例中的 '1W' 表示一周（week）。其他选项还包括 D（天，day）、H（小时，hour）、M（月，month）等。

使用.resample()方法时，你可以将周期视为 Pandas 收集数据的窗口的宽度（以时间为单位），然后将聚合函数（如上述示例中的 .mean()）应用于每个窗口中的数据。

closed = 'right' 选项告诉 Pandas 窗口应该以哪种方式进行绑定，也就是说，它们是否应该包含左值或右值或 None。如果你考虑某些数据可能落在窗口的边界上，则需要明确这些点是在当前窗口计算中还是在下一个窗口计算中。请注意，一个点只能是在一个或另一个窗口中。重要的是，closed 选项的默认值可能取决于数据，因此，你如果对此不确定，则可以指定想要的值或查看相关说明文档。

on = 'date'选项是必需的，因为 Pandas 默认使用索引进行采样，如果 datetime 索引不存在，则必须提供 datetime 列，或者你可以指定一个列来覆盖索引。在图 10.3 中可以看到，date 现在就是索引，不再是列。你可以将它作为列取回，但在大多数情况下，没有理由这样做，并且其他方法也会使用它，因此让 Pandas 为你处理它更方便。

使用类似的方法，我们可以得到在每个 5 年周期中的最大值，并与每个周期的平均值进行比较。以下代码再次使用.resample()方法，只不过这一次使用了.max()作为聚合函数，然后绘制两个结果：

```
five_yr_max = pop_data.resample('5Y', on = 'date', closed = 'right').max()
fig, ax = plt.subplots(figsize = (11, 11))
ax.scatter( five_yr_max.index, five_yr_max['population aged 100+(000)'],
          label = '5 year maximum')
ax.plot(five_yr_avg.index, five_yr_avg['population aged 100+(000)'],
```

```
        lw = 0.5, color = "red",
        label = '5 year averages')
ax.legend()
plt.show()
```

这将产生如图 10.4 所示的输出结果。

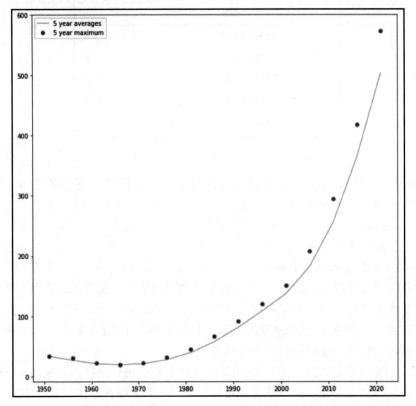

图 10.4　100 岁以上人口数据的 5 年最大值（点）与平均值（线）的比较

　　你注意到，近几十年来 100 岁以上人口的增长率似乎也在增加。让我们看看如何使用 Pandas 来获得不同时期的增量变化。

　　以下示例使用 Pandas .pct_change()方法来获取我们想要的值，并且再次制作一个简单的绘图：

```
fig, ax = plt.subplots(figsize = (11, 11))
ax.plot(pop_data.date, 100 * pop_data['population aged 100+
(000)'].pct_change())
ax.set_title('Percent change year to year of\nworld population
```

```
                    aged 100+', fontsize = 16)
ax.set_ylabel('Percent change from previous year',
              fontsize = 14)
ax.tick_params(labelsize = 12)
plt.show()
```

其输出结果如图 10.5 所示。

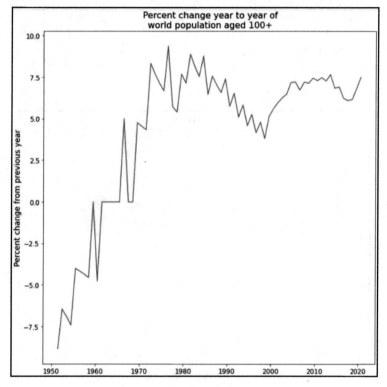

图 10.5　数据的年度变化百分比

在图 10.5 中可以看到，100 岁以上人口的增长率在 1980 年左右达到顶峰，然后下降，自 2000 年以来再次快速攀升。

正如.pct_change()用于生成图 10.5，它使用的是数据中已经存在的间隔，而不是日期。如果日期间隔不均匀，则最好先使用.resample()创建统一的日期索引，然后.pct_change()将使用该统一索引。可以看到，图 10.5 中的数据是有噪声的并且包含一些尖峰。也许这是一个报告上的问题，有些年份会出现峰值。

与其深入挖掘，不如让我们以 5 年为基础重复这一分析，如下所示：

```
five_yr_mean = pop_data.resample('5Y', on = 'date', closed ='right').mean()
fig, ax = plt.subplots(figsize = (11, 11))
ax.plot(five_yr_mean.index,
        100 * five_yr_mean['population aged 100+ (000)'].pct_change())
ax.set_title('Percent change for five year periods\nof world
population aged 100+',
            fontsize = 16)
ax.set_ylabel('Percent change from previous 5 years',
            fontsize = 14)
ax.tick_params(labelsize = 12)
plt.show()
```

这应该会产生如图 10.6 所示的输出结果。

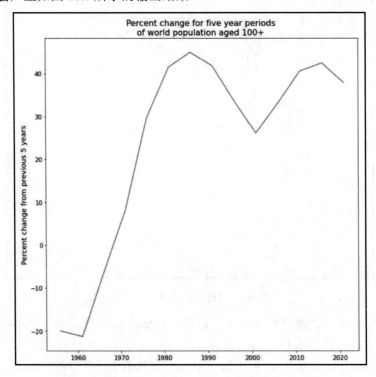

图 10.6   100 岁以上人口以 5 年为周期的百分比变化

可以看到，图 10.6 可能是对 100 岁以上人口随时间变化的更好的汇总，而不是像图 10.5 中那样包含更多噪声的表示。

回顾一下，到目前为止，我们能够读取包含日期作为字符串和一些值的人口数据文件，使用了一种 Pandas 方法将日期转换为 datetime 类型，然后使用了.resample()方法和.mean()聚合函数，紧接着使用了.pct_change()方法，以获得图 10.6 中的结果。图 10.6 显示了 100 岁以上人口在 1985 年左右达到一个增长峰值，随后下降，而在最近几年又开始向上攀升。

在上述示例中，你使用大约 8 行代码获得了可视化结果。

使用 Pandas 也可以对数据进行上采样（upsample），即与原始时间间隔相比增加频率。当使用以不同频率存储的多个数据序列并且你不想对较高频率的数据进行下采样时，你可能需要对数据进行上采样。你必须指定诸如 .ffill()（向前填充，fill forward）之类的方法来告诉 Pandas 如何从最后一个已知值进行填充，或者使用.interpolate()进行某种形式的插值（interpolation）。由于这些方法对底层数据生成过程或数据的周期性表现一无所知，因此你需要谨慎和判断最佳方法。

可以想见，使用.resample()下采样（downsample）到较低频率（更长的周期），然后尝试进行上采样会丢失一些信息。

作为一个使用.resample()对数据进行上采样的示例，在这里，你可以将 5 年平均值重新采样回年度值并再次绘制逐年变化。我们的代码还绘制了原始数据并添加了一个图例以便于比较。你可以在本书配套 GitHub 存储库中获得该代码，其网址如下：

https://github.com/PacktWorkshops/The-Pandas-Workshop/blob/master/Chapter10/Examples.ipynb

你将看到如图 10.7 所示的输出结果。

可以看到新的曲线与原来的曲线相似，但是失去了一些精细的结构。

请注意，你可以使用带有默认参数的.interpolate()方法来填充缺失值。大多数 Pandas 方法都有许多可供你探索的插值方法选项，在这种情况下，默认为线性插值，它只是用一条线连接上一个点和下一个点。

与.resample()相关的 Pandas 方法是.groupby()。像.resample()一样，.groupby()可以根据方法中传递的内容收集数据，通常会应用聚合函数（如.mean()）来获取结果。

在以下示例中，.dt.year Pandas 方法用于将年份提取到一个新列中，然后除以 10，四舍五入并乘以 10 得到'decade'值。最后，将 .groupby()应用于'decade'列，并计算均值：

```
pop_data['decade'] = pop_data['date'].dt.year
pop_data['decade'] = round((pop_data['decade'] / 10), 0) * 10
pop_data.groupby('decade').mean()
```

这会产生如图 10.8 所示的结果。

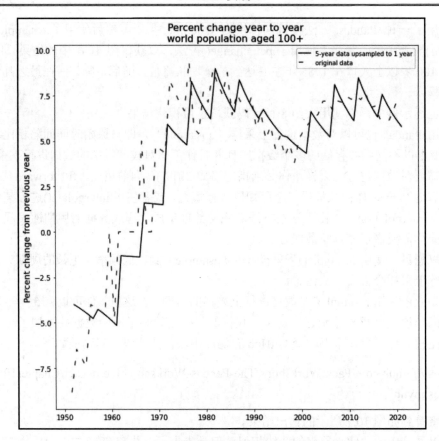

图 10.7　对已经下采样的数据进行上采样的结果

Out[51]:	population aged 100+ (000)
decade	
1950.0	29.200000
1960.0	21.000000
1970.0	24.000000
1980.0	47.000000
1990.0	92.333333
2000.0	156.272727
2010.0	299.222222
2020.0	489.166667

图 10.8　按 10 年为周期计算 100 岁以上人口的平均数量

　　与.resample()相比，.groupby()的一个有用功能是它可以一次对多个列进行操作。假设你有一组更详细的 100 岁以上人口的数据，其中包含每年的 100 岁以上人口数量及其性别。

　　以下示例可将你获得的数据读入一个 DataFrame 中，并且像以前一样将 date 列转换为 datetime 数据类型：

```
pop_data_by_gender = pd.read_csv('Datasets/world_pop_100_plus_
by_gender.csv')
pop_data_by_gender['date'] = pd.to_datetime(pop_data_by_
gender['date'], format = "%m/%d/%Y")
pop_data_by_gender.head(6)
```

　　这显示了数据的前 6 行，如图 10.9 所示。

```
Out[56]:
              date    population aged 100+ (000)    gender
   0    1950-07-01                            9      male
   1    1950-07-01                           25    female
   2    1951-07-01                            8      male
   3    1951-07-01                           23    female
   4    1952-07-01                            8      male
   5    1952-07-01                           21    female
```

图 10.9　100 岁以上人口数量及其性别

　　现在你想要做一个类似于图 10.8 的汇总，但是要让男性和女性分开。

　　以下示例可以像前面的示例一样创建'decade'列，然后同时在'decade'和'gender'列上调用.groupby()：

```
pop_data_by_gender['decade'] = pop_data_by_gender['date'].dt.year
pop_data_by_gender['decade'] = round((pop_data_by_
gender['decade'] / 10), 0) * 10
pop_data_by_gender.groupby(['gender', 'decade']).mean()
```

　　这将生成如图 10.10 所示的汇总表。

　　可以看到，女性 100 岁以上人口比男性更多。

　　在多个列上使用.groupby()方法的结果是生成了 Pandas 多级索引。有关多级索引的详细信息，可参考本书第 5 章"数据选择——DataFrame"。

Out[83]:		
		population aged 100+ (000)
gender	**decade**	
female	**1950**	21.600000
	1960	15.818182
	1970	18.444444
	1980	36.545455
	1990	74.000000
	2000	127.545455
	2010	240.888889
	2020	386.166667
male	**1950**	7.600000
	1960	5.181818
	1970	5.777778
	1980	10.454545
	1990	18.333333
	2000	28.818182
	2010	58.222222
	2020	103.166667

图 10.10　按性别和 10 年周期划分的 100 岁以上人口的汇总

10.2.3　其他重要的 Pandas 方法

第 8 章"理解数据可视化"讨论了变量之间的相关性。有一种相关性的统计方法是计算多个变量的协方差矩阵（covariance matrix）。Pandas 通过.cov()方法直接支持了这一方法。仍然以 9.2.1 节"拆分训练集、验证集和测试集"中介绍的汽车数据集为例，以下示例首先使用 StandardScaler()来缩放数据，然后使用.cov()方法。.cov()方法返回的是一个 NumPy 数组，所以还需要恢复列名和行名。此外，以下示例删除 name（名称）列，因为无法对其进行计算：

```
from sklearn.preprocessing import StandardScaler
scaler = StandardScaler()
car_data = pd.read_csv('Datasets/auto-mpg.data.csv')
scaled_data = scaler.fit_transform(car_data.iloc[:, :-1])
scaled_data = pd.DataFrame(scaled_data).cov()
scaled_data.columns = car_data.columns[:-1]
scaled_data.set_index(car_data.columns[:-1], inplace = True)
scaled_data
```

这将产生如图 10.11 所示的输出结果。

Out[25]:

	mpg	cyl	disp	hp	weight	accel	my
mpg	1.002558	-0.779606	-0.807186	-0.780418	-0.834373	0.424411	0.582026
cyl	-0.779606	1.002558	0.953255	0.845139	0.899823	-0.505974	-0.346531
disp	-0.807186	0.953255	1.002558	0.899552	0.935381	-0.545191	-0.370801
hp	-0.780418	0.845139	0.899552	1.002558	0.866749	-0.690958	-0.417426
weight	-0.834373	0.899823	0.935381	0.866749	1.002558	-0.417905	-0.309910
accel	0.424411	-0.505974	-0.545191	-0.690958	-0.417905	1.002558	0.291059
my	0.582026	-0.346531	-0.370801	-0.417426	-0.309910	0.291059	1.002558

图 10.11　汽车数据的协方差矩阵

很明显，这里的相关性就像我们之前看到的那样——cyl（汽缸）、disp（排量）、hp（马力）或 weight（车辆自重）都与 mpg（每加仑英里数）呈现明显的负相关，但新车型的里程数指标更好，而且奇怪的是，里程数指标会随着 accel（加速）性能的提高而增加。如果要进行理论上的解释，也不是没道理，因为加速度与车辆自重高度相关；正如我们所见，车辆自重又是与 mpg 高度负相关的，这意味着更轻的车辆自重会有更快的加速度。

请注意.cov()方法在对角线上返回的列方差——这里它们接近 1.0，因为我们在使用.cov()方法之前将标准差缩放到 1。

10.2.4　窗口函数

还有一组更重要的 Pandas 方法在数据建模中非常有用，那就是窗口函数（windowing function）。在之前的示例中，当使用.resample()时，数据只能在非重叠区域中被聚合，例如 20 世纪 50 年代的数据点不能也计算在 20 世纪 60 年代中。但在许多情况下，你希望在一个时间窗口或点中进行聚合，并沿着数据平滑地移动该窗口。本质上，这就是窗口函数要做的事情。

让我们先来看看.rolling()函数并将其与之前使用的.resample()方法进行比较。

你将获得美国过去 30 年的月度失业率数据，它改编自以下网址的数据：

https://data.bls.gov/timeseries/LNS14000000

在以下示例中，你将读取该数据，并使用.rolling()和.resample()将周期从 1 个月修改至 3 个月：

```
emp_data = pd.read_csv('Datasets/US_unemployment_by_month.csv')
emp_data['date'] = pd.to_datetime(emp_data['date'], format =
'%m/%d/%Y')
rolling = emp_data.rolling(on = 'date', window = '90d').mean()
samples = emp_data.resample(on = 'date', rule = '90d', label =
'right').mean()
```

可以看到，在.rolling()方法中，窗口的宽度由 window 指定，而在.resample()中，周期由 rule 指定。在之前的示例中没有使用过 rule 选项，本示例使用它是为了明确表示它与 window 选项形成对比。

此外，每个 Pandas 方法都有默认值，用于将计算的间隔与标签对齐。在使用.rolling()的情况下，默认值是使用 'right' 或最近的标签，而对于.resample()来说，默认值为 'left'，因此本示例在.resample()中指定了 label = 'right'以使两个方法具有可比性。

现在，每个序列都使用不同的颜色和符号进行绘制。要查看某些点的更多细节，需要使用.set_xrange()，此外，使用.to_datetime()可以轻松地将人类可读的日期转换为轴限制值（axis limit）：

```
fig, ax = plt.subplots(figsize = (13, 9))
ax.scatter( rolling['date'], rolling['unemployment'],
        marker = 'o', color = 'red',
        label = 'rolling unemployment 90 days')
ax.scatter( samples.index, samples['unemployment'],
        marker = '+', color = 'black', s = 300,
        label = 'resampled unemployment 90 days')
ax.set_xlim(pd.to_datetime('1/1/2001'),
        pd.to_datetime('12/31/2002'))
ax.legend()
plt.show()
```

上述代码段将导致如图 10.12 所示的输出结果。

从图 10.12 可以看出，第一个系列使用了.rolling()，每个月都有一个值，而第二个系列使用了.resample()，每 6 个月都有一个值。

Pandas 中的另一种窗口方法是.expanding()。在某些情况下，你希望在当前时间之前获得一些汇总值，并随着时间的推移查看该汇总。例如，如果你正在分析销售数据并被要求按月汇总累计销售额，那么这可以通过使用.expanding()方法来完成。

假设你获得了多年的汽车总销量数据——原始数据网址如下：

https://fred.stlouisfed.org/series/TOTALSA

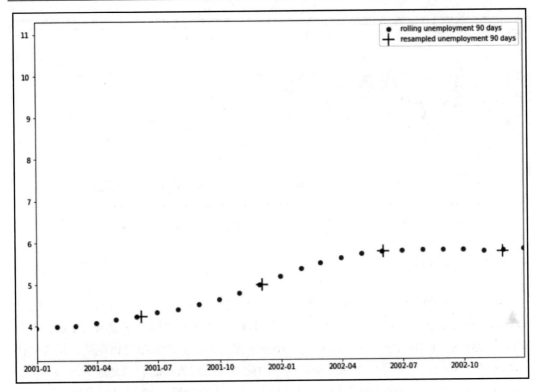

图 10.12　使用.rolling()和.resample()比较计算方法

你如果需要获得累计销量的趋势，则可以和以前一样，先读入数据，并将数据转换日期值，然后使用.expanding()方法，后接.sum()作为聚合函数，最后使用 Pandas .plot()进行简单的可视化，具体示例如下：

```
veh_sales = pd.read_csv('Datasets/TOTALSA.csv')
veh_sales['DATE'] = pd.to_datetime(veh_sales['DATE'], format =
'%Y-%m-%d')
veh_sales['cumulative'] = veh_sales['TOTALSA'].expanding().sum()
veh_sales.plot('DATE', 'cumulative')
```

运行上述代码后，你将看到如图 10.13 所示的输出结果。

在图 10.13 的左侧可以看到，原始汽车销量数据随着时间的变化振幅很大，但在右侧累积销售额的更大图景中，则看起来总趋势是较为稳定的增长。你如果仔细观察，则可以看到在左侧原始曲线出现大幅下降时，右侧累积曲线的斜率也略有下降。

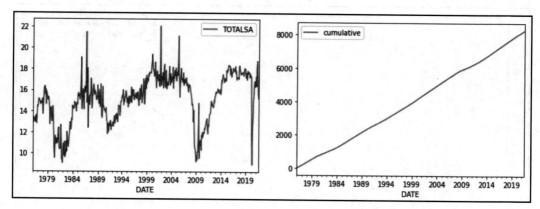

图 10.13　原始汽车销量（左）和使用.expanding().sum()计算的累积值（右）

10.2.5　窗口方法

　　本章重点介绍的 Pandas 中窗口函数的另一个功能是能够定义窗口方法。当将.rolling()与.sum()或.mean()聚合方法一起使用时，我们可以在.rolling()调用中指定 win_type。在我们目前看到的默认用法中，win_type 为 None（我们实际上并未指定该选项，这等效于 win_type = None），并且样本的权重相同，因此获得的均值和总和都是通常的预期值。但是，Pandas 中还有许多其他的权重选项可用，有关详细列表，你可以访问以下网址：

　　https://pandas.pydata.org/pandas-docs/stable/reference/api/pandas.Series.rolling.html

　　还有一些来自 SciPy 的定义，其网址如下：

　　https://docs.scipy.org/doc/scipy/reference/signal.windows.html#module-scipy.signal.windows

　　这提供了使用加权和（weighted sum）或平均值的能力，如指数加权（exponential weighting）。请注意，SciPy 窗口类型是围绕信号分析和滤波器而设计的，因此，在数据上移动加权窗口，默认情况下，加权窗口以窗口为中心。如果我们需要的是权重越早期越衰减的结果，那么这可能需要做出相应的改变。例如在时间序列数据建模中，选择更强调最近值的权重并不少见。以股票价格预测为例，最近 3 个月、6 个月和 12 个月的股票价格数据，其权重是逐渐衰减的，超过 3 年的历史股票价格，其权重可能衰减为 0。

　　现在让我们来看一个使用窗口方法的示例。以下示例像以前一样使用.rolling()来计算车辆销售数据的 90 天平均值。我们再次应用它，但使用 win_type = 'exponential'选项。

要执行后者，必须进行一些更改。

其中一个更改就是，我们必须指定间隔数而不能使用时间（所以我们使用的是 window = 3 而不是 window = '90d'，数据间隔为 1 个月），因为底层的 SciPy 函数不理解日期。

另一个更改是，我们必须在聚合函数中为指数函数传递额外的参数，所以我们使用的是.mean(tau = 1, sym = False, center = 3)。

每个 SciPy 函数都有一组特定的参数。对于指数函数来说，我们需要覆盖前面提到的默认居中，因此使用 center = 3 选项，这其实就是指定了右边缘，因此还需要指定 sym = False。另外，tau = 1 确定函数随时间衰减（decay）的速度。

你可以在本书配套 GitHub 存储库获得该示例的代码，其网址如下：

https://github.com/PacktWorkshops/The-Pandas-Workshop/blob/master/Chapter10/Examples.ipynb

上述代码的效果是使加权平均值更类似最近的点，在这种情况下，这意味着它们将更好地跟踪突然变化。

以下示例将绘制两个序列以进行比较：

```
fig, ax = plt.subplots(figsize = (11, 9))
ax.plot(veh_sales['DATE'], veh_sales['TOTALSA'],
        color = 'black', linestyle = 'dashed', label = 'raw sales')
ax.plot(base_forecast.index.shift(1, 'D'), base_
forecast['TOTALSA'],
        color = 'red', linestyle = 'dotted', label = 'naïve forecast')
ax.plot(weighted_forecast.index.shift(1, 'D'), weighted_
forecast['TOTALSA'],
        color = 'blue', linestyle = (0, (5, 10)), label =
'weighted forecast')
ax.set_xlim(pd.to_datetime('6/1/2019'), pd.to_
datetime('6/30/2020'))
ax.legend()
plt.show()
```

这会产生如图 10.14 所示的输出结果。

Pandas 还提供了.ewm()函数作为.rolling()的替代方法；.ewm()函数使用指数衰减而不是 SciPy 滤波器窗口，因此它可能更直观。

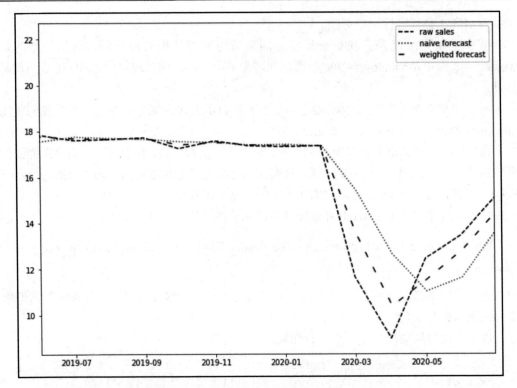

图 10.14　滚动.mean()与指数加权.mean()

以下示例先绘制原始数据，然后和之前一样使用 SciPy 指数函数，最后使用 Pandas 的.ewm()方法。在.ewm()中，我们将 span 指定为窗口大小的一半，以获得与 SciPy 方法一致的结果；当然，你也可以根据自己的应用通过若干个不同的参数来指定函数。以下示例使用较小的 span 以缩小时间窗口。你可以在以下网址获得本示例的代码：

https://github.com/PacktWorkshops/The-Pandas-Workshop/blob/master/Chapter10/Examples.ipynb

这将产生如图 10.15 所示的输出结果。

在图 10.15 中可以看到，两个平滑序列都在一定程度上滞后于实际序列，这也不让人意外，因为过去的一些数据点都是通过求平均值而获得的。

另外还可以看到，.ewm()几乎等同于 SciPy 的'exponential'窗口，但它更容易指定，因此你可能更喜欢在这些用例中使用它。

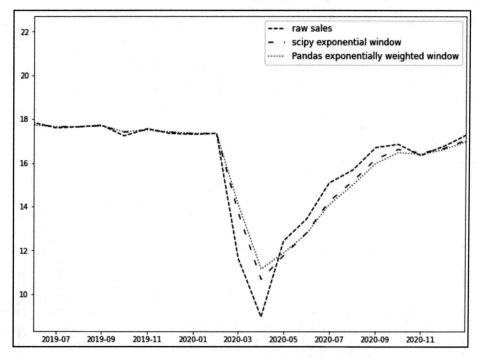

图 10.15　不同移动平均线与原始时间序列数据的比较

10.2.6　平滑数据

到目前为止，我们用于下采样的方法（.resample()）和在滚动窗口上应用计算的方法（.rolling）以及.ewm()方法都可以被视为平滑技术。

平滑（smoothing）是指用附近值的某种组合替换序列中的原始值，这具有平滑短期变化但保留整体行为的效果。正如你已经看到的，必须注意确保平滑数据按预期对齐（对于时间序列数据来说，就是在时间上要对齐）。Python 中的不同方法具有不同的参数和默认值，因此查看相应的说明文档很重要。

一个可能的用例是假设你正在分析一些信号数据，并且你有理由认为底层信号可能是周期性的（如正弦波），但你拥有的数据噪声很大。尽管可以使用更高级的信号处理方法，但最初的步骤可能是应用平滑并查看平滑信号的样子。

以下示例将反过来说明这种情况。首先，我们以一年为周期构建一个（干净而不嘈杂的）正弦波。

（1）你应该知道，Python 中的 datetime 数据的分辨率为纳秒（nanoseconds，ns），因此可以使用 60 * 60 * 1e9 * 24 转换天（即，60 s/min * 60 min/h * 1e9 ns/s * 24 h/day），

而周期每 30 min 创建一次。然后，在正弦函数中，使用（2 * np.pi * times）转换为弧度，然后除以 93 天作为循环周期：

```
times = pd.to_datetime(np.arange(0, 60*60*1e9*24*365, 60*60*1e9*0.5),
                       origin = '2020-01-01')
data = np.sin(2 * np.pi *
              times.values.astype(float) / 1e9 / 93 / 60 / 60/ 24)
fig, ax = plt.subplots(figsize = (11, 9))
ax.plot(times, data)
plt.show()
```

运行上述代码会给出如图 10.16 所示的输出结果。

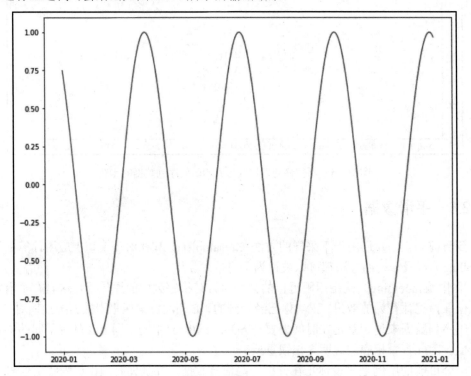

图 10.16　每 93 天重复一次的正弦函数

（2）使用 NumPy .random.normal()方法创建一些噪声以添加到数据中。该方法可以从正态分布（normal distribution，也称为高斯分布）中进行采样。

以下示例调用.random.normal()方法，设置平均值为 0，标准差为 5，样本数等于数据长度。请注意，与原始信号相比，这包含很多噪声，但你希望能够恢复大部分原始信号。创建折线图来比较两个序列：

```
noisy_data = data + np.random.normal(0, 5, len(times))
fig, ax = plt.subplots(figsize = (11, 9))
ax.plot(times, noisy_data,
        linewidth = 0.5,
        label = 'noisy data')
ax.plot(times, data,
        linestyle = 'dashed',
        label = 'original data')
ax.legend()
plt.show()
```

上述代码的输出结果如图 10.17 所示。可以看到，噪声或多或少均匀分布在原始值的上方和下方。

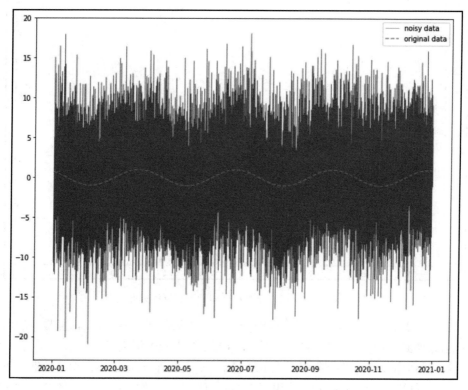

图 10.17　噪声数据与原始信号的比较

（3）在进行分析之前，你应该检查数据（即使你已经知道它的样子，因为是你自己生成的噪声）。以下示例为原始数据和噪声数据生成直方图。请注意 Matplotlib 中 alpha 参数的使用。这是不透明度（所以其值越小越透明），它使重叠区域更容易区分：

```
fig, ax = plt.subplots(figsize = (11, 8))
ax.hist(noisy_data, bins = 50, label = 'noisy data',
        hatch = '///', alpha = 0.25)
ax.hist(data, bins = 50, label = 'original data',
        hatch = '+', alpha = 0.5)
ax.legend()
plt.show()
```

运行上述代码会产生如图 10.18 所示的结果。

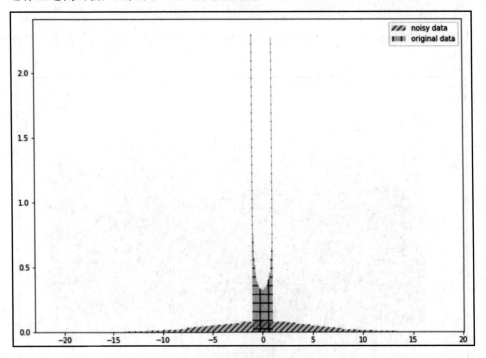

图 10.18　比较原始数据和噪声数据的分布

在图 10.18 中可以看到，虽然正弦波分布的边界很明显（-1～1），但噪声的添加使得噪声值延伸到稍微超过-15～15，并且-1 和 1 处的尖峰也消失了。

（4）回到你接收到嘈杂数据的应用场景中，你正在研究是否存在明确的潜在重复模式。在以下示例中，.rolling()方法将用于不同的窗口大小。你可以将较大的窗口大小视为应用更多的平滑，因此，在以下示例中，你可以了解需要多少平滑才能看到信号的真实性质：

```
fig, ax = plt.subplots(figsize = (11, 8))
smoothing = [1, 100, 2000]
```

```
hatches = ['//', '|', '.']
for i in range(len(smoothing)):
    smooth = smoothing[i]
    hatch = hatches[i]
    ax.hist(pd.Series(noisy_data).rolling(window = smooth,
center = True).mean(),
            density = True, bins = 50,
            hatch = hatch,
            label = 'smoothing = ' + str(smooth),
            alpha = 0.5)
ax.set_xlim(-15, 15) // ax.legend()
plt.show()
```

上述代码段将产生如图 10.19 所示的输出结果。

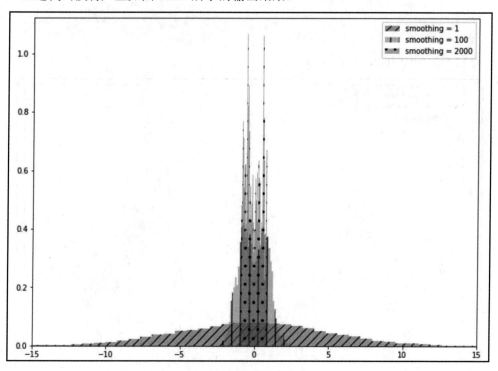

图 10.19　不同平滑程度的数据分布

在图 10.19 中可以看到，没有经过平滑处理的分布（smoothing = 1，它只返回原始值）与图 10.18 中的结果相同，需要注意的是，随着平滑度的增加，原始分布会再次出现。但是，即使平滑超过 2000 个周期，仍然显示出噪声的迹象。

（5）你决定使用该方法比较平滑的时间序列和原始时间序列。以下示例绘制一个在 100 或 2000 个周期上进行平滑的折线图：

```
smoothing = [100, 2000]
fig, ax = plt.subplots(figsize = (11, 8))
for smooth in smoothing:
    ax.plot(times, pd.Series(noisy_data).rolling(window = smooth,
center = True).mean(),
        label = 'smoothed noisy data @ ' + str(smooth),
        linewidth = smooth / 500)
ax.plot(times, data,
        label = 'original data',
        linestyle = 'dashed',
        linewidth = 2)
ax.legend()
plt.show()
```

这将产生如图 10.20 所示的比较图。

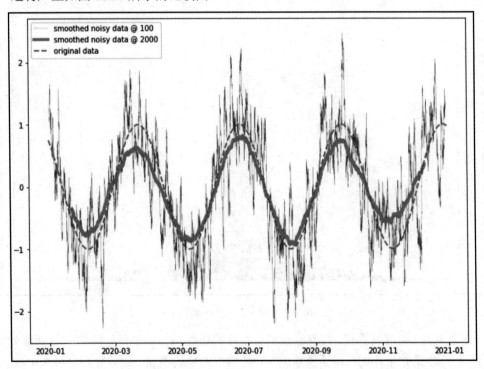

图 10.20　原始数据和两个平滑级别

ⓘ 注意：

彩色图像在黑白印刷的纸版图书上可能不容易辨识效果，本书提供了一个 PDF 文件，其中包含本书使用的屏幕截图/图表的彩色图像。可以通过以下地址进行下载：

https://static.packt-cdn.com/downloads/9781800208933_ColorImages.pdf

当然，在该应用场景中，你没有原始数据，因此只能更广泛地查看数据。

（6）绘制在 2000 个周期上进行平滑的数据，以对比整个数据集的时间数据，将噪声数据重新标记为'received signal'（接收到的信号），并将 y 范围限制在已平滑的序列上，示例如下：

```
fig, ax = plt.subplots(figsize = (11, 8))
ax.plot(times, noisy_data,
        label = 'received signal',
        linewidth = 0.5
        alpha = 0.25)
ax.plot(times, pd.Series(noisy_data).rolling( window = 2000,
                                              center = True).mean(),
        label = 'smoothed data @ 2000',
        linestyle = 'dashed')
ax.set_ylim(-2, 2)
ax.legend()
plt.show()
```

这会产生如图 10.21 所示的输出结果。

仔细看图 10.21，想象你正在观察来自太空的信号以寻找地外智能生命。你如果查看那些嘈杂的数据，可能什么也看不到。但是，经过在 Pandas 中应用简单的平滑技巧之后，即可很好地重建关键的底层信号。

除信号降噪以外，对时间间隔进行平滑处理也可能很有用。例如，假设你试图估计宇宙中系外行星（太阳系外的行星）的总数。你获得了来自美国航空航天局（National Aeronautics and Space Administration，NASA）的数据，该数据包括迄今为止所有已发表的系外行星发现，其网址如下：

https://exoplanetarchive.ipac.caltech.edu/cgi-bin/TblView/nph-tblView?app=ExoTbls&config=PS

请按以下步骤进行操作。

（1）读入数据，查看表的结构：

```
exoplanets = pd.read_csv('Datasets/exo_planet_reporting.csv')
exoplanets
```

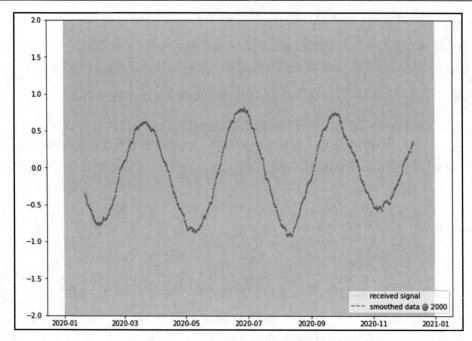

图 10.21　噪声数据上的平滑信号细节

其输出结果如图 10.22 所示。

```
Out[500]:        date  num_recorded  cumulative_recorded
           0   1/1/1992             2                    2
           1   4/1/1994             1                    3
           2  11/1/1995             1                    4
           3   1/1/1997             3                    7
           4   7/1/1997             2                    9
         ...        ...           ...                  ...
         234   4/1/2021             2                 4418
         235   5/1/2021            28                 4446
         236   6/1/2021             6                 4452
         237   7/1/2021            16                 4468
         238   8/1/2021             4                 4472

239 rows × 3 columns
```

图 10.22　文献中按日期报告的系外行星

（2）和以前一样，以下代码可以将 date（日期）转换为 datetime 数据类型，然后使用你在 10.2.2 节"Pandas 建模工具"中看到的.groupby()方法按年份创建报告的条形图，以及累积报告的折线图：

```
exoplanets['date'] = pd.to_datetime(exoplanets['date'],
format = '%m/%d/%Y')
exoplanets['year'] = exoplanets['date'].dt.year
yearly_totals = exoplanets[['year', 'num_recorded']].
groupby('year').sum()
fig, ax = plt.subplots(1, 2, figsize = (15, 9))
ax[0].bar(yearly_totals.index, yearly_totals['num_recorded'])
ax[0].set_title('yearly published new exoplanents')
ax[1].plot(exoplanets['date'], exoplanets['cumulative_recorded'])
ax[1].set_title('cumulative expolanets published')
plt.show()
```

这将产生如图 10.23 所示的输出结果。

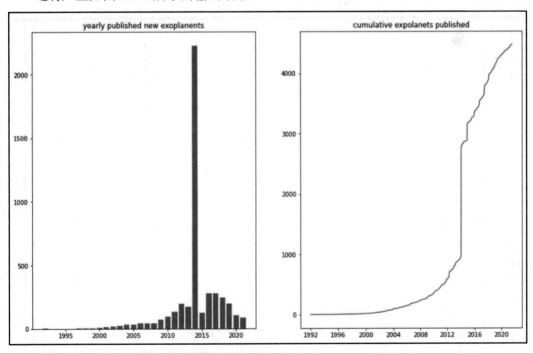

图 10.23　按年份报告和累积发现的系外行星发现

可以看到，在 2014 年出现了系外行星发现的大幅飙升，这是开普勒望远镜的结果，该望远镜于 2011 年开始发现系外行星（2014 年在科学文献中对此进行了报告）。这也导致了累积曲线的跳跃。

（3）要进行估算，你需要估算每年的发现并将其与搜索的区域相结合。图 10.23 的左侧给出了给定年份的值，但你想要一些相对于时间更连续的东西。为此，可以使用.rolling()方法，设置窗口大小为 365 天，并在将索引设置为.rolling()操作的日期后将其应用于数据，然后，这将在每个日期重新计算每年的数字，而不是每年只计算一个值：

```
exoplanets.set_index('date', drop = True, inplace = True)
fig, ax = plt.subplots(figsize = (11,8))
ax.plot(exoplanets.index,
        exoplanets.rolling(window = '365d').sum()['num_recorded'],
        label = 'average per year')
ax.legend()
plt.show()
```

这将产生如图 10.24 所示的折线图。

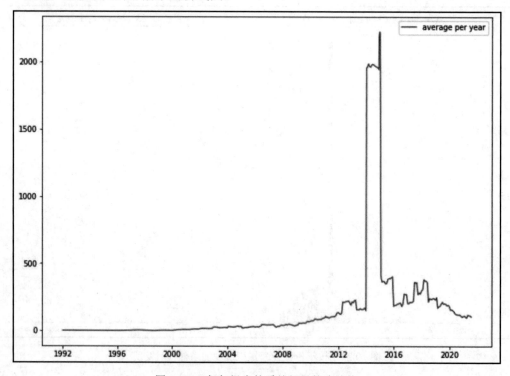

图 10.24　每年报告的系外行星的连续值

可以看到，图 10.24 与图 10.23 的左侧的图类似，但数据更细化。从这些数据中可以看出，报告在 2018 年左右达到顶峰，之后一直在下降。

考虑到未来的任务，你计划使用这条曲线来估计未来的发现。本小节介绍了如何使用平滑方法在数据集中找到见解。另一个常见的应用是尝试使用数据来预测未来的事件或趋势。因此，接下来我们将转向预测任务的挑战。

10.3　预测时间序列的未来值

你已经了解了如何使用平滑技术来发现序列中可能被噪声隐藏的重要信息。人们可能会认为，平滑是一种非常简单的数据建模方法，那么为什么不使用它来进行预测呢？这里出现的问题是，在许多情况下，平滑数据并将其与原始序列均值对齐的过程使用包含未来值的平滑序列，因此，使用这些值作为预测实际上就是数据泄露的一个例子，9.2.3 节"避免信息泄露"讨论过该问题。

10.3.1　以原始日期为中心的平滑窗口

假设你要再次分析 9.2.2 节"练习 9.1——创建训练、验证和测试数据"中使用过的 SPX（标准普尔 500 指数）的一些股票收盘价数据。

（1）以下代码将读取数据，将日期转换为 datetime 数据类型，并在一个限定的时间范围内创建一个简单的绘图：

```
SPX = pd.read_csv('Datasets/spx.csv')
SPX['date'] = pd.to_datetime(SPX['date'], format = '%d-%b-%y')
SPX.set_index('date', drop = True, inplace = True)
fig, ax = plt.subplots(figsize = (11, 8))
ax.plot(SPX.index, SPX['close'])
ax.set_xlim(pd.to_datetime('2016-01-01'), pd.to_datetime('2018-07-01'))
ax.set_ylim(1500, 3000)
plt.show()
```

运行上述代码将得到如图 10.25 所示的输出结果。

（2）你可以看到该数据中有很多小的变化，你决定对 90 天以上的数据进行平滑处理，并将其与原始数据进行比较。以下代码将使用.rolling()对数据进行平滑处理，并使用原始序列和平滑序列绘制与图 10.25 类似的图：

```
fig, ax = plt.subplots(figsize = (11, 8))
ax.plot(SPX.index, SPX['close'], label = 'raw index')
ax.plot(SPX.index, SPX.rolling(window = 90).mean(), label
= 'smoothed @ 90d')
ax.set_xlim(pd.to_datetime('2016-01-01'), pd.to_
datetime('2018-07-01'))
ax.set_ylim(1500, 3000)
ax.legend()
plt.show()
```

图 10.25　SPX 指数值

　　运行上述代码将得到如图 10.26 所示的输出结果。

　　（3）在图 10.26 中，可以看到平滑序列和原始序列之间的显著时间偏移。这是因为.rolling()的默认设置使用窗口右侧（最新时间）的日期作为标签。在这种情况下，这显然不是你想要的，因此你可以重新创建绘图，但在.rolling()方法中使用 center = True 选项，示例如下：

```
fig, ax = plt.subplots(figsize = (11, 8))
ax.plot(SPX.index, SPX['close'], label = 'raw index')
ax.plot(SPX.index, SPX.rolling(window = 90, center = True).mean(),
        label = 'smoothed @ 90d')
ax.set_xlim(pd.to_datetime('2016-01-01'), pd.to_
datetime('2018-07-01'))
ax.set_ylim(1500, 3000)
ax.legend()
plt.show()
```

图 10.26　原始 SPX 与平滑之后的 SPX 的比较

这会产生如图 10.27 所示的输出结果。

在图 10.27 中可以看到，平滑后的数据现在与原始数据对齐，但你如果检查最右边的日期，就会发现平滑后的序列没有值。因此，按照这种情况显然无法使用平滑数据来预测未来值（甚至连现有的过去数据的值都显示不全）。

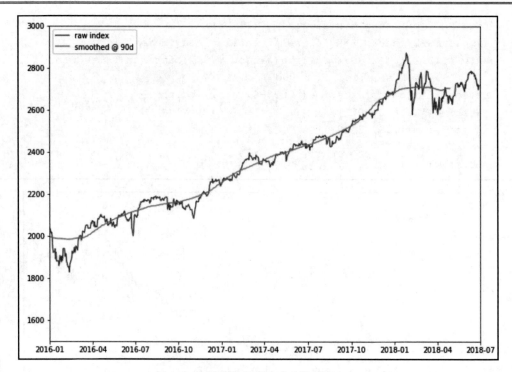

图 10.27　以原始日期为中心的平滑 SPX

10.3.2　使用加权窗口平滑数据

如 10.2.5 节"窗口方法"所述,加权窗口可用于使计算值更像最近的值,Pandas .shift() 方法可用于移动标签(日期)。这是一种非常简单的预测方法,通常只在很短的时间内有用。

以下代码首先定义一个名为 linear_window 的 Lambda 函数,它只取一个 z 序列的先前值,并计算加权和,其中权重以 1/w 开始(w 是窗口大小),并且权重增加到 1。这意味着总和受最新近值的影响最大。

Pandas .rolling()方法与 window = w 一起使用,聚合函数由.apply()方法代替。在.apply() 中,传递 linear_window 函数,raw = False 告诉 Pandas 将数据作为 Pandas Series 进行发送(raw 表示原始 NumPy 数组)。任何接收序列并返回值的函数都可以在.rolling()之后与.apply()一起使用。

x 序列计算为正弦和余弦函数的简单组合,用于计算滚动序列的数据不包括最后一个 x 值,因为滚动序列的最后一个值将用作下一个 x 值的预测。

最后可视化数据以进行比较:

```
linear_window = (lambda z: np.sum(z[len(z)-w:len(z)] *
            (np.arange(1, w + 1)/(w))) /
            (np.sum(np.arange(1, w + 1)/(w))))
length = 51
x = pd.Series( np.sin(2 * np.pi * np.arange(length) / 13) +
            np.cos(2 * np.pi * np.arange(length) / 11))
w = 3
weighted = x[:-1].rolling(window = w).apply(linear_
window, raw = False)
fig, ax = plt.subplots(figsize = (11, 8))
ax.plot(x.index, x,
        marker = 'o', label = 'raw', color = 'blue')
ax.scatter(list(weighted.index + 1)[-1], weighted.iloc[-1],
            marker = 's', s = 50,
            label = 'weighted prediction 1 period ahead',
color = 'red')
ax.legend()
plt.show()
```

这将产生如图 10.28 所示的输出结果。

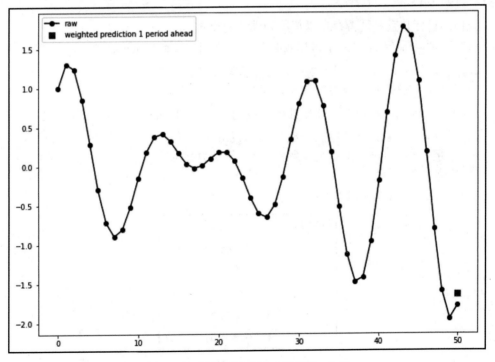

图 10.28　用加权滚动窗口预测下一个值

在图 10.28 中看到的预测结果与实际值相差不远。但是，如果我们试图进一步预测，则这种简单的方法不太可能奏效，而且它也很大程度上取决于数据的性质。尽管如此，将.apply()与.rolling()结合使用并为你的用例定义 Lambda 函数可能功能非常强大且易于实现。

你现在应该了解各种平滑方法以及一些用例。在下一个练习中，你将使用平滑技术来研究一些数据并发现潜在模式。

10.3.3　练习 10.1——平滑数据以发现模式

你决定重新检查标普 500 指数的 SPX 数据，并使用更密集的分析和平滑来查看较短时间尺度的数据中是否存在一些较小的模式。

ℹ️ **注意：**

本练习的代码网址如下：

https://github.com/PacktWorkshops/The-Pandas-Workshop/blob/master/Chapter10/Exercise10.01.ipynb

我们的目标是查看是否存在以每周为周期的模式。

（1）本练习需要 Pandas 库和 Matplotlib。将它们加载到 Notebook 的第一个单元格中：

```
import pandas as pd
import matplotlib.pyplot as plt
```

（2）将 spx.csv 文件中的 SPX 数据加载到名为 stock_data 的 DataFrame 中：

```
stock_data = pd.read_csv('Datasets/spx.csv')
stock_data.date = pd.to_datetime(stock_data.date)
stock_data.head()
```

其输出结果应如图 10.29 所示。

Out[3]:	date	close
0	1986-01-02	209.59
1	1986-01-03	210.88
2	1986-01-06	210.65
3	1986-01-07	213.80
4	1986-01-08	207.97

图 10.29　SPX 收盘价数据

　　（3）将原始数据可视化为散点图。要查看一些详细信息，需要将日期范围缩小到 2013 年 1 月 10 日—2014 年 9 月 30 日：

```
subset = stock_data.loc[(stock_data.date > '2013-09-30')&
                        (stock_data.date < '2014-10-01'), :]
fig, ax = plt.subplots(figsize = (9, 7))
ax.scatter(subset.date, subset.close,
           color = 'blue', s = 4)
ax.set_title('SPX closing price performance', fontsize = 16)
ax.set_ylabel('closing price', fontsize = 14)
ax.tick_params(labelsize = 12)
plt.show()
```

其输出结果应如图 10.30 所示。

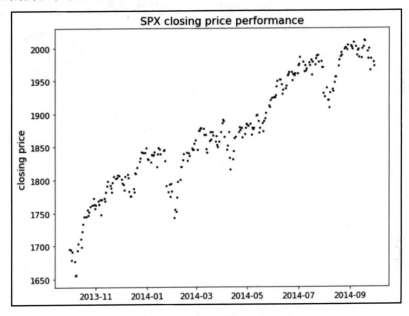

图 10.30　SPX 数据细节

　　（4）在科学研究中，将单个数据点用线连接起来表示数据是连续的（如来自模拟传感器的数据），这样做是不严谨的。但是，在数据科学中，我们的目标是理解和建模数据，所以不妨使用折线图重新绘制每日数据，看看会出现什么模式。

　　考虑到股票交易很可能有一个每周周期，因此可以在每周间隔上添加一些垂直线，从 2014 年 4 月 13 日星期一开始，持续 12 周：

```
subset = stock_data.loc[(stock_data.date > '2013-09-30') &
                        (stock_data.date < '2014-10-01'), :]
fig, ax = plt.subplots(figsize = (11, 8))
ax.plot(subset.date, subset.close,
        color = 'blue', lw = 1)
ax.set_title('SPX closing price performance', fontsize = 16)
ax.set_ylabel('closing price', fontsize = 14)
ax.tick_params(labelsize = 12)
for date in pd.date_range('2014-04-13', periods = 12, freq = '1W'):
    ax.axvline(date, ymin = 0, ymax = 1, color = 'black', lw = 0.25)
plt.show()
```

生成的图表应如图 10.31 所示。

图 10.31　SPX 数据被绘制为折线图并突出显示了一些每周间隔

　　在图 10.31 中可以看到，以垂直线突出显示的时间跨度很有趣。许多明显的下跌可能是在周末之后。这可能透露出什么信息？不妨先消除一些每周的噪声，看看会出现什么。

　　（5）假设你对更实质性的模式感兴趣，并且想要过滤每周的噪声。为此，可以使用 Pandas .rolling() 方法在 7 天周期内平滑数据，并每 3 个月添加垂直线作为辅助线：

```
subset_smooth = subset['close'].rolling(window = 7, min_periods = 0,
center = True).mean()
fig, ax = plt.subplots(figsize = (9, 7))
ax.plot(subset.date, subset_smooth,
        color = 'red',
        lw = 1)
ax.set_title('SPX closing price performance', fontsize = 16)
ax.set_ylabel('closing price', fontsize = 14)
ax.tick_params(labelsize = 12)
for date in pd.date_range('2013-10-31', periods = 4, freq= '3M'):
    ax.axvline(date, ymin = 0, ymax = 1, color = 'black', lw = 0.25)
plt.show()
```

其结果应如图 10.32 所示。

图 10.32　平滑后的 SPX 数据

就模式而言,这可能得不出什么合适的结论,但如果没有短期噪声,则可以专注于发生重大变化的地方,并分析这些变化以了解是否与某些外部事件相关。你如果发现一些外部因素导致了一些长期模式,则可以考虑在模型中使用这些因素来预测未来。

现在你已经练习使用了本章中的方法,接下来的作业将测试你在本章以及第 9 章"数据建模——预处理"中学习过的技能。

10.4　作业 10.1——归一化和平滑数据

假设你是一家金融咨询公司的分析师。你的经理已向你提供了三个股票代码，并要求你就它们如何与它们的价格表现相关联提供意见。

你获得了一个 stock.csv 数据文件，其中包含 symbols（交易品种）、closing prices（收盘价）、trading volumes（交易量）和 sentiment indicator（情绪指标）——这是有关股票质量的一些视图，但没有告诉你确切的定义。

你在这里的初始目标是确定所有三只股票是否都显示出相似的市场特征，如果其中任何一个或全部显示出相似的市场特征，则使用平滑技术进行初步可视化。

你的长期目标是尝试构建一些预测模型，以便将数据拆分为训练集和测试集。由于它是一个时间序列，因此重要的是按时间拆分，而不是随机拆分。

本作业需要 Pandas 库、来自 sklearn 的缩放模块和 Matplotlib。将它们加载到 Notebook 的第一个单元格中：

```
ximport pandas as pd
from sklearn.preprocessing import StandardScaler
import matplotlib.pyplot as plt
```

然后按以下步骤进行操作。

（1）使用 stocks.csv 数据集。

（2）如果需要，检查 .dtypes 并将日期转换为 Pandas datetime 数据类型。

（3）根据日期将数据拆分为训练集和测试集，保留最近 3 个月作为测试集。

（4）生成散点图，显示不同股票代码随时间变化的价格，并确定训练集和测试集。

（5）你会发现最初的散点图提供不了什么信息，因为不同的交易品种有完全不同的收盘价，所以有些交易品种的散点图被压缩在 y 轴的底部，根本看不出什么东西。分别绘制每个交易品种价格分布的直方图，并使用足够的分箱来查看细节。

（6）由于你看到收盘价有完全不同的范围，因此你需要分别缩放每个交易品种。使用 sklearn 的 StandardScaler 按交易品种缩放原始收盘价和交易量数据，将每个交易品种存储为列表中的新 DataFrame，使用 scalers 作为另一个列表。

（7）像以前一样绘制训练集/测试集数据，在交易品种上使用循环。

（8）可以看到两个交易品种的趋势相似，另一个则不同。重新绘制两个相似的交易品种，但应用 14 天的平滑处理，并比较两只股票在 2017 年 9 月以后的交易周期是否也有相同的表现。

结果应该表明两个交易品种的收盘价行为之间存在一些潜在的相似性，这会促使进行一些额外的市场研究来寻找它们这种表现方式的原因。

💡 提示：

本书附录提供了所有作业的答案。

10.5　小　　结

本章详细阐释了一系列使用重采样（上采样和下采样数据频率）和滚动窗口方法进行平滑和估计的基本数据建模方法。我们使用了用于平滑和重采样数据的 Pandas 工具以及处理时间序列的一些特殊功能，以更深入地了解数据建模。

重要的是，你看到平滑方法可以突出显示非常嘈杂的数据中的模式，并且平滑在时间上可以是不均匀的，如使用.ewm()或自定义加权函数。

在掌握了这些基础方法后，下一章将更深入地探索回归建模。

第 11 章　数据建模——回归建模

本章是关于数据建模的最后一章，我们将深入探讨如何使用 sklearn 库的 LinearRegression 方法进行线性回归，以及如何使用 sklearn 库的 RandomForestRegressor 方法进行非线性回归建模。

随着对这些方法的深入了解，你还将了解有关使用误差平方和（sum of squared error，SSE）和均方根误差（root mean squared error，RMSE）等模型性能测量的详细信息，以及强大的可视化方法，包括构建模型误差的直方图和其他绘图方法。

到本章结束时，你将融会贯通所有关于数据建模的知识，并为应对广泛的业务和技术数据挑战做好准备。

本章包含以下主题：

- ❏　回归建模简介
- ❏　探索回归建模
- ❏　模型诊断
- ❏　作业 11.1——实现多元回归

11.1　回归建模简介

"回归分析"和"线性回归"中使用的术语"回归"（regression），最早出现在由弗朗西斯·高尔顿爵士（Sir Francis Galton）于 1886 年发表的论文 *Anthropological Miscellanea, Regression towards Mediocrity in Hereditary Stature*（《人类学杂记，遗传性身材中的平庸回归》）中。该论文基于对父亲和儿子身高的研究，发现子辈的平均身高是父辈平均身高与父辈所在族群的平均身高的加权平均和。因此，所谓的"平庸回归"，其实就是均值回归。该论文的网址如下：

https://galton.org/essays/1880-1889/galton-1886-jaigi-regression-stature.pdf

下文我们将再次使用该论文中可谓最著名的数据集（但采用的是现代方式），"回归"意味着通过大量统计性方法来估计（estimate）描述一组数据的函数。在某些情况下，尤其是在当前的数据科学实践中，此类模型也可用于对新数据进行预测。

本质上，如果数据具有连续性（意味着数据值可以是某个范围之间的任何值，甚至是无界的），则使用回归方法将数学函数拟合到数据中。因此，尽管用于完成回归的方法有简有繁——简单的如线性回归（linear regression，LR），复杂的如人工神经网络（artificial neural network，ANN）——但它们都有一些公共特性，这也是本章将要讨论的主题。

11.2　探索回归建模

第 9 章"数据建模——预处理"和第 10 章"数据建模——有关建模的基础知识"已经使用过回归模型。本节将更深入地讨论回归建模，并比较用于数据建模的线性和非线性模型。1822—1911 年居住在英国的弗朗西斯·高尔顿爵士提出了一个著名的早期回归分析示例。通过许多次的社交活动，高尔顿收集了有关父母及其成年子女身高的数据。值得一提的是，在今天，该数据会被认为是有偏差（bias）的，因为这些样本很可能来自更富裕的家庭，而这些家庭的营养和生活条件比英格兰当时的平均水平要好。尽管如此，这些数据还是很好地体现了回归的概念。

现在让我们重现该回归建模过程。请按以下步骤进行操作。

（1）将数据的简化版本（改编自原始数据）加载到 Pandas DataFrame 中，并绘制所有孩子和父亲的身高：

```
galton_heights = pd.read_csv('Datasets/galton.csv')
galton_heights.head()
```

这会产生如图 11.1 所示的输出结果。

Out[17]:

	ht_father	ht_child
0	78.5	73.2
1	78.5	69.2
2	78.5	69.0
3	78.5	69.0
4	75.5	73.5

图 11.1　高尔顿论文的身高数据

（2）以下代码片段将可视化数据并生成一个简单的散点图：

```
fig, ax = plt.subplots(figsize = (11, 8))
```

```
ax.scatter( galton_heights.ht_father,
            galton_heights.ht_child)
ax.set_xlabel('height of father (inches)')
ax.set_ylabel('adult child height (inches)')
ax.set_xlim(60, 80)
ax.set_ylim(50, 85)
plt.show()
```

这将产生如图 11.2 所示的输出结果。

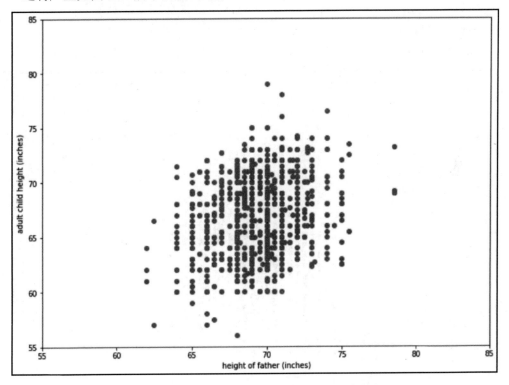

图 11.2　孩子的身高与其父亲的身高呈正相关

可以看到，孩子的身高与其父亲的身高似乎存在正相关——平均而言，父亲越高，孩子就越高。当然，也有很多分散点存在，这意味着除了父亲的身高，影响孩子身高的因素还有很多。

（3）分析图 11.2 中数据的一个明显方法是尝试找到一条与数据 "良好" 或 "最佳" 拟合的线。作为一个起点，无须执行任何数学运算，你可以尝试 $y = x$ 模型。这样一条线在图 11.2 中就是一条对角线，因为 x 轴和 y 轴具有相同的比例和范围。

以下代码可以将对角线添加到可视化图中：

```
fig, ax = plt.subplots(figsize = (11, 8))
ax.scatter( galton_heights.ht_father,
            galton_heights.ht_child)
ax.plot([0, 100], [0, 100], color = 'green', linestyle = '--')
ax.set_xlabel('height of father (inches)')
ax.set_ylabel('adult child height (inches)')
ax.set_xlim(55, 85)
ax.set_ylim(55, 85)
plt.show()
```

这将产生如图 11.3 所示的输出结果。

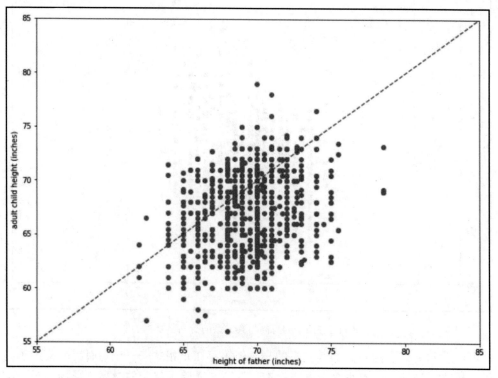

图 11.3　使用 $y = x$ 模型在高尔顿数据上绘制的一条对角线

通过查看图 11.3，你可能会注意到，这个简单的模型似乎有点偏——真实的孩子的身高更多地低于线而不是高于线。

（4）表征此类模型所产生的误差的方法之一是计算和绘制残差。残差（residual）一词用于表示模型和数据之间的差异——从字面意思上来说，它就是使用模型进行预测后"残余的差异"。定义"好"模型的一种方法是要求残差是对称分布的，并且以 0 为中心（请注意，有许多更严格的统计模型评估标准——这里的目标是直觉，而不是完全的数学严谨性）。

以下代码片段首先在 DataFrame 中使用预测创建一个新列，然后绘制预测高度与实际高度之间差异的直方图，以分析残差：

```
galton_heights['naive_pred'] =b galton_heights['ht_father']
naive_res = galton_heights['naive_pred'] - galton_heights['ht_child']
fig, ax = plt.subplots(figsize = (11, 8))
ax.hist(naive_res, bins = 20)
ax.set_title('Distribution of errors\npredicted minus
actual height of child')
plt.show()
```

这会生成如图 11.4 所示的输出结果。

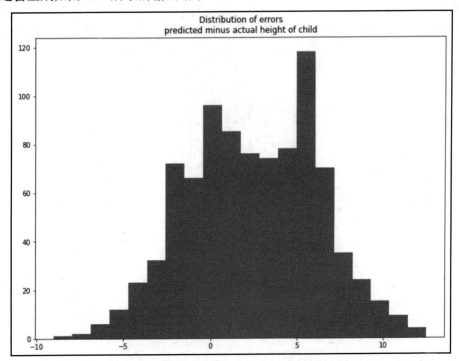

图 11.4　使用简单的 $y = x$ 孩子身高模型的残差（误差）

图 11.4 中的直方图是一个强大的分析工具。你可以看到平均误差高于零（该图意味

着，平均而言，该模型预测的身高比真实身高要高得多），其分布或多或少是对称的，但也有一些偏差。

（5）下文我们将更详细地探讨回归建模，并检查模型的残差和其他属性。作为一项预览，以下代码使用 sklearn LinearRegression()方法将模型拟合到数据，然后在数据点上绘制回归模型（regression model），另外还包括之前的 $y=x$ 这样的朴素模型（naïve model）。

你可以访问以下网址获得该代码：

https://github.com/PacktWorkshops/The-Pandas-Workshop/blob/master/Chapter11/Examples11.ipynb

这会生成如图 11.5 所示的输出结果。

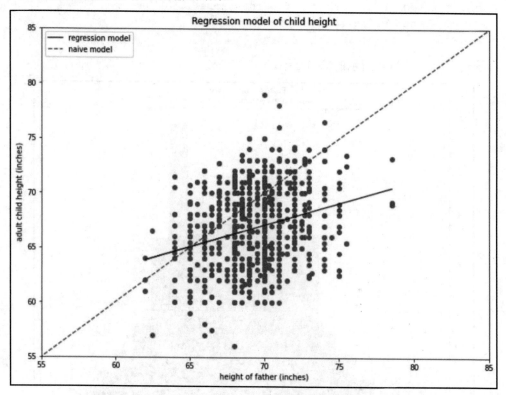

图 11.5　孩子身高的回归模型与朴素模型的可视化结果比较

（6）很明显，回归模型与朴素的 $y = x$ 模型有很大不同。检查残差可以给出更量化的评估结果。以下代码可像之前一样计算预测和残差，并绘制残差的分布：

```
galton_heights['OLS_pred'] = \
   linear_model.predict(np.array(galton_heights.ht_father).reshape(-1,1))
OLS_res = galton_heights['OLS_pred'] - galton_heights['ht_child']
fig, ax = plt.subplots(figsize = (11, 8))
ax.hist(OLS_res, bins = 20)
ax.set_title('Distribution of errors\npredicted minus
actual height of child')
plt.show()
```

这会产生新的直方图，如图 11.6 所示。

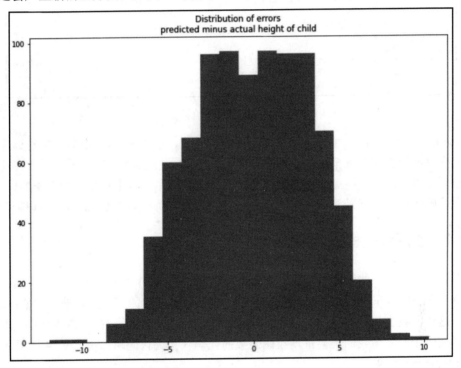

图 11.6　使用回归模型获得的残差的可视化结果

可以看到，图 11.6 中的分布比图 11.4 中的分布更集中。

（7）整体拟合好坏的衡量标准是误差平方和（sum of squared errors，SSE），有时也可以是均方根误差（root mean squared error，RMSE），即均方误差的平方根。顾名思义，SSE 的计算方式是先获得残差，再平方，最后求和，而 RMSE 则可以使用 SSE 值除以数据点的数量，然后对结果取平方根。

在图 11.7 中，手动列出了朴素误差模型和回归误差模型的 SSE 和 RMSE 值的计算公式，并对结果值进行了比较。

```
In [31]:   naive_SSE = np.sum((galton_heights.naive_pred - galton_heights.ht_child)**2)
           OLS_SSE = np.sum((galton_heights.OLS_pred - galton_heights.ht_child)**2)
           naive_RMSE = np.sqrt(naive_SSE / galton_heights.shape[0])
           OLS_RMSE = np.sqrt(OLS_SSE / galton_heights.shape[0])
           print('naive model gives:\n',
                 'SSE = ', naive_SSE.round(3), '\n',
                 'RMSE = ', naive_RMSE.round(3), '\n',
                 'regression model gives:\n',
                 'SSE = ', OLS_SSE.round(3), '\n',
                 'RMSE = ', OLS_RMSE.round(3))

           naive model gives:
            SSE =  18104.76
            RMSE =  4.49
            regression model gives:
            SSE =  10641.987
            RMSE =  3.442
```

图 11.7　衡量整体拟合的好坏

　　RMSE 的一个很好的特性是它采用了变量的单位，所以图 11.7 中的结果告诉你，使用回归模型的误差比朴素模型少大约 25%，或者说少了 1 英寸（0.3048 米）。在这两种模型中，可以说回归模型更好，但它只是矮子里面的将军，肯定不是一个真正的好选择。

　　在了解了回归、残差和残差直方图之后，接下来，你可以更仔细地研究线性模型。

11.2.1　使用线性模型

　　在许多情况下，线性模型可能非常有效。但是，在 9.2.1 节 "拆分训练集、验证集和测试集" 介绍的汽车里程案例中，我们可以在数据中看到可能存在一些非线性依赖关系。

　　在这里，我们将重现图 9.11 包含汽车里程数据的相关性散点图。以下代码也与第 9 章中的代码相同，但我们不会重现绘图函数的代码（相关代码可以参阅第 9 章或本章的 Examples.ipynb 文件）：

```
import pandas as pd
import numpy as np
my_data = pd.read_csv('datasets/auto-mpg.data.csv')
plot_corr_grid(my_data, variables = list(my_data.columns)[:-1])
```

　　和以前一样，这会产生如图 11.8 所示的结果。

　　在图 11.8 中，可以看到 disp（排量）、hp（马力）和 weight（车辆自重）似乎与 mpg（每加仑英里数）目标变量具有非线性关系。我们可以采取一些方法来适应这些关系，并且仍然使用线性模型。最常见的是添加作为原始变量幂的新列（如 hp**2）或对数据应用变换，如取对数。

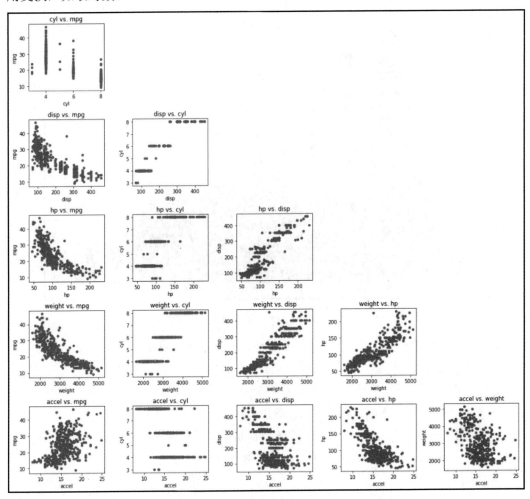

图 11.8　与图 9.11 相同的图表

为了说明自变量数据的转换如何改进模型，以下代码将以 weight（车辆自重）变量为例进行绘图：

```
fig, ax = plt.subplots(figsize = (11, 8))
ax.hist(my_data.weight, bins = 30) // plt.show()
```

这会产生如图 11.9 所示的直方图。

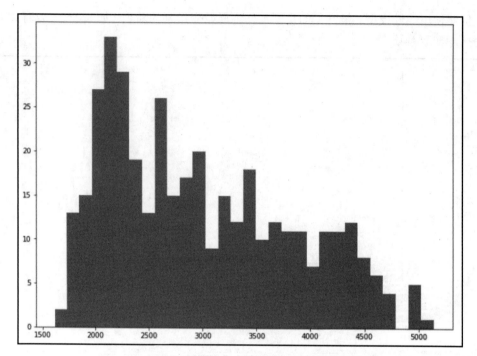

图 11.9　汽车数据中 weight（车辆自重）变量的直方图

现在重复相同的过程，但在绘图之前将 np.log() 应用于 weight（车辆自重）值：

```
fig, ax = plt.subplots(figsize = (11, 8))
ax.hist(np.log(my_data.weight), bins = 30) \\ plt.show()
```

这会产生另一个直方图，如图 11.10 所示。

对比图 11.10 和图 11.9，可以看到原始数据是偏斜的，而转换后的数据更加对称。

现在绘制 mpg 与 log(weight) 的关系图并将其与图 11.8 进行比较：

```
fig, ax = plt.subplots(figsize = (11, 8))
ax.scatter(np.log(my_data.weight), my_data.mpg)
plt.show()
```

这将产生如图 11.11 所示的输出结果。

尽管图 11.11 中的图案不是完全线性的，但它的曲率明显低于图 11.8 中的原始图案。这可以使其更易于在线性模型中使用。

接下来，让我们验证这一点。

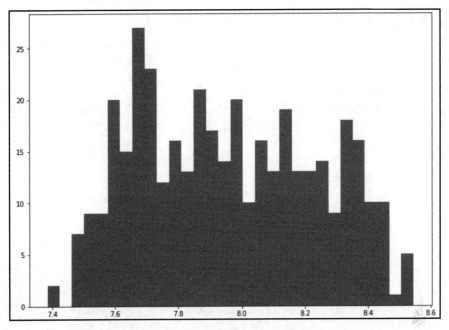

图 11.10　对数变换后的汽车自重直方图

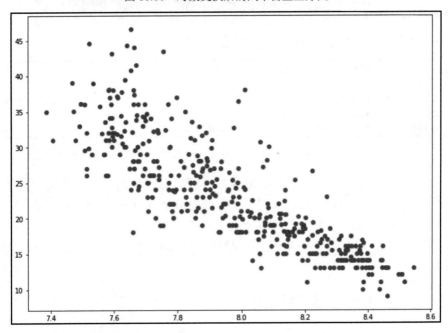

图 11.11　汽车数据的 mpg 与 log(weight)相关性的散点图

现在将 log() 变换应用于图 11.8 中曲率最大的变量，即 disp（排量）、hp（马力）和 weight（车辆自重），然后拟合线性模型。在这种情况下，需要保留一些数据以更严格地测试模型，示例如下：

```
np.random.seed(42)
train = np.random.choice(my_data.shape[0], int(0.7 * my_data.shape[0]))
validation = [i for i in range(my_data.shape[0]) if i not in train]
X = my_data.iloc[train, 1:-1]
X['disp'] = np.log(X['disp'])
X['hp'] = np.log(X['hp'])
X['weight'] = np.log(X['weight'])
log_scaler = StandardScaler()
X = log_scaler.fit_transform(X)
y = np.reshape(np.array(my_data.loc[train, 'mpg']), (-1, 1))
log_lin_model = OLS()
my_model = log_lin_model.fit(X, y)
print('R2 score is ', my_model.score(X, y))
print('model coefficients:\n', my_model.coef_,
      '\nintercept: ', my_model.intercept_)
RMSE = mean_squared_error(y, my_model.predict(X), squared = False)
print('the root mean square error is ', RMSE)
```

运行上述代码会产生如图 11.12 所示的输出结果。

```
R2 score is  0.8259169101408546
model coefficients:
 [ 1.02477193 -1.50441625 -2.06014001 -3.61709086 -0.49864781  2.81397581]
intercept:  23.34270072992701
the root mean square error is  3.298247031404574
```

图 11.12　在线性模型中对汽车数据的一些变量使用 log() 变换的结果

请注意，为了保持一致性，我们重复了第 9 章 "数据建模——预处理" 示例中使用的手动拆分方法，不过你现在已经学习了如何使用 sklearn .train_test_split() 方法来实现此目的。因此，你也可以自行编写代码以使用该方法。

你应该还记得，我们在原始数据上的 RMSE 为 3.24，因此我们通过转换非线性预测器实现了明显的改进。

11.2.2　练习 11.1——线性回归

本练习假设你是 Minneapolis Public Works 的一名分析师，为美国明尼阿波利斯市

（Minneapolis）和明尼苏达州州府圣保罗（两市隔密西西比河相望，组成双子城）之间的主要高速公路上的交通开发模型。

你初始获得的是一些简单数据，这些数据来自 UCI 数据存储库，原始数据网址如下：

https://archive.ics.uci.edu/ml/datasets/Metro+Interstate+Traffic+Volume

数据中包括日期时间和每小时交通流量计数。

ℹ️ **注意：**

本练习的代码包含在 Exercise11.01.ipynb 文件中，其网址如下：

https://github.com/PacktWorkshops/The-Pandas-Workshop/tree/master/Chapter11/Exercise11_01

本练习要采取的第一步是构建一个简单的线性回归模型来开始了解数据。以下步骤将加载数据并使用 sklearn LinearRegression() 方法构建模型，查看模型与实际值的对比以及残差（误差）。

（1）本练习需要 Pandas 和 NumPy 库、来自 sklearn 的模块和 Matplotlib。将它们加载到 Notebook 的第一个单元格中：

```
import pandas as pd
import numpy as np
from sklearn.linear_model import LinearRegresson as OLS
import matplotlib.pyplot as plt
```

（2）将 traffic_date.csv 文件读入名为 my_data 的 DataFrame 中并使用.head()查看前 5 行数据：

```
my_data = pd.read_csv('Datasets/traffic_date.csv')
my_data.head()
```

这应该产生如图 11.13 所示的输出结果。

	date_time	traffic_volume
0	10/2/2012 9:00	5545
1	10/2/2012 10:00	4516
2	10/2/2012 11:00	4767
3	10/2/2012 12:00	5026
4	10/2/2012 13:00	4918

Out[2]:

图 11.13　交通数据

（3）将 date_time 列转换为 Pandas 的 datetime 数据类型：

```
my_data.date_time = pd.to_datetime(my_data.date_time)
```

（4）取 2018 年 9 月 1 日以后的数据子集，并根据时间绘制它：

```
traffic_subset = my_data.loc[my_data.date_time > '2018-08-31', :]
traffic_subset.reset_index(drop = True, inplace = True)
fig, ax = plt.subplots(figsize = (11, 8))
ax.plot(traffic_subset.date_time, traffic_subset.traffic_volume)
plt.xticks(rotation = 90, size = 12)
plt.yticks(size = 14)
plt.show()
```

其输出结果应如图 11.14 所示。

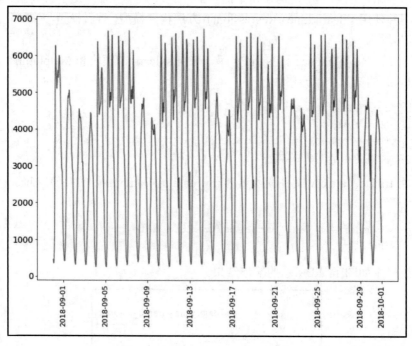

图 11.14　最近一个月的交通数据

（5）使用 sklearn LinearRegression 方法将线性模型拟合到此时间范围内的数据，使用日期时间作为 X 输入，交通流量作为 Y 变量：

```
lin_model = OLS()
model_X = \
```

```
    (np.reshape(np.array(( traffic_subset.date_time -
                          traffic_subset.date_time[0]).
                          astype(np.int64)), (-1, 1)))
model_y = \
    np.array(traffic_subset['traffic_volume']).reshape(-1, 1)
my_model = lin_model.fit(model_X, model_y)
print(my_model.intercept_)
print(my_model.coef_)
```

其输出结果应如图 11.15 所示。

```
[3079.01901131]
[[1.78032483e-13]]
```

图 11.15　普通最小二乘模型的截距和斜率

可以看到，该斜率非常小（0.000000000000178032483）。鉴于交通流量数据的明显周期性质，你不觉得这是一个好的模型，因此需要考虑是否存在随时间变化的趋势。小斜率表示随着时间的推移交通流量略有增加。

（6）重新绘制数据并将回归线添加到图中：

```
fig, ax = plt.subplots(figsize = (11, 8))
ax.plot(traffic_subset.date_time, traffic_subset.traffic_volume)
ax.plot(traffic_subset.date_time, my_model.predict(model_X))
plt.xticks(rotation = 90, size = 12)
plt.yticks(size = 14)
plt.show()
```

该图应如图 11.16 所示。

很明显，使用时间作为自变量的线性模型是不够的。但是，它让你很好地感觉到该数据是变化的，可能在每一天的过程中，你需要以某种方式解释这一点。

（7）要完成此示例，需要计算残差并绘制直方图：

```
residuals = my_model.predict(model_X)[:, 0] - traffic_
subset.traffic_volume
fig, ax = plt.subplots(figsize = (9, 5))
ax.hist(residuals, bins = 50)
plt.show()
```

其输出结果应如图 11.17 所示。

可以看到，误差中存在三种主要模式：一种接近均值（残差接近 0），一种低得多，一种高得多。一般来说，你想要残差看起来更像一个正态分布，而图 11.17 远非如此。很明显，简单的线性模型不足以对这些数据进行建模。因此，接下来让我们看看非线性模型是否可以改进这一点。

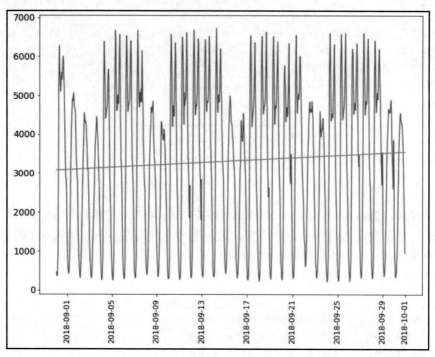

图 11.16　交通流量与时间的简单回归模型

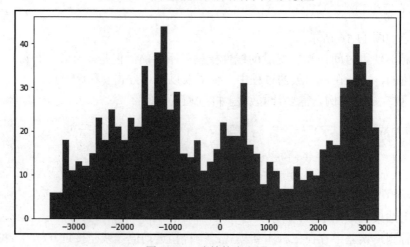

图 11.17　残差的直方图

11.2.3 非线性模型

sklearn 中还有许多其他模型可用，包括非线性模型。与我们已经看到的其他 sklearn 方法一样，Pandas 可以轻松地与这些方法集成，让你可以使用 DataFrame 并构建强大的模型。

现在让我们看看 sklearn 的 RandomForestRegressor 方法，并将它与线性模型进行对比。

仍以汽车 mpg 数据为例。以下代码将导入 RandomForestRegressor，然后将其与默认参数一起使用以拟合与以前相同的数据：

```
from sklearn.ensemble import RandomForestRegressor
RF_model = RandomForestRegressor(random_state = 42)
X = my_data.iloc[train, 1:-1]
y = my_data.loc[train, 'mpg']
my_RF_model = RF_model.fit(X, y)
print('R2 score is ', my_RF_model.score(X, y))
RMSE = mean_squared_error(y, my_RF_model.predict(X), squared = False)
print('the root mean square error is ', RMSE)
```

你应该看到如图 11.18 所示的输出结果。

```
R2 score is  0.9790825512446402
the root mean square error is  1.143297473599363
```

图 11.18　使用 RandomForest 回归模型获得的结果

很明显，你现在几乎考虑了 mpg 数据中的所有变化，并且 RMSE 误差下降了大约 3 倍。也就是说，至少在本示例上，随机森林回归模型的表现要更好。

接下来，让我们看看评估模型性能的其他一些方法。

11.3　模型诊断

到目前为止，你已经看到了一些衡量模型性能的指标，如 R2 和 RMSE。

此外，我们还引入了图形方法来检查预测中的误差（残差）。除了通过绘制残差来研究模型质量，在回归中，你还可以使用一些更强大和更重要的方法。

11.3.1 比较预测值和实际值

在图 11.17 中，使用简单线性回归的预测被绘制在与数据相同的时间序列图上。虽然这样做提供的信息很丰富，但研究模型质量的另一种方法则是绘制预测值与实际值。在这样的图中，如果 x 和 y 的比例相同，则"完美"预测结果应位于对角线上。这使得我们仅通过肉眼观察就可以轻松发现是否存在低值或高值的趋势。

以下示例将同时绘制线性模型（使用对数转换数据）和随机森林（random forest，RF）模型的预测值与实际值：

```
fig, ax = plt.subplots(figsize = (8, 8))
ax.scatter( y, my_model.predict(X_log),
            marker = 'o', s = 100,
            alpha = 0.35, facecolor = 'None', color = 'blue',
            label = 'linear regression, train data (log transform)')
ax.scatter( y, my_RF_model.predict(X),
            marker = '^', s = 50,
            alpha = 0.35, facecolor = 'None', color = 'red',
            label = 'Random Forest, train data')ax.set_xlim(0, 50)
ax.set_ylim(0, 50)
ax.plot([0, 50], [0, 50], color = 'black')
ax.set_xlabel('actual mpg', fontsize = 14)
ax.set_ylabel('predicted mpg', fontsize = 14)
ax.legend(fontsize = 12)
plt.show()
```

这给出了如图 11.19 所示的比较结果。

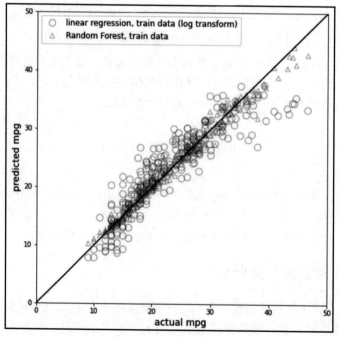

图 11.19   使用线性回归和随机森林的预测结果比较

在图 11.19 中可以看到,随机森林模型的预测值比使用线性回归的预测值更接近实际值。你还可以在线性回归预测中看到一个趋势——对于较低和较高的 mpg 实际值,其预测结果都低于实际值;而对于随机森林模型来说,预测值更接近"完美"对角线,但在 mpg 的高值处,预测值趋向低于实际值。

11.3.2　使用 Q-Q 图

查看回归模型性能的另一种方法是考虑残差符合正态分布的程度。理想情况下,残差是随机且正态分布的。除了研究残差的直方图,Q-Q 图(Q-Q plot)以分位数表示预测值与实际值的对比也是可行的选择。

分位数(quantile)只是对正态分布进行采样的分箱。你过去可能使用过 Z 分数(Z-score)。Z 分数告诉你与平均值有多少标准偏差是来自正态分布的样本。

Q-Q 图绘制了观察到的实际残差分布的 Z 分数与正态分布的预期值之间的关系。这种方法的强大之处在于,当残差不符合预期分布时,它可以非常清楚地显示出来,这很难通过残差直方图的目视检查来判断。

scipy 库提供了一种创建 Q-Q 图的方法的简化版本,称为 probplot()。

在以下示例中,probplot()用于创建 Q-Q 图,残差直方图也被绘制在旁边:

```
residuals = my_model.predict(X_log) - y
fig, ax = plt.subplots(1, 2, figsize = (11, 6))
probplot(residuals, plot = ax[0])
ax[1].hist(residuals, bins = 50)
ax[1].set_title('residuals')plt.show()
```

这会生成如图 11.20 所示的输出结果。

你如果仅看残差直方图,那么可能会得出结论认为模型的效果非常好。但是,Q-Q 图显示,超过+/- 2 mpg 的残差大于/小于理想值。

继续以汽车数据为例,我们似乎取得了更好的结果。在为此欢庆之前,让我们看看验证数据的情况:

```
X_val = my_data.iloc[validation, 1:-1]
y_val = my_data.loc[validation, 'mpg']
val_pred = my_RF_model.predict(X_val)
val_RMSE = mean_squared_error(val_pred, y_val, squared = False)
print('the validation RMSE is ', val_RMSE)
```

其输出结果如图 11.21 所示。

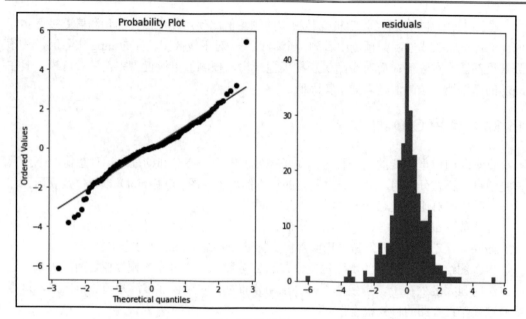

图 11.20　mpg 随机森林模型的 Q-Q 图和残差直方图

```
the validation RMSE is  2.2932374329163605
```

图 11.21　使用 RandomForest 模型验证汽车数据的 RMSE

　　这个结果比我们之前的 3.53 mpg 误差有所改进，但不如初始拟合所表明的那么好。这可能是过拟合（overfitting）的迹象。所谓"过拟合"，就是当使用机器学习模型对数据进行建模时，模型可能足够强大，可以"记住"训练数据，但它会在不可见的数据上产生更大的错误。这就好比一个学生，他学习的方法是依靠死记硬背而不是真正理解，所以当试卷上的所有考题都是他以前见过的时，他的表现就会足够优秀；然而，如果考题都是他没见过的，那么他的成绩可能差强人意甚至一塌糊涂。

　　有多种策略可以缓解过拟合，这具体取决于模型类型和数据。一般来说，大多数方法都涉及对模型参数施加一些约束，这会导致训练数据的性能稍差，但对新的、不可见的数据却有更好的性能。

　　本书配套 GitHub 存储库上的代码对上述示例进行了汇总，以帮助找到提高模型在验证集上的性能的方法。

　　在图 11.22 中，可以看到验证预测的分散度大于训练预测的分散度。现在我们将介绍一种改进方法。

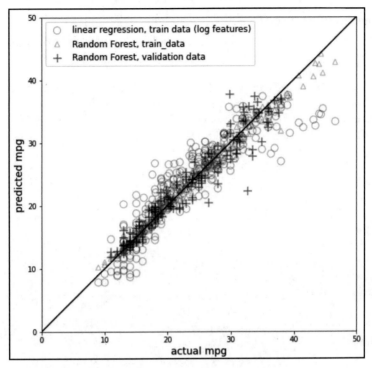

图 11.22　随机森林和线性回归模型的预测汇总

对于 sklearn RandomForestRegressor 方法来说，我们可以调整多个参数来改变模型的性能。一种常见的策略是搜索一系列最重要的参数，并选择提供良好验证数据性能的模型（即，尝试优化验证数据的模型配置，同时仅在训练数据上训练模型）。这种做法就好像在教学时为学生划重点，但实际上，它也会或多或少泄露验证集的信息。

model_selection 类中的 sklearn 中有一系列方法；重要的是，GridSearchCV 允许我们建立一个要搜索的参数字典，然后自动尝试优化模型。

正如我们前面所提到的，这种优化会将有关验证集的信息泄露到模型中。当然，对于我来说，让我们看看如何优化我们的验证数据。

在以下代码中，我们加载 GridSearchCV 来执行优化搜索，然后是 PredefinedSplit，用于强制搜索使用我们的验证集。如果没有固定的拆分，则 GridSearchCV 会随机对数据进行多次拆分，这通常是一个不错的策略。

以下示例由于已经有定义好的验证集，因此可以针对该数据进行优化。在网格搜索的每次迭代中，数据被拆分，训练数据被用来使用网格中给定的一组参数来拟合模型，然后记录验证数据的分数并用于选择最佳模型。

在 RandomForestRegressor()方法中有一些额外的参数可用；以下示例选择通常对此类
模型产生重大影响的参数。请注意，由于最终参数是字典，因此会加载 pprint（Pretty Print）
并用于输出最佳参数：

```
from sklearn.model_selection import GridSearchCV as GSCV
from sklearn.model_selection import PredefinedSplit
import pprint
my_val_index = [-1 if i in validation else 0 for i in my_data.index]
my_val = PredefinedSplit(test_fold = my_val_index)
X_grid = my_data.iloc[:, 1:-1]
y_grid = my_data.loc[:, 'mpg']
RF_grid = { 'n_estimators': [900, 1100, 1300],
            'criterion' : ['mae', 'mse'],
            'min_samples_leaf' : [1, 2, 3],
            'max_features' : [2, 3, 4],
            'max_depth' : [15, 17, 19],
            'min_samples_split' : [2, 3, 4]}
best_model = GSCV( RandomForestRegressor(random_state = 42),
                   param_grid = RF_grid,
                   cv = my_val,
                   verbose = 1,
                   n_jobs = -1).fit(X_grid, y_grid)
print('best model:')
pprint.pprint(best_model.best_params_)
print(mean_squared_error(best_model.predict(X_val), y_val,
squared = False))
```

这将导致如图 11.23 所示的输出结果。

```
Fitting 1 folds for each of 486 candidates, totalling 486 fits
best model:
{'criterion': 'mse',
 'max_depth': 15,
 'max_features': 4,
 'min_samples_leaf': 2,
 'min_samples_split': 2,
 'n_estimators': 900}
1.1678655741624786
```

图 11.23   使用 RandomForest 回归模型运行 GridSearchCV 的输出结果

可以看到，验证数据的 RMSE 明显低于以前。

现在可以使用以下代码可视化该结果：

https://github.com/PacktWorkshops/The-Pandas-Workshop/blob/master/Chapter11/
Examples11.ipynb

这将产生如图 11.24 所示的输出结果。

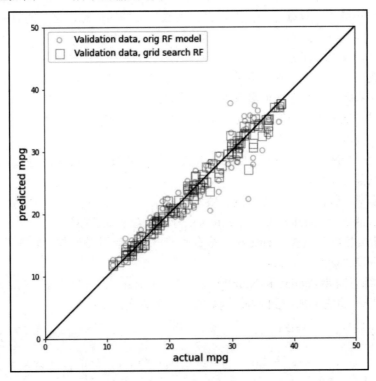

图 11.24 原始 RF 模型和优化之后的模型的验证集预测结果的对比

仔细检查图 11.24 可以看到，作为优化验证结果的正方形比原始 RandomForest 回归模型中的圆形更接近理想线。

对于数据建模的讨论到此结束。

我们复习了检查数据的相关性、缩放数据以及使用线性模型和非线性模型的基础知识。我们使用了 sklearn 方法制作预测模型，并演示了基本的优化和验证方法，还使用了 sklearn 方法进行模型选择。将 Pandas 与 sklearn 相结合的一个重要方面是，一旦你在 Pandas DataFrame 中获得了已清洗的表格化数据，各种模型就会以几乎相同的方式使用它。因此，你如果首先将数据放入 Pandas 中并在其中对该数据进行预处理，那么可以快速试验和优化模型以支持你的特定业务案例。

11.3.3　练习 11.2——多元回归和非线性模型

在本练习中，你将再次担任 Minneapolis Public Works 的分析师，并被要求重新审视交通模型。你获得了新数据——特别是有关天气和假期的信息，这可能有助于建立更好的模型。

本练习将完成以下任务：

❑　加载一个包含多个 X 变量和一个 y 变量的 DataFrame，绘制 y 与每个 X 的关系图并考虑是否存在任何潜在的非线性关系。

❑　使用 sklearn LinearRegression 方法拟合多元回归模型。将模型与数据进行比较并检查残差。

❑　添加一个新的 X 变量（它是现有 X 的非线性函数），并再次使用 LinearRegression 来拟合新模型。

❑　将模型与数据进行比较并检查残差。

❑　使用 sklearn RandomForestRegressor 方法拟合非线性模型。

❑　将最终模型与数据进行比较，检查残差，并绘制预测值与实际值的对比图。

请按以下步骤操作。

（1）本练习需要 Pandas 和 NumPy 库、来自 sklearn 的三个模块、SciPy probplot 方法和 Matplotlib。将它们加载到 Notebook 的第一个单元格中：

```
import pandas as pd
import numpy as np
from sklearn.linear_model import LinearRegression as OLS
from sklearn.ensemble import RandomForestRegressor
from sklearn.preprocessing import StandardScaler
from scipy.stats import probplot
import matplotlib.pyplot as plt
```

（2）将 Metro_Interstate_Traffic_Volume.csv 文件读入名为 my_data 的 DataFrame 中。我们已经知道有很多数据，因此我们可以通过删除早于 2018 年 8 月 31 日的数据来仅关注最后一个月的数据。删除旧数据后重置索引，并输出 head()和 shape：

```
my_data = pd.read_csv('Datasets/Metro_Interstate_Traffic_Volume.csv')
my_data = my_data.loc[my_data.date_time > '2018-08-31', :]
my_data.reset_index(drop = True, inplace = True)
print(my_data.head())
print(my_data.shape)
```

这应该产生如图 11.25 所示的输出结果。

```
     holiday     temp  rain_1h   snow_1h   clouds_all   weather_main    \
0      None    294.76     0.25       0.0           75           Rain
1      None    294.61     0.25       0.0           75           Rain
2      None    294.54     0.25       0.0           90           Rain
3      None    294.54     0.25       0.0           90     Thunderstorm
4      None    294.04     1.40       0.0           90           Rain

        weather_description              date_time   traffic_volume
0              light rain     2018-08-31 00:00:00              764
1              light rain     2018-08-31 01:00:00              456
2              light rain     2018-08-31 02:00:00              358
3   proximity thunderstorm    2018-08-31 02:00:00              358
4          moderate rain      2018-08-31 03:00:00              378
(968, 9)
```

图 11.25　交通流量数据

（3）将 date_time 列转换为 Pandas datetime 数据类型并创建一个新列，从头开始将时间偏移量转换为整数秒：

```
my_data.date_time = pd.to_datetime(my_data.date_time)
my_data['int_time'] = (my_data.date_time - my_data.date_
time[0]).astype(np.int64) / 1e9
```

请注意，1e9 除数是由于减法返回的 timedelta 具有纳秒单位这一事实。

（4）收集列表中的分类变量，然后绘制交通流量与每个分类中每个值的条形图。使用该方法以在网格中进行绘图。你可以访问以下网址来查看本步骤的代码：

https://github.com/PacktWorkshops/The-Pandas-Workshop/blob/master/Chapter11/Exercise11_02/Exercise11.02.ipynb

其输出结果应如图 11.26 所示。

（5）对数值变量执行同样的操作，但是需要从列表中排除目标变量（traffic_volume）和日期/时间变量。有关代码同样可以参考步骤（4）提供的 Notebook 文件。

其输出结果应如图 11.27 所示。

（6）我们可以看到，snow 变量没有提供任何信息，因此我们可以删除 snow_1h 列。使用虚拟变量（dummy variables）替换分类变量，并显示结果数据的 head()：

```
num_vars = [num_vars[i]
            for i in range(len(num_vars))
            if num_vars[i] != 'snow_1h']
model_data = pd.concat([my_data.loc[:, num_vars + ['int_time']],
                        pd.get_dummies(my_data.loc[:,cat_vars])],
                        axis = 1)
model_data.head()
```

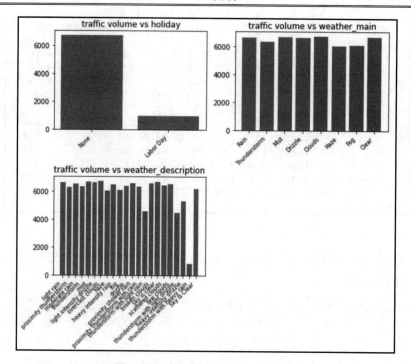

图 11.26　交通流量与各种分类变量

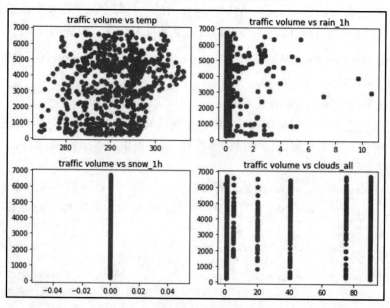

图 11.27　交通流量与数值变量

其输出结果应如图 11.28 所示。

	temp	rain_1h	clouds_all	int_time	holiday_Labor Day	holiday_None	weather_main_Clear	weather_main_Clouds	weather_main_Drizzle	weather_main_Fog	...
0	294.76	0.25	75	0.0	0	1	0	0	0	0	...
1	294.61	0.25	75	3600.0	0	1	0	0	0	0	...
2	294.54	0.25	90	7200.0	0	1	0	0	0	0	...
3	294.54	0.25	90	7200.0	0	1	0	0	0	0	...
4	294.04	1.40	90	10800.0	0	1	0	0	0	0	...

5 rows × 36 columns

图 11.28　用于建模的更新之后的数据

（7）拟合线性回归模型来预测交通流量，并输出系数、截距和 R2 分数：

```
y = my_data.traffic_volume
mls_model = OLS()
mls_model.fit(model_data, y)
print(mls_model.coef_)
print(mls_model.intercept_)
print(mls_model.score(model_data, y))
```

其输出结果应如图 11.29 所示。

```
[ 8.27936773e+01  1.23720714e+01  8.25196608e+00  4.17553926e-04
 -6.97245578e+02  6.97245577e+02  1.08786701e+03  2.46037578e+01
  3.06313660e+02 -2.57506459e+02 -2.98144206e+02 -2.09165922e+02
  4.80612430e+01 -7.02029087e+02  2.52845633e+02  2.38788198e+02
 -4.06271139e+02  7.09318270e+01 -2.57506459e+02 -2.98144206e+02
  1.19834748e+03  1.50177878e+02 -4.85762684e+02 -6.24466385e+02
 -2.09165922e+02 -2.45963831e+02 -3.88937455e+02  7.68313580e+02
  7.45203887e+02  2.46047307e+03  1.03821187e+02 -1.44058932e+03
 -1.16769699e+03 -2.59254554e+03 -6.03660704e+02  4.56197190e+02]
-22174.31595560447
0.12478430548635289
```

图 11.29　初始线性模型的系数和 R2 分数

（8）生成交通数据图并叠加预测：

```
fig, ax = plt.subplots(figsize = (11, 8))
ax.plot(my_data.date_time, my_data.traffic_volume)
ax.plot(my_data.date_time, mls_model.predict(model_data))
plt.xticks(rotation = 90)
plt.show()
```

其输出结果应如图 11.30 所示。

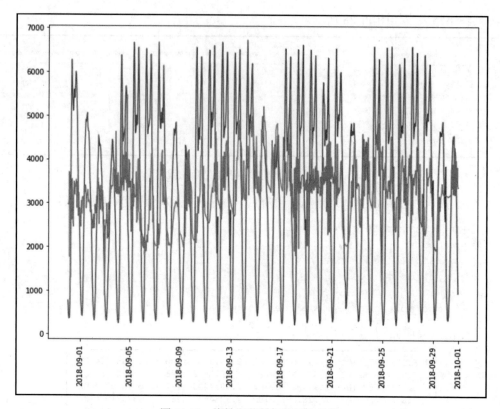

图 11.30　线性回归的初始拟合结果

可以看到，虽然这并不是一个很好的模型，但使用更多的变量已经捕获了之前使用朴素线性模型所遗漏的一些行为。

（9）绘制此拟合的残差：

```
residuals = pd.Series( mls_model.predict(model_data) -
                       my_data.traffic_volume)
fig, ax = plt.subplots()
ax.hist(residuals, bins = 50)
plt.show()
```

其输出结果应如图 11.31 所示。

可以看到，相对于之前的朴素线性模型，这已经有所改进。

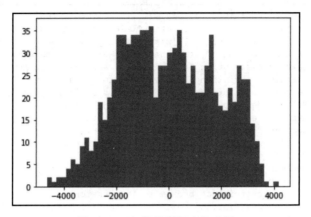

图 11.31　初始模型拟合的残差

（10）很明显，加入环境因素改善了模型，但有一个似乎每天都出现的非常明显的循环。这对于交通流量数据来说似乎直观上是正确的，因此让我们添加一个特征来将它考虑在内。为线性模型提供重复循环的方法之一是添加一个正弦特征。其一般性公式如下：

$$f(t) = a_1 * \sin\left(\frac{2 * \pi * t}{\text{period}}\right) + a_2 * \cos\left(\frac{2 * \pi * t}{\text{period}}\right)$$

其中，a_1 和 a_2 是未知系数，它们一起考虑了任何时间偏移〔或"相位"（phase）——这是一个同时使用 sin 和 cos 项的数学属性〕。我们可以添加两个变量，一个作为时间的 sin，另一个作为时间的 cos，让回归模型与其他系数一起拟合 a_1 和 a_2。

为 sin 和 cos 添加一列。我们假设周期为 1 天。由于时间以秒为单位，因此必须除以 24 * 60 * 60 才能转换为天数：

```
model_data['sin_t'] = np.sin(2 * np.pi * model_data.int_time /
24 * 60 * 60)
model_data['cos_t'] = np.cos(2 * np.pi * model_data.int_time /
24 * 60 * 60)
model_data.columns
```

列输出结果应如图 11.32 所示，包括新添加的两列。

（11）使用 LinearRegression 再次拟合模型，并输出系数、截距和分数：

```
mls_model = OLS()
mls_model.fit(model_data, y)
print(mls_model.coef_)
print(mls_model.intercept_)
print(mls_model.score(model_data, y))
```

```
Out[52]: Index(['temp', 'rain_1h', 'clouds_all', 'int_time', 'holiday_Labor Day',
               'holiday_None', 'weather_main_Clear', 'weather_main_Clouds',
               'weather_main_Drizzle', 'weather_main_Fog', 'weather_main_Haze',
               'weather_main_Mist', 'weather_main_Rain', 'weather_main_Thunderstorm',
               'weather_description_Sky is Clear', 'weather_description_broken clouds',
               'weather_description_drizzle', 'weather_description_few clouds',
               'weather_description_fog', 'weather_description_haze',
               'weather_description_heavy intensity drizzle',
               'weather_description_heavy intensity rain',
               'weather_description_light intensity drizzle',
               'weather_description_light rain', 'weather_description_mist',
               'weather_description_moderate rain',
               'weather_description_overcast clouds',
               'weather_description_proximity shower rain',
               'weather_description_proximity thunderstorm',
               'weather_description_proximity thunderstorm with rain',
               'weather_description_scattered clouds',
               'weather_description_sky is clear', 'weather_description_thunderstorm',
               'weather_description_thunderstorm with heavy rain',
               'weather_description_thunderstorm with light drizzle',
               'weather_description_thunderstorm with light rain', 'sin_t', 'cos_t'],
              dtype='object')
```

图 11.32　添加 sin 和 cos 后的模型数据列

其输出结果应如图 11.33 所示。

```
[ 8.28107060e+01  1.26203181e+01  8.24244476e+00  4.16119259e-04
 -6.98263168e+02  6.97891031e+02  1.08771818e+03  2.45839013e+01
  3.08964701e+02 -2.56895343e+02 -2.97414530e+02 -2.09558127e+02
  4.82579100e+01 -7.04325158e+02  2.52967857e+03  2.39476255e+02
 -4.08640308e+02  7.01252031e+01 -2.56859474e+02 -2.97365101e+02
  1.20821386e+03  1.49254877e+02 -4.89857091e+02 -6.24935205e+02
 -2.09245319e+02 -2.46088298e+02 -3.89358352e+02  7.67961945e+02
  7.47634289e+02  2.46226663e+03  1.02939561e+02 -1.44040378e+03
 -1.16767842e+03 -2.59893840e+03 -6.05853914e+02  4.58041745e+02
 -4.44455705e+07 -2.34378006e+01]
-22156.158917458004
0.12479213645488285
```

图 11.33　更新后的模型性能

可以看到 R2 分数只有很小的改进（最后一个值，使用.score()方法）。请注意，与 cos 项相比，sin 项的系数非常大；这表明没有太多的时间偏移。

（12）既然我们已经有了明确解释数据周期性特征的因素，接下来让我们可以用非线性模型拟合这些数据。我们首先使用 StandardScaler()对数据进行缩放处理，然后使用 RandomForestRegressor()对数据进行拟合：

```
scaler = StandardScaler()
```

```
scaled_model_X = scaler.fit_transform(model_data)
RF = RandomForestRegressor(random_state = 42)
RF = RF.fit(scaled_model_X, my_data.traffic_volume)
RF.score(scaled_model_X, my_data.traffic_volume)
```

这应该产生如图 11.34 所示的输出结果。

```
Out[56]:  0.9481262295271707
```

图 11.34　RandomForest 模型的 R2 分数

可以看到在 R2 中实现了 0.83 的改进，增加到约 0.95。

接下来检查结果。

（13）绘制残差的直方图：

```
residuals = pd.Series( RF.predict(scaled_model_X) -
                       my_data.traffic_volume)
fig, ax = plt.subplots(figsize = (11, 8))
ax.hist(residuals, bins = 50)
plt.show()
```

这会产生一个漂亮的结果，如图 11.35 所示。

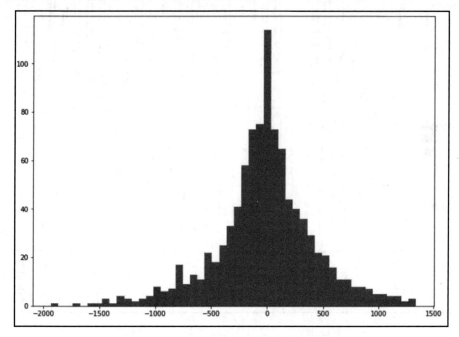

图 11.35　RandomForest 模型拟合的残差

（14）现在和以前一样，绘制交通流量数据并叠加模型预测结果：

```
fig, ax = plt.subplots(figsize = (11, 7.5))
ax.plot(my_data.date_time, my_data.traffic_volume,
        label = 'actual traffic')
ax.plot(my_data.date_time, RF.predict(scaled_model_X),
        label = 'predicted traffic')
ax.legend(fontsize = 12)
ax.set_ylabel('Cars per hour', fontsize = 14)
ax.tick_params(labelsize = 12)
ax.set_title('Prediction of traffic volume using weather data',
             fontsize = 16)
plt.xticks(rotation = 90)
plt.show()
```

这提供了如图 11.36 所示的输出结果。

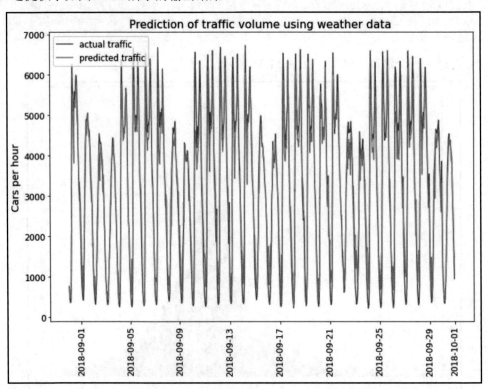

图 11.36　基于交通数据的随机森林模型预测

（15）如前文所述，当使用回归模型时，一个非常好的和直观的可视化方法是在 x 和 y 尺度相同的散点图中绘制预测值与实际值。在这样的图中，完美的预测直接位于对角线上，我们可以很轻松地看到模型的表现如何，以及它在不同的预测值上是否表现不同。为这些结果绘制这样的图：

```python
fig, ax = plt.subplots(figsize = (11, 11))
ax.scatter( my_data.traffic_volume,
            RF.predict(scaled_model_X))
ax.plot([0, 7000], [0, 7000], color = 'black', lw = 1)
ax.set_xlabel('Actual cars/hour', fontsize = 14)
ax.set_ylabel('Predicted cars/hour', fontsize = 14)
ax.set_title('Model performance\nRandom Forest regression', fontsize = 16)
plt.tick_params(labelsize = 12)
plt.show()
```

这将产生如图 11.37 所示的输出结果。

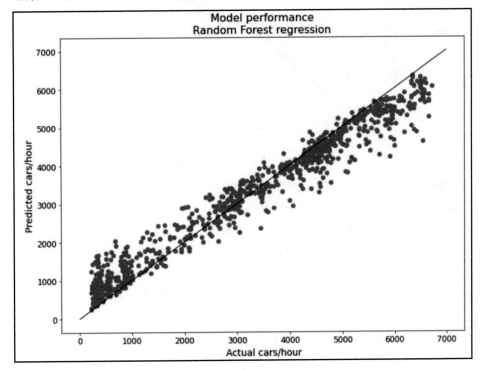

图 11.37　交通数据的预测值与实际值的关系图

可以看到这个图表有一个很有意思的方面。实际低值的预测值较高，而实际高值的预测值较低，它们之间则是接近真实值的平滑过渡。这是一些基于树的模型的表现。我们可以尝试优化模型，看看是否有所改善，但有时你仍然可以看到这种行为。有一些方法可以对这些结果进行更正并改进最终模型，但这些方法超出了本章的讨论范围。

（16）最后生成残差的 Q-Q 图：

```
residuals = RF.predict(scaled_model_X) - my_data.traffic_volume
probplot(residuals, plot = plt)
plt.show()
```

这应该会产生如图 11.38 所示的输出结果。

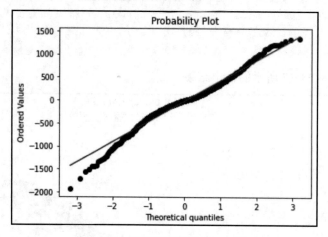

图 11.38　RF 模型残差的 Q-Q 图

在图 11.37 中可以看到，低于实际交通流量的预测结果是最大的偏差。由于你从步骤（15）中知道这些发生在实际交通流量较高时，因此，这将是一个需要进一步研究的领域，以了解是否存在导致较高交通流量的具体原因。

在本练习中，你强化了迄今为止学过的将回归模型应用于复杂数据的所有方法，包括使用特征工程（添加 sin 和 cos）来获得更好的模型。

接下来的作业将挑战你掌握的在复杂数据集上应用的所有这些技能。

11.4　作业 11.1——实现多元回归

作为针对有毒气体一氧化碳（CO）改进金属氧化物半导体传感器的研究工作的一部

分，你需要研究传感器阵列的传感器响应模型。你将查看数据，对非线性特征执行一些特征工程，然后将基线线性回归方法与随机森林模型进行比较。

（1）本练习需要 Pandas 和 NumPy 库、来自 sklearn 的三个模块，以及 Matplotlib 和 Seaborn。将它们加载到 Notebook 的第一个单元格中：

```
import pandas as pd
import numpy as np
from sklearn.linear_model import LinearRegression as OLS
from sklearn.ensemble import RandomForestRegressor
from sklearn.preprocessing import StandardScaler
import matplotlib.pyplot as plt
import seaborn as sns
```

（2）和之前所做的一样，创建一个 utility 函数来绘制直方图网格，不过这需要给定数据，指示绘制哪些变量、网格的行和列以及多少 bin。类似地，创建一个 utility 函数允许你在给定网格的行和列之后，将变量列表绘制为针对给定 x 变量的散点图。

（3）将 CO_sensors.csv 文件加载到名为 my_data 的 DataFrame 中。该文件的原始数据来自以下网址：

https://archive.ics.uci.edu/ml/datasets/Gas+sensor+array+temperature+modulation

这应该产生如图 11.39 所示的输出结果。

	Time (s)	CO (ppm)	Humidity (%r.h.)	Temperature (C)	Flow rate (mL/min)	Heater voltage (V)	R1 (MOhm)	R2 (MOhm)	R3 (MOhm)	R4 (MOhm)	R5 (MOhm)	R6 (MOhm)	R7 (MOhm)	R8 (MOhm)	R9 (MOhm)	R10 (MOhm)	(MOh
0	0.000	0.0	49.21	26.38	247.2771	0.1994	0.5114	0.5863	0.5716	1.9386	1.1669	0.7103	0.5541	51.0146	40.8079	47.8748	4.60
1	0.311	0.0	49.21	26.38	243.3618	0.7158	0.0626	0.1586	0.1161	0.1347	0.1385	0.1545	0.1307	0.1935	0.1341	0.1773	0.14
2	0.620	0.0	49.21	26.38	242.4944	0.8840	0.0654	0.1496	0.1075	0.1076	0.1131	0.1363	0.1188	0.1195	0.1049	0.1289	0.1
3	0.930	0.0	49.21	26.38	241.6242	0.8932	0.0722	0.1444	0.1074	0.1032	0.1106	0.1306	0.1190	0.1125	0.1014	0.1232	0.1
4	1.238	0.0	49.21	26.38	240.8151	0.8974	0.0767	0.1417	0.1098	0.1025	0.1116	0.1284	0.1208	0.1111	0.1008	0.1226	0.1

图 11.39　CO 传感器数据

（4）使用.describe().T 进一步检查数据。

（5）使用直方图网格 utility 函数绘制所有列的直方图，但 Time(s)列除外。

其输出结果应如图 11.40 所示。

（6）使用 Seaborn 生成前 5 列的 pairplot 图（不包括传感器读数）。

其结果应如图 11.41 所示（取决于你如何定义函数和选项）。

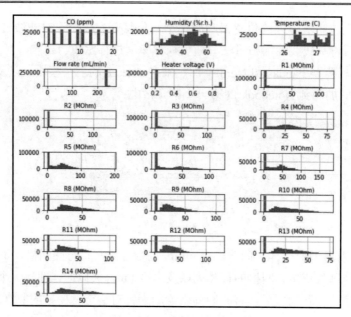

图 11.40　传感器数据的直方图

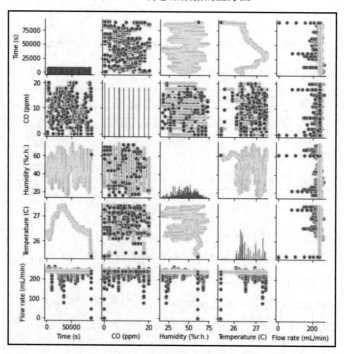

图 11.41　传感器数据的 pairplot 图

（7）使用散点图网格 utility 函数绘制所有传感器数据与时间的关系。结果应如图 11.42 所示（取决于你定义函数和选项的方式）。

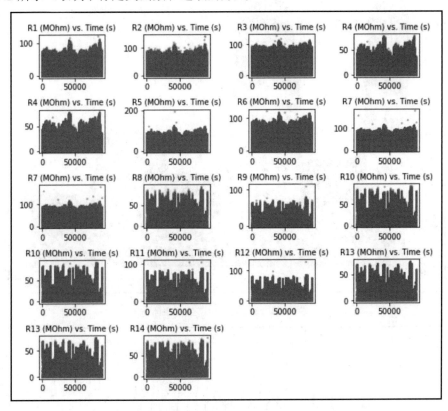

图 11.42　传感器数据与时间的关系

（8）通过输出结果很难判断是否存在时间依赖性或周期性成分。放大介于 40000 s～45000 s 的 R13。此详细信息应如图 11.43 所示。

现在可以看到，该测试似乎包含各种大小的阶跃函数（step function）。这表明 time 变量是任意的，对于模拟 CO 响应没有用处。我们还可以看到，有大量的值偏离了这些阶跃函数，这可能是由于湿度变化、测量误差或其他一些问题。这些可能会限制我们对结果建模的好坏程度。

（9）研究一个阶跃变化期间 R13 的变化与 CO 和 Humidity（湿度）值的关系——如41250～42500。使用 Matplotlib 中的.plot()方法绘制 R13 值，并叠加 CO 和 Humidity 值作为同一绘图上的折线图。

结果应如图 11.44 所示（取决于你的选择）。

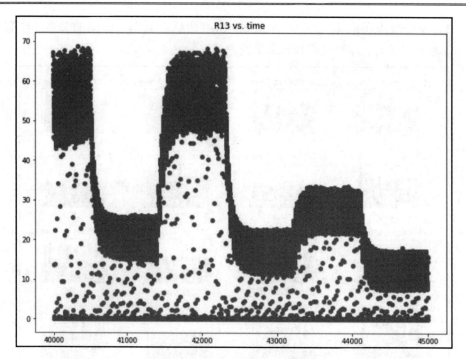

图 11.43　传感器迹线之一的细节

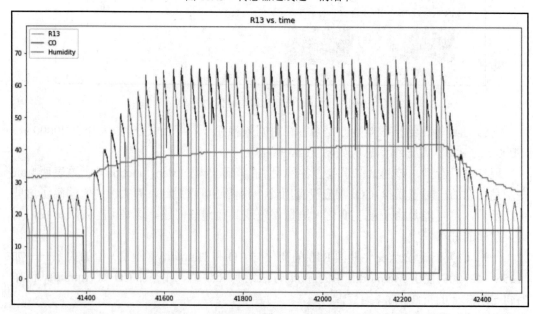

图 11.44　R13、CO 和 Humidity（湿度）与时间的关系

正如你在细节图中看到的那样，CO 和 Humidity（湿度）都有一系列阶跃变化，这导致电阻值发生变化。但是，如湿度曲线所示，存在明显的时间滞后。此外，R13 似乎先上升后下降，并在 CO 值几近为 0 并处于稳定状态的地方有一些中间周期。也许这是电子设备的功能，但需要进一步研究才能确定。

（10）现在使用 Seaborn 绘制传感器列的相关性热图。

该热图应如图 11.45 所示。

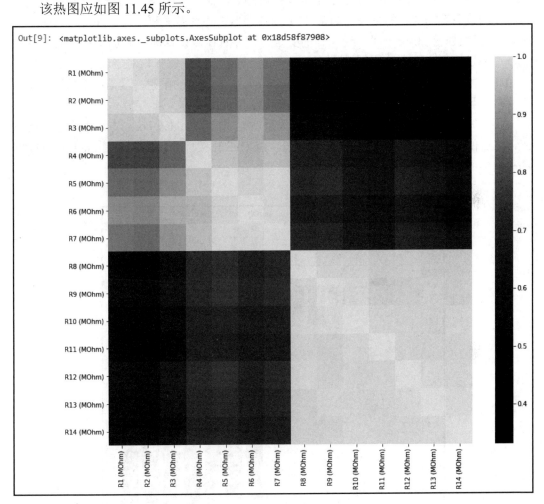

图 11.45　传感器之间的相关性

可以看到，图 11.45 中有 3 个组。最后 7 个传感器彼此高度相关，前 3 个也是如此，接下来的 4 个可以被视为另一组。

（11）有关该数据的说明网址如下：

https://archive.ics.uci.edu/ml/datasets/Gas+sensor+array+temperature+modulation

本章配套 GitHub 存储库的 Datasets 目录也提供了相应的文本文件。查看该说明可知，有两种类型的传感器：Figaro Engineering（7 单位的 TGS 3870-A04）和 FIS（7 单位的 SB-500-12）。现在，很明显 R1～R7 是一种传感器，而 R8～R14 是另一种传感器。

我们收集数据的目的是评估测量 CO 的传感器在各种温度和湿度条件下的性能。特别是，湿度被认为是一个"不受控制的变量"，并且在测试期间，施加了随机的湿度水平。在现场，湿度不会被控制或测量，因为这会影响数据的解释，对于低水平的 CO 尤其如此。传感器输出报告为以兆欧（MOhms，MΩ）为单位的电阻，这是用于预测 CO 的主要自变量。应用于传感器加热器的温度和电压也可用。

要研究传感器的行为与 CO 和湿度的关系，需要使用 Pandas .corr() 方法生成相关性矩阵，然后使用结果的前两行分别制作传感器与 CO 的相关性和传感器与 Humidity（湿度）的相关性的条形图。

其结果应如图 11.46 所示。

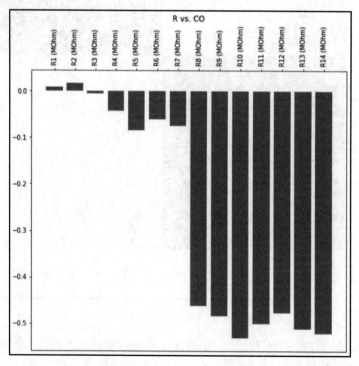

图 11.46　传感器输出与 CO（上）和湿度（下）的相关性

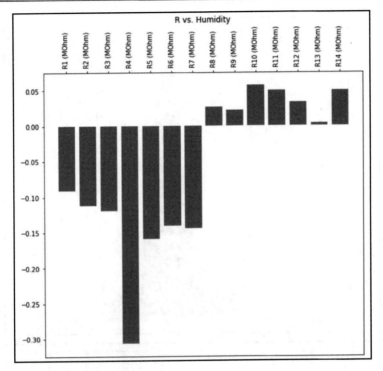

图 11.46 传感器输出与 CO（上）和湿度（下）的相关性（续）

可以看到，虽然所有传感器都用于测量 CO，但它们的行为明显不同，这具体取决于我们测量的是两种类型中的哪一种。从问题描述中可以看出，传感器明显受到湿度的影响，但在应用中，湿度是一个不受控制且可能未知的值。希望不同的传感器行为可以为模型提供湿度信息并实现良好的预测。

（12）对每个传感器列应用 sqrt() 变换（因为有 0 或接近 0 的值，对数变换不合适），并将这些列添加到数据集中。

（13）对于初始模型，从 X 数据中删除 Time、Humidity 和 CO。使用 CO 作为 y 数据。使用 LinearRegression 拟合模型并绘制残差，以及预测值与实际值的对比。

其输出结果应如图 11.47 所示。

在图 11.47 上面的图中可以看到，该模型产生了无偏结果，残差以 0 为中心。但在图 11.47 下面的图中，可以看到存在多个问题。在不同水平上存在多组不正确的预测，并且在预测的 CO 读数 10 ppm 的中间附近出现一团。这个结果显然是不可接受的。

（14）使用 StandardScaler() 缩放数据，然后将 RandomForestRegressor() 方法拟合到模型中。绘制残差和预测值与实际值的对比图。

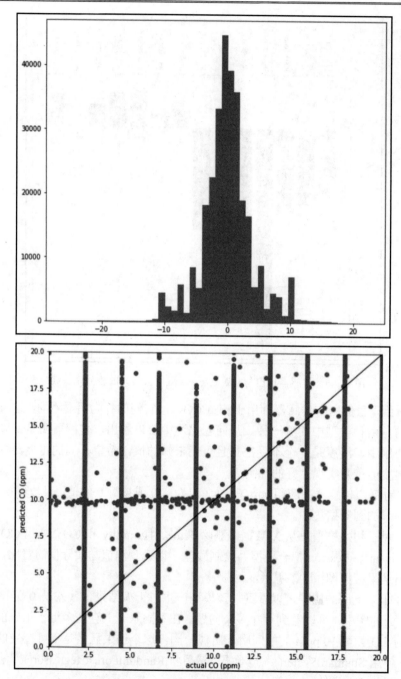

图 11.47　初始线性模型——残差（上）和预测值与实际值的对比（下）

其输出结果应如图 11.48 所示。

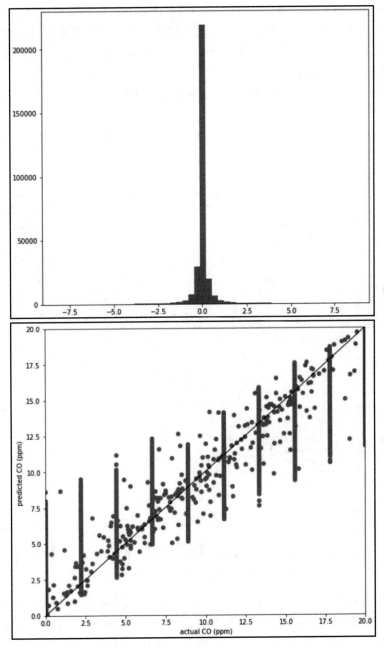

图 11.48　RandomForestRegressor()拟合的结果

虽然很明显随机森林模型减少了残差，但垂直分组仍然存在，这不是一个令人满意的结果。回顾图 11.44，可以看到，虽然 CO 值几乎恒定，但湿度和传感器电阻值存在滞后时间。一种可能的方法是平均读数。对该思路的一个简单测试是按 CO 值进行分组，并获取传感器均值，以及具有这些值的模型。此外，过滤掉电阻值降至低值的区域似乎是合理的，因为这些区域似乎是异常的。

（15）创建一个数据集，过滤掉传感器电阻值降至较低值（如 0.1）的所有行。然后，按 CO（ppm）分组并聚合为平均值。

使用传感器平均电阻和 CO 分组值构建随机森林模型。此外，根据该数据重新拟合线性回归模型。绘制两个结果的预测值与实际值的对比图。

结果应如图 11.49 所示。

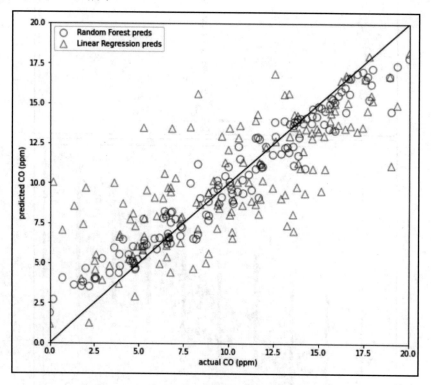

图 11.49　使用分组 CO 值和传感器均值的结果

可以看到这些结果要好得多。这需要与专家以及利益相关者进行更多的讨论以确认这种方法，但获得传感器校准是一个很有前途的方向。需要注意的是，线性回归模型几乎无法拟合大量数据。此外，还需要注意的是，随机森林预测中的纵向散点可能是随机湿度值引起的噪声指标。这可以通过构建另一个包括 Humidity（湿度）作为自变量的模型来进一步研究。

 提示：

本书附录提供了所有作业的答案。

11.5　小　　结

本章讨论了有关回归的广泛主题，介绍了创建线性回归模型和非线性模型的步骤，以及为此类建模正确准备数据的方法。本章引入了诸如误差平方和和均方根误差之类的指标来评估模型拟合数据的质量。此外，检查残差直方图、Q-Q 图和绘制预测值与实际值等可视化技术也被证明是确定模型质量的重要且易于使用的工具。

即使是使用简单的线性模型，一些适度的特征工程——如转换自变量（如平方根或对数）——也可以改善结果，但代价则是难以解释模型系数。在遇到具有周期性特征（如每日或每周）的时间序列数据时，你可以通过添加诸如时间的 sin/cos 之类的新特征来解决问题。

本章介绍了随机森林模型，这是一种强大的非线性回归技术。此外，sklearn 库的网格搜索交叉验证的强大功能也被证明是通过优化超参数进一步改进此类模型的一种方式。本章作业要求你解决一个复杂的传感器阵列建模任务。

你现在已经具备了应对许多技术和业务数据挑战的能力。本章和前两章中有关数据建模的几乎所有内容都同样适用于许多分类问题，以及更广泛的回归问题。你应该有信心在业务工作中执行可能遇到的初步探索、可视化和建模等工作。

在接下来的章节中，我们将开始深入研究 Pandas 的高级用例，从时间序列开始。

第 4 篇

其他 Pandas 用例

本篇介绍 Pandas 的一些用例，尤其是时间序列。我们将了解 Pandas 时间序列的各种功能、一些用例以及你可以进行的练习。本篇将提供各种真实的案例研究，并利用 Pandas 作为数据处理和建模的关键部分。

本篇包含以下 3 章：

❑ 第 12 章，在 Pandas 中使用时间

❑ 第 13 章，探索时间序列

❑ 第 14 章，Pandas 数据处理案例研究

第 12 章　在 Pandas 中使用时间

本章将完全专注于讨论一种数据，即时间序列（time series）。时间序列虽然在数据分析中很常见，但是需要一些特殊处理。Pandas 提供了许多专门用于处理时间序列的方法。本章将详细介绍时间感知数据类型（如 datetime 和 timedelta）。在第 13 章"探索时间序列"中，我们还将学习如何在索引中使用它们以启用一些高级功能，例如按照不同时间间隔进行重采样、插值和建模为时间函数等。

本章包含以下主题：
- ❑　时间序列简介
- ❑　Pandas datetime
- ❑　作业 12.1——了解电力使用情况
- ❑　日期时间数学运算

12.1　时间序列简介

时间序列数据几乎无处不在，但在许多分析中，它可能是一个让人头疼的难点。例如，假设你被要求预测一家零售店的销售额，并获得过去 6 个月的每日销售额数据。当你查看具体数据时，你会发现该商店通常每周仅营业 5 天，但有时又在周六甚至周日也有一些销售额。这使得大多数周末都有缺失值，数据的时间间隔不一致。此外，当你考虑估算每月预测时，你会意识到月份的长度不同，销售天数也不同。尽管这些问题简单明了，但随着时间的推移，它们在分析和建模数据时会产生许多问题。

机器学习文献和流行文章严重偏向分类问题，很少提及时间序列。然而，我们处理的大部分数据都是时间序列，或者至少是以这种方式开始的。时间序列是一个通用术语，用于指代按时间自然排序的数据。例如，推文或微博作为带时间戳的数据流被采集。同样，商店交易或在线信用卡交易也是时间序列，来自数据中心的日志流也是时间序列。

需要注意的是，与分类问题中的表格化数据不同，时间序列数据是有序的。在表格数据中，随机样本在用于模型之前会被打乱，而在时间序列中，顺序很重要，我们通常希望保留它，这是因为事件的时间关系至关重要，它可以帮助找出事件发生或形成的原因。以服务器日志为例，如果忽略了时间特征，则与正常使用期间的数据序列相比，我们只能识别异常的服务器流量，而无法梳理其原因和经过。又例如，商店交易的时间顺序可以按每天、每周或更长的时间周期进行比较，以预测库存高需求期等。这样的例子不胜枚举。

Pandas 具有广泛的功能来处理时间序列数据。在 Pandas 说明文档中，你会注意到 Pandas 时间序列对象基于 NumPy datetime64 和 timedelta64 对象类型。Pandas 整合了 scikit.timeseries 等库中的一些有用方法（以至于 Pandas 最终会纳入该库），并添加了许多用于处理时间序列数据的附加功能。

本章将介绍一些更重要的功能，并回顾如何处理数据中的时间戳。理解时间序列与其他 Pandas 数据结构有何不同的关键在于，Pandas 提供了几个额外的对象类型，即 Timestamp、Timedelta 和 Period。

另外，回想索引在 Pandas 中的重要性；对于时间序列的许多操作，我们将使 index 成为这些新的对象类型之一，而不是像前面的章节中所做的那样只使用整数或标签。例如，将 index 设置为时间戳可以启用新功能来简化时间序列的操作。

让我们从了解 Pandas datetime 数据类型开始。

12.2　Pandas datetime

你可能已经了解，在计算机内存中，所有数字信息都表示为 1 和 0，因此在最基本的层面上，日期或时间并没有什么特别之处。但是，在业务和技术项目中处理真实数据时，我们倾向于以它们自己的单位来考虑时间或日期，而这与其他数字是不同的。

时间通常被认为是小时、分钟或秒，日期通常是年、月和日。其他常见的时间划分模式还包括工作日、星期和季度等。我们经常将数据分组为天、周、月或季度。在这些分箱（bin）中，可能每秒钟、每分钟、每小时或在某个其他甚至随机时间段内都有数据。

因为将日期和时间放在一起是很自然的，因此，Python 提供了一些对象以使其易于以这种方式工作，Pandas 同样如此。Pandas 中最基本的时间组件是 Timestamp，它相当于 Python 中的 Datetime，由 datetime 包提供。Timestamp 被用作 Pandas 时间序列数据类型的索引，Pandas 提供了 Timestamp 方法来将各种类型的数据转换为时间戳。以下示例可以将我们熟悉的日期格式的字符串转换为 Pandas 时间戳：

```
my_timestamp = pd.Timestamp('12-25-2020')
my_timestamp
```

上述代码段将产生如图 12.1 所示的输出结果。

```
Out[3]: Timestamp('2020-12-25 00:00:00')
```

图 12.1　从日期格式的字符串转换而来的 Pandas 时间戳对象

可以看到，Timestamp 由年、月、日、小时、分钟和秒组成，这很直观。由于我们没有提供任何时间信息，因此 Timestamp()假设时间部分是 00:00:00。Timestamp 具有这些组件的事实使得 Pandas 时间序列操作非常灵活。

Pandas 已经为我们简化了一些操作，为了演示这一点，以下示例导入 Python datetime，并使用它来完成相同的转换：

```
from datetime import datetime
my_datetime = datetime.strptime('12-25-2020','%m-%d-%Y')
my_datetime
```

这会产生如图 12.2 所示的输出结果。

```
Out[9]: datetime.datetime(2020, 12, 25, 0, 0)
```

图 12.2　使用 datetime 模块完成从字符串到日期时间的转换

可以看到，在使用 datetime 方法的情况下，我们还必须为 Python 提供一个日期格式来解码字符串。这两个结果对象具有非常相似的可用方法。

12.2.1　datetime 对象的属性

你可能还记得，因为 Python 中的所有内容都是对象，所以我们可以使用 dir()方法来查看对象附加了哪些方法。在以下代码示例中，我们在两个代码片段上使用 dir()方法来返回附加到它们的方法。由于我们主要对常规编码的方法感兴趣，因此在列表推导式中使用 Python 的.startswith()方法（第 6 章 "数据选择——Series" 介绍过该方法），用于删除在第一个字符中包含 '_' 的方法（在 Python 中，这是一种命名约定，像这样第一个字符包含单下画线的方法表示仅供内部使用，通常不会由 Python 解释器强制执行，只作为对程序员的提示）。然后，我们使用 Pandas .merge()方法将它们组合成一个 DataFrame，该方法执行类似 SQL 的合并，我们通过使用 how = 'outer' 从两个来源获取项目，再使用 Pandas .fillna()方法将 '-' 放在不匹配的地方。本示例代码如下：

www.github.com/PacktWorkshops/The-Pandas-Workshop/blob/master/Chapter12/
Examples.ipynb

为了扩展列表推导式，可以使用 with dir(object)，这是一种生成所有附加方法的列表的方法，然后添加 i for i in dir()，以便可以遍历返回的列表。

接下来，使用带有 i.startswith("_")的 if 语句，它表示在项目的开头搜索下画线。最后，使用"outer"进行合并，它包含来自两个 DataFrame 的所有结果，如果没有匹配则将返回 NaN，并且 Pandas .fillna("-")方法可以将 NaN 替换为 "-"。这有效地过滤了我们将在代码中使用的普通方法的 dir()结果。

DataFrame 的方法如图 12.3 所示（我们已将其划分为三组进行输出）。

	TS	DT			TS	DT			TS	DT
0	asm8	-	25	is_month_end	-	50	time	time
1	astimezone	astimezone	26	is_month_start	-	51	timestamp	timestamp
2	ceil	-	27	is_quarter_end	-	52	timetuple	timetuple
3	combine	combine	28	is_quarter_start	-	53	timetz	timetz
4	ctime	ctime	29	is_year_end	-	54	to_datetime64	-
5	date	date	30	is_year_start	-	55	to_julian_date	-
6	day	day	31	isocalendar	isocalendar	56	to_numpy	-
7	day_name	-	32	isoformat	isoformat	57	to_period	-
8	day_of_week	-	33	isoweekday	isoweekday	58	to_pydatetime	-
9	day_of_year	-	34	max	max	59	today	today
10	dayofweek	-	35	microsecond	microsecond	60	toordinal	toordinal
11	dayofyear	-	36	min	min	61	tz	-
12	days_in_month	-	37	minute	minute	62	tz_convert	-
13	daysinmonth	-	38	month	month	63	tz_localize	-
14	dst	dst	39	month_name	-	64	tzinfo	tzinfo
15	floor	-	40	nanosecond	-	65	tzname	tzname
16	fold	fold	41	normalize	-	66	utcfromtimestamp	utcfromtimestamp
17	freq	-	42	now	now	67	utcnow	utcnow
18	freqstr	-	43	quarter	-	68	utcoffset	utcoffset
19	fromisocalendar	fromisocalendar	44	replace	replace	69	utctimetuple	utctimetuple
20	fromisoformat	fromisoformat	45	resolution	resolution	70	value	-
21	fromordinal	fromordinal	46	round	-	71	week	-
22	fromtimestamp	fromtimestamp	47	second	second	72	weekday	weekday
23	hour	hour	48	strftime	strftime	73	weekofyear	-
24	is_leap_year	-	49	strptime	strptime	74	year	year

图 12.3　时间序列（TS）方法和日期时间（DT）方法的比较

在图 12.3 中可以看到，datetime 列中有 NaN 值，因为 Pandas 在 Timeseries 中提供的方法比 datetime 更多，如 dayofweek 和 dayofyear。

你可能还注意到两列中都有一些方法，如 microsecond。回想一下，我们提到过 Pandas Timeseries 对象基于 NumPy，事实证明 Timeseries 对象的底层分辨率是纳秒级。你可能永远不需要如此细粒度的时间，但它实际上是可用的。这其实是一个好消息，因为在机器学习或数据科学中，我们需要将 Timestamp 或 datetime 转换为整数值，并且我们将利用它们以纳秒为单位存储的事实。

ⓘ 注意：

在本章的余下部分，除非会产生混淆，否则我们将 Timestamp 或 datetime 视为等价物。

接下来，让我们修改源 datetime 字符串以查看其中一些属性。

以下示例的字符串包含小时、分钟和秒数的值，并包含以秒为单位的小数点后的值，精确到纳秒级。我们使用 DataFrame 中的方法来显示时间，并使用一些格式和数学计算来解析 AM 和 PM：

```
my_time = pd.Timestamp('2020-12-25 15:05:09.001234987')
```

```
print( my_time.hour - 12, ('AM' if my_time.hour < 12 else 'PM'),
       my_time.minute, 'minutes',
       my_time.second, 'seconds',
       my_time.microsecond, 'microseconds',
       my_time.nanosecond, 'nanoseconds')
```

上述代码段可创建如图 12.4 所示的输出结果，直观上这应该是你所期望的结果。

```
3 PM 5 minutes 9 seconds 1234 microseconds 987 nanoseconds
```

图 12.4　my_time 中存储的时间戳的格式化时间部分

Pandas 还提供了.to_datetime()方法将对象转换为时间戳。

在以下示例中，我们首先将 datetime 存储为字符串对象，然后使用.to_datetime()方法将它转换为 Timestamp 对象：

```
string_date = '2020-07-31 13:51'
TS_date = pd.to_datetime(string_date)
TS_date
```

这会产生如图 12.5 所示的输出结果。

```
Out[7]:  Timestamp('2020-07-31 13:51:00')
```

图 12.5　使用 Pandas .to_datetime()方法创建的时间戳

有关时间戳的介绍至此结束，现在你已经有能力探索 Pandas 提供的用于操作各种时间数据的方法，这些数据可能来自不同的数据源，并且可能不完整，不是我们想要的周期，或者需要进行其他转换。Pandas 方法提供了这些问题的解决方案。

在以下练习中，你将使用存储在.csv 文件中的一些日期时间信息来探索数据集。

12.2.2　练习 12.1——使用 datetime

在本练习中，作为一家汽车公司的分析师，你将获得一个.csv 文件，其中包含汽车发动机长期测试的数据。你最初的目标是确定功率输出是否在测试过程中发生变化，如随时间降低或异常变化。你需要将作为字符串读取的日期转换为时间戳，然后从中创建一些列以用于你的分析，并绘制一个图表以查看随时间的功率输出。

🛈 注意：

本练习的代码网址如下：

https://github.com/PacktWorkshops/The-Pandas-Workshop/tree/master/Chapter12/Exercise12_01

执行以下步骤以完成本练习。

（1）为本章的所有练习创建一个 Chapter12 目录。在 Chapter12 目录中，创建一个 Exercise12_01 目录。

（2）打开终端（macOS 或 Linux）或命令提示符（Windows），导航到 Chapter12 目录，然后输入 jupyter notebook，打开 Jupyter Notebook 窗口。

选择 Exercise12_01 目录，这会将 Jupyter 工作目录更改为该文件夹，然后单击 New（新建）| Python 3 创建一个新的 Python 3 Notebook，如图 12.6 所示。

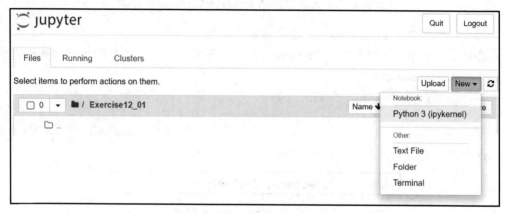

图 12.6　创建一个新的 Python 3 Jupyter Notebook

（3）本练习只需要 Pandas 库，将其加载到 Notebook 的第一个单元格中：

```
import pandas as pd
```

（4）将 engine_power.csv 文件读入 Pandas DataFrame 中，并使用.head()方法来检查其前 5 行：

```
engine_power = pd.read_csv('../datasets/engine_power.csv')
engine_power.head()
```

ⓘ 注意：

上述代码中加粗显示的路径修改为你自己系统上的下载和保存文件的路径。

其输出结果应如图 12.7 所示。

（5）输出 datetime 列中的第一个值及其类型，以便你了解该数据类型是什么。你知道你想要一个 Timestamp 类型，所以这一步会告诉你需要什么转换：

```
print(engine_power.datetime[0])
print(type(engine_power.datetime[0]))
```

```
Out[14]:
              datetime        power
    0   2020-1-1 00:00   221.403465
    1   2020-1-1 01:55   327.370592
    2   2020-1-1 03:50   223.272440
    3   2020-1-1 04:04   328.380592
    4   2020-1-1 05:45   329.109239
```

图 12.7　engine_power 数据集

其输出结果应如图 12.8 所示。

```
2020-1-1 00:00
<class 'str'>
```

图 12.8　datetime 列中的第一个值显示数据被存储为字符串

可以看到，这些值是字符串类型的，因此你需要将它们转换为时间戳。

（6）使用 Pandas .to_datetime()方法将 datetime 列转换为 Timestamp 类型。

```
engine_power['datetime'] = pd.to_datetime(engine_power['datetime'])
engine_power
```

你应该看到如图 12.9 所示的输出结果。

```
Out[9]:
                   datetime        power
    0    2020-01-01 00:00:00   221.403465
    1    2020-01-01 01:55:00   327.370592
    2    2020-01-01 03:50:00   223.272440
    3    2020-01-01 04:04:00   328.380592
    4    2020-01-01 05:45:00   329.109239
    ...                  ...          ...
 2114    2020-04-15 11:02:00   131.620792
 2115    2020-04-15 11:16:00     8.703348
 2116    2020-04-15 12:43:00    23.701833
 2117    2020-04-15 12:57:00   110.785479
 2118    2020-04-15 13:12:00    22.869297

2119 rows × 2 columns
```

图 12.9　将 datetime 列转换为 Timestamp 后的 engine_power 数据

（7）对 datetime 列的第一个元素使用 type() 验证结果：

```
type(engine_power.datetime[0])
```

这应该产生如图 12.10 所示的输出结果。

```
Out[10]:  pandas._libs.tslibs.timestamps.Timestamp
```

图 12.10　datetime 列已被转换为 Pandas Timestamp

（8）你想要一个将月份作为整数的列。回想一下，我们列出了 Timestamp 对象可用的所有方法，其中之一是.month。此方法可以返回时间戳的日历月。你需要对每个项目使用.month 方法遍历 datetime 列中的所有项目，因此可以使用列表推导式来做到这一点：

```
engine_power['month'] = [engine_power.datetime[i].month
                         for i in engine_power.index]
engine_power
```

这应该会产生如图 12.11 所示的输出结果。

```
Out[11]:
```

	datetime	power	month
0	2020-01-01 00:00:00	221.403465	1
1	2020-01-01 01:55:00	327.370592	1
2	2020-01-01 03:50:00	223.272440	1
3	2020-01-01 04:04:00	328.380592	1
4	2020-01-01 05:45:00	329.109239	1
...	...	...	...
2114	2020-04-15 11:02:00	131.620792	4
2115	2020-04-15 11:16:00	8.703348	4
2116	2020-04-15 12:43:00	23.701833	4
2117	2020-04-15 12:57:00	110.785479	4
2118	2020-04-15 13:12:00	22.869297	4

2119 rows × 3 columns

图 12.11　新列的 engine_power 数据具有整数月份值

（9）Pandas 提供的另一个方法是.day 方法，它可以返回月份中的天值。使用该结果值在 engine_data DataFrame 中创建 day_of_month 列。输出 DataFrame 以确认添加：

```
engine_power['day_of_month'] = [engine_power.datetime[i].day
    for i in engine_power.index]
print(engine_power)
```

这会产生如图 12.12 所示的输出结果。

```
                 datetime       power  month  day_of_month
0     2020-01-01 00:00:00  221.403466      1             1
1     2020-01-01 01:55:00  327.370592      1             1
2     2020-01-01 03:50:00  223.272440      1             1
3     2020-01-01 04:04:00  328.380592      1             1
4     2020-01-01 05:45:00  329.109239      1             1
...                   ...         ...    ...           ...
2114  2020-04-15 11:02:00  131.620792      4            15
2115  2020-04-15 11:16:00    8.703348      4            15
2116  2020-04-15 12:43:00   23.701833      4            15
2117  2020-04-15 12:57:00  110.785479      4            15
2118  2020-04-15 13:12:00   22.869297      4            15

[2119 rows x 4 columns]
```

图 12.12　包含 day_of_month 的更新后的 DataFrame

（10）通过输出 day_of_month 列中的唯一值来验证该月的所有日期：

```
print(engine_power.day_of_month.unique())
```

结果应如图 12.13 所示。

```
[ 1  2  3  4  5  6  7  8  9 10 11 12 13 14 15 16 17 18 19 20 21 22 23 24
 25 26 27 28 29 30 31]
```

图 12.13　月份中的天数包括 1～31 的所有值

（11）验证是否可以使用列表推导式中的.weekday()方法和上一步中的.unique()方法来表示一周中的所有日子：

```
pd.Series([engine_power.datetime[i].weekday()
        for i in engine_power.index]).unique()
```

这会产生如图 12.14 所示的输出结果。

```
Out[9]: array([2, 3, 4, 5, 6, 0, 1], dtype=int64)
```

图 12.14　包括一周中每一天的数据

这虽然不是一个完整的回顾，但看起来确实每天都有一个值，并且没有缺失的日子。因此，你可以按月和日制作一些汇总图，以研究随时间的变化。

（12）使用 month 列上的.groupby()方法计算每个月的平均功率，并使用 Pandas .plot()
方法制作一个简单的图表来检查数据：

```
(engine_power[['power', 'month']]. groupby(['month']).mean()).plot()
```

这应该产生如图 12.15 所示的输出结果。

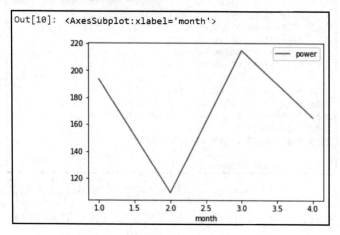

图 12.15　发动机测试的月平均功率值

（13）由于月份之间的差异很大，因此可以在 day_of_month 列上使用另一个.groupby()
方法并再次绘图以查看更多详细信息。

这将产生如图 12.16 所示的输出结果。

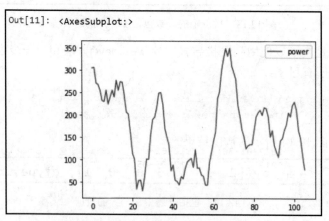

图 12.16　发动机功率的日平均值

从图 12.15 和图 12.16 中可以得出结论，随着时间的推移，存在显著变化，但没有明显的趋势。因此，你的下一步是安排与利益相关者的会议，以了解是否存在已知的变化原因或此测试是否存在一些问题。

现在我们已经了解了有关 Pandas Timestamp 和 datetime 的基础知识，接下来，让我们更深入地看看如何创建和操作这些对象。

12.2.3　创建和操作日期时间对象/时间序列

要开始探索 Pandas 时间序列功能，我们需要创建一个时间序列。在练习 12.1 中可以看到，我们能够通过将一些日期作为字符串进行读取并转换它们来创建一系列时间戳。Pandas 提供了若干种生成时间戳序列的方法。

在以下示例中，我们引入.date_range()方法来生成日期序列。在该方法中，我们需要定义 start 和 end，以及一个 freq 参数，该参数告诉 Pandas 我们想要从 start 到 end 填充什么周期。Pandas 再次让事情变得很简单，因为我们可以为 freq 指定直观的值，如 M（月）和 D（天），以下示例使用带有后缀-MON 的 W，表示从星期一开始的星期：

```
dates = pd.date_range( start = '2012-01-01',
                       end = '2019-12-31',
                       freq = 'W-MON')
print(type(dates))
```

这会生成如图 12.17 所示的输出结果。

```
Out[14]:  pandas.core.indexes.datetimes.DatetimeIndex
```

图 12.17　使用 date_range 生成日期范围

虽然结果是一个索引，但我们仍然可以输出该日期对象并检查其内容：

```
print(dates)
```

这会产生如图 12.18 所示的输出结果。

```
DatetimeIndex(['2012-01-02', '2012-01-09', '2012-01-16', '2012-01-23',
               '2012-01-30', '2012-02-06', '2012-02-13', '2012-02-20',
               '2012-02-27', '2012-03-05',
               ...
               '2019-10-28', '2019-11-04', '2019-11-11', '2019-11-18',
               '2019-11-25', '2019-12-02', '2019-12-09', '2019-12-16',
               '2019-12-23', '2019-12-30'],
              dtype='datetime64[ns]', length=418, freq='W-MON')
```

图 12.18　日期对象中的值

你会看到这些值从 2012-01-02 开始，而不是指定的 2012-01-01，并且同样在 2019-12-30 而不是在指定的 2019-12-31 结束。原因是频率的规范，因为 W-MON 意味着结果的周期为 1 周，并且每周从星期一开始，2012 年的第一个星期一从 2012-01-02 开始，而不是 2012 年一月的第一天，而 2019 年的最后一个星期一是 2019-12-30。

我们可以直观地对日期值进行运算，如减法，得到类似日期时间的对象，结果被称为 TimeDelta。特别是，一种常见的模式是计算偏移量，如减去开始日期。当我们从另一个日期系列中减去一个值时，可以检查结果的类型：

```
type(dates[1] - dates[0])
```

这会产生如图 12.19 所示的结果。

```
Out[22]:  pandas._libs.tslibs.timedeltas.Timedelta
```

图 12.19　在 Pandas 中减去两个日期的结果是 Timedelta

Timedelta 名称的含义是"时间差异"，这正是 Timedelta 对象的作用：它将存储两个时间之间的差值。Timedelta 可用的若干个方法与 Timestamp 相同（回想一下，你始终可以使用 dir()查看它们），但重要的是，Timedelta 提供了一个在 Timestamp 中不可用的方法，那就是.totalseconds()。这具有直观的意义，因为时间差异应该以时间单位提供。

在以下示例中，我们从所有日期中减去第一个日期，以便从 0 开始并在结果上使用 .totalseconds()方法以获得以秒为单位的差值，然后两次除以 60（首先除以 60 可以获得分钟数，再除以 60 即可获得小时数）以获取以小时为单位的值。

由于.total_seconds()方法返回的是数值数据（不再是 Timedelta 或 datetime），因此我们可以像使用任何数值对象一样对结果进行操作。为了演示这一点，可以将一个简单的表达式应用于值并存储在 values 变量中以获得计算结果（如果我们有一个表示某个值随时间增长的表达式，则可以这样计算）：

```
values = pd.Series([(dates[i] - dates[0]).total_seconds()
                 for i in range(len(dates))]) / 60 / 60 # 转换为小时
values = 1037.65 + values**1.5 / 1000
```

现在使用我们熟悉的 DataFrame 构造函数将 date 和 value 组合到一个 DataFrame 中：

```
time_series = pd.DataFrame({'date' : dates,
                        'value' : values})
time_series.head()
```

这会产生如图 12.20 所示的输出结果。

```
Out[12]:
```

	date	value
0	2012-01-02	1037.650000
1	2012-01-09	1039.827529
2	2012-01-16	1043.808982
3	2012-01-23	1048.964772
4	2012-01-30	1055.070231

图 12.20　由每周日期 Series 构成的 time_series DataFrame

如前文所述，Pandas 中的 datetime 对象具有分辨率为纳秒（10^{-9} s）的底层数字数据。让我们更详细地看一下。以下示例使用 Pandas .astype() 方法将日期时间直接转换为整数，然后通过除以 10^9（1e9）将纳秒转换为秒，再除以 60 两次以转换为小时，最后除以 24 转换为天，得到天数值。我们从所有日期中减去第一个日期的结果日期值，以便日期从 0 开始：

```
time_series['int_date'] = (dates.astype(int)/1e9/60/60/24 -
                           dates.astype(int)[0]/1e9/60/60/24)
time_series
```

这会对 DataFrame 产生如图 12.21 所示的更新结果。

```
Out[13]:
```

	date	value	int_date
0	2012-01-02	1037.650000	0.0
1	2012-01-09	1039.827529	7.0
2	2012-01-16	1043.808982	14.0
3	2012-01-23	1048.964772	21.0
4	2012-01-30	1055.070231	28.0
...	...	...	...
413	2019-12-02	19313.980376	2891.0
414	2019-12-09	19380.399465	2898.0
415	2019-12-16	19446.898818	2905.0
416	2019-12-23	19513.478340	2912.0
417	2019-12-30	19580.137933	2919.0

418 rows × 3 columns

图 12.21　更新之后的 time_series DataFrame 添加了一个以整数天为单位的新列 int_date

12.2.4　Pandas 中的时间周期

　　Pandas 还提供了结合时间戳的周期（period）概念。以下示例使用.period_range()方法生成日期序列，该方法的使用方式类似于我们之前使用过的.date_range()方法的使用方式。结果是一个唯一的 Pandas 对象 PeriodIndex，其中的值是周期。此索引类型可用于某些业务场景，即事物在某些周期（如几周、几个月或季度）中的逻辑累积：

```
time_periods = pd.period_range('2020-01-01', periods = 13, freq
= 'W-MON') \ time_periods
```

　　这会产生如图 12.22 所示的输出结果。

```
Out[51]: PeriodIndex(['2019-12-31/2020-01-06', '2020-01-07/2020-01-13',
                       '2020-01-14/2020-01-20', '2020-01-21/2020-01-27',
                       '2020-01-28/2020-02-03', '2020-02-04/2020-02-10',
                       '2020-02-11/2020-02-17', '2020-02-18/2020-02-24',
                       '2020-02-25/2020-03-02', '2020-03-03/2020-03-09',
                       '2020-03-10/2020-03-16', '2020-03-17/2020-03-23',
                       '2020-03-24/2020-03-30'],
                      dtype='period[W-MON]')
```

图 12.22　使用 Pandas .period_range()生成的一系列日期范围

　　可以看到，每个值都是一个日期范围。在本示例中，我们指定了 start 及其 periods 和 freq，Pandas 将 end 值与 freq 参数对齐，因此这些 period 在星期一结束。虽然这可能令人困惑，但 period_range 具有一些有用的属性，包括能够获取周期的 start 和 end，以及通过简单的数学轻松地转换周期。

　　以下代码将输出所有周期的开始和结束时间：

```
print(time_periods.start_time, '\n', time_periods.end_time)
```

　　这会产生如图 12.23 所示的输出结果。

　　可以看到，每个周期都从一天的最初开始（默认情况下不显示时间的所有 0），结束时间则是结束日的最后一个纳秒。如果需要将所有周期移动两个周期，则只需加 2：

```
time_periods + 2
```

　　这会产生如图 12.24 所示的输出结果。

　　可以看到，每个周期都移动了两个周期。

```
DatetimeIndex(['2019-12-31', '2020-01-07', '2020-01-14', '2020-01-21',
               '2020-01-28', '2020-02-04', '2020-02-11', '2020-02-18',
               '2020-02-25', '2020-03-03', '2020-03-10', '2020-03-17',
               '2020-03-24'],
              dtype='datetime64[ns]', freq='W-TUE')
DatetimeIndex(['2020-01-06 23:59:59.999999999',
               '2020-01-13 23:59:59.999999999',
               '2020-01-20 23:59:59.999999999',
               '2020-01-27 23:59:59.999999999',
               '2020-02-03 23:59:59.999999999',
               '2020-02-10 23:59:59.999999999',
               '2020-02-17 23:59:59.999999999',
               '2020-02-24 23:59:59.999999999',
               '2020-03-02 23:59:59.999999999',
               '2020-03-09 23:59:59.999999999',
               '2020-03-16 23:59:59.999999999',
               '2020-03-23 23:59:59.999999999',
               '2020-03-30 23:59:59.999999999'],
              dtype='datetime64[ns]', freq=None)
```

图 12.23　每个周期的开始和结束时间

```
Out[57]: PeriodIndex(['2020-01-14/2020-01-20', '2020-01-21/2020-01-27',
                       '2020-01-28/2020-02-03', '2020-02-04/2020-02-10',
                       '2020-02-11/2020-02-17', '2020-02-18/2020-02-24',
                       '2020-02-25/2020-03-02', '2020-03-03/2020-03-09',
                       '2020-03-10/2020-03-16', '2020-03-17/2020-03-23',
                       '2020-03-24/2020-03-30', '2020-03-31/2020-04-06',
                       '2020-04-07/2020-04-13'],
                      dtype='period[W-MON]')
```

图 12.24　在 time_periods 的每个周期上添加两个（周期）

12.2.5　Pandas 时间感知对象中的信息

因为 Pandas 中的日期时间等对象与所有 Python 对象一样具有与之关联的属性和方法，所以 Pandas 方法可以轻松地提取和操作多种基于时间的信息。特别是，Pandas 还提供了许多方法来简化日期时间的操作。

以下代码使用.daysinmonth 和.unique()来查看数据中各个月份的天数：

```
print(dates.daysinmonth.unique())
```

其输出结果如图 12.25 所示。

```
Int64Index([31, 29, 30, 28], dtype='int64')
```

图 12.25　在日期上使用 Pandas .daysinmonth

在业务应用场景中，需要了解季度、周和其他业务周期的情况并不少见。以下代码使用 Pandas 提供的.isquarterend，它返回一个布尔值（True 或 False），我们使用这个布尔值作为布尔 index 来获取数据中的季度结束日期：

```
print(dates[dates.is_quarter_end])
```

其输出结果如图 12.26 所示。

```
DatetimeIndex(['2012-12-31', '2013-09-30', '2014-03-31', '2014-06-30',
               '2018-12-31', '2019-09-30'],
              dtype='datetime64[ns]', freq=None)
```

图 12.26　日期数据中的季度结束日期

我们可以使用 Pandas 的.isocalendar()方法检索周数，该方法本身返回一个包含年份、周数和工作日的元组。以下代码使用.week 属性对其进行子集化以获取周数：

```
print(dates.isocalendar().week)
```

其输出结果如图 12.27 所示。

```
2012-01-02    1
2012-01-09    2
2012-01-16    3
2012-01-23    4
2012-01-30    5
              ..
2019-12-02    49
2019-12-09    50
2019-12-16    51
2019-12-23    52
2019-12-30    1
Freq: W-MON, Name: week, Length: 418, dtype: UInt32
```

图 12.27　日期数据的周数

类似地，有一些与 Timedelta 相关的方法。以下代码创建一个 Timedelta 并将其存储在 time_diff 中：

```
time_diff = (dates[33] - dates[0])
print(type(time_diff))
```

这会产生如图 12.28 所示的输出结果。

```
<class 'pandas._libs.tslibs.timedeltas.Timedelta'>
```

图 12.28　在 Pandas 中让两个日期时间相减的结果是 Timedelta

可以看到，如前文所述，让两个日期相减会创建一个 Timedelta 对象。

以下代码将检查 time_diff 的.seconds 属性：

```
print(time_diff.seconds)
```

这会给出以下结果：

```
0
```

你最初可能会对这个结果感到惊讶。.seconds 属性为 0 的原因是该属性是 Timedelta 中秒的值，而不是时间差的总秒数。

你可以通过输出实际的 time_diff 变量和值来明确这一点：

```
print(time_diff, " equals ", time_diff.value, "nanoseconds")
```

其输出结果如图 12.29 所示。

```
231 days 00:00:00  equals  19958400000000000 nanoseconds
```

图 12.29　time_diff 变量的内容和值

可以看到，其底层的值仍然以纳秒为单位，并且你可以使用.total_seconds()方法直接获取秒数：

```
print(time_diff.total_seconds())
```

其输出结果如图 12.30 所示。

```
19958400.0
```

图 12.30　相减的两个日期之间的总秒数差异

需要注意的是，总秒数中的 0 较少，因为图 12.30 中的值以秒为单位。此外，你也可以进行验算，如果将此结果除以(24 * 60 * 60)以将其转换为天数，则正好是 231 天。

12.2.6　练习 12.2——日期时间的数学

本练习将继续使用发动机测试数据。作为项目的数据科学家，你意识到你可能需要从测试开始就分析不同时间尺度的数据。因此，你决定创建一些特征，并计算从头开始的秒数和从头开始的天数。

ℹ️ **注意：**

本练习的代码网址如下：

https://github.com/PacktWorkshops/The-Pandas-Workshop/tree/master/Chapter12/
Exercise12_02

执行以下步骤以完成本练习。

（1）在 Chapter12 目录中，创建一个 Exercise12_02 目录。

（2）打开终端（macOS 或 Linux）或命令提示符（Windows），导航到 Chapter12
目录，然后输入 jupyter notebook，打开 Jupyter Notebook 窗口。

（3）选择 Exercise12_02 目录，这会将 Jupyter 工作目录更改为该文件夹，然后单击
New（新建）| Python 3 创建一个新的 Python 3 Notebook，如图 12.31 所示。

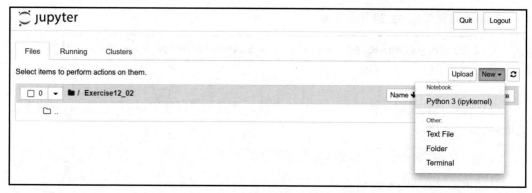

图 12.31　创建一个新的 Python 3 Jupyter Notebook

（4）本练习只需要 Pandas 库，将其加载到 Notebook 的第一个单元格中：

```
import pandas as pd
```

（5）将 engine_power.csv 文件读入 Pandas DataFrame 中：

```
engine_power = pd.read_csv('../datasets/engine_power.csv')
```

ℹ️ **注意：**

将上述代码中加粗显示的路径修改为你自己系统上的下载和保存文件的路径。

（6）使用.head()方法查看 DataFrame 的内容：

```
engine_power.head()
```

其输出结果如图 12.32 所示。

```
Out[10]:
              datetime        power
    0   2020-1-1 00:00   221.403466
    1   2020-1-1 01:55   327.370592
    2   2020-1-1 03:50   223.272440
    3   2020-1-1 04:04   328.380592
    4   2020-1-1 05:45   329.109239
```

图 12.32　engine_power DataFrame

（7）使用.dtypes 检查 engine_power 的数据类型：

```
engine_power.dtypes
```

其输出结果如图 12.33 所示。

```
Out[11]:   datetime       object
           power         float64
           dtype: object
```

图 12.33　datetime 和 power 列的数据类型

（8）使用 Pandas.to_datetime()将 datetime 列转换为 datetime 数据类型，然后使用.dtypes 验证结果：

```
engine_power.loc['datetime'] = pd.to_datetime(engine_power['datetime'])
engine_power.dtypes
```

这应该产生如图 12.34 所示的输出结果。

```
Out[5]:   datetime     datetime64[ns]
          power              float64
          dtype: object
```

图 12.34　engine_power 中更新的类型

（9）将所有日期时间减去开始的日期时间，然后使用.total_seconds()方法获取时间差的秒数，创建一个新列来包含该秒数差：

```
engine_power['sec_from_start'] = \
[( engine_power.loc[i, 'datetime'] -
    engine_power.loc[0, 'datetime']).total_seconds()
for i in engine_power.index] \ engine_power
```

其输出结果如图 12.35 所示。

	datetime	power	sec_from_start
0	2020-01-01 00:00:00	221.403465	0.0
1	2020-01-01 01:55:00	327.370592	6900.0
2	2020-01-01 03:50:00	223.272440	13800.0
3	2020-01-01 04:04:00	328.380592	14640.0
4	2020-01-01 05:45:00	329.109239	20700.0
...	...	...	...
2114	2020-04-15 11:02:00	131.620792	9111720.0
2115	2020-04-15 11:16:00	8.703348	9112560.0
2116	2020-04-15 12:43:00	23.701833	9117780.0
2117	2020-04-15 12:57:00	110.785479	9118620.0
2118	2020-04-15 13:12:00	22.869297	9119520.0

Out[37]:

2119 rows × 3 columns

图 12.35　将与开始时间的秒数差作为新列添加到 engine_power 数据中

正如预期的那样，你会看到新值从 0 开始。

（10）对于与开始时间的秒数差，如果能将它转换为以天为单位，则效果会更好，因此你决定添加一个新列，包含所有时间与开始时间的天数差。不过，该列应该使用 decimal 值，因为显然每天会有很多数据点。

以下代码使用所有日期时间减去开始的日期时间，然后通过差值直接计算 days_from_start 列：

```
engine_power['days_from_start'] = \
(engine_power['datetime'].values -
 engine_power['datetime'][0].value).astype(float) / (24 * 60 * 60 * 1e9)
engine_power
```

更新后的 DataFrame 如图 12.36 所示。

现在你已经获得了分析功率随时间变化（以天和秒为单位）所需的数据。有了这种形式的数据，就可以很容易地创建不同分辨率的可视化，在不同的时间尺度上进行比较，以及进行其他基于时间的分析。

```
Out[33]:
```

	datetime	power	sec_from_start	days_from_start
0	2020-01-01 00:00:00	221.403465	0.0	0.000000
1	2020-01-01 01:55:00	327.370592	6900.0	0.079861
2	2020-01-01 03:50:00	223.272440	13800.0	0.159722
3	2020-01-01 04:04:00	328.380592	14640.0	0.169444
4	2020-01-01 05:45:00	329.109239	20700.0	0.239583
...	...	...	...	...
2114	2020-04-15 11:02:00	131.620792	9111720.0	105.459722
2115	2020-04-15 11:16:00	8.703348	9112560.0	105.469444
2116	2020-04-15 12:43:00	23.701833	9117780.0	105.529861
2117	2020-04-15 12:57:00	110.785479	9118620.0	105.539583
2118	2020-04-15 13:12:00	22.869297	9119520.0	105.550000

2119 rows × 4 columns

图 12.36　更新后的 engine_data DataFrame，添加了 decimal 类型的 days_from_start 列

本练习演示了 Python datetime 模块的应用。我们可以创建 datetime 对象，通过提供格式字符串来告诉 datetime 如何解码字符串。接下来，让我们更详细地了解格式以及如何通过它转换时间对象。

12.2.7　时间戳格式

本书前面提到的所有日期的固定格式为 yyyy-mm-dd。但是，还有许多其他表示日期的方法，如果不事先指定使用的格式，那么这有时会导致歧义。例如：在格式为 yyyy-mm-dd 的情况下，2020-03-09 将被解释为 2020 年 3 月 9 日；在格式为 yyyy-dd-mm（另一种常见格式）的情况下，相同的数据将被解释为 2020 年 9 月 3 日。

这种情况也会导致 Pandas 和 datetime 包的歧义。为了解决这个问题，datetime 包使用格式参数来解释日期，如下所示：

```
datetime.strptime('09-30-2020','%m-%d-%Y')
datetime.datetime(2020, 9, 30, 0, 0)
```

Pandas 还提供了一个可以使用格式的.to_datetime()方法。该格式字符串取自 datetime 模块，你可以通过单击以下链接在 Python 官方文档中查看所有可能的字符串元素：

https://docs.python.org/3/library/datetime.html

一些常见的字符串如表 12.1 所示。Pandas 的格式也遵循与 datetime 包相同的表示法。

表 12.1　一些常见的日期和时间格式化字符串

字　符　串	用　　法	示　　例
%a	星期缩写	Mon、Wed
%A	星期的完整名称	Monday、Wednesday
%w	星期的数字表示，Sunday = 0	0、1
%d	月份中的天数，不足两位数，用 0 填充位数	07、29
%b	月份缩写	Jan、Mar
%B	月份的完整名称	January、March
%m	月份数，不足两位数，用 0 填充位数	01、07、11
%f	微秒数，不足六位数，用 0 填充位数	012989、000002
%Y	四位数的年份	2020、1987
%H	24 小时数，不足两位数，用 0 填充位数	00、23
%I	小时数，不足两位数，用 0 填充位数	00、11
%p	A.M.或 P.M.	A.M.、P.M.
%M	分钟数，不足两位数，用 0 填充位数	00、59
%S	秒数，不足两位数，用 0 填充位数	00、59

为了演示其应用，以下代码使用两个不同的字符串在 Pandas 中创建相同的时间戳，先来看第一个字符串的格式设置：

```
num_date = pd.to_datetime('12-20-2020 13:57:03.13',
                          format = "%m-%d-%Y %H:%M:%S.%f")
print(num_date)
```

这会产生如图 12.37 所示的输出结果。

```
2020-12-20 13:57:03.130000 2020-12-20 13:57:03
December 20, 2020 01:57:03 PM
```

图 12.37　使用格式字符串创建 2020 年 12 月 20 日下午 1:57 的时间戳

以下代码将创建相同的日期，但以人类可读的字符串开头。第二条 print 语句使用 Pandas 的.strftime()方法，通过适当的格式字符串重新生成人类可读的字符串：

```
text_date = pd.to_datetime('December 20, 2020 1:57:03 PM',
                           format = '%B %d, %Y %I:%M:%S %p')
print(text_date)
print(text_date.strftime(format = '%B %d, %Y %I:%M:%S %p'))
```

这会产生如图 12.38 所示的输出结果。

```
2020-12-20 13:57:03
December 20, 2020 01:57:03 PM
```

图 12.38　解析人类可读字符串的日期时间并返回原始字符串

可以看到，在格式字符串中，除了%运算符，所有内容都是文字（%告诉 Pandas 后面是格式指令）。因此，第一个示例中的%m-%d-%Y 告诉 Pandas，该格式首先是一个以 0 填充的两位数的月份，后跟是一个破折号，然后是一个以 0 填充的两位数的天数，后跟是一个破折号，最后是一个 4 位数的年份。

在第二个示例 text_date 中，可以看到还需要包含空格以告知 Pandas 格式，因此%B %d %Y 首先是完整的月份名称，后跟一个空格，然后是以 0 填充的两位数的日期，后跟一个空格，最后是一个 4 位数的年份。

12.2.8　日期时间本地化

Pandas 也可以处理时区（time zone）。以.tz 开头的方法与时区感知有关。

在以下代码中，我们首先让 Pandas 知道 text_date 在北美山区时区，然后使用.tz_convert()将其输出为东京（Tokyo）时间。请注意日期和时间在进行时区转换之后的差异（A.M.与 P.M.）：

```
text_date = text_date.tz_localize('US/Mountain')
print(text_date)
print(text_date.tz_convert('Asia/Tokyo').
    strftime(format = '%B %d, %Y %I:%M:%S %p'))
```

这会产生如图 12.39 所示的输出结果。

```
2020-12-20 13:57:03-07:00
December 21, 2020 05:57:03 AM
```

图 12.39　从北美山区时间转换为东京时间

由此可见，利用格式和时区支持可以开发具备时区感知的应用程序。

12.2.9　时间戳限制

由于 Pandas 时间戳是以纳秒分辨率存储的,因此其内部可以按 64 位整数形式存储日期/时间范围，不过，这个范围也存在限制。以下代码使用.min 和.max 属性来显示该限制：

```
print(pd.Timestamp.min)
print(pd.Timestamp.max)
```

这会产生如图 12.40 所示的结果。

```
1677-09-21 00:12:43.145225
2262-04-11 23:47:16.854775807
```

图 12.40　Pandas Timestamp 的限制

因此，如果你使用的数据库包含 15 世纪晚期（1677 年 9 月 21 日）之前的日期，那么你可能会遇到错误。同样，如果你的日期超过从现在开始的 240 年（2262 年 4 月 11 日），则可能会发生错误。

有多种可用的包提供了使用日期时间的附加功能。例如，以下示例导入 arrow 包，它以 1/1/1970 日期为基准时间。其整数值 0 的时间就是 1/1/1970。通过这种方式，我们可以获取超出 Pandas 能够支持的日期（如 2475-03-07 07:11:23）的整数值。只不过在这种情况下，分辨率现在是秒而不是纳秒：

```
import arrow
print(arrow.get('1970-01-01 00:00:00'))
print(arrow.get('1970-01-01 00:00:07').int_timestamp)
print(arrow.get('2475-03-07 07:11:23').int_timestamp)
```

这会产生以下输出结果。

```
1970-01-01T00:00:00+00:00
7
15941949083
```

其他选项还包括支持微秒分辨率的 datetime 包。

现在你已经对 datetime 对象有了一定的了解，接下来，你可以探索使用它们的一些常见且有用的操作，例如转换为整数以在模型中使用。

12.3　作业 12.1——了解电力使用情况

在此作业中，作为参与节能研究的数据分析师，你将获得几年来从法国家庭收集的数据，其中包括总用电量的测量以及厨房、洗衣房和空调暖气等的分支用电量。你被要求研究厨房电力使用情况并了解一天中的时间趋势。

本次作业的数据来自 UCI 存储库，其网址如下：

https://archive.ics.uci.edu/ml/datasets/Individual+household+electric+power+consumption

请按以下步骤操作。

（1）本次作业只需要 Pandas 和 NumPy 库。将它们加载到 Notebook 的第一个单元格中：

```
import pandas as pd
import numpy as np
```

（2）从 Datasets 目录中读入 family_power_consumption.csv 数据，并列出前几行。其输出结果如图 12.41 所示。

Out[5]:	Date	Time	Global_active_power	Global_reactive_power	Voltage	Global_intensity	Sub_metering_1	Sub_metering_2	Sub_metering_3
0	1/8/2008	00:00:00	0.500	0.226	239.750	2.400	0.000	0.000	1.0
1	1/8/2008	00:01:00	0.482	0.224	240.340	2.200	0.000	0.000	1.0
2	1/8/2008	00:02:00	0.502	0.234	241.680	2.400	0.000	0.000	0.0
3	1/8/2008	00:03:00	0.556	0.228	241.750	2.600	0.000	0.000	1.0
4	1/8/2008	00:04:00	0.854	0.342	241.550	4.000	0.000	1.000	7.0

图 12.41　导入的 family_power_consumption.csv 数据

（3）检查列的数据类型，并进一步检查是否存在非数字值。如果是，则通过转换为 NA 值来纠正它们，然后通过插值填充它们。

（4）进行快速可视化以了解数据的时间范围。你的计划是确定具有完整数据的年份并专注于分析该年的数据。可视化结果如图 12.42 所示。

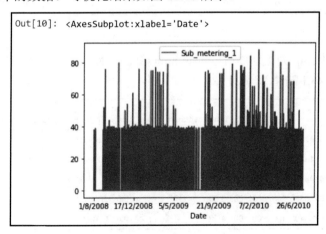

图 12.42　Sub_metering_1 数据与日期。2009 年包含完整数据

（5）使用你确定的年份，创建一个包含 Date、Time 和 Kitchen_power_use 的 DataFrame。

注意，数据实际上来自 Sub_metering_1，如图 12.43 所示。

Out[13]:			
	Date	Time	Kitchen_power_use
1074636	1/1/2009	00:00:00	0.0
1074637	1/1/2009	00:01:00	0.0
1074638	1/1/2009	00:02:00	0.0
1074639	1/1/2009	00:03:00	0.0
1074640	1/1/2009	00:04:00	0.0

图 12.43　包含厨房用电量的新 DataFrame

（6）Date 和 Time 是字符串类型的；将它们组合在每一行上，然后将组合后的字符串转换为 datetime 类型，并将其存储在名为 timestamp 的新列中。请记住原始日期字符串的欧洲格式，如图 12.44 所示。

Out[12]:				
	Date	Time	Kitchen_power_use	timestamp
1074636	1/1/2009	00:00:00	0.0	2009-01-01 00:00:00
1074637	1/1/2009	00:01:00	0.0	2009-01-01 00:01:00
1074638	1/1/2009	00:02:00	0.0	2009-01-01 00:02:00
1074639	1/1/2009	00:03:00	0.0	2009-01-01 00:03:00
1074640	1/1/2009	00:04:00	0.0	2009-01-01 00:04:00

图 12.44　创建 timestamp 列

（7）在 timestamp 列上使用方法创建 hour 和 date 列，以标准格式表示一天中的小时和日期，如图 12.45 所示。

Out[34]:						
	Date	Time	Kitchen_power_use	timestamp	hour	date
1074636	1/1/2009	00:00:00	0.0	2009-01-01 00:00:00	0	2009-01-01
1074637	1/1/2009	00:01:00	0.0	2009-01-01 00:01:00	0	2009-01-01
1074638	1/1/2009	00:02:00	0.0	2009-01-01 00:02:00	0	2009-01-01
1074639	1/1/2009	00:03:00	0.0	2009-01-01 00:03:00	0	2009-01-01
1074640	1/1/2009	00:04:00	0.0	2009-01-01 00:04:00	0	2009-01-01

图 12.45　添加 hour 和 date 的新列

（8）按 hour 和 date 列分组聚合 Kitchen_power_use，如图 12.46 所示。

Out[55]:

	date	hour	Kitchen_power_use
20	2009-01-01	20	0.0
21	2009-01-01	21	0.0
22	2009-01-01	22	0.0
23	2009-01-01	23	0.0
24	2009-01-02	0	0.0
25	2009-01-02	1	0.0
26	2009-01-02	2	0.0
27	2009-01-02	3	0.0

图 12.46　每天按小时划分的厨房用电量

（9）对于 1 月份，按小时聚合 Kitchen_power_use 数据，并按小时绘制厨房用电量的条形图，如图 12.47 所示。

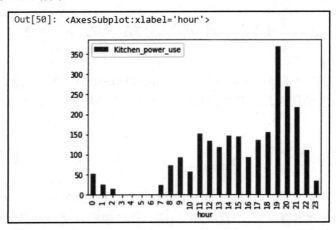

图 12.47　2009 年 1 月按小时划分的厨房电力使用量

（10）你会发现厨房用电量似乎从早餐时间开始上升，持续一整天，在晚餐时间达到高峰，然后逐渐减弱。为全年制作类似的图以进行比较，如图 12.48 所示。

💡提示：

本书附录提供了所有作业的答案。

接下来，我们将深入了解有关日期时间的方法，以及如何对它们进行数学运算以获得所需的结果。

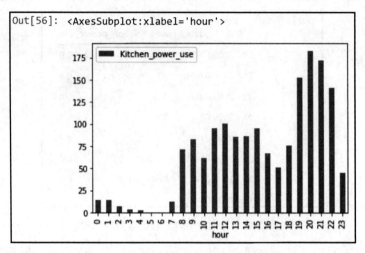

图 12.48　2009 年全年厨房电力使用量

12.4　日期时间数学运算

前文我们已经演示了一些可以应用于 datetime/Timestamp 对象的操作。本节将更深入地介绍 origin 参数的用法，该参数在将日期转换为某些整数格式（例如可能来自 Excel 的格式）时非常有用。

12.4.1　日期范围

现在假设你获得了一些数据，例如 2019 年 1 月 1 日—2020 年 6 月 30 日的每日温度，但它只是作为一系列值提供而没有相应的日期。你希望能够使用与实际日期相对应的数据，以寻找重复模式或季节性变化等。在这种情况下，你可以使用 Pandas 的 date_range 方法轻松添加日期。

以下示例将首先创建一个仅包含整数系列的 temperatures Series，然后使用 NumPy sin() 函数和 180 天的周期来生成随时间产生的变化，并添加噪声来表示假设数据。

请按以下步骤操作。

（1）创建整数 Series：

```
x_values = pd.Series(range(1, 548))
```

（2）使用该整数 Series 和 np.sin()以及 180 天的周期来创建 sin_series：

```
import numpy as np \ period = 180
sin_series = np.sin(2 * np.pi * x_values / period) * 5
```

（3）使用 np.random.normal 模拟数据中的一些噪声，并将噪声添加到 sin_series 中：

```
noise = 65 + np.random.normal(0, 3, 547)
temperatures = sin_series + noise
```

（4）绘制一个简单的折线图来查看结果，如图 12.49 所示。

```
temperatures.plot()
```

其输出结果如图 12.49 所示。

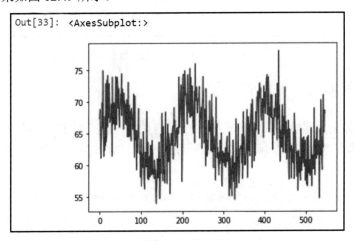

图 12.49　综合温度数据

（5）需要添加日期。你可以使用 Pandas 的.date_range()方法，它可以像以前一样使用日期字符串来创建连续日期。

请注意，.date_range()方法可以采用第三个参数来表示要创建的周期数，第四个参数是频率，用于指定步长的大小。

以下代码使用默认值生成连续天数，然后使用 DataFrame 构造函数将日期与温度结合起来，再次使用 Pandas 的.plot()方法，这次明确指定 x 和 y 变量：

```
dates = pd.date_range('2019-01-01', '2020-06-30')
temp_data = pd.DataFrame({'date' : dates,'temperature' : temperatures})
temp_data.plot(x = 'date', y = 'temperature')
```

其输出结果如图 12.50 所示。

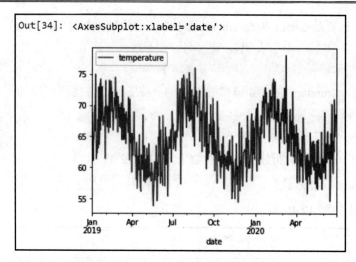

图 12.50　带有日期轴的温度数据

12.4.2　时间差值、偏移量和差异

现在假设你发现温度是在每天上午 11:30 测量的，你想要在时间戳中反映这一点。

首先，让我们检查开始日期。以下代码使用列表推导式进行迭代，以简单地输出 date 列的前 3 个元素：

```
_ = [print(temp_data['date'][i]) for i in range(3)]
```

这表明之前创建的值是 Timestamp，时间部分全都是 0，如图 12.51 所示。

```
2019-01-01 00:00:00
2019-01-02 00:00:00
2019-01-03 00:00:00
```

图 12.51　temp_data DataFrame 中的前 3 个日期值

Pandas 提供了 Timedelta 对象类型，这使得对时间戳执行简单的数学运算变得很轻松。以下代码使用 pd.Timedelta()创建一个变量 offset，将值指定为 11.5，单位为小时，然后将其添加到 date 列，并再次列出前 3 个值：

```
offset = pd.Timedelta(11.5, unit = 'h')
temp_data['date'] = temp_data['date'] + offset
_ = [print(temp_data['date'][i]) for i in range(3)]
```

这会产生预期的输出结果，如图 12.52 所示。

```
2019-01-01 11:30:00
2019-01-02 11:30:00
2019-01-03 11:30:00
```

图 12.52　时间戳现已更新为上午 11:30

在上述计算中允许使用范围广泛的单位，这使得 Timedelta 的使用非常直观。具体可用的单位值如图 12.53 所示。

'W'、'D'、'T'、'S'、'L'、'U'、'N'
'days'、'day'
'hours'、'hour'、'hr'、'h'
'minutes'、'minute'、'min'、'm'
'seconds'、'second'、'sec'
'milliseconds'、'millisecond'、'millis'、'milli'
'microseconds'、'microsecond'、'micros'、'micro'
'nanoseconds'、'nanosecond'、'nanos'、'nano'、'ns'

图 12.53　pd.Timedelta()的可用单位值

在图 12.53 第一行中，W 代表周（week），D 代表天（day），T 代表分钟（minute），S 代表秒（second），L 代表毫秒（millisecond），U 代表微秒（microsecond），N 代表纳秒（nanosecond）。

虽然不能直接在 Pandas 中让两个 datetime 对象相加，但是可以让它们相减，结果就是一个 Timedelta。除了在列出对象时看到的值，Timedelta 对象还有许多属性，例如 days 或 seconds。以下代码可以取两个日期时间之间的差异，然后查看结果的一些属性：

```
time_difference = ( pd.to_datetime('2019-01-11') -
                    pd.to_datetime('2019-01-04'))
print(time_difference.days)
print(time_difference.seconds)
```

此代码产生以下输出：

```
7
0
```

相差 7 天的结果是显而易见的，但你可能会质疑 0 秒这个结果。这里的关键是让你了解，该属性是你将 Timedelta 输出为 days:hours:minutes:seconds:milliseconds:microseconds:nanoseconds（天:小时:分钟:秒:毫秒:微秒:纳秒）时看到的值。本示例是让两个天数值相减，而小于天的所有值都为 0，所以它们相减的结果也是 0。

以下代码将两个分辨率为分钟的日期时间进行相减，并再次查看属性：

```
time_difference = ( pd.to_datetime('2019-01-11 13:57:03') -
                    pd.to_datetime('2019-01-04 14:31:47'))
print(time_difference.days)
print(time_difference.seconds)
```

这会产生与之前不同的结果：

```
6
84316
```

现在的结果是 6 天，因为放在 2019-01-04 后面的时间比 2019-01-11 后面的时间晚。额外的差异是 84316 秒（即 23 小时 25 分 16 秒）。

Timedelta 属性在 days 和 seconds 之间没有任何选项，因此小于偶数天的时间始终以秒进行显示。当模型包含日期时间信息作为预测变量时，想要知道两个日期时间之间的确切差异在数据科学中并不罕见。使用 Timedelta 对象使这一点变得很容易。

接下来，让我们看看 Pandas 如何理解工作日（business day）等业务概念，并使处理真实数据变得更简单。

12.4.3 日期偏移

Pandas 为处理时间序列中的日期提供了广泛的功能，使其在业务分析和财务计算等方面非常强大。举一个简单的例子，许多企业都将财务季度定义为 13 周。我们可以使用.date_range()方法创建 2021 年第一季度的日期范围，将开始时间设置为 2021-01-01，然后指定 periods 参数为 13（周）乘以 7（每周天数），freq（频率）参数为 1d。示例如下：

```
first_quarter = pd.date_range('2021-01-01 00:00:00',
                              periods = 13 * 7, freq = '1d')
first_quarter
```

这会产生如图 12.54 所示的输出结果。

可以看到，该季度包括 2021-01-03。但是，你已经被要求仅针对工作日进行分析，而 2021-01-03 是周日；在这种情况下，我们需要定义工作日以排除周末。

Pandas 提供了频率 'B' 表示工作日。以下示例修改前面的代码段——我们将 periods 参数设为 13（周）乘以 5（每周工作日），并将 freq 参数更改为 'B'：

```
first_quarter_bus = pd.date_range('2021-01-01 00:00:00',
                                  periods = 13 * 5, freq = 'B')
first_quarter_bus
```

```
Out[33]: DatetimeIndex(['2021-01-01', '2021-01-02', '2021-01-03', '2021-01-04',
                        '2021-01-05', '2021-01-06', '2021-01-07', '2021-01-08',
                        '2021-01-09', '2021-01-10', '2021-01-11', '2021-01-12',
                        '2021-01-13', '2021-01-14', '2021-01-15', '2021-01-16',
                        '2021-01-17', '2021-01-18', '2021-01-19', '2021-01-20',
                        '2021-01-21', '2021-01-22', '2021-01-23', '2021-01-24',
                        '2021-01-25', '2021-01-26', '2021-01-27', '2021-01-28',
                        '2021-01-29', '2021-01-30', '2021-01-31', '2021-02-01',
                        '2021-02-02', '2021-02-03', '2021-02-04', '2021-02-05',
                        '2021-02-06', '2021-02-07', '2021-02-08', '2021-02-09',
                        '2021-02-10', '2021-02-11', '2021-02-12', '2021-02-13',
                        '2021-02-14', '2021-02-15', '2021-02-16', '2021-02-17',
                        '2021-02-18', '2021-02-19', '2021-02-20', '2021-02-21',
                        '2021-02-22', '2021-02-23', '2021-02-24', '2021-02-25',
                        '2021-02-26', '2021-02-27', '2021-02-28', '2021-03-01',
                        '2021-03-02', '2021-03-03', '2021-03-04', '2021-03-05',
                        '2021-03-06', '2021-03-07', '2021-03-08', '2021-03-09',
                        '2021-03-10', '2021-03-11', '2021-03-12', '2021-03-13',
                        '2021-03-14', '2021-03-15', '2021-03-16', '2021-03-17',
                        '2021-03-18', '2021-03-19', '2021-03-20', '2021-03-21',
                        '2021-03-22', '2021-03-23', '2021-03-24', '2021-03-25',
                        '2021-03-26', '2021-03-27', '2021-03-28', '2021-03-29',
                        '2021-03-30', '2021-03-31', '2021-04-01'],
                       dtype='datetime64[ns]', freq='D')
```

图 12.54　2021 年第一个财政季度（13 周）的日期范围

这将产生仅包含工作日的结果，如图 12.55 所示。

```
Out[43]: DatetimeIndex(['2021-01-01', '2021-01-04', '2021-01-05', '2021-01-06',
                        '2021-01-07', '2021-01-08', '2021-01-11', '2021-01-12',
                        '2021-01-13', '2021-01-14', '2021-01-15', '2021-01-18',
                        '2021-01-19', '2021-01-20', '2021-01-21', '2021-01-22',
                        '2021-01-25', '2021-01-26', '2021-01-27', '2021-01-28',
                        '2021-01-29', '2021-02-01', '2021-02-02', '2021-02-03',
                        '2021-02-04', '2021-02-05', '2021-02-08', '2021-02-09',
                        '2021-02-10', '2021-02-11', '2021-02-12', '2021-02-15',
                        '2021-02-16', '2021-02-17', '2021-02-18', '2021-02-19',
                        '2021-02-22', '2021-02-23', '2021-02-24', '2021-02-25',
                        '2021-02-26', '2021-03-01', '2021-03-02', '2021-03-03',
                        '2021-03-04', '2021-03-05', '2021-03-08', '2021-03-09',
                        '2021-03-10', '2021-03-11', '2021-03-12', '2021-03-15',
                        '2021-03-16', '2021-03-17', '2021-03-18', '2021-03-19',
                        '2021-03-22', '2021-03-23', '2021-03-24', '2021-03-25',
                        '2021-03-26', '2021-03-29', '2021-03-30', '2021-03-31',
                        '2021-04-01'],
                       dtype='datetime64[ns]', freq='B')
```

图 12.55　2021 年第一个财政季度，但仅包含工作日

现在假设你还希望对相应的第二季度进行一些订单预订比较。工作日的概念也可用

于 Pandas 日期偏移（date offset）。

以下代码使用 Pandas 的 tseries.offsets 中提供的.BusinessDay()方法，将 13（周）乘以 5（每周工作日）添加到第一个业务季度中：

```
offset = pd.tseries.offsets.BusinessDay(13 * 5)
second_quarter_bus = first_quarter_bus + offset
second_quarter_bus
```

其输出结果如图 12.56 所示。

```
Out[44]: DatetimeIndex(['2021-04-02', '2021-04-05', '2021-04-06', '2021-04-07',
                        '2021-04-08', '2021-04-09', '2021-04-12', '2021-04-13',
                        '2021-04-14', '2021-04-15', '2021-04-16', '2021-04-19',
                        '2021-04-20', '2021-04-21', '2021-04-22', '2021-04-23',
                        '2021-04-26', '2021-04-27', '2021-04-28', '2021-04-29',
                        '2021-04-30', '2021-05-03', '2021-05-04', '2021-05-05',
                        '2021-05-06', '2021-05-07', '2021-05-10', '2021-05-11',
                        '2021-05-12', '2021-05-13', '2021-05-14', '2021-05-17',
                        '2021-05-18', '2021-05-19', '2021-05-20', '2021-05-21',
                        '2021-05-24', '2021-05-25', '2021-05-26', '2021-05-27',
                        '2021-05-28', '2021-05-31', '2021-06-01', '2021-06-02',
                        '2021-06-03', '2021-06-04', '2021-06-07', '2021-06-08',
                        '2021-06-09', '2021-06-10', '2021-06-11', '2021-06-14',
                        '2021-06-15', '2021-06-16', '2021-06-17', '2021-06-18',
                        '2021-06-21', '2021-06-22', '2021-06-23', '2021-06-24',
                        '2021-06-25', '2021-06-28', '2021-06-29', '2021-06-30',
                        '2021-07-01'],
                       dtype='datetime64[ns]', freq=None)
```

图 12.56　2021 年的第二个财政季度

请注意，你如果经常使用偏移量，就会很方便地将它们全部导入，如下所示：

```
from pandas.tseries.offsets import *
```

在执行上述导入语句之后，有一系列方法可用，包括 BusinessHour、CustomBusinessDay 和 MonthEnd 等。你可以通过以下链接在官方文档中找到所有可用的偏移方法：

https://pandas.pydata.org/pandas-docs/stable/reference/offset_frequency.html?highlight=offset

假设你是一名业务分析师，并被要求计算每个月最后一天的一些指标。

以下代码将 MonthEnd()应用于 second_quarter_bus。在该代码中，将 MonthEnd()偏移量添加到 second_quarter_bus 日期中的所有日期会将每一项都转移到相应的月末。参数 0

是月份偏移量；你可以通过指定偏移量来计算另一个周期内月份的结束天数。.unique()
方法可删除通过将列表中的每一天移到月末而生成的所有重复日期：

```
(second_quarter_bus + MonthEnd(0)).unique()
```

这会生成一个包含所需日期的日期索引，如图 12.57 所示。

```
Out[52]:  DatetimeIndex(['2021-04-30', '2021-05-31', '2021-06-30', '2021-07-31'],
          dtype='datetime64[ns]', freq=None)
```

图 12.57　第二个业务季度月份的月末日期

请注意，使用 MonthEnd(0)和 MonthEnd(1)会产生相同的偏移量，相当于转移到当前
月末。其他偏移量则会将结果移动得更远，如下所示：

```
(second_quarter_bus + MonthEnd(3)).unique()
```

这会产生如图 12.58 所示的输出结果。

```
Out[53]:  DatetimeIndex(['2021-06-30', '2021-07-31', '2021-08-31', '2021-09-30'],
          dtype='datetime64[ns]', freq=None)
```

图 12.58　使用 MonthEnd 偏移 3 获得的值

现在你已经理解，Pandas 可以使用日期序列并理解工作日和其他业务概念。特别是
CustomBusinessDay()方法还允许考虑假期，根据你的业务环境，这可能非常重要。

接下来，让我们通过一个练习来强化你掌握的技能。

12.4.4　练习 12.3——时间差值和日期偏移

在本练习中，你是零售服装和配饰在线商店的业务分析师，需要准备一个按月统计
的收入汇总，以便向管理层报告。

本练习使用的数据是来自 UCI 存储库的在线订单数据集的子集。其网址如下：

https://archive.ics.uci.edu/ml/datasets/Online+Retail+II

🛈 注意：

本练习的代码网址如下：

https://github.com/PacktWorkshops/The-Pandas-Workshop/tree/master/Chapter12/
Exercise12_03

请执行以下步骤以完成本练习。

（1）在 Chapter12 目录中，创建一个 Exercise12_03 目录。

（2）打开终端（macOS 或 Linux）或命令提示符（Windows），导航到 Chapter12 目录，然后输入 jupyter notebook，打开 Jupyter Notebook 窗口。

选择 Exercise12_03 目录，这会将 Jupyter 工作目录更改为该文件夹，然后单击 New（新建）| Python 3 创建一个新的 Python 3 Notebook，如图 12.59 所示。

图 12.59　创建一个新的 Python 3 Jupyter Notebook

（3）本练习只需要 Pandas 库，将其加载到 Notebook 的第一个单元格中：

```
import pandas as pd
```

（4）将 online_retail_II.csv 文件读入 Pandas DataFrame 中：

```
retail_sales = pd.read_csv('../datasets/online_retail_II.csv')
retail_sales.head()
```

🛈 注意：

将上述代码中加粗显示的路径修改为你自己系统上的下载和保存文件的路径。

这应该产生如图 12.60 所示的输出结果。

（5）使用 Pandas .to_datetime()将 InvoiceDate 列转换为 datetime 数据类型，然后检查 InvoiceDate 的最早和最新值：

```
retail_sales['InvoiceDate'] = pd.to_datetime(retail_
sales['InvoiceDate'])
print( 'start: ', retail_sales.InvoiceDate.min(),
       '\nend: ', retail_sales.InvoiceDate.max())
```

```
Out[2]:
        Invoice  StockCode              Description  Quantity    InvoiceDate  Price  Customer ID         Country
   0    539993      22386      JUMBO BAG PINK POLKADOT       10  1/4/2011 10:00   1.95      13313.0  United Kingdom
   1    539993      21499           BLUE POLKADOT WRAP       25  1/4/2011 10:00   0.42      13313.0  United Kingdom
   2    539993      21498           RED RETROSPOT WRAP       25  1/4/2011 10:00   0.42      13313.0  United Kingdom
   3    539993      22379      RECYCLING BAG RETROSPOT        5  1/4/2011 10:00   2.10      13313.0  United Kingdom
   4    539993      20718   RED RETROSPOT SHOPPER BAG       10  1/4/2011 10:00   1.25      13313.0  United Kingdom
```

图 12.60　零售数据

这应该产生如图 12.61 所示的输出结果。

```
start:  2011-01-04 10:00:00
end:    2011-06-30 20:08:00
```

图 12.61　零售数据的开始和结束日期时间

（6）使用 pd.tseries.offsets.MonthEnd(0)将 InvoiceDate 转换为月末日期。使用.dt.date
属性只选择日期，忽略时间戳。再次检查 DataFrame：

```
retail_sales['InvoiceDate'] = (retail_sales['InvoiceDate'] +
                        pd.tseries.offsets.MonthEnd(0)).dt.date
retail_sales.head()
```

这会产生如图 12.62 所示的输出结果。

```
Out[4]:
        Invoice  StockCode              Description  Quantity  InvoiceDate  Price  Customer ID         Country
   0    539993      22386      JUMBO BAG PINK POLKADOT       10   2011-01-31   1.95      13313.0  United Kingdom
   1    539993      21499           BLUE POLKADOT WRAP       25   2011-01-31   0.42      13313.0  United Kingdom
   2    539993      21498           RED RETROSPOT WRAP       25   2011-01-31   0.42      13313.0  United Kingdom
   3    539993      22379      RECYCLING BAG RETROSPOT        5   2011-01-31   2.10      13313.0  United Kingdom
   4    539993      20718   RED RETROSPOT SHOPPER BAG       10   2011-01-31   1.25      13313.0  United Kingdom
```

图 12.62　将 InvoiceDate 转换为 MonthEnd 日期的 retail_sales 数据

（7）按 Quantity（数量）乘以 Price（价格）来计算收入，并将计算结果保存在名为
Revenue（收入）的新列中：

```
retail_sales['Revenue'] = (retail_sales.loc[:, 'Quantity'] *
                        retail_sales.loc[:, 'Price'])
retail_sales.head()
```

这会产生如图 12.63 所示的输出结果。

```
Out[5]:
        Invoice StockCode              Description  Quantity  InvoiceDate  Price  Customer ID         Country  Revenue
     0  539993    22386     JUMBO BAG PINK POLKADOT        10   2011-01-31   1.95      13313.0  United Kingdom     19.5
     1  539993    21499          BLUE POLKADOT WRAP        25   2011-01-31   0.42      13313.0  United Kingdom     10.5
     2  539993    21498           RED RETROSPOT WRAP       25   2011-01-31   0.42      13313.0  United Kingdom     10.5
     3  539993    22379     RECYCLING BAG RETROSPOT         5   2011-01-31   2.10      13313.0  United Kingdom     10.5
     4  539993    20718  RED RETROSPOT SHOPPER BAG         10   2011-01-31   1.25      13313.0  United Kingdom     12.5
```

图 12.63　包含新 Revenue 列的更新之后的 retail_sales DataFrame

（8）在 InvoiceDate 和 Revenue 列上使用 groupby，分组依据为 InvoiceDate，并使用.sum()汇总每月总和：

```
sales_by_month = \
    retail_sales[['InvoiceDate', 'Revenue']].
groupby('InvoiceDate').sum()
sales_by_month
```

这会产生如图 12.64 所示的输出结果。

```
Out[7]:
                        Revenue
    InvoiceDate
     2011-01-31  560000.260
     2011-02-28  498062.650
     2011-03-31  683267.080
     2011-04-30  493207.121
     2011-05-31  723333.510
     2011-06-30  691123.120
```

图 12.64　按月划分的收入汇总

在本练习中，你像以前一样将读取为字符串的日期转换为 datetime 数据类型，然后使用 Pandas MonthEnd 偏移方法将所有日期更改为月末日期，这允许你按日期分组并获取每月总计。现在，你已经可以深入研究 Pandas 提供的一些高级时间序列操作。

12.5　小　　结

　　本章介绍了 Pandas 提供的许多核心方法，这些方法可以轻松地处理和分析时间序列数据。从 Pandas 为 Timestamp 数据类型提供的增强功能开始，我们可以使用时间感知方法来插入缺失值或将时间序列重新采样到更高或更低的频率（周期）。这些方法经常用于业务分析和数据科学，现在你可以很好地分析可能出现的大多数数据。

　　下一章将学习在索引中处理时间的高级方法，并将构建一个时间序列模型。

第 13 章 探索时间序列

本章将学习如何使用索引中的时间数据来启用高级功能，例如重新采样到不同的时间间隔、插值和建模为时间的函数等。第 11 章"数据建模——回归建模"中，你学习了如何使用多元回归作为一种强大的数据建模方法，到本章结束时，你也将能够使用时间序列回归。

本章包含以下主题：
- ❑ 使用时间序列作为索引
- ❑ 按时间重采样、分组和聚合
- ❑ 作业 13.1——创建时间序列模型

13.1 使用时间序列作为索引

到目前为止的许多示例中，我们在 DataFrame 中都有一个包含日期或 datetime 信息的列，并且我们已经对其进行了操作。在很多情况下，当我们想要对带时间戳的数据进行操作时，拥有基于时间的索引会更简单、更自然。一般来说，你可能希望将时间序列视为包含基于时间的索引和一列或多列数据的数据结构。接下来，让我们更仔细地探索我们可以用这样的时间序列做什么。

13.1.1 时间序列周期/频率

前文我们已经看到了可以使用 Pandas .date_range()方法来生成日期序列，该方法也很直观——我们只需提供 start、end 和可选的 freq（频率）参数即可。freq 参数是 Pandas 能够提供很多便利的关键。

freq 参数可以采用许多值，表 13.1 对其进行了总结。

表 13.1　date_range()的 freq 参数的可能值和含义

freq 参数字符串	含　　义	freq 参数字符串	含　　义
B	工作日（business day）频率	Q	季度末（quarter end）频率
C	自定义（custom）工作日频率	BQ	业务季度末（business quarter end）频率

freq 参数字符串	含　义	freq 参数字符串	含　义
D	日历天数（day）频率	QS	季度初（quarter start）频率
W	周（weekly）频率	BQS	业务季度初（business quarter start）频率
M	月末（month end）频率	A，Y	年末（year end）频率
SM	半月末（semi-month end）频率（第 15 天和月末）	BA，BY	业务年末（business year end）频率
		AS，YS	年初（year start）频率
BM	业务月末（business month end）频率	BAS，BYS	业务年初（business year start）频率
CBM	自定义业务月（custom business month）	BH	工作小时（business hour）频率
MS	月初（month start）频率	H	每小时（hourly）频率
		T，min	分钟（minutely）频率
SMS	半月初（semi-month start）频率（第 1 天和第 15 天）	S	每秒（secondly）频率
		L，ms	毫秒（millisecond）
BMS	业务月初（business month start）频率	U，us	微秒（microsecond）
CBMS	自定义业务月初（custom business month Start）频率	N	纳秒（nanosecond）

可以看到，Pandas 定义了若干个方便的频率参数，如半月初频率的 SMS（日期从每月的第 1 天和第 15 天开始）等。

在某些情况下，与明确的时间或日期相比，关注数据点之间的时间周期更有意义。Pandas 提供了.Period()方法来定义一个周期和该周期要对齐的时间点。

以下代码定义一个周期，并且该周期的末尾对齐 2019 年第一个星期一（2019-01-07）：

```
W1_2019 = pd.Period('2019', freq = 'W-MON')
W1_2019
```

其输出结果如图 13.1 所示。

```
Out[90]: Period('2019-01-01/2019-01-07', 'W-MON')
```

图 13.1　定义为一周的时间段，在 2019 年的第一个星期一结束

Pandas 中 Periods 对象的方便之处在于，可以对它们按周期单位（period unit）执行

加法。例如，以下代码即添加 1 个周期：

```
W1_2019 + 1
```

这会产生一个晚一周的时期，如图 13.2 所示。

```
Out[91]: Period('2019-01-08/2019-01-14', 'W-MON')
```

图 13.2 执行加法的结果是产生一个晚一周的时期

请注意，Pandas 将所使用的后缀（如 - MON）称为锚（anchor），它锚定到周期的末尾，而不是开头。

13.1.2 移动、滞后和转换频率

第 12 章"在 Pandas 中使用时间"已经讨论了很多使用 Pandas Timedelta 的示例，现在我们可以了解如何使用它来转换时间序列。

以下代码首先定义 Timedelta，然后将其应用于日期范围：

```
Weeks_2020 = pd.date_range('2020-01-01', '2020-12-31', freq = 'W')
print(Weeks_2020[:6])
shift = pd.Timedelta('6 days')
print(Weeks_2020 + shift)
```

这会产生如图 13.3 所示的输出结果。

```
DatetimeIndex(['2020-01-05', '2020-01-12', '2020-01-19', '2020-01-26',
               '2020-02-02', '2020-02-09'],
              dtype='datetime64[ns]', freq='W-SUN')
DatetimeIndex(['2020-01-11', '2020-01-18', '2020-01-25', '2020-02-01',
               '2020-02-08', '2020-02-15'],
              dtype='datetime64[ns]', freq=None)
```

图 13.3 使用 Timedelta 将时间序列移动 6 天并添加到原始序列中

请注意，在上述示例中，使用了没有后缀的 freq = 'W'，默认为星期日，因此原始时间序列与 2020 年的第一个星期日对齐。

现在让我们来看看在其他设置中可能很适合的频率。假设我们得到了一些传感器数据，并被告知该数据每纳秒收集一次。我们可以生成一个时间序列来表示这一点。

以下代码使用频率为'n'（即纳秒）的.date_range()，这似乎有点奇怪，但回想一下，虽然我们指的是日期范围，但它是一种在底层纳秒分辨率时间对象上运行的通用方法。

为方便起见，我们从返回的 Timedelta 对象的范围中减去起始日期时间，并且使用.total_seconds()方法提取实值时间。注意，这里范围的结束是 0.00001 s，也就是 10000 ns；在时间序列结果中有 10001 个元素。

```
sensor_times= ( pd.date_range( '00:00:00.0',
                               '00:00:00.00001',
                               freq = 'n') -
             pd.to_datetime('00:00:00.0')).total_seconds()
sensor_times
```

这会产生如图 13.4 所示的输出结果。

```
Out[141]: Float64Index([                  0.0,                  1e-09,
                                        2e-09, 3.0000000000000004e-09,
                                        4e-09,                  5e-09,
                       6.000000000000001e-09, 7.000000000000001e-09,
                                        8e-09, 9.000000000000001e-09,
                      ...
                       9.991000000000001e-06,               9.992e-06,
                                   9.993e-06, 9.994000000000001e-06,
                                   9.995e-06,               9.996e-06,
                       9.997000000000001e-06,               9.998e-06,
                                   9.999e-06,                  1e-05],
                      dtype='float64', length=10001)
```

图 13.4　具有纳秒分辨率的实值时间索引

请记住，可以乘以 10^9 将纳秒转换为整数，如果我们要在建模中使用这样的时间，那么这是一种典型的做法。另外需要注意的是，由于数值精度的问题，一些值并不准确；如果它很重要，那么我们可以用舍入或其他方法来解决这个问题。

时间/日期信息的另一个常见用途是对数据进行分组或聚合（如按天或按周）或将其转换为另一种频率（如从天到周，反之亦然）。接下来，让我们仔细看看这些方法。

13.2　按时间重采样、分组和聚合

Pandas 为处理带时间戳的数据提供了极大便利，前文我们已经介绍了时间序列的许多组成部分。如前文所述，大多数时候你会将时间序列视为基于时间的索引和一列或多列数据。现在，让我们以该结构为起点，继续介绍 Pandas 中的一些高级功能。

13.2.1 使用重采样方法

假设你有 6000 个传感器数据集的读数，采样率为 10 Hz 或每秒 10 次。我们可以像以下示例这样制作一个模拟的时间序列，创建一系列的时间戳，使用 9:59.9 的结束时间和 100 ms 的频率在正确的时间间隔上生成正确的数据点数量。

简单计算，100 ms 的频率相当于每秒 10 个数据点，10 min 为 600 s，所以可生成 6000 个数据点：

```
sensor_times = ((pd.date_range('00:00:00','00:09:59.9',freq ='100ms')) -
                pd.to_datetime('00:00:00')).total_seconds()
sensor_times
```

这会产生如图 13.5 所示的输出结果。

```
Out[125]: TimedeltaIndex([      '0 days 00:00:00', '0 days 00:00:00.100000',
                         '0 days 00:00:00.200000', '0 days 00:00:00.300000',
                         '0 days 00:00:00.400000', '0 days 00:00:00.500000',
                         '0 days 00:00:00.600000', '0 days 00:00:00.700000',
                         '0 days 00:00:00.800000', '0 days 00:00:00.900000',
                         ...
                               '0 days 00:09:59', '0 days 00:09:59.100000',
                         '0 days 00:09:59.200000', '0 days 00:09:59.300000',
                         '0 days 00:09:59.400000', '0 days 00:09:59.500000',
                         '0 days 00:09:59.600000', '0 days 00:09:59.700000',
                         '0 days 00:09:59.800000', '0 days 00:09:59.900000'],
                        dtype='timedelta64[ns]', length=6000, freq=None)
```

图 13.5 每隔 0.1s 一个时间戳的序列

现在使用 numpy.random.normal()模拟一些数据：

```
raw_data =( np.sin(2 * np.pi * np.arange(6000) / 500) +
            np.random.normal(5, 5, 6000))
```

然后使用时间作为索引构造一个 DataFrame：

```
sensor_data = pd.DataFrame({'data' : raw_data},
                           index = (sensor_times))
sensor_data
```

这为我们提供了如图 13.6 所示的模拟传感器数据。

需要注意的是，因为 NumPy 用于生成随机数，所以你所获得的数据值会有所不同。你可以使用 Pandas .plot()方法进行快速可视化：

```
sensor_data.plot()
```

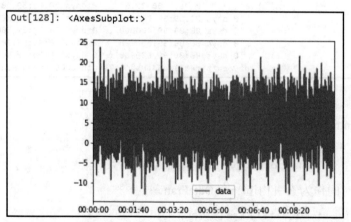

图 13.6   每隔 0.1s 模拟传感器数据

其输出结果如图 13.7 所示。

图 13.7   模拟的传感器数据

可以看到，数据中有很多噪声。我们可以使用 Pandas 的.resample()方法来解决这个问题。

时间序列中的采样是指使用现有时间戳并以不同间隔生成新时间戳的各种方式。下采样（downsampling）意味着转换为更长的间隔，而上采样（upsampling）则意味着转换为更短的间隔。需要注意的是，必须在新的时间戳处计算新的数据值。在 Pandas 中，这是通过将聚合函数应用于.resample()方法的结果来完成的，如.mean()或插值方法。

采样可用于增加或减少数据的时间粒度以用于分析目的，或者将两个数据集与公共时间戳对齐，以便将它们合并在一起。在图 13.7 的数据中，我们可以通过下采样来尝试去除一些噪声。一般来说，下采样与原始数据相比会丢失一些信息，因此，我们可以先下采样，再上采样回原始频率，但是会丢失一些信息。

重采样需要采用一条规则，该规则本质上说的是："用规则中指定的周期构造一个新序列"。在上述示例中，我们可尝试从 0.1 s 的周期下采样到 5 s 的周期。.resample() 方法需要某种聚合函数来定义下采样。以下代码使用.mean()聚合函数，并且.resample() 方法可将该函数应用于每个新区间中包含的所有值。在本示例中，每个间隔平均有 50 个样本：

```
sensor_data_smooth = sensor_data.resample('5000ms').mean()
sensor_data_smooth
```

这会产生如图 13.8 所示的输出结果。

```
Out[192]:
                              data

           0 days 00:00:00    4.595379

           0 days 00:00:05    5.667126

           0 days 00:00:10    6.863734

           0 days 00:00:15    4.523539

           0 days 00:00:20    4.402065

                    ...         ...

           0 days 00:09:35    5.221181

           0 days 00:09:40    3.371805

           0 days 00:09:45    3.632050

           0 days 00:09:50    5.272400

           0 days 00:09:55    5.361699

            120 rows × 1 columns
```

图 13.8　每隔 5s 重新采样的传感器数据

请注意.resample()方法是如何自动使用基于时间的索引来执行操作的。我们可以绘制重新采样的数据以查看效果：

```
sensor_data_smooth.plot()
```

其输出结果如图 13.9 所示。

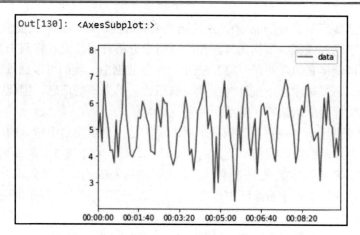

图 13.9　使用.resample()方法平滑后的模拟传感器数据

现在可以看到数据的周期性（该数据是使用 sine 函数创建的）。

.resample()方法也可以上采样。我们只要指定一个比原始数据更高频率周期的规则即可。

以下代码可以将平滑之后的数据上采样到 1 s 的周期。当然，当做到这一点时，数据中会出现缺口，所以我们需要一个填充函数，而不是聚合函数。在本示例中，我们使用的是.interpolate()方法。默认情况下，.interpolate()方法只是简单地将最近的点与一条线连接起来，以估计缺失数据：

```
sensor_data_1s = sensor_data_smooth.resample('1s').interpolate()
sensor_data_1s.plot()
```

这会产生如图 13.10 所示的输出结果。

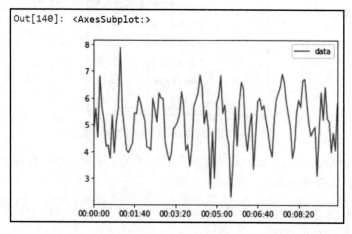

图 13.10　上采样数据

在图 13.10 中可以看到，上采样（插值）数据看起来与图 13.9 相同。在本示例中，这是有道理的，因为图 13.9 是平滑后的数据，而上采样只是连接了数据点。

13.2.2　练习 13.1——聚合和重采样

本练习将使用我们在 12.4.4 节"练习 12.3——时间差值和日期偏移"中使用的在线订单数据集的同一子集。该数据包括 36 个国家/地区和 3400 多种产品的销售额。在本示例中，作为公司的业务分析师，你被要求计算每小时的总销售额。为此，你需要重新采样数据并将其聚合为 1 h 的周期。

ℹ️ **注意：**

本练习的代码文件为 Exercise12_04.ipynb，其网址如下：

https://github.com/PacktWorkshops/The-Pandas-Workshop/tree/master/Chapter13/Exercise13_01。

请执行以下步骤以完成本练习。

（1）在 Chapter12 目录中，创建一个 Exercise12_04 目录。

（2）打开终端（macOS 或 Linux）或命令提示符（Windows），导航到 Chapter12 目录，然后输入 jupyter notebook，打开 Jupyter Notebook 窗口。

（3）选择 Exercise12_04 目录，这会将 Jupyter 工作目录更改为该文件夹，然后单击 New（新建）| Python 3 创建一个新的 Python 3 Notebook，如图 13.11 所示。

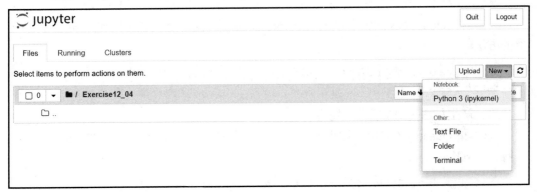

图 13.11　创建一个新的 Python 3 Jupyter Notebook

（4）本练习只需要 Pandas 库，将其加载到笔记本的第一个单元格中：

```
import pandas as pd
```

（5）将 online_retail_II.csv 文件读入 Pandas DataFrame 中：

```
retail_sales = pd.read_csv('../datasets/online_retail_II.csv')
retail_sales.head()
```

ℹ 注意：

将上述代码中加粗显示的路径修改为你自己系统上的下载和保存文件的路径。

这应该产生如图 13.12 所示的输出结果。

```
Out[2]:
```

	Invoice	StockCode	Description	Quantity	InvoiceDate	Price	Customer ID	Country
0	539993	22386	JUMBO BAG PINK POLKADOT	10	1/4/2011 10:00	1.95	13313.0	United Kingdom
1	539993	21499	BLUE POLKADOT WRAP	25	1/4/2011 10:00	0.42	13313.0	United Kingdom
2	539993	21498	RED RETROSPOT WRAP	25	1/4/2011 10:00	0.42	13313.0	United Kingdom
3	539993	22379	RECYCLING BAG RETROSPOT	5	1/4/2011 10:00	2.10	13313.0	United Kingdom
4	539993	20718	RED RETROSPOT SHOPPER BAG	10	1/4/2011 10:00	1.25	13313.0	United Kingdom

图 13.12　零售数据

（6）使用 Pandas .to_datetime()方法将 InvoiceDate 列转换为 datetime 数据类型：

```
retail_sales['InvoiceDate'] = pd.to_datetime(retail_
sales['InvoiceDate'])
```

（7）将 retail_sales 的索引设置为 InvoiceDate 列，这样我们就可以使用.resample()之类的方法：

```
retail_sales.set_index('InvoiceDate', inplace = True)
retail_sales.head()
```

这会产生如图 13.13 所示的输出结果。

（8）按 Quantity（数量）乘以 Price（价格）计算收入，并将结果保存在新的 Revenue（收入）列中：

```
retail_sales['Revenue'] = retail_sales['Quantity'] *
retail_sales['Price']
```

（9）通过绘制新创建的 Revenue 列来快速可视化数据，取前两周（2011-01-15 之前）的数据：

```
retail_sales.loc[retail_sales.index < pd.to_
datetime('2011-01-15'), 'Revenue'].plot()
```

Out[27]:

	Invoice	StockCode	Description	Quantity	Price	Customer ID	Country
InvoiceDate							
2011-01-04 10:00:00	539993	22386	JUMBO BAG PINK POLKADOT	10	1.95	13313.0	United Kingdom
2011-01-04 10:00:00	539993	21499	BLUE POLKADOT WRAP	25	0.42	13313.0	United Kingdom
2011-01-04 10:00:00	539993	21498	RED RETROSPOT WRAP	25	0.42	13313.0	United Kingdom
2011-01-04 10:00:00	539993	22379	RECYCLING BAG RETROSPOT	5	2.10	13313.0	United Kingdom
2011-01-04 10:00:00	539993	20718	RED RETROSPOT SHOPPER BAG	10	1.25	13313.0	United Kingdom

图 13.13　包含 InvoiceDate 索引的 retail_sales 数据

其输出结果如图 13.14 所示。

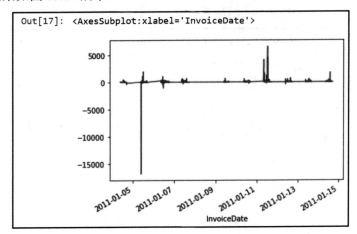

图 13.14　原始 Revenue 数据

（10）使用.resample()方法将数据下采样到 1 h 周期，并使用.sum()聚合函数以获得每个周期的总收入。需要注意的是，以下代码忽略 Countries 和 Products 列：

```
retail_sales = retail_sales['Revenue'].resample('1h').sum()
retail_sales
```

这会产生如图 13.15 所示的输出结果。

```
Out[29]:  InvoiceDate
          2011-01-04 10:00:00    1696.12
          2011-01-04 11:00:00    1462.48
          2011-01-04 12:00:00    2223.33
          2011-01-04 13:00:00    5627.52
          2011-01-04 14:00:00    2785.46
                                  ...
          2011-06-30 16:00:00    1321.58
          2011-06-30 17:00:00    1539.94
          2011-06-30 18:00:00    1144.65
          2011-06-30 19:00:00     816.17
          2011-06-30 20:00:00     203.86
          Freq: H, Name: Revenue, Length: 4259, dtype: float64
```

图 13.15　将 retail_sales 数据下采样到 1h 周期

（11）现在数据是以 1h 为间隔的，你想看看是否存在一些模式。使用 Pandas .plot() 方法进行快速可视化，并将绘图限制为 2011-01-15 之前的 datetime：

```
retail_sales[retail_sales.index < pd.to_
datetime('2011-01-15')].plot()
```

这会产生如图 13.16 所示的输出结果。

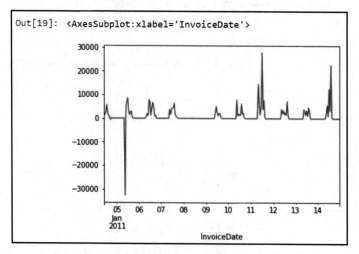

图 13.16　截至 2015-01-15 的每小时收入

在图 13.16 中，你可以看到每日销售周期和周末的差距。1 月份显然有不错的收入（但是也可见大幅负增长）。Pandas 可以很容易地从你的数据中获得这样的见解。

在本练习中，你了解了如何使用重采样和聚合方法将订单数据转换为自然时间周期并寻找其模式。

接下来，让我们看看可用于处理时间序列数据的其他一些方法，即 Pandas 中所谓的窗口操作。

13.2.3 使用滚动方法的窗口操作

有时，你可能需要执行连续数据的转换，如移动平均（moving average），而不是将数据放入固定时间桶中。Pandas 使用 .window() 方法使这种转换变得更容易。仍以之前的模拟数据为例，让我们像以前一样重新创建原始时间序列：

```
sensor_data = pd.DataFrame({'data' : raw_data},
                           index = (sensor_times))
sensor_data.plot()
```

产生的输出结果和之前的结果相同，如图 13.17 所示。

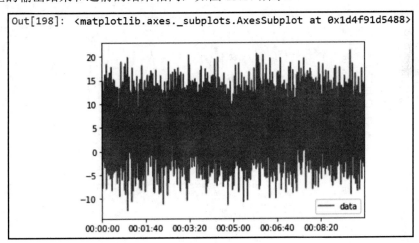

图 13.17　模拟的 sensor_data

以前，我们使用了 .resample() 和 .mean() 来平滑数据。但是，这会将每个数据点放在一个固定的 bin 中。除了该方式，我们还可以使用带有窗口大小参数的 .rolling() 来定义一个在数据上滑动的移动窗口，并在跨窗口大小的每个点计算一个函数。

在应用 .window() 之前，让我们通过一个简单的例子来看看它是如何工作的。

假设你的孩子在 7 月经营一个柠檬水的摊子。你帮助他们跟踪每日销售收据。我们可以模拟数据如下：

```
lemonade_income = \
  pd.DataFrame({ 'date' : pd.date_range('07-1-2021',
```

```
                                        '07-30-2021'),
                    'receipts' : pd.Series([50, 75,
                                            25, 33,
                                            17, 6,
                                            57]).sample(30,
                                                replace =True,
                                                random_
state = 6)})
lemonade_income.set_index('date', drop = True, inplace = True)
print(lemonade_income)
lemonade_income.plot()
```

这会产生如图 13.18 所示的输出结果。

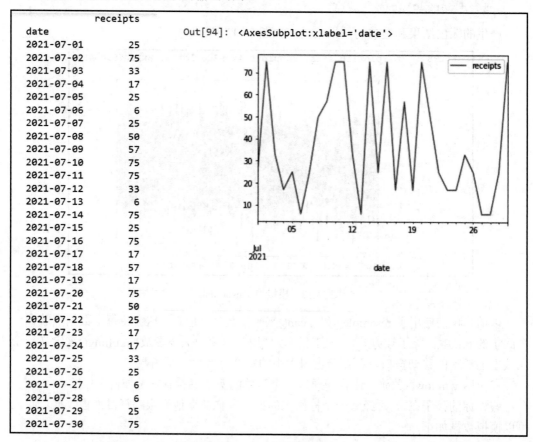

图 13.18   柠檬水摊销售数据

现在，假设你和孩子们对销售数据随着时间的推移而发生的变化感兴趣。作为一名数据分析师，你建议使用一周的移动平均线，这样能看得比较清晰。移动平均线就像是在数据上滑动一个窗口，并在每个步骤中平均窗口内的任何数据。此过程如图 13.19 所示。

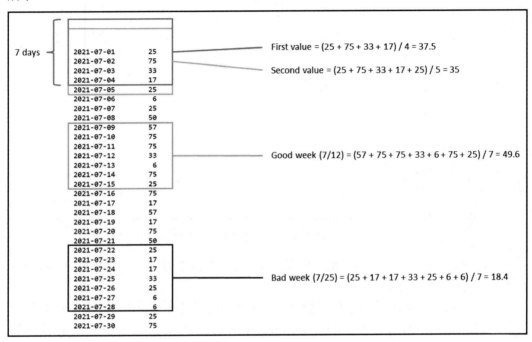

图 13.19　计算移动平均线

原　　文	译　　文	原　　文	译　　文
First value	第一个值	Good week	销售良好的周
Second value	第二个值	Bad week	销售不佳的周

可以看到，我们从在数据之前扩展的窗口开始。取平均值以代表任何给定窗口中的不同天数。你可以看到这些值从 30 多开始，到月中时，它们达到近 50，而在接近尾声时又有所下降。你可以使用 Pandas 中的.rolling()函数来完成此操作，窗口为 7 天，如下所示：

```
lemonade_income.rolling(window = 7,
                        center = True,
                        min_periods = 0).mean().plot()
```

这会产生如图 13.20 所示的输出结果。

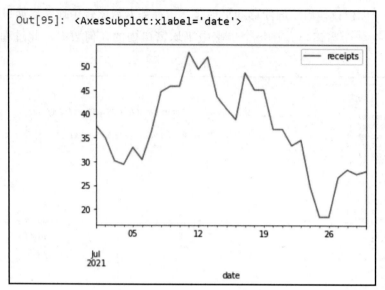

图 13.20　按 7 天窗口移动平均柠檬水销量

平均而言，本月中旬的销售似乎更好。这也许是美国 7 月 4 日（独立日）假期以及月底的返校作业产生了影响。

可以看到，.rolling() 在原始数据的每个点上都生成了一个新值，而没有减少值的数量。

以下示例使用窗口大小为 100 点的 window 参数。我们指定 center = True 来告诉 Pandas 返回窗口中心的值；默认值为返回窗口右侧（末端）的值。我们还使用 min_periods = 0，以便 Pandas 计算数据两端的值，即使第一个窗口和最后一个窗口没有足够的点。默认是 min_periods 等于窗口，所以 Pandas 会将 NaN 放在不能满足最小值的点。使用 min_periods = 0 可确保每个点都有一个值。根据不同的用例，你也可以使用其他值。与.resample() 一样，我们需要指定一个函数来聚合窗口中的数据，以下代码使用.mean()：

```
sensor_data.rolling(window = 100,
                    center = True,
                    min_periods = 0).mean().plot()
```

这会产生如图 13.21 所示的输出结果。

可以看到，图 13.21 与使用.resample() 获得的图相似，但有更多点。

使用.rolling() 时，我们还可以指定间隔在每一侧是封闭的还是开放的；换句话说，就是区间中的第一个和/或最后一个点是否被包含在内。需要注意的是，如果指定 both（close

= 'both')，那么我们将重用上一个/下一个间隔中的端点。默认值为 right，这意味着使用区间中的最后一个（最右边）点，而不是第一个点。如果数据中存在类似日期时间的列而不是索引，那么我们还可以指定一个列来确定间隔。

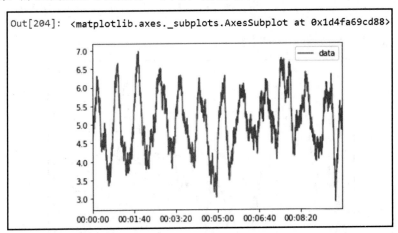

图 13.21 使用 100 周期移动平均线平滑后的模拟 sensor_data

使用 .window() 的一个重要区别是，我们还可以指定 win_type 参数。win_type 采用由 scipy.signal 方法指定的字符串值。默认值是对窗口中的所有点进行平均加权。但是，scipy.signal 方法也提供了许多其他选项，有关详细信息，你可以参阅以下网址的官方文档：

https://docs.scipy.org/doc/scipy/reference/signal.windows.html#module-scipy.signal.windows

例如，你可以指定 triang（三角加权）或 cosine（余弦函数加权）。其中许多选项在信号处理应用中很有用。

以下示例放大到一个较小的范围，并将默认值与三角加权（triangular weighting）窗口进行比较：

```
fig, ax = plt.subplots()
ax.plot(sensor_data.iloc[:200, :].rolling( window = 100,
                                           win_type = None).
mean(),
        label = 'default',
        color = 'black')
ax.plot(sensor_data.iloc[:200, :].rolling( window = 100,
                                           win_type = 'triang').
```

```
mean(),
        label = 'triangular',
        color = 'red')
ax.legend()
plt.show()
```

这会生成如图 13.22 所示的输出结果。

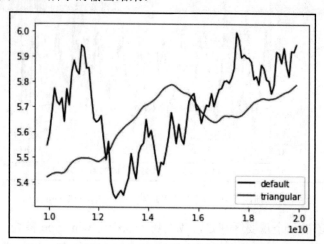

图 13.22　计算 100 点移动平均线时三角加权窗口与默认值的比较

　　三角加权窗口由于比其他窗口更重视中心点，因此与标准移动窗口相比，已经平滑了一些信息。你可能想知道如何选择 100 个点的窗口大小。在以下示例中，我们首先定义一个 utility 函数，它可以在给定一些数据和窗口大小列表的情况下绘制出移动窗口图的网格。该示例的代码网址如下：

https://github.com/PacktWorkshops/The-Pandas-Workshop/blob/master/Chapter13/Examples.ipynb

　　现在，你可以在一行代码中探索窗口大小的影响：

```
plot_rolling_grid(sensor_data, windows = [10, 50, 100, 500])
```

这会产生如图 13.23 所示的输出结果。

　　可以看到，在窗口大小 100 左右，数据的周期性特征变得更加明显。有趣的是，使用更平滑的方法表明，在初始数据之后，平均值明显向下移动，而这在以前并不明显。

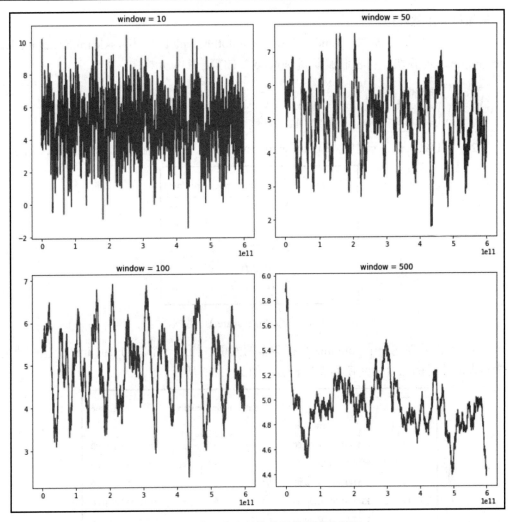

图 13.23　窗口大小对传感器数据平滑的影响

13.3　作业 13.1——创建时间序列模型

在本作业中，作为共享单车初创公司的数据分析师，你将获得一个数据集，其中包含该共享单车企业的每小时单位租金。你的任务是创建一个非常简单的模型来提前一周预测租金。本作业将使用来自 scikit-learn 的线性回归模块，第 9 章"数据建模——预处理"已经介绍过该模块。

请按以下步骤操作。

（1）本作业将需要 Pandas 库、matplotlib.pyplot 库 和 sklearn.linear_model.LinearRegression 模块。将它们加载到 Notebook 的第一个单元格中：

```
import pandas as pd
import matplotlib.pyplot as plt
from sklearn.linear_model import LinearRegression
```

（2）从 Datasets 目录中读取 bike_share.csv 数据，并列出前 5 行，如图 13.24 所示。

Out[91]:			
	date	hour	rentals
0	1/1/2011	0	16
1	1/1/2011	1	40
2	1/1/2011	2	32
3	1/1/2011	3	13
4	1/1/2011	4	1

图 13.24　预览 bike_share.csv 数据

（3）你需要创建一个 datetime 数据类型的索引。构造一个新的 datetime 类型的值列作为日期和小时的组合，并使其成为索引，如图 13.25 所示。

Out[137]:	date	hour	rentals	date_time
date_time				
2011-01-01 00:00:00	1/1/2011	0	16	1/1/2011 00:00:00
2011-01-01 01:00:00	1/1/2011	1	40	1/1/2011 01:00:00
2011-01-01 02:00:00	1/1/2011	2	32	1/1/2011 02:00:00
2011-01-01 03:00:00	1/1/2011	3	13	1/1/2011 03:00:00
2011-01-01 04:00:00	1/1/2011	4	1	1/1/2011 04:00:00
...	...	...	...	...
2012-12-31 19:00:00	12/31/2012	19	119	12/31/2012 19:00:00
2012-12-31 20:00:00	12/31/2012	20	89	12/31/2012 20:00:00
2012-12-31 21:00:00	12/31/2012	21	90	12/31/2012 21:00:00
2012-12-31 22:00:00	12/31/2012	22	61	12/31/2012 22:00:00
2012-12-31 23:00:00	12/31/2012	23	49	12/31/2012 23:00:00

17379 rows × 4 columns

图 13.25　添加日期时间列和索引

（4）生成数据与时间对比的简单可视化，如图 13.26 所示。

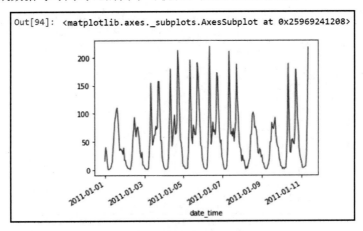

图 13.26　简单的时间序列图

（5）使用索引和 rentals（租金）列，将数据下采样到 1 天的间隔。你想要获得每天的总租金，因此需要选择适当的聚合函数，如图 13.27 所示。

Out[95]:

date_time	rentals
2011-01-01	985
2011-01-02	801
2011-01-03	1349
2011-01-04	1562
2011-01-05	1600
2011-01-06	1606
2011-01-07	1510
2011-01-08	959
2011-01-09	822
2011-01-10	1321
2011-01-11	1263
2011-01-12	1162
2011-01-13	1406
2011-01-14	1421

图 13.27　每天的总租金

（6）生成重采样数据的前 8 周（56 天）的简单可视化，如图 13.28 所示。

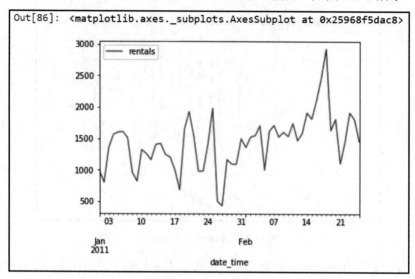

图 13.28　每日总租金图

（7）你应该注意到，似乎以大约 7 天为周期的起起落落。你可以通过绘制数据与自身的关系来探索这一点，并进行适当的移动，如图 13.29 所示。

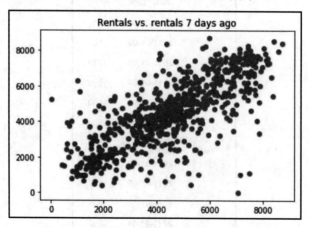

图 13.29　每天的租金与一周前的相同值的对比

（8）准备对图 13.30 中的数据应用线性回归，创建一个包含移动数据的新列。

（9）使用 LinearRegression 模块拟合线性模型，使用滞后（lag）数据作为 X 数据，将实际租金作为 Y 数据，如图 13.31 所示。

```
Out[109]:
                rentals   lagged_rentals
date_time
2011-01-01        985              NaN
2011-01-02        801              NaN
2011-01-03       1349              NaN
2011-01-04       1562              NaN
2011-01-05       1600              NaN
   ...            ...              ...
2012-12-27       2114           4128.0
2012-12-28       3095           3623.0
2012-12-29       1341           1749.0
2012-12-30       1796           1787.0
2012-12-31       2729            920.0

731 rows × 2 columns
```

```
R2 is  0.5145071365683822   using:
            rentals   lagged_rentals
date_time
2011-01-08      959           985.0
2011-01-09      822           801.0
2011-01-10     1321          1349.0
2011-01-11     1263          1562.0
2011-01-12     1162          1600.0
```

图 13.30　向数据中添加滞后列　　　　图 13.31　LinearRegression()模型的结果

（10）绘制预测值与实际值，并将它们与理想值进行比较，如图 13.32 所示。

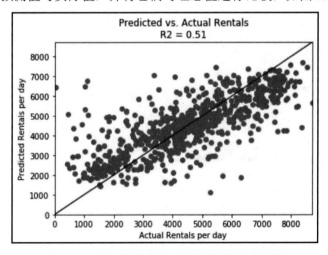

图 13.32　使用简单线性回归的预测值与实际值

💡提示：

本书附录提供了所有作业的答案。

13.4　小　　结

本章从 Pandas 为 Timestamp 数据类型提供的增强功能开始，使用了时间感知方法来插入缺失数据或将时间序列重新采样到更高或更低的频率（周期）。你对滞后数据使用了线性回归模型，这是通过从一些文本数据中创建 datetime 索引来实现的。

现在，你已经可以分析表格化数据以及有序的时间序列数据，并且能够执行多种形式的转换以查找隐藏在复杂数据中的信息，下一章将讨论这些操作。

第 14 章　Pandas 数据处理案例研究

到目前为止，在本书中，我们已经循序渐进地学习了使用 Pandas 进行数据处理的多种技术，例如处理不同类型的数据结构、访问多个来源的数据、数据清洗、数据转换、可视化、代码优化，以及数据建模等。本章将利用你迄今为止学习过的所有这些技术，分析若干个不同的案例。

本章案例研究将向你展示对数据进行预处理以使其可用于后续分析的不同方式，在这个过程中，你将深切地体会到，良好的数据准备是执行良好分析的关键。通过这些案例研究，你可以加强对本书中学到的所有数据处理技术的理解。

本章包含以下主题：

❑　案例研究和数据集简介

❑　预处理步骤回顾

❑　作业 14.1——分析空气质量数据

14.1　案例研究和数据集简介

在数据分析生命周期中，数据清洗和准备工作通常占用多达 80%的时间。事务性数据集可能有多种故障类型，其中一些突出的类型是数据点缺失、不兼容的格式、数据类型的可变性、数据中的不正确拼写以及数据中不需要的字符和空格等。

这些只是数据混乱的一些例子。数据分析师的成功取决于他们如何穿越这些混乱数据的泥潭并将数据转换为所需的格式。熟练掌握这个非常重要的过程的可靠方法之一是获得不同真实世界数据集处理的实践经验。本章将分析 4 个不同的数据集，每个分析都侧重于数据整理的不同方面。以下列表提供了我们将在本章中处理的数据集的快照，以及将应用于处理该数据集的不同技术。

❑　德国气象数据集。

处理此数据集将帮助你磨练从多个来源创建新数据集的技能。你将结合 3 个气象参数——降水（precipitation）、蒸气压（vapor pressure）和日照（sunshine）——的数据集来创建一个新数据集。

创建新数据集后，你将实施不同的方法，例如更改数据格式和合并数据集，以及分组和聚合数据集。在创建综合数据集后，你还将进行一些探索性分析并尝试回答有关气象的问题。
❏ 收入数据集。
该数据集是与在职成年人相关的不同参数的聚合。使用该数据集将实现第 8 章
"数据可视化"中介绍的一些可视化技术。你将使用不同的转换技能（如聚合
和分组）探索数据，然后通过查看可视化结果来回答问题。
❏ 公交轨迹数据集。
该数据集包含多个文件，其中包含公共汽车服务的路线信息。使用此数据集，
你将应用一些有趣的技术用于预处理，例如从经纬度信息中提取地理位置。对
数据进行预处理后，你将回答有关公交服务质量水平的不同问题。
❏ 空气质量数据集。
该数据集包含与空气质量有关的不同参数。你将在本章作业中使用此数据集，
除了数据可视化的步骤，你还将实施不同的 Pandas 预处理步骤。预处理和可视
化将用于回答有关空气质量的一些问题。

14.2 预处理步骤回顾

与本书前面的章节不同，本章将通过完成各种练习和作业的形式强化你已经掌握的
一些操作技能。

本节将帮助你回顾本书迄今为止介绍过的一些重要的预处理步骤，并介绍一些将在
练习中使用的技术。

1. 读取 CSV 文件

使用 Pandas 提供的读取数据的方法可以轻松地读取各种不同格式的数据。

```
pd.read_csv('file path' , delimiter=';')
```

你应该还记得，pd.read_csv 函数用于从指定路径上可用的 CSV 文件中读取数据。

2. 转换数据

最常见的转换步骤之一是将格式从宽格式（wide format）更改为长格式（long format）。
例如，图 14.1 显示了一些宽格式的数据。你可以看到每个月的数据分布在各个列中。

	Jahr	Jan	Feb	Mrz	Apr	Mai	Jun	Jul	Aug	Sep	Okt	Nov	Dez
0	1951	48.0	49.0	98.0	61.0	23.0	34.0	44.0	146.0	64.0	89.0	47.0	72.0

图 14.1　宽格式数据

一般来说，当我们必须对数据进行预处理时，我们需要连续性的逐项数据，以便于切片和切块。这被称为长格式，如图 14.2 所示。

	Jahr	variable	value
0	1951	Jan	48.0
1	1952	Jan	100.0
2	1953	Jan	100.0
3	1954	Jan	31.0
4	1955	Jan	21.0

图 14.2　长格式数据

可以看到，数据仅被转换为 3 列，年份、月份和月份值分布在 3 个单独的列中。

3．使用 utility 函数

转换数据的一个很好的实用函数是 Pandas 中的 melt 函数。该函数的伪代码如下：

```
pd.melt(data, id_vars = ['var1'], value_vars=['val1','val2'])
```

该函数使用的参数如下。

❑　data：这是要转换的 DataFrame。

❑　id_vars：这是要进行转换的列名。

❑　value_vars：在这里你可以列出 id_variable 的唯一值，该值必须被重新转换。在上述示例中，Jahr 列中的每一年都有一个唯一值，即诸如 Jan、Feb 之类的月份名称；这些将形成 value_vars。

4．合并 DataFrame

Pandas 提供了一种称为 merge 的直观方法来连接不同的 DataFrame 对象。merge 操作的语法如下：

```
pd.merge(dat1,dat2,how='inner',on=['variable1','variable2'])
```

其中，pd.merge 用于合并两个 DataFrame：dat1 和 dat2。以下参数用于 merge 操作。

❑　how：该参数定义了 merge 操作的合并方式。你可以通过不同的方式进行合并，如图 14.3 所示。

❑　inner：对于内连接（INNER JOIN），只有两个 DataFrame 的公共记录才会连接在一起。请注意，连接总是针对一个或多个变量进行。

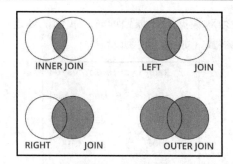

图 14.3　合并数据的维恩图（Venn diagram）

原　　文	译　　文	原　　文	译　　文
INNER JOIN	内连接	RIGHT JOIN	右连接
LEFT JOIN	左连接	OUTER JOIN	外部连接

❑　left：在左连接（LEFT JOIN）中，会保留左边 DataFrame 的所有记录。只有与左侧相同的右侧 DataFrame 的相关数据才会被添加到合并的 DataFrame 中。右侧 DataFrame 如果没有与左侧 DataFrame 的连接变量对应的任何数据，则将被 NA 值填充。

❑　right：右连接（RIGHT JOIN）是左连接的镜像。在这种情况下，右侧 DataFrame 的记录将被保留，而与右侧 DataFrame 相同的左侧记录将被添加到合并后的 DataFrame 中。

❑　outer：在外部连接（OUTER JOIN）中，左侧和右侧的所有记录都将出现在组合之后的 DataFrame 中。公共记录将被合并到所选变量上。

❑　on：要合并两个 DataFrame，重要的是要为两个 DataFrame 提供一个公共变量。这是使用 on 参数定义的。前面的伪代码使用 on 参数指定了对 variable1 变量和 variable2 变量进行合并。

5. 使用 DataFrame.interpolate()估算缺失数据

缺失数据是你在数据分析生命周期中经常会遇到的问题。要使用缺失数据的数据集，需要用插补值代替 NaN 值。要采用的插补策略类型取决于数据集和领域。

例如，考虑一个数据集包含与气象相关的数据，并假设不同变量在几个月内存在线性趋势。在这种情况下，你可以采用一种称为插值（interpolation）的线性插补方法。

接下来的练习将使用 DataFrame.interpolate()方法。该方法的伪代码如下：

```
Df.interpolate(method ='linear', limit_direction ='both')
```

在此方法中，Df 是将需要估算空值的 DataFrame。method 参数被设置为 linear 意味着缺失数据将采用线性插值。还有其他一些方法，如 spline 和 quadratic，方法的选择取决于数据的分布情况和你对数据生成过程的理解。

第二个参数 limit_direction 指示代码在插值时必须寻找的方向。例如，假设一个数据集包含 10 条记录，并且第一条、第二条和第四条记录中有空值。在 both（双向）插值时，具有值的第三行将向前插值以填充第四行，并向后插值以填充第一行和第二行。

6．通过分箱将连续数据转换为序数

在很多情况下，你必须将连续数据转换为分类数据。这种情况下的最佳策略是将连续数据转换为不同的分箱（bin）。

例如，假设你有 0～100 的连续数据，你可以考虑将这些数据点转换为 5 个特定的组，即 0～20、20～40、40～60、60～80 和 80～100。属于每个范围的数据点可以被视为一个类别，例如，0～20 为类别 1，20～40 为类别 2，以此类推。这种技术被称为分箱。Pandas 有一个很好用的函数，叫作 pd.cut()，可用于将数据转换为 bin。其伪代码如下：

```
pd.cut(data['variable'], bins=[0, 20, 40, 60, 80,100])
```

上述语法指定了必须转换为分类数据的变量，然后定义了 bin。其输出结果将是基于我们定义的 bin 的分类数据。

7．提取地理位置信息

你将使用名为 geopy.geocoders 的库和名为 Nominatim 的方法从纬度和经度信息中提取地理位置。要使用此包，需要首先使用以下伪代码初始化 API：

```
geolocator = Nominatim(user_agent="geoapiExercises")
```

在上述语法中，Nominatim 是在给定一些经纬度信息的情况下提取了地理位置的包。初始化 Nominatim 对象时，你需要提供应用程序名称，如 geoapiExercises，以便库 API 将地理位置标识符发送到你的应用程序名称。在创建了这个名为 geolocator 的变量后，即可使用如下方法提取相关信息：

```
geolocator.reverse(coordinates)
```

在上述代码中，coordinates 包含位置的纬度和经度信息。

下一小节将简要介绍包含德国气候数据信息的数据集，后续练习将会使用该数据集。

14.2.1　预处理德国气象数据

在接下来的练习中，你将查看与气象相关的 3 个不同数据集，以回答一些与气象相

关的问题。你将在练习中使用不同的预处理技术。

这些数据集包含德国气象数据，共有 3 个文件与降水、日照和蒸汽压相关。

ℹ️ **注意：**

原始数据文件来源于以下链接。

❑　降水数据：

https://opendata.dwd.de/climate_environment/CDC/observations_global/CLIMAT/
monthly/qc/precipitation_total/historical/01001_195101_201712.txt

❑　蒸气压数据：

https://opendata.dwd.de/climate_environment/CDC/observations_global/CLIMAT/
monthly/qc/vapour_pressure/historical/98836_196801_201712.txt

❑　日照数据：

https://opendata.dwd.de/climate_environment/CDC/observations_global/CLIMAT/
monthly/qc/sunshine_duration/historical/98836_197803_201612.txt

这些数据集可以在本书配套 GitHub 存储库中找到，你也可以访问以下网址进行下载：

https://github.com/PacktWorkshops/The-Pandas-Workshop/

在开始练习之前，请确保下载数据并将其保存在本机文件夹中。

14.2.2　练习 14.1——预处理德国气象数据

本练习将读取 3 个包含德国气象数据的不同文件，并将格式从宽格式转换为长格式。
执行以下步骤以完成本练习。

（1）打开一个新的 Jupyter Notebook，然后将其重命名为 Exercise 14.01。

（2）导入 Pandas 库：

```
import pandas as pd
```

（3）定义文件的路径。请注意，你必须提供本机上保存数据集文件的路径，而不是
以下步骤中的路径：

```
precipitation_dataPath = '/content/drive/MyDrive/Packt_Colab/
pandas_chapter11/chapter11/01001_195101_201412.txt'
vapor_dataPath = '/content/drive/MyDrive/Packt_Colab/
pandas_chapter11/chapter11/98836_196801_201712.txt'
sunshine_dataPath = '/content/drive/MyDrive/Packt_Colab/
pandas_chapter11/chapter11/98836_197803_201612.txt'
```

（4）使用 pd.read_csv 函数读取文件，如下所示：

```
precipitation_data = pd.read_csv(precipitation_dataPath,delimiter=';')
vapor_data = pd.read_csv(vapor_dataPath,delimiter=';')
sunshine_data = pd.read_csv(sunshine_dataPath,delimiter=';')
```

（5）输出降水数据的前 5 行，如下所示：

```
precipitation_data.head()
```

你应该得到如图 14.4 所示的输出结果。

	Jahr	Jan	Feb	Mrz	Apr	Mai	Jun	Jul	Aug	Sep	Okt	Nov	Dez
0	1951	48.0	49.0	98.0	61.0	23.0	34.0	44.0	146.0	64.0	89.0	47.0	72.0
1	1952	100.0	24.0	28.0	23.0	16.0	35.0	25.0	19.0	59.0	105.0	56.0	80.0
2	1953	100.0	102.0	50.0	86.0	15.0	16.0	2.0	31.0	113.0	91.0	124.0	127.0
3	1954	31.0	58.0	39.0	50.0	20.0	26.0	65.0	34.0	53.0	90.0	135.0	40.0
4	1955	21.0	10.0	70.0	75.0	3.0	2.0	53.0	105.0	126.0	30.0	103.0	74.0

图 14.4 降水数据的前 5 行

（6）查看蒸气数据的前 5 行：

```
vapor_data.head()
```

你应该得到如图 14.5 所示的输出结果。

	Jahr	Jan	Feb	Mrz	Apr	Mai	Jun	Jul	Aug	Sep	Okt	Nov	Dez
0	1968	26.4	26.4	28.1	28.1	29.8	29.8	29.8	29.8	29.8	29.8	28.1	28.1
1	1969	26.4	26.4	28.1	29.8	29.8	29.8	29.8	NaN	29.8	29.8	29.8	29.8
2	1970	28.1	28.1	28.1	29.9	29.8	29.9	28.1	29.8	29.8	29.8	29.8	NaN
3	1971	26.4	26.1	26.4	NaN	29.8	28.1	29.8	28.1	NaN	NaN	28.0	NaN
4	1972	NaN	NaN	NaN	NaN	NaN	NaN	NaN	28.1	NaN	NaN	NaN	28.0

图 14.5 蒸气数据的前 5 行

（7）查看第三个数据集——日照数据集的前 5 行：

```
sunshine_data.head()
```

你应该得到如图 14.6 所示的输出结果。

（8）可以看到，这些数据集都是宽格式的。每年都有一个跨列的月度数据记录。但是，在结合这三个数据集之后，这种宽格式对于进一步处理来说并不理想。要解决这个问题，必须将数据转换为长格式，其中只有三列，第一列对应年份，第二列对应月份，最后一列则包含与年份和月份对应的值。

	Jahr	Jan	Feb	Mrz	Apr	Mai	Jun	Jul	Aug	Sep	Okt	Nov	Dez
0	1978	NaN	NaN	257.0	NaN	NaN	NaN	NaN	170.0	NaN	NaN	209.0	245.0
1	1979	253.0	NaN	NaN	228.0	207.0	NaN	169.0	NaN	NaN	NaN	NaN	NaN
2	1980	NaN	230.0	249.0	232.0	NaN	NaN	213.0	195.0	195.0	195.0	NaN	197.0
3	1981	NaN	212.0	244.0	NaN	206.0	NaN	193.0	NaN	168.0	148.0	234.0	261.0
4	1982	199.0	174.0	NaN	NaN	212.0	153.0	214.0	NaN	180.0	197.0	271.0	268.0

图 14.6　日照数据的前 5 行

要将数据集从宽格式转换为长格式，可以使用 pd.melt，如下所示：

```
precipitation_data = pd.melt( precipitation_data,\
                              id_vars = ['Jahr'],\
                              value_vars=['Jan','Feb',\
                                          'Mrz','Apr',\
                                          'Mai','Jun',\
                                          'Jul','Aug',\
                                          'Sep','Okt',
                                          'Nov','Dez'])
precipitation_data.head()
```

你应该得到如图 14.7 所示的输出结果。

	Jahr	variable	value
0	1951	Jan	48.0
1	1952	Jan	100.0
2	1953	Jan	100.0
3	1954	Jan	31.0
4	1955	Jan	21.0

图 14.7　长格式降水数据

现在可以看到数据的格式发生了怎样的变化。月份列在名为 variable 的列下，相应的值显示在 value 列下。

（9）使用以下代码将 value 列重命名为 Precipitation：

```
precipitation_data = precipitation_data.rename\
                (columns={"value": "Precipitation"})
```

你将获得如图 14.8 所示的输出结果。

	Jahr	variable	Precipitation
0	1951	Jan	48.0
1	1952	Jan	100.0
2	1953	Jan	100.0
3	1954	Jan	31.0
4	1955	Jan	21.0

图 14.8　将 value 列重命名为 Precipitation 后的输出

（10）类似地，将另外两个数据集转换为长格式，从蒸汽数据集开始：

```
vapor_data = pd.melt(vapor_data,\
                     id_vars = ['Jahr'],\
                     value_vars= [ 'Jan','Feb',\
                                   'Mrz','Apr',\
                                   'Mai','Jun',\
                                   'Jul','Aug',\
                                   'Sep','Okt',\
                                   'Nov','Dez'])

vapor_data = vapor_data.rename\
          (columns={"value": "Vapour_Pressure"})

vapor_data.head()
```

你将获得如图 14.9 所示的输出结果。

（11）对日照数据集执行相同的步骤：

```
sunshine_data = pd.melt(sunshine_data,\
                        id_vars = ['Jahr'],\
                        value_vars= ['Jan','Feb',\
                                     'Mrz','Apr',\
                                     'Mai','Jun',\
                                     'Jul','Aug',\
                                     'Sep','Okt',\
                                     'Nov','Dez'])

sunshine_data = \
sunshine_data.rename(columns={"value": "Sun_shine"})
```

```
sunshine_data.head()
```

你将获得如图 14.10 所示的输出结果。

	Jahr	variable	Vapour_Pressure
0	1968	Jan	26.4
1	1969	Jan	26.4
2	1970	Jan	28.1
3	1971	Jan	26.4
4	1972	Jan	NaN

	Jahr	variable	Sun_shine
0	1978	Jan	NaN
1	1979	Jan	253.0
2	1980	Jan	NaN
3	1981	Jan	NaN
4	1982	Jan	199.0

图 14.9　蒸气压数据的前 5 行　　　　　图 14.10　日照数据集的前 5 行

第一个练习到此结束。在本练习中，你从本地数据文件夹中加载数据，然后通过将宽格式转换为长格式以对数据进行预处理。在下一个练习中，你将使用在本练习中创建的相同的三个 DataFrame 做进一步的处理。

14.2.3　练习 14.2——合并 DataFrame 和重命名变量

在本练习中，你会将上一个练习中的三个 DataFrame 合并为一个 DataFrame。你还将在本练习中重命名一些变量。由于对上一个练习中生成的数据存在依赖关系，因此请使用与上一个练习相同的 Jupyter Notebook。

（1）让我们将不同的数据集合并在一起。首先可以合并前两个，然后在这个组合之后的 DataFrame 上，合并第三个。

合并必须发生的列是 Jahr 和 variable，因为了解两个 DataFrame 共有的年份和月份很重要。以下要执行的是一次 inner 方式的 merge，即只考虑两个 DataFrame 内的公共变量；其他连接方法都会在组合之后的 DataFrame 中引入 NA 值，这是我们不希望的：

```
conDf = pd.merge(precipitation_data,vapor_data,\
                 how='inner',\
                 on=['Jahr','variable'])

conDf.head()
```

你应该得到如图 14.11 所示的输出结果。

	Jahr	variable	Precipitation	Vapour_Pressure
0	1968	Jan	49.0	26.4
1	1969	Jan	19.0	26.4
2	1970	Jan	19.0	28.1
3	1971	Jan	51.0	26.4
4	1972	Jan	50.0	NaN

图 14.11　包含降水和蒸气压数据的合并之后的 DataFrame

细心的你可能会注意到，降水数据集中的年份从 1951 年开始；但是，对于蒸气压数据集，其年份仅从 1968 年开始。inner 方式的 merge 仅考虑两个数据集共有的值，因此合并之后的 DataFrame 从 1968 年开始。

（2）将第三个 DataFrame 与合并后的 DataFrame 进行合并：

```
conDf = pd.merge(conDf,\
                 sunshine_data,\
                 how='inner',on=['Jahr','variable'])
conDf.head()
```

你应该得到如图 14.12 所示的输出结果。

	Jahr	variable	Precipitation	Vapour_Pressure	Sun_shine
0	1978	Jan	62.0	28.1	NaN
1	1979	Jan	61.0	28.1	253.0
2	1980	Jan	60.0	NaN	NaN
3	1981	Jan	78.0	28.1	NaN
4	1982	Jan	59.0	28.0	199.0

图 14.12　合并之后的 DataFrame

从该输出结果中可以看到，现在来自所有三个数据集的数据被整齐地放在单独的列中，这是执行进一步整理步骤的一种很好的格式。

（3）你应该已经注意到，月份变量和年份变量的名称是德文格式的，因此可以使用 map 函数将它们转换为相应的英文名称。你只需要转换德语名称与英语名称不同的月份。为此，你可以添加以下代码：

```
months = {'Mrz':'Mar','Mai':'May','Okt':'Oct','Dez':'Dec'}

conDf['variable'] = \
```

```
conDf['variable'].map(months).fillna(conDf['variable'])
conDf
```

你应该得到如图 14.13 所示的输出结果。

	Jahr	variable	Precipitation	Vapour_Pressure	Sun_shine
0	1978	Jan	62.0	28.1	NaN
1	1979	Jan	61.0	28.1	253.0
2	1980	Jan	60.0	NaN	NaN
3	1981	Jan	78.0	28.1	NaN
4	1982	Jan	59.0	28.0	199.0
...	...	...	...	...	...
415	2012	Dec	42.0	29.8	220.0
416	2013	Dec	51.0	30.6	217.0
417	2014	Dec	70.0	30.2	234.0
418	2015	Dec	40.0	29.9	274.0
419	2016	Dec	63.0	29.9	229.0

图 14.13　更改了变量名称的合并后的 DataFrame

现在，你可以看到月份已被更改为它们的英文名称。

（4）将 Jahr 变量重命名为 Year，如下所示：

```
conDf = conDf.rename(columns={"Jahr": "Year"})
conDf.head()
```

你应该得到如图 14.14 所示的输出结果。

	Year	variable	Precipitation	Vapour_Pressure	Sun_shine
0	1978	Jan	62.0	28.1	NaN
1	1979	Jan	61.0	28.1	253.0
2	1980	Jan	60.0	NaN	NaN
3	1981	Jan	78.0	28.1	NaN
4	1982	Jan	59.0	28.0	199.0

图 14.14　更改变量名称

在本练习中，你练习了 merge 方法的应用并将变量重命名为相应的英文名称。在下一个练习中，你将执行进一步的预处理并回答有关数据的一些问题。

14.2.4　练习 14.3——插补数据并回答问题

在上一个练习中，你将三个数据集组合成了一个 DataFrame。本练习将使用该 DataFrame 执行进一步的处理，例如插补空值和聚合数据以回答一些问题。

在该数据集中，你需要找出所有年份中 1 月份的平均蒸汽压。同样，由于对上一个练习中生成的数据存在依赖性，你将继续使用上一练习的同一 Notebook。

（1）到目前为止，数据是按月份排序的。要让同一年的所有月份一个接一个地进行排列，你需要先按年份排序，然后按月份排序。但是，按月份排序可能会有问题，因为默认排序将根据月份的字母顺序进行，这将导致 4 月（英文为 April）和 8 月（August）占据第一和第二位。为了克服这个问题，可以先引入一个名为 months 的新列，将现有月份复制到新列中，然后根据其数字顺序映射每个月；也就是说，1 月（Jan）将映射到 1，2 月（Feb）将映射到 2，以此类推。为此，你可以添加以下代码：

```
conDf['months'] = conDf['variable']
conDf.head()
```

你应该得到如图 14.15 所示的输出结果。

	Year	variable	Precipitation	Vapour_Pressure	Sun_shine	months
0	1978	Jan	62.0	28.1	NaN	Jan
1	1979	Jan	61.0	28.1	253.0	Jan
2	1980	Jan	60.0	NaN	NaN	Jan
3	1981	Jan	78.0	28.1	NaN	Jan
4	1982	Jan	59.0	28.0	199.0	Jan

图 14.15　添加新变量后的 DataFrame

（2）创建新列后，现在创建一个字典，将月份映射到相应的数字顺序，如下所示：

```
monthsMap = {'Jan':1,'Feb':2,\
            'Mar':3,'Apr':4,\
            'May':5,'Jun':6,\
            'Jul':7,'Aug':8,\
            'Sep':9,'Oct':10,\
            'Nov':11,'Dec':12}
```

（3）使用字典，将新列中的月份映射到其对应的数字等价物，如下所示：

```
conDf['months'] =\
conDf['months'].map(monthsMap).fillna(conDf['months'])
conDf
```

你应该看到如图 14.16 所示的输出结果。

	Year	variable	Precipitation	Vapour_Pressure	Sun_shine	months
0	1978	Jan	62.0	28.1	NaN	1
1	1979	Jan	61.0	28.1	253.0	1
2	1980	Jan	60.0	NaN	NaN	1
3	1981	Jan	78.0	28.1	NaN	1
4	1982	Jan	59.0	28.0	199.0	1
...	...	...	...	...	...	...
391	2010	Dec	70.0	NaN	219.0	12
392	2011	Dec	58.0	31.1	188.0	12
393	2012	Dec	42.0	29.8	220.0	12
394	2013	Dec	51.0	30.6	217.0	12
395	2014	Dec	70.0	30.2	234.0	12

图 14.16　映射后的 DataFrame

（4）月份已被映射到它们的数字等价物，因此这可以很容易按照你想要的方式对它们进行排序。添加以下代码以对月份进行排序：

```
newCondf = conDf.sort_values(by=['Year','months'])
newCondf
```

上述代码片段将产生如图 14.17 所示的输出结果。

从上述输出结果中，可以看到排序是按年进行的，而且月份的顺序也是正确的。

（5）在新的数据集中，可以看到有相当多的 NaN 值。使用 df.interpolate()方法可以估算缺失数据，假设不同变量在月份之间存在线性趋势：

```
cleanDf1 = newCondf.interpolate(method ='linear',\
                                limit_direction ='both')
cleanDf1
```

你应该得到如图 14.18 所示的输出结果。

	Year	variable	Precipitation	Vapour_Pressure	Sun_shine	months
0	1978	Jan	62.0	28.1	NaN	1
33	1978	Feb	25.0	NaN	NaN	2
66	1978	Mar	45.0	28.1	257.0	3
99	1978	Apr	32.0	26.4	NaN	4
132	1978	May	77.0	NaN	NaN	5
...	...	...	...	...	...	...
263	2014	Aug	36.0	31.4	216.0	8
296	2014	Sep	66.0	31.0	188.0	9
329	2014	Oct	82.0	31.7	186.0	10
362	2014	Nov	46.0	31.4	235.0	11
395	2014	Dec	70.0	30.2	234.0	12

图 14.17　排序后的 DataFrame

	Year	variable	Precipitation	Vapour_Pressure	Sun_shine	months
0	1978	Jan	62.0	28.100000	257.0	1
33	1978	Feb	25.0	28.100000	257.0	2
66	1978	Mar	45.0	28.100000	257.0	3
99	1978	Apr	32.0	26.400000	239.6	4
132	1978	May	77.0	26.683333	222.2	5
...	...	...	...	...	...	...
263	2014	Aug	36.0	31.400000	216.0	8
296	2014	Sep	66.0	31.000000	188.0	9
329	2014	Oct	82.0	31.700000	186.0	10
362	2014	Nov	46.0	31.400000	235.0	11
395	2014	Dec	70.0	30.200000	234.0	12

图 14.18　插值后的 DataFrame

从输出结果中可以看出，所有空值都使用.interpolate()方法填充了值。

（6）你已经有了一个干净的数据集，你可以找出所有年份中 1 月份的平均蒸汽压。
要回答这个问题，可以将数据集按 variable（月份）列进行分组，然后对 vapor_pressure
列进行均值聚合，并从结果中过滤出一月的值，如下所示：

```
Q1 = cleanDf1.groupby\
(['variable'])['Vapour_Pressure'].agg('mean').loc['Jan']
Q1
```

你应该得到以下输出结果：

```
28.966044056953148
```

你可以从数据集中回答更多这样的问题。上述练习的关键要点是采用组合多个数据集的策略，通过更改变量名称进行一些基本的清理，然后估算缺失数据。

在现实生活中处理数据集时，此类操作很常见。你在本书中学到的所有方法都将派上用场，以应对不同的场景。重要的因素是决定在不同情况下使用哪种方法，而这需要你拥有大量不同数据集的处理经验。

接下来，你将查看另一个数据集并应用本书介绍过的一些数据处理技能。

14.2.5　练习 14.4——使用数据可视化来回答问题

如第 8 章"理解数据可视化"所述，可视化是最有效的数据分析工具之一。本练习会将可视化技能应用于不同的数据集，即在职成年人收入数据集。

ⓘ **注意：**

本练习使用的数据集来源于 UCI 机器学习库，原始链接如下：

http://archive.ics.uci.edu/ml/datasets/Adult

本书配套 GitHub 存储库中也包含此数据集，你可以下载它并将它保存到本机文件夹中以供使用。

该数据集包含与在职成年人相关的不同变量，例如年龄、职业、性别和受教育程度，以及个人年收入是否超过 50000 美元的指标。

我们将使用分析和可视化技能来回答以下问题：

❑　受教育程度对收入能力有影响吗？

❑　工作时间和收入之间有关系吗？

请按照以下步骤完成本练习。

（1）打开一个新的 Jupyter Notebook 并将其命名为 Exercise 11.04。

（2）导入 Pandas 库：

```
import pandas as pd
```

（3）定义数据集的路径以使用 Pandas 读取数据集。请注意，你必须提供本机上保存数据集的路径，而不是以下步骤中的路径：

```
filePath = '/content/drive/MyDrive/Packt_Colab/pandas_chapter11/
chapter11/adult.data'
```

（4）使用 read_csv() 函数加载数据：

```
data = pd.read_csv(filePath,delimiter=',',header=None)
data.head()
```

你应该得到如图 14.19 所述的输出结果。

	0	1	2	3	4	5	6	7	8	9	10	11	12	13	14
0	39	State-gov	77516	Bachelors	13	Never-married	Adm-clerical	Not-in-family	White	Male	2174	0	40	United-States	<=50K
1	50	Self-emp-not-inc	83311	Bachelors	13	Married-civ-spouse	Exec-managerial	Husband	White	Male	0	0	13	United-States	<=50K
2	38	Private	215646	HS-grad	9	Divorced	Handlers-cleaners	Not-in-family	White	Male	0	0	40	United-States	<=50K
3	53	Private	234721	11th	7	Married-civ-spouse	Handlers-cleaners	Husband	Black	Male	0	0	40	United-States	<=50K
4	28	Private	338409	Bachelors	13	Married-civ-spouse	Prof-specialty	Wife	Black	Female	0	0	40	Cuba	<=50K

图 14.19　在职成年人收入数据集

（5）使用 .info() 方法汇总数据集：

```
data.info()
```

你应该得到如图 14.20 所述的输出结果。

```
<class 'pandas.core.frame.DataFrame'>
RangeIndex: 32561 entries, 0 to 32560
Data columns (total 15 columns):
0     32561 non-null int64
1     32561 non-null object
2     32561 non-null int64
3     32561 non-null object
4     32561 non-null int64
5     32561 non-null object
6     32561 non-null object
7     32561 non-null object
8     32561 non-null object
9     32561 non-null object
10    32561 non-null int64
11    32561 non-null int64
12    32561 non-null int64
13    32561 non-null object
14    32561 non-null object
dtypes: int64(6), object(9)
memory usage: 3.7+ MB
```

图 14.20　数据集信息汇总

（6）你如果查看数据，则会发现它没有任何标题，因此你必须手动添加这些标题。

此外，还有与种族和性别相关的数据点，这些都是敏感数据。谨慎的做法是在分析之前消除敏感数据点。除了敏感数据，我们还将剔除一些与分析无关的连续数据：

```
data = data.drop([2,4,8,9],axis=1)
```

（7）将标题添加到数据中，然后输出数据的前 5 行：

```
data.columns = ['age','workclass',\
                'education','marital-status',\
                'occupation','relationship',\
                'capital-gain','capital-loss',\
                'hours-per-week','nativecountry',' earning']
data.head()
```

你应该得到如图 14.21 所示的输出结果。

	age	workclass	education	marital-status	occupation	relationship	capital-gain	capital-loss	hours-per-week	native-country	earning
0	39	State-gov	Bachelors	Never-married	Adm-clerical	Not-in-family	2174	0	40	United-States	<=50K
1	50	Self-emp-not-inc	Bachelors	Married-civ-spouse	Exec-managerial	Husband	0	0	13	United-States	<=50K
2	38	Private	HS-grad	Divorced	Handlers-cleaners	Not-in-family	0	0	40	United-States	<=50K
3	53	Private	11th	Married-civ-spouse	Handlers-cleaners	Husband	0	0	40	United-States	<=50K
4	28	Private	Bachelors	Married-civ-spouse	Prof-specialty	Wife	0	0	40	Cuba	<=50K

图 14.21　添加标题和删除一些列后的在职成年人收入数据集的前 5 行

数据集现已准备好进行分析，你可以回答一些有关它的问题。

首先要回答的问题是，受教育程度对收入能力有影响吗？要回答这个问题，必须找出每个受教育群体中收入超过 50000 美元的人的比例。

这可以通过采取以下步骤来实现。

① 根据受教育程度汇总记录，然后找到每个受教育程度分组下的总人数。

② 过滤收入大于 50000 美元的记录，按教育程度对其进行分组，然后找到计数。

③ 将第一个 DataFrame 与第二个相除以找出人数的比例。

④ 绘制与收入相关的受教育水平的图形。

请继续按以下步骤进行操作。

（8）统计每个教育类别下的总人数：

```
Q1_1 = data.groupby(['education'])['earning'].agg('count')
Q1_1
```

你应该得到如图 14.22 所示的输出结果。

可以看到，本步骤首先对 education（受教育程度）列中的记录进行分组，然后计算每个组内的收入记录数。

```
education
  10th           933
  11th          1175
  12th           433
  1st-4th        168
  5th-6th        333
  7th-8th        646
  9th            514
  Assoc-acdm    1067
  Assoc-voc     1382
  Bachelors     5355
  Doctorate      413
  HS-grad      10501
  Masters       1723
  Preschool       51
  Prof-school    576
  Some-college  7291
Name: earning, dtype: int64
```

图 14.22　每个教育类别下的人数

（9）根据收入超过 50000 美元的人过滤记录，基于 education 列汇总此数据，并找到每个类别下的计数。为此，你可以添加以下代码：

```
Q1_2 = data[data['earning'] == ' >50K'].groupby\
                            (['education'])\
                            ['earning'].agg('count')
Q1_2
```

你应该得到如图 14.23 所示的输出结果。

```
education
  10th            62
  11th            60
  12th            33
  1st-4th          6
  5th-6th         16
  7th-8th         40
  9th             27
  Assoc-acdm     265
  Assoc-voc      361
  Bachelors     2221
  Doctorate      306
  HS-grad       1675
  Masters        959
  Prof-school    423
  Some-college  1387
Name: earning, dtype: int64
```

图 14.23　每个受教育程度类别下收入超过 50000 美元的人数

（10）将第二个 DataFrame 除以第一个 DataFrame，再乘以 100，这样得到的就是百分比值，然后将结果保存到一个新的 DataFrame 中：

```
Q1_3 = pd.DataFrame((Q1_2 / Q1_1) * 100)
Q1_3.head()
```

你应该看到如图 14.24 所示的输出结果。

（11）将 earning 列重命名为 Proportion：

```
Q1_3.columns = ['Proportion']
Q1_3.head()
```

输出结果现在将如图 14.25 所示。

education	earning
10th	6.645230
11th	5.106383
12th	7.621247
1st-4th	3.571429
5th-6th	4.804805

图 14.24　计算百分比值之后获得的 DataFrame

education	Proportion
10th	6.645230
11th	5.106383
12th	7.621247
1st-4th	3.571429
5th-6th	4.804805

图 14.25　重命名列

（12）使用.round()方法将 Proportion 列中的小数四舍五入到小数点后两位：

```
Q1_3 = Q1_3.round({'Proportion': 2})
Q1_3.head()
```

你应该得到如图 14.26 所示的输出结果。

education	Proportion
10th	6.65
11th	5.11
12th	7.62
1st-4th	3.57
5th-6th	4.80

图 14.26　四舍五入后的 DataFrame

可以看到该数据已经被四舍五入到两位数。

（13）创建折线图，以可视化每个受教育程度类别中收入超过 50000 美元的在职成

年人的比例趋势:

```
Q1_3.plot.line( y='Proportion',rot=90,\
               title='Earning proportion with Education')
```

你应该得到如图 14.27 所示的输出结果。

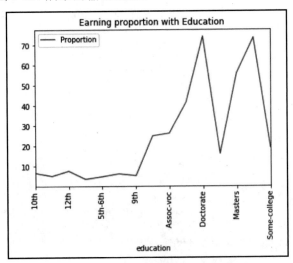

图 14.27　在职成年人收入潜力图

在上述代码片段中, plot.line()函数用于创建绘图。比例给定为 *y* 轴, DataFrame 的索引, 即受教育程度类别, 为 *x* 轴, rot = 90 用于垂直旋转轴标签。

但是, 该绘图其实有很大的问题。可以看到图中并没有趋势。这可能是什么原因?

很明显的原因是受教育程度类别没有保持升序或降序。理想情况下, 1st - 4th 受教育程度类别后面应该是 5th - 6th, 再后面是 7th - 8th, 以此类推。只有这样, 你才能识别数据中的任何趋势。为此, 可以按照受教育程度的逻辑顺序对教育类别进行排序:

```
Q1_3 = Q1_3.reindex(index = [ ' 1st-4th',' 5th-6th',\
                             ' 7th-8th',' 9th',' 10th',\
                             ' 11th', ' 12th',' HS-grad',\
                             ' Some-college',' Assoc-acdm',\
                             ' Assoc-voc',' Bachelors',\
                             ' Masters',' Prof-school',\
                             ' Doctorate'])
Q1_3.head()
```

你应该得到如图 14.28 所示的输出结果。

	Proportion
education	
1st-4th	3.57
5th-6th	4.80
7th-8th	6.19
9th	5.25
10th	6.65

图 14.28　按受教育程度顺序排序的 DataFrame

从该输出中可以看出，education 索引是按照受教育程度升序排列的。

现在再次绘制数据，如下所示：

```
propPlot = Q1_3.plot.line( y='Proportion',\
                           rot=90,\
                           title =\
                           'Earning proportion with Education')

propPlot.set_xlabel("Education")
propPlot.set_ylabel("Proportion")
```

你应该得到如图 14.29 所示的输出结果。

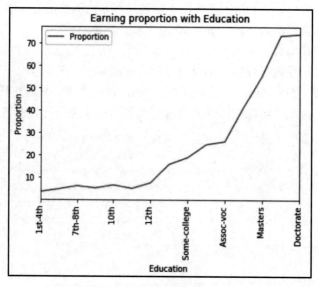

图 14.29　重新排序的盈利潜力图

可以看到，随着受教育水平的提高，年收入超过 50000 美元的在职成年人的比例呈明显上升趋势。

在本练习中，你使用了聚合数据集的技能来获得整合的数据集，然后使用可视化技能回答了有关在职成年人收入潜力的问题。

下一个练习将继续使用相同的数据集来回答第二个问题，看看工作时间和收入之间是否存在关系。

14.2.6　练习 14.5——使用数据可视化来回答问题

在上一个练习中，你预处理了在职成年人的收入数据，并看到了受教育水平和收入能力之间的关系。在本练习中，你将分析工作时间与收入之间是否存在关系。由于本练习依赖于在前一个练习中创建的数据集，因此你可以在同一个 Notebook 中继续本练习。

（1）通过查看所考虑的变量 hours-per-week（每周小时数）开始分析：

```
data['hours-per-week'].describe()
```

你应该得到如图 14.30 所示的输出结果。

```
count    32561.000000
mean        40.437456
std         12.347429
min          1.000000
25%         40.000000
50%         40.000000
75%         45.000000
max         99.000000
Name: hours-per-week, dtype: float64
```

图 14.30　hours-per-week 变量的统计数据

（2）从上述数据的汇总中可以看出，数据是连续的，不是分类的。和上一个练习一样，你需要对记录进行分组以找到比例。看看有多少唯一值可以分组：

```
len(set(data['hours-per-week']))
```

你应该得到以下输出结果：

```
94
```

从该输出结果中，可以看到 hours-per-week 变量有 94 个唯一值。

对这些唯一值中的每一个值进行聚合是没有意义的。这种情况下的最佳策略是将连续数据转换为分类数据。为此，可以创建五个特定组：0～20、20～40、40～60、60～80

和 80～100。你可以通过添加以下代码来定义用于对数据进行分组的 bin：

```
cut_bins = [0, 20, 40, 60, 80, 100]
```

（3）使用 pd.cut()函数将连续数据转换为基于 bin 的类别：

```
data['cut_hours'] = pd.cut(data['hours-per-week'],\
                           bins=cut_bins)
data.head()
```

你应该得到如图 14.31 所示的输出结果。

	age	workclass	education	marital-status	occupation	relationship	capital-gain	capital-loss	hours-per-week	native-country	earning	cut_hours
0	39	State-gov	Bachelors	Never-married	Adm-clerical	Not-in-family	2174	0	40	United-States	<=50K	(20, 40]
1	50	Self-emp-not-inc	Bachelors	Married-civ-spouse	Exec-managerial	Husband	0	0	13	United-States	<=50K	(0, 20]
2	38	Private	HS-grad	Divorced	Handlers-cleaners	Not-in-family	0	0	40	United-States	<=50K	(20, 40]
3	53	Private	11th	Married-civ-spouse	Handlers-cleaners	Husband	0	0	40	United-States	<=50K	(20, 40]
4	28	Private	Bachelors	Married-civ-spouse	Prof-specialty	Wife	0	0	40	Cuba	<=50K	(20, 40]

图 14.31　分箱后的 DataFrame

从该输出结果中可以看到，cut_hours 列将 hours-per-week 列的数据表示为基于已定义的分箱的分类数据。一旦形成了分箱，就可以轻松地对这些 bin 进行分组并获得聚合的期望值。

（4）按分箱对收入数据进行分组，然后找到每个分箱下的总记录数：

```
Q2_1 = data.groupby(['cut_hours'])['earning'].agg('count')
Q2_1
```

你应该得到如图 14.32 所示的输出结果。

```
cut_hours
(0, 20]          2928
(20, 40]        20052
(40, 60]         8471
(60, 80]          902
(80, 100]         208
Name: earning, dtype: int64
```

图 14.32　groupby 后的结果

（5）与上一个练习中的步骤类似，筛选收入超过 50000 美元的在职成年人的记录，根据 bin 对它们进行分组，并找到计数。在此之后，将第二个 DataFrame 除以第一个

DataFrame，再乘以 100，得到百分比值：

```
Q2_2 =\
data[data['earning'] == ' >50K'].groupby(['cut_hours'])\
                                    ['earning'].agg('count')

Q2_3 = pd.DataFrame(Q2_2/Q2_1 * 100)
Q2_3
```

上述代码片段将产生如图 14.33 所示的输出结果。

（6）重命名列并将值四舍五入到小数点后两位：

```
Q2_3.columns = ['Proportion']

Q2_3 = Q2_3.round({'Proportion': 2})
Q2_3
```

你应该得到如图 14.34 所示的输出结果。

	earning
cut_hours	
(0, 20]	6.659836
(20, 40]	18.900858
(40, 60]	40.750797
(60, 80]	37.804878
(80, 100]	30.288462

	Proportion
cut_hours	
(0, 20]	6.66
(20, 40]	18.90
(40, 60]	40.75
(60, 80]	37.80
(80, 100]	30.29

图 14.33　通过计算获得的百分比值　　　　图 14.34　重命名和舍入后的 DataFrame

（7）获得该比例值后，即可绘制条形图：

```
hoursPlot = Q2_3.plot.bar(y='Proportion', rot=90,\
title = 'Earning proportion with Hours of work')

hoursPlot.set_xlabel("Hours of work")
hoursPlot.set_ylabel("Proportion")
```

你应该得到如图 14.35 所示的输出结果。

从图 14.35 中可以看出，每周工作小时数与收入之间确实存在上升趋势，但是在 40～60 分箱达到峰值后，比例有所下降。这意味着工作时间和收入比例之间没有线性关系。收入最高的人是每周工作 40～60 小时的人。

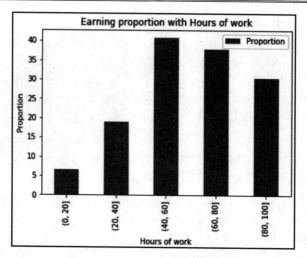

图 14.35　收入统计的最终数据图

在本练习中，你了解了如何有效地使用绘图来查找数据问题的答案。最大的收获是如何使用 Pandas 来转换数据以进行有效绘图。在下一个练习中，你将提取有关位置的信息并使用它来回答不同的问题。

14.2.7　练习 14.6——分析公交车轨迹数据

假设你在某市公共行政部门担任数据分析师。你所在城市的交通部门希望能够改善穿梭于城市不同区域的公交服务。为此，他们决定研究与不同路线相关的数据，感受公交服务的一些服务参数。交通部门想要找到以下三个问题的答案，以了解一些服务参数。

❑　哪个郊区的出发路线最多？

❑　出发路线数量最多的时间段是什么？

❑　工作日高峰时段的公交服务频率如何变化？

在本练习中，你将使用与巴西不同城市的公共汽车轨迹相关的两个数据集：第一个数据集包含与不同城市公共汽车轨迹相关的变量，还包含与公共汽车路线相关的不同特征，如速度、总行驶距离、公共汽车的容量利用率和天气等；第二个数据集包含每个轨迹的纬度和经度详细信息。

ⓘ 注意：

原始数据文件来源于以下链接。

https://archive.ics.uci.edu/ml/machine-learning-databases/00354/GPS%20Trajectory.rar

该.rar 压缩包文件也可以在本书配套 GitHub 存储库中找到，它包含两个数据集：go_track_tracks.csv 和 go_track_trackspoints.csv。在下载.rar 文件之后，解压缩它，然后将两个 csv 文件放置在本地文件夹中。

你将利用你对 Pandas 的了解来组合这些数据集，对其进行预处理，然后回答三个问题。以下步骤将帮助你完成本练习。

（1）打开一个新的 Jupyter Notebook 并导入所需的库：

```
import pandas as pd
from dateutil.parser import parse
```

（2）定义两个数据集的路径并使用 Pandas 读取它们。请注意，你必须提供本机上保存这两个文件的路径，而不是以下步骤中的路径：

```
filePath1 = '/content/drive/MyDrive/Packt_Colab/'\
            'pandas_chapter11/chapter11/go_track_tracks.csv'
filePath2 = '/content/drive/MyDrive/Packt_Colab/'\
            'pandas_chapter11/chapter11/go_track_trackspoints.csv'
```

（3）读取第一个文件：

```
data1 = pd.read_csv(filePath1,delimiter=",")
data1.head()
```

你应该得到如图 14.36 所示的输出结果。

	id	id_android	speed	time	distance	rating	rating_bus	rating_weather	car_or_bus	linha
0	1	0	19.210586	0.138049	2.652	3	0	0	1	NaN
1	2	0	30.848229	0.171485	5.290	3	0	0	1	NaN
2	3	1	13.560101	0.067699	0.918	3	0	0	2	NaN
3	4	1	19.766679	0.389544	7.700	3	0	0	2	NaN
4	8	0	25.807401	0.154801	3.995	2	0	0	1	NaN

图 14.36　数据集的前 5 个值

（4）读取第二个数据集：

```
data2 = pd.read_csv(filePath2,delimiter=",")
data2.head()
```

你应该看到如图 14.37 所示的输出结果。

	id	latitude	longitude	track_id	time
0	1	-10.939341	-37.062742	1	2014-09-13 07:24:32
1	2	-10.939341	-37.062742	1	2014-09-13 07:24:37
2	3	-10.939324	-37.062765	1	2014-09-13 07:24:42
3	4	-10.939211	-37.062843	1	2014-09-13 07:24:47
4	5	-10.938939	-37.062879	1	2014-09-13 07:24:53

图 14.37　第二个数据集的前 5 个值

（5）基于轨迹 ID 合并两个数据集。第一个数据集中的 id 列名称和第二个 DataFrame 的 track_id 列都表示公共汽车经过的轨迹的 ID。我们可以基于轨迹 ID 连接这两个数据集，以整合每条公共汽车沿每个轨迹的旅行细节。你由于只需要数据集 1 中存在的数据集 2 中的相关数据，因此可以使用左连接进行合并操作：

```
data= pd.merge( data1,\
                data2,\
                left_on='id',\
                right_on="track_id",\
                how="left")

data.head()
```

你将获得如图 14.38 所示的输出结果。

	id_x	id_android	speed	time_x	distance	rating	rating_bus	rating_weather	car_or_bus	linha	id_y	latitude	longitude	track_id	time_y
0	1	0	19.210586	0.138049	2.652	3	0	0	1	NaN	1	-10.939341	-37.062742	1	2014-09-13 07:24:32
1	1	0	19.210586	0.138049	2.652	3	0	0	1	NaN	2	-10.939341	-37.062742	1	2014-09-13 07:24:37
2	1	0	19.210586	0.138049	2.652	3	0	0	1	NaN	3	-10.939324	-37.062765	1	2014-09-13 07:24:42
3	1	0	19.210586	0.138049	2.652	3	0	0	1	NaN	4	-10.939211	-37.062843	1	2014-09-13 07:24:47
4	1	0	19.210586	0.138049	2.652	3	0	0	1	NaN	5	-10.938939	-37.062879	1	2014-09-13 07:24:53

图 14.38　左连接之后的 DataFrame

从该输出结果中可以看到，id_x 列是轨迹 ID，id_y 列是轨迹中每个点的唯一 ID。在合并操作完成后，你将获得公交车采用的不同路线，并且路线内的每个点都以其相应的经纬度坐标进行标识。你将使用此信息来探索不同轨迹的地理位置。

（6）获取路线起点的地理位置。为此，可以使用 drop_duplicates()函数删除每个轨迹下的所有重复项并仅取第一个点，如下所示：

```
df = data.drop_duplicates(subset='id_x', keep="first")
df.head()
```

你应该得到如图 14.39 所示的输出结果。

	id_x	id_android	speed	time_x	distance	rating	rating_bus	rating_weather	car_or_bus	linha	id_y	latitude	longitude	track_id	time_y
0	1	0	19.210586	0.138049	2.652	3	0	0	1	NaN	1	-10.939341	-37.062742	1	2014-09-13 07:24:32
90	2	0	30.848229	0.171485	5.290	3	0	0	1	NaN	91	-10.939439	-37.062428	2	2014-09-13 13:37:54
203	3	1	13.560101	0.067699	0.918	3	0	0	2	NaN	204	-10.903162	-37.048294	3	2014-09-17 05:09:23
226	4	1	19.766679	0.389544	7.700	3	0	0	2	NaN	227	-10.908893	-37.052372	4	2014-09-17 05:09:23
355	8	0	25.807401	0.154801	3.995	2	0	0	1	NaN	564	-10.943777	-37.052344	8	2014-09-26 15:26:53

图 14.39　删除重复项后的 DataFrame

（7）提取与每个轨迹的起点对应的位置。使用 geopy 包的 reverse(coordinates) 方法来获取位置。首先，初始化 geopy 包。在初始化 Nominatim 对象时，需要提供一个应用程序名称，如 geoapiExercises，以便库 API 将地理位置标识符发送到应用程序名称：

```
from geopy.geocoders import Nominatim
geolocator = Nominatim(user_agent="geoapiExercises")
```

（8）开始一个迭代循环，根据经度和纬度信息添加位置详细信息：

```
df['Suburb'] = 'NA'

for i in range(len(df)):
    lat = df.iloc[i]['latitude']
    long = df.iloc[i]['longitude']
    coordinates = str(lat) + ',' + str(long)
    location = geolocator.reverse(coordinates)
    suburb = location.raw['address'].get('suburb', '')
    df['Suburb'].iloc[i] = suburb

df.head()
```

你应该得到如图 14.40 所示的输出结果。

l_x	id_android	speed	time_x	distance	rating	rating_bus	rating_weather	car_or_bus	linha	id_y	latitude	longitude	track_id	time_y	Suburb
1	0	19.210586	0.138049	2.652	3	0	0	1	NaN	1	-10.939341	-37.062742	1	2014-09-13 07:24:32	Grageru
2	0	30.848229	0.171485	5.290	3	0	0	1	NaN	91	-10.939439	-37.062428	2	2014-09-13 13:37:54	Grageru
3	1	13.560101	0.067699	0.918	3	0	0	2	NaN	204	-10.903162	-37.048294	3	2014-09-17 05:09:23	Industrial
4	1	19.766679	0.389544	7.700	3	0	0	2	NaN	227	-10.908893	-37.052372	4	2014-09-17 05:09:23	Centro
8	0	25.807401	0.154801	3.995	2	0	0	1	NaN	564	-10.943777	-37.052344	8	2014-09-26 15:26:53	Jardins

图 14.40　添加位置后的 DataFrame

从该输出结果中可以看到，我们已经为每个轨迹的起点提取了所有位置。

（9）使用日期列，然后提取星期（工作日）、日、月和小时的信息。使用 parse() 函数提取此信息，如下所示：

```
df['Parse_date'] = df['time_y'].apply(lambda x: parse(x))

# 解析星期
df['Weekday'] = df['Parse_date']\
                .apply(lambda x: x.weekday())

# 解析日
df['Day'] = df['Parse_date']\
            .apply(lambda x: x.strftime("%A"))

# 解析月
df['Month'] =df['Parse_date']\
             .apply(lambda x: x.strftime("%B"))

# 解析时间
df['StartHour'] = df['Parse_date']\
                  .apply(lambda x: x.strftime("%H"))

df.head()
```

你将看到如图 14.41 所示的输出结果。

可以看到，与日期相关的信息已被添加到数据集中。现在，你可以使用我们提取的信息来回答有关数据集的一些问题。

rating_bus	rating_weather	car_or_bus	linha	...	latitude	longitude	track_id	time_y	Suburb	Parse_date	Weekday	Day	Month	StartHour
0	0	1	NaN	...	-10.939341	-37.062742	1	2014-09-13 07:24:32	Grageru	2014-09-13 07:24:32	5	Saturday	September	07
0	0	1	NaN	...	-10.939439	-37.062428	2	2014-09-13 13:37:54	Grageru	2014-09-13 13:37:54	5	Saturday	September	13
0	0	2	NaN	...	-10.903162	-37.048294	3	2014-09-17 05:09:23	Industrial	2014-09-17 05:09:23	2	Wednesday	September	05
0	0	2	NaN	...	-10.908893	-37.052372	4	2014-09-17 05:09:23	Centro	2014-09-17 05:09:23	2	Wednesday	September	05
0	0	1	NaN	...	-10.943777	-37.052344	8	2014-09-26 15:26:53	Jardins	2014-09-26 15:26:53	4	Friday	September	15

图 14.41　解析日期数据

（10）问题 1：哪个郊区的出发路线最多？

要回答这个问题，可以根据郊区（Suburb）对数据进行分组并获取记录数，然后按降序对数据进行排序：

```
Q1_1 = df.groupby(['Suburb'])['Suburb']\
        .agg('count').sort_values(ascending=False)
Q1_1.head()
```

上述代码段将导致如图 14.42 所示的输出结果。

```
Suburb
Industrial      49
São José        12
Coroa do Meio   11
Jabutiana        9
Centro           9
Name: Suburb, dtype: int64
```

图 14.42　问题 1 的答案输出结果

从该输出结果中可以看到，从 Industrial 郊区出发的公交车数量最多。

（11）问题 2：出发路线最多的时间段是什么？

你需要执行多个步骤来回答这个问题。首先是将 StartHour 列聚合到多个小时分箱中。为此，可将小时数转换为数字形式：

```
df['StartHour'] = pd.to_numeric(df['StartHour'])
```

然后，你需要将时间转换为不同的分箱。在制作分箱时，只需假设人们上班和晚上下班返回的典型工作周期。基于此假设，你可以使用以下分箱。请注意，你可以根据想要的粒度选择不同的分箱：

```
cut_bins = [0, 6, 10,15 ,20,23]
```

接下来，根据我们定义的分箱切割数据：

```
df['cut_hours'] = pd.cut(df['StartHour'], bins=cut_bins)
df.head()
```

输出结果应如图 14.43 所示。

rating_bus	rating_weather	car_or_bus	linha	...	longitude	track_id	time_y	Suburb	Parse_date	Weekday	Day	Month	StartHour	cut_hours
0	0	1	NaN	...	-37.062742	1	2014-09-13 07:24:32	Grageru	2014-09-13 07:24:32	5	Saturday	September	7	(6, 10]
0	0	1	NaN	...	-37.062428	2	2014-09-13 13:37:54	Grageru	2014-09-13 13:37:54	5	Saturday	September	13	(10, 15]
0	0	2	NaN	...	-37.048294	3	2014-09-17 05:09:23	Industrial	2014-09-17 05:09:23	2	Wednesday	September	5	(0, 6]
0	0	2	NaN	...	-37.052372	4	2014-09-17 05:09:23	Centro	2014-09-17 05:09:23	2	Wednesday	September	5	(0, 6]
0	0	1	NaN	...	-37.052344	8	2014-09-26 15:26:53	Jardins	2014-09-26 15:26:53	4	Friday	September	15	(10, 15]

图 14.43　处理后的 DataFrame

最后，根据分箱对数据进行分组：

```
Q2_1 = df.groupby(['cut_hours'])['Suburb'].agg('count')
Q2_1
```

你应该得到如图 14.44 所示的输出结果。

```
cut_hours
(0, 6]      22
(6, 10]     59
(10, 15]    49
(15, 20]    28
(20, 23]     4
```

图 14.44　问题 2 的答案输出结果

从该数据中可以看出，早上 6～10 点的时间段公交发车频率最高。

（12）问题 3：工作日高峰时段的公交车服务频率如何变化？

首先，过滤出 6～10 点时间段的所有记录。

```
Q3_1 = df[pd.arrays.IntervalArray(df['cut_hours'])\
        .overlaps(pd.Interval(6, 10))]
```

在过滤后的数据上，按工作日进行聚合，示例如下：

```
Q3_2 = Q3_1.groupby(['Day'])['Suburb'].agg('count')
Q3_2
```

你应该看到如图 14.45 所示的输出结果。

```
Day
Friday        8
Monday        6
Saturday     15
Thursday     13
Tuesday       6
Wednesday    11
```

图 14.45　过滤特定日期后的数据输出结果

重新索引从星期一到星期六的星期，如下所示：

```
Q3_2 = Q3_2.reindex(index = ['Monday',\
                             'Tuesday',\
                             'Wednesday',\
                             'Thursday',\
                             'Friday',\
                             'Saturday'])

Q3_2
```

你应该得到如图 14.46 所示的输出结果。

```
Day
Monday        6
Tuesday       6
Wednesday    11
Thursday     13
Friday        8
Saturday     15
```

图 14.46　重新排列星期后的输出结果

（13）使用折线图表示值并查看分布：

```
dayPlot = Q3_2.plot.line(y='Day',rot=90,\
title = 'Frequency of service on week days')

dayPlot.set_xlabel("Week Day")
dayPlot.set_ylabel("Frequency")
```

你将看到如图 14.47 所示的输出结果。

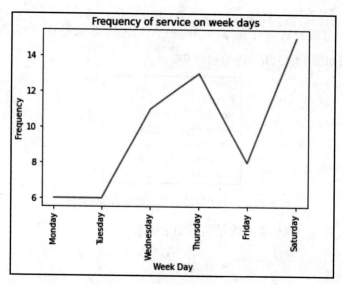

图 14.47　处理后数据的最终图

从图 14.47 中可以看出，星期六早上 6～10 点时间段的服务频率最高。

在本练习中，你从时间对象中提取了信息，然后回答有关数据的各种问题。

14.3　作业 14.1——分析空气质量数据

假设你在某市政局担任数据分析师。环境保护部门需要你的帮助来回答一些与排放有关的问题。以下是该部门希望回答的问题：

❑　一周中哪一天的二氧化氮（NO_2）排放量（以 GT 为单位）最高？

❑　一天中什么时候的非甲烷碳氢化合物（NMHC）排放量（以 GT 为单位）最高？

❑　哪个月的一氧化碳（CO）排放量（以 GT 为单位）最低？

环境保护部门需要你通过良好的可视化来给出答案。

ⓘ 注意：

原始排放数据集来源于以下链接：

https://archive.ics.uci.edu/ml/machine-learning-databases/00360/

你也可以在本书配套 GitHub 存储库中找到该数据集。在下载数据压缩包文件之后，解压缩它，然后将 CSV 文件放置在本地 date 文件夹中。

以下步骤将帮助你完成本作业。

（1）打开一个新的 Jupyter Notebook。

（2）下载数据，然后使用 Pandas 读取数据。

（3）删除包含 NA 值的未知列和行。

（4）从日期列中提取不同的属性。

（5）使用本章所学的不同方法回答所有问题。

（6）使用合适的可视化方法得到相关图表。

对于第一个问题，你应该得到如图 14.48 所示的结果。

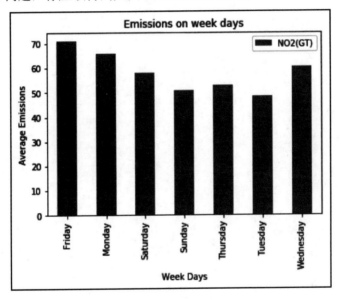

图 14.48　第一个问题的最终预期输出结果

💡提示：

本书附录提供了所有作业的答案。

14.4　小　　结

本章引导你练习了在真实数据集上完成不同数据处理任务的操作技巧。在第一个数据集中，你探索了不同的数据处理方法。其关键操作是将数据从宽格式转换为长格式，合并两个 DataFrame，以及使用 interpolate 方法估算缺失的数据。

在第二个数据集上，你练习了不同的预处理任务，例如分组和聚合，以及使用分箱技术将连续数据转换为分类数据。你还使用折线图和条形图回答了有关数据的问题。

在第三个数据集上，你从纬度和经度信息中提取了地理位置。在提取地理位置信息后，你还回答了一些关于公交线路服务水平的问题。

最后，在第四个数据集上，你需要使用不同的方法对数据进行预处理以构建分类模型。在完成这些练习和作业之后，现在你应该能够自信地使用 Pandas 解决和回答遇到的大多数数据科学问题。

附录 A 作业答案

作业 1.1 答案

请执行以下步骤以完成本作业。

（1）打开一个新的 Jupyter Notebook 并选择 Pandas_Workshop 内核。

（2）将 Pandas 和 random 导入你的 Notebook 中：

```
import pandas as pd
import random
```

（3）将 Store1.csv 数据加载到 DataFrame 中：

```
Store1 = pd.read_csv('../Datasets/Store1.csv')
Store1.head()
```

ℹ️ **注意：**

将上述代码中加粗显示的路径修改为你自己系统上的下载和保存文件的路径。

你应该得到如图 A.1 所示的输出结果。

	Months	Grocery_sales	Stationary_sales
0	Jan	16	57
1	Jan	44	139
2	Jan	15	85
3	Jan	59	8
4	Jan	36	106

图 A.1 第一家商店的销售数据

（4）同样，将 Store2.csv 数据加载到 DataFrame 中：

```
Store2 = pd.read_csv('../Datasets/Store2.csv')
Store2.head()
```

ℹ️ **注意：**

将上述代码中加粗显示的路径修改为你自己系统上的下载和保存文件的路径。

你应该得到如图 A.2 所示的输出结果。

	Months	Grocery_sales	Stationary_sales
0	Jan	36	84
1	Jan	51	63
2	Jan	17	71
3	Jan	48	65
4	Jan	57	66

图 A.2　第二家商店的销售数据

回答问题 1：哪家商店的季度销售额更高？

（5）只选择销售额值，然后对它们进行连续求和，找到 Store 1 的总销售额：

```
Sales_store1 = (Store1[['Grocery_sales','Stationary_
sales']].sum(axis=1)).sum()
Sales_store1
```

你应该得到以下值：

```
6082
```

按类似方法可以获取 Store2 的总销售额：

```
Sales_store2 = (Store2[['Grocery_sales','Stationary_
sales']].sum(axis=1)).sum()
Sales_store2
```

你应该得到以下值：

```
5847
```

从这两个值中可以看到，Store1 的销售额更高。

回答问题 2：哪家商店的杂货产品销售额最高？

（6）取 Store1 的杂货销售列并对值进行求和，如下所示：

```
# Store1 的杂货销售
Sales_store1 = Store1['Grocery_sales'].sum()
Sales_store1
```

你应该得到以下值：

```
2097
```

同样，获取 Store2 的杂货销售列并对值进行求和：

```
# Store2 的杂货销售
Sales_store2 = Store2['Grocery_sales'].sum()
Sales_store2
```

你应该得到以下值：

```
2696
```

从这两个值中可以看到，Store2 的杂货店销售额更高。

回答问题 3：哪家商店的 3 月份销售额最高？

（7）对于 Store1，根据月份对销售交易进行分组，然后汇总值以获得每月销售数据：

```
Sales_store1 = Store1.groupby(['Months'])[['Grocery_sales',
'Stationary_sales']].agg('sum').agg('sum',axis = 1)
Sales_store1
```

你应该得到以下输出结果：

```
Months
Feb    1744
Jan    1467
Mar    2871
dtype: int64
```

从该输出结果中可以看到，Store1 的 3 月销售额为 2871。

按同样的方式，找到 Store2 的 3 月销售额值：

```
Sales_store2 = Store2.groupby(['Months'])[['Grocery_sales',
'Stationary_sales']].agg('sum').agg('sum',axis = 1)
Sales_store2
```

你应该得到以下值：

```
Months
Feb    2050
Jan    1419
Mar    2378
dtype: int64
```

从该结果中可以看到，Store1 的 3 月份销售额较高。

回答问题 4：有多少天 Store1 商店的文具销售额高于 Store2 商店的文具销售额？

（8）要回答这个问题，需要首先使用 df.gt() 函数找出 Store1 的 Stationary_sales（文具销售额）大于 Store2 的 Stationary_sales 的数字：

```
Store1_stationary_greater = Store1[Store1['Stationary_sales'].
gt(Store2['Stationary_sales'],axis=0)]
Store1_stationary_greater
```

你应该看到如图 A.3 所示的输出结果。如果输出结果中有任何警告，你可以忽略这些警告。

	Months	Grocery_sales	Stationary_sales
1	Jan	44	139
2	Jan	15	85
4	Jan	36	106
5	Jan	27	136
6	Jan	74	116
7	Jan	63	142
8	Jan	65	129
9	Jan	12	138
10	Feb	34	112
11	Feb	73	100
12	Feb	45	135
13	Feb	31	13

图 A.3　Store1 的文具销售额高于 Store2 的文具销售额的记录（为节约篇幅，仅截取了一部分记录）

（9）要查找总天数，可以对上一步的输出中使用 len()函数：

```
len(store1_stationary_greater)
```

你应该得到以下值：

```
35
```

从该值可以看出，有 35 天 Store1 的文具销售额高于 Store2 的文具销售额。

作业 2.1 答案

请执行以下步骤以完成本作业。

（1）导入 Pandas 库：

```
import pandas as pd
```

（2）将 Datasets 目录中的 US_GDP.csv 文件读取到名为 GDP_data 的 DataFrame 中。该数据被存储在 date 和 GDP 两列中，并且（默认情况下）date 列作为 object 类型被读入。

本作业的目标是首先将 date 列转换为时间戳，然后将此列设置为索引，最后将更新之后的数据集保存到一个新文件中：

```
fname = '../Datasets/US_GDP.csv'
GDP_data = pd.read_csv(fname)
```

ⓘ **注意：**

将上述代码中加粗显示的路径修改为你自己系统上的下载和保存文件的路径。本书配套 GitHub 存储库提供了 US_GDP.csv 文件。

（3）显示 GDP_data 的前 5 行，这样你就可以看到文件中数据的格式：

```
GDP_data.head()
```

其输出结果应如图 A.4 所示。

（4）检查 GDP_data 的数据类型，特别是 date 列：

```
GDP_data.dtypes
```

其输出结果应如图 A.5 所示。

Out[2]:

	date	GDP
0	2017-03-31	19190.4
1	2017-06-30	19356.6
2	2017-09-30	19611.7
3	2017-12-31	19918.9
4	2018-03-31	20163.2

图 A.4　GDP_data 的前 5 行

```
Out[3]:  date      object
         GDP       float64
         dtype: object
```

图 A.5　GDP_data 的数据类型

（5）使用 pd.to_datetime()方法将 date 列转换为时间戳：

```
GDP_data['date'] = pd.to_datetime(GDP_data['date'])
```

（6）使用.set_index()方法将索引替换为 date 列。请务必使用 inplace = True，以便将结果应用于现有 DataFrame，并使用 drop = True 删除用于索引后的 date 列。最后使用.head()确认更改结果：

```
GDP_data.set_index('date', inplace = True)
```

```
GDP_data.head()
```

其输出结果应如图 A.6 所示。

```
Out[4]:
                        GDP
        date
  2017-03-31       19190.4
  2017-06-30       19356.6
  2017-09-30       19611.7
  2017-12-31       19918.9
  2018-03-31       20163.2
```

图 A.6   使用日期作为索引后的 GDP_data

（7）使用.to_csv()方法将文件保存到名为 US_GDP_date_index.csv 的新.csv 文件中。请记住根据需要更改加粗显示的数据集的路径：

```
GDP_data.to_csv('../Datasets/US_GDP_date_index.csv')
```

作业 3.1 答案

请执行以下步骤以完成本作业。

（1）在 Notebook 的第一个单元格中加载 Pandas 和 sqlite3 库：

```
import pandas as pd
import sqlite3
```

（2）获取 supply_company.db 中存在的表的列表。

```
tables = pd.read_sql("SELECT name FROM sqlite_master WHERE type = 'table'",
                sqlite3.connect('../datasets/supply_company.db'))
tables
```

ⓘ注意：

将上述代码中加粗显示的路径修改为你自己系统上的下载和保存文件的路径。你可以访问以下网址下载示例数据库：

https://github.com/PacktWorkshops/The-Pandas-Workshop/blob/master/Chapter03/datasets/supply_company.db

这会产生如图 A.7 所示的输出结果。

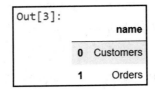

图 A.7　supply_company.db 中的表的列表

（3）使用 Pandas SQL 方法将包含订单的表加载到 DataFrame 中，如下所示：

```
orders = pd.read_sql("select * from Orders",\
                     sqlite3.connect("../datasets/supply_company.db"))
orders
```

这会产生如图 A.8 所示的输出结果（为节约篇幅，该图仅截取了一部分记录，实际上应该有 28 行记录）。

Out[3]:

	index	Customer_Number	date	item	qty	price	amount
0	0	25058	10/19/2020	354161666	62	91.50	5673.14
1	1	25058	11/10/2020	1129038342	38	79.79	3032.14
2	2	26069	11/23/2020	421919566	40	55.67	2226.76
3	3	26069	12/22/2020	1156861472	54	80.30	4336.03
4	4	26858	11/30/2020	936049686	64	45.37	2903.99
5	5	26858	12/9/2020	458515506	54	15.55	839.51
6	6	26858	11/6/2020	937462037	83	44.92	3728.20

图 A.8　supply_company.db 中的 Orders 表（仅片段）

（4）以下代码将检索数据中购买量最大的客户的 ID。

.groupby()可以按客户 ID 聚合数据，而.sum()则告诉 Pandas 通过对值进行求和来聚合数据。其效果是，如果客户有多个订单，则总金额将相加。

请注意，['amount']只是简单地索引 amount 列，而.sort_values(ascending = False)方法则会将数量中的最大值排序到第一个位置，然后 index[0]将返回客户 ID，因为.groupby()使得分组参数成为索引：

```
largest_cust= \
    orders.groupby('Customer_Number').sum()['amount'].\
                   sort_values(ascending = False).
```

```
index[0]
largest_cust
```

这应该返回目标客户的 ID，如下所示：

```
35549
```

（5）在包含客户的表中查找并列出该客户所在的行：

```
largest_cust_info = \
    pd.read_sql(("select * from Customers WHERE Customer_Number = " +
                str(largest_cust)),
            sqlite3.connect("../datasets/supply_company.db"))
largest_cust_info
```

这会产生如图 A.9 所示的输出结果。

Out[8]:

	index	Customer_Number	Company	City	State
0	5	35549	Certain Construction	Honolulu	HI

图 A.9　2020 年第四季度的最大客户是 Certain Construction

可以看到，来自檀香山市（Honolulu）的 Certain Construction 公司是 2020 年第四季度的最大客户。

在本作业中，你使用了 Pandas SQL 方法访问数据库并提取其中的信息以进行销售查询。Pandas 使处理多种数据类型变得相对容易，现在你已经可以使用 Pandas 处理诸如此类的业务或技术问题。

作业 4.1 答案

请执行以下步骤以完成本作业。

（1）打开一个新的 Jupyter Notebook 并选择 Pandas_Workshop 内核。

（2）导入 Pandas 包：

```
import pandas as pd
```

（3）将 CSV 文件加载到 DataFrame 中：

```
file_url = 'https://raw.githubusercontent.com/
PacktWorkshops/The-Pandas-Workshop/master/Chapter04/Data/car.csv'
data_frame = pd.read_csv(file_url)
```

（4）显示 DataFrame 的前 10 行：

```
data_frame.head(10)
```

其输出结果如图 A.10 所示。

	buying	maint	doors	persons	lug_boot	safety	class
0	vhigh	vhigh	2	2.0	small	low	unacc
1	vhigh	vhigh	2	2.0	small	med	unacc
2	vhigh	vhigh	2	NaN	small	high	unacc
3	vhigh	vhigh	2	2.0	med	low	unacc
4	vhigh	vhigh	2	2.0	med	med	unacc
5	NaN	vhigh	2	2.0	med	high	NaN
6	vhigh	vhigh	2	2.0	big	low	unacc
7	vhigh	vhigh	2	2.0	big	NaN	unacc
8	vhigh	vhigh	2	2.0	big	high	unacc
9	vhigh	NaN	2	4.0	small	low	unacc

图 A.10　显示 DataFrame 的前 10 行

可以看到，有几列包含一些缺失的数据（NaN）。使用 info()函数显示 DataFrame 的详细信息应该有助于我们确认这一点。

（5）使用 info()方法显示 DataFrame 中每一列的数据类型：

```
data_frame.info()
```

其输出结果如图 A.11 所示。

```
<class 'pandas.core.frame.DataFrame'>
RangeIndex: 1728 entries, 0 to 1727
Data columns (total 7 columns):
 #   Column    Non-Null Count  Dtype
---  ------    --------------  -----
 0   buying    1727 non-null   object
 1   maint     1727 non-null   object
 2   doors     1728 non-null   int64
 3   persons   1151 non-null   float64
 4   lug_boot  1728 non-null   object
 5   safety    1727 non-null   object
 6   class     1727 non-null   object
dtypes: float64(1), int64(1), object(5)
memory usage: 94.6+ KB
```

图 A.11　显示 DataFrame 的全部细节

可以看到，大多数列都包含了缺失数据。用适当的值替换它们是一个好主意。

此外，你可以看到大多数列都是 object 类型。你可以将它们转换为 category 类型，看看这如何有助于优化内存使用。

（6）通过替换方式来处理缺失值并显示 DataFrame 的前 10 行：

```
data_frame.fillna(value={  'buying': 'Unknown',\
                           'maint': 'Unknown',\
                           'doors': round(data_frame.doors.mean()),\
                           'persons':\
                           round(data_frame.persons.mean()),\
                           'lug_boot': 'Unknown',\
                           'safety': 'Unknown',\
                           'class': 'Unknown'},\
                  inplace=True)

data_frame.head(10)
```

其输出结果如图 A.12 所示。

	buying	maint	doors	persons	lug_boot	safety	class
0	vhigh	vhigh	2	2.0	small	low	unacc
1	vhigh	vhigh	2	2.0	small	med	unacc
2	vhigh	vhigh	2	3.0	small	high	unacc
3	vhigh	vhigh	2	2.0	med	low	unacc
4	vhigh	vhigh	2	2.0	med	med	unacc
5	Unknown	vhigh	2	2.0	med	high	Unknown
6	vhigh	vhigh	2	2.0	big	low	unacc
7	vhigh	vhigh	2	2.0	big	Unknown	unacc
8	vhigh	vhigh	2	2.0	big	high	unacc
9	vhigh	Unknown	2	4.0	small	low	unacc

图 A.12　DataFrame 的前 10 行

在上述代码中：对于数据类型为 object 的列，其中的缺失数据被替换为 Unknown 值；对于数据类型为数值（float64 或 int64）的列，其中的缺失数据被替换为按列的平均值。

（7）计算 buying（购买价格）、maint（维护价格）、doors（车门数量）、persons（人员承载能力）、lug_boot（行李箱大小）、safety（安全性）和 class（等级）列中的不同唯一值的数量。从 buying 列开始：

```
data_frame['buying'].nunique()
```

其输出结果如下所示：

```
5
```

这意味着 buying 列的 1728 行仅包含 5 个唯一值，因此你可以考虑稍后将其转换为 category 数据类型。

对 maint 列重复此步骤：

```
data_frame['maint'].nunique()
```

其输出结果如下：

```
5
```

maint 列的 1728 行仅包含 5 个唯一值，因此你也可以稍后将其转换为 category 数据类型。

计算 doors 列中的唯一值：

```
data_frame['doors'].nunique()
```

其输出结果如下：

```
4
```

doors 列的 1728 行仅包含 4 个唯一值，因此你可以稍后将其保留为 int64 数据类型。

计算 persons 列的唯一值：

```
data_frame['persons'].nunique()
```

其输出结果如下：

```
3
```

persons 列的 1728 行仅包含 3 个唯一值，因此你可以稍后将其转换为 int64 数据类型。

计算 lug_boot 列的唯一值：

```
data_frame['lug_boot '].nunique()
```

其输出结果如下：

```
3
```

lug_boot 列包含 3 个唯一值，你可以稍后将其转换为 category 数据类型。

对 safety（安全性）列重复该步骤：

```
data_frame['safety'].nunique()
```

其输出结果如下：

```
4
```

safety 列包含 4 个唯一值，你可以稍后将其转换为 category 数据类型。

最后，计算 class 列的唯一值：

```
data_frame['class'].nunique()
```

其输出结果如下：

```
5
```

class 列包含 5 个唯一值，你可以稍后将其转换为 category 数据类型。

（8）将 object 列转换为 category 列，将 float64 列转换为 int64 列：

```
data_frame= data_frame.astype({'buying': 'category',\
                               'maint': 'category',\
                               'persons': 'int',\
                               'lug_boot': 'category',\
                               'safety': 'category',\
                               'class': 'category'})
```

（9）显示 DataFrame 中每一列的数据类型：

```
data_frame.info()
```

其输出结果如图 A.13 所示。

```
<class 'pandas.core.frame.DataFrame'>
RangeIndex: 1728 entries, 0 to 1727
Data columns (total 7 columns):
 #   Column     Non-Null Count    Dtype
---  ------     --------------    -----
 0   buying     1728 non-null     category
 1   maint      1728 non-null     category
 2   doors      1728 non-null     int64
 3   persons    1728 non-null     int32
 4   lug_boot   1728 non-null     category
 5   safety     1728 non-null     category
 6   class      1728 non-null     category
dtypes: category(5), int32(1), int64(1)
memory usage: 29.8 KB
```

图 A.13　显示 DataFrame 的完整细节

现在你已经完成了缺失数据的处理并将数据转换为适当的类型，你可以看到 memory usage（内存使用量）减少了 60%，即从 94.6KB 减少到 29.8KB。这是确保数据集中具有适当数据类型很重要的众多原因之一。

作业 5.1 答案

请执行以下步骤以完成本作业。

（1）对于本作业，你只需要 Pandas 库。将其加载到 Notebook 的第一个单元格中：

```
import pandas as pd
```

（2）从 Datasets 目录中读取 mushroom.csv 数据并使用.head()列出前 5 行：

```
mushroom = pd.read_csv('../Datasets/mushroom.csv')
mushroom.head()
```

ⓘ **注意**：

将上述代码中加粗显示的路径修改为你自己系统上的下载和保存文件的路径。

这会产生如图 A.14 所示的输出结果。

Out[3]:		class	cap-shape	cap-surface	cap-color	bruises	odor	gill-attachment	gill-spacing	gill-size	gill-color	...	stalk-surface-below-ring	stalk-color-above-ring	stalk-color-below-ring	veil-type	veil-color	ring-numbe
	0	p	x	s	n	t	p	f	c	n	k	...	s	w	w	p	w	
	1	e	x	s	y	t	a	f	c	b	k	...	s	w	w	p	w	
	2	e	b	s	w	t	l	f	c	b	n	...	s	w	w	p	w	
	3	p	x	y	w	t	p	f	c	n	n	...	s	w	w	p	w	
	4	e	x	s	g	f	n	f	w	b	k	...	s	w	w	p	w	
5 rows × 23 columns																		

图 A.14　蘑菇数据

（3）你会看到 class 列和许多可见属性。显示所有列，看看还有什么要处理的项目：

```
mushroom.columns
```

这会产生如图 A.15 所示的输出结果。

（4）除了 class（蘑菇分类）列，你还可以看到 population（蘑菇菌落）和 habitat（生长环境）列，这些都是不可见的属性。因此，你决定使用 class、population 和 habitat 列创建一个多级索引：

```
my_index = pd.MultiIndex.from_frame(mushroom[[ 'class',\
                                               'population',\
                                               'habitat']])
```

```
Out[12]: Index(['class', 'cap-shape', 'cap-surface', 'cap-color', 'bruises', 'odor',
               'gill-attachment', 'gill-spacing', 'gill-size', 'gill-color',
               'stalk-shape', 'stalk-root', 'stalk-surface-above-ring',
               'stalk-surface-below-ring', 'stalk-color-above-ring',
               'stalk-color-below-ring', 'veil-type', 'veil-color', 'ring-number',
               'ring-type', 'spore-print-color', 'population', 'habitat'],
              dtype='object')
```

图 A.15　蘑菇 DataFrame 的列

（5）删除索引中的列并将 DataFrame 索引设置为多级索引。请务必删除现有的默认索引：

```
mushroom.drop( columns = ['class', 'population', 'habitat'],\
               inplace = True)
mushroom.set_index(my_index, inplace = True)
mushroom.head(10)
```

这会产生如图 A.16 所示的输出结果。

Out[19]:

class	population	habitat	cap-shape	cap-surface	cap-color	bruises	odor	gill-attachment	gill-spacing	gill-size	gill-color	stalk-shape	stalk-root	stalk-surface-above-ring	stalk-surface-below-ring	stalk-color-above-ring	stalk-color-below-ring	veil-type
p	s	u	x	s	n	t	p	f	c	n	k	e	e	s	s	w	w	p
e	n	g	x	s	y	t	a	f	c	b	k	e	c	s	s	w	w	p
		m	b	s	w	t	l	f	c	b	n	e	c	s	s	w	w	p
p	s	u	x	y	w	t	p	f	c	n	n	e	e	s	s	w	w	p
e	a	g	x	s	g	f	n	f	w	b	k	t	e	s	s	w	w	p
	n	g	x	y	y	t	a	f	c	b	n	e	c	s	s	w	w	p
		m	b	s	w	t	a	f	c	b	g	e	c	s	s	w	w	p
	s	m	b	y	w	t	l	f	c	b	n	e	c	s	s	w	w	p
p	v	g	x	y	w	t	p	f	c	n	p	e	e	s	s	w	w	p
e	s	m	b	s	y	t	a	f	c	b	g	e	c	s	s	w	w	p

图 A.16　包含多级索引的 DataFrame

（6）使用你学习过的.loc[]表示法，仅列出可食用（edible）的数据：

```
mushroom.loc['e']
```

这会产生如图 A.17 所示的输出结果。

Out[20]:

population	habitat	cap-shape	cap-surface	cap-color	bruises	odor	gill-attachment	gill-spacing	gill-size	gill-color	stalk-shape	stalk-root	stalk-surface-above-ring	stalk-surface-below-ring	stalk-color-above-ring	stalk-color-below-ring	veil-type	veil-color
n	g	x	s	y	t	a	f	c	b	k	e	c	s	s	w	w	p	w
	m	b	s	w	t	l	f	c	b	n	e	c	s	s	w	w	p	w
a	g	x	s	g	f	n	f	w	b	k	t	e	s	s	w	w	p	w
n	g	x	y	y	t	a	f	c	b	n	e	c	s	s	w	w	p	w
	m	b	s	w	t	f	c	b	g	e	c	s	s	w	w	p	w	
...	...																	
v	l	x	s	n	f	n	a	c	b	y	e	?	s	s	o	o	p	o
c	l	k	s	n	f	n	a	c	b	y	e	?	s	s	o	o	p	o
v	l	x	s	n	f	n	a	c	b	y	e	?	s	s	o	o	p	n
c	l	f	s	n	f	n	a	c	b	y	e	?	s	s	o	o	p	o
	l	x	s	n	f	n	a	c	b	y	e	?	s	s	o	o	p	o

4208 rows × 20 columns

图 A.17 仅包含食用菌的蘑菇数据

作业 6.1 答案

在本作业中，读取 2010 年和 2019 年美国大城市的一些人口数据并对其进行分析。

（1）本作业需要 Pandas 库，将其加载到 Notebook 的第一个单元格中：

```
import pandas as pd
```

（2）从 US_Census_SUB-IP-EST2019-ANNRNK_top_20_2010.csv 文件中读取 Pandas Series 数据。城市名称在第一列；读取它们，以便将它们用作索引。列出结果 Series：

```
populations_2010 = \
pd.read_csv('..//Datasets//US_Census_SUB-IP-EST2019-
ANNRNK_top_20_2010.csv',
          index_col = [0],
          squeeze = True)
populations_2010
```

其输出结果应如图 A.18 所示。

请注意，除了指定 index_col = [1]，我们还使用了 squeeze = True 将结果存储在 Series 中，而不是在 DataFrame 中。

（3）计算 2010 Series 中 3 个最大城市（纽约、洛杉矶和芝加哥）的总人口，并将结果保存在一个变量中：

```
top_3_2010 = sum(populations_2010[['New York', 'Los Angeles', 'Chicago']])
```

```
Out[13]: City
         New York                8190209
         Los Angeles             3795512
         Chicago                 2697477
         Houston                 2100280
         Phoenix                 1449038
         Philadelphia            1528283
         San Antonio             1332299
         San Diego               1305906
         Dallas                  1200350
         San Jose                 954940
         Austin                   806164
         Jacksonville             823114
         Fort Worth               748441
         Columbus                 790943
         Charlotte                738444
         San Francisco            805505
         Indianapolis             821579
         Seattle                  610630
         Denver                   603359
         District of Columbia     605226
         Name: 2010, dtype: int64
```

图 A.18　Populations_2010 Series

（4）从 US_Census_SUB-IP-EST2019-ANNRNK_top_20_2019.csv 文件中读取 2019 年的相应数据，再次使用第一列作为索引并将数据读入一个 Series 中：

```
populations_2019 = \
pd.read_csv('..//Datasets//US_Census_SUB-IP-EST2019-
ANNRNK_top_20_2019.csv',
            index_col = [0],
            squeeze = True)
populations_2019
```

其输出结果应如图 A.19 所示。

（5）计算 2019 Series 中相同 3 个城市的总人口，并将结果保存在变量中：

```
top_3_2019 = sum(populations_2019[['New York', 'Los Angeles', 'Chicago']])
```

（6）你被要求考虑 3 个最大城市是否有净移民。使用已保存的值，计算这 3 个城市从 2010 年到 2019 年的人口百分比变化。此外，计算所有城市的人口百分比变化。输出 3 个城市与所有城市的变化比较：

```
top_3_change = 100 * (top_3_2019 - top_3_2010) /
top_3_2010
```

```
all_change = 100 * sum(populations_2019 -
populations_2010) / sum(populations_2010)
#
print('top 3 changed', str(round(top_3_change, 1)),'%\n',
    'vs. all changed', str(round(all_change, 1)), '%')
```

```
Out[20]:   City
           New York               8336817
           Los Angeles            3979576
           Chicago                2693976
           Houston                2320268
           Phoenix                1680992
           Philadelphia           1584064
           San Antonio            1547253
           San Diego              1423851
           Dallas                 1343573
           San Jose               1021795
           Austin                  978908
           Jacksonville            911507
           Fort Worth              909585
           Columbus                898553
           Charlotte               885708
           San Francisco           881549
           Indianapolis            876384
           Seattle                 753675
           Denver                  727211
           District of Columbia    705749
           Name: 2019, dtype: int64
```

图 A.19　population_2019 Series，包含 2010 Series 中每个城市的更新值

其输出结果应如图 A.20 所示。

```
top 3 changed 2.2 %
vs. all changed 8.0 %
```

图 A.20　从 2010 年到 2019 年 3 个最大城市的人口变化百分比与从 2010 年到
2019 年所有城市的人口变化百分比的比较

可以看到，尽管 3 个最大城市仍有净增长，但远低于前 20 名城市的增长。另外，请注意，你也可以让两个 Series 相减，然后将它们的值相加以获得总变化，因为 Series 具有相同的索引。回想一下，Pandas 通常在对整个 Series 或 DataFrame 进行操作时对齐索引。如果在 Series 中有一些不同的城市，那么结果中就会有 NaN 值。

作业 6.2 答案

在本作业中，你需要分析美国国家海洋渔业局鲍鱼牡蛎调查的数据。特别是，你希望根据牡蛎壳中的年轮数获得数据中雄性和雌性样本维度的一些汇总值。年轮数是年龄的衡量标准，查看这些数据可以与往年进行比较，以帮助你了解牡蛎总体的健康状况。该数据包含若干个观察值，包括 Sex（性别）、Length（长度）、Diameter（直径）、Weight（重量）、Shell weight（壳重）和 Rings（年轮）数等。

（1）本作业只需要 Pandas 库，因此可将其加载到 Notebook 的第一个单元格中：

```
import pandas as pd
```

（2）将 abalone.csv 文件读入名为 abalone 的 DataFrame 中并查看前 5 行：

```
abalone = pd.read_csv('../Datasets/abalone.csv')
abalone.head()
```

其输出结果应如图 A.21 所示。

Out[4]:		Sex	Length	Diameter	Height	Whole weight	.Shucked weight	Viscera weight	Shell weight	Rings
	0	M	0.455	0.365	0.095	0.5140	0.2245	0.1010	0.150	15
	1	M	0.350	0.265	0.090	0.2255	0.0995	0.0485	0.070	7
	2	F	0.530	0.420	0.135	0.6770	0.2565	0.1415	0.210	9
	3	M	0.440	0.365	0.125	0.5160	0.2155	0.1140	0.155	10
	4	I	0.330	0.255	0.080	0.2050	0.0895	0.0395	0.055	7

图 A.21　鲍鱼牡蛎数据集的前 5 行

（3）从 Sex 和 Rings 列中创建一个 MultiIndex，因为这些都是你要为其汇总数据的变量。创建索引后，一定要删除 Sex 和 Rings 列：

```
my_index = pd.MultiIndex.from_frame(abalone[['Sex', 'Rings']])
abalone.drop(columns = ['Sex', 'Rings'], inplace = True)
abalone.set_index(my_index, inplace = True)
abalone.head(10)
```

其结果应如图 A.22 所示。

（4）你计划专注于超过 15 个年轮的牡蛎。你由于需要每种性别的统计数据，因此需要知道每种性别数据中 Rings 的值。

```
Out[5]:
```

		Length	Diameter	Height	Whole weight	.Shucked weight	Viscera weight	Shell weight
Sex	Rings							
M	15	0.455	0.365	0.095	0.5140	0.2245	0.1010	0.150
	7	0.350	0.265	0.090	0.2255	0.0995	0.0485	0.070
F	9	0.530	0.420	0.135	0.6770	0.2565	0.1415	0.210
M	10	0.440	0.365	0.125	0.5160	0.2155	0.1140	0.155
I	7	0.330	0.255	0.080	0.2050	0.0895	0.0395	0.055
	8	0.425	0.300	0.095	0.3515	0.1410	0.0775	0.120
F	20	0.530	0.415	0.150	0.7775	0.2370	0.1415	0.330
	16	0.545	0.425	0.125	0.7680	0.2940	0.1495	0.260
M	9	0.475	0.370	0.125	0.5095	0.2165	0.1125	0.165
F	19	0.550	0.440	0.150	0.8945	0.3145	0.1510	0.320

图 A.22　使用 Sex 和 Rings 列作为多级索引的 DataFrame

使用 abalone.loc['sex'].index 获取每个性别的所有值的列表（将 Sex 替换为 M，然后替换为 F）。其中，M 表示雄性，F 表示雌性。这很有效，你因为有两级索引，所以通过传递一个值来过滤 Sex，即可在下一级索引（即 Rings）中获得相关项目。

要过滤数据，你需要年轮的唯一值的列表。Python 提供了 set() 方法，该方法可以方便地生成一组唯一值，因此你可以按 set(abalone.loc['sex'].index) 的形式应用它，以将每个性别的年轮的唯一值存储在变量中：

```
min_rings = 16
all_rings_M = set(abalone.loc['M'].index)
all_rings_F = set(abalone.loc['F'].index)
```

（5）你还需要每个性别的最大年轮数。这可以使用 max(abalone.loc['sex'].index) 来获得，它的工作方式与获取所有值的方式相同。将每个性别的最大年轮数值存储在一个变量中：

```
max_rings_M = max(abalone.loc['M'].index)
max_rings_F = max(abalone.loc['F'].index)
```

（6）你需要找到每个性别的年轮数中大于 15 且属于该性别唯一值的值。你可以使用列表推导式来迭代可能的值并仅保留那些属于给定性别的值。这看起来应该如下所示：

```
[i for i in range(min_rings, max_rings + 1) if i in all_rings]
```

其中，all_rings 是性别的唯一值列表，min_rings 是 16（比 15 大 1），max_rings 是

该性别的最大值。

执行该操作并保存每个性别的结果：

```
rings_M = [ i for i in range(min_rings, max_rings_M + 1)
           if i in all_rings_M]
rings_F = [ i for i in range(min_rings, max_rings_F + 1)
           if i in all_rings_F]
```

（7）你需要为.Shuked weight（去壳重量）、Length（长度）、Diameter（直径）和 Height（高度）列选择每个性别的数据。对于每一列，你需要获得平均值。

由于使用了多级索引，因此可执行以下操作：

❑　abalone.loc['sex']可用于选择一种性别（M 或 F）。

❑　.loc[rings]可用于仅选择你在列表推导式中获得的年轮的值。

❑　你可以使用包含列的列表的括号表示法来选择列，如 [['Length', 'Diameter', 'Height', '.Shuucked weight']]。

❑　添加.mean(axis = 0)方法告诉 Pandas 获取列的平均值。

每个性别的整个操作如下所示：

```
abalone.loc['sex'][rings][[ 'Length', 'Diameter',
'Height', '.Shucked weight']].mean(axis = 0)
```

使用正确的年轮列表对每个性别执行此操作，并将每个结果保存在单独的变量中。

（8）输出两个性别之间的值的比较：

```
print('for oysters with', min_rings, 'or more rings\n')
print('males weigh', round(males['.Shucked weight'], 3),
      'vs. females weigh', round(females['.Shucked weight'], 3))
print('males are', round(males['Length'], 3), 'long ',
      'vs. females are', round(females['Length'], 3), 'long')
print('males are', round(males['Diameter'], 3), 'in diameter ',
      'vs. females are', round(females['Diameter'], 3), 'in diameter')
print('males are', round(males['Height'], 3), 'in height',
      'vs. females are', round(females['Height'], 3), 'in height')
```

其结果应如图 A.23 所示。

```
for oysters with 16 or more rings

males weigh 0.458 vs. females weigh 0.449
males are 0.603 long  vs. females are 0.603 long
males are 0.478 in diameter  vs. females are 0.479 in diameter
males are 0.176 in height  vs. females are 0.174 in height
```

图 A.23　较大牡蛎（16 年轮及以上）的大小汇总

作业 7.1 答案

请使用以下步骤完成本作业。

（1）打开一个 Jupyter Notebook。

（2）导入 Pandas 包：

```
import pandas as pd
```

将 CSV 文件加载到 DataFrame 中：

```
file_url = 'https://raw.githubusercontent.com/
PacktWorkshops/The-Pandas-Workshop/master/Chapter07/Data/
student-mat.csv'
data_frame = pd.read_csv(file_url, delimiter=';')
```

请注意，该 CSV 文件使用分号（;）作为分隔符。因此，需要使用 pd.read_csv() 的 delimiter 选项来明确指定要用于读取数据集的正确分隔符。

（3）修改 DataFrame 以仅包含以下列：

school（学校）、sex（性别）、age（年龄）、address（地址）、health（健康）、absences（缺勤）、G1、G2 和 G3。

```
data_frame = data_frame[[
    'school', 'sex', 'age', 'address', 'health',
'absences', 'G1', 'G2', 'G3'
]]
```

（4）显示 DataFrame 的前 10 行：

```
data_frame.head(10)
```

其输出结果如图 A.24 所示。

（5）构建一个以 school 为索引的数据透视表：

```
pd.pivot_table(data_frame,index=['school'])
```

其输出结果如图 A.25 所示。

默认情况下，数据透视表使用均值聚合。你可以从该数据透视表中得出的主要见解是，学校 GP 的缺勤率（~5.9）高于学校 MS（~3.7）。

	school	sex	age	address	health	absences	G1	G2	G3
0	GP	F	18	U	3	6	5	6	6
1	GP	F	17	U	3	4	5	5	6
2	GP	F	15	U	3	10	7	8	10
3	GP	F	15	U	5	2	15	14	15
4	GP	F	16	U	5	4	6	10	10
5	GP	M	16	U	5	10	15	15	15
6	GP	M	16	U	3	0	12	12	11
7	GP	F	17	U	1	6	6	5	6
8	GP	M	15	U	1	0	16	18	19
9	GP	M	15	U	5	0	14	15	15

图 A.24　DataFrame 的前 10 行

school	G1	G2	G3	absences	age	health
GP	10.939828	10.782235	10.489971	5.965616	16.521490	3.575931
MS	10.673913	10.195652	9.847826	3.760870	18.021739	3.391304

图 A.25　以 school 为索引的数据透视表

（6）构建一个以 school 和 age 为索引的数据透视表：

```
pd.pivot_table(data_frame, index=['school', 'age'])
```

其输出结果如图 A.26 所示。

从图 A.26 中可以看到：对于学校 GP 来说，19 岁和 22 岁的缺勤率最高（分别为 12.78 和 16）；对于学校 MS 来说，年龄组 20 的缺勤率最高（7.5）。

（7）构建一个以 school、sex 和 age 为索引的数据透视表，在 absences 列上使用 mean 和 sum 聚合函数：

```
pd.pivot_table(data_frame, index=['school', 'sex',
'age'], values = 'absences', aggfunc={'mean', 'sum'})
```

其输出结果如图 A.27 所示。

可以清楚地看到：对于学校 GP 来说，女性 19 岁年龄组的缺勤均值超过 10，男性 19 岁和 22 岁年龄组的缺勤均值超过 10；对于学校 MS 来说，只有男性 20 岁年龄组的缺勤均值超过 10。

school	age	G1	G2	G3	absences	health
GP	15	11.231707	11.365854	11.256098	3.341463	3.585366
	16	10.942308	11.182692	11.028846	5.451923	3.701923
	17	10.802326	10.383721	10.232558	6.709302	3.639535
	18	10.614035	9.964912	9.157895	7.333333	3.350877
	19	11.222222	10.055556	9.055556	12.777778	3.277778
	20	17.000000	18.000000	18.000000	0.000000	5.000000
	22	6.000000	8.000000	8.000000	16.000000	1.000000
MS	17	11.583333	11.166667	10.583333	4.666667	2.500000
	18	10.960000	10.520000	10.440000	3.120000	3.640000
	19	7.333333	6.833333	5.666667	3.500000	4.166667
	20	12.000000	11.500000	12.000000	7.500000	3.500000
	21	10.000000	8.000000	7.000000	3.000000	3.000000

图 A.26　以 school 和 age 为索引的数据透视表

school	sex	age	mean	sum
GP	F	15	3.894737	148.0
		16	5.888889	318.0
		17	7.120000	356.0
		18	8.137931	236.0
		19	13.083333	157.0
	M	15	2.863636	126.0
		16	4.980000	249.0
		17	6.138889	221.0
		18	6.500000	182.0
		19	12.166667	73.0
		20	0.000000	0.0
		22	16.000000	16.0
MS	F	17	5.625000	45.0
		18	1.785714	25.0
		19	2.000000	4.0
		20	4.000000	4.0
	M	17	2.750000	11.0
		18	4.818182	53.0
		19	4.250000	17.0
		20	11.000000	11.0
		21	3.000000	3.0

图 A.27　以 school、sex 和 age 为索引的数据透视表

作业 8.1 答案

请使用以下步骤完成本作业。

（1）打开一个新的 Jupyter Notebook。

（2）导入 Pandas、NumPy 和 Matplotlib 包：

```
import pandas as pd
import numpy as np
import matplotlib.pyplot as plt
```

（3）将 CSV 文件加载到 DataFrame 中：

```
file_url = 'PUF2020final_v1coll.csv'
data_frame = pd.read_csv(file_url)
```

（4）仅保留所需的列，即 REGION（地区）、SQFT（平方英尺）、BEDROOMS（卧室）和 PRICE（价格）列：

```
data_frame = data_frame[["REGION", "SQFT", "BEDROOMS", "PRICE"]]
```

（5）显示 DataFrame 的前 10 行：

```
data_frame.head(10)
```

其输出结果如图 A.28 所示。

	REGION	SQFT	BEDROOMS	PRICE
0	3	960	1	52000
1	3	1300	3	39900
2	4	1200	3	60000
3	4	730	1	9
4	4	500	1	87000
5	4	1100	3	56000
6	1	1000	1	9
7	3	700	1	42600
8	3	700	1	46300
9	3	1200	3	61000

图 A.28　包含所需列的 DataFrame

（6）绘制 PRICE 的直方图：

```
data_frame.PRICE.plot(kind = 'hist');
```

其输出结果如图 A.29 所示。

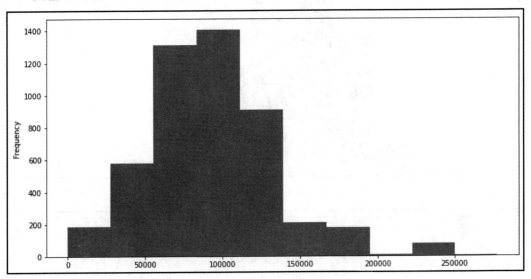

图 A.29　PRICE 的直方图

可以看到，似乎大多数房产的售价都为 5 万～15 万，还有一些房产的售价属于异常值，超过了 20 万。

（7）绘制 SQFT 的直方图：

```
data_frame.SQFT.plot(kind = 'hist');
```

其输出结果如图 A.30 所示。

可以看到，与 PRICE 相比，SQFT 具有完全不同的分布。大多数观察值为 700～2500。其余的观察值代表数据集的一小部分。我们还可以看到一些超过 3000 的极端异常值。

（8）绘制 PRICE 和 SQFT 的散点图：

```
data_frame.plot(kind='scatter', y = 'PRICE', x = 'SQFT');
```

其输出结果如图 A.31 所示。

显然，房产的大小与价格之间存在正相关关系。当 SQFT 低于 1000 时，PRICE 保持低于 150000。随着超过 1000 平方英尺，这些房产将变得越来越昂贵。

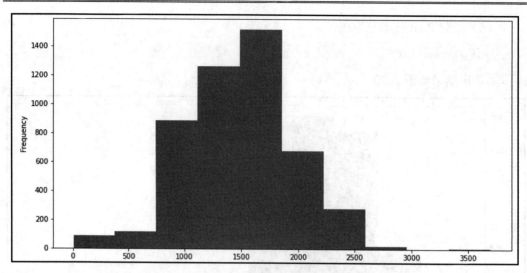

图 A.30　SQFT 的直方图

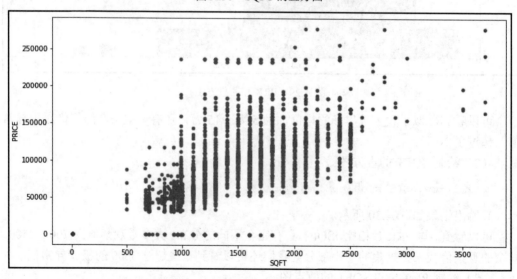

图 A.31　PRICE 和 SQFT 的散点图

（9）在 PRICE 上绘制 BEDROOMS 的箱线图：

```
data_frame.boxplot(by='BEDROOMS', column='PRICE');
```

其输出结果如图 A.32 所示。

看起来 BEDROOMS 变量与 PRICE 呈正相关。一居室房屋价格的中位数接近 6 万，而三居室房屋价格的中位数接近 10 万。可以看到，可能存在一些具有九间卧室的异常情况。

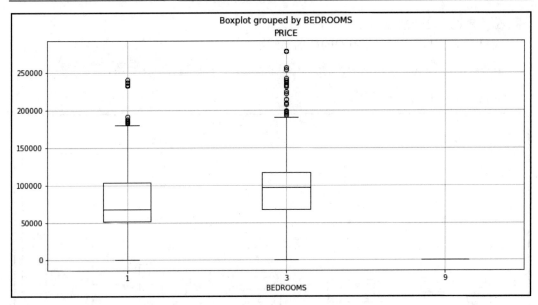

图 A.32　BEDROOMS 和 PRICE 的箱线图

（10）绘制 BEDROOMS 和 PRICE 的散点图：

```
data_frame.plot(kind='scatter', x = 'BEDROOMS', y = 'PRICE');
```

其输出结果如图 A.33 所示。

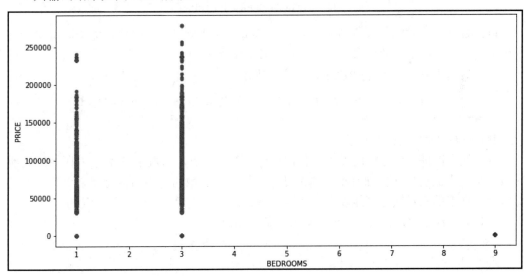

图 A.33　BEDROOMS 和 PRICE 的散点图

总的来说，这个散点图也证实了我们之前的发现。

（11）基于 PRICE 绘制 REGION 的箱线图：

```
data_frame.boxplot(by='REGION', column='PRICE');
```

其输出结果如图 A.34 所示。

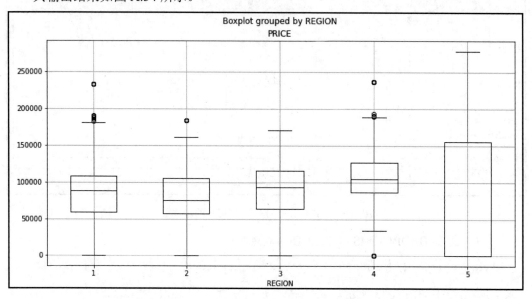

图 A.34　REGION 和 PRICE 的箱线图

可以看到，REGION 变量对应不同的价格分布。也就是说，价格可能会因房屋所在的地区而异。相同地区的房屋价格也表现出较大的差异。

（12）基于 PRICE 绘制 REGION 的散点图：

```
data_frame.plot(kind='scatter', x = 'REGION', y = 'PRICE')
plt.show()
```

其输出结果如图 A.35 所示。

这个散点图证实了之前的发现。我们还可以补充一点，由数字 5 表示的区域比其他区域包含更少的房屋（仔细看小点的密度），尽管该区域的价格通常看起来更高，但相对缺乏数据点的相对缺乏可能表明这些情况是异常值，或者这是一个新开发的区域。

（13）绘制 REGION 和 PRICE 的水平条形图：

```
pd.pivot_table(data_frame,index=['REGION']).PRICE.
plot(kind='barh');
```

其输出结果如图 A.36 所示。

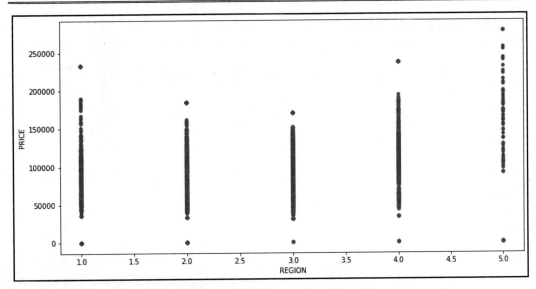

图 A.35 PRICE 和 REGION 的散点图

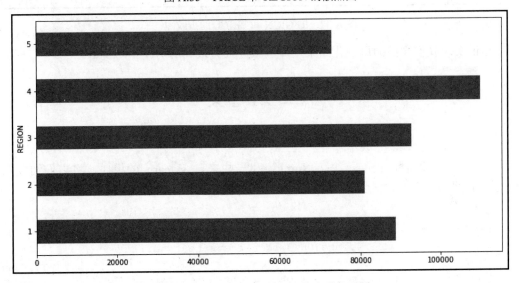

图 A.36 REGION 和 PRICE 的水平条形图

通过查看此图表我们可以找出哪个区域的平均价格最高，在本示例中，由数字 4 表示的区域的平均价格最高。

（14）绘制 REGION 和 PRICE 的折线图：

```
pd.pivot_table(data_frame,index=['REGION']).PRICE.plot();
```

其输出结果如图 A.37 所示。

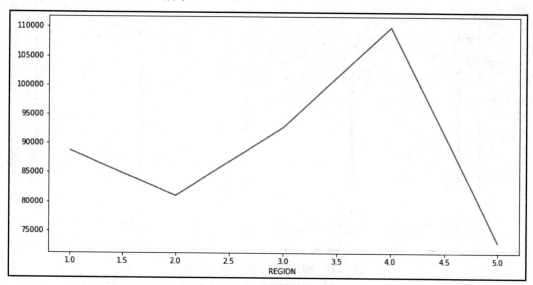

图 A.37 REGION 和 PRICE 的折线图

这证实了我们之前的可视化结果，即区域 4 拥有最高的房屋平均价格。

作业 9.1 答案

请执行以下步骤以完成本作业。

（1）本作业需要 Pandas 库、NumPy 和一些来自 sklearn 的模块。将它们加载到 Notebook 的第一个单元格中：

```
import pandas as pd
import numpy as np
from sklearn.model_selection import train_test_split
from sklearn.preprocessing import StandardScaler
from sklearn.linear_model import LinearRegression as OLS
from sklearn.metrics import mean_squared_error
```

（2）使用 power_plant.csv 数据集：'Datasets/power_plant.csv'。将该数据读入 Pandas DataFrame 中，输出其形状，并列出前 5 行。

自变量如下：

❑ AT——环境温度（ambient temperature）。

❑ V——排气真空度（exhaust vacuum level）。

❑ AP——环境压力（ambient pressure）。

❑ RH——相对湿度（relative humidity）。

因变量如下：

EP——产生的电能（electrical power）。

代码示例如下：

```
power_data = pd.read_csv('Datasets/power_plant.csv')
print(power_data.shape)
power_data.head()
```

其输出结果如图 A.38 所示。

Out[5]:	AT	V	AP	RH	EP
0	8.34	40.77	1010.84	90.01	480.48
1	23.64	58.49	1011.40	74.20	445.75
2	29.74	56.90	1007.15	41.91	438.76
3	19.07	49.69	1007.22	76.79	453.09
4	11.80	40.66	1017.13	97.20	464.43

图 A.38　发电厂数据

（3）使用 Python 和 Pandas 但不使用 sklearn 方法，将数据分成训练集、验证集和测试集（拆分因子为 0.8、0.1 和 0.1）。这里之所以将训练集的拆分比例设置为 0.8，是因为该数据集中有大量的行，所以验证集和测试集虽然仅占 0.1 的比例，但仍然包含足够的记录：

```
np.random.seed(42)
train_rows = \
    pd.Series(np.random.choice(list(power_data.index),
                               int(0.8 * power_data.shape[0]),
                               replace = False))
val_rows = \
    pd.Series(np.random.choice(list(power_data.drop(train_rows,
                               axis = 0).index),
                  int(0.1 * power_data.shape[0]),
                  replace = False))
test_rows = \
    pd.Series(power_data.drop(pd.concat([train_rows,
```

```
                                                val_rows]),
                              axis = 0).index)train_data
= power_data.iloc[train_rows, :]
val_data = power_data.iloc[val_rows, :]
test_data = power_data.iloc[test_rows, :]
print('train is ', train_data.shape, ' rows, cols\n',
     'val is ', val_data.shape, ' rows, cols\n',
     'test is ', test_data.shape, 'rows, cols')#
```

你应该看到如图 A.39 所示的输出结果。

```
train is  (7654, 5) rows, cols
 val is  (956, 5) rows, cols
 test is  (958, 5) rows, cols
```

图 A.39　手动拆分数据

（4）重复步骤（3）中的拆分，但使用 train_test_split。调用它一次以拆分训练数据，然后再次调用它以将剩余的内容拆分为 val 和 test：

```
train_data_2, val_data_2 = \
    train_test_split(power_data, train_size = 0.8, random_state = 42)
val_data_2, test_data_2 = \
    train_test_split(val_data_2, test_size = 0.5, random_state = 42)
print('train is ', train_data_2.shape, ' rows, cols\
n','val is ', val_data_2.shape, ' rows, cols\n', 'test is',
test_data_2.shape, 'rows, cols')
```

运行此代码将导致如图 A.40 所示的输出结果。

```
train is  (7654, 5) rows, cols
 val is  (957, 5) rows, cols
 test is  (957, 5) rows, cols
```

图 A.40　使用 train_test_split()两次以拆分数据集

（5）证明行数在所有情况下都是正确的。

可以看到，在第一种情况下，val 和 test 相差两行，test 比第二种情况多一行，val 比第一种情况少一行。这是将 val 数据集采样为 int(0.1 * power_data.shape[0])的结果，它向下舍入一个值。

（6）将.StandardScaler()拟合到步骤（3）中的训练数据，然后转换 train、validation 和 test X。注意不要转换 EP 列，因为它是目标变量：

```
scaler = StandardScaler()
scaler.fit(train_data.iloc[:, :-1])
```

```
train_X = scaler.transform(train_data.iloc[:, :-1])
train_y = train_data['EP']
val_X = scaler.transform(val_data.iloc[:, :-1])
val_y = val_data['EP']
test_X = scaler.transform(test_data.iloc[:, :-1])
test_y = test_data['EP']
```

（7）将.LinearRegression()模型拟合到已经缩放的训练数据中，使用 X 变量预测 y（即 EP 列）：

```
linear_model = OLS()
linear_model.fit(train_X, train_y)
```

（8）分别在 train、validation 和 test 数据集上应用模型并输出 R2 分数和 RMSE：

```
print('train score: ', linear_model.score(train_X, train_y),
      '\nvalidation score: ', linear_model.score(val_X, val_y),
      '\ntest score: ', linear_model.score(test_X, test_y))
print('train RMSE: ',
      mean_squared_error(linear_model.predict(train_X), train_y),
      '\nvalidation RMSE: ',
      mean_squared_error(linear_model.predict(val_X), val_y),
      '\ntest RMSE: ',
      mean_squared_error(linear_model.predict(test_X), test_y))
```

这会产生如图 A.41 所示的输出结果。

```
train score:  0.9287072840354756
validation score:  0.9238845251967255
test score:  0.9333918854821254
train RMSE:  20.732519659228675
validation RMSE:  22.82059184376622
test RMSE:  19.0233909525747
```

图 A.41　从其他变量预测 EP 的结果

你会看到该线性模型预测了近 93% 的发电变化，并且验证集和测试集的结果几乎相同。这些结果提供了一个基线——建模的最佳实践是在工作流程的早期创建一个简单的基线模型，这样当你对更复杂的模型进行更改时，你就有了改进的参考。

作业 10.1 答案

假设你是一家金融咨询公司的分析师。你的经理已向你提供了三个股票代码，并要求你就它们如何与它们的价格表现相关联提供意见。

你获得了一个 stock.csv 数据文件,其中包含 symbols(交易品种)、closing prices(收盘价)、trading volumes(交易量)和 sentiment indicator(情绪指标)——这是有关股票质量的一些视图,但没有告诉你确切的定义。

你在这里的初始目标是确定所有三只股票是否都显示出相似的市场特征,如果它们中的任何一个或全部显示出相似的市场特征,则使用平滑技术进行初步可视化。

你的长期目标是尝试构建一些预测模型,以便将数据拆分为训练集和测试集。由于它是一个时间序列,因此重要的是按时间拆分,而不是随机拆分。

本作业需要 Pandas 库、来自 sklearn 的缩放模块和 Matplotlib。

请执行以下步骤以完成本作业。

(1)加载所需的库:

```
import pandas as pd
from sklearn.preprocessing import StandardScaler
import matplotlib.pyplot as plt
```

(2)加载 stocks.csv 文件并将其存储在名为 my_data 的 DataFrame 中。使用.head() 方法显示前 5 行:

```
my_data = pd.read_csv('Datasets/stocks.csv')
my_data.head()
```

其输出结果应如图 A.42 所示。

Out[5]:	Date	Close	Volume	symbol	sentiment
0	2017-04-17	20636.919922	229240000	S1	NEUTRAL
1	2017-04-17	20.000000	88300	S2	NEUTRAL
2	2017-04-17	5400.000000	0	S3	NEUTRAL
3	2017-04-18	20523.279297	263180000	S1	NEUTRAL
4	2017-04-18	20.150000	60500	S2	NEUTRAL

图 A.42　股票数据

(3)检查.dtypes 并将日期转换为 Pandas datetime 数据类型(如果需要的话):

```
my_data.dtypes
```

其结果如图 A.43 所示。

```
Out[6]:  Date             object
         Close           float64
         Volume            int64
         symbol           object
         sentiment        object
         dtype: object
```

图 A.43 my_data 中的对象类型

（4）由于日期是 object 类型（因为它被读取为字符串），因此需要使用 pd.to_datetime()将其转换为 datetime 数据类型，然后使用.describe()检查结果：

```
my_data['Date'] = pd.to_datetime(my_data['Date'])
my_data['Date'].describe()
```

日期范围应如图 A.44 所示。

```
Out[7]:  count                       753
         unique                      251
         top        2017-08-29 00:00:00
         freq                          3
         first      2017-04-17 00:00:00
         last       2018-04-13 00:00:00
         Name: Date, dtype: object
```

图 A.44 转换为 datetime 类型后的日期

（5）根据日期将数据拆分为 train 和 test 数据集，保留最近 3 个月的数据作为 test 集。请注意，你不能进行随机拆分，因为最终目标是预测未来值，因此测试数据需要是最新的，并且与训练数据相比都是未来的。周期的选择相对可以是随意的，但在本示例中，管理层要求提供 90 天的预测窗口：

```
train_end = '2018-01-13'
train = my_data.loc[my_data['Date'] <= train_end, :]
test = my_data.loc[my_data['Date'] > train_end, :]
```

（6）生成散点图，显示不同股票代码随时间变化的价格，并确定训练集和测试集。为此，添加以下代码。请注意，.groupby()方法可以在没有任何聚合函数的情况下使用，并创建一个可迭代对象，使可视化变得方便。如果需要，你可以通过运行 list(symbols_train)并检查其输出结果来理解该对象：

```
figure, ax = plt.subplots(figsize = (11, 8))
symbols_train = train.groupby('symbol')
symbols_test = test.groupby('symbol')
for train_name, symbol_train in symbols_train:
```

```
    ax.scatter( symbol_train.Date,
               symbol_train.Close,
               label = 'closing ' + train_name + '(train_set)')
for test_name, symbol_test in symbols_test:
    ax.scatter( symbol_test.Date,
               symbol_test.Close,
               label = 'closing ' + test_name + ' (test set)')
ax.legend(fontsize = 12)
ax.set_ylabel('Closing Price', fontsize = 14)
ax.tick_params(labelsize = 12)
ax.set_title('Comparison of three stocks ca 2017-2018',
             fontsize = 16)
plt.show()
```

这应该会产生如图 A.45 所示的输出结果。

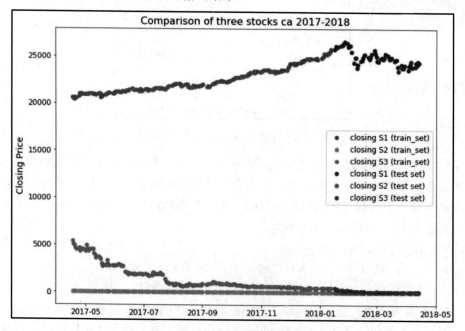

图 A.45　股票数据的初始散点图

你会看到，由于 S2 的定价差异很大，因此我们无法在此图表中说明有关 S2 的任何信息。此外，S1 和 S3 相差 4 倍，因此二者都在 y 轴上被压缩。

（7）你会发现最初的散点图提供不了什么信息，这是因为不同的交易品种有完全不同的收盘价，所以有些交易品种的散点图被压缩在 y 轴的底部，根本看不出什么东西。

分别绘制每个交易品种价格分布的直方图，并使用足够的分箱来查看细节。在以下示例中，我们使用 50 个分箱（bin）：

```
symbols = my_data.symbol.unique()
for i in range(len(symbols)):
    fig, ax = plt.subplots(figsize = (5.5, 4.5))
    ax.hist(my_data.groupby('symbol').get_group(symbols[i])['Close'],
            bins = 50)
    ax.set_title('Closing Price Distribution\nSymbol ' + symbols[i])
    plt.show()
```

这 3 个直方图应如图 A.46 所示。

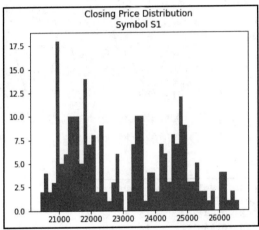
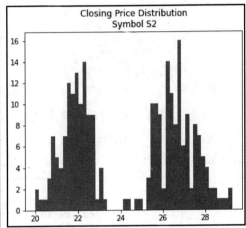

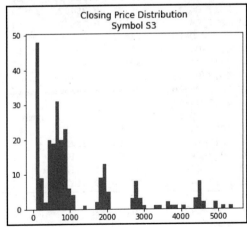

图 A.46　三只股票代码的原始收盘价直方图

从上述分布中我们可以看出，S1 和 S2 的行为更加相似。

（8）由于你看到收盘价有完全不同的范围，你需要分别缩放每个交易品种。使用 sklearn 的 StandardScaler 按交易品种缩放原始收盘价和交易量数据，将每个交易品种存储为列表中的新 DataFrame，使用 scalers 作为另一个列表：

```
scale_cols = ['Close', 'Volume']     # 指定将应用 scaler 的列
scalers = []                          # 保留用于每个交易品种的 scaler 方法的记录
scaled_data = []                      # 在列表中存储缩放的数据
for this_symbol in range(len(symbols)):
    scalers.append(StandardScaler())
    (scaled_data.append(my_data.groupby('symbol').
                        get_group(symbols[this_symbol]).copy()))
    scaled_data[this_symbol].loc[:, scale_cols] = \
        (scalers[this_symbol].
        fit_transform(scaled_data[this_symbol].loc[:,scale_cols]))
[data.head() for data in scaled_data]
```

这会产生如图 A.47 所示的输出结果。请注意，由于 scaled_data 是一个列表，列表的每个元素都是一个 DataFrame，其中包含只有一个交易品种的数据，列表推导式将遍历 scaled_data 并依次显示每个 DataFrame 的.head()。

```
Out[41]: [         Date      Close     Volume  symbol sentiment
        0  2017-04-17  -1.469506  -1.175399      S1   NEUTRAL
        3  2017-04-18  -1.538998  -0.840327      S1   NEUTRAL
        6  2017-04-19  -1.611638  -0.528257      S1   NEUTRAL
        9  2017-04-20  -1.505101  -0.354008      S1       POS
       14  2017-04-21  -1.524028   0.210303      S1   NEUTRAL,
                 Date      Close     Volume  symbol sentiment
        1  2017-04-17  -1.757829   0.198494      S2   NEUTRAL
        4  2017-04-18  -1.699092  -0.359611      S2   NEUTRAL
        7  2017-04-19  -1.640355   0.351069      S2   NEUTRAL
       10  2017-04-20  -1.424984  -0.443929      S2       POS
       12  2017-04-21  -1.483721  -0.259233      S2   NEUTRAL,
                 Date      Close     Volume  symbol sentiment
        2  2017-04-17   3.342186  -0.211226      S3   NEUTRAL
        5  2017-04-18   3.104449  -0.211226      S3   NEUTRAL
        8  2017-04-19   2.985580  -0.211226      S3   NEUTRAL
       11  2017-04-20   2.747843  -0.211226      S3       NEG
       13  2017-04-21   2.628974  -0.211226      S3   NEUTRAL]
```

图 A.47　按交易品种分类的股票数据

（9）像以前一样绘制训练集/测试集数据的图形，在交易品种上进行循环迭代。你可

以在本书配套 GitHub 存储库上查看代码：

https://github.com/PacktWorkshops/The-Pandas-Workshop/blob/master/Chapter10/Activity10.01.ipynb

其输出结果应如图 A.48 所示。

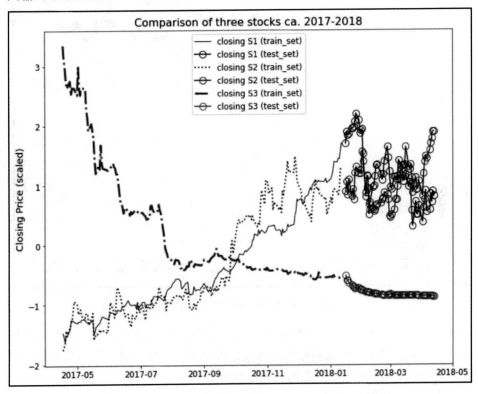

图 A.48　绘制三个交易品种的图形，每个交易品种单独缩放

（10）图 A.48 给出的画面与图 A.46 截然不同。你现在可以看到 S1 和 S2 的趋势非常相似，而 S3 则完全不同。重新绘制 S1 和 S2，但应用 14 天的平滑，并比较这两只股票在 2017-09 以后的表现是否相同。你可以在本书配套 GitHub 存储库上找到该代码：

https://github.com/PacktWorkshops/The-Pandas-Workshop/blob/master/Chapter10/Activity10.01.ipynb

此时的绘图结果应如图 A.49 所示。

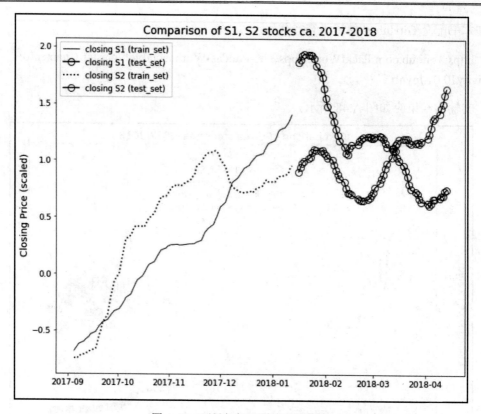

图 A.49　两只相似股票的平滑数据

你注意到，在图 A.49 的后半部分，两只股票的波峰和波谷似乎有一些相似之处，尽管并不完全一致。有了这个观察结果，你决定做更多的市场调查，看看是否有事件或其他因素可能导致这两只股票在这段时间内表现相似。

作业 11.1 答案

作为针对有毒气体一氧化碳（CO）改进金属氧化物半导体传感器的研究工作的一部分，你需要研究传感器阵列的传感器响应模型。你将查看数据，对非线性特征执行一些特征工程，然后将基线线性回归方法与随机森林模型进行比较。

请执行以下步骤以完成本作业。

（1）本练习需要 Pandas 和 NumPy 库，来自 sklearn 的三个模块，以及 Matplotlib 和

Seaborn。将它们加载到 Notebook 的第一个单元格中：

```
import pandas as pd
import numpy as np
from sklearn.linear_model import LinearRegression as OLS
from sklearn.ensemble import RandomForestRegressor
from sklearn.preprocessing import StandardScaler
import matplotlib.pyplot as plt
import seaborn as sns
```

（2）和之前所做的一样，创建一个 utility 函数来绘制直方图网格，不过这需要给定数据，指示绘制哪些变量、网格的行和列以及多少 bin。类似地，创建一个 utility 函数允许你在给定网格的行和列之后，将变量列表绘制为针对给定 x 变量的散点图。

你可以在本书配套 GitHub 存储库找到该代码：

https://github.com/PacktWorkshops/The-Pandas-Workshop/blob/master/Chapter11/
Activity11_01/Activity11.01.ipynb

（3）现在将 CO_sensors.csv 文件加载到名为 my_data 的 DataFrame 中：

```
my_data = pd.read_csv('Datasets/CO_sensors.csv')
my_data.head()
```

这应该会产生如图 A.50 所示的结果。

	Time (s)	CO (ppm)	Humidity (%r.h.)	Temperature (C)	Flow rate (mL/min)	Heater voltage (V)	R1 (MOhm)	R2 (MOhm)	R3 (MOhm)	R4 (MOhm)	R5 (MOhm)	R6 (MOhm)	R7 (MOhm)	R8 (MOhm)	R9 (MOhm)	R10 (MOhm)	R (MOh
0	0.000	0.0	49.21	26.38	247.2771	0.1994	0.5114	0.5863	0.5716	1.9386	1.1669	0.7103	0.5541	51.0146	40.8079	47.8748	4.60
1	0.311	0.0	49.21	26.38	243.3618	0.7158	0.0626	0.1586	0.1161	0.1347	0.1385	0.1545	0.1307	0.1935	0.1341	0.1773	0.14
2	0.620	0.0	49.21	26.38	242.4944	0.8840	0.0654	0.1496	0.1075	0.1076	0.1131	0.1363	0.1188	0.1195	0.1049	0.1289	0.1
3	0.930	0.0	49.21	26.38	241.6242	0.8932	0.0722	0.1444	0.1074	0.1032	0.1106	0.1306	0.1190	0.1125	0.1014	0.1232	0.1
4	1.238	0.0	49.21	26.38	240.8151	0.8974	0.0767	0.1417	0.1098	0.1025	0.1116	0.1284	0.1208	0.1111	0.1008	0.1226	0.1

图 A.50　CO 传感器数据

（4）使用.describe().T 进一步检查数据：

```
my_data.describe().T
```

这会产生如图 A.51 所示的输出结果。

	count	mean	std	min	25%	50%	75%	max
Time (s)	295700.0	45435.140266	26245.705362	0.0000	22696.21350	45430.5430	68165.08150	90901.7260
CO (ppm)	295700.0	9.900266	6.426957	0.0000	4.44000	8.8900	15.56000	20.0000
Humidity (%r.h.)	295700.0	45.607506	12.445601	16.4300	36.14000	46.7000	55.37000	72.9800
Temperature (C)	295700.0	26.720057	0.418020	25.3800	26.38000	26.6600	27.06000	27.4200
Flow rate (mL/min)	295700.0	239.943680	1.697848	0.0000	239.90420	239.9716	240.03660	262.3167
Heater voltage (V)	295700.0	0.355212	0.288572	0.1990	0.20000	0.2000	0.20700	0.9010
R1 (MOhm)	295700.0	15.198374	22.583110	0.0324	0.40480	1.7121	25.85040	119.5851
R2 (MOhm)	295700.0	17.440031	26.665302	0.0555	0.48140	1.3664	29.05830	142.5199
R3 (MOhm)	295700.0	22.151461	28.585001	0.0541	0.57940	4.0667	44.88580	127.2483
R4 (MOhm)	295700.0	19.759571	16.412620	0.0394	1.94360	19.9434	31.75500	78.4601
R5 (MOhm)	295700.0	31.360319	27.068315	0.0480	1.72010	32.3170	51.48750	194.6753
R6 (MOhm)	295700.0	28.601243	27.198270	0.0493	1.50860	22.5929	49.60550	122.0913
R7 (MOhm)	295700.0	31.640992	27.612186	0.0517	1.80335	31.2996	52.41740	177.9975
R8 (MOhm)	295700.0	26.658295	19.523869	0.0334	11.69870	26.4721	40.41290	93.4149
R9 (MOhm)	295700.0	23.000006	17.919762	0.0291	8.44600	21.5685	35.50410	109.1693
R10 (MOhm)	295700.0	25.417975	20.410103	0.0368	7.56070	23.1211	39.88530	92.5828
R11 (MOhm)	295700.0	27.205435	20.348773	0.0309	10.29880	26.6826	41.73510	105.0967
R12 (MOhm)	295700.0	25.201259	18.560530	0.0327	9.45670	25.2860	38.99700	129.9261
R13 (MOhm)	295700.0	22.026591	17.036098	0.0331	7.59640	20.8730	34.05870	74.7083
R14 (MOhm)	295700.0	28.258380	21.982871	0.0316	9.47520	26.3557	44.15375	92.5210

图 A.51　传感器数据的详细信息

（5）使用直方图网格 utility 函数绘制所有列的直方图，但 Time(s)列除外：

```
plot_histogram_grid(my_data, my_data.columns[1:], 7, 3, 25)
```

其输出结果应如图 A.52 所示。

（6）使用 Seaborn 生成前 5 列的 pairplot（不包括传感器读数）：

```
sns.pairplot(my_data.iloc[:, :5],
        height = 1.5, aspect = 1)
```

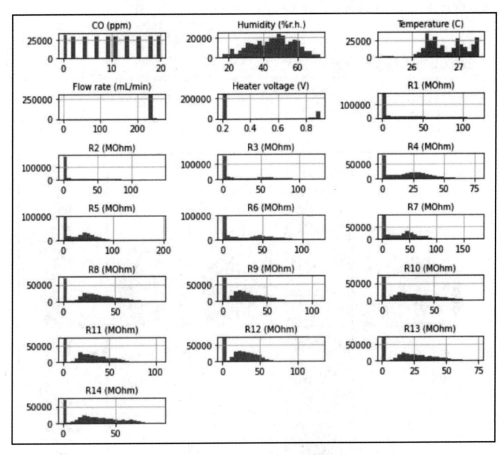

图 A.52　传感器数据的直方图

该图应如图 A.53 所示（取决于你如何定义函数和选项）。

（7）使用散点图网格 utility 函数绘制所有传感器数据与时间的关系图：

```
plot_cols = list(my_data.loc[:, 'R1 (MOhm)': ].columns)
plot_scatter_grid(my_data, plot_cols, 'Time (s)', 5, 4)
```

结果应如图 A.54 所示（取决于你定义函数和选项的方式）。

（8）通过输出结果很难判断是否存在时间依赖性或周期性成分。放大介于 40000 s～45000 s 的 R13：

```
fig, ax = plt.subplots(figsize = (11, 8))
```

```
ax.scatter( my_data.loc[(my_data['Time (s)'] > 40000) &
                        (my_data['Time (s)'] < 45000),
'Time (s)'],
           my_data.loc[(my_data['Time (s)'] > 40000) &
                        (my_data['Time (s)'] < 45000), 'R13
(MOhm)'])
ax.set_title('R13 vs. time')
plt.show()
```

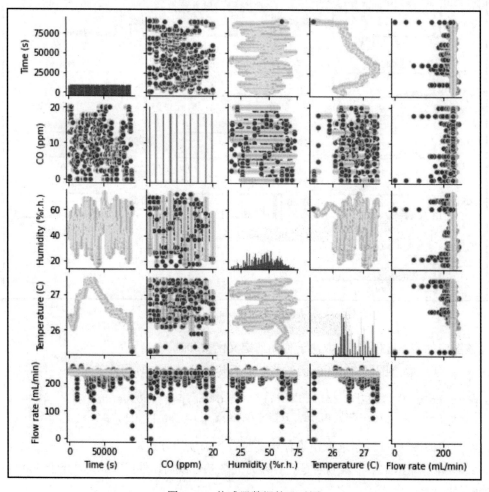

图 A.53　传感器数据的配对图

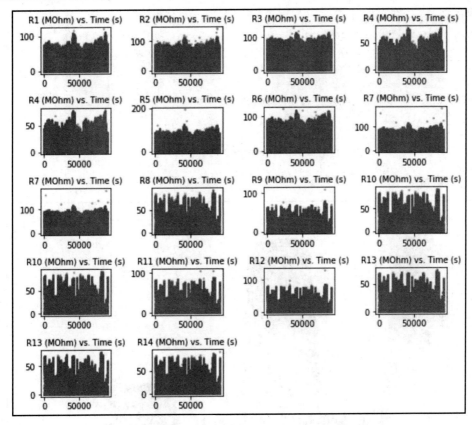

图 A.54　传感器数据与时间的关系

此详细信息应如图 A.55 所示。

现在可以看到，该测试似乎包含各种大小的阶跃函数（step function）。这表明 time 变量是任意的，对于模拟 CO 响应没有用处。我们还可以看到，有大量的值偏离了这些阶跃函数，这可能是由于湿度变化、测量误差或其他一些问题。这些可能会限制我们对结果建模的程度。

（9）研究一个阶跃变化期间 R13 的变化与 CO 和 Humidity（湿度）值的关系——例如，从 41250 到 42500。使用 Matplotlib 中的.plot()方法绘制 R13 值，并叠加 CO 和 Humidity 值作为同一绘图上的折线图：

```
fig, ax = plt.subplots(figsize = (15, 8))
ax.plot(my_data['Time (s)'],
        my_data['R13 (MOhm)'],
        color = 'red', lw = 0.5,
```

```
        label = 'R13')
ax.plot(my_data['Time (s)'],
        my_data['CO (ppm)'],
        label = 'CO')
ax.plot(my_data['Time (s)'],
        my_data['Humidity (%r.h.)'],
        label = 'Humidity')
ax.set_title('R13 vs. time')
ax.legend(loc = 'upper left', markerscale = 2)
ax.set_xlim((41250, 42500))
plt.show()
```

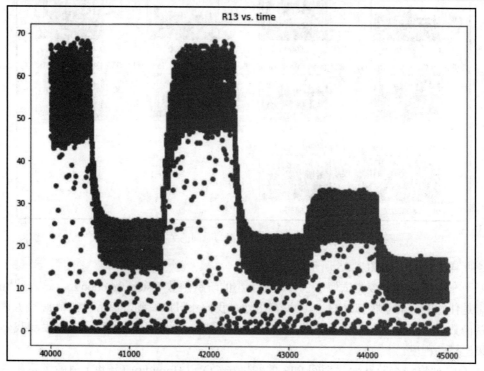

图 A.55　传感器迹线之一的细节

结果应如图 A.56 所示（取决于你的选择）。

正如你在细节图中看到的那样，CO 和 Humidity（湿度）都有一系列阶跃变化，从而导致电阻值发生变化。但是，如湿度曲线所示，存在明显的时间滞后。此外，R13 似乎先上升后下降，并在 CO 值几近为 0 并处于稳定状态的地方有一些中间周期。也许这是电子设备的功能，但需要进一步研究才能确定。

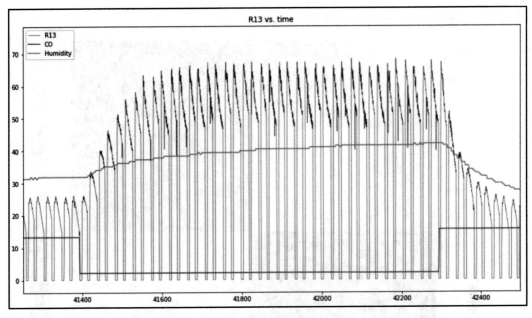

图 A.56 R13、CO 和 Humidity（湿度）与时间的关系

（10）使用 Seaborn 绘制传感器列的相关性热图：

```
plt.figure(figsize = (10, 8))
sns.heatmap(my_data.loc[:, 'R1 (MOhm)':].corr())
```

该热图应如图 A.57 所示。

可以看到，图 11.45 中有 3 个组。最后 7 个传感器彼此高度相关，前 3 个传感器也是如此，接下来的 4 个传感器则可以被视为另一组。

（11）查看本示例数据的说明可知，有两种类型的传感器：Figaro Engineering（7 单位的 TGS 3870-A04）和 FIS（7 单位的 SB-500-12）。现在，很明显 R1 到 R7 是一种传感器，而 R8 到 R14 是另一种。

我们收集数据的目的是评估测量 CO 的传感器在各种温度和湿度条件下的性能。特别是，湿度被认为是一个"不受控制的变量"，并且在测试期间，施加了随机的湿度水平。在现场，湿度不会被控制或测量，因为这会影响数据的解释，对于低水平的 CO 尤其如此。传感器输出报告为以兆欧（MOhms，MΩ）为单位的电阻，这是用于预测 CO 的主要自变量。应用于传感器加热器的温度和电压也可用。

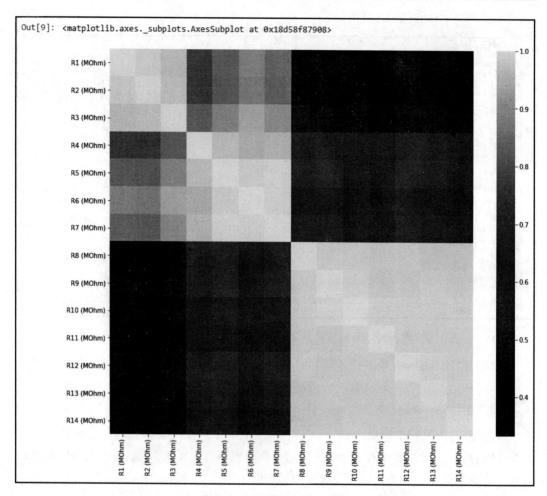

图 A.57　传感器之间的相关性

　　要研究传感器的行为与 CO 和湿度的关系，可以使用 Pandas .corr()方法生成相关性矩阵，然后使用结果的前两行分别制作传感器与 CO 的相关性和传感器与 Humidity（湿度）的相关性的条形图：

```
Sensor_CO_corr = \
    (pd.concat([my_data.loc[:, ['CO (ppm)',
                                'Humidity (%r.h.)']],
            my_data.loc[:, 'R1 (MOhm)':]], axis = 1).
    corr().loc['CO (ppm)':'Humidity (%r.h.)', 'R1
(MOhm)':])
```

```
fig, ax = plt.subplots(figsize = (9, 8))
ax.bar(x = Sensor_CO_corr.columns, height = Sensor_CO_
corr.loc['CO (ppm)'])
ax.xaxis.set_ticks_position('top')
ax.set_title('R vs. CO')
plt.xticks(rotation = 90)
plt.show()
fig, ax = plt.subplots(figsize = (9, 8))
ax.bar(x = Sensor_CO_corr.columns, height = Sensor_CO_
corr.loc['Humidity (%r.h.)'])
ax.xaxis.set_ticks_position('top')
ax.set_title('R vs. Humidity')
plt.xticks(rotation = 90)
plt.show()
```

结果应如图 A.58 所示。

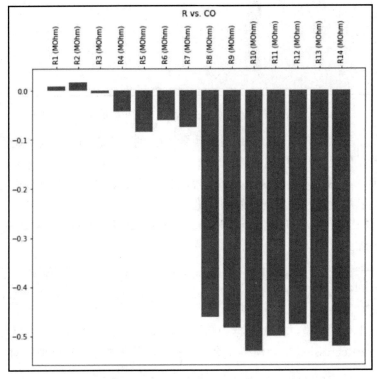

图 A.58　传感器输出与 CO（上）和湿度（下）的相关性

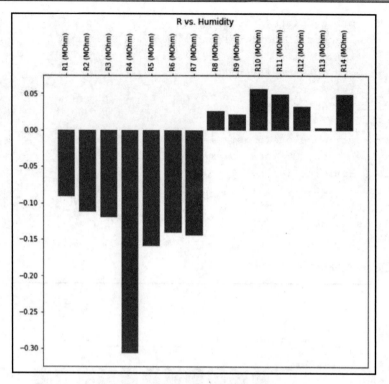

图 A.58　传感器输出与 CO（上）和湿度（下）的相关性（续）

　　可以看到，虽然所有传感器都是用来测量 CO 的，但它们的行为明显不同，这具体取决于我们测量的是两种类型中的哪一种。从问题描述中可以看出，传感器明显受到湿度的影响，但在应用中，湿度是一个不受控制且可能未知的值。希望不同的传感器行为可以为模型提供湿度信息并实现良好的预测。

　　（12）对每个传感器列应用 sqrt() 变换（因为有 0 或接近 0 的值，对数变换不合适），并将这些列添加到数据集中：

```
sensor_cols = list(my_data.loc[:, 'R1 (MOhm)': ].columns)
for i in range(len(sensor_cols)):
    my_data['sqrt_' + sensor_cols[i]] = np.sqrt(my_data[sensor_cols[i]])
```

　　（13）对于初始模型，从 X 数据中删除 Time、Humidity 和 CO。使用 CO 作为 y 数据。使用 LinearRegression 拟合模型并绘制残差，以及预测值与实际值的对比：

```
model_X = pd.concat([  my_data.loc[:, 'Temperature
(C)':'Heater voltage (V)'],
                       my_data.loc[:, 'sqrt_R1 (MOhm)':]],
```

```
axis = 1)
model_y = my_data.loc[:, 'CO (ppm)']
my_model = OLS()
my_model.fit(model_X, model_y)
preds = my_model.predict(model_X)
residuals = preds - model_y
fig, ax = plt.subplots(figsize = (9, 8))
ax.hist(residuals, bins = 50)
plt.show()
fig, ax = plt.subplots(figsize = (9, 8))
ax.scatter(model_y, preds)
ax.plot([0, 20], [0, 20], color = 'black', lw = 1)
ax.set_xlim(0, 20)
ax.set_ylim(0, 20)
ax.set_ylabel('predicted CO (ppm)')
ax.set_xlabel('actual CO (ppm)')
plt.show()
```

其输出结果应如图 A.59 所示。

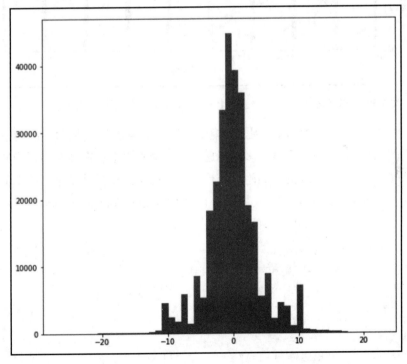

图 A.59 初始线性模型——残差（上）和预测值与实际值的对比（下）

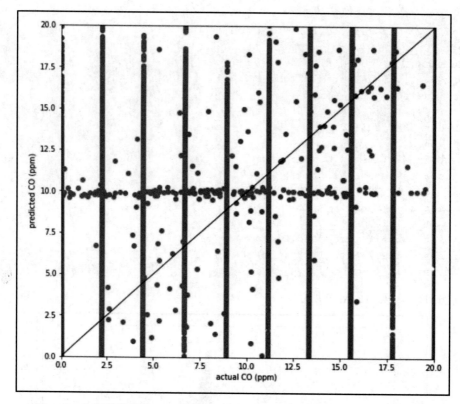

图 A.59　初始线性模型——残差（上）和预测值与实际值的对比（下）（续）

　　在图 A.59 上面的图中可以看到，该模型产生了无偏结果，残差以 0 为中心。但在图 A.59 下面的图中，可以看到存在多个问题。在不同水平上存在多组不正确的预测，并且在预测的 CO 读数 10 ppm 的中间附近出现一团。这个结果显然是不可接受的。

　　（14）使用 StandardScaler()缩放数据，然后将 RandomForestRegressor()方法拟合到模型中。绘制残差和预测值与实际值的对比图：

```
scaler = StandardScaler()
model_X = scaler.fit_transform(model_X)
RF_model = RandomForestRegressor(n_estimators = 100)
RF_model.fit(model_X, model_y)
preds = RF_model.predict(model_X)
residuals = preds - model_y
fig, ax = plt.subplots(figsize = (9, 8))
```

```
ax.hist(residuals, bins = 50)
plt.show()
fig, ax = plt.subplots(figsize = (9, 8))
ax.scatter(model_y, preds)
ax.plot([0, 20], [0, 20], color = 'black', lw = 1)
ax.set_xlim(0, 20)
ax.set_ylim(0, 20)
ax.set_ylabel('predicted CO (ppm)')
ax.set_xlabel('actual CO (ppm)')
plt.show()
```

其输出结果应如图 A.60 所示。

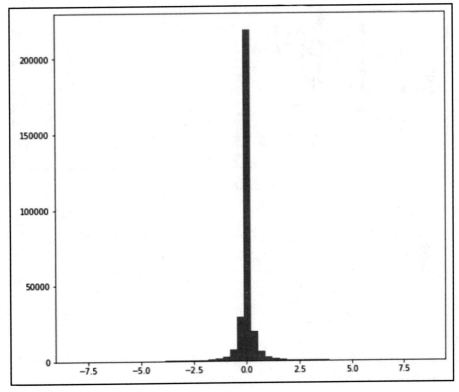

图 A.60　RandomForestRegressor()拟合的结果

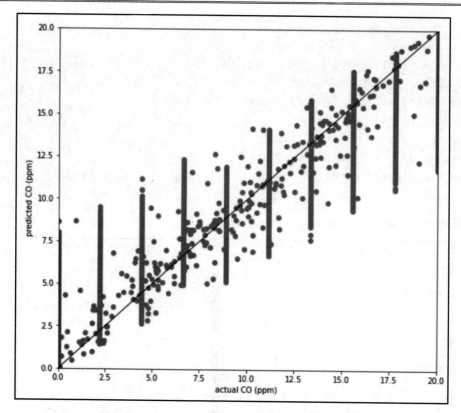

图 A.60 RandomForestRegressor()拟合的结果（续）

虽然很明显随机森林模型减少了残差，但垂直分组仍然存在，这不是一个令人满意的结果。回顾图 A.56 可以看到，虽然 CO 值几乎恒定，但湿度和传感器电阻值存在滞后时间。一种可能的方法是平均读数。对该思路的一个简单测试是按 CO 值进行分组并获取传感器的均值，以及具有这些值的模型。此外，过滤掉电阻值降至低值的区域似乎也是合理的，因为这些区域似乎是异常的。

（15）创建一个数据集，过滤掉传感器电阻值降至较低值（如 0.1）的所有行。然后，按 CO（ppm）进行分组并聚合为平均值。

使用传感器平均电阻和 CO 分组值构建随机森林模型。此外，根据该数据重新拟合线性回归模型。绘制两个结果的预测值与实际值的对比图。

你可以在本书配套 GitHub 存储库中找到代码：

https://github.com/PacktWorkshops/The-Pandas-Workshop/blob/master/Chapter11/Activity11_01/Activity11.01.ipynb

生成的输出结果应如图 A.61 所示。

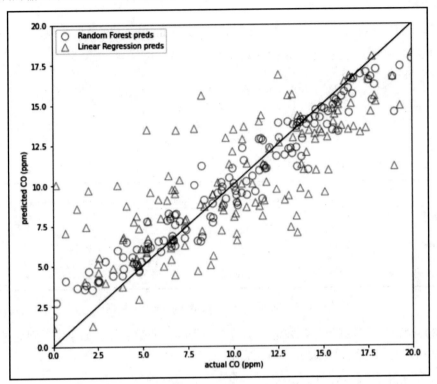

图 A.61 使用分组 CO 值和传感器均值的结果

可以看到这些结果要好得多。这需要与专家以及利益相关者进行更多讨论以确认这种方法，但获得传感器校准是一个很有前途的方向。请注意，线性回归模型几乎无法拟合大量数据。此外，请注意，随机森林预测中的纵向散点可能是随机湿度值引起的噪声指标。这可以通过构建另一个包括 Humidity（湿度）作为自变量的模型来进一步研究。

现在，你已经可以将数据预处理、特征工程以及数据建模的线性和非线性模型的想法联系在一起了。

作业 12.1 答案

请执行以下步骤以完成本作业。

（1）本作业只需要 Pandas 和 NumPy 库。将它们加载到 Notebook 的第一个单元格中：

```
import pandas as pd
import numpy as np
```

（2）从 Datasets 目录中读入 family_power_consumption.csv 数据，并列出前几行：

```
data_fn = 'household_power_consumption.csv'
household_electricity = \
    pd.read_csv('../datasets/' + data_fn,
    sep = ';',
    low_memory = False)
household_electricity.head()
```

这会生成如图 A.62 所示的输出结果。

	Date	Time	Global_active_power	Global_reactive_power	Voltage	Global_intensity	Sub_metering_1	Sub_metering_2	Sub_metering_3
0	1/8/2008	00:00:00	0.500	0.226	239.750	2.400	0.000	0.000	1.0
1	1/8/2008	00:01:00	0.482	0.224	240.340	2.200	0.000	0.000	1.0
2	1/8/2008	00:02:00	0.502	0.234	241.680	2.400	0.000	0.000	0.0
3	1/8/2008	00:03:00	0.556	0.228	241.750	2.600	0.000	0.000	1.0
4	1/8/2008	00:04:00	0.854	0.342	241.550	4.000	0.000	1.000	7.0

图 A.62　family_power_consumption.csv 数据

（3）检查列的数据类型，并进一步检查是否存在非数字值。如果是，则通过转换为 NA 值来纠正它们，然后通过插值填充它们：

```
Household_electricity.dtypes
```

这会生成如图 A.63 所示的输出结果。

```
Out[4]: Date                   object
        Time                   object
        Global_active_power    object
        Global_reactive_power  object
        Voltage                object
        Global_intensity       object
        Sub_metering_1         object
        Sub_metering_2         object
        Sub_metering_3         float64
        dtype: object
```

图 A.63　电力数据的数据类型

（4）从 Global_active_power 到 Sub_metering_3 的列应该是数字类型的，但有些行包含缺失数据的占位符，即问号（?）。你可以通过在每一列上使用.describe()来查看这一点：

```
for col in household_electricity.columns:
    print('information for column ' +
        col +
        ':\n',
        household_electricity[col].describe())
```

这会生成以下内容（我们将图 A.64 限制为包含缺失值的列）。

```
information for column Global_active_power:
 count     1049760
unique       3852
top             ?
freq         9570
Name: Global_active_power, dtype: object
information for column Global_reactive_power:
 count     1049760
unique        510
top         0.000
freq       230359
Name: Global_reactive_power, dtype: object
information for column Voltage:
 count     1049760
unique       2738
top             ?
freq         9570
Name: Voltage, dtype: object
```

图 A.64 包含缺失数据占位符（?）的两列

可以看到，Global_active_power 和 Voltage 列中均包含问号（?）字符。

（5）使用 Pandas .replace() 将问号（?）替换为 np.nan 值，然后使用 Pandas .interpolate() 来填充 NAN 值，简单地在上一个值和下一个值之间进行插值即可：

```
home_elec.replace('?', np.nan, inplace = True)
home_elec.interpolate(inplace = True)
for col in home_elec.columns[2:]:
    home_elec[col] = home_elec[col].astype(float)
```

（6）进行快速可视化以了解数据的时间范围。你的计划是确定具有完整数据的年份并专注于分析该年的数据：

```
(home_elec[['Date',
        'Sub_metering_1']].
        plot(x = 'Date',
            y = 'Sub_metering_1'))
```

这会生成如图 A.65 所示的输出结果。

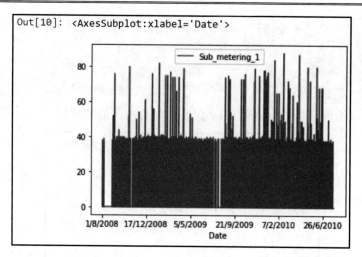

图 A.65　Sub_metering_1 数据与日期。2009 年包含完整数据

（7）使用你确定的年份，创建一个包含 Date、Time 和 Sub_metering_1 的 DataFrame。注意 Kitchen_power_use.Sub_metering_1 是厨房：

```
kitchen_elec = home_elec[['Date',
                          'Time',
                          'Sub_metering_1']]
(kitchen_elec = \
    kitchen_elec.loc[kitchen_elec['Date'].
                     str.contains('2009'), :])
kitchen_elec.columns = ['Date',
                        'Time',
                        'Kitchen_power_use']
kitchen_elec.head()
```

其输出结果如图 A.66 所示。

```
Out[13]:
                Date        Time    Kitchen_power_use

1074636     1/1/2009    00:00:00                  0.0

1074637     1/1/2009    00:01:00                  0.0

1074638     1/1/2009    00:02:00                  0.0

1074639     1/1/2009    00:03:00                  0.0

1074640     1/1/2009    00:04:00                  0.0
```

图 A.66　包含厨房用电量的新 DataFrame

（8）Date 和 Time 是字符串类型的；将它们组合在每一行上，然后将组合字符串转换为 datetime 类型，并将其存储在名为 timestamp 的新列中。请记住原始日期字符串的欧洲格式。为了解决这个问题，我们将 dayfirst = True 参数传递给.to_datetime()方法，如下所示：

```
kitchen_elec.loc[:, 'timestamp'] = \
    pd.to_datetime( kitchen_elec.loc[:, 'Date'] + ' '
                    + kitchen_elec.loc[:, 'Time'],
                    dayfirst = True)
kitchen_elec.sort_values('timestamp',
                         inplace = True)
kitchen_elec.head()
```

其输出结果如图 A.67 所示。

Out[12]:		Date	Time	Kitchen_power_use	timestamp
	1074636	1/1/2009	00:00:00	0.0	2009-01-01 00:00:00
	1074637	1/1/2009	00:01:00	0.0	2009-01-01 00:01:00
	1074638	1/1/2009	00:02:00	0.0	2009-01-01 00:02:00
	1074639	1/1/2009	00:03:00	0.0	2009-01-01 00:03:00
	1074640	1/1/2009	00:04:00	0.0	2009-01-01 00:04:00

图 A.67 创建时间戳

（9）在 timestamp 列上使用方法创建 hour 和 date 列，以标准格式表示一天中的小时和日期，如下所示：

```
kitchen_elec['hour'] = \
    kitchen_elec['timestamp'].dt.hour
kitchen_elec['date'] = \
    kitchen_elec['timestamp'].dt.date
kitchen_elec.head()
```

其输出结果如图 A.68 所示。

（10）按 hour 和 date 对数据进行分组，聚合 Kitchen_power_use：

```
kitchen_elec = \
    (kitchen_elec[[ 'date',
                   'hour',
                   'Kitchen_power_use']].
                   groupby(['date',
```

```
                                    'hour']).sum())
kitchen_elec.reset_index(inplace = True)
kitchen_elec.iloc[20:28, :]
```

	Date	Time	Kitchen_power_use	timestamp	hour	date
1074636	1/1/2009	00:00:00	0.0	2009-01-01 00:00:00	0	2009-01-01
1074637	1/1/2009	00:01:00	0.0	2009-01-01 00:01:00	0	2009-01-01
1074638	1/1/2009	00:02:00	0.0	2009-01-01 00:02:00	0	2009-01-01
1074639	1/1/2009	00:03:00	0.0	2009-01-01 00:03:00	0	2009-01-01
1074640	1/1/2009	00:04:00	0.0	2009-01-01 00:04:00	0	2009-01-01

Out[34]:

图 A.68　添加 hour 和 date 列

其输出结果如图 A.69 所示。

Out[55]:

	date	hour	Kitchen_power_use
20	2009-01-01	20	0.0
21	2009-01-01	21	0.0
22	2009-01-01	22	0.0
23	2009-01-01	23	0.0
24	2009-01-02	0	0.0
25	2009-01-02	1	0.0
26	2009-01-02	2	0.0
27	2009-01-02	3	0.0

图 A.69　每天按小时划分的厨房用电量

（11）对于 1 月份，按小时聚合 Kitchen_power_use 数据，并按小时绘制厨房用电量的条形图：

```
(kitchen_elec.loc[((kitchen_elec['date'] >=
            pd.to_datetime('2009-01-01')) &
            (kitchen_elec['date'] <
            pd.to_datetime('2009-02-01'))),
            ['hour',
             'Kitchen_power_use']].
            groupby('hour').mean().plot(kind =
                                    'bar'))
```

其输出结果如图 A.70 所示。

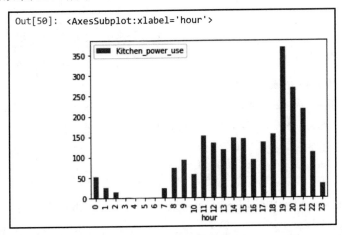

图 A.70　2009 年 1 月按小时划分的厨房电力使用量

（12）你会发现厨房用电量似乎从早餐时间开始上升，持续一整天，在晚餐时间达到高峰，然后逐渐减弱。为全年制作类似的图以进行比较：

```
(kitchen_elec.loc[:,
                  ['hour',
                   'Kitchen_power_use']].
                  groupby('hour').mean().plot(kind =
                                              'bar'))
```

其输出结果如图 A.71 所示。

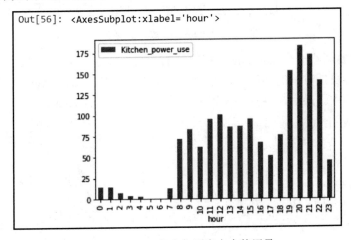

图 A.71　2009 年全年厨房电力使用量

你会看到这两个图表是相似的，尽管有一些差异需要探索。

作业 13.1 答案

请执行以下步骤以完成本作业。

（1）本作业需要 Pandas 库、matplotlib.pyplot 库和 sklearn.linear_model. LinearRegression 模块。将它们加载到 Notebook 的第一个单元格中：

```
import pandas as pd
import matplotlib.pyplot as plt
from sklearn.linear_model import LinearRegression
```

（2）从 Datasets 目录中读取 bike_share.csv 数据并使用.head()列出前 5 行：

```
rental_data = pd.read_csv('../Datasets/bike_share.csv')
rental_data.head()
```

这会产生如图 A.72 所示的输出结果。

Out[91]:			
	date	**hour**	**rentals**
0	1/1/2011	0	16
1	1/1/2011	1	40
2	1/1/2011	2	32
3	1/1/2011	3	13
4	1/1/2011	4	1

图 A.72　bike_share 数据的前 5 行

（3）你需要创建一个 datetime 数据类型的索引。首先创建一个列，将日期和小时字符串组合成类似日期时间的字符串，然后将该字符串转换为 datetime 数据类型，将结果存储在一个新列中。最后，将索引设置为新列，这样就有了 datetime 类型的索引：

```
rental_data['date_time'] = \
[(rental_data.date[i] +
    ' ' +
    '{:02}'.format(rental_data.hour[i]) +
    ':00:00')
for i in rental_data.index]
rental_data.set_index( pd.to_datetime(rental_data['date_time']),
                       inplace = True,
                       drop = True)
```

```
rental_data
```

这提供了如图 A.73 所示的输出结果。

Out[137]:		date	hour	rentals	date_time
date_time					
2011-01-01 00:00:00	1/1/2011	0	16	1/1/2011 00:00:00
2011-01-01 01:00:00	1/1/2011	1	40	1/1/2011 01:00:00
2011-01-01 02:00:00	1/1/2011	2	32	1/1/2011 02:00:00
2011-01-01 03:00:00	1/1/2011	3	13	1/1/2011 03:00:00
2011-01-01 04:00:00	1/1/2011	4	1	1/1/2011 04:00:00
...	...	...	...	...
2012-12-31 19:00:00	12/31/2012	19	119	12/31/2012 19:00:00
2012-12-31 20:00:00	12/31/2012	20	89	12/31/2012 20:00:00
2012-12-31 21:00:00	12/31/2012	21	90	12/31/2012 21:00:00
2012-12-31 22:00:00	12/31/2012	22	61	12/31/2012 22:00:00
2012-12-31 23:00:00	12/31/2012	23	49	12/31/2012 23:00:00

17379 rows × 4 columns

图 A.73　添加了 date_time 列并将其用作索引的 rental_data DataFrame

（4）生成前 240 小时数据的简单折线图：

```
rental_data['rentals'][:240].plot()
```

这应该生成如图 A.74 所示的输出结果。

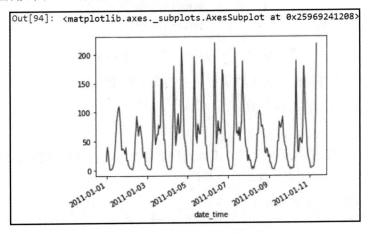

图 A.74　数据的初始折线图

（5）使用索引和 rentals（租金）列，将数据下采样到 1 天的间隔。你想要获得每天的总租金，因此需要选择适当的聚合函数：

```
rental_data = pd.DataFrame(rental_data['rentals'].
resample('1d').sum())
rental_data.head(14)
```

该数据应如图 A.75 所示。

Out[95]:

date_time	rentals
2011-01-01	985
2011-01-02	801
2011-01-03	1349
2011-01-04	1562
2011-01-05	1600
2011-01-06	1606
2011-01-07	1510
2011-01-08	959
2011-01-09	822
2011-01-10	1321
2011-01-11	1263
2011-01-12	1162
2011-01-13	1406
2011-01-14	1421

图 A.75　以 1 天为间隔重新采样的 rental_data

（6）生成重采样数据的前 8 周（56 天）的简单可视化：

```
rental_data[:56].plot()
```

其输出结果应如图 A.76 所示。

（7）你应该注意到似乎以大约 7 天为周期的起起落落。你可以通过绘制给定日期的租金与过去 7 天租金的图表来探索这个想法：

```
fig, ax = plt.subplots()
ax.scatter( rental_data['rentals'][:(rental_data.shape[0] - 7)],
        rental_data['rentals'][7:])
```

```
ax.set_title('Rentals vs. rentals 7 days ago')
plt.show()
```

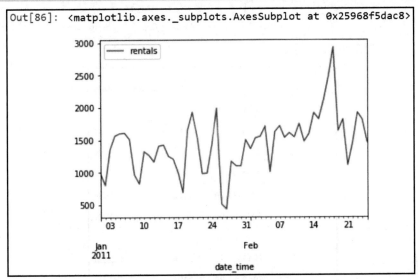

图 A.76 重新采样后的 rental_data

其输出结果如图 A.77 所示。

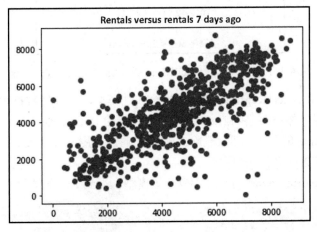

图 A.77 绘制每日租金与过去 7 天的相同数据

（8）由于 7 天周期似乎存在很强的相关性，因此你希望在数据中生成一个新列，其中包含过去 7 天每天的租金。请注意，前 7 天没有过去的数据，所以这些值将是 NaN：

```
lagged_rentals =\
```

```
    rental_data['rentals'][:(rental_data.shape[0] - 7)]
lagged_rentals.index = rental_data.index[7:]
rental_data['lagged_rentals'] = lagged_rentals
rental_data
```

其输出结果如图 A.78 所示。

Out[109]:		
	rentals	lagged_rentals
date_time		
2011-01-01	985	NaN
2011-01-02	801	NaN
2011-01-03	1349	NaN
2011-01-04	1562	NaN
2011-01-05	1600	NaN
...	...	...
2012-12-27	2114	4128.0
2012-12-28	3095	3623.0
2012-12-29	1341	1749.0
2012-12-30	1796	1787.0
2012-12-31	2729	920.0
731 rows × 2 columns		

图 A.78　已添加列的 rental_data，包含过去 7 天的租金总额

（9）你将使用 LinearRegression 模块拟合线性模型，将滞后数据用作 X 数据，将实际租金用作 Y 数据。你需要删除 NaN 值，因此在新的 DataFrame model_data 中制作一份 rental_data DataFrame 的副本，然后删除 NaN 行。通过使用 model_data = rent_data.copy()，你将确保不对原始数据进行任何更改。

创建一个 LinearRegression()实例，拟合该模型，得到 R2 分数：

```
model_data = rental_data.copy()[rental_data['lagged_
rentals'].isna() == False]
lagged_model = LinearRegression()
lagged_model.fit(model_data['lagged_rentals'].values.reshape(-1, 1),
            model_data['rentals'].values.reshape(-1, 1))
            model_data['predicted'] =\
    lagged_model.predict(model_data['lagged_rentals'].
```

```
values.reshape(-1, 1))
R2 = lagged_model.score(model_data['rentals'].values.reshape(-1, 1),
                        model_data['predicted'].values.reshape(-1, 1))
print('R2 is ', R2, ' using:')
print(model_data[['rentals', 'lagged_rentals']].head())
```

不要太担心模型调用的细节。.values.reshape(-1, 1)方法调用是由于 sklearn 使用了 NumPy 数组，我们需要将 Pandas Series 重塑为 NumPy 数组。你会看到，一旦你创建了 LinearRegression 的实例（作为 laagged_model），它就会具有额外的属性和方法，如.score() 和.predict()。

其输出结果应如图 A.79 所示。

```
R2 is  0.5145071365683822  using:
                rentals  lagged_rentals
date_time
2011-01-08      959              985.0
2011-01-09      822              801.0
2011-01-10     1321             1349.0
2011-01-11     1263             1562.0
2011-01-12     1162             1600.0
```

图 A.79 R2 分数和租金模型的原始数据

（10）绘制预测值与实际值。使 x 和 y 比例相同并添加对角线。该思路是，一个完美的预测将沿着对角线，所以你可以比较预测结果：

```
fig, ax = plt.subplots()
ax.scatter( model_data['rentals'],
            model_data['predicted'])
xlim = (0, max(pd.concat([ model_data['predicted'],
                           model_data['rentals']])))
ylim = xlim
ax.set_xlim(xlim)
ax.set_ylim(ylim)
ax.plot([xlim[0], xlim[1]],
        [ylim[0], ylim[1]],
        color = 'red')
ax.set_title('Predicted vs. Actual Rentals\n' +
             'R2 = ' + str(round(R2, 2)))
ax.set_xlabel('Actual Rentals per day')
ax.set_ylabel('Predicted Rentals per day')
plt.show()
```

其输出结果如图 A.80 所示。

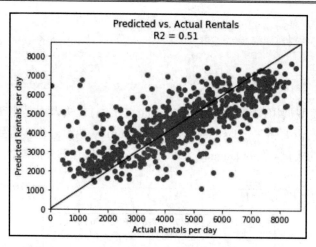

图 A.80　简单线性模型的预测值与实际数据的对比

　　你会发现，该拟合度不是很好，但仅通过几个简单的步骤，你就可以数据中超过一半的变化！一些变化可能本质上就是不可预测的，因为它们是由无数随机因素共同导致的。当然，你也可以考虑通过添加工作日、周末、节假日和天气等特征来改进模型（这里仅列举了几个例子）。在时间序列建模中，我们通常使用过去预测未来。但是在这种情况下，我们并不总是拥有未来的所有可解释变量，例如天气。因此，有时我们需要预测诸如天气之类的特征，以便在另一个模型中使用它。这就是使时间序列建模比简单回归建模更具挑战性的一个特定方面。

作业 14.1 答案

　　请执行以下步骤以完成本作业。
　　（1）打开一个新的 Jupyter Notebook 文件。将 Pandas 和 dateutil.parser 导入你的 Notebook 中：

```
import pandas as pd
from dateutil.parser import parse
```

　　（2）定义数据集的路径并读取数据：

```
# 定义文件的路径

filePath = '/content/drive/MyDrive/Packt_Colab/pandas_chapter11/
chapter11/AirQualityUCI.csv'
```

```
# 读取文本文件
data = pd.read_csv(filePath,delimiter=";")
data.head()
```

你应该得到如图 A.81 所示的输出结果。

PT08.S1(CO)	NMHC(GT)	C6H6(GT)	PT08.S2(NMHC)	NOx(GT)	PT08.S3(NOx)	NO2(GT)	PT08.S4(NO2)	PT08.S5(O3)	T	RH	AH	Unnamed: 15	Unnamed: 16
1360.0	150.0	11,9	1046.0	166.0	1056.0	113.0	1692.0	1268.0	13,6	48,9	0,7578	NaN	NaN
1292.0	112.0	9,4	955.0	103.0	1174.0	92.0	1559.0	972.0	13,3	47,7	0,7255	NaN	NaN
1402.0	88.0	9,0	939.0	131.0	1140.0	114.0	1555.0	1074.0	11,9	54,0	0,7502	NaN	NaN
1376.0	80.0	9,2	948.0	172.0	1092.0	122.0	1584.0	1203.0	11,0	60,0	0,7867	NaN	NaN
1272.0	51.0	6,5	836.0	131.0	1205.0	116.0	1490.0	1110.0	11,2	59,6	0,7888	NaN	NaN

图 A.81　读取数据之后获得的 DataFrame

（3）删除不需要的列，如下所示：

```
data = data.drop(['Unnamed: 15','Unnamed: 16'],axis=1)
data.head()
```

你应该得到如图 A.82 所示的输出结果。

Date	Time	CO(GT)	PT08.S1(CO)	NMHC(GT)	C6H6(GT)	PT08.S2(NMHC)	NOx(GT)	PT08.S3(NOx)	NO2(GT)	PT08.S4(NO2)	PT08.S5(O3)	T	RH	AH
10/03/2004	18.00.00	2,6	1360.0	150.0	11,9	1046.0	166.0	1056.0	113.0	1692.0	1268.0	13,6	48,9	0,7578
10/03/2004	19.00.00	2	1292.0	112.0	9,4	955.0	103.0	1174.0	92.0	1559.0	972.0	13,3	47,7	0,7255
10/03/2004	20.00.00	2,2	1402.0	88.0	9,0	939.0	131.0	1140.0	114.0	1555.0	1074.0	11,9	54,0	0,7502
10/03/2004	21.00.00	2,2	1376.0	80.0	9,2	948.0	172.0	1092.0	122.0	1584.0	1203.0	11,0	60,0	0,7867
10/03/2004	22.00.00	1,6	1272.0	51.0	6,5	836.0	131.0	1205.0	116.0	1490.0	1110.0	11,2	59,6	0,7888

图 A.82　删除列之后的 DataFrame

查看数据形状：

```
data.shape
```

你应该得到以下输出结果。

```
(9471, 15)
```

（4）删除 NA 值：

```
data = data.dropna()
data.shape
```

你应该得到以下输出结果。

```
(9357, 15)
```

（5）检查是否有包含缺失值的数据点：

```
data.info()
```

你应该得到如图 A.83 所示的输出结果。

```
Int64Index: 9357 entries, 0 to 9356
Data columns (total 15 columns):
Date            9357 non-null object
Time            9357 non-null object
CO(GT)          9357 non-null object
PT08.S1(CO)     9357 non-null float64
NMHC(GT)        9357 non-null float64
C6H6(GT)        9357 non-null object
PT08.S2(NMHC)   9357 non-null float64
NOx(GT)         9357 non-null float64
PT08.S3(NOx)    9357 non-null float64
NO2(GT)         9357 non-null float64
PT08.S4(NO2)    9357 non-null float64
PT08.S5(O3)     9357 non-null float64
T               9357 non-null object
RH              9357 non-null object
AH              9357 non-null object
dtypes: float64(8), object(7)
```

图 A.83　DataFrame 的信息汇总

从该输出结果中可以看到，数据集中没有缺失值。

（6）解析日期列，提取星期、日和月，如下所示：

```
# 解析日期
data['Parse_date'] = data['Date'].apply(lambda x:parse(x))
# 解析星期
data['Weekday'] = data['Parse_date'].apply(lambda x:x.weekday())
# 解析日
data['Day'] = data['Parse_date']\
.apply(lambda x: x.strftime("%A"))
# 解析月
data['Month'] = data['Parse_date']\
.apply(lambda x: x.strftime("%B"))
data.head()
```

你应该看到如图 A.84 所示的输出结果。

MHC(GT)	C6H6(GT)	PT08.S2(NMHC)	NOx(GT)	PT08.S3(NOx)	NO2(GT)	PT08.S4(NO2)	PT08.S5(O3)	T	RH	AH	Parse_date	Weekday	Day	Month
150.0	11,9	1046.0	166.0	1056.0	113.0	1692.0	1268.0	13,6	48,9	0,7578	2004-10-03	6	Sunday	October
112.0	9,4	955.0	103.0	1174.0	92.0	1559.0	972.0	13,3	47,7	0,7255	2004-10-03	6	Sunday	October
88.0	9,0	939.0	131.0	1140.0	114.0	1555.0	1074.0	11,9	54,0	0,7502	2004-10-03	6	Sunday	October
80.0	9,2	948.0	172.0	1092.0	122.0	1584.0	1203.0	11,0	60,0	0,7867	2004-10-03	6	Sunday	October
51.0	6,5	836.0	131.0	1205.0	116.0	1490.0	1110.0	11,2	59,6	0,7888	2004-10-03	6	Sunday	October

图 A.84　解析星期、日和月获得的结果

回答问题 1：一周中哪一天的二氧化氮（NO₂）排放量（以 GT 为单位）最高？

（7）基于 Day 聚合 NO2(GT)并找出这些天的平均排放量：

```
# 基于 Day 聚合 NO2(GT) 并找出这些天的平均排放量
Q1_1 = pd.DataFrame(data.groupby(['Day'])['NO2(GT)'].
agg('mean'))
Q1_1
```

你应该得到如图 A.85 所示的值。

Day	NO2(GT)
Friday	70.924851
Monday	65.771155
Saturday	58.110340
Sunday	50.844978
Thursday	52.760417
Tuesday	48.289394
Wednesday	60.279545

图 A.85 基于 Day 聚合 NO2(GT) 获得的平均排放量

（8）用获得的数据绘制条形图：

```
# 用获得的数据绘制条形图
DayPlot = Q1_1.plot.bar(y='NO2(GT)',rot=90,\
title = 'Emissions on week days')

DayPlot.set_xlabel("Week Days")
DayPlot.set_ylabel("Average Emissions")
```

你应该得到如图 A.86 所示的输出结果。

从该输出结果中可以看出，星期五的二氧化氮排放量最高。

回答问题 2：一天中什么时候的非甲烷碳氢化合物（NMHC）排放量（以 GT 为单位）最高？

（9）基于时间列聚合数据并找到'NMHC(GT)'的平均值：

```
# 基于时间列聚合数据并找到'NMHC(GT)'的平均值
Q2_1 = pd.DataFrame(data.groupby(['Time'])['NMHC(GT)'].
agg('mean'))
```

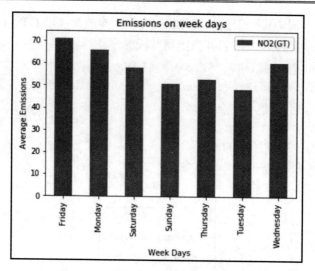

图 A.86　二氧化氮平均排放量的条形图

（10）在结果数据上绘制水平条形图：

```
# 水平条形图
timePlot = Q2_1.plot.barh(y= 'NMHC(GT)',\
title = 'Emissions at hours of day')

timePlot.set_xlabel("Hours")
timePlot.set_ylabel("Average Emissions")
```

你应该得到类似于图 A.87 的结果。

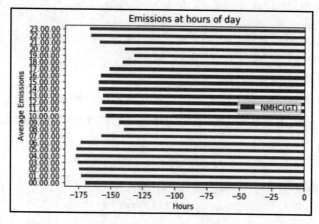

图 A.87　一天中每小时的 NMHC 排放量水平条形图

从图 A.87 中可以看出，清晨的 NMHC(GT)排放量最高。

回答问题 3：哪个月的一氧化碳（CO）排放量（以 GT 为单位）最低？

（11）你需要根据月份列进行聚合并找到 CO(GT)列的平均值。由于数据之间有逗号（,），因此需要对 CO(GT)列执行一些清洗操作。你可以引入小数，然后将其转换为数字数据。创建一个函数来执行此操作，然后使用 lambda 函数进行数据转换：

```
# 创建清洗函数
def cleanFeat(x):
    return pd.to_numeric(".".join(x.split(',')))
```

使用 lambda 函数清洗列：

```
# 清洗 CO 格式
data['CO(GT)'] = data['CO(GT)'].apply(lambda x:cleanFeat(x))
data.head()
```

你应该看到如图 A.88 所示的输出结果。

	Date	Time	CO(GT)	PT08.S1(CO)	NMHC(GT)	C6H6(GT)	PT08.S2(NMHC)	NOx(GT)	PT08.S3(NOx)	NO2(GT)	PT08.S4(NO2)	PT08.S5(O3)	T
0	10/03/2004	18.00.00	2.6	1360.0	150.0	11,9	1046.0	166.0	1056.0	113.0	1692.0	1268.0	13,6
1	10/03/2004	19.00.00	2.0	1292.0	112.0	9,4	955.0	103.0	1174.0	92.0	1559.0	972.0	13,3
2	10/03/2004	20.00.00	2.2	1402.0	88.0	9,0	939.0	131.0	1140.0	114.0	1555.0	1074.0	11,9
3	10/03/2004	21.00.00	2.2	1376.0	80.0	9,2	948.0	172.0	1092.0	122.0	1584.0	1203.0	11,0
4	10/03/2004	22.00.00	1.6	1272.0	51.0	6,5	836.0	131.0	1205.0	116.0	1490.0	1110.0	11,2

图 A.88 数据清洗结果

（12）基于 Month 聚合数据并找到 CO(GT)列的平均值：

```
# 基于 Month 聚合数据并找到 CO(GT) 列的平均值
Q3_1 = pd.DataFrame(data.groupby(['Month'])['CO(GT)']\
.agg('mean'))
Q3_1
```

你应该得到如图 A.89 所示的输出结果。

（13）使用水平条形图绘制数据：

```
# 绘制水平条形图
monthPlot = Q3_1.plot.barh(y= 'CO(GT)',\
title = 'Monthly average emissions')

monthPlot.set_xlabel("Months")
monthPlot.set_ylabel("Average Emissions")
```

你应该得到如图 A.90 所示的输出结果。

	CO(GT)
Month	
April	-72.784898
August	-61.484274
December	-37.215495
February	-18.839943
January	-17.982552
July	-53.468952
June	-9.092500
March	-19.758170
May	-38.836290
November	-7.513172
October	-53.451467
September	-28.124722

图 A.89　聚合后的 DataFrame

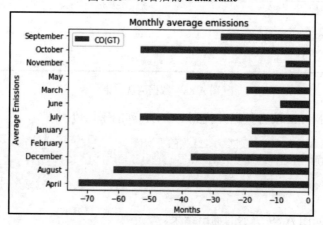

图 A.90　平均排放的最终输出结果

从该输出结果中可以看出，11 月的一氧化碳排放量最低。